U0880241

2018—2019

中国建築藝術年鑑

冯其庸题

中国艺术研究院建筑与公共艺术研究所　编

文化藝術出版社
Culture and Art Publishing House

图书在版编目（CIP）数据

2018—2019 中国建筑艺术年鉴 / 中国艺术研究院建筑与公共艺术研究所编. —
北京：文化艺术出版社，2020.12
ISBN 978-7-5039-6823-5

Ⅰ. ① 2… Ⅱ. ① 中… Ⅲ. ① 建筑艺术－中国－2018-2019－年鉴
Ⅳ. ① TU-862

中国版本图书馆CIP数据核字（2019）第258474号

2018—2019 中国建筑艺术年鉴

编　　者　中国艺术研究院建筑与公共艺术研究所
主　　编　杨莽华
副 主 编　程　霏　赵玉春
特约编辑　黄　续　程　霏　赵玉春
责任编辑　吴士新
责任校对　董　斌　邓　运
书籍设计　楚燕平
出版发行　文化艺術出版社
地　　址　北京市东城区东四八条52号（100700）
网　　址　www.caaph.com
电子邮箱　a@caaph.com
电　　话（010）84057666（总编室）　84057667（办公室）
　　　　　84057696—84057699（发行部）
传　　真（010）84057660（总编室）　84057670（办公室）
　　　　　84057690（发行部）
经　　销　新华书店
印　　刷　河北京平诚乾印刷有限公司
版　　次　2021 年 6月第 1 版
印　　次　2021 年 6月第 1 次印刷
开　　本　880 毫米 × 1230 毫米　1/16
印　　张　34
字　　数　800千字
书　　号　ISBN 978-7-5039-6823-5
定　　价　568.00 元

版权所有，侵权必究。如有印装错误，随时调换。

《中国建筑艺术年鉴》顾问 / 编辑委员会

顾　问：吴良镛　靳尚谊　刘太格　陈为邦

编委会主任：韩子勇

编委会副主任：刘　托　王明贤　田　林

主　编：杨荞华

副主编：程　霏　赵玉春

编辑部主任：黄　续

责任编辑：程　霏　黄　续　赵玉春

主编单位：中国艺术研究院建筑与公共艺术研究所

编　委：（按姓氏笔画排序）

马国馨　尹海林　王　澍　王　芃　王文章　王其钧　王国梁　王明贤　王能宪

王贵祥　左肖思　布正伟　石　楠　田　林　伍　江　刘　托　刘临安　刘家琨

朱　锫　朱小地　朱文一　朱永春　朱嘉广　邢同和　张永和　张庆善　张伶伶

张祖刚　张晓凌　张绮曼　张锦秋　邵大箴　邹　文　邹德侬　陈　薇　巫　鸿

杨昌鸣　杨荞华　和红星　孟建民　林祥雄　林铭述　范迪安　郑曙旸　俞孔坚

赵知敬　钟训正　徐　淦　顾　森　顾孟潮　梁　江　盛　扬　常　青　崔　愷

萧大威　隋建国　曾　坚　韩小蕙

目录

特　载

国际建协《北京宪章》问世20年之际的随想

吴良镛

在《北京宪章》问世和国际建协第20届世界建筑师大会成功举办20周年之际，北京市规划和自然资源委员会、中国建筑学会、首钢集团于2019年9月23日下午在首钢园区举办“纪念《北京宪章》与国际建协第20届世界建筑师大会20周年座谈会”。《北京宪章》起草人吴良镛先生在座谈会上充满感情地回顾了《北京宪章》的诞生过程，与会嘉宾们畅议《北京宪章》的历史意义和时代价值。本刊特刊发吴良镛先生讲话全文及会议综述，以飨读者。

《北京宪章》问世至今已经20多年了，弹指一挥间，20多年前夙夜起草文稿的情形仿佛还在昨天。当时是“临时任务”，又是“重大任务”，我自己动手，请我的研究生、地理学专业出身的武廷海同志协助我执笔。每日清早我将前一晚拟好的草稿交给他，傍晚他将加工之后的稿子交给我，夜晚我继续凿磨，这样直到定稿交结。

初撰写时本为“宣言”，成稿之后，得到马来西亚建筑师杨经文，国际建筑师协会主席萨拉、秘书长斯古塔斯等国际同行的赞扬，他们认为甚至可以作为国际建筑师协会的“宪章”，而非一般的“宣言”。这一提议得到了国际建筑师协会执行局的一致通过，1999年6月，第20届世界建筑师大会正式召开，国际建筑师协会主席萨拉主持，由我宣读《北京宪章（草案）》，获得了与会代表的一致通过。这也是国际建筑师协会迄今为止仅有的一份宪章。

《北京宪章》以5种语言发表，总结了20世纪人类文明的大趋势以及建筑学的发展与问题，论述了世纪之交面临的种种挑战，进而提出了21世纪建筑学的发展方向。国际建筑师协会还曾专门成立“北京之路”工作小组，在柏林、伊斯坦布尔等城市举办论坛，只是因为当时国内学术界各类活动繁多，因而没有再继续推进下去。《北京宪章》在当时可以说得到了世界建筑界的认可，英国建筑评论家海伊特曾评价它是“引导未来发展的‘指路图’”。这样的赞美之词我们闻之固然欣喜，但仍不免扪心自问，《北京宪章》所提出的问题和方向在今天是否仍旧具有现实意义？

近年来，我国发展进入中国特色社会主义新时代的重要时期。习近平主席多次强调，“必须坚持以人民为中心，不断实现人民对美好生活的向往”。“前进道路上，我们必须始终把人民对美好生活的向往作为我们的奋斗目标。”回顾历史，一个民族的发展始终是与美好的人居环境相伴随的。实现社会主义现代化的进程中，人居环境建设是其中的重要组成部分。我曾在《北京宪章》中提出，“美好的人居环境与美好的人类社会共同创造”，就是意图将人居建设与社会进步的目标逐步统一起来，各种设施的建设无不源于美好的人居环境与和谐社会的基本要求。从这个意义上来看，仍有从《北京宪章》出发，探讨当前学术思想发展的必要性。

如今，我虽已年逾97岁，但仍坚守在教师的岗位上，仍要求自己以一种积极的精神面貌面向未来，促使自己力所能及地不断探索广阔的学术新天地，探寻哲理、问道古今，弘扬创新精神，向往民族复兴。当前我们正面临着一个新的时代，未来有无限的生机和激情。愿与广大学人一道共勉！让我们肩负起创造优良人居环境的时代使命，为实现中华民族伟大复兴的中国梦而奋斗！

（原载于《建筑学报》2019年第10期）

作者简介

吴良镛，中国科学院和中国工程院两院院士、清华大学建筑学院教授。

城市设计与城市双修

王建国　李晓江　王富海　朱子瑜　张　勤　韩冬青

基于全球可持续发展与中国新型城镇化对环境品质提升的需求，住房和城乡建设部先后将58个城市作为“城市双修”试点城市，并明确了城市设计与城市双修对于未来中国城市发展的重要指引作用。

城市双修包括生态修复与城市修补两部分内容。针对自然环境变迁以及各种人类活动造成的城市环境负面影响，城市设计可以施展生态修复的技术手段，促使城市生态肌理、生态关系以及一系列生态要素在不同向度上的均衡、联系与发展，维系城市可持续发展的本底条件。城市修补是对快速城市化发展中所遗留的城市“伤疤”做出的优化与提升。城市设计的核心内容在于城市空间形态肌理的建构与场所营造，对于这些处于衰退阶段的城市空间，可以通过修补的方式激发区域活力、优化城市结构、提升环境品质，提升社会对于美好生活的“获得感”。

| 王建国 | 2015年中央城市工作会议以后，住建部对于城市设计、城市双修给予了高度的重视。其实城市设计和生态修复、城市修补之间存在着一定的内在联系，因此我们请来了几位重量级的专家学者，与大家分享一些他们的看法和观点。

| 张勤 | 城市设计和城市双修是一个怎样的关系？我认为城市发展是一个过程，不仅体现在景观和建筑的设计上，更表现为社会的发展与城市功能的不断提升。在功能提升的过程中，一些过去既有的城市功能可能会对今后的发展带来一些负面的影响和作用，或者说是某种遗憾。但是对于这样的一些空间，我们没有办法放弃，城市是我们的家园，我们不可能因为其中的某些地方被污染了就放弃它，转身再去找寻另一个栖息地。我们身处这样一个时代，为了守好这个家园，需要不断地按照城市发展的过程，去实现新的功能需要，同时为了实现城市和社会整体发展的目标，也需要对这些空间进行修复。

这种修复可能会表现在两个方面，一方面是我们常说的生态修复，另一方面是面向人的经济社会活动去创造空间，并按照新的功能需要不断优化调整，这就是城市修补。修复和修补的过程中，既要考虑到原先的经济社会发展对后续环节的影响，又要考虑到城市发展过程中产生的新的需求。其中最重要的是面对既有的人、既有的社会，以及他们的各种诉求，因此这是一个非常细腻的过程，需要一些创新的手段和方法。

我认为城市设计体现了这样几个特点。第一，过程性，也就是体现为历史继承与实践实施过程中的落实和完善。所以城市设计不是拿出一个方案就完结的，而是要不断地去适应新的需求，跟上时代发展的步伐，不断地适应新情况。

第二，城市设计是一个平台。当经济社会发展到一定阶段，城市发展达到了一定水平以后，城市的多元性非常明显，诉求也非常强烈。但很多功能上的诉求，或者空间上的诉求不是设计师能够从课堂、书本上学得到的，而需要在城市设计的过程中，向涉及的地方百姓与多元主体去请教和学习。城市设计的工作方式恰恰是搭建了这种平台，让各种诉求能够集中在具体的空间上，进行协商并谋取共鸣。另外，我觉得这种方式在改革开放40年来的城市规划法治化建设中也有体现，那就是法定规划工具的编制，例如城市总体规划、控制性详细规划等，除此之外还有各种各样的规范和技术要求。目前，怎样将多元的诉求和依法行政的背景结合起来，就需要对一些细节，甚至过程都要有具体的安排。

第三，治理的模式也在发生变化，往大了说就是治理体系和治理能力的现代化，其实就是众人的事情要众人商量着做。在这一过程中，城市设计越来越多地成为老百姓了解城市空间资源价值、达成共识，并引发共同行动的一种手段。所以要做好城市生态修复和城市修补，城市设计是一种非常重要的途径和方法。

| 朱子瑜 | 生态修复和城市修补是当前国家推进城镇化的一项重要工作。之所以称它为“双修”，而不是“两修”，是因为它们是一个事情的两个方面，也就是说城市修补和生态修复是类似于“阴和阳”的关系，要一起推进。

城市双修是上承中央政策和下接民众意愿的一项重要工作，得到大家的拥护。因为它使规划设计有机会去做技术集成，也

就是各个专业、各个部门可以协同起来进行资源整合达到综合效益，而不是只追求片面单一的目标与结果。而其目的就在于针对城市发展过程中的病症，治好生态病、治好城市病。

那么双修工作怎么去治这些“病”？可以使用中医的办法对城市进行“调理”：重构自然生境、重获文化认同、重整经济活力、重理社会善治、重育场所精神、重塑空间品质……而城市设计也恰恰适应这个工作的需要。所以说城市设计是展开城市双修工作最有效的手段和工具，它可以用调理的办法将生态修复，将城市修补。

|王富海|深圳是改革开放以后中国城市发展的一个缩影。深圳城市发展的主题是新区和新城的大规模发展，这个过程是人类历史上最波澜壮阔的过程，但是在我们这一代人手里它的发展进程非常快，快到现在的城市已经不能再继续扩张，已经超出了目前城市的需要。

如果以前城市的建设发展被称为大动作，现在转型的工作就可以称为小动作；如果以前是城市发展的大时代，现在就是小时代。在小时代中，城市设计和城市双修正好是符合城市主要工作方向的两大利器。虽然在大时代中也讲究城市设计，但是那一时期城市发展的主题是快，追求的是规划建设的快速铺开，如此操作给现在的城市留下很多任务，甚至是毛病与问题。因此，小时代中可以通过城市设计的手段，让设计、管理、实施以及城市运营越来越精细。尽管城市设计可以在很多尺度上进行讨论，但是它更重要的内容还是在可操作的空间范围内，去实现物质空间、精神文明、文化功能等方面的内容。

对于城市双修，我认为它是一个行政操作的平台，它符合我国城市规划从过去的目标导向向渐进导向的转变，所以这项工作应该保持年度常态化的方式进行，即每个城市每年选择最该做、也能够做的事情实施，对城市品质进行弥补，进行提升。如果这种模式能坚持下去，以过去城市多年的发展为基础、每年都坚持对城市面临的问题加以改进，十年以后我们的城市将变得非常美好。而在这个过程中，双修所要做的事情全都是细微的、精细的。从这个角度来看，不论生态修复还是城市修补、城市设计方法都应该是最契合的。

|李晓江|首先，城市双修概念中很关键的一个字是“修”。为什么是“修”，而不是“建”或是“改”？因为城市在发展过程中由于人为的原因出现了问题，生态被破坏了，所以要进行修复和修补，这就是提出双修的一个很重要的动机、一个基本的判断。

其次，怎么修复？怎么修补？从本质上说，这是一个设计和营建的过程，所以当中规院承接了这个任务以后，张兵总规划师被安排来负责这项工作。对于项目队伍的组建，规划专业都选择了偏重于实施、微观方向的人员；在此基础上加入建筑设计的力量；同时在市政、景观方面，也都选择了偏向于设计方向的人员。因为我们知道城市双修绝不只是去发现问题、认识问题和评价问题，然后画一张蓝图挂在那里，而是要通过对问题的分析识别，选择其中最重要的事情去进行设计和营造，最后能够达到修复的一个过程。

就像《我在故宫修文物》纪录片中反映的：将看起来已经很破烂、甚至在很多人眼里是垃圾、应该丢掉的东西重新捡回来，然后用工匠的态度将它修复，恢复原来的品质和价值，在这个过程中精细的设计是极为重要的。从这个意义上来说，我认为城市双修和城市设计、工程设计、建筑设计之间的关系，在某种程度上比目前一般意义讲的城市规划之间的关系更重要。这就是我对城市双修的两个基本认识，一是为什么要去修复与修补，另外一个是要用设计和营建的办法去实现。

对于城市双修这个命题提出的原因，在项目实践当中我们发现了一条，那就是双修的结果一定是为人民服务，一定是以人为本。因为经过40年的改革开放，中国的人变了，中国的城市已经逐渐进入了一个中等收入的社会，或者说是一个以中产阶级为主体的社会。所以在社会发展进步的过程当中，社会需求和人的需求均发生了本质性的变化。在这样的结果下，就需要改变我们对城市的价值观和对城市的认知。

因此城市双修也好，城市设计的兴起也好，其背后的深层原因在于社会的进步，是人的需求在发生着本质性的变化。对于如何来满足人们的这种需求，个人认为设计变得越来越重要，规划师、建筑师要有能力去满足人们的需求。

| 韩冬青 | 作为一个教育工作者，我有几点体会：首先是怎样看待城市设计？城市设计是否是一个独立的学科？如何将城市设计的相关知识和方法转换成教学行为，也就是人才培养的行为？从人才培养的角度看，个人不太主张把城市设计作为一个孤立的领域。尽管在学术体系的层面，城市设计具有其相对的知识范畴，包括其理论、方法、技术等核心内容，但就高等教育的目标看，我们不能以所谓城市设计的专门人才为基本目标，尤其是在大学本科的基础教育阶段。过于狭窄的专业划分倾向是有危险的，这与城市设计本身所蕴含的多学科交融特征相违背。我主张把城市设计的思维方法、知识体系和实践策略融入与此相关的多个专业领域中去，尤其是关系最紧密的建筑学、城乡规划和风景园林三个学科中。在这些专业的人才培养体系与过程中，教学内容和模式应该按照梯度在本科和研究生培养中有着不同的布局。在这个基础上，本科教育可以在高年级设置城市设计的专门方向，硕士和博士也可以设置相对独立的学科研究方向。在人才培养的整体格局上，城市设计应该成为相关专业和学科共享的知识领域和一种整体的创造性思维方法，而不是某个特定人才类型独享的一种专业技能。这样才能使广大的建筑师和景观设计师具备城市设计的整体意识和实践技能，也才能真正使城市设计融入城市规划全过程。

其次是人才培养的方法模式问题。城市设计无疑具有很强的实践性，城市双修就是当前城市设计领域一种重要的实践导向。在大学教育中，传统的教学思想和教学方法也正在发生重大的变革。从东南大学城市设计相关教学的发展历程看，20世纪90年代的“城市设计”是作为高年级设计课程练习中的一个类型，后来增设了城市设计理论课，本科教学中有“城市设计概论”，硕士和博士研究生有“现代城市设计理论与方法”课程，相关的选修课也越来越丰富，学位论文中城市设计的相关选题也是越来越多。“理论课加设计课”形成一种培养模式。

最近几年，教学模式正越来越开放，这方面可以举个例子。2015年暑期，我们学院针对南京老城南的小西湖传统风貌区的保护与再生参与组织了一项志愿者行动。该行动由南京市规划局倡议并组织，由3所在宁高校的学生组队参加。在导师指导下，同学们与区政府、街道、居民、文化学者等多种角色共同形成一种具有广泛参与性的工作方式，以期通过这样的方式了解老城区的环境状态、历史文脉、现实问题及居民诉求等，并提出可能的保护、修补和再生的方式。这个片区的问题非常复杂，有文化的传承保护问题，也有很多居民日常生活迫切需要解决的问题等。这项行动从前年暑假开始，至今还在持续当中。工作的过程也就是教学的过程，学生和老师在一个社会实践过程中共同成长。团队成员接触的不只是相关专业知识，比如形态分析、场所塑造等，还会触及如何去理解民众的需求，理解作为一个开发企业是如何将其想法转换为一个有效的行动，如何平衡各方权益等问题，这些都是在课堂上学不到的。对于像“城市双修”这样的课题，通过这种现场实践，学生更容易理解政策、法规、权益、机制及其和专业工作者的案头作业之间的复杂联系。这样的开放化教学形式相对于传统的授课或课程设计，是一种更有综合成效的形式。城市设计需要在“做”中学！

| 王建国 | 在小西湖案例中，城市设计是一个手段，其实修补、修复也是很重要的举措。由这个案例我想到一个问题，城市双修里面有两个“修”，一个是生态修复、一个是城市修补，那么城市修补和生态修复可不可能相提并论，还是存在一定程度上的差异？

| 张勤 | 这两件事情其实是分不开的。今天当我们认为中国城市的快速发展带来很多问题的时候，其实也应该提醒自己，我们现在做的事情，在城市空间的利用方式上将来也有可能会被否定。因为城市发展是一个连续的过程，所以我认为不应该简单地否定过去工业化过程中形成的一些空间问题，这些问题是相应发展阶段的产物，我们应该积极地去面对它、修补它，对它永远负责。

因此城市修补，其实就是在做一个大系统的生态修复，这两件事在理念层面是分不开的，但是在任务层面上又是可以分

开的。正如王建国院士提到的西溪湿地项目，实际上更多强调的是生态修复，对周边地区和水系影响进行治理；另外杭州近年来也在努力进行一些侧重于城市修补的项目，比如过去十多年里打造的口袋公园和背街小巷的治理等。所以城市修补和生态修复在任务层面上，是可以各有侧重的，但是从大的系统上看，就像朱子瑜老师说的，是分不开的双面。

| 王富海 | 深圳市在存量用地几乎用完之后，仍然面临着大量对土地的需求，这个矛盾怎么处理？回顾这些年深圳城市发展的主题，主要还是城市更新，但这种更新实际是大量的拆除重建。

过去，城中村在城市中的蔓延确实抢占了大量资源，但它的存在也有积极的一面，因为整理工作使得城中村成为城市空间拓展的一个新资源。在这一过程中，规划需要将一些公共设施、公共需求配进城中村，这是主要的工作；同时这里还包括了一项“整治”的内容，并且政府确实已经通过财政支出开展了对城中村的多轮整治，使其能够在某些方面一点一点地走向进步。

我一直认为欧洲最吸引人的老城区大都是城中村，如此经过几百年渐进式的修补和更新，形成高品质的城市空间。所以如果将城中村拆除，借助大地块、大地产公司，用单一的开发方式去更新和改造老城，人类最灿烂的城市形象和市民最美好的记忆可能就荡然无存了。很多时候我们一直强调对有价值的土地、空间的保留与保护，而很多没有历史价值但社会传承意义非常强的内容则常被当成棚户区、当成低效用地而清除。所以对于深圳城中村，我认为如果每一个村子都能够保留下来继续发展的话，它们的意义和内涵比新盖楼盘对城市有价值得多。

另外，在小空间的提升方面，深圳也有一些零星的经验，但是我认为深圳在这一方面的主体意识相对较弱。其实城市都在做着一些城市双修的工作，比如环境整治、城市三年提升行动等，但也有一些城市以城市双修之名，继续做决策者要求的形象工程。所以在某种程度上，在住建部出台城市双修政策和试点工作以后，各个城市推动的力度还不够，这意味着我们还没有把双修工作上升到中央一级要求的城市进入改善时期最有效的手段。如果城市双修能够上升到这个层面，并且业内也确实认真地每年推动双修工作，年年提升城市品质，那么城市双修才能够真正起作用，城市设计才有实实在在的用武之地。

| 现场提问一 | 城市双修的提出和试点工作是在存量基础背景下展开的，然而现在中国还有一些增量需求的城市，那么他们的工作怎样体现对城市双修思想的呼应呢？

| 李晓江 | 我认为中国城市疾风暴雨式的发展阶段已经基本结束。实际上我国的城市也存在两种“存量”：一种存量是目前我们讨论的主题，即城市已经建成地区的提质问题、优化问题；另一种存量，就是大量在晒太阳，即闲置或者没有被完全开发的土地，每个大城市中都有几十甚至上百平方千米这样的存量用地。但是我们最近的分析发现，中国人口最多的前20位城市中，过去5年的人口增长速度都只有前10年（2000—2010）的1/3—1/5，这反映出增量已经明显放缓，同时中国城市还有大量空置的住宅与建筑，所以我个人不认为中国城市还会面临新一轮疾风暴雨式的扩张。

当然任何城市都会有增量，但是这种增量的增速已经完全改变了，从这个意义上来说，老城中这些真正存量的地区面临的是双修问题，而那些开发过程中的新区，个人一直提出的是织补和缝合的问题，就是如何在这些地区的发展中，更加全面地考虑人的需求，填入各种各样的公共服务设施、生活服务设施，实现产城融合，实现郊区、园区的城市化与城区化。重庆两江新区的书记曾对我说过，两江新区从今往后再也不建园区了，只建城区。换而言之，就是任何有人居住的地方都应该用城市的标准去建设，用城市生活的标准去进行配套。这可能是下一轮城市新增长地区一种发展模式的改变。从内涵上说，这种想法与城市双修是异曲同工的。

| 朱子瑜 | 我对这个问题进行一个补充，假设有城市依然存在增量的需求，自然生态系统肯定会因为城市的增量发展而改变，因此双修工作是必要的，以确定在哪里增量？增多少量？以及如何增量？这些都应当与生态相关联，而不是先决定增量发展，进而发现问题以后再回过头去修复生态。

另外即使是做城市新区的规划设计，也需要进行“城市修补”。正如李晓江院长刚才所讲，我们至少可以用修补的方法完善目前新区规划的相关内容。我们虽然建设了很多新区，但从空间体验的角度几乎都比不上老城。

| 现场提问二 | 目前国家在城市双修试点城市的实践过程中，遇到的主要的困境和阻碍主要来自哪些方面？

| 朱子瑜 | 困境来自很多方面，补充一个信息，刚才李晓江院长谈到，双修工作在全国正式启动之前中规院在三亚做了一些相关工作，总结时发现“困境”不一定在规划工作内容本身，而是“需要书记亲自抓”，也就是需要政府层面相关决策和执行的支持，毕竟很多城市的双修工作“不是书记亲自抓的”，各种阻力会比较大。要充分发挥规划设计的统领作用，相关部门之间协同配合，社会力量共同参与，这些都是潜在的困境和阻碍。因此，面对双修工作推进过程中这些问题，希望能做到书记亲抓、市长真干、规划统领、部门协同和社会参与。

| 王富海 | 在我们承担的一些城市双修工作中，几乎每个环节都会出现一些问题，归纳来看核心点在于工作体制不健全。所以目前双修工作最大的困境在于，这一项目是由住建部提出的，并没有上升为国家层面进行城市改善的最重要的行动要求，正因为此，目前的推进过程中出现了很多缺乏统一协调配合、低能效的情况。中国是一个动员性很强的国家，如果没有把双修放到发令台上好好去动员，它的分量会不够，不足以发挥最大的作用与价值，这是我觉得目前双修面临的最大困境。

| 张勤 | 城市双修的推进过程中困难肯定是会遇到的，我们的工作就是不断地面对困难并解决困难，因为城市双修的工作是一件合理的事情，对于合理的决定最终都会达成共识。

杭州项目在推进时同样遇到了很多困难，作为专业工作者和基层领导沟通时，会发现他们都会有想法，都会站在地方发展的立场去考虑问题，所以才会认为有比双修更为重要与急迫的事情。但是如果用合适的方式去沟通，哪怕工作只能开展10%或者20%，实施过程中还是会慢慢达成共识，实施成效也会是有力的证明，那么下个阶段的工作开展就会顺利不少。因此对于双修，我认为困难是很多，体制的建设确实也很迫切，但是不能完全依赖于体制，我们要追求的是达成共识。

| 王建国 | 感谢嘉宾们的精彩回复。习近平总书记去年在视察北京规划的时候已经表明，规划是龙头，要强调规划的强制性和刚性，对此现在从中央到地方已经达成了一致的认识。基于这样的共识，城市双修与城市设计工作的开展一定会卓有成效地向前推进，而且持续下去。我们有理由相信与期待，我们的人民、我们的社会、我们的城市一定会通过城市设计和城市双修，获得更美好的未来。

（李晓江、王富海、张勤发言根据会议录音整理而成，王建国、朱子瑜、韩冬青发言为在录音整理基础上的个人修改稿。因字数有限，部分内容有所删节。

文稿整理：高源、郑屹 / 东南大学建筑学院）

（原载于《建筑学报》2018年第4期）

作者简介

王建国，中国工程院院士，东南大学城市设计研究中心主任；
李晓江，中国城市规划设计研究院原院长、高级城市规划师；
王富海，蕾奥城市规划设计咨询有限公司董事长、首席规划师；
朱子瑜，中国城市规划设计研究院副总规划师；
张　勤，杭州市规划局局长；
韩冬青，东南大学建筑学院院长、教授。

2018—2019年中国建筑艺术聚焦

黄 续 杨莽华 程 霏

2018年适逢中国改革开放40年，2019年是中华人民共和国成立70周年，伴随着中国经济体的崛起，中国的城市建设发展日渐成熟，中国的建筑设计越来越追求质量和品质，追求在城市既有存量的建设基础上进行优化。在向存量发展的转型过程中，学术界围绕“新型城镇化”“城市设计与城乡发展品质的提升”“乡村振兴与田园综合体”“中国建筑的本土化”“建筑历史与遗产保护”等主题，对当前城市化背景下中国建筑和城市出现的问题和发展策略进行了讨论和研究。

2019年也是《北京宪章》发表的20周年，《宪章》中提出“美好的人居环境与美好的人类社会共同创造”，在近年的建设与发展、探讨和研究中，被更加深入地理解并在努力的奋斗实现中，中国的建筑艺术以一种独立姿态积极地融入世界建筑体系之中。本文选取2018—2019年中国建筑界具有代表性的主要成就与事件，分析和思考近两年中国当代建筑艺术创作的发展脉络与趋向，以期为今后的学术研究与创作实践提供借鉴。

1 存量资源为载体发展阶段的城市设计与有机更新

2018—2019年城市规划相关论坛聚焦当前城乡人居环境发展、国土空间规划领域的新挑战，主要围绕“城市更新”“城市双修”“生态宜居”“绿色智慧”等议题展开，城市更新工作如火如荼，成果丰硕。中国城市面临着环境、交通、管理诸多方面的复杂问题和挑战，当代中国城市设计所面临的主要任务从之前以增量资源为主的发展阶段转为对城市既有空间结构的调整与完善，以及对存量环境的精细化更新与设计，构建新型城市形态。这里面包含的内涵比较丰富，主要有旧城改造、城市更新、智慧城市、新城规划、交通规划、生态城市、城市边缘区（城乡接合部）规划等多项内容。近年来城市建设的关键在于城市的品质和质量的提升，这些源于社会创新，街区要在物质与精神两个层面转型和创新，不能仅仅满足于生产需求，还要提高人们的生活品质，如注重对“人”的研究，包括城市中人的基本生存需求，适宜的居住空间、公共空间，环境的尊重，城乡联动等内容。

在土地稀缺的存量时代，旧城改造和城市更新成为目前城市建设的热点问题，如何提升城市形象、优化资源配置、改善人居环境、保护文化遗产，实现土地资源的节约集约利用，使城市朝可持续方向健康发展，成为城市更新的主要目的和重要意义，以使城市焕发新的活力。2018年，王建国院士在北京国际城市设计大会上提出城市设计已经历了传统城市设计、现代主义城市设计、绿色城市设计几个阶段的发展，目前已经呈现出以数字化为方法工具特征的城市设计发展新趋势，进而提出第四代“数字化城市设计范型”。2018中国城市规划年会以“共享与品质”为主题，围绕年会主题以及城市规划等热点问题展开学术探讨。清华大学张杰教授介绍了景德镇陶溪川的老厂房更新实践经验，将原有破败的宇宙瓷厂改造成瓷器创意园区，集聚优秀的创意人员在此交流生活。在更新过程中关注人的尺度，提出“空间塑造、场所塑造和社会是共生一体”的观点。中国工程院院士崔愷在2019中国城市规划年会《存量发展中的城市设计——跨界思考与实践》报告中，通过城乡实践案例分析了存量时代建筑更新的问题，提出提升、织补、调整、集约四种城市设计方法，以城市维度思考存量更新。他提出城市设计可以结合城市发展进行调整，注重利用空间资源和挖掘潜力，非保护级别的老旧建筑应积极融入新的城市生活。Lab D+H的广州永庆坊景观设计，对所有建筑进行调研分类，有针对性地进行以下五种不同程度的改造：修复、外立面重新设计、结构加固、部分重建、新建，探索提升城市品质的策略和方法。

旧工业区复兴、老旧厂房改建也是城市有机更新的重要内容，这是城市更新改造中所呈现出的多元化载体形态与产业业态，中国建筑界在工业遗产价值评估与再利用方面也进行了更多的探讨和实践。筑境设计的北京首钢西十冬奥广场也是一个成功的工业遗产保护利用设计案例。建筑基址外部环境优越，场地内包括炼铁工艺所需的筒仓、料仓、供料通廊、转运站及供水泵站等十个工业遗存，建筑师尽力保留工业遗存，以“织补”“链接”“缝合”的设计手法，重新以人的角度梳理了建构筑物的空间尺度关系。

建设低碳宜居城市是解决当前城市问题的主要策略之一，近两年《城市规划学刊》《国际城市规划》等期刊都策划了相关专题的研究，认为空间规划应利用旧城更新的时机，从城市系统优化的角度出发，大力发展绿色节能建筑，建设绿色社区，协调土地与交通的相互关系，调整城市空间结构，促进绿色经济发展，减少城市建筑、交通和产业经济活动过程中的能源消耗。

文化创意产业、装置艺术等正通过文化、艺术、时尚、购物等新元素反哺城市更新，激活着城市的历史文脉底蕴，试验着城市更新产业化的探索。同济大学徐磊青教授组织的408研究小组着眼于小、微的空间格局设计，重点是社会空间的修复实践，如上海浦东金浦小区入口广场（塘桥社区公共空间）改造。

2 乡村振兴与田园综合体的蓬勃发展

中国新时代的发展中，乡村振兴战略是解决“三农”问题、促进人与自然和谐发展、推动共同富裕目标有效实现的核心战略。近十多年来，国家政策对于乡村地区建设和发展进行不断的引导与支持。党的十九大做出乡村振兴的重大战略部署。2018年，中共中央、国务院印发的《乡村振兴战略规划（2018—2022年）》，按照产业兴旺、生态宜居、乡风文明、治理有效、生活富裕的总要求，涵盖城乡融合发展体制机制和政策体系，是融合经济社会发展、产业发展、村庄和基础设施建设和空间格局优化的“多规合一”规划。根据各个区域的实际情况，建立、完善的空间规划体系是其中的重要部分，有利于促进乡村振兴战略的科学落实。2019年国家继续扎实推进相关具体措施的实施，因地制宜开展农村人居环境整治，建设美丽乡村。

越来越多的当代建筑师从事乡土营建实践活动，探索相关的建筑设计策略和方法。2018年威尼斯建筑双年展上中国国家馆策划了“我们的乡村”的主题展览，展示了近十多年来中国建筑师的重要乡村建筑实践作品。中国当代的建筑师或艺术家的建造实践，试图参与乡村环境的改造、乡村经济的发展、农村产业的转型，是一种多角度深层次的建造行动，试图重塑当地的乡村文化。比如建筑师张雷及其研究设计团队近年持续推进的莪山实践系列项目，面对不同的设计对象和地域环境特点，进行了有针对性的设计策略和实践。云夕深澳里书局的设计严格遵循历史建筑保护和再利用的基本原则，按一定的步骤恢复院落原有空间格局方面。原有建筑景松堂为文保建筑，对其进行微调，用现代的材料和设备解决舒适性的问题。保留了原有鹅卵石垒砌的猪圈，把它改造成门厅和接待，并加高二层作为管理和办公。土上建筑的甘肃马岔村村民活动中心入围2018 WAF世界建筑节设计大奖，设计师充分利用本土自然条件以及潜在自然资源，来研究实践更具在地性的建筑设计和营造方法。采用当地常用的生土，形成了一套比较完整有效的新型夯土建造技术体系；空间组合方式也借鉴了当地民居传统合院的形式，利用地形和高差围合出一个三合院，开口面向东侧山谷。更值得重视的是这个项目特殊的建造组织方式。在乡村中做夯土建筑，优先考虑的是如何通过设计让村民参与建造过程。这个项目的十余名当地村民既是中心的建设者也是使用者，是整个项目施工建设的主体。SUP素朴建筑工作室在奇峰村史馆的更新改造过程中，提出“无建斯建”的概念，即把原有队屋，通过整修和适度的改造，重新服务于村里的现代生活。改造策略以结构加固和外墙屋面的修复为主，对原有空间做减法，就地取材，尽可能地用当地工匠熟悉的工法营建。中国当代建筑师普遍认为当下乡村建设应该尽量融入当地环境，让人感觉不到其中刻意而为的设计，却能有舒适自然的体验。

田园综合体是乡村景观规划发展新模式，在实践中，对于规划策略、布局与产业升级模式等方面进行探索。如将养老方式与田园综合体相结合，对于乡村养老的规划建筑设计探讨。田园综合体为“艺术乡建”提供广阔的创作空间，既可以将特色乡村文化进行传承，又可以为农民脱贫提供新的模式。崔愷设计的西浜村昆曲学社也采用轻微介入的有机更新策略，通过对乡村中的某一个点进行更新与改造，设计成昆曲研习所，进而活化了村落的昆曲艺术，刺激并激发带动周边的房屋、景观进行更新改造。袁烽的四川道明竹艺村乡土重建项目，把智能建造产业化和传统营造文化的融合结合起来，通过数字建造产业化方法来思考与提升传统建造范式在中国乡村的演进，对于未来技术人文发展具有深远意义。

当前建筑学界关于乡土营建的话题讨论和关注日益增加，出现了多方面的研究成果。比如《时代建筑》2019年第1期专题栏目“建筑师介入的乡村发展多元路径”，强调了现阶段建筑师在乡村发展中的重要作用，更加合理地配置和利用资源，尝试通过一系列多角度、多层次的建造行动和社会活动来持续性地参与乡村环境的改造、乡村经济的发展、产业的转型乃至文化的复兴。

3 建筑实体创作中的探索与多元化发展

当前中国建筑创作更加关注建筑本体的探索，建筑与环境、地域、文脉的关系，遵从文脉、场所精神以及文化性、生态多样等原则，呈现多元性发展特点。

中国的建筑设计呈现出回归建筑本身的倾向，尤其是对建筑的基本内涵：材料、建造及空间的研究成为设计的主流。当前相当数量的建筑师将设计焦点聚集在对建筑空间的改造和提升上。2018 WAF世界建筑节设计大奖入围作品万境设计的泊空间，坐落于杭州西溪湿地一片由老厂房改造而来的文化创意聚集地——和创园。设计师胡之乐通过设计改造，拆除了面向小院子的部分墙体，将整个空间向外渗透，设计了较开阔的中庭，将户外空间和室内空间完全连在一起。运用复合空间，打破了单一的以目的为导向的格局，让场所延续城市的文化与记忆，给流动在城市里的人们提供具有意义的多个停留点。建筑师李虎设计的山谷音乐厅，位于北京附近山谷底部，整座建筑由混凝土浇筑，混凝土骨料来自当地富含矿物质的岩石。倒锥形的结构里包含了半露天的剧场、室外舞台、观景平台和一些服务空间，顶部的洞口和大小不一的侧向开洞，将外部环境引入内部空间中。

随着人们精神需求的不断提升，城市特色形象的塑造也不断升温，如对于建筑表皮的研究和实践也受到建筑师的重视。表皮不能片面和简单地理解为建筑外墙及其装饰，它是建筑整体的一个重要组成因素，作为表层界面并不独立存在，但是，它确实又可以作为独立的对象被表达，而且对于城市设计、城市景观、城市形象等方面都有重要的影响。有的建筑师关注绿色节能、数字化技术等应用于表皮的实践。如建筑表皮可变化的标配设计方法，能够提高建筑表皮的环境适应能力，实现对自然资源的高效应用。SUP素朴建筑工作室（SUP Atelier）对于双层表皮围护体系的研究和实践就是很好的例子。也有的建筑师将老街区改造中建筑表皮继承和再造设计作为关注焦点，在老街区改造中，要加强建筑表皮继承与再造设计的分析和研究，不能简单地以新材料或者装饰替代建筑旧表皮，作为改造中整体系统设计的一部分，从而使其打造城市特色形象，实现对城市精神文化的彰显和传承。

建筑师也关注建筑与历史的联系，认为建筑设计尤其需要尊重历史文化，尊重城市环境。何镜堂设计的侵华日军第731部队罪证陈列馆，获得2017—2018中国建筑设计奖公共建筑类金奖。该项目原有场地由残壁断瓦、砂石地、铁轨、建筑遗址等构成，本身具有历史特有的一种场地气质。为了消解新建建筑体量对原有场地的压抑，建筑师把主要的展示空间沉入地下，“碎裂”的“黑匣”倾侧于塌陷的场地之上，黑灰色的屋面成为广场地面的延伸。整个建筑运用内敛的设计手法，采用平静的态度，注重历史文化，使建筑内外空间环境，建筑与场地、历史进行对话，引发人们深思。中营都市设计的珠海大剧院，设计师重塑建筑与场地的关系：将地形高度从海边到场地中央逐渐升起，将剧场的辅助功能整合于地景之下。从海上望去，两组仿贝形建筑突出醒目、纯粹凝练。重塑后的场地由散乱无章变得完整统一，不仅实现了建筑与环境的和谐对话，也奠定了观众与建筑良性互动的基础。华黎设计的天鹅湖湿地公园景观廊及观光塔也是设计与场地环境结合的佳作。整个建筑选址于湿地东北角，此处背靠一片茂盛的黑松林，面朝整个湿地景观。建筑是由71米长的水平向的景观廊和15.6米高的竖直的瞭望塔组成，共同组成“桥”和“塔”的概念。一横一竖两个体量，在空间的三个维度上与场地紧密地联系起来。

数字化设计也是当前设计界发展的趋势之一。建筑类期刊《建筑学报》《时代建筑》等分别以特集形式探讨、研究了数字建筑设计及建造的可实施性，引发了更多积极的讨论。《建筑学报》2019年4月特集为“人机共生下的建筑未来”，认为当代建筑学对数字技术的探讨逐渐从设计本身扩展到了设计 —— 建造的全生命流程。新的数字建造技术为我们带来了建造体系的革新，进而在社会层面引发了整个建筑产业的升级。同济大学袁烽等人在《数字工匠：人机协作下的建筑未来》一文中，从“工匠”和“工具”的概念辨析开始，认为人机共生的设计建造方法与体系将不断赋能给建筑师以及整个建造产业，形成更强的创造力并促进建筑生产体系的升级与提升。袁烽在四川竹里完成的乡村建设项目，合理融入原有场地、周围村落以及自然生态资源，探索城市与新乡村建设的互动，实践新建造技术与当地手工艺的紧密结合，以及将传统营造技艺与预制工业化等不同层面的问题实现融合。

4 建筑实践中的中国性、本土化追溯

在中国建筑的现代化道路上，中国传统建筑内涵和现代建筑如何融合的问题是建筑师一直在探索和思考的命题。随着当前整个社会环境的改变，对中国传统文化的重视，中国的建筑设计开始重新审视自身的文化传统，进行了各种深入的思考和实践。中国传统文化认为建筑跟它所身处的自然环境是密切相关的，即所谓“天人合一”，实际上说的就是一种生活的状态，一种生活的理想。在中国传统民居和村镇中，体现的就是这种诗意的栖居，是建筑与自然的和谐共生，体现的是人、建筑、自然三者的平衡关系。在中国传统园林中，讲究顿悟，讲究巧夺天工，这与传统文化的内在审美要求是一致的。这实际上反映了我们对自然的态度是谦卑的，建筑应该尽量少的破坏自然，运用当地的材料和工具，通过诗意的营造和设计，达到自我内外的平衡。

中国建筑师在实践中尝试将传统建筑语汇同现代建筑结合，其中一些富有探索精神的当代建筑师尝试用一种东方的自然观来指导建筑实践。王澍在《我们需要一种重新进入自然的哲学》一文中提出“重建一种当代中国本土建筑学”的主张，中国美术学院象山校园规划与设计即是这种主张的探索和具体实践。IAPA设计的朝花夕拾生活馆，获得ICONIC AWARDS 2018创新建筑最佳设计奖（德国），2018 A'Design Award 金奖。该项目位于长城脚下饮马川拾得大地幸福实践区，通过格式化的类似工业的单元，形成内外交错大小不同的院落，拼合出具有传统意象的园林建筑空间，使得建筑与外景相互融为一体。2018WAF世界建筑节设计大奖入围作品苏州“大家”社区活动中心，探讨了中国传统空间秩序性与现代居住设计融合的问题。深入地思考建筑如何在有着独特东方气质的吴越之地建构一座人文之所，如何使现代建筑与传统城市产生深层次的联系。因此在设计中将传统的秩序性引入到现代居住环境的设计中；从传统建筑中的表象中剥离出品相与神韵，用一种去形式感和去物质化的手法来探寻传统空间的要义。张永和最近设计的诺华上海园区，方正体量和外墙上的青灰陶筒瓦成为建筑的外部特征，这是他探讨全球化背景下的中国传统一次尝试，正如他自己所说，“对传统的引用，太抽象看不懂，太直接又卖弄，宣言容易分寸难，而分寸和气韵正是中国传统精神的核心要素”。

还有一些当代中国建筑师在创作上，为了呼应地方文脉开始脱离单纯地依靠传统建筑材料和形式的方法，转而从规划的场所、建筑内部空间、建筑表皮等方面提取符号，通过高新技术语言诠释。建筑师汤桦的设计作品云阳四方井服务建筑，对“四方井”这一概念进行抽象变形，将建筑形体整理为顺应地势地形的一个多边形院落，并进一步对屋顶进行解构，将完整的屋面打散成数种不同的传统坡顶形式，并在面向澎溪河的界面

形成两个开口，成为下沉庭院和观景平台。整个建筑采用传统建筑的梁柱体系，以传统的木材和青砖为主，局部采用金属、玻璃及陶瓦等现代材料。

面对当前城市化进程加快所带来的种种问题，青年建筑师马岩松提出“山水城市”理念，致力于将建筑和景观相融合，将传统的“山水”引入城市之中，让城市建筑具有山水的韵味，朝阳公园广场即是他这种设计思想的实践，这是一种山水化的超景观的尝试。最近广受好评的海尔全球创新模式研究中心设计，以“山巅”（Hilltop）为概念回应青岛的自然景观，不是刻意的模仿自然，而是将自然景观的形象特征与空间品质通过建筑，结合城市生活和具体的使用功能重新加以诠释。建筑屋面被塑造成为开放的地景，采用了景观化双层架空屋面体系。建筑各项功能环绕位于中心的具有传统韵味的庭院展开，形成有机的整体。

面对当前城市建设向存量变化的新趋势，中国建筑的各个领域逐渐深入发展，各种类型的建筑和技术层出不穷。但是除了技术和材料的不断更新，深入地探索现代建筑的中国性，思考中国建筑的文化渊源和情感归属则应该是城市建设者和建筑师们最应该反思的问题。城市建设最终还是文化的建设，对传统文化的重新认识是恢复我们丧失已久的美学体系和文化判断力的前提。当前中国的建筑师面对当下现实，作出既具有国际视野又注重本土实际的理想探索，在建筑设计体现出对自然和文化的强烈关注，尝试用现代建筑的物质载体来重构传统意境，成为当前中国建筑设计发展的重要内容和趋势。

5 建筑遗产保护的不断深化

近年来，建筑遗产保护成为建筑界的重要命题。中国的文化遗产保护理论在价值认识、保护原则、合理利用等多个方面都有了很大的发展，“以人为本”的保护理念逐渐深入人心。每年6月举办我国的“文化和自然遗产日”，其前身是“文化遗产日”，由住建部、文化部、国家文物局等部门牵头，每年以不同的主题，各有侧重地开展形式多样的宣传展示活动。2018年主题为“多彩非遗　美好生活”；2019年主题为“保护自然遗产，建设美丽中国”。2019年7月，良渚古城遗址被列入《世界遗产名录》，成为中国第55项世界遗产，中国成为拥有世界遗产数量最多的国家。2019年12月，中办、国办印发《长城、大运河、长征国家文化公园建设方案》，文物保护专项规划纳入国土空间规划体系。

清华大学吕舟主持的周口店遗址第1地点（猿人洞）保护建筑工程的成功实践，获亚洲建筑师协会保护类建筑金奖，中国钢结构金奖。此保护建筑汇聚了建筑、艺术、考古及尖端技术，并与周围的地形和绿色融为一体，严格遵守其所承诺的功能。在自然条件下，这个半封闭、单跨、双层的结构小心地保护着珍贵而脆弱的世界遗产地，使它免受雨水的侵蚀，同时接触空气与间接的光线。该结构被设计为随着时间的推移与周围环境无缝融合，保持最小干扰和可逆性的概念。

崔愷主持的祝家甸村砖厂改造项目是建筑遗产保护的成功实践，获得2017—2018年度建筑设计奖建筑保护与再利用类金奖。该项目为振兴祝家甸村和传统工艺，将砖厂改造成一座金砖文化的展示馆。设计师提出了安全核的概念，在保持旧砖厂外观基本不变的情况下植入三个“安全核”，这些核直接放在旧砖厂二层的地面上，并联合形成支撑体系，共同承载屋面的荷载，这是个非常大胆的构想。同时，在三个安全核之间放入两个独立的镜面小盒子，提供了全部辅助功能，包括卫生间和机房，这两个小盒子以镜面反射的方式消解在大空间中。同时设计了透明瓦，非常轻，可以减轻屋面重量。

我国在传统建筑营造技艺的保护与传承方面取得很大进展。2018年，第五批国家级非物质文化遗产代表性项目代表性传承人公布，增补了官式古建筑、香山帮、客家民居、侗族木构建筑、贯木拱廊桥、闽南传统民居、窑洞、蒙古包、土家族吊脚楼、传统造园、古建筑修复等多种建筑技艺类的国家级传承人。另外，成立了很多相关组织机构和研究机构，开展一系列学术探讨和培训工作。近年来持续开展中国非物质文化遗产传承人群研培计划，在北京、甘肃等多地相继开办传统建筑营造技艺普及培训班。

2018—2019年的两年间，不仅是中国非常重要的年度，而且在建筑领域也是非常重要的年度，围绕改革开放40周年、庆祝中华人民共和国成立70周年的脚步，中国在更加和谐、更可持续、更具内涵的城乡建设道路上，见证开启迈向“世界一流”的新征程！

优秀建筑作品

优秀建筑作品目录

石家庄国际会展中心

石家庄国际会展中心

设计单位：清华大学建筑设计研究院有限公司

建筑师：庄惟敏、张维、张葵、张红

地点：河北省石家庄市

设计时间：2016年

竣工时间：2018年

业主：中建浩运有限公司

设计团队：庄惟敏、张维、张葵、张红、梁增贤、章宇贲、王禹、王威、龚佳振、张啸乾、于航、李璞、李向苡、张怀萍、吴雪等（建筑）；李青翔、李滨飞、刘培祥、陈宇军、李英杰、田萌等（结构）；贾昭凯、韩佳宝、赵涛、任建凯、于丽华等（暖通）；徐青、刘福利、吉新亮等（给排水）；王磊、崔晓刚、郭红艳、刘力红、张松、徐慧颖等（电气）。

基地面积：64.4万平方米

建筑面积：35.9万平方米

结构形式：地上双向悬索结构 + 钢结构、地下混凝土结构

摄影：姚力

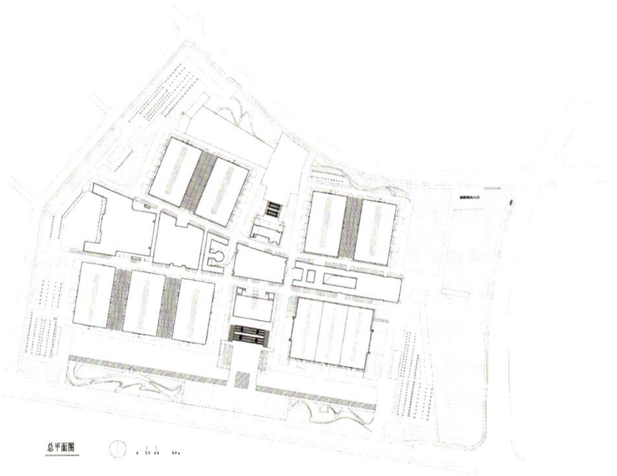

总平面图

石家庄国际会展中心位于正定新区，用地北向与市政府、图书馆、美术馆等环湖相伴，南与滹沱河抬首相望。基地占地面积64.4万平方米，代征绿地7.2万平方米，总建筑面积35.9万平方米。

1 开放高效的空间布局

从城市层面，项目考虑对城市功能的补足，如城市公共空间开放空间、城市客厅、城市观光等，立足于混合功能积极为城市做贡献。设计将原规划贯穿东侧绿地的地面车道改为地下车道，将北侧园博园到南侧滹沱河公共绿地休闲步行通道连为一体，为市民创造丰富、连续、宜人的公共开放空间。场地不

设围墙市民可以自由出入，靠近城市干道界面多设置近人尺度景观小品，鼓励与外部互动与交往。建筑设置多标高平台系统，供货线路与人行流线互不交叉。其中4.2米标高主要用于内部运营办公使用，8.4米标高供展厅和会议部分使用。展厅沿枢纽区鱼骨式生长，两三成组，既能保持整体运营的连贯性，又相对成组团独立对外经营。

2 源于造型的悬索结构巧妙构思

会展展厅由于功能需要往往是采用大跨度形式，如何让大面积的屋面系统既表达文化韵味，又在结构上有所突破，是本项目设计突破的重点。石家庄国际会展中心的7个标准展厅全部采用全球罕见双向悬索结构。展厅大跨度屋盖，主承重结构最大跨度105米，次承重结构最大跨度108米。悬索结构展厅屋面连绵起伏错落有致，既和坐拥“九楼四塔八大寺”的“三关雄镇”正定古城遥相呼应，又与“澄波泛月影，激浪聚沙文”的滹沱河波涛意象相契合。

3 根植地域特征的空间细部

我国现存保留的古建筑中鲜有山墙面作为主入口处理实例，始建于宋仁宗皇祐四年（1052）正定隆兴寺十字形平面摩尼殿是个例外。摩尼殿副阶四面正中各加一座山面向外的歇山顶抱厦，檐柱粗大有侧脚及生起，阑额端部做成卷云头式样。1933年梁思成慕名而来惊叹不已，称“只在宋画里见过”。“与《营造法式》完全相同的斗拱，和许多许多精美的构造，使我们高兴到发狂。”被梁思成作为实物中罕见珍例列入中国建筑史后，摩尼殿也成为正定最具有代表性的文化符号之一。由于展览功能工艺需要，项目所有展厅以短边对外。展厅山墙借鉴正定县隆兴寺摩尼殿歇山顶抱厦意象，用新材料新技术呈现几何力学和建筑美学的统一。展厅造型整体暗合浪漫气息的宋代美学特征，具有较强的识别性又富有时代气息。金属屋面由两个A形柱和悬索支撑，钢结构屋脊向外悬挑。山墙立面考虑使用功能由玻璃幕墙与清水混凝土GRC板组合，配以遮阳百叶形成格栅，在光影之下富有变化。建筑细部考究，钢结构的卷云头造型生动。结构设计上设置斜向侧拉边索平衡次索内力，给人以宋代建筑侧脚的联想。

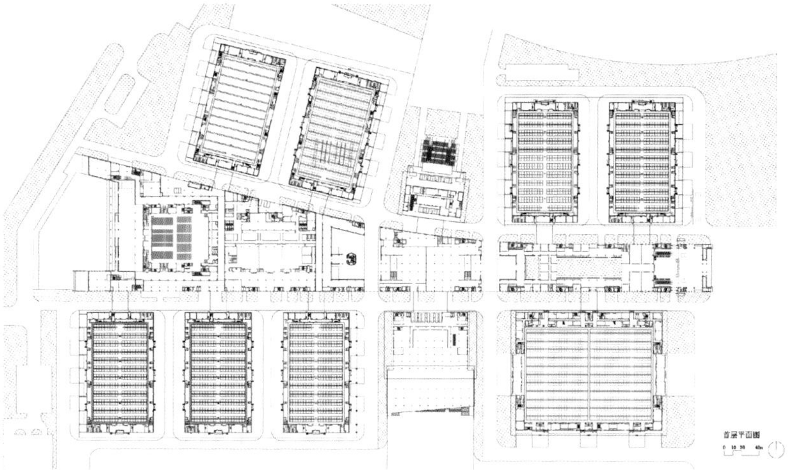

首层平面

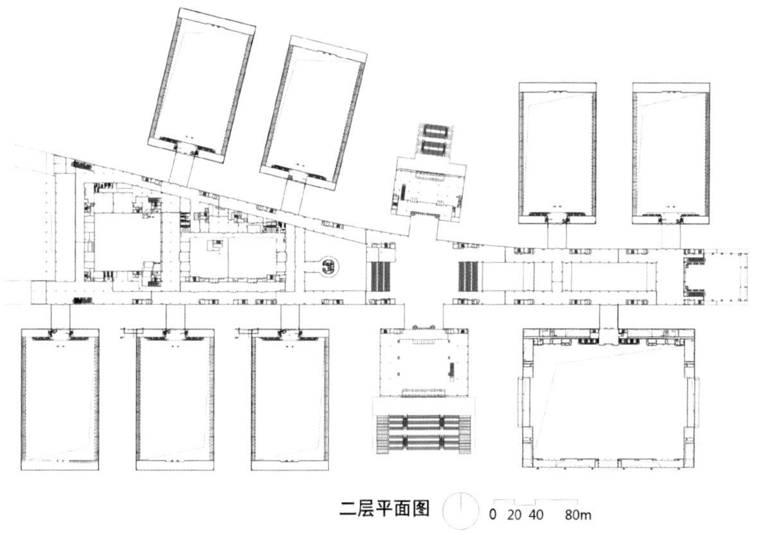

二层平面

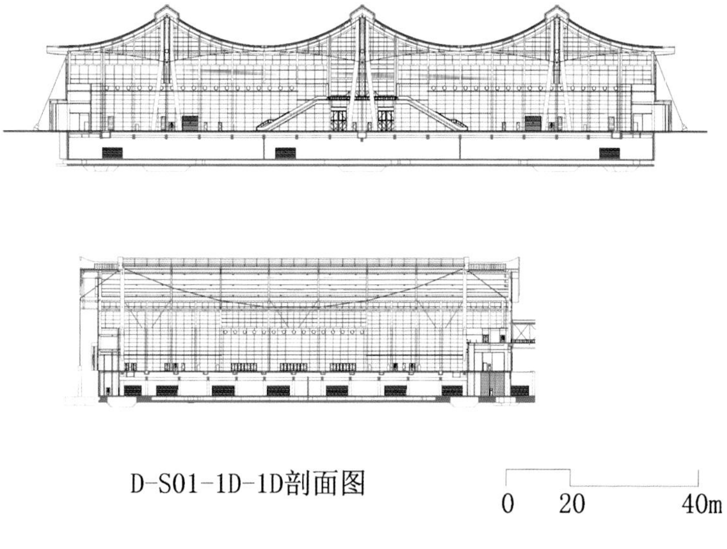

剖面图

博物馆主立面

昭君博物馆

设计单位：中国建筑设计研究院·大器设计工作室

设计主持：曹晓昕

建筑专业：尚蓉、梁力、宋涛、詹红、范佳

结构专业：余蕾、徐杉、刘会军

暖通专业：安岩、车爱晶

给排水专业：李京沙、屠欣

电气专业：王莉、吴磊

总图：连荔、朱秀丽、张蓉

景观设计：刘环、刘卓君

智能化：任亚武

地点：内蒙古自治区呼和浩特市玉泉区

设计时间：2015 年 6 月

竣工时间：2018 年 6 月

客户：内蒙古青山文化旅游投资有限责任公司

建筑面积：15093 平方米

摄影：张广源、孙海霆、吴清山

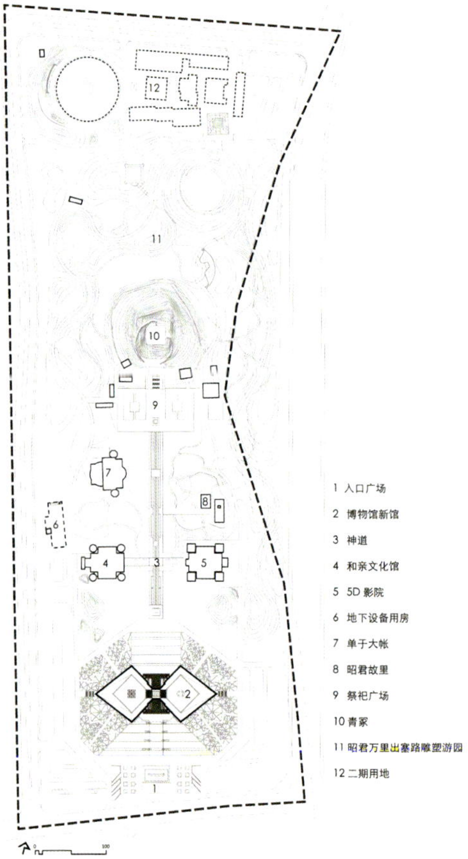

总平面图

原始基地图片

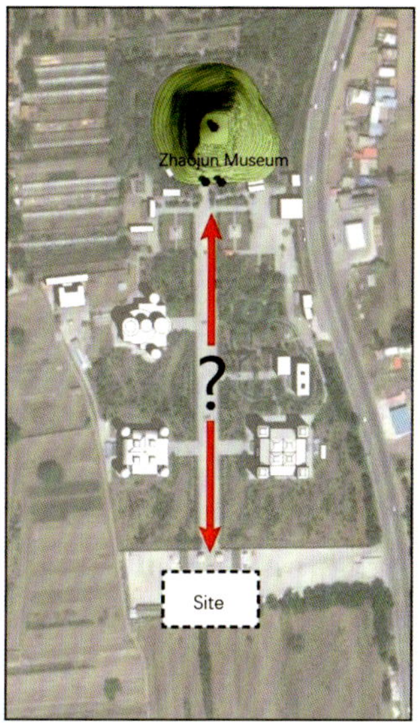

场地分析图

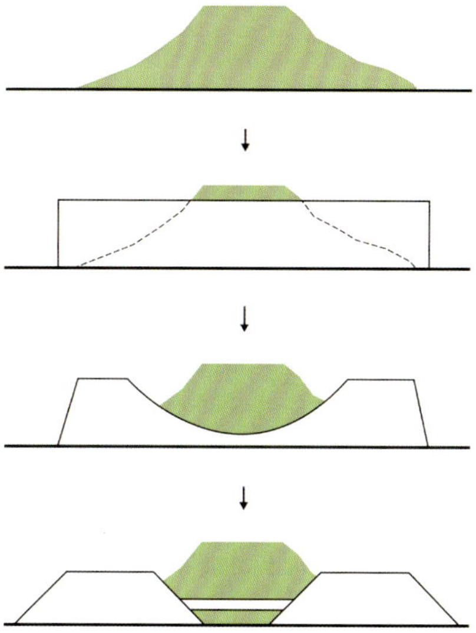

呼应昭君青冢的形体生成

晚霞中的建筑

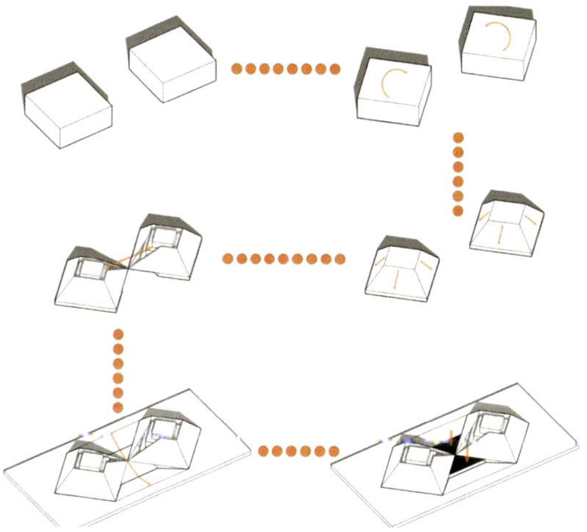

形体生成逻辑

1 项目背景

两千多年前汉王朝公主王昭君北上千里远嫁匈奴首领，这在中国历史上被尊为民族和平共融与文化交流的典范。昭君青冢始建于两千多年前的汉代，位于今内蒙古呼和浩特市南郊大黑河南岸，昭君青冢夯土而成，据考其上曾有宏大木构建筑，是国家级重点文物保护单位，其墓区近代被修复为遗址纪念公园。

随着园区整体升级改造的需要，业主拟选址新建博物馆，主要用于展览展示与文化研究。由于新建博物馆位于遗址保护区内，建筑应具有特定的文化性和纪念性，尤其是如何处理与昭君青冢的关系和提升园区整体空间形态成为业主关注的重点。

2 时空对话与体量生成

新建昭君博物馆的择址几经反复论证与比较，最终确定在昭君青冢中轴线南端起点上，与北端的昭君青冢遥相呼应。这个选址使新博物馆建筑被赋予了更多的功能。一方面为适应整个景区提升至5A级，需增设园区票务、游客中心、餐饮服务、旅游商店及停车等混合性功能；另一方面由于庞大的建筑体量设置在甬道起端和景区的南沿，它将会重塑景区形态，形成新的中轴线秩序，并和景区核心——建于两千多年前的昭君青冢形成距离与时空的对话。

作为园区入口的重要建筑，设计将建筑体量一分为二，两个正方形锥体各自旋转45度，对角相连形成环抱态势，体现了昭君文化中“和”的精神。两个覆斗状体量间的V形缺口巧妙地将北端的青冢影像叠入新馆立面，实现了历史与现代的融合，成为穿越时空的时代标志。

土木之情

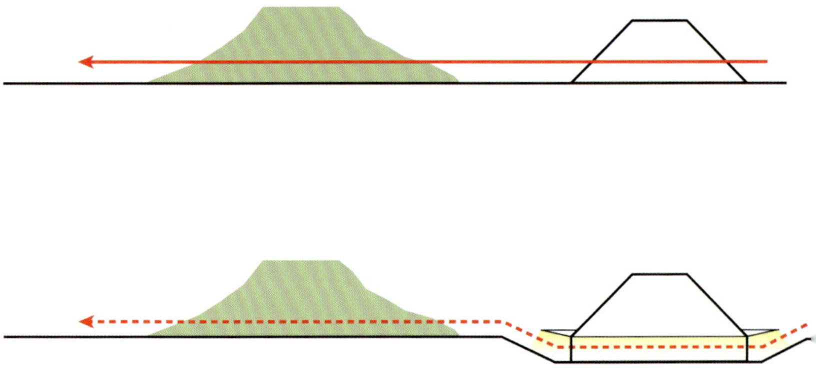

行进通道与青冢的视线联系

土木印象

入口下沉广场

下穿通道行进中视线与青冢的联系

入口下沉广场

3 土木再造与再现

根据考古研究，王昭君的青冢为距今两千多年前的汉代所建，夯土成冢。推断其上曾有木构楼阁建筑，经年毁败已不复存，现有青冢高度为31米左右。新建博物馆力图通过再现“土木之像”“土木之情”表达后人对昭君青冢的敬意。

“土与木”不仅是昭君青冢的场域特征，也是中国古代建筑的代名词。建筑以“再造土木”为设计线索，外墙采用仿夯土的特种混凝土挂板与“土”对应，通过模具和缓凝剂使挂板具有夯土的自然特征。宽大的室外雨棚采用胶合竹材料与“木”对应，将材料的受拉性能直观地表现于形式上。设计创新性地运用当代材料与技术重构土木，呼应青冢历史意向，传承了中国古典建筑的精髓。

4 穿越与汇聚

博物馆南侧即园区入口处设计了巨大的楔状下沉广场，将远方的游客吸引交汇到入口空间，博物馆体量让出中央轴线的视线，使青冢在大门外依旧可见，通过场地标高的升降变化，青冢的图像在人的穿越过程中产生了戏剧性的变化：窥见—窥不见—消失—显露—全部呈现，行进中空间的开阖与明暗变化带来的“场景感”进一步强化了博物馆与青冢之间的距离与时空对话。入口上方连桥处的“正负”三角窗贯通了景区的中轴线，形成有趣的“画框”，使内外景观交融，再次强化了人工展品与历史遗迹的融合。

5 功能与空间

建筑分为东西两个展厅，东侧的体量以王昭君生平作为展

东侧昭君展厅圆形中庭

曲线的楼梯创造纯粹几何美感

中庭空间中柔美的曲线坡道

西侧匈奴展厅中庭坡道

由钢索悬吊的轻盈白色坡道

览主题，内部中庭空间为圆形，水平的曲线坡道和走廊营造出舒缓的气质，坡道和走廊以白色为主，材质退到次要的位置，曲线的坡道和楼梯所拥有的纯粹几何美感传递了这个空间的意境；西侧体量主要为匈奴历史展厅，中庭为矩形的竖向空间，整面的夯土墙从地面一直贯穿到天窗下部，天窗被密肋切分成数个三角形窗格，硬朗与凝重成为这个空间的主题，而透过天窗撒落在夯土墙上的三角形光斑，就像散落在时间长河里的历史碎片，随着阳光缓缓地流动。两个中庭内部都有契合各自空间意境的连桥与坡道，使展厅在水平和垂直的两个维度被串联起来，参观交通便捷，同时使展厅空间与中庭公共空间的联系更为紧密。

6 内景与外境

室内的材料逻辑依旧延续室外的“土木”情怀，与相对低调的建筑外表相比，建筑的室内设计更加体现了对当代技术表现的向往。设计对公共空间提出了“室景”的概念，即同一个空间里在不同角度形成不同的空间“景像”，恰如中国园林的步移境异。日光下的连续坡道成为空间控制的有力工具，同时也明确了人的参

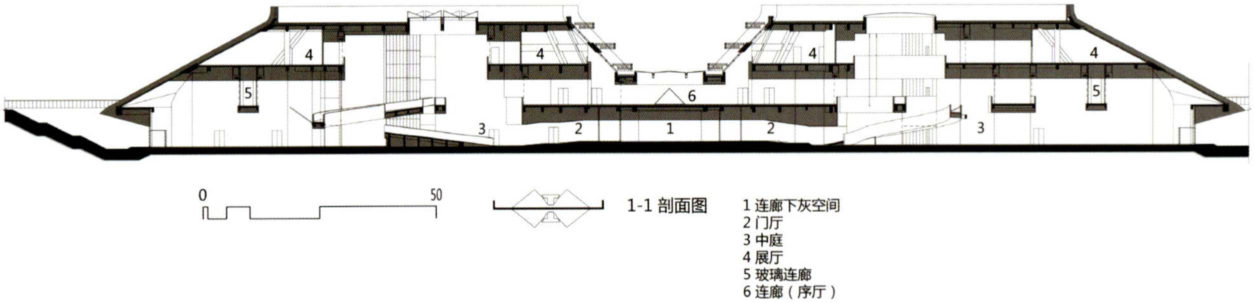

东西展厅连桥剖面示意

南立面连桥正负三角窗

连桥上的三角窗与青冢对应

连桥上的三角窗与中轴对应

建筑西侧入口

建筑景观一体化设计

建筑景观一体化设计

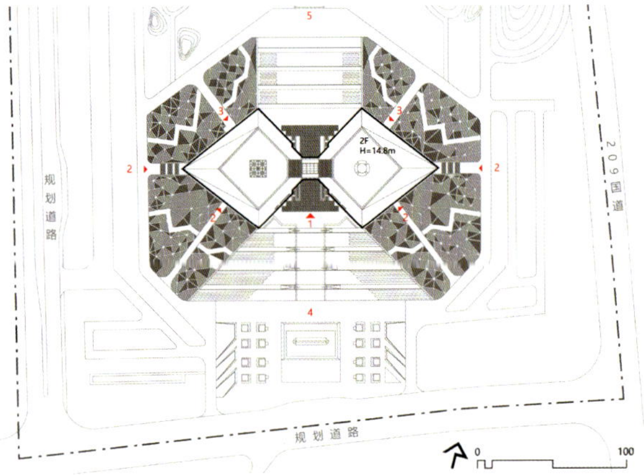

建筑与景观总图

建筑与景观航拍

观流线和导向。白色坡道采用钢索悬吊在屋顶的混凝土梁上，产生一种轻巧漂浮的失重感，与博物馆外部的敦实体量与粗犷材质形成的戏剧性反差，展现出设计的当代性。

建筑轴线处的“正负”三角窗贯通了景区的轴线景观，并给予了有趣的“画框”，它将建筑的内景与外景联系在一起。和两个巨大的建筑“土堆”相比，我们设计了更为广阔的外景。建筑通过下沉一层降低了整体高度，以一种谦虚的姿态弱化自我，建筑体量进一步通过切削、旋转和下沉，最终与场地融为一体。三角形的连续表皮由草植和仿夯土的混凝土面组成，建构了起伏不定的微观地形，将建筑的控制力弥散到更广阔的大地之上。博物馆新的“土木”谦虚地与两千多年前的青冢遗迹一同融嵌在苍茫大地之上。

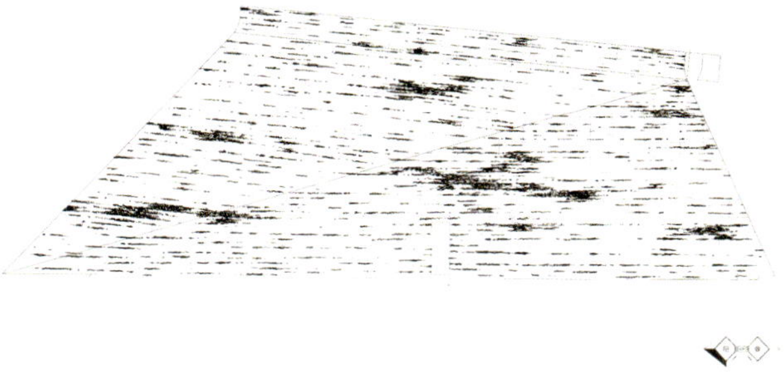

仿夯土的混凝土挂板肌理　仿夯土的混凝土挂板肌理　混凝土挂板夯痕整体展开图

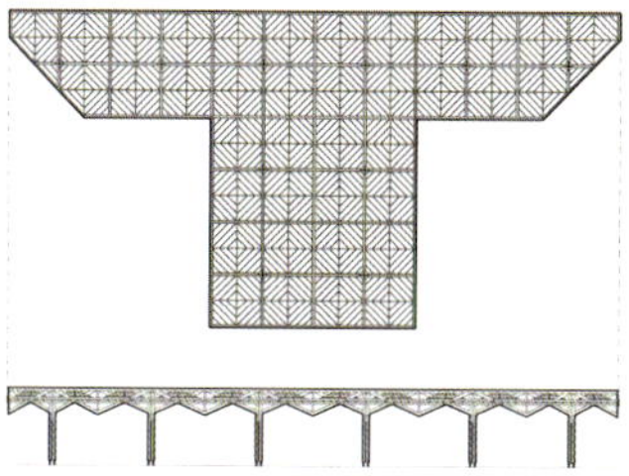

混凝土挂板施工照片　胶合竹材料建构的入口雨棚　胶合竹材料建构的入口雨棚　胶合竹材入口雨棚图纸

胶合竹材料建构的入口雨棚　胶合竹材现场装配照片　胶合竹棚架细部

7 协同与不同

当代工艺的现代性呈现往往是轻薄、高调和失重的，这并不符合我们设想的新馆与庞大沉重的青冢协同的初衷，因而我们在设计上采用了不同于现代建筑经典语言的方式，在近似没有手法的状态中让材料语言成为建筑的空间语言主体。黏土是一种冷胶凝性材料，而混凝土恰巧也是冷胶凝性材料，我们对此产生了兴趣。经年的风雨在夯土中留下的夯痕让材料具有了故事性，而我们凭借这些年对混凝土的工艺研究，意识到混凝土挂板通过模具和缓凝剂可以让其具有相应的特征，通过板缝的不处理方式暗示当代工艺的时代性。项目中我们采用了胶合竹材料作为“木”的对应，不仅因为材料的可循环性和木质外观，更是因为它优于木材的力学性能。宽大的室外雨棚完全由受力结构形成，将材料受拉性能好的特征直观表现于形式上。节点设计我们并未采用古法的榫卯结构，而是采用当代的金属角接件栓固方式。通过设计，大量的金属角接件并未显露，表达着我们对传统木工艺的敬意，也是求溯当代工艺的机巧所在。

8 可持续建筑策略

为适应内蒙古当地的严寒气候，建筑设计充分考虑了节能因素，简洁的建筑体量使其体型系数相对更小，最大限度地减少了建筑冬季耗能。内蒙古夏季清凉，两栋建筑连廊下的穿越通道不仅是视线通廊，也有利于建筑局地风环境的优化。建筑在南、东、西侧局部设置节能玻璃窗，并增设胶合竹材质的格栅遮阳，为大厅及部分展厅引入自然采光，并最大限度减少了建筑能耗。主体建筑材料均由工厂预制，采用预制装配式施工方式，现场快速拼装，施工周期短，现场湿作业少，最大限度减少了建造过程中的污染。

西侧竹钢遮阳下的展厅空间

9 区域激活与提升

作为一个介入文物保护区的新建博物馆，设计以极强的历史责任感，将设计任务延伸到对整个遗址公园整体空间序列的改造提升上。从宏观和区域视角入手，从历史文化与地域特点出发，从遗址公园场地分析入手，通过审慎的建筑空间处理和创新性材质的运用，很好地处理了与历史遗迹之间的关系，凸显了昭君青冢的纪念性主题。对文化遗产的尊重和对园区的重塑激活了整个社区，把历史遗存和当下生活有机地融合，提升了遗址公园的整体文化品味和旅游品质，对带动地方旅游和经济发展起到了积极作用。

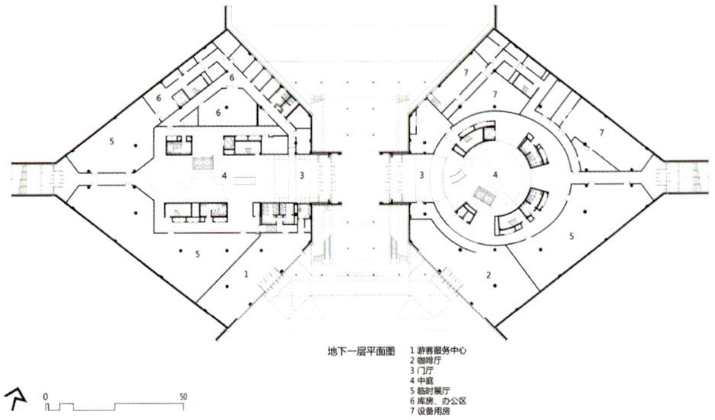

地下一层平面图

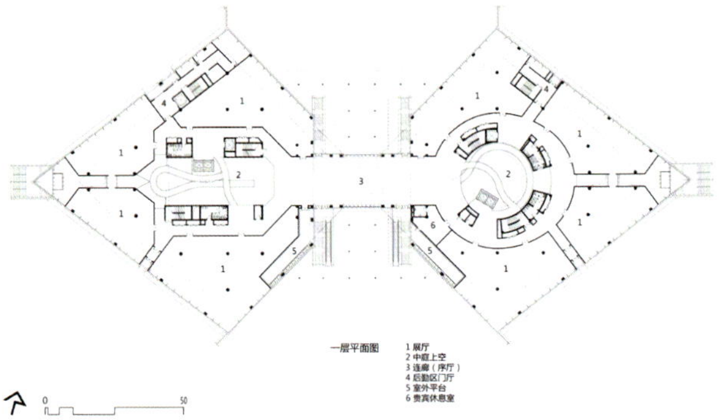

一层平面图

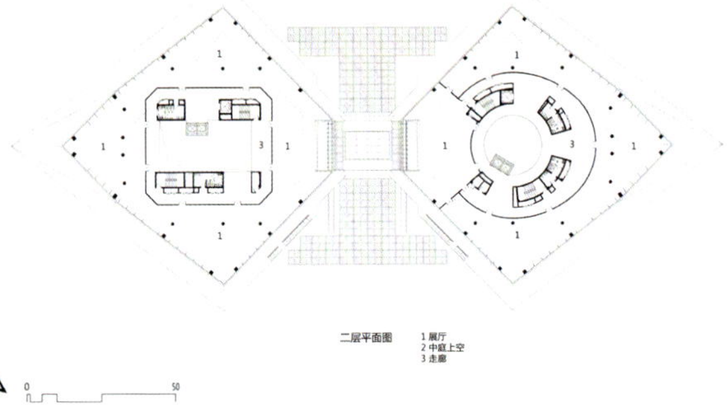

二层平面图

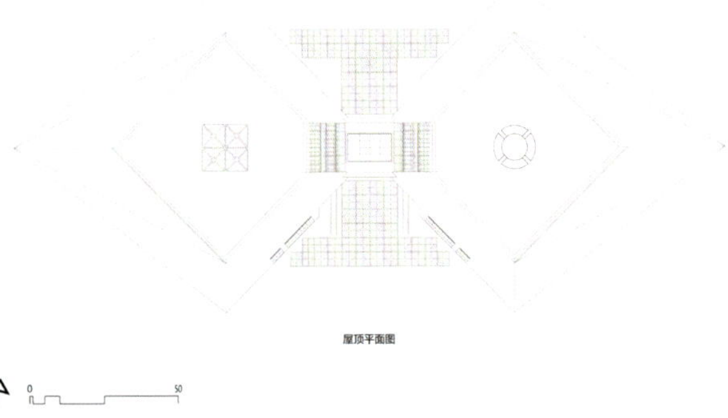

屋顶平面图

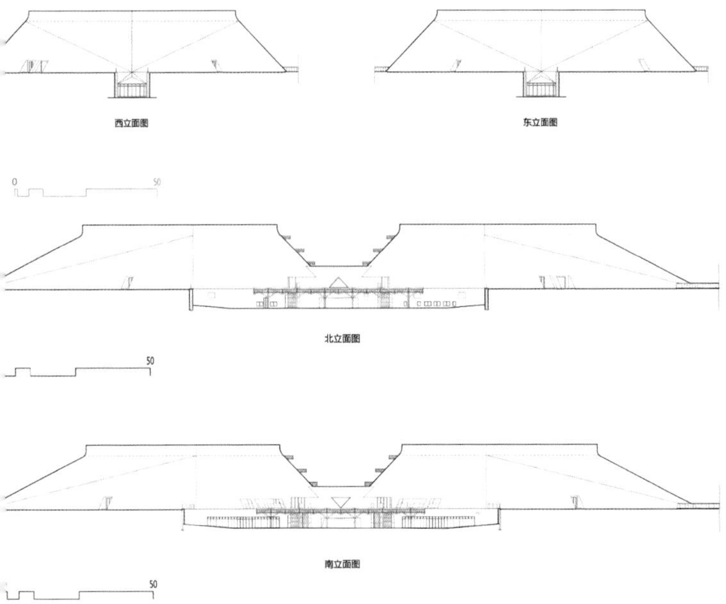

立面图

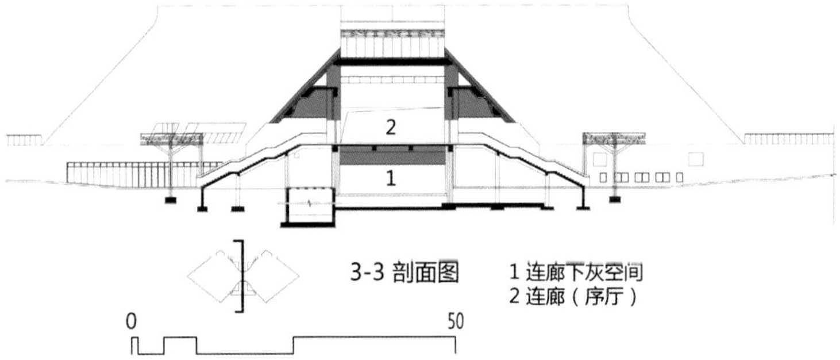

剖面图

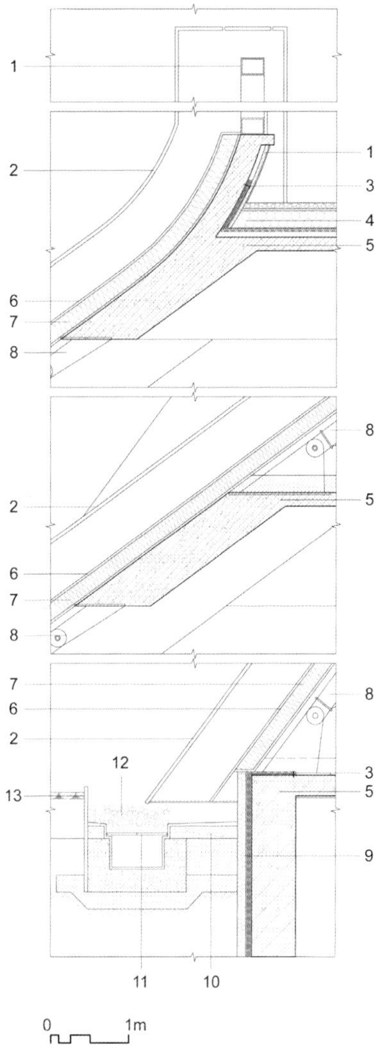

墙身大样详图

1 女儿墙钢架
2 仿夯土混凝土挂板
3 防水收头
4 屋面保温防水层
5 钢筋混凝土梁、楼屋面板
6 直立锁边屋面
7 保温层
8 钢结构鱼腹梁
9 地下室外墙保温防水层
10 暗埋式混凝土散水
11 金属排水沟
12 散铺白色卵石
13 3-5厚收口钢板

墙身大样详图

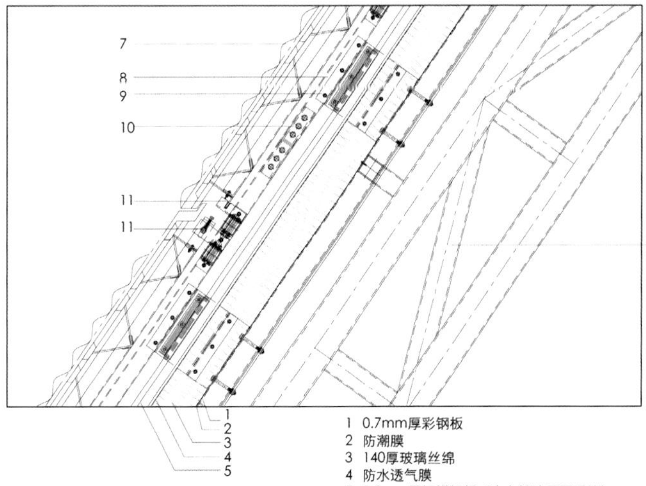

挂板安装节点详图

0 1m

1 0.7mm厚彩钢板
2 防潮膜
3 140厚玻璃丝绵
4 防水透气膜
5 0.9mm厚铝镁锰板（直立锁边屋面系统）
6 钢结构鱼腹梁
7 仿夯土混凝土艺术挂板
8 挂板钢架龙骨
9 龙骨固定件
10 龙骨连接件
11 挂板上下挂件

挂板安装节点详图

UCCA 沙丘美术馆

建筑 + 室内设计：OPEN 建筑事务所

主持建筑师：李虎、黄文菁

地点：河北省秦皇岛市

设计时间：2015—2018年

甲方：阿那亚

运营方：UCCA 尤伦斯当代艺术中心

设计团队：周亭婷（项目建筑师）、王萌萌、胡伯骥、方冠颖、Joshua PARKER、卢笛、林碧虹、叶青、史程昱、贾瀚

合作设计院：建研科技股份有限公司

照明顾问：清华大学建筑学院张昕工作室

建筑面积：930平方米

功能：展厅，接待厅，咖啡厅，室外展览，观海平台

设计概念

在中国北部渤海湾昌黎县一段被称作黄金海岸的沙滩上，OPEN 设计了一座消隐的美术馆，如同藏于沙丘之下的神秘洞穴。

海岸沙丘是特定的地质条件下经历了漫长的时间累积和风沙推移而自然形成，并被原生低矮灌木深扎的根系固化下来的生态系统。沙丘是海岸地区的天然屏障，也是生物多样性的保护基地，但同时也非常脆弱。将美术馆选址于沙丘之下，既是对自然的敬畏，也是一种保护：因为沙丘美术馆的存在，这片沙丘将永远不会人为“被推平”，从而维护了千百年累积下来但也十分脆弱的沙丘生态系统。

建筑师尝试在沙丘里“挖掘”创造出形态各异又互相连接的一些“洞穴”——这也是人类最原始的居住形态和最早的艺术创作场所。一系列细胞状的连续空间，构成了沙丘美术馆里丰富的功能，包括大小形态各异的展厅、接待厅和咖啡厅等。

沙丘鸟瞰

室外展览平台

建筑的主入口是嵌入沙丘里的一个隧道般的洞口。经过长长的、幽暗的隧道，进入一个圆顶有柔和天光的接待厅，然后空间豁然开朗——人们步入中央展厅，那里，一束光线从高高的穹顶上倾泻而下，光线在墙壁地面间跳跃折射，空间弥漫着静谧而神圣的精神光辉。

从沙丘美术馆内部看海，透过不同的洞口、在不同的时间里，大海都是不一样的风景。一部通往沙丘顶部观景平台的螺旋楼梯，引领人们从洞穴的暗处循着光线拾级而上，直到突然置身于天空与大海的广袤之间。在永恒的沙与海之间，建筑营造了一个隐匿的庇护所，将人的身体包裹其中，聆听自然与艺术的回响。

沙丘美术馆复杂的三维曲面壳体，是由秦皇岛当地擅长造船的木工，用木模板等小尺度线性材料手工编织出的模板定型，并用混凝土浇筑而成。建筑师保留了混凝土壳体上留下的不规则甚至不完美的肌理，让手工建造的痕迹可以被触摸、被感知。除此之外，沙丘美术馆里突破常规形态的门窗、接待台、吧台、卫生间洗手台均为手工打造，甚至连咖啡馆的8张桌子也由建筑师依照各个展厅不同的平面形状而设计定制。

这座美术馆不仅在形态上与自然融为一体，其建造体系中运用的一系列节能措施，也尽可能地实现了建筑的可持续性。由植被和沙土覆盖的屋面大大降低冬夏两季的能源负荷；各个朝向不同、大小不一的天窗为美术馆提供全天候的自然采光；低能耗、零排放的地源热泵系统代替传统空调，为艺术空间提供恒温恒湿的室内环境。

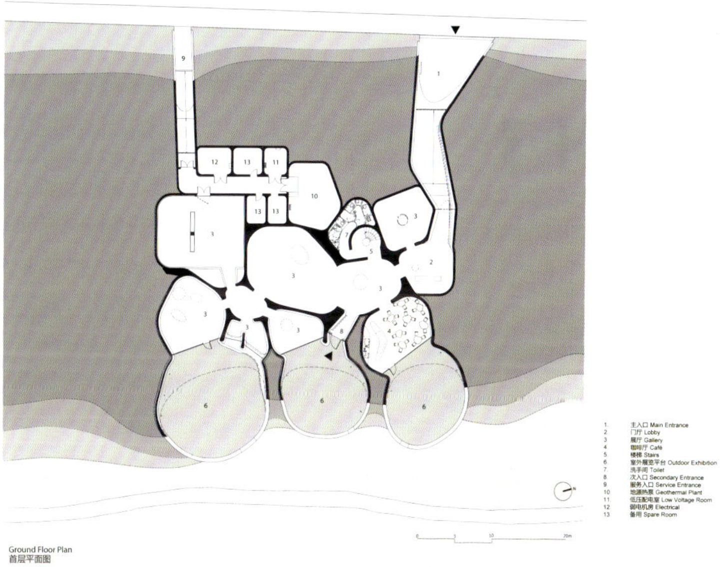

首层平面图

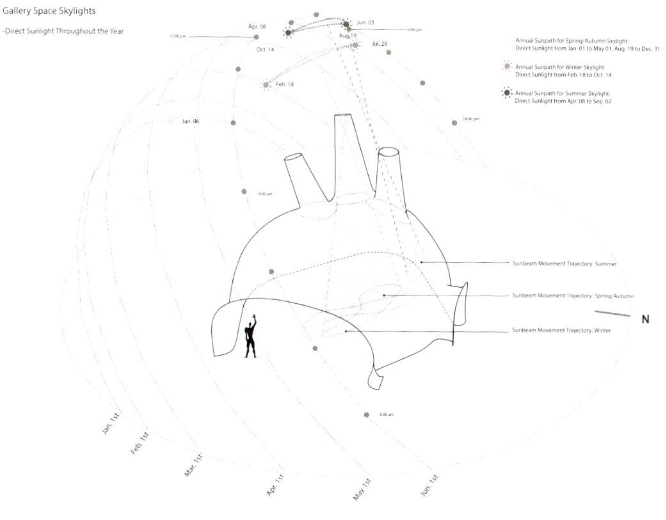

太阳轨迹析图

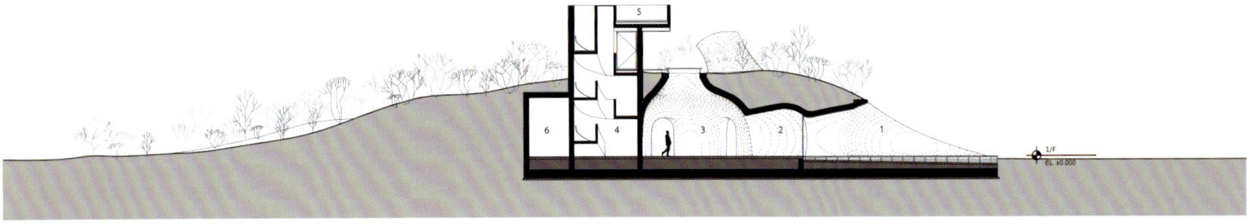

1. 室外展览平台 / Outdoor Exhibition Terrace
2. 次入口 / Secondary Entrance
3. 展厅 / Gallery
4. 楼梯 / Stairs
5. 观景台 / Viewing Platform
6. 洗手间 / Toilet

0 1 5 10m

剖面图 A-A

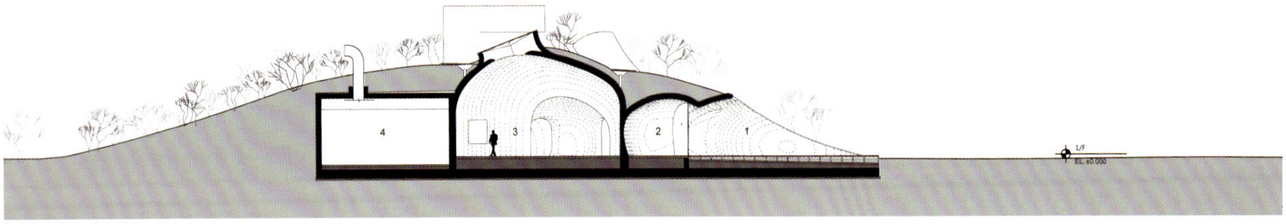

1. 室外展览平台 / Outdoor Exhibition Terrace
2. 展厅 / Gallery
3. 展厅 / Gallery
4. 地源热泵 / Geothermal Plant

0 1 5 10m

剖面图 B-B

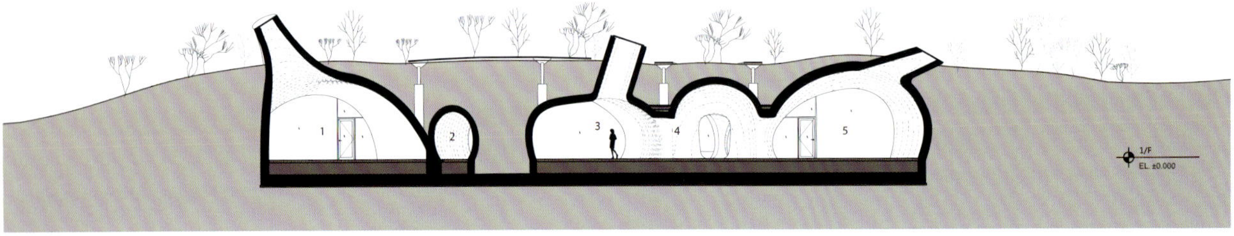

1. 咖啡厅 / Café
2. 次入口 / Secondary Entrance
3. 展厅 / Gallery
4. 展厅 / Gallery
5. 展厅 / Gallery

0 1 5 10m

剖面图 C-C

屋顶看海平台

天窗

朝向大海的洞口

咖啡厅

螺旋楼梯

主展厅

螺旋楼梯

展厅天窗

南京艺术学院——砼展厅

设计单位名称：上海中森建筑与工程设计顾问有限公司

主要设计人员：张男、张晓远、孙晓、欧仁伟

地点：江苏省南京市鼓楼区

设计时间：2016年

竣工时间：2019年

建筑面积：560平方米

占地面积：155平方米

摄影：Aurelien Chen（陈梦津）

整体形象 1

整体形象 2

从2016年冬到2019年夏，我们花了两年半时间在南京艺术学院46号宿舍楼前整理出一片小广场，改造并扩建了一个两层的混凝土小房子，上层用来展示“古油画修复”，下层作为“古瓷片研究”展厅，因其材质，因其功能，我们叫它“砼展厅”。

拱形幕墙

光井展厅

拱下走廊

从立面看拱廊

古瓷片与古油画一中一西，兼具历史感与艺术性，如此宏大主题，所幸面积有限，背靠宿舍又临近书店咖啡馆，给了我们“避重就轻”，不慌不忙做一个雕塑外表、内里纯净的小房子的机会。我们从南京城随处可见的拱门和灵谷寺无梁殿获得灵感，采用双拱并置形成初步格局；又以营造社区化氛围为目标，二层连接原有联桥，并在双拱中拿出一跨做成室外，对外打开，可停可行；接着我们利用内拱板的反弧，拉通了一个有天光的通高空间，为两层主题提供对话的可能。

建筑本身不难，但与宿舍楼既有结构的关系、有限面积的利用、新旧连接的构造措施反而成为论证的焦点。可我们又明白，改造的真正要点不在于此，而在有分寸、有意识地延续校区艺术生活氛围，激发师生交往碰撞。事实上整个南京艺术学院坚守原址逾60年，面积虽小，但新老建筑交融，更新有序有机，因地制宜，靠的便是“见缝插针”“螺蛳壳里做道场”的策

弧形天井

弧形楼梯

弧形墙面

夜景

古油画修复室交流中心

古油画修复室前厅 1

古油画修复室前厅 2

加建钢梯 1

加建钢梯 2

略和信心。

细心观察“砼展厅”，能发现藏在外拱内壁的特殊质感的混凝土肌理，这种由碎木片随机散落压实成的特质模板浇注出的效果，既暗喻了油画的笔触和古瓷碎片，又带给置身拱下的人以某种安全感，尤其夜里暖光亮起，有种说不出的温柔。

为避让院子一侧的香樟，建筑一角做了弧形退让，沿此弧墙背后的楼梯上行，抬头可见一弯天光，伸手几乎碰到大树的枝叶。借用王澍老师朋友向他发问的句式：这么多树里，你知道这棵树是什么时候出现的吗？

是在这座小房子完成之后。

2020年迪拜世博会中国馆

项目负责人：黄文龙、韩勇炜

方案创作：韩勇炜

建筑设计：韩勇炜、戴文、董予未、王博文

设计单位：中国中建设计集团有限公司

建设地点：阿拉伯联合酋长国，迪拜

设计时间：2018年11月

建筑面积：6000平方米

占地面积：4636平方米

总平面图

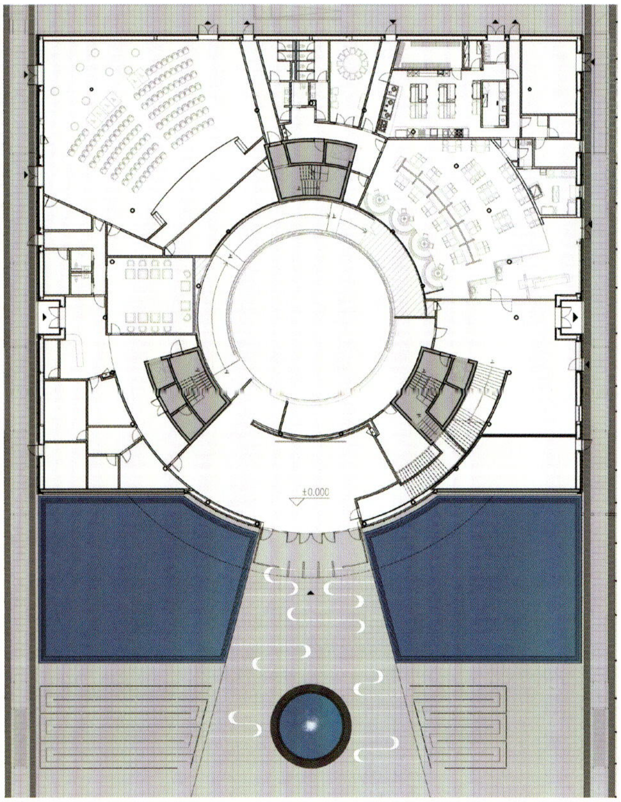

一层平面图

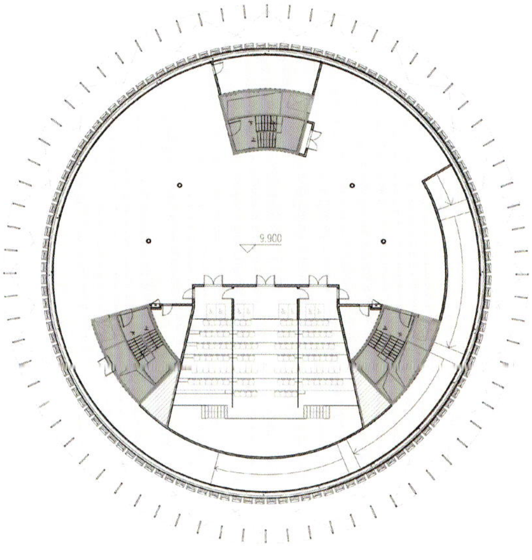

二层平面图

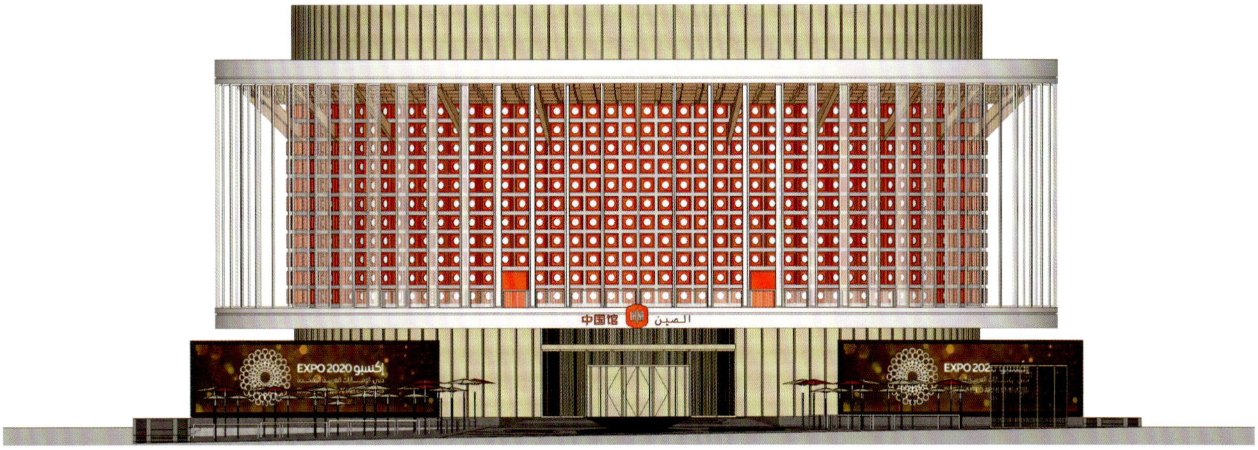

西立面图

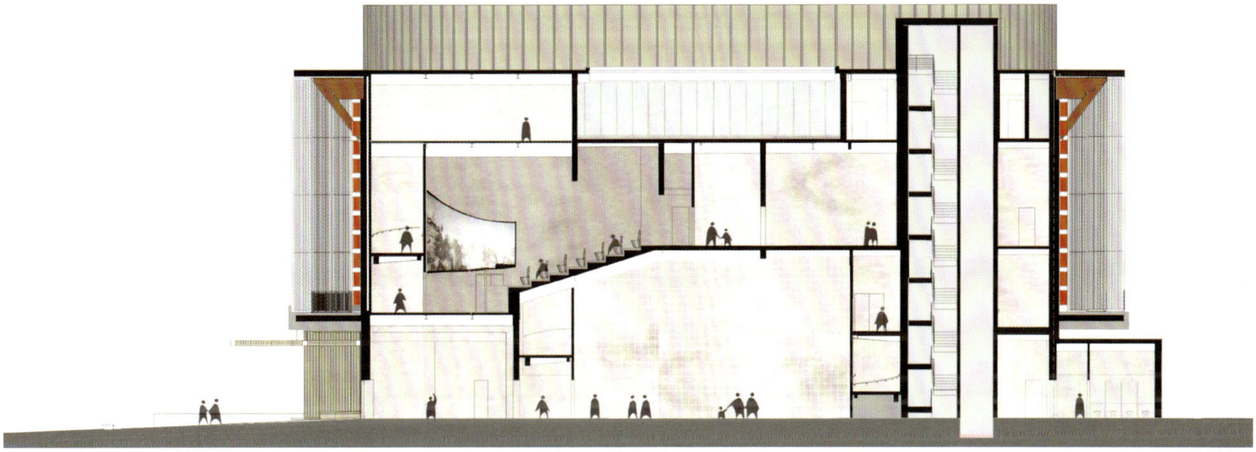

A-A 剖面

瞬息万变的时代，世界从来没有像现在这样需要更紧密地联系在一起。如何“沟通思想，创造未来”，成为2020年迪拜世博会的主题。中国馆以“构建人类命运共同体——创新和机遇”为主题，展现中国在信息、通信、人工智能、宇宙探索等领域的宏伟目标、伟大实践、最新成果和卓越贡献。

建筑以“华夏之光”为设计概念，借中国传统器物“灯笼”之形，寓意“祥和、欢庆、团聚、美满”，更象征着光明与希望，好似“构建人类命运共同体”道路上的一盏明灯，为全人类充满机遇的未来指明前行方向、照亮美好前程。

中国馆力求打破西方普世现代建筑观念束缚，寻找中国文化精神，探索现代科技与传统文化的契合。建筑设计中引入中国传统文化符号，通过简化、演绎的设计手法，使参观者随时随地感受到中华文化的深邃与厚重。浑然一体的立面设计彰显大国的包容性；约13米通高的金属拉线百叶片，既轻盈又刚劲有力；红色矩阵立面更象征着中国人民万众一心的态度和决心，1000多个模块，均采用最新的影像显示技术，形成完整的360度“裸眼3D”展示界面。富有韵律的整体设计手法，表达了由简至繁，由繁入简的美学价值观，同时依托多媒体技术手段将展示功能由内而外渗透到建筑的各个空间，彰显“一眼中国”的中华文化自信和大国风范。

中国馆建筑面积约6000平方米，地上三层。展示空间围绕“探索与发现”“沟通与连接”“创新与合作”“机遇与未来”等四大部分，重点展示我国科技和信息通讯领域的发展成果，包含“北斗”、高铁、5G、智慧城市、人工智能等丰富的展项。观众由入口进入展厅后，沿顺时针方向参观，各层空间通过坡道相连，做到完全的无障碍观展，主展区分布于首层、夹层及二层。展线以二层的“5D”影院为结尾，观众观影结束后经由建筑外环廊及步行楼梯下降回至首层，并可选择进入临展区、售卖区、餐厅等空间。

2020年迪拜世博会中国馆，是一次充分体现中华民族文化自信的大胆尝试，同时也是一次中国传统文化与现代科技完美结合的经典案例。

溪流上的建筑

景德镇三宝蓬陶瓷设计中心

建筑方案设计：曼景建筑

主持建筑师：吴海龙

建筑施工图：武汉卓尔建筑设计有限公司

室内方案设计：曼景建筑

景观方案设计：曼景建筑

景观顾问：瑞拓设计

项目地点：江西省景德镇市三宝村

项目业主：景德镇正源文化产业发展有限公司

设计团队：吴海龙、赵林、李三见、唐程颖、苗梦娜、卫犇、郭思博、程孟雅、毛广知、李诗慧

项目功能：展示、办公

建筑面积：1027 平方米

摄影：陈颢、田方方、曼景建筑

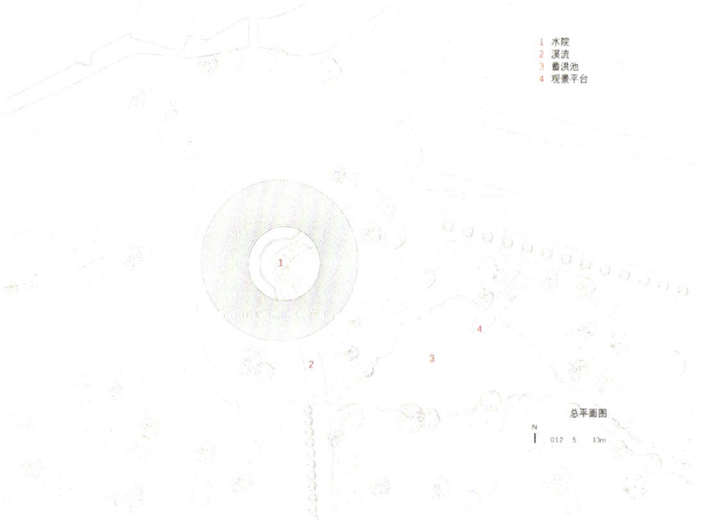

总平面图

西朝坞山谷中的一块野地

溪水漫溢，地势起伏，草木杂生

建筑犹如漂浮于水面之上的匣钵

景德镇艺术聚落坐落于江西景德镇三宝村西朝坞的一个山谷中，曼景建筑完成了整个艺术聚落的总体规划以及其中四组建筑的设计，陶瓷设计中心便是其中之一。建筑形如圆月，漂浮于水面之上，故称作水月馆。

1 质胜文则野

西朝坞的山谷算是一块“野”地，被周边溪流和两侧的山体限定出来，谈不上一等的风光，但也有溪水漫溢，地势起伏，草木杂生。“质胜文则野，文胜质则史”，对于这样的场地，理想的状态大概是保持和延续场地的野趣，并将其延伸至未来的空间、材料以及艺术家的生活方式中，正如中国书画中的“野意”胜于“精工”。

2 随形——地形、器形

水月馆选定的位置在山脚下的一条溪流转折之处。溪水两岸西高东低，溪流由南向北顺势而下。虽有地形水势，在周边的山谷里也甚是普遍。面对这簇小山水，我们希望最终的空间能够最大程度呈现它的野意。于是建筑以柔软身姿轻轻跨越溪

江西婺源思溪延村聚落

三宝蓬艺术聚落东侧鸟瞰

水月馆选定的场地

建筑跟随地形

流，匍匐于地表，用室内的高差再现原生场地的起伏，并以溪流的转折点为中心框定出内部的小院。它是人工化的自然而非全然的人造物——此为建筑跟随“地形”。

建筑整体的形态则来源于匣钵——烧制瓷器时用来放置瓷器胎体，以便隔绝火焰与烟尘的器皿。匣钵是盛放瓷器的“器之器”，相信在千年瓷都，这便是最直接有力的空间图腾——此为建筑跟随“器形”。

3 得景——内景、外景

“匣钵”安放于山水之间，内部的庭院截取了一个由绿竹、芭蕉和溪水构成的原生标本，框定出风云变幻、流水潺潺、树影摇曳——此为得内景。

在“匣钵”外侧，随地势起伏留取一条宽窄变化的水平缝隙，它将人的目光限制在这条缝隙当中；缝隙较宽的部位对应内部的公共区域，让人置身室内犹在乡野；缝隙较窄的部位对应内部相对私密的区域，给每个人一幅独特的风景。高度变化的缝隙展现出一幅跟随地势、可以用身体度量的全景图——此为得外景。

4 形影——虚实、时光

最初选择了匣钵的形态，其实是有些犹豫的。因为在山水之间放置一个圆形，给人的感觉可能太异质了；即便是圆，那也应该是个柔软的、不刻意的圆。

对于这样的形态，我们不希望它呈现出过多的当代技术

匣钵

溪上匣钵

并突兀在山水之中，况且涉及复杂精密的建筑技术，在当地建造也有太多不确定性。另外，匣钵表面凹凸斑驳也需要通过表皮得到再现。基于这两点考虑，我们决定将表面细分，并模糊它的精度。这样不仅可以避免以一个巨大而人工的建构体与自然环境相冲突，也可以降低曲面形态对于完成度的依赖。我们最终选择了锈蚀的铜片折弯形成的铜瓦，以钢索背挂形成“瓦帘”，作为建筑曲面部分的包裹。

虚实相间的立面在视觉上提供了一个多变的状态：在白天宛如一个肌理丰富且坚硬厚实的实体，夜晚经过室内光线的穿透又薄如蝉翼。铜瓦在自然环境下氧化缓慢，会逐渐显示出时间的印迹。最终，“匣钵”上布满铜绿，甚至将人工的存在消隐到自然之中。

建筑回应山形水势

5 灵感与自然的碰撞

水月馆最初被构想成一个可以容纳书店、咖啡馆、陶瓷展示和艺术家沙龙等功能的合集。它是当代生活与野趣的融合，是三宝蓬艺术聚落的客厅。

后来由于景德镇陶瓷设计中心的入驻，建筑功能发生了变化。当以新的空间需求重新启动室内设计时，我们对于建筑空间的基本构架和新的功能需求做了拟合，并激发出未来的使用场景。我们将随地表起伏形成的两个平台分为展示与办公区域，并将连接两个平台的台阶作为立体的展台和一个开放式的阶梯教室。两个平台和两段坡道形成了一个随地形起伏的圆环，圆环内外皆是野意的自然，这无疑给最终入驻的陶瓷设计师提供了一个灵感与自然碰撞的空间。

6 虽存野意，不绝烟火

安放在山水间的“匣钵”，以柔软的身姿贴附在地表之上；山间流淌而过的溪流，让整个建筑变成了一座跨越两次水面的桥梁；光影中斑驳的铜瓦表皮，如同保护色让建筑的形体隐匿在自然背景之中。“匣钵”的形态作为“器之器”，唤醒了潜伏在景德镇人内心中的图腾，成为当地的文化坐标。陶瓷学院的毕业生进入陶瓷设计中心开始了他们的职业生涯，周边的居民于傍晚时分围绕建筑在溪水边纳凉。水月馆已逐渐融入了当地自然与人文的环境，这种融入并非简单地与环境趋同，而是如同铜瓦的斑斑锈迹，最终自然地成为其中的一部分。

溪流水院

从室内看到的全景图

夜景

办公区和会议室

随地势起伏的水平缝隙 2

办公区

山水中安放的“匣体”

背挂铜瓦

背挂铜瓦细部

随地势起伏的水平缝隙 1

叠水穿越建筑

展示区

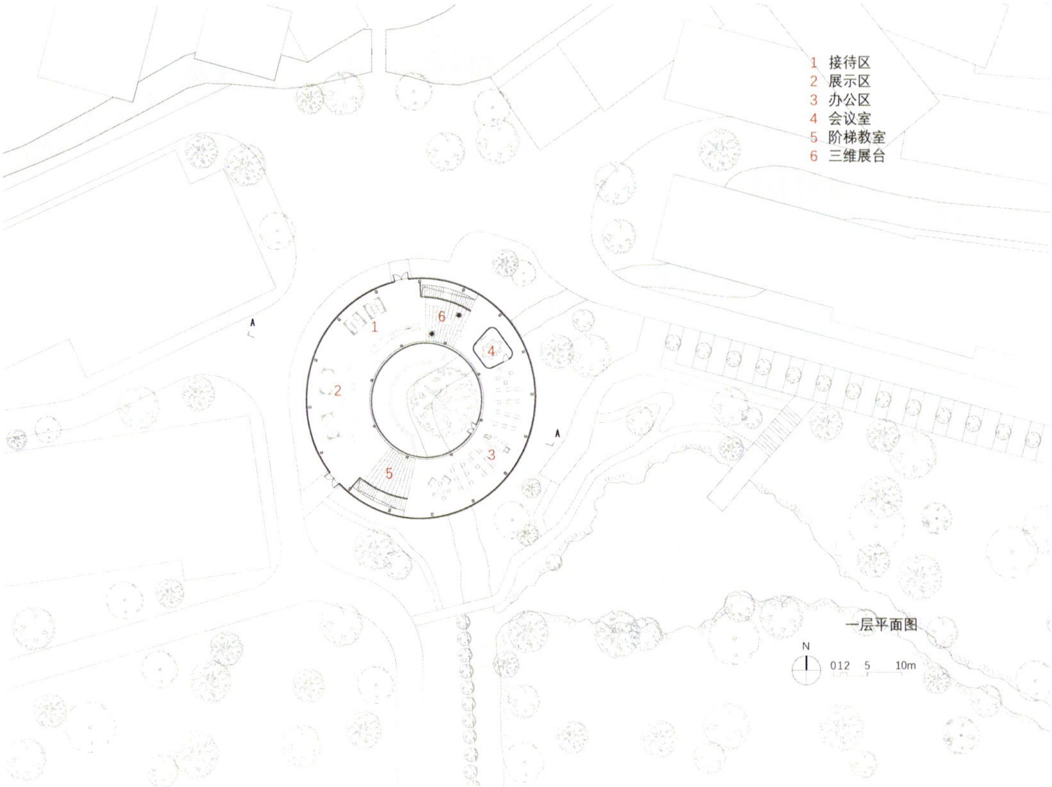

一层平面图

建筑的肌理和色彩融于环境之中

建筑贴附在原生地形之上

建筑室内外的使用者

建筑和场地原生树木

将场地上原有的鱼塘改造成的蓄洪池

广场遥望建筑

模型

黄昏鸟瞰

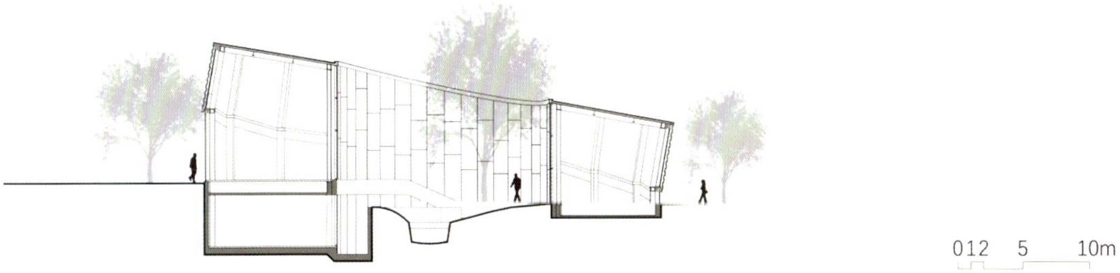

剖面图

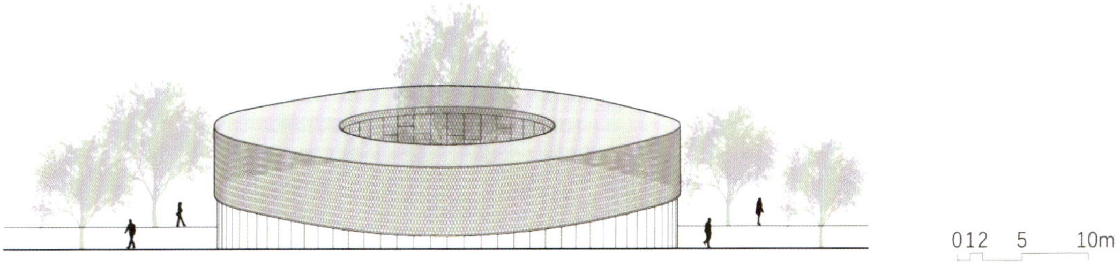

东南立面

腾冲景业高黎贡小镇“双檐宛月”展示中心

主要设计人：李鸣正、张睿、杜宇昂、郑森鹏

设计单位：深圳市华阳国际工程设计股份有限公司

设计时间：2018 年 3 月

竣工时间：2018 年 11 月

项目地点：云南省腾冲市

建筑面积：2000平方米

占地面积：4900平方米

摄影：华阳国际广州公司

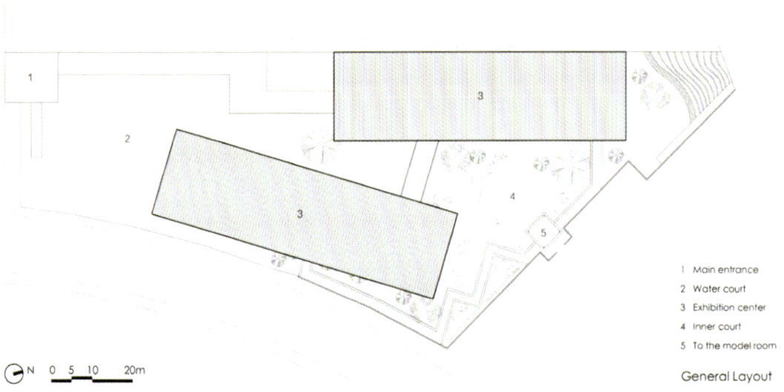

General Layout

“双檐宛月”生活馆位于云南腾冲，用地得天独厚，尽览环山美景。建筑设计从艺术大师吴冠中的名作《大宅》中受到启发，希望创作出体现东方建筑意蕴、集腾冲山水之美的独特作品，正所谓“双檐宛月一水间，环山揽园入画中”。

建筑由倚立的双楼组成，一虚一实，一阴一阳，相承相生。设计借鉴并创新演绎了中国传统建筑屋顶起翘飞檐的形式，南楼傲天，北楼接地，灵动柔美，轻盈飘逸。前庭设一池静水，将双楼、飞檐、幻天、山水倒映其中。此外，南楼与近景狼牙山的平行相对，最大限度地将葱郁翠绿的山景引入建筑，北楼与南楼轻轻拉开，留出视廊将远处高黎贡山的磅礴美景纳入其间。建筑后院借鉴江南古典园林，游廊环抱，古木水榭，春水满塘，如诗如画。

1 建筑理念

建筑设计从艺术大师吴冠中的名作《大宅》中受到启发，希望创作出体现东方建筑意蕴、集腾冲山水之美的独特作品，正所谓“双檐宛月一水间，环山揽园入画中”。本建筑的主要功能为展示空间，这一相对简单的功能为建筑师提供了更大的灵活性和可塑性，使其作为探索东方传统建筑语汇的现代演绎，展现自然、建筑与人三者的和谐共存的完美实验性作品。

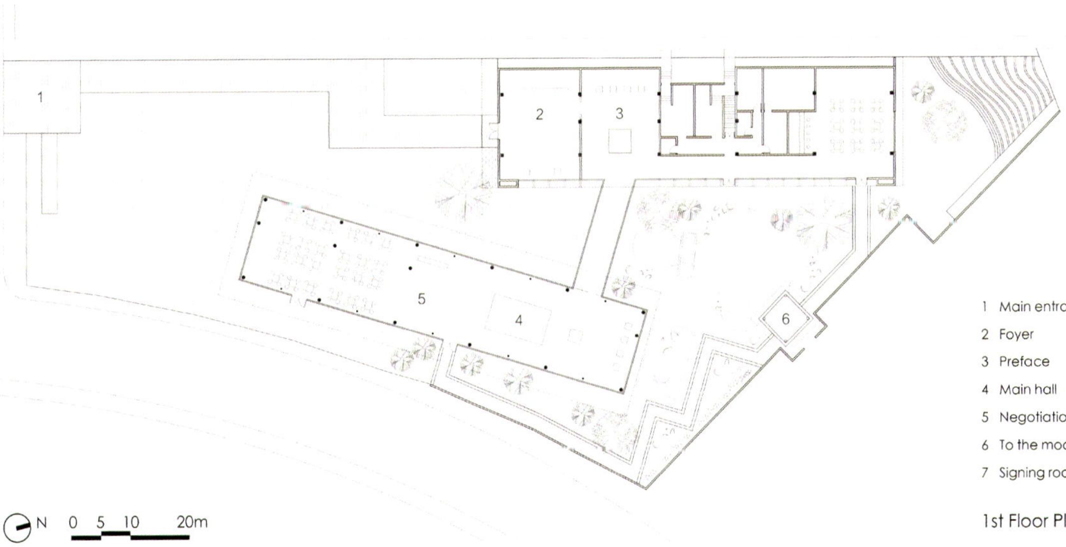

1 Main entrance
2 Foyer
3 Preface
4 Main hall
5 Negotiation area
6 To the model room
7 Signing room

1st Floor Plan

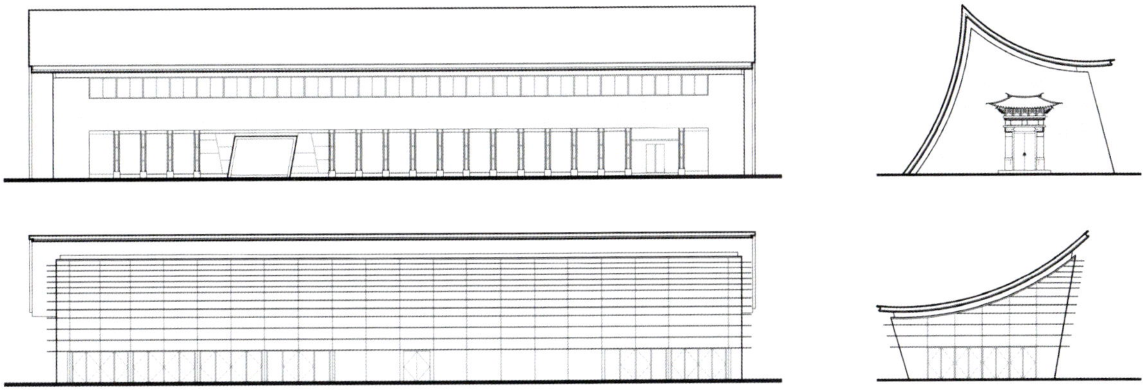

立面图

主厅立面

主厅百叶

主厅夜景

2 项目地址和设计分析

本项目位于中国云南省腾冲市，属高原型亚热带季风气候，冬无严寒，夏无酷暑，气候条件相对优越。场地北侧远眺壮丽的高黎贡山脉，东临葱郁的狼牙山和黑水河。在特定的气候条件下，日出前后会有水雾环绕场地，久久不散，颇为有趣。这种特殊的微气候条件，为设计一座讲求天人合一的新东方建筑创造了极佳的条件。

建筑由一虚一实两个建筑形体组合而成，两者微微分开并相互成一定角度，以适应各自相邻的道路和建筑群，并留出远眺高黎贡山的视廊。两座建筑的造型借鉴并创新演绎了中国传统建筑屋顶起翘飞檐的形式，南楼傲天，北楼接地，灵动柔美，轻盈飘逸，结合前庭环绕建筑的镜面水体、弥漫空中的晨雾和飘渺虚幻的远山，建筑仿如仙境一般。

主入口实景

入口正立面

建筑细部

3 项目详细说明

本项目注重建筑、室内和景观三方面设计的整体协调，希望共同打造出一个符合地域气候和人文特色的新东方展示建筑的创新范例。景观设计同时将江南古典园林的游廊环抱、古木水榭与现代简约的大片几何镜面水景相结合，将建筑空间的外部小环境与场地周边的山水大环境互相融合，尽得自然和人工之美。室内设计围绕新东方审美这一目标来营造，运用朴实简约的材料和手法，将建筑外部与室内空间有机地整合起来，虚实两个建筑空间各得其所，塑造了内外合一的新东方印象。

4 项目意义

本项目是一次将传统东方建筑意蕴、云南地域文化特色和现代功能空间需求三者相互融合的设计探索，充分展示了传统中国建筑元素和语汇只要通过合适的设计手段进行转译，将重新拥有强大的生命力和可塑性，并能最终创作出与气候、地理、人文和时代相适应的动人建筑。

5 创新领域

建筑形式语汇具有一定的创新性——分别象征“接地”和“傲天”的两组飞檐式屋顶造型的组合，很好地将中国传统坡顶建筑符号、云南民居的曲翘造型和作为建筑背景的高黎贡山神韵融合在一起，是强调天地人相合的东方建筑形式的新探索。

6 可持续建筑的细节

符合当地气候特点的被动式节能措施的应用，在需要充分引入自然景观的展厅空间使用了大量水平向百叶装置，既确保了建筑的通透性，又大大降低了阳光的直射，配合大量的可开启窗扇，使室内在云南当地气候条件下，获得良好的自然通风和遮阳隔热效果，全年空调的使用时长降至最低。

7 社会责任建筑的细节

该建筑落成后，便成为腾冲当地的旅游景点和特色建筑名片，并作为每年当地音乐节的举办场地，得到了当地居民和游客的认同和喜爱。这种同时兼具时代与地方特色的新东方建筑作品，正逐渐影响社会大众的审美共识。

8 使用单位资料和意见、经验

建筑所有者和管理者为景业名邦集团控股有限公司，主要使用者为当地参观游客。从相关管理者反馈的信息得知，此建筑已经得到了参观者和当地居民的充分肯定和欢迎，并成为当地的旅游景点和区域名片。

室内

主厅立面

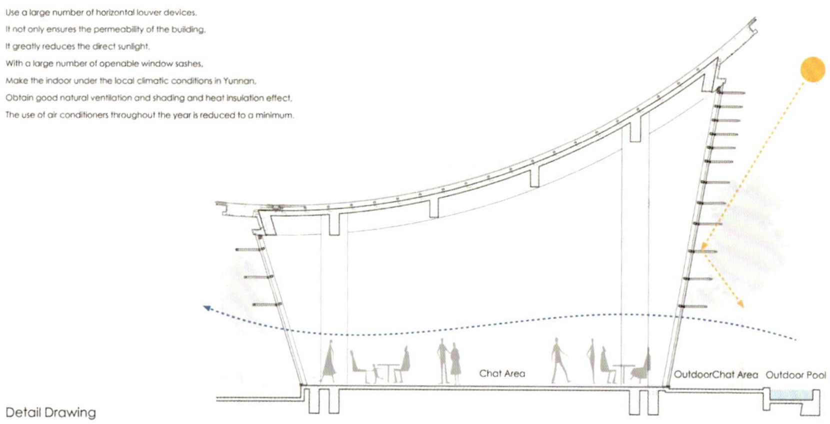

Detail Drawing

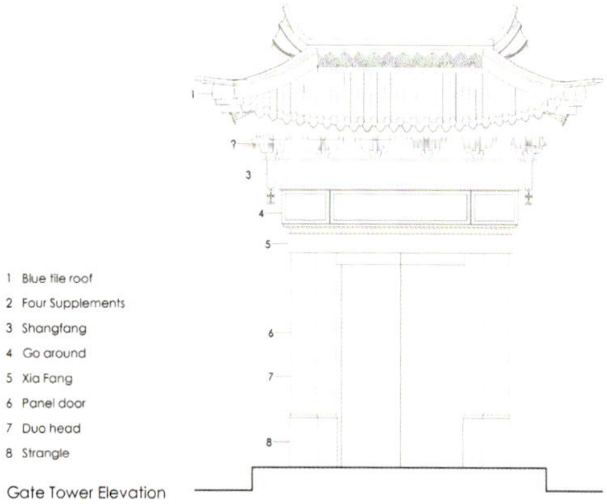

Gate Tower Elevation

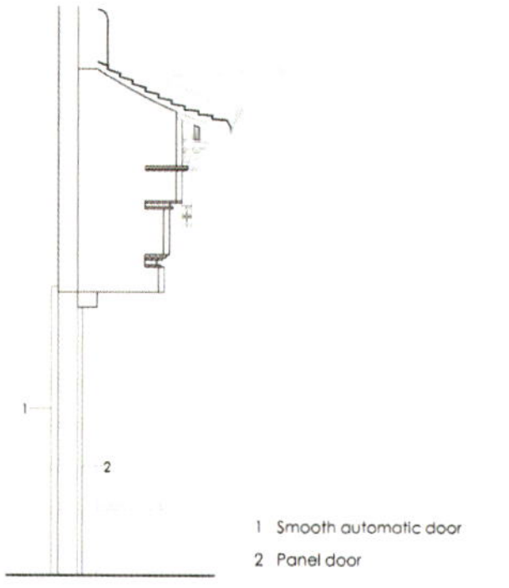

Gate Tower Section View

9 项目技术

项目充分考虑到所在地的施工技术条件，大量使用当地材料和相对普及成熟的混凝土结构施工方案，在满足节地节材的要求下，尽量缩短施工周期以减少对周边环境和居民的影响。

10 项目功能

本项目用地属性为商业用地，建筑的主要使用功能为商业展示空间。

11 项目造价

项目总体预估造价为300万美元，最终建设造价约为280万美元。项目建设周期为180天。

华润（北京）——橡树珑湾生活美学体验馆

建筑方案设计：张露秋、梁辰

建筑施工图：李默、宋西敏、王增志、刘凯、田林林、张之川

设计单位：弘石设计

项目地点：北京市顺义区

设计时间：2018 年 1 月

竣工时间：2018 年 9 月

建筑面积：600 平方米

占地面积：1600 平方米

1 开篇

外界媒体评论道："设计的本质应当是要超越美学的。无界住宅，融合之后是无界。"

当设计无界，其实意味着更多可能性。无界，先是跨越边界，再是用柔软的方式消除边界。无界，胜过所有力量的和，它打破规则，将所有的力量重新聚散再融合，释放的是更多的可能性。

橡树珑湾生活美学体验馆就是如此，设计师打破了传统售楼处的固有规则，跨越了建筑、景观、空间三者的边界，又借用流线型的曲线，流水式的分离汇聚将三者的边界渗透融合，创造出了新的可能性。

2 设计出发点

2.1“小而美”

城市中的自然，永远是一部最值得吟唱的诗。设计师希望把建筑变成一个媒介，让人们去感受到自然的存在。因此通过减法的手法，在方形的建筑内部营造出一个相对独立的内庭院空间，静谧内敛的中庭空间，成为园区视觉和精神的向心所在。

2.2“盆景式内景”

设计精致、品味优雅的内庭院，实现了室内外空间的延伸和渗透，在有限的场地条件内创造出了丰富的空间效果。自然光线透过中庭玻璃成为一处室内光源。四季更迭，光影变化，都像是被收集于这透明的景观容器内。

2.3“生活美学馆”

流线型的曲线内庭院与线性的室内空间相契合。同时通过玻璃幕进一步消解建筑的独立性，拉近人与自然的距离。整个建筑与内庭院完美融合，打造了“光在建筑中游走，人于美景中行走”的场景。

2.4“世外桃源”

自然场景化，场景艺术化，艺术生活化。以中心院落的景为脉络，以自然与艺术为切入点；通过实用性与纯粹艺术的结合，找到了生活、自然与艺术的边界，并且将其打破，重新排列组合，迸发出现代生活美学的哲学。

景观

“盆景式内庭”全景图

室内全景图

"生活美学馆"室内全景图

"透明的景观容器"

"透明的景观容器"室内

2.5 建筑材料的把控

建筑主体选材简洁，选用超白玻璃与白麻石材搭配。用精致的节点设计与细腻材料搭配，更多地发挥材料本身的属性，强化了轻盈的建筑特质。

3 结语

“橡树珑湾”在顺义紧扣“小而美”的主题，立下了一个具有美学特质的标签，虽不张扬，却生动通透。有节奏的控制，有光影的考量，有不多不少的点缀，像一股清泉般的存在于顺义的土地上。

我们用匠心、匠人、匠才的心态，希望能捕捉到更多细微的生活，关怀更多光影、四季与时间的故事。

未来科技城公园访客中心

建筑公司：BIAD 胡越工作室

主创及设计团队：胡越、郃方晴、吕超、项曦、王西西、江洋、刘扬、鲁东阳、张成、裴雷

项目地点：北京市昌平区

设计时间：2016 年 5 月

竣工时间：2018 年 6 月

建筑面积：874 平方米

摄影师：陈溯

合作方：北京市建筑工程装饰集团有限公司（室内设计）

客户：北京未来科学城置地有限公司

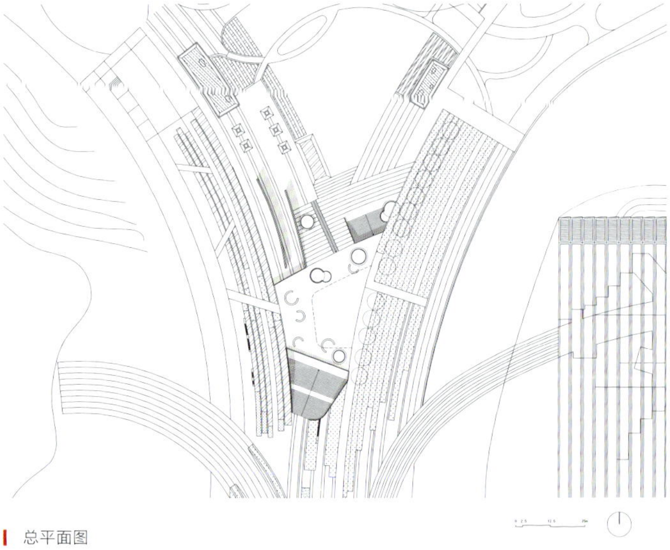

总平面图

项目位于昌平未来科技城公园入口广场中心区域。访客中心设置在入口广场平台之下，南侧为公园入口树形广场，北侧面向驳岸及公园湖面，西侧的树形平台向体育中心延展，东侧与展览中心遥相呼应。

本方案造型设计以现代、简洁的建筑语言结合传统中国园林意境为出发点，将建筑与景观巧妙、有机地结合起来，利用树形广场平台高差使整个建筑与环境充分融合，同时用起坡下沉等“隐”的方法进行设计，以减少建筑对环境在视觉上的冲击，使建筑成为景观的一部分，不可分割。立面材料用清水混凝土与玻璃幕墙进行对比，凸显简洁现代的建筑风格。

访客中心作为公园入口的附属设施，分成了两部分功能：东侧的 A 区设置了服务大厅、售卖、办公、清洁、储藏等功能；西侧的 B 区设置了公共卫生间、更衣淋浴、设备机房及园区弱电机房等设施。

A 区 B 区主要出入口均面向中间部分的通道，两道景观弧墙的设置将人流向北侧引导。A 区北侧面向室外庭院及南侧面向入口庭院分别设有两个作为疏散用途的次要出入口。B 区北侧通过景观弧墙的引导设置一个为后勤人员及公园健身人员使用的次要出入口。

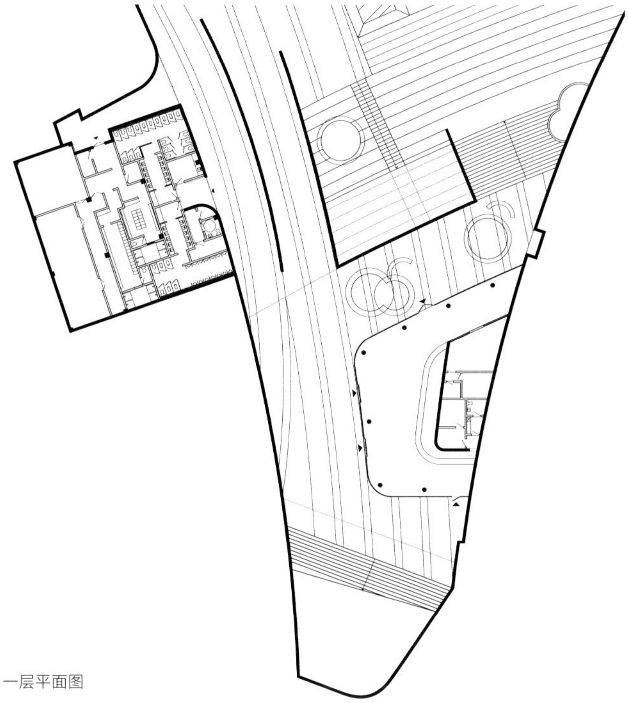

一层平面图

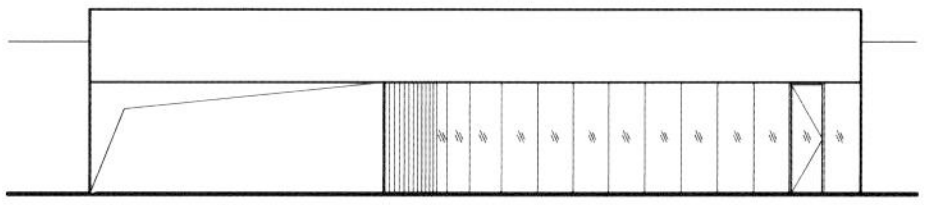

A 区南立面图

B 区南立面图

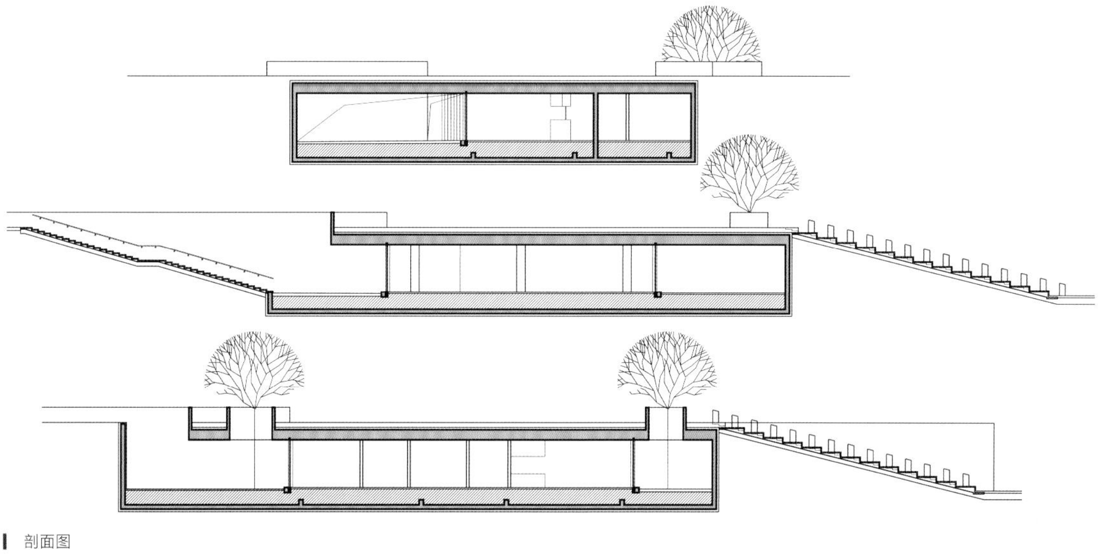

剖面图

后舍

建筑师：大舍建筑设计事务所

主持建筑师：柳亦春

设计小组：柳亦春、沈雯、邓睿、龚娱

结构工程师：张准、张冲冲

建筑层数：地上一层

项目地点：北京国家体育场（鸟巢）南广场

设计时间：2018年

建筑面积：160平方米

20世纪80年代以前的中国，由于居住空间紧缺，人们生活空间的集体性特征明显。沿走廊一字排开的厨房，公共的浴室和洗衣槽几乎就是如今共享空间的雏形。普遍窘迫的生活空间下，中国家庭之间却有着丰富多彩的邻里关系。80年代以后的住宅建设，为了获得更多的私有空间，公共空间被无限挤压，一梯两户的单元住宅导致邻里间几乎老死不相往来。近年随着互联网社交网络的兴起，人际互动忽然成为新一代日常生活的重要组成部分，人与人之间的关系正在重新定义，而不断迁徙的人群以及新技术所提供的可能也催生了新的社会条件下的日常生活并正在重新改写关于居住的含义。

China House Vision 中国探索家是由原研哉先生及其日本设计中心近年发起的有关居住空间的未来性探索活动，在日本已经成功举行了两届。它致力于推动建筑师和设计师与日常生活相关的企业合作，共同探讨未来家的可能。此次与大舍合作的企业是著名的阿那亚旅游地产开发企业，作为一家房地产开发公司，他们正在走出传统的房地产开发模式，转而将自己定义为未来理想生活方式的供应商。在他们开发的住宅项目中，不仅注重空间本身的建设，更重视社群建设。他们通过微信群和朋友圈建立社群关系，并以此管理社区空间。他们也看到文化与精神空间的塑造在社区营造以及对于作为个体的人的生活的重要作用。我们设想能通过这次“中国探索家”（China House Vision）的空间设计展，为中国当下居住空间的变化建立一个抽象的空间模型，它不再只与个人或单个家庭相关，而是能将社群空间纳入生活本身。

当下互联网、物联网对于人们生活的影响在很多地方已经超出了我们的想象，变化正在发生。然而越是在快速变革时期，人们对于过去的依恋也会加剧。事实上，居所早已成为人类身体的一部分。仔细观察，你会发现有关人类建造的深层结构几乎从未变过。从洛吉耶的原始棚屋到中国绵延四千余年的木构建筑再到密斯的范斯沃斯住宅，构成建筑的要素始终可以化简

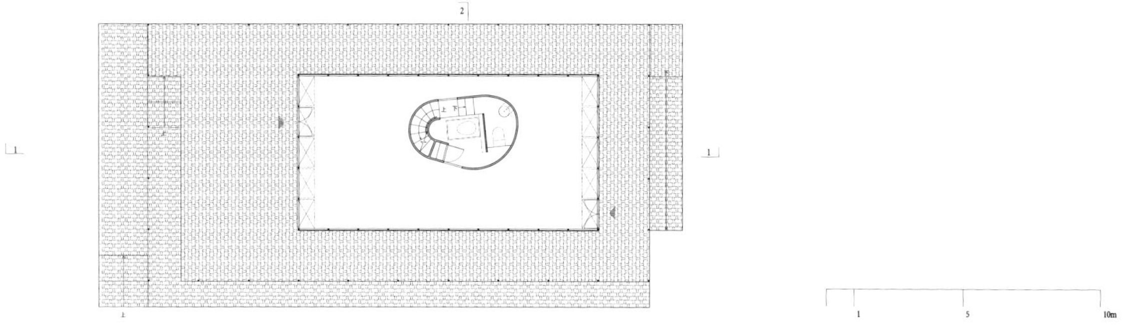
2
1
1
1
5
10m

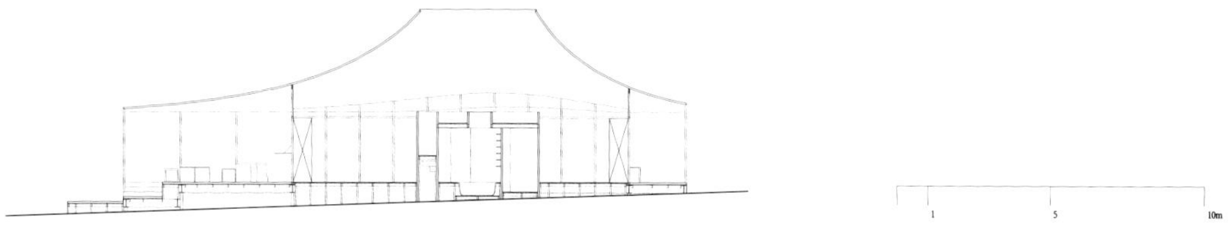
1
5
10m

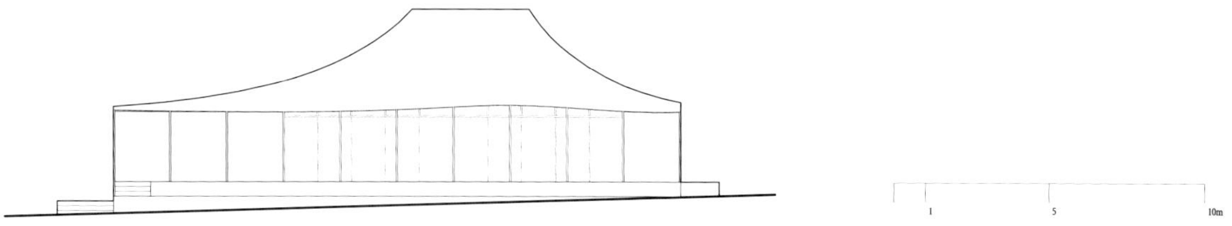
1
5
10m

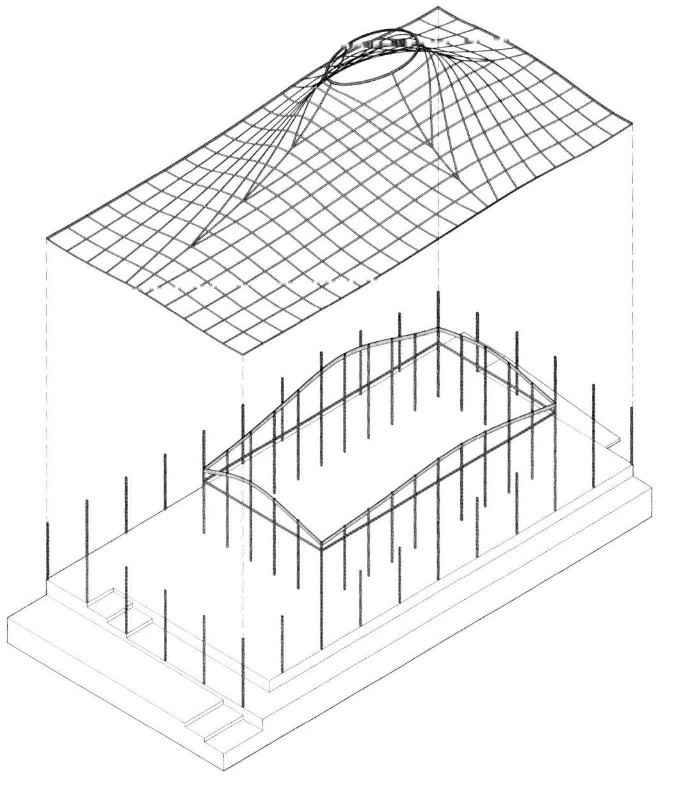

到构成汉字“舍”的三个部分：亼（屋顶）、屮（柱梁／支撑）、囗（基座／围墙）。在东汉许慎的《说文解字》中，舍，从亼（jí）从屮（cǎo）从囗（wéi）。“亼”是屋顶的象形，其意和读音同“集”，指人汇集于屋顶之下；“屮”是木构支撑的象形，其意和读音同“草”，有文献认为像大柱和横梁，而从它的形与音来看，更像是指作为竖向支撑的草木之形，有枝杈托举着屋顶，这也许也暗示了有关斗拱的来历。“囗”是台基和围墙的象形，其意和读音同“围”，明显是关于空间领域的限定了。古人将这三部分合为一字，一早就证明了房屋从下意识的建造发展到有意义的文字指代出现，已经是完成了关于建筑的概念了，它已经成为形式与意义的综合体，它的各个部分经历长期的生活与建造的理解，已然成为文化，既而作为一种以形式来理解的要素被记录下来并传递下去。很明显，人类建造的历史要比文字来得更为久远，“亼屮囗”，这三个要素的构成似乎已经可

以成为一种源隐喻(root metaphor),它可以跨越不同的文化而存在。本次空间设计就是这三个要素的极简演绎,它有着最当代技术下的结构——5厘米×5厘米的纤细方柱,5厘米厚的超薄屋顶形态就是荷载传递的形式本身——技术带来了形式的变化却并不曾改变那深层的空间构成。而生活的变化则被我们写在了建筑的"脸上",10个可换可变的家具盒子作为生活的功能空间被直接抵至生活空间的最外层,成为建筑围护的一部分,它暗示着当代生活空间日益增长的开放性。

它的空间分为三个由外而内的层次:开放外向的檐下空间、可开可闭的家具延展空间和最私密的卵形浴室空间。檐下和家具延展空间在白天可以是咖啡厅、拉面店、理发店、聚会点等,晚上关闭开放功能的折叠、翻出家庭功能的折叠就又变回了私密的家。生活所必需的家具设施集约在这10个有明确功能的家具盒内,它可以按照主人的喜好以及功能设想特别设计,也可以随着主人去到不同的地方。它是携带着主人特别性格和生活定义的家具,它同时也是一处邻里空间,正如"舍"字本身所携带的集体性——"市居曰舍"。

空间装置的英文名House ATO,ATO取与"亼中口"相似的形,在日文中又是"後(后)"的意思,以后的住宅,所以我们亦可称之为"后舍"。ATO也分别是Archetypal / Transformable / Open的缩写,意为原型的、可变的、开放的,这正是我们对以后的理想住宅的描述。这样的结合重新定义了当下时代的"市居",一个新的关于"舍"的定义:

一个开放的家,一个变化的家,

一个人们在此相遇的家,

一个前店后居的家,

一个你来我往的Air B&B或者Pop-up的家……

一个在当代变化作为常态的社会背景下

努力去寻找新的意义的家。

澄园

甲方：成都超越实业 + 澄园书画艺术博物馆

建筑师：齐欣

功能：博物馆、商业、酒店

项目地点：成都

设计时间：2012—2018年

规模：3万平方米

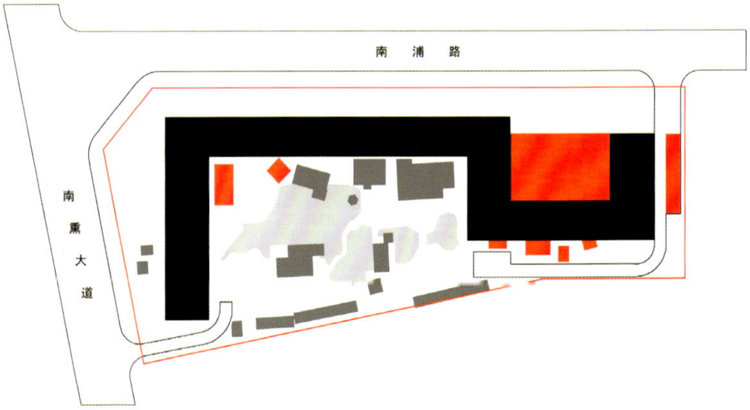

项目位于成都市温江区南熏大道三段702号。西临西南财经大学、成都中医药大学、成都师范学院、四川交通职业技术学院、成都农业科技职业学院和温江二中；南靠成都地铁四号线西延线二期“杨柳河”站；东望四川农业大学、新光三越、伊藤洋华堂、珠江国际和家乐福；北接成青快速通道（成都—青城山）距离成都市区12千米。

澄园旨在以文化艺术为介质，构建商业与文化共生的立体空间。在原有园林的基础上，由成都超越实业有限公司董事长陈志超策划，清华大学教授、法籍著名建筑师齐欣指导设计，成都澄园书画艺术博物馆及澄园逸境项目破土动工。新项目定位为以博物馆、园林景观、传统文化和时尚商业为核心的创意生活集群。项目占地面积约20亩，总建筑面积约3万平方米。

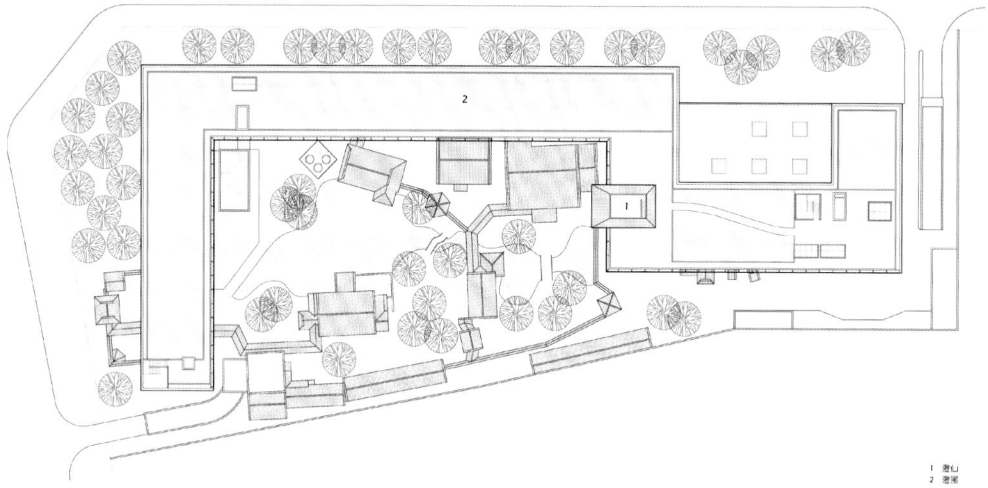

屋顶

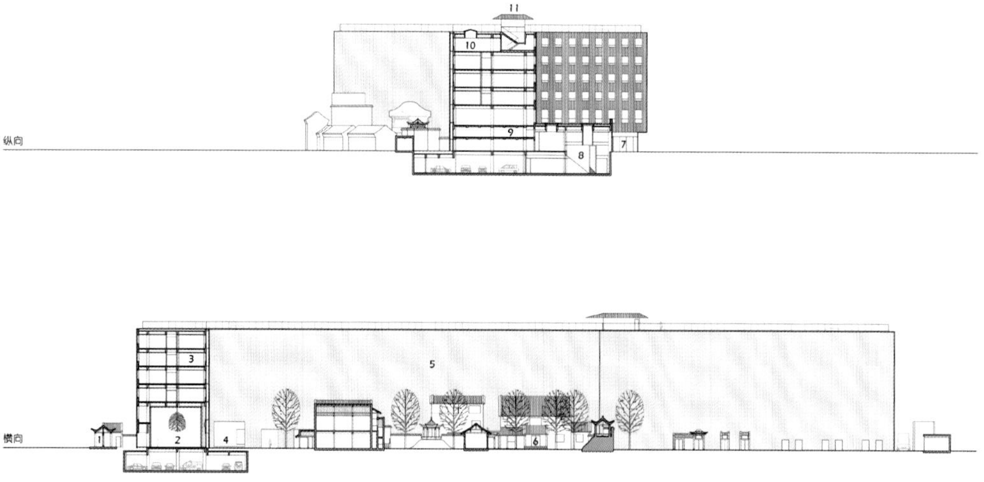

1 澄门 2 澄幻 3 澄窝 4 澄栈 5 澄墙 6 澄府 7 澄市 8 澄风 9 澄眠 10 澄野 11 澄仙

剖面

0 5 15m

北京周口店遗址第1地点（猿人洞）保护建筑

设计单位：清华大学建筑设计研究院有限公司

项目总负责：吕舟

工程负责人：崔光海

建筑专业：汪静、揭小凤、李京 、徐知兰

结构专业：马智刚、李增超、蒋炳丽

给排水专业：郭汉英、刘玖玲、王晶

电气专业：郭红艳、张微、汪昊天

项目地点：北京周口店

设计时间：2014年11月

竣工时间：2018年8月

建筑面积：3487平方米

占地面积：2878平方米

摄影师：董萌 、五季、高原 、高俊

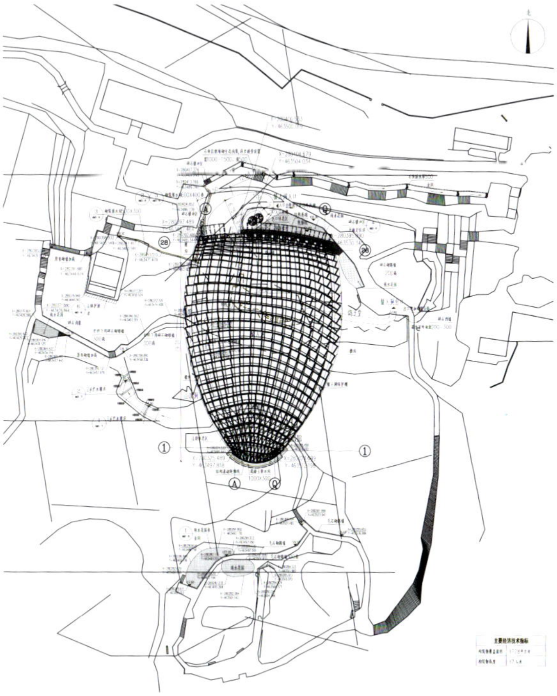

总平面图

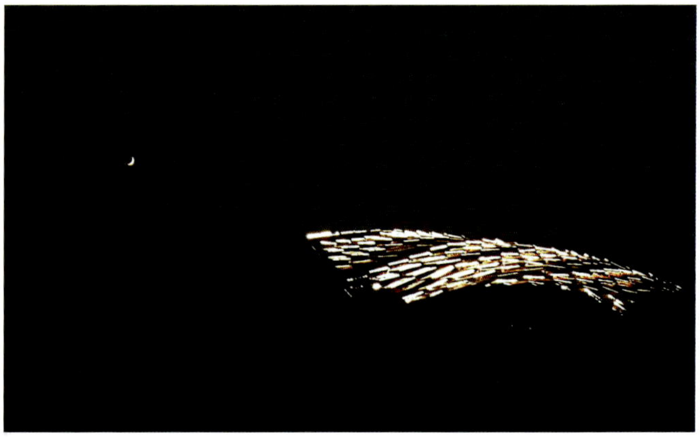

1 背景

通过近二十年的监测可以了解周口店遗址第1地点一直面临以风雨侵蚀为主要病因的一系列严重病害，如风化、剥落和失稳等。尤其是2012年北京“7·21”特大自然灾害期间，暴雨过后，洞底及西剖面发现有雨水迅速积聚后又消失的现象。后经物探勘察证明洞底存在大的溶蚀裂隙及破碎带，严重危害整体稳定性。

国家文物局于2013年8月将保护建筑方案报联合国教科文组织世界遗产中心备案；2013年11月收到国际古迹遗址理事会审核意见，同意实施该项目。

经过认真研究和反复推敲，于2014年11月完成施工图设计。2015年5月开始动工，历时三年，于2018年8月底通过竣工验收，并于2018年9月底正式对公众开放。

2 保护

保护建筑的设计目标是阻断雨、雪、冰雹，在不隔绝自然环境的前提下减缓风、温度、湿度等环境要素的剧烈变化，以实现稳妥、改良性的保护策略。

3 措施

保护棚遵守最小干预和可逆性原则，采用大跨度空间单层网壳结构，横跨猿人洞遗址，在南侧山顶及北侧山脚各设置一排落脚点。落脚点均选在敏感区域之外平坦岩层之上，不接触遗迹及其赋存岩壁，以此覆盖需要保护的最小面积。整体建筑施工全部采用场外预制场内拼接，最大限度降低施工期间对场地的干扰，也确保了可以倒序拆除，完整还原原始面貌。

4 融入环境

以现存山体等高线为线索，推导出猿人洞未坍塌前的山体形态，以此为基础得到保护建筑的整体造型，使新建筑从形态上与周围山体环境融为一体。建筑的外表皮为绿植屋面，按设计目标两年内可以成形，使其隐没在绿树丛中。内表皮抽象模拟山洞意向，向观众传递遗址地环境信息。

5 结构

保护建筑采用空间单层网壳结构，以不规则曲面覆盖3700余平方米，南北跨度77.5米，东西跨度54.5米，结构落脚点高差30.7米，最大高度35.7米。

6 构造

采用双层表皮，形成温湿度等环境因素变化的缓冲层。内外表皮叶片由参数化计算自动生成，叶片搭接紧

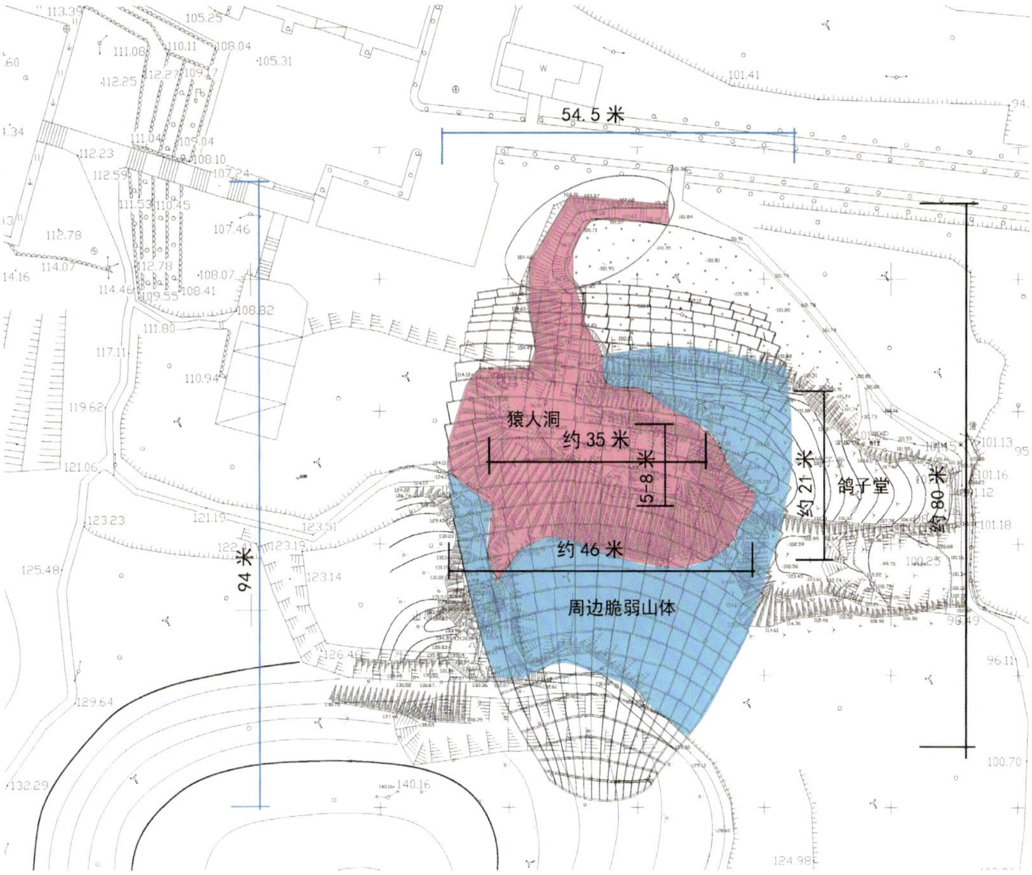
54.5 米
猿人洞
约 35 米
5-8 米
约 46 米
周边脆弱山体
约 21 米
鸽子堂
约 80 米
94 米

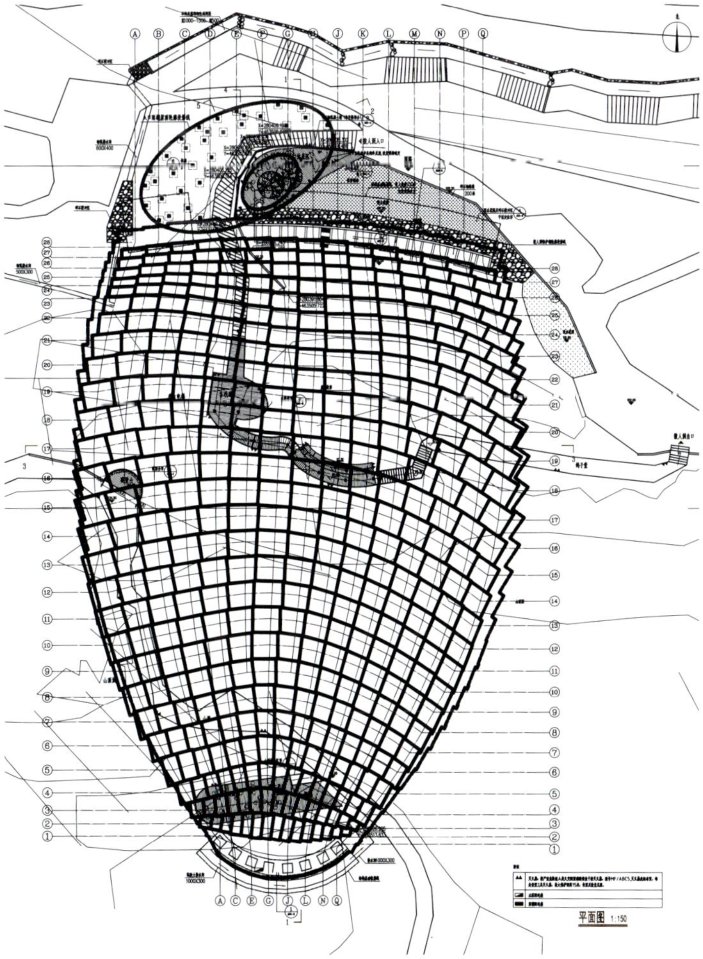
平面图 1:150

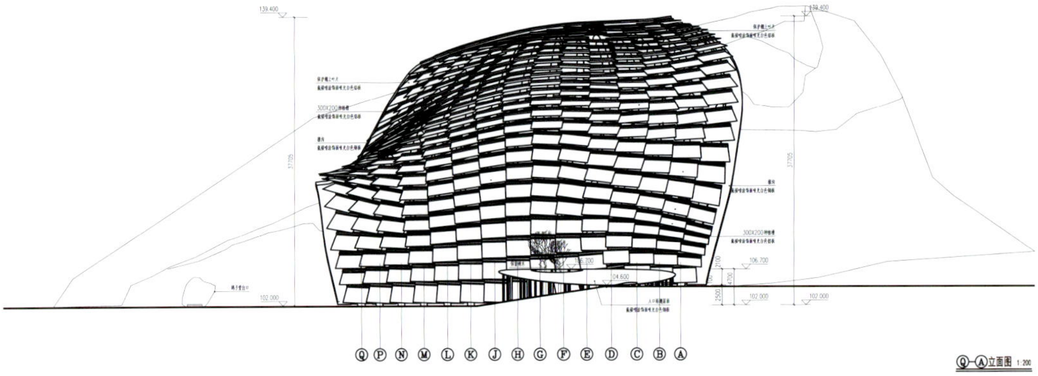

Q—A立面图 1:200

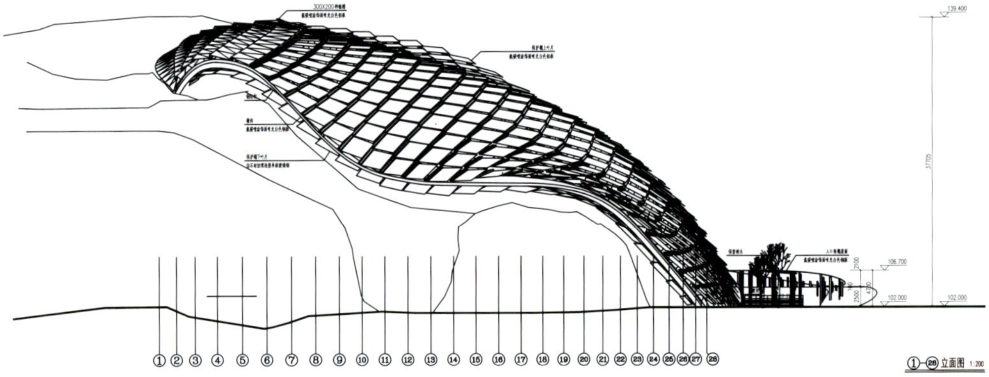

1—28立面图 1:200

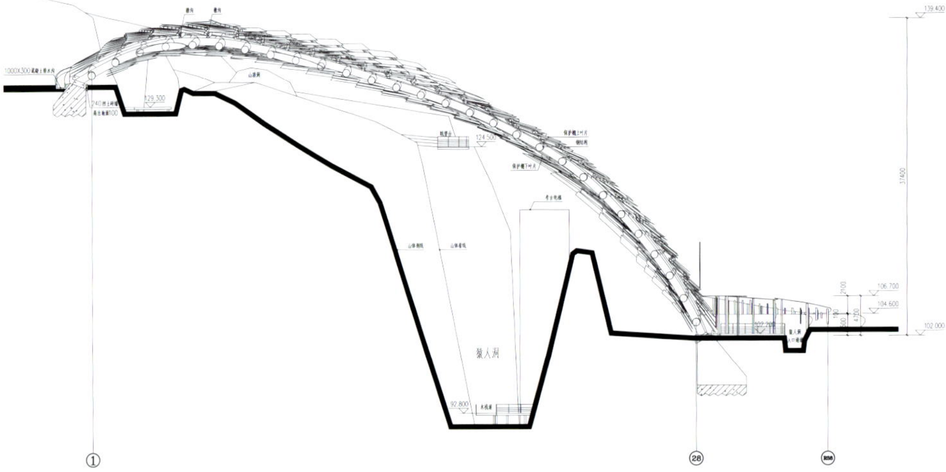

1-1剖面图 1:200

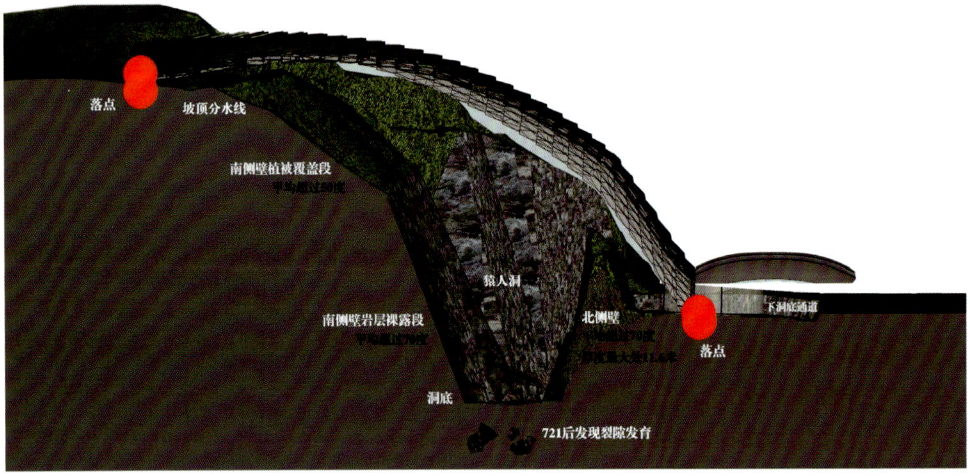

密，雨水通过有组织的方式，由保护棚最高处叶片向周围叶片逐层下降排出，其间隙提供均匀的自然采光和通风。其中上叶片420片，下叶片405片，总共825片。

7 技术

通过数字风洞技术，以猿人洞小环境气象监测数据为基础，在设计全过程对形体高低、开缝大小、温度湿度、采光通风等诸多因素进行模拟，为设计提供调整依据，确保保护方案的科学合理。

8 展示

以猿人洞洞壁为数字展示平台，采用多媒体技术，重点在西侧壁展示发掘信息，同时在北侧壁介绍猿人洞发掘历史背景和总体成果，使公众在遗址环境中身临其境了解遗址价值，达到最佳的阐释效果。

东北向鸟瞰

云阳四方井服务建筑

主要设计人：汤桦、刘柳、杨原、黄真吉等

设计单位：深圳汤桦建筑设计事务所有限公司

项目地点：重庆市云阳县

设计时间：2015年

竣工时间：2018年

建筑面积：8012.99平方米

占地面积：6191.32平方米

摄影师：存在建筑摄影

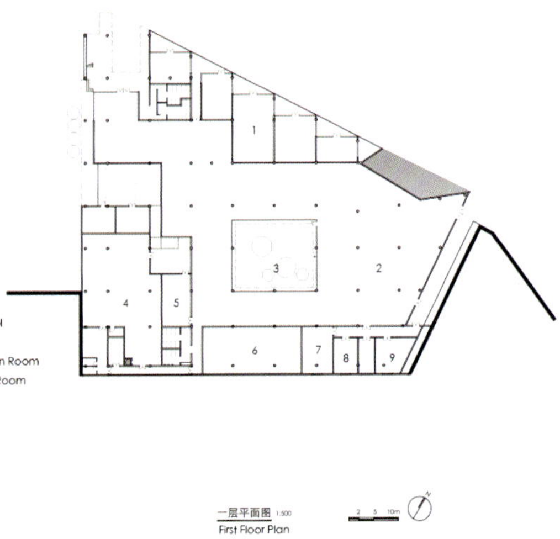

一层平面图 1:500
First Floor Plan

云阳，作为一个因三峡建设而重新选址重建的移民新城，城市与水岸的关系，是长久讨论的话题。2015年云阳市政府开展了云阳县城库岸环境综合整治工程，在沿长江南北两岸及澎溪河东西两岸35千米的岸线上，疏通滨水空间，利用景观公园、广场、步道，形成连贯的滨河慢行系统。

四方井用地呈不规则多边形斜坡，南高北低，由城市向江面跌落，高差最大达到8米。如何顺应滨江地势布置建筑从而达到最优的景观视野，让服务建筑成为连接城市和码头的断层的“楔子”，成为我们的首要考量。

澎溪河宽阔的河面上，远处的层叠山脉延伸入江水中，在基座之上，四方井服务建筑的坡屋顶沿着江面漂浮展开，融入远处山峰的轮廓。设计以尽量减少土方量为原则，梳理了场地的高差，将建筑的南侧两层切入场地，东、西侧局部一层切入场地，形成建筑双首层“基座”。其中首层与北侧滨江景观带相接，二层与西侧城市道路相接。基座的建造转换了地景，提供了观看江景的平台，如同伍重面对悉尼港，屋檐与基座也成为

从澎溪河对岸看建筑

月亮悬挂在亮灯的四方井服务建筑之上

四方井码头广场

从基地北侧看建筑（傍晚）

建筑西北侧动态展示

檐下的入口（傍晚）

我们解答风景与场地这一命题的答案。

设计对“四方井”这一概念进行抽象变形，将建筑形体整理为顺应地势地形的一个多边形院落。进一步对屋顶进行切割，将完整的屋面打散成数种不同的传统坡顶形式，并在面向澎溪河的界面形成两个开口，成为下沉庭院和观景平台。

四方井服务建筑采用传统建筑的梁柱体系，并因循现代结构力学对梁柱的比例关系进行了调整。在建筑的材料选择上，设计以传统的木材和青砖为主，局部采用金属、玻璃及陶瓦等现代材料。

坡屋顶沿着江面漂浮展开

二层内院1

二层内院2

二层内院3

基座上挑出的屋檐

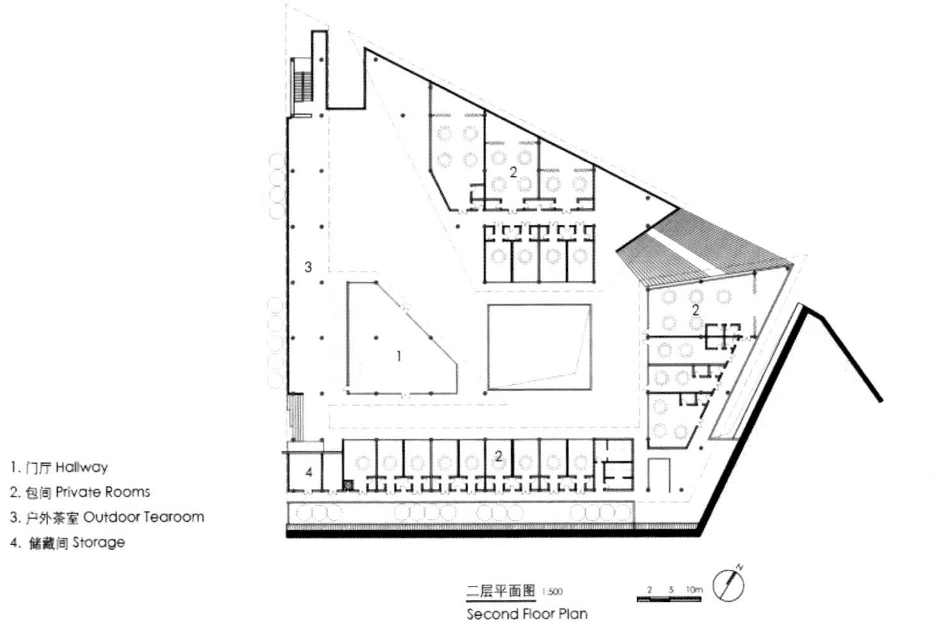

二层平面图

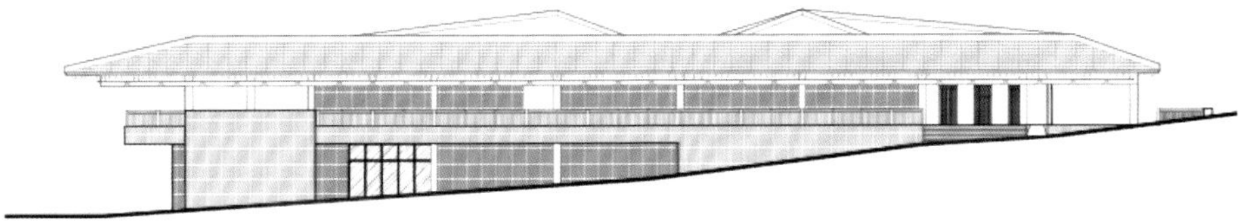

立面图

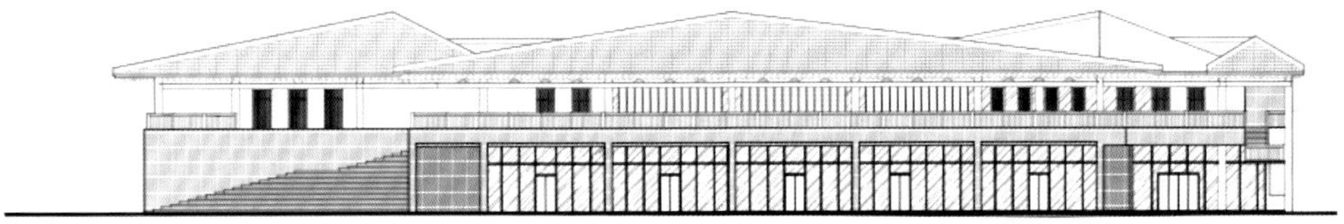

北立面图

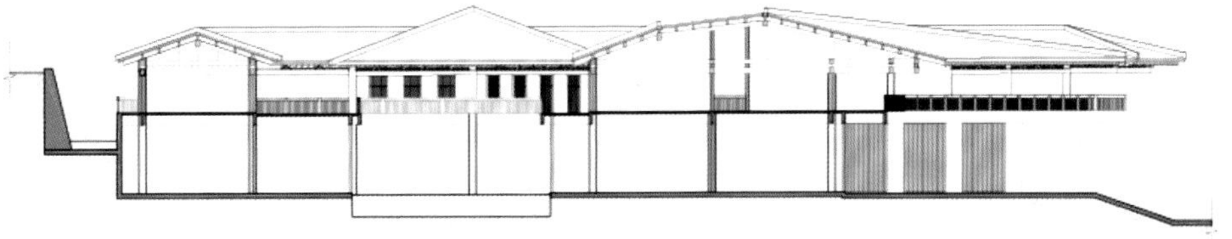

剖面图

山东威海石窝剧场

主要设计人：何崴、陈龙

设计单位：三文（北京）建筑设计咨询有限公司

项目地点：山东省威海市环翠区嵩山街道五家疃村

设计时间：2019年3—6月

竣工时间：2019年10月

建筑面积：280平方米

占地面积：1500平方米

摄影师：金伟琦

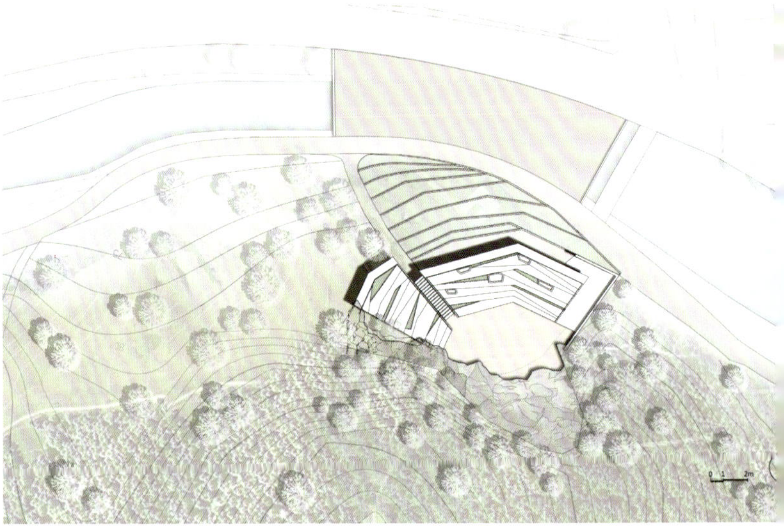

建筑总平面图

场地原貌鸟瞰

场地原貌 1

场地原貌 2

石壁被完整保留，舞台和看台围绕石壁设置

石窝（露天）剧场的前身是一座小型采石坑，位于威海市环翠区嵩山街道五家疃村，已经废弃多时。曾经采石的痕迹经历了岁月的侵蚀，呈现出一种“人工—自然”的图景，特别是暴露在外的石壁，峥嵘奇峻，给建筑师留下了深刻的印象。新建筑包括一座露天剧场和咖啡厅，为周边村民提供公共集会、文化休闲活动等社区服务，解决本区长期缺乏公共社区场地的问题。同时，新建筑也可举办音乐节、戏剧节等活动，为当地带来活力，经济收入，并形成公共交流。

项目占地约1500平方米，建筑师希望以一种“轻”的姿态来处理场地、建筑形态，以及两者之间的关系。场地中原有石壁被完整地保留，不做任何处理，成为剧场的背景墙。石壁因为开采石料形成弧形，使其具有很好的声学效果。石壁不仅是舞台背景，也是演出者本身。看台环抱石壁设立，从舞台地平面逐渐抬高，与石壁一起形成聚拢的场。舞台和看台的形状根据原有地形设置，并不追求对称；看台台阶被设计成自由的折线状态，进一步加强了场地的景观性。

看台下面被藏入了一个新的建筑体量。在功能上包括储藏、公共卫生间和咖啡厅，可以为剧场提供后勤和公共配套服务。建筑正立面由一系列落地窗洞组成，窗洞与窗洞之间的墙面厚度被有意强化，建筑师希望给人一种洞穴的感觉，回应场地原有采石坑的历史。建筑两侧设有台阶和坡道，供人们进出舞台区域。建筑材料选用地方传统的毛石垒筑工艺，而其中的大部分石块来自平整场地时候挖掘出的石头。建筑师坚持可持续的建造理念：所有材料均来自本区域，外立面使用传统工艺，是文化的可持续。

建筑的室内面积约280平方米，倾斜的屋顶，不规则的天窗暗示了建筑与看台的关系，又加强了室内的戏剧性。洞穴、矿坑和工业感是室内设计的基本意向。石材、略显粗犷的木材、皮革、金属成为塑造空间的首选材料，暴露的光源形成让人迷离的炫光，配合东西两侧墙面的橙黄和天窗内壁的宝石蓝，建筑室内给人一种复古的慵懒感。

项目于2019年10月投入使用，在短时间内成为周边乡村公共活动的重要场所，在此举办了多种公共活动，如乡村音乐会、露台电影、自行车比赛等，为激活区域做出了贡献。

从自行车绿道看石窝剧场

石窝剧场全貌

舞台与看台

石壁与舞台互相咬合

看台上设有天窗为下面的咖啡厅提供照明

进入舞台的主要通道

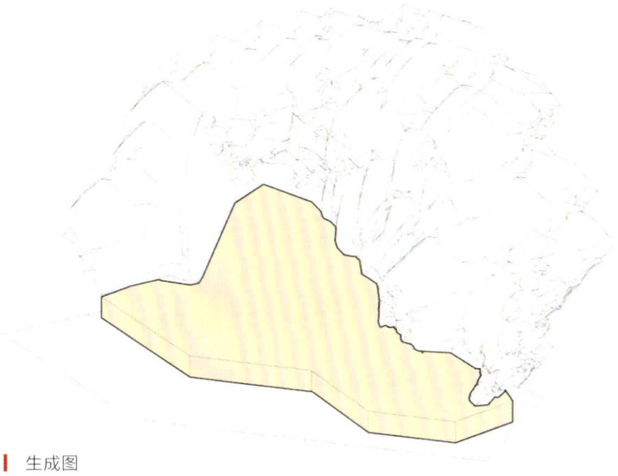

生成图

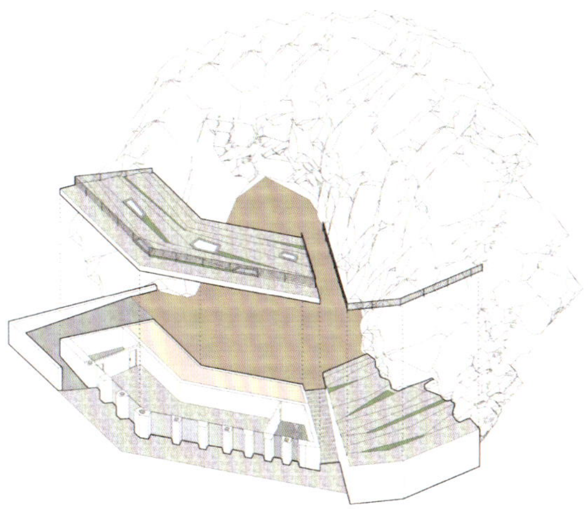

石窝剧场爆炸图

石头台阶联系咖啡厅和舞台

建筑立面使用地方传统垒石工艺

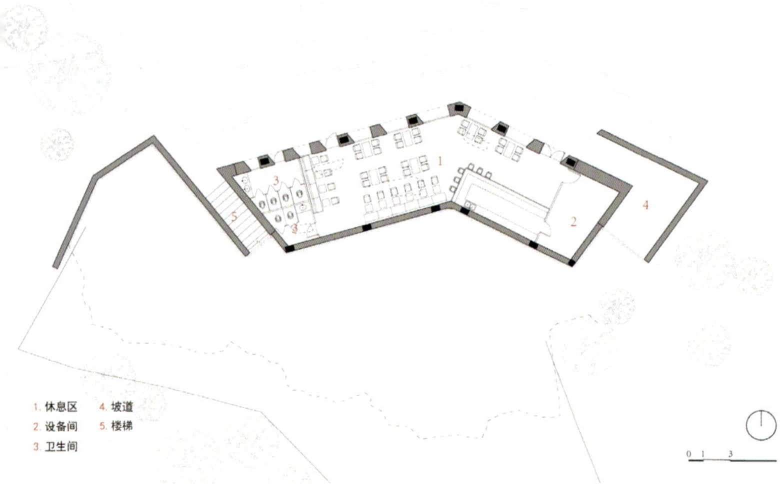

一层平面图

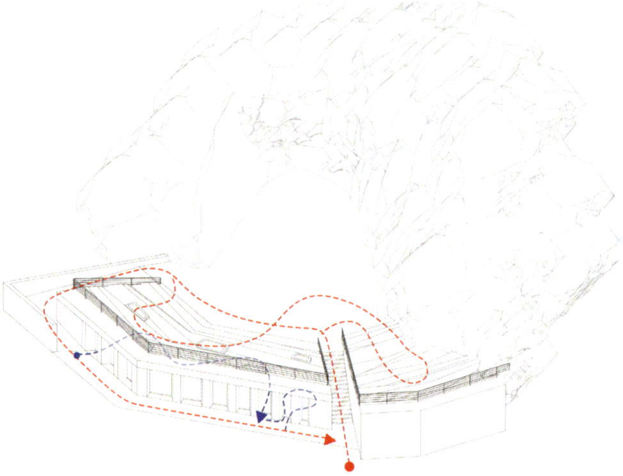

流线图

剖面图1

剖面图2

坡道保证了所有人可以到达舞台和看台

室内的暖光与舞台的灯光形成戏剧性效果

夜晚的石窝剧场 1

夜晚的石窝剧场 2

夕阳中的石窝剧场

建筑室内空间作为咖啡厅使用 1

使用中的石窝剧场

建筑室内空间作为咖啡厅使用 2

桐乡图书馆

设计单位：北京土人城市规划设计股份有限公司

首席设计师：俞孔坚

参与设计人员：张慧勇、曹明宇、梁明明、费扬、雷平、李文涛、张磊、韩杨、党福军、吴本、陈计伟、郭振江

项目地点：浙江嘉兴桐乡

业主：桐乡市图书馆

层数：地上4层、地下1层

建筑高度：21.65米

设计时间：2015年4月

竣工时间：2019年12月

建筑面积：19995.43平方米

占地面积：14723平方米

摄影师：金伟琦

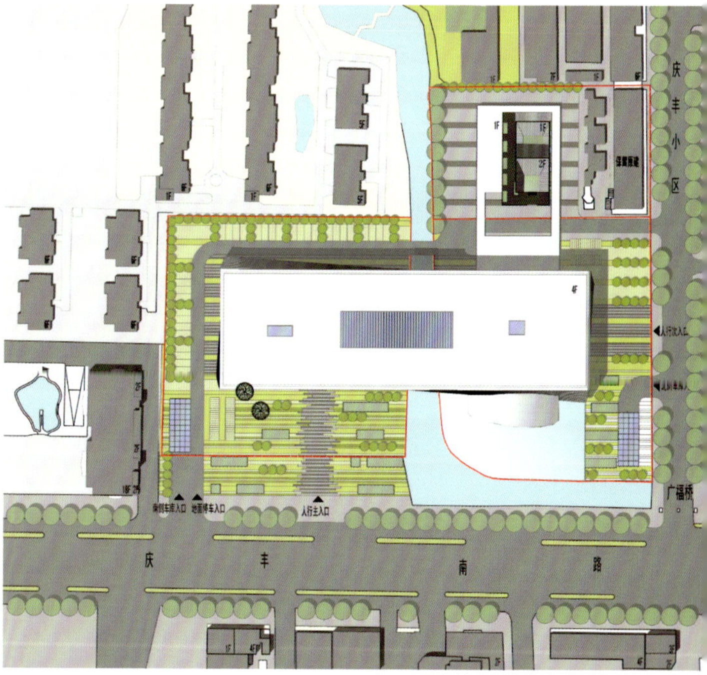

桐乡图书馆总平面图

项目建于茅盾、丰子恺的故乡，浙江省桐乡市。

场地：占地1.47万平方米，东临城市主干道庆丰南路，北接城市支路广福路；南、西两面紧贴高、低层住宅区。一条6米宽的小河分场地为南北两个长方形地块。

体量意向：由一个长条书函和一个卷轴上下十字叠放而成。卷轴体块落地北地块，由报告厅、少儿专用门厅、24小时阅读室、盲人阅读室等有特殊需求的功能空间构成。书函体块整体抬高5米跨越小河，搭在卷轴之上，尽量腾出地面公共空间，同时解决南北地块连接不便、用地局促等难题，功能包括主入口门厅、查阅借还处、三层阅览大厅、书库、办公室等。

平面设计：鼓励沉浸式阅读，贯彻"藏、借、阅一体化"全开架服务模式，将藏书、阅览、外借、咨询、检索等布置在三层连续通敞大空间内，并设有通高藏书中庭。新风机房、管道井、交通核、卫生间围绕两个内部小天井布置，这种集约化的设计的最大好处显而易见：使得阅读区所有宝贵的外窗留给读者。外窗都是连续带状长窗，清新明亮、风光不断，长窗之下皆是宽大书桌，抬头便见窗外风景，低头又是书中世界，回头所见全部墙面、分隔都是书架，常读之书在易取之处、不常读之书陈之高格，取坐拥充栋之书，面朝缤纷城市之意。

形象设计：枕于镜面水池之上的卷轴，像镜头一样将空间引向纵深；底层架空跨越河道的体块，腾出空间给市民在此邂逅；横向扭动叠蹉铝制遮阳板表皮，解决东西向眩光，减少建筑能耗；倾折的钢管混凝土柱，使建筑空间、体量动起来，仿佛在说：书是有分量的。

场地内的小河水质尚未达标，我们已拆除原来直立的混凝土堤，代以净化树台，设置坐台、园灯，只待水清之时来此读书。

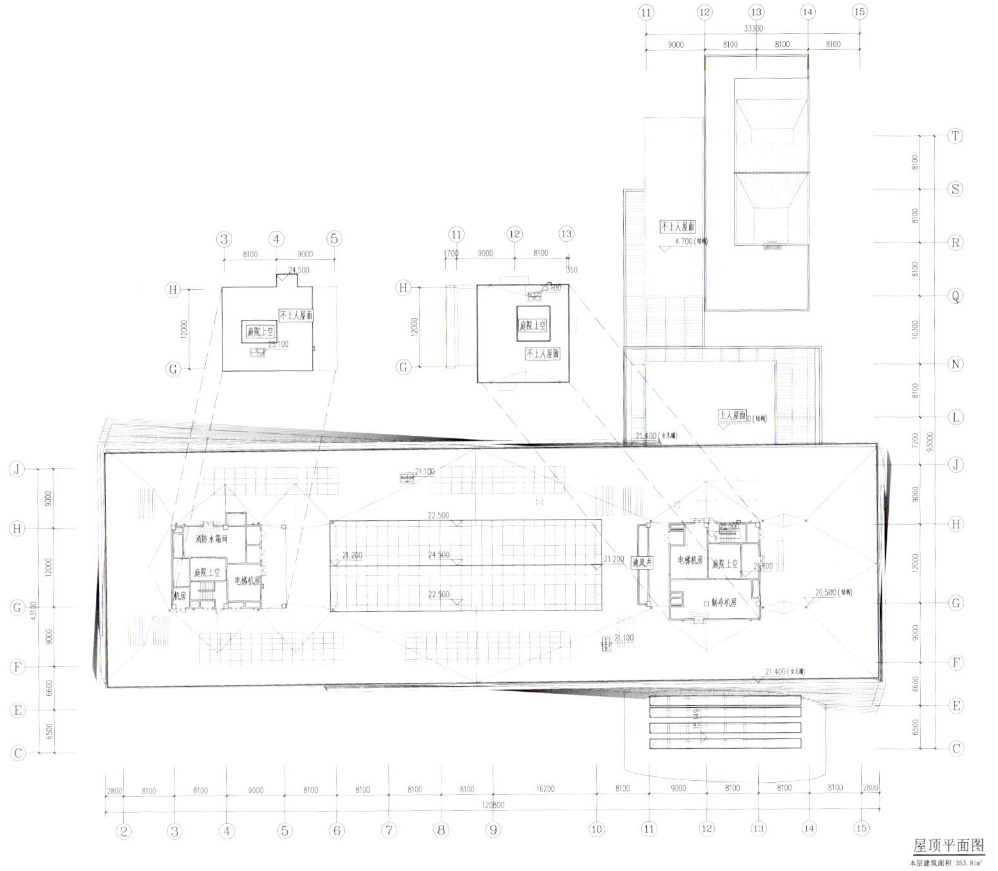

屋顶平面图

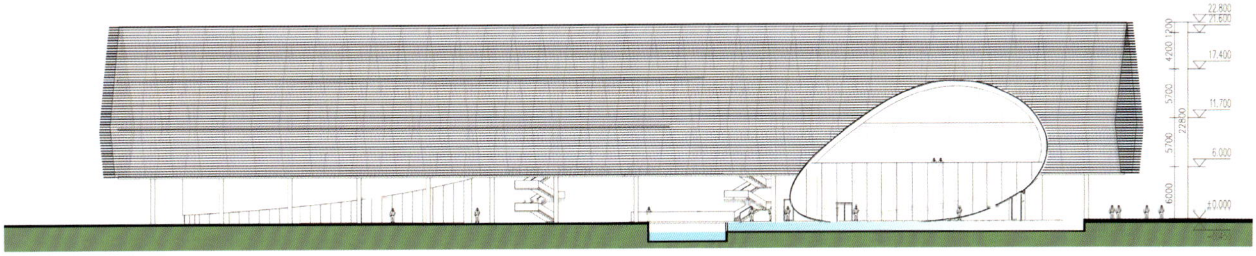

东立面 f

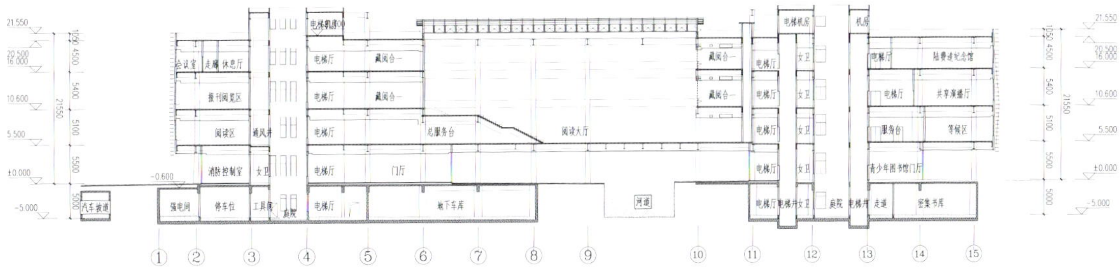

剖面图

斜柱之下的入口区域

上海中森园区木渎书屋

设计单位：上海中森建筑与工程设计顾问有限公司

主要设计人：张男、张晓远、庄晓峻（SKF）

项目地点：上海市普陀区

设计时间：2016 年 9 月

竣工时间：2018 年 1 月

建筑面积：100 平方米

占地面积：100 平方米

摄影师：Aurelien Chen（陈梦津）

总图

高耸的水杉与木屋

外观

木结构与玻璃幕墙围护体系相互独立

假如你出生时就知道自己的寿命，你会怎么活？假如一座房子建造时就知道不久后要消失，我们会怎么做？

我们会给它起好听的名字，让它轻触大地，并一生充满阳光。

起名“木渎书屋”源于近旁的“木渎港河”；选择木结构、装配式则是强调快速建造、绿色可持续的设计原则，以期对周围公园环境的影响降至最低；而为其置入公益图书馆的内核，也是赋予这座房子以恰当功能，唯其常用，方可久存——这也算是设计者的一点私心。

书屋的支撑体系为全木梁柱结构；围护界面为全开敞玻璃幕墙；上部两片“悬浮”的双曲屋面则是SPF规格木材拼装而成的整体屋面系统。建筑内部浅色木结构与木装修围合成三个尺度各异的活动区域，可视为亲切活泼的“斜线系统”；而深色幕墙骨架和地毯则共同构成作为背景的稳定安静的“直线系统”，重叠的二元关系给这个仅10米×10米的方形平面带来随处可

双屋顶相互叠加

一体化的木质楼梯和书架

错层空间

木梁柱结构与 SPF 拼装的曲面屋顶

木结构下的会议空间

见的生动和惊喜。

2018年7月的某天，木屋地板底下钻出一窝小狗崽，才发现园区内两只流浪狗在木屋同地面的架空层间安了家。

2019年4月，滨河城市公共绿地开工建设，多方争取无效，木屋终以“临时建筑”的身份被拆除。整个过程安静有序，一如当初建造时那样。

2020年10月，机缘巧合，央视《朗读者》节目组找到我们，要在武汉、厦门、北京三地同时搭建“朗读亭”，同样是阅读，同样是快速建造，同样是临时，我们采用了和“木渎书屋”相同的策略，甚至书架直接沿用木屋中留下来的部分，我们视之为循环建造，永续利用的最佳案例。

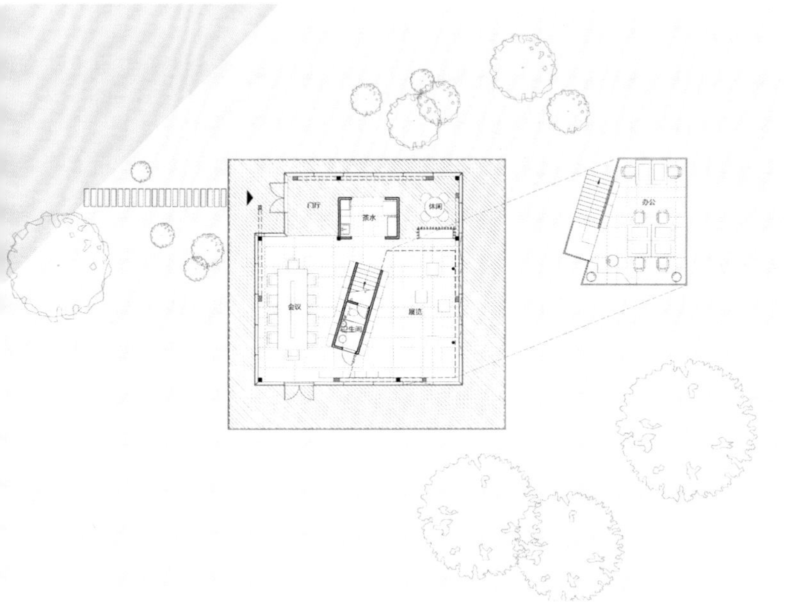

平面图

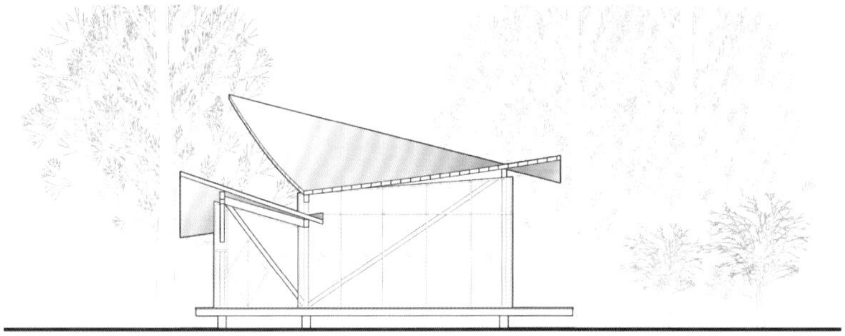

立面图

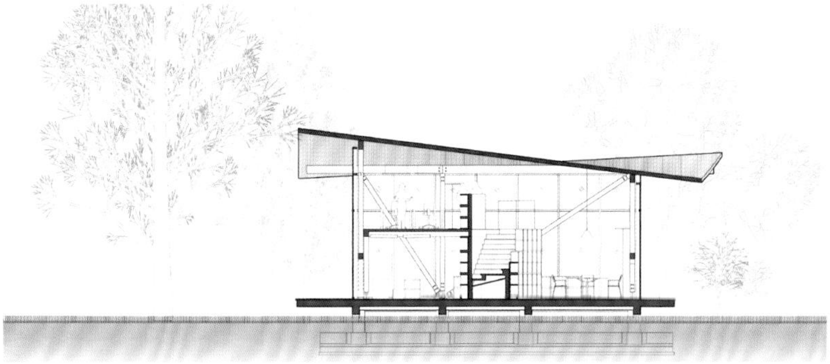

剖面图

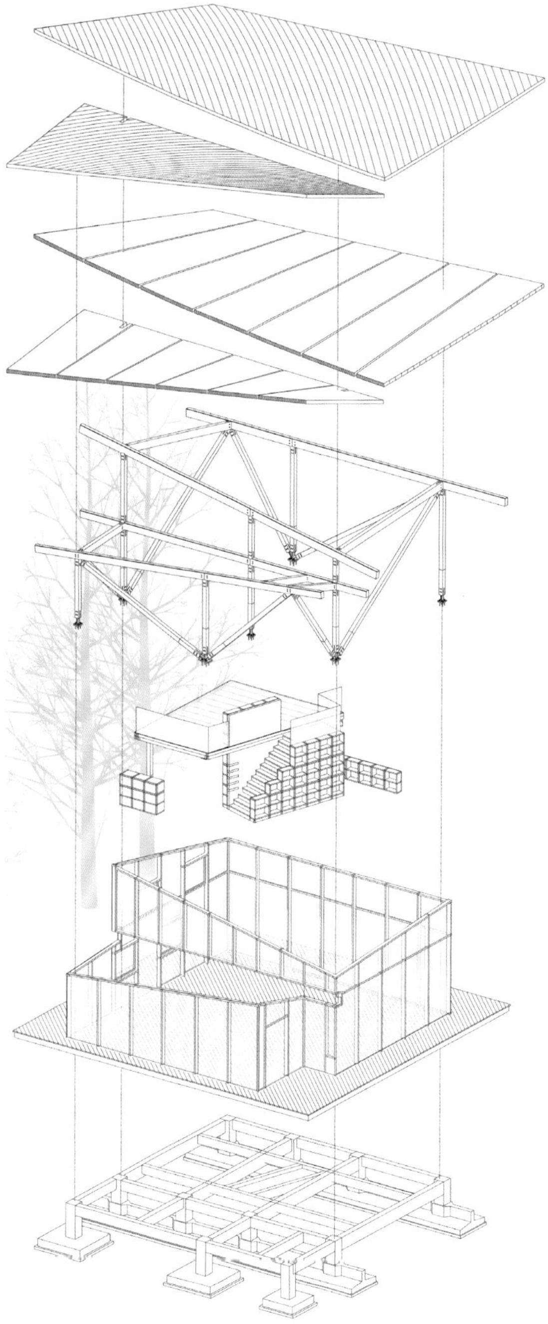

爆炸图

细节图

夜景 1

夜景 2

夜景 3

夜景 4

西北向鸟瞰图

浑南城市书房

设计单位：一禾建筑设计咨询（沈阳）有限公司

主要设计人：杨晔、郝建军、孙博勇、沈力源、王达

项目地点：辽宁省沈阳市浑南区

设计时间：2019年10月

建筑面积：5146平方米

占地面积：5219平方米

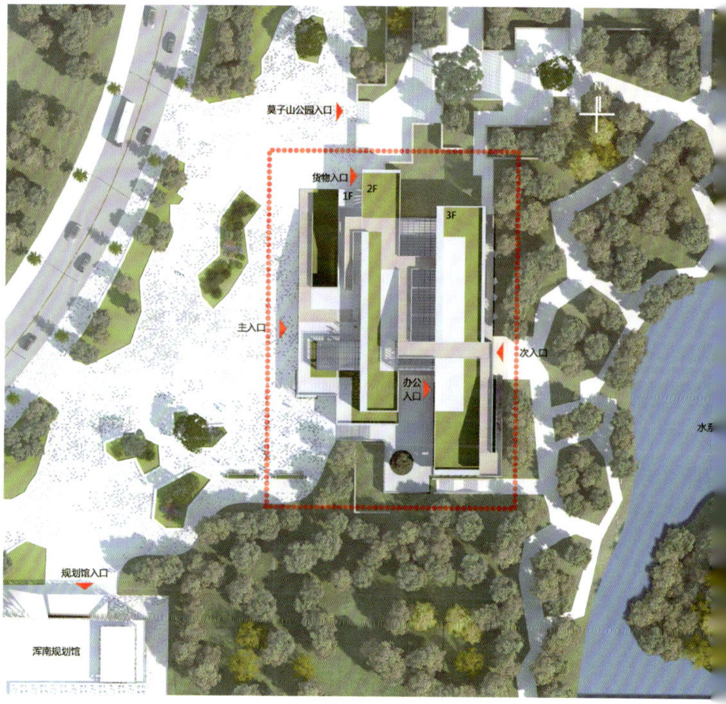

总平面图

本设计为既有建筑改造项目，原建筑功能为餐厅，位于沈阳浑南区莫子山城市公园入口附近。设计将其改造成为具有图书阅览、市民交流、学习等功能的“城市书房”。项目原建筑面积4467平方米，为地上三层、局部地下一层建筑，改造后建筑面积5146平方米。

设计将传统的以阅览室为主体转变为以学习空间为主体的形态，改造后的城市书房既是储藏图书、阅读的场地，也是人们彼此相遇互相交流的场所，是社会公共生活的一部分。结合原有台地式建筑以及室内空间水平延展的特点，在建筑形态上，由内而外，体现攀登“书山”的设计理念。改造后新形象上的不同开口，与环境建立联系，既展示图书馆内的活动，又保证使用者获得观景的极佳视野。

西向透视图

北向透视图

南向透视图

庭院局部透视图

邯郸丛台迎宾馆

设计单位：北京市建筑设计研究院有限公司

主要设计人：金卫钧、解钧、魏长才、唐佳、白文娟、张锦江、张红斌、张保

项目地点：河北省邯郸市丛台区

项目年份：2018年

建筑面积：35002平方米

占地面积：48662平方米

邯郸市丛台迎宾馆位于邯郸市市中心，原邯郸市政府所在地，位于邯郸老城区的市中心，周边道路、市政、交通、商业、服务配套系统比较完善，城市绿化景观已形成一定的规模。宾馆为参照国家五星级宾馆标准建造，具有接待高端商务活动的能力、体现邯郸历史文化特色的高档园林式接待中心。建筑整体形象方正大气，朴实无华，气质高贵，格调清新。

古老的燕赵文化，朴实豪放的民风，成为本项目建筑造型的一个出发点。项目用地紧邻丛台公园，因此在设计中将“丛台”作为设计的中心母题，以景观为核心，所有建筑均围绕此设置，并以景观方向为主要朝向，设置水面与丛台公园相连，小岛及环水营造多层次的景园。使用功能采取庭院式布局，将各单体建筑散布于整体绿化环境之中，围合出大小不等的院落。既使得建筑与景观环境相互融合，交相辉映，同时为客房、会客厅等功能区提供了静谧、优雅的环境氛围。通过对建筑转角以及屋顶的抽象处理，使整体建筑形象体现出“刚柔相济蕴大美、雄浑朴拙溯燕赵”的意蕴。

整个项目由A、B、C及D四栋楼组成，既各自独立又相互联系。A座位于基地东北部，D座综合楼居中，B、C两座分居东西两侧。

A 座为总统套房和公共接待区两部分组成。主要功能为高端会议、接待、餐饮及住宿服务，同时备有泳池、运动场地等特殊设施。特殊时期可独立运营；

B、C 两座对称布置在用地的东西两侧，按照需求设置了标准间、双套间、豪华套房等不同房型。同时配套以会议、餐饮等设施；

D 座居中，为综合楼，包含了接待、商务、宴会、娱乐休闲等众多公共职能。

地下层仅为一层，将 A、B、C、D 四栋建筑联成一体，设置宾馆所需设备、电力机房，主厨房、洗衣房、货物进出、后勤服务、办公等设施。

南京金牛湖国际度假中心

设计单位：中国建设科技集团华森设计

主要设计人：章晓宇

项目地点：江苏省南京市六合区

设计时间：2014年12月

竣工时间：2018年6月

建筑面积：89224平方米

占地面积：73612平方米

摄影作者：章晓宇

总平面图

公寓透视

酒店主体

1 项目概况

南京金牛湖国际度假中心位于江苏省南京市六合区金牛湖风景区的西北部，金牛湖西岸。地块大部分呈半岛状伸入湖中。总用地面积73612平方米，总建筑面积89224平方米。该项目致力于打造成集旅游、度假、休闲、娱乐、运动、商务、生活为一体的综合性、多功能的五星级度假中心。

2 设计理念

在中国传统文字篆书中牛的形状为“ 㸓 ”。总体布局为东西两翼（酒店公寓、创意工作室及酒店东西两侧建筑），合抱中心建筑（酒店大堂及主楼客房）的结构模式。本方案的两翼形成“ 㸓 ”字的两角，并形似双龙，构成“金牛吸水，双龙抱珠”的规划形态，表达建筑美好的寓意（在中国传统商业文化中，常以水寓财、以龙寓追求吉祥成功）。令建筑与山水共同形成天

酒店公寓

酒店别墅 1

酒店别墅 2

（自然）人（建筑）合一的极佳风水格局，并将其打造成金牛湖畔一颗休闲度假的明珠。

3 设计原则

以分散组群规划模式，将建筑融于自然山水之中、体现休闲度假的悠然氛围。

根据基地湖岸线的范围，将度假酒店、酒店式公寓及创意工作室、企业会所沿湖布置，实现湖岸线的最大化利用。

突出地方特色的同时，打造具有民族传统建筑神韵的现代度假中心。

4 交通结合景观

规划景观形成“一轴、四节点、多组团、开敞景观视线”的组合方式，主入口、中心绿化、大堂入口、酒店内院为重要景观节点。地块西侧接金江公路处设置两处主要出入口，道路交通采取双环结构。环湖滨设计休闲、健身步行道。

5 建筑立面

建筑糅合了中式民族意味及现代风格，采用长短坡顶、立柱及汉代建筑中“门阙”的迎宾建筑形式。选用涂料、毛石、大卵石、仿木构件及深色金属饰件等以突出建筑自然、时尚、简约的个性特色。

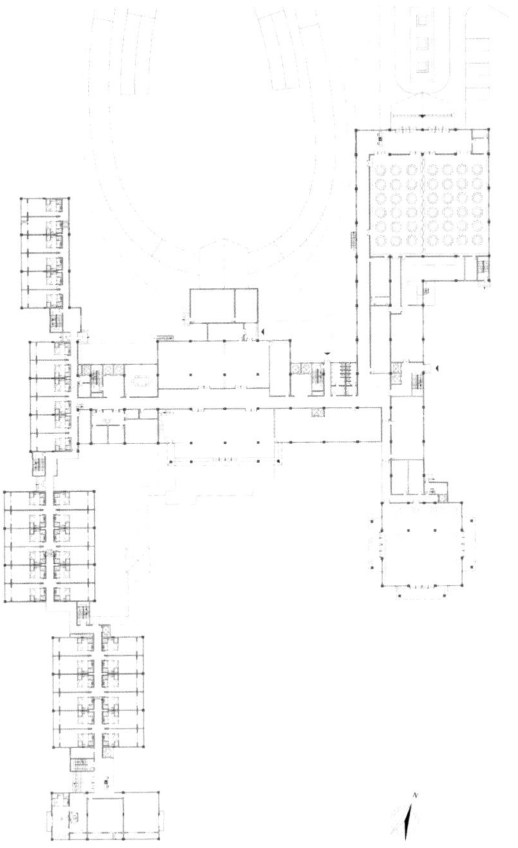

一层平面图

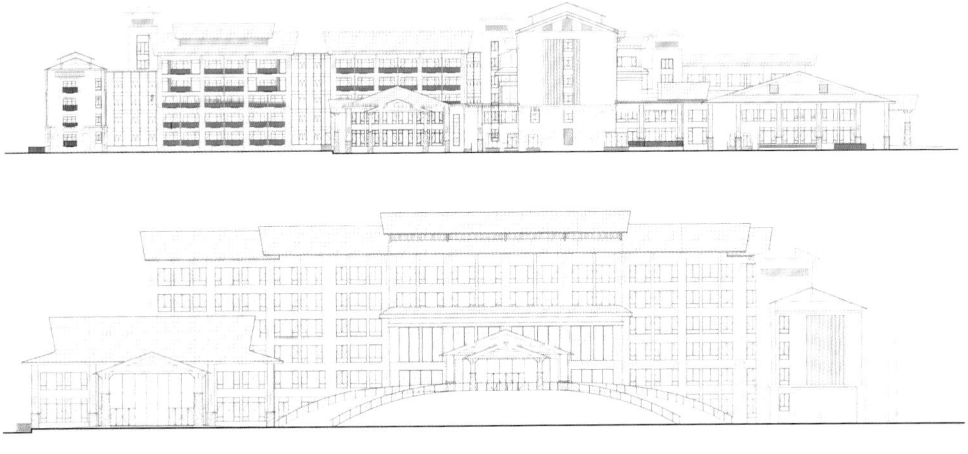

立面图

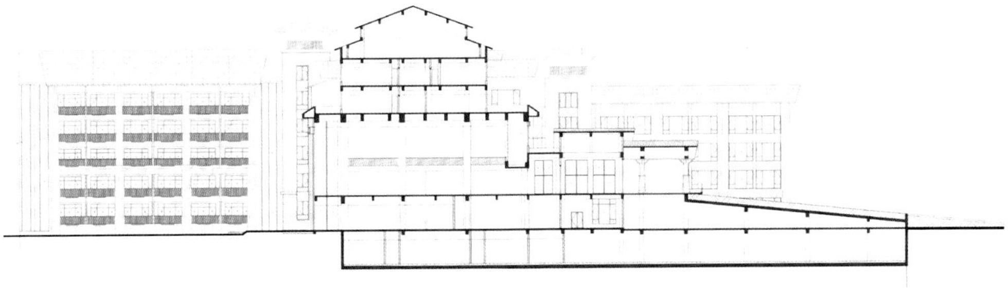

剖面图

重庆市璧山区茅山路“千年重庆”文化商业项目

设计单位：北京华清安地建筑设计有限公司

设计总负责人：赵晓慧、田敏

建筑专业负责人：杜永刚

结构专业负责人：何晓红

设备专业负责人：吴莹

电气专业负责人：王娟

项目地点：重庆市璧山区茅山路

设计时间：2018年2月

建筑面积：85884平方米

占地面积：67000平方米

总平面图

在璧山区“生态绿城、文化古城”的发展格局下确定本项目的设计主题和目标，深入挖掘本地域文化遗产精髓，构建和谐的文化群落和生态环境，将碧山秀水隐现于历史场景之间。充分认识和尊重本土的自然生态和文化传承，顺应既有的山形地貌、风水人情，最少改变原有的地表形态和自然水流风向。

作为璧山着意打造的文化商业区，以巴渝地区的历史流变和文化层叠所呈现的充满活力的场景、片段作为本设计的基本要素贯穿始终，对巴渝历史建筑、城市片段和场镇空间进行梳理和再现，融合重庆自然地形特点和历史街区形态，为旅游区和商业街附着上富有魅力的文化氛围。

老重庆城市空间呈现的不同历史时期文化层重叠的状态，被借用于设计的叙事方法，在同一场景混合了不同时期的建筑样式，使这样的公共空间带有历史变迁的印记，也形成了这个“建筑博物馆”独特的展陈布局方式。

对于传统建筑营造技艺的保护和发展不仅体现在项目的业态设置上，还贯彻于设计构思的细节当中，在展示历史建筑本

身的同时，也将活态的建造技艺展示、传承的实物和场所环境穿插在园区整体的空间序列当中。

依照历史主线布局园区的重要节点包括：

位于园区中段的汉阙广场，是以巴蜀地区具有代表性的古迹为整体形象的主入口集散广场。

西南侧地势最高处矗立的唐风观景阁，成为景区天际线的高点。

以钓鱼城遗址和宋代风俗画为摹本的宋街位于园区中部，是一处历史场景和传统工艺的体验区。

园区东北端高坡地段分布着明清祠堂会馆院落组团，呈现了巴渝现存明清建筑的精华，以祠堂会馆建筑群为标志，其下方分布了园区主引入广场和以码头形象为题承载大型文化展演的大台阶广场。

西半区结合原有地形穿插老重庆山城吊脚楼建筑群，塑造了景区西区的主题形象；坡地上还因山就势布置了清代风格的台院建筑群。

东半区组合了巴渝地区的古老场镇的片段，把其中最有特色的空间和形态植入景区的公共空间，包括云梯式和船型街场镇。

汉阙广场向东第次展开巴渝清式宅院，并融入场镇区域。

景区东南区域是民国街，重现老重庆近代繁荣时期的市井文化和商业生活场景。

西端面向水库的狭长地带为新中式风格的精品酒店。

高程台地持平，使二者与围合广场的整体感更强；北侧中

间地带台地以云梯式场镇的步行街处理方式过渡从314米至306米高程，步行街北面长条地带与相邻双星大道高程持平。东北端为二期制高点，建筑正负零高程为311米，建筑外观呈山丘状，面向西南为大台阶，下至自北向南延展的高程为306米的最低一级台地。

二期地块分为三个台地，西段酒店用地和东侧地块为高程314米；中间主地块高程为318.5米，其下方车库地坪高程为314米，南侧车行道路随地形起伏，连接这两个高程。

川渝地区的古代建筑在中国建筑历史上占有重要的地位，有着特别的文化意义和影响，目前还留有从汉代至民国的历史建筑的实物。本方案按照历史的脉络让巴渝地区历史遗存的代表性形象再现于广场、街市，成为各建筑群落和景观节点的主

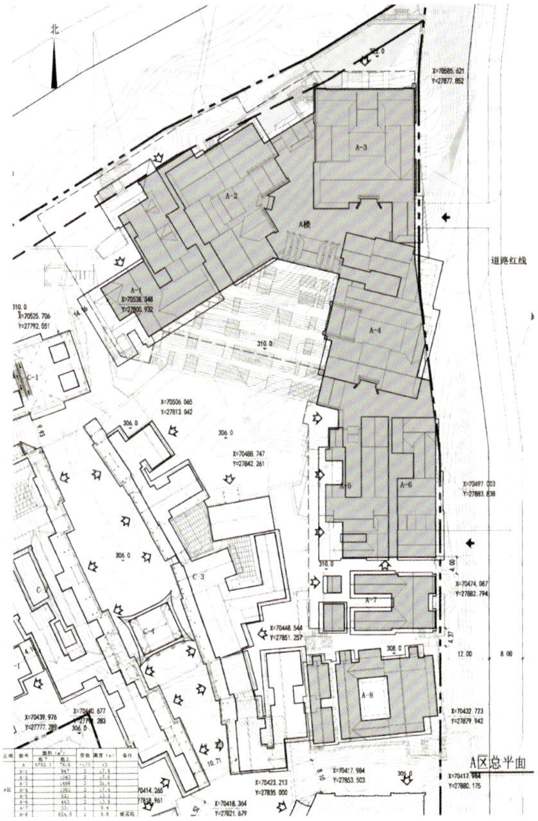

A区总平面

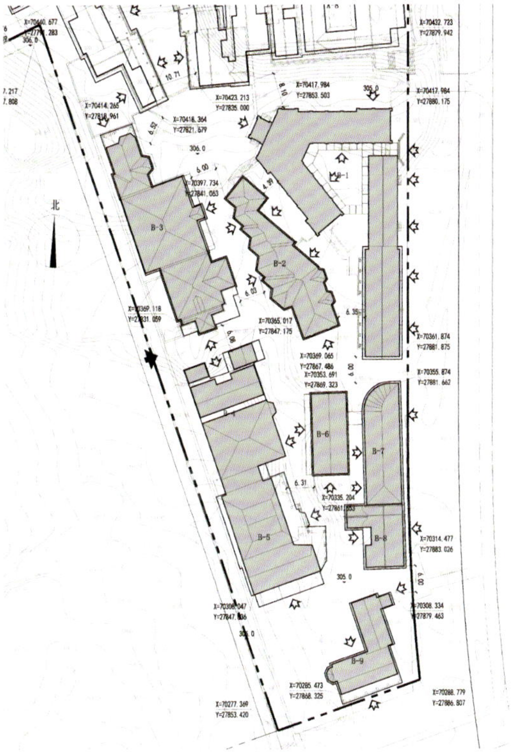

B区总平面

题符号。按照历史年代分布的建筑样式包括：汉代石阙、唐代至宋代的石窟摩崖石刻片段和楼阁、以钓鱼城遗址为蓝本的宋代防御建筑、宋元市井建筑、明清代的公共建筑和居住建筑、近代及民国时期的西洋建筑和中西合璧建筑。

川渝地区代表性建筑样式包括：阙、楼阁、城门、吊脚楼、院落、台式院落、宅店合一院落、老重庆中西混合建筑、牌楼式屋顶建筑、抱厅式内庭院、凉厅子、廊式街、攀崖建筑等。

传统建筑类型包括：祠庙、宅院、店铺、会馆、观景阁、酒肆茶楼、工坊、老重庆洋楼等。结合历史街区中不同风格长时期吐故纳新的呈现特点，将多种风格、类型的历史建筑组合在同一场景下，使公共空间更具历史的延展性。

巧用地形、智取空间是川渝古代营建技术可贵的经验，具有强烈的山地意识。本方案借鉴了本地域穿斗式山地建筑营造十八法中诸如台、挑、吊、坡、拖、梭、靠、跨、架等手法，使建筑群的整体风貌也符合人们对老重庆和巴渝场镇形象认知。

商业空间主要分为两类：以老重庆和川渝场镇特色空间为蓝本的传统步行街、广场；根据场地原地貌形成的台地和古建筑承台下方架空部分的集中式商业空间。

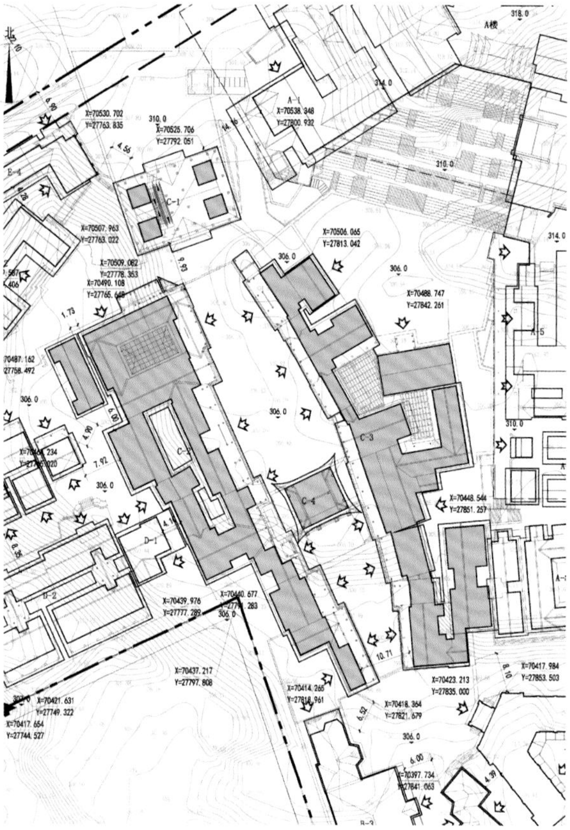

C区总平面

区域	楼号	面积（m²）		层数	高度（m）	备注
		地下	地上			
C区	C-1		1244	4	16.3	
	C-2		1392	1	8.1	
	C-3		1500	1	7.2	
	C-4		191.2	3	9.6	

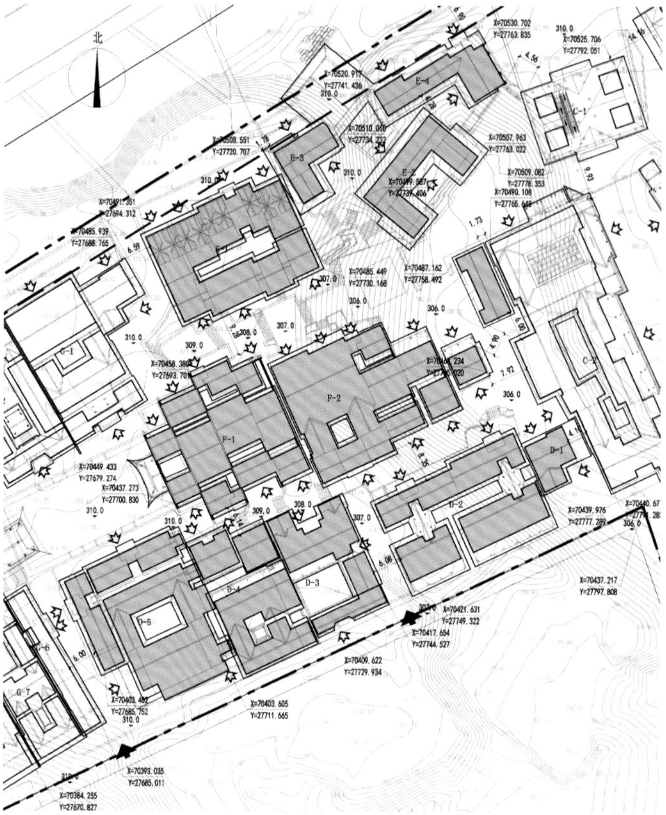

D、E、F区总平面

区域	楼号	面积（m²）		层数	高度（m）	备注
		地下	地上			
D区	D-1		79.4	1	5.8	
	D-2		738.2	2	10.7	
	D-3		352	1	5.9	
	D-4		482.3	2	10.3	
	D-5		634.5	1	8.6	[illegible]
E区	E-1		1311.5	2	10.3	
	E-2		462	1	8.5	
	E-3		355	2	13.8	
	E-4		473	2	13.9	
F区	F-1		758.6	2	10.7	
	F-2		809.4	1	9.9	

G区总平面

区域	楼号	面积（m²）		层数	高度（m）	备注
		地下	地上			
G区	[illegible]	2002.x		[illegible]		
	G-1		[illegible]	[illegible]	[illegible]	
	G-2		[illegible]	[illegible]	[illegible]	
	G-3		[illegible]	[illegible]	[illegible]	
	G-4		[illegible]	[illegible]	[illegible]	
	G-5		[illegible]	[illegible]	[illegible]	
	G-6		[illegible]	[illegible]	[illegible]	
	G-7		[illegible]	[illegible]	[illegible]	
	G-8		[illegible]	[illegible]	[illegible]	
	G-9		[illegible]	[illegible]	[illegible]	
	G-10		[illegible]	[illegible]	[illegible]	
	G-11		[illegible]	[illegible]	[illegible]	

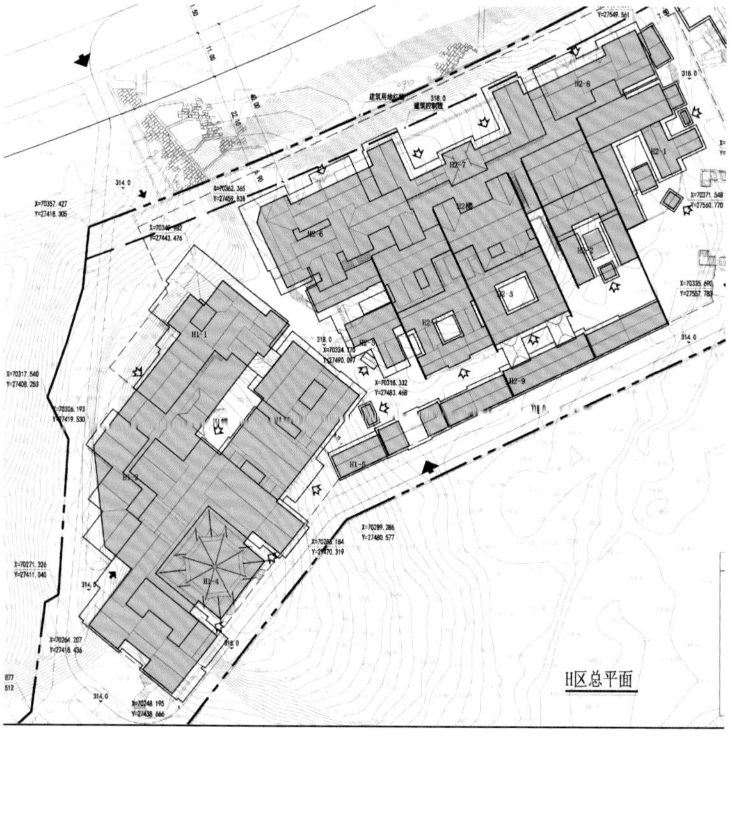

H区总平面

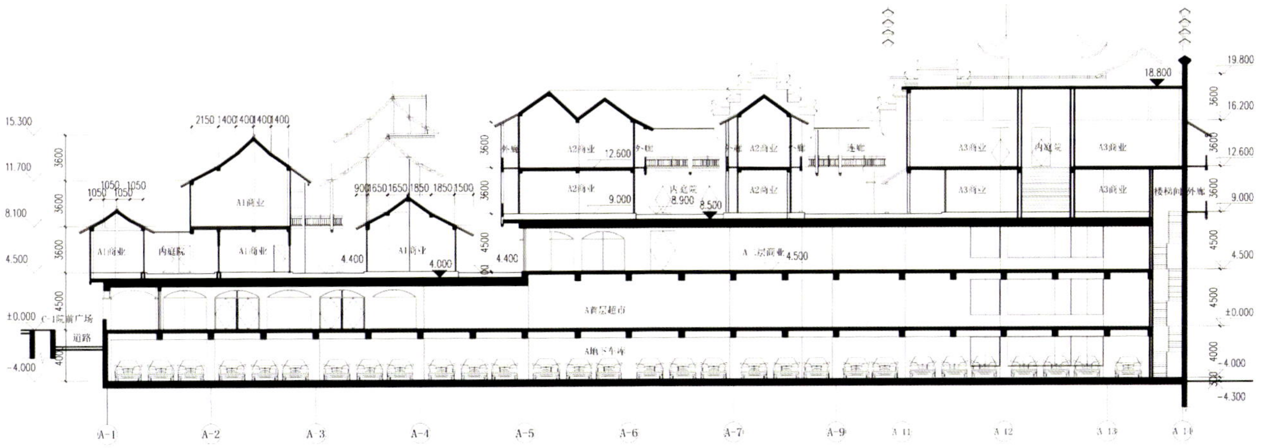
15.300
11.700
8.100
4.500
±0.000
-4.000
A1商业
内庭院
A2商业
内庭院
连廊
A3商业
楼梯间
A二层商业
A首层超市
A地下车库
C-1院前广场
道路
19.800
18.800
16.200
12.600
9.000
4.500
±0.000
-4.000
-4.300
A-1
A-2
A-3
A-4
A-5
A-6
A-7
A-9

水世界鸟瞰效果图

河北北国奥特莱斯商城（北国水世界）

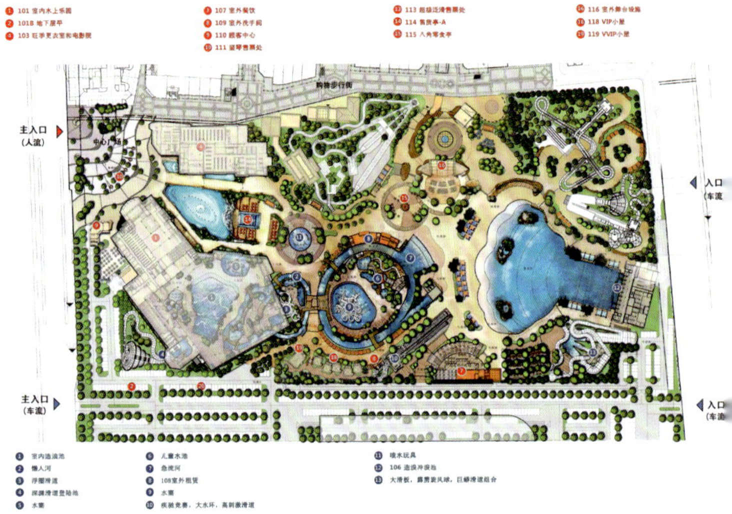

总平面图

设计单位：中土大地国际建筑设计有限公司

主要设计人：谷立军、和国富、王丽粉、韩力永、张立春、刘艳军、秦丽平、曹朋方、倪爱然、胡斌、乔铮、林松、王丁一、鲍小娟、刘绍青

项目地点：河北省石家庄市鹿泉区

设计时间：2017 年 4 月

竣工时间：2018 年 5 月

建筑面积：47815.22 平方米

占地面积：128990 平方米

摄影作者：李府宪

1 设计理念

本案设计理念着眼于发掘地块的整体综合价值，从多角度对本项目进行研究，重新审视隐在次序，为当地环境输入新的活力元素；用项目带动人群聚集的同时，力求放大机遇，促进区域经济发展。

地中海小镇风格的设计，更新了城市形象与活力；更重要的是创造性地发挥了业态组合的经济效力，将城市生态、文化、经济等功能片段重新组织；打造工作、生活与游乐的舞台，从城市场景上，通过提供多样的业态组合，聚集人气，成为重新塑造该区域生活场景的城市地标。

2 总体布局

北国水世界的规划将天气炎热的夏季定位为营业收入的最主要季节，但是在本项目中，为了突出与北边奥特莱斯商业小

入口实景图

室外设施实景图 1

室外设施实景图 2

室内冲浪池实景图 1

室内冲浪池实景图 2

室内餐厅局部实景

镇的联系，设计加入了在营业淡旺季间歇期可以提高营业收入的过渡区的概念。在旺季时，通过增加入园游玩的人数来最大化地提高营收，而在气温较低的间歇期（春季、秋季）可以通过向一般的游乐场式运营的过渡区来增加额外收入 。因此整个园区板块分为了旺季和过渡区两个板块。而且游乐区域之间以“水叮当带领苦难的人们找到幸福归属”为设计主线进行有序的排列组织。

铺着金色碎石的广场及有水叮当造型的竖琴售票亭引导着人们进入设计主题的第一篇章。船身造型的旺季更衣及电影院载着人们进入幸福的水世界之旅。由意大利海岸村庄为主题元素的室内水上乐园、漂流河、儿童戏水池及水寨等构成设计主题的第二篇章“到达地中海小镇”。 园区南侧的室外造浪池、急速滑道、飞天梭及大碗组合滑道将设计主题推向高潮。最后回到室内水上乐园，找到幸福的终点。

3 技术先进性与创新点

通过各种技术手段达到低能耗、绿化经营的节能要求，屋顶、外墙进行保温隔热处理，采用高性能的玻璃窗，精心处理构造细部，降低传热系数，采用节能变频供水技术，采用节水型卫生洁具。建筑设计充分利用自然光，楼梯间等公共场所采用节能型灯具。

基地绿化层次丰富，基地内设计有城市绿化、广场绿化及屋顶绿化，点线面结合。开敞的空间环境与步行系统有机结合，

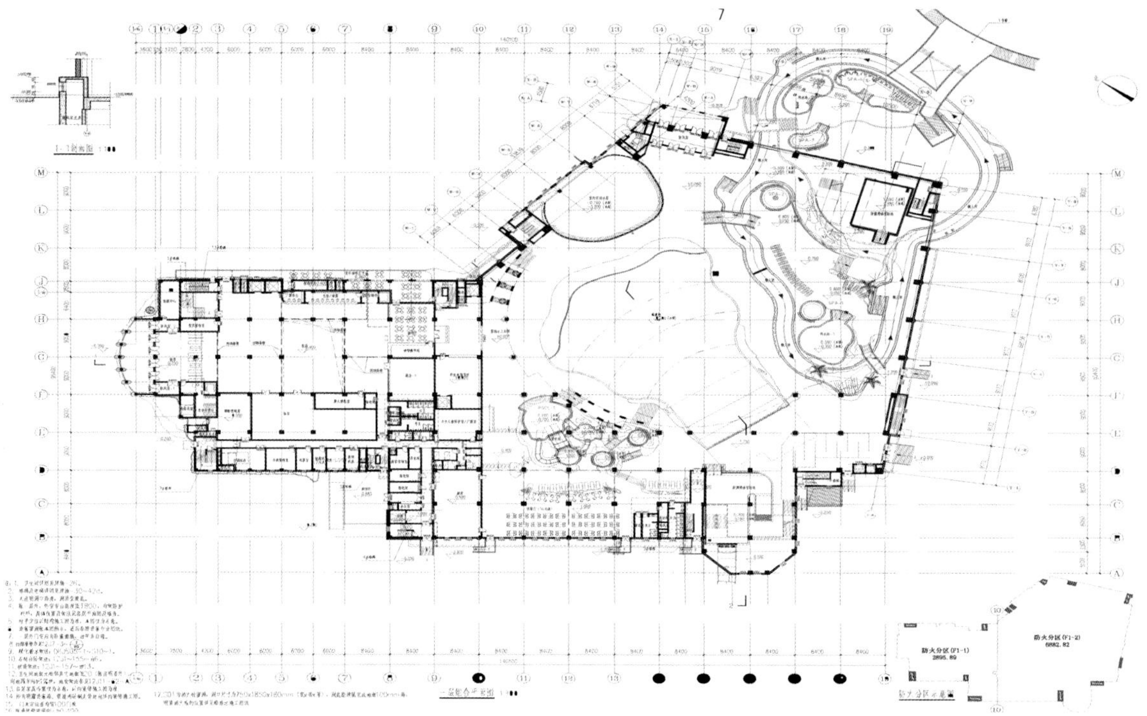

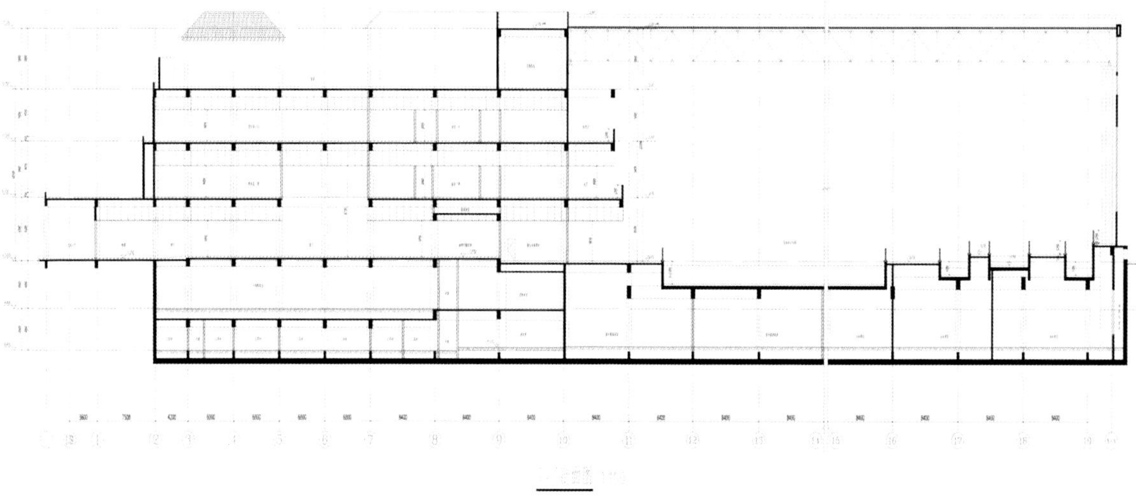

绿地和商业空间结合渗透，空间丰富、通透，包括一系列变化，从起始、过渡到高潮这一过程，体现了公共的秩序感和自然与生活的动感。

景观总体设计构图以流畅和谐的风格为主，分为两个层次，第一层次是静，不同的景观绿化和景观小品形成不同的景观节点，为游客打造安静舒适的绿色休憩环境。第二层次是动，水系贯园区区南北，将静态的绿色景观串联起来，赋予动态美，使整体景观效果更有生机。两个层次的共同作用，构成园区的互补式景观，绿植、流水、小品，互相穿插，形成有机的整体景象，多层次的景观设计也成为人们休息、观赏、活动的绿色背景。“互补式”景观不仅为游客休闲、交流提供了安逸亲切的场所，而且改善了整个园区的环境，提升了园区的品质。

4 功能流线造型处理

本项目的各部功能：游乐区各功能之间以“水叮当带领苦难的人们找到幸福归属”为设计主线进行有序的排列组织。室内外游乐项目及旺季及过渡区项目合理转换，既满足了人们的多重游乐体验，又保证了园区的收益。该项目以希腊神话中奥德修斯之旅结合意大利海岸村庄为主题元素创造了只属于北国水世界的故事。奥德修斯神话中重要的元素“海妖塞壬”，作为引领北国水世界旅程会唱歌的精灵的形象，统一了主题故事，

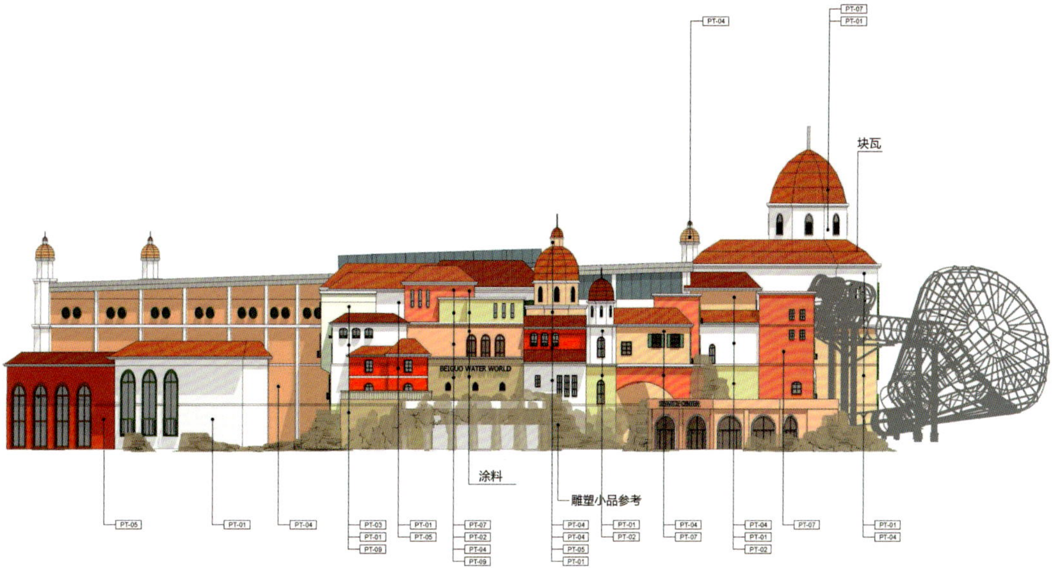

立面图-1

■ 图例

规格	编号	颜色标号	规格	编号	颜色标号
PT-01	0021	8.1Y 9/1.2	PT-06	0184	7.5YR 4.5/4
PT-02	1104	0.6Y 8/9.2	PT-07	1094	8.8R 5/11.6
PT-03	0771	5.6GY 8.5/1.2	PT-08	0782	8.1GY 7/2.8
PT-04	0214	9.4R 7/9.2	PT-09	0152	0.6Y 7/4
PT-05	[illegible]	6.9R 4/11.6	PT-10	0664	5BG 3/3.6
			PT-11	[illegible]	6.9R 4.5/5.6

室内水上乐园立面填色图

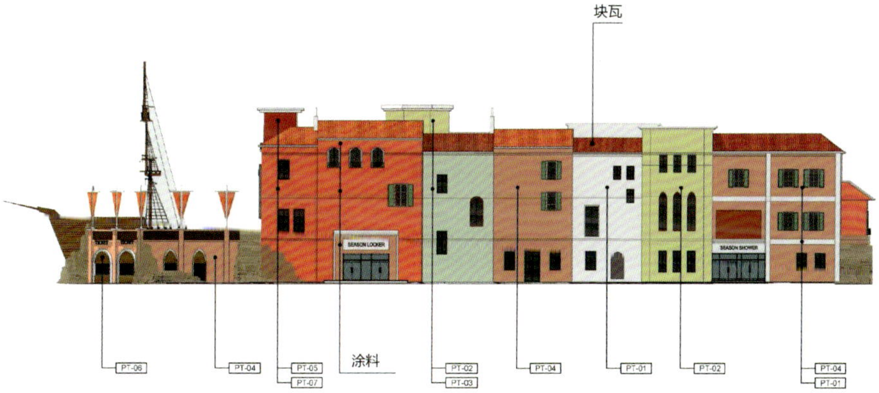

立面图-1

■ 图例

规格	编号	颜色标号	规格	编号	颜色标号
PT-01	0021	8.1Y 9/1.2	PT-06	0184	7.5YR 4.5/4
PT-02	1104	0.6Y 8/9.2	PT-07	1094	8.8R 5/11.6
PT-03	0771	5.6GY 8.5/1.2	PT-08	0782	8.1GY 7/2.8
PT-04	0214	9.4R 7/9.2	PT-09	0152	0.6Y 7/4
PT-05	[illegible]	6.9R 4/11.6	PT-10	0664	5BG 3/3.6
			PT-11	[illegible]	6.9R 4.5/5.6

更衣室及影院立面填色图

连接了各个空间区域，体现了连贯性与趣味性。北国水世界将异域风情与自然风光完美结合，为游人提供一场视觉盛宴。

5 实施效果

本项目最大开发地块的综合效益，并且顺应时代前瞻，更新了城市形象与活力；更重要的是创造性地发挥了业态组合的经济效力，将城市生态、文化、经济等功能片段重新组织；打造工作、生活与娱乐休憩的舞台，服务周围的企业员工、购物人群及观光游客，通过提供多样的业态组合，聚集人气，并且从城市场景上赋予本区域的地标形象，建成效果比较好，得到了甲方的好评，更为塑造城市景观做出了贡献。

湖南祁阳新天地

设计单位：中外建工程设计与顾问有限公司深圳分公司

主要设计人：姚建伟、徐金荣、严鹏飞、孙旭东、严宏

项目地点：湖南省永州市祁阳县

设计时间：2016 年 7 月

竣工时间：2019 年 6 月

建筑面积：35313.14 平方米

占地面积：106037.48 平方米

摄影作者：ZOOM 琢墨建筑摄影

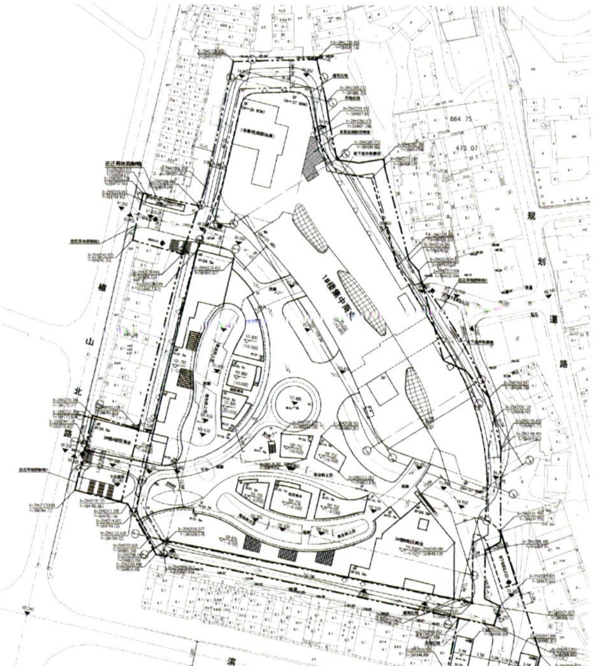

定位总平图

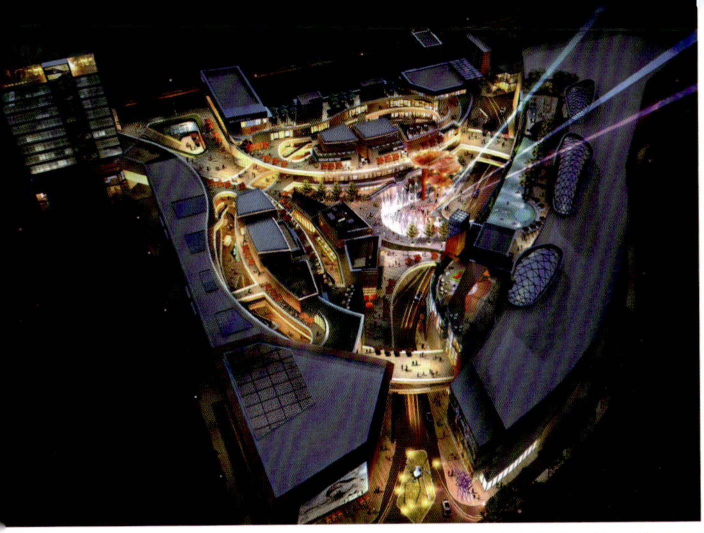

1 创作构思

打造祁阳首个大规模集中商业加街区商业的商业模式，形成开放式街区及集中式商业互相融合的商业形态……

通过剧场式大型广场、退台、连廊、大平台等建筑设计，打造双首层概念并同时引入自然元素，建筑的整体风格体现了商业的现代、时尚和体验感……

优化交通体系，分别设置人流、车流出入口，实现人车分流……

以超前沿的商业格局空间，引领城市消费新理念。

以多层次的立体体验空间，丰富城市空间趣味性。

引进丰富的高端业态，带动周边商业升级，产生城市中心商业磁效应。

打造多首层的体验式场所，提供开放式的社区氛围。

立体绿化与开放空间完美融合，打造立体的城市商业公园。

2 三个方面

2.1 商业与城市的连接

双首层的商业布局，本项目与城市有三个较佳的接入点，其中一个点与另两个点有6米左右的地形高差，项目利用地形高差设置了双首层，保证商业从三个不同的广场进入都是首层，极大地方便了车流和人流的导入，同时提升了商业的价值。

广场加环形商业动线和双首层的布局，让这个商业综合体与老城区的城市脉络紧密地联系在一起，使它深度地嵌入这个城市之中并与城市融为一体。

2.2 三四线城市商业模式、形态的升级

人们对美好生活的追求是商业升级的本质，无论是一二线城市还是三四线城市，人们对美好生活的追求都保持了极大的热情，但是三四线城市做大型的商业综合体会面临品牌商家缺乏、商业物流成本高、商家难以承受高额租金和物业管理费等问题，项目在商业模式的选择上，充分考虑到三四线城市本土的实际情况，方案团队对多种商业模式进行比选，与商业策划密集沟通。

2.3 业态落地且本土化

商业业态落地，只有业态落地，商业设计才算是最终达成，业态的落地过程就是建筑设计与具体的商家进行配合调整的过程，需要建筑师对建筑设计进行合理的修改和优化，以满足最终商家的使用需求，而不是建筑师一个人在独舞。在本次业态的调整中，项目团队对影院、屋顶泳池、超市、儿童游乐、健身、餐饮等大型业态进行了长期而且密切深度的配合，同时对其他小型商家的需求也进行了同步兼顾，建筑、结构、设备等多专业共同优化调整，一步一步最终让各商业业态落地。

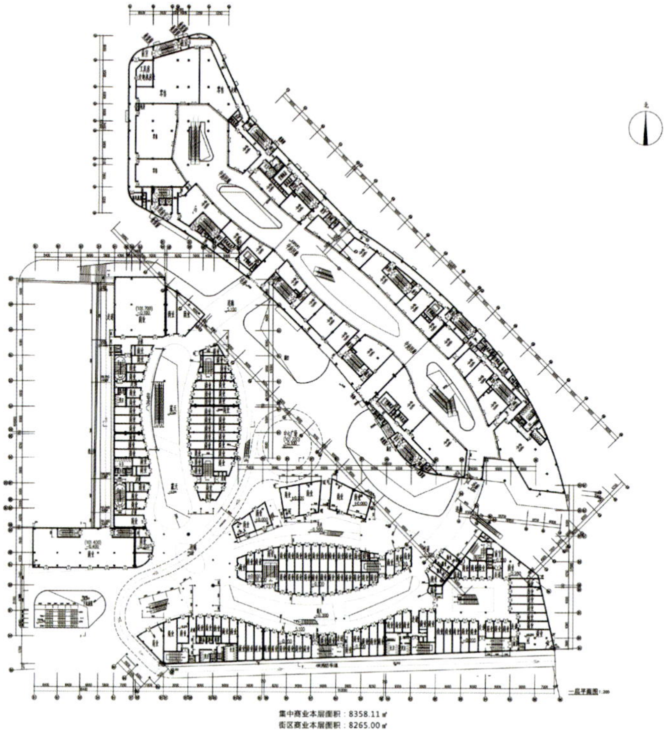

一层商业平面图

集中商业西立面

集中商业南立面

集中商业立面图

集中商业立面图

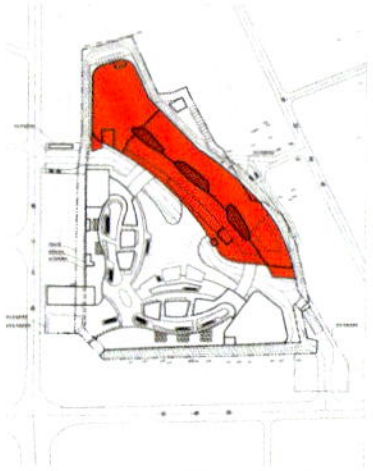

区位示意图

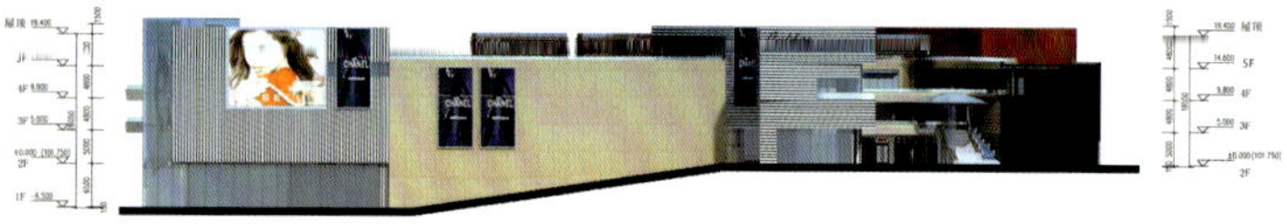

商业街西立面

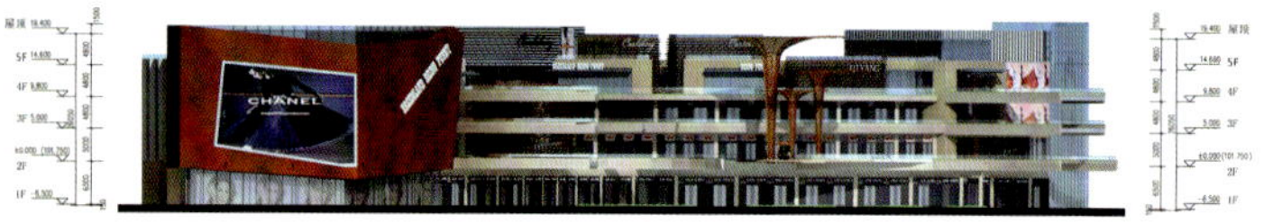

商业街东立面

商业街立面图

商业街立面图

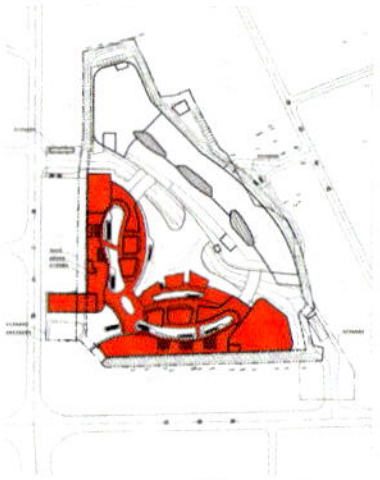

区位示意图

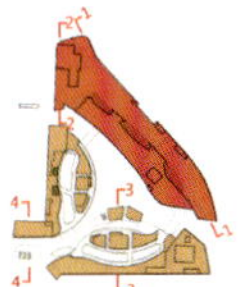

区位示意图

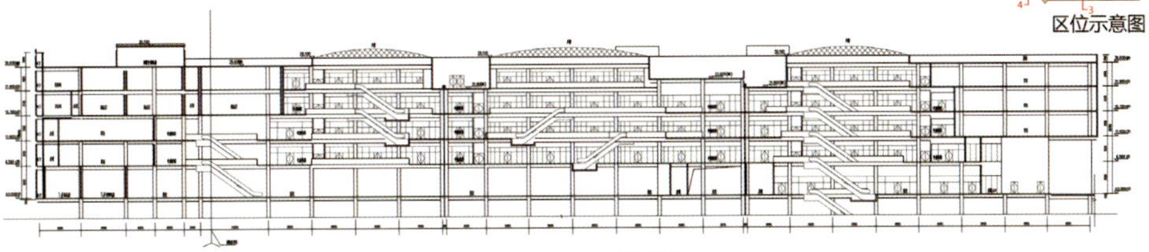

1-1剖面图

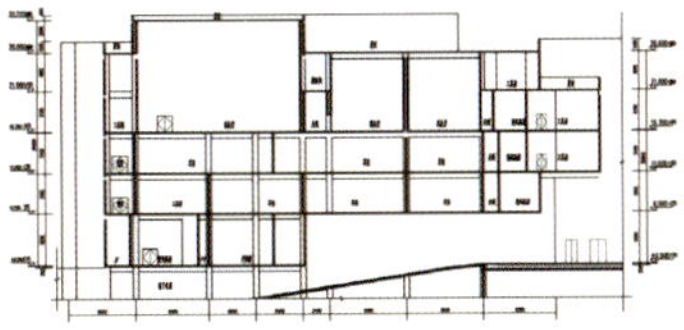

2-2剖面图

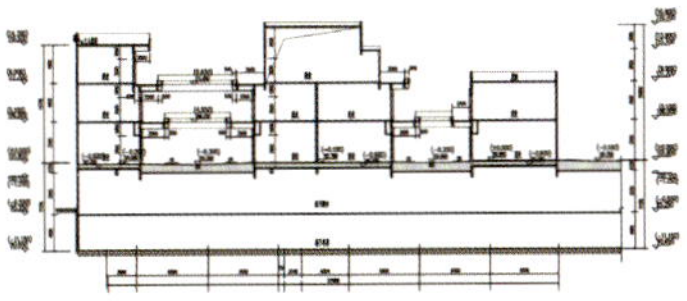

3-3剖面图

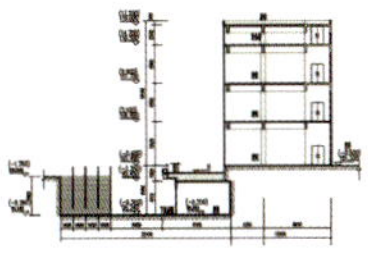

4-4剖面图

商业剖面图

商业入口街景图

商业街景 1

商业街景 2

商业街景 3

中心广场透视实景图

航拍夜景鸟瞰图

商业街景 4

商业次入口街景

广州中泰天境销售中心

设计单位：广州瀚华建筑设计有限公司

主要设计人：许迪、李敏浩

项目地点：广东省广州市黄埔区

设计时间：2017年5月

竣工时间：2018 年2月

建筑面积：883.1平方米

占地面积：644.4平方米

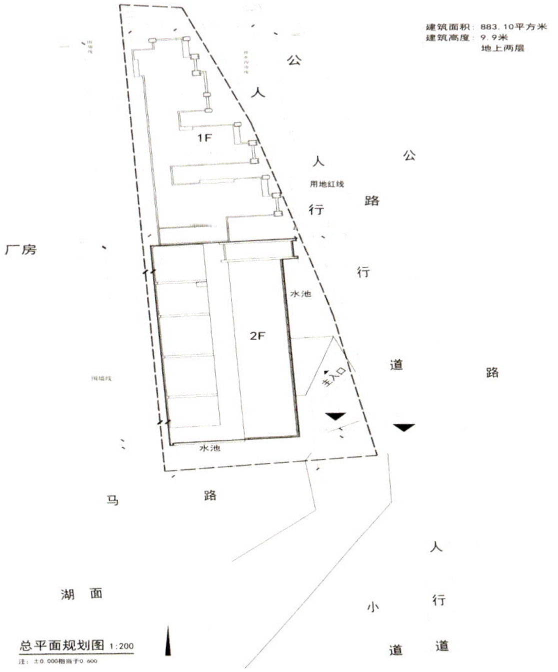

总平面图

中泰售楼部建筑外观

1 设计理念

房产销售中心设计，立足于体现房产项目特点，促进销售是其主要设计目标，精准拿捏销售中心的整体定位是设计理念展开的重中之重。

2 技术难点

房产开发，留给销售中心用地一般都比较紧张，本案也不例外。尽可能节约成本完成销售目标，是销售中心最重要的职能，留给设计的预算本来就不多。

基于上述现实条件，本案的设计策略因需而设：

合理功能布局基础上简洁体型，通过玻璃通透处理，将销售空间的内核突显于外，吸引顾客眼球。

运用拓扑学原理，在指向性明确的口部实现销售空间的内里外翻，引导顾客一探究竟。

设计为销售中心带来了人气，便是对销售工作最大的支持。

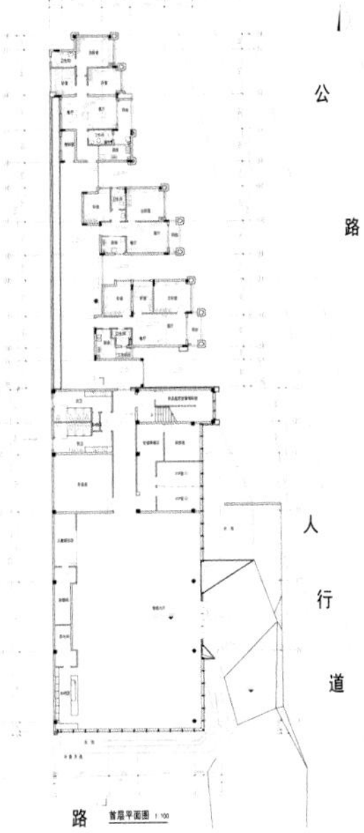

首层平面图

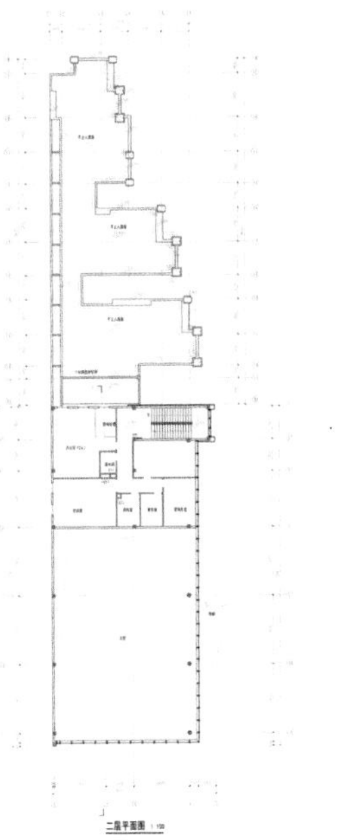

二层平面图

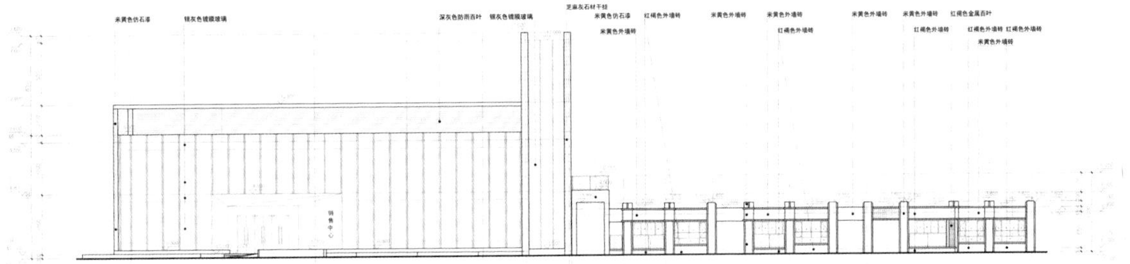

东立面图

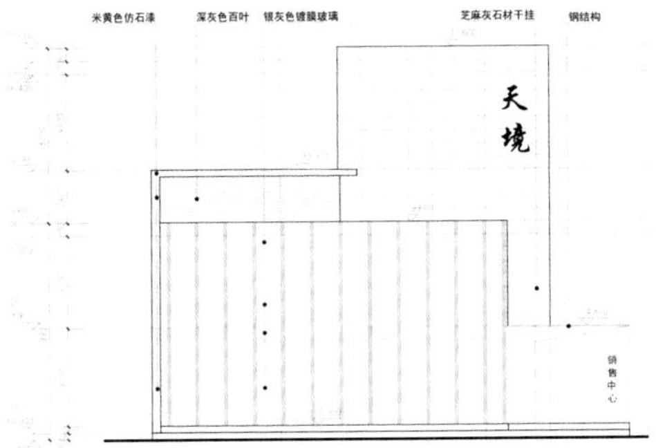

南立面图

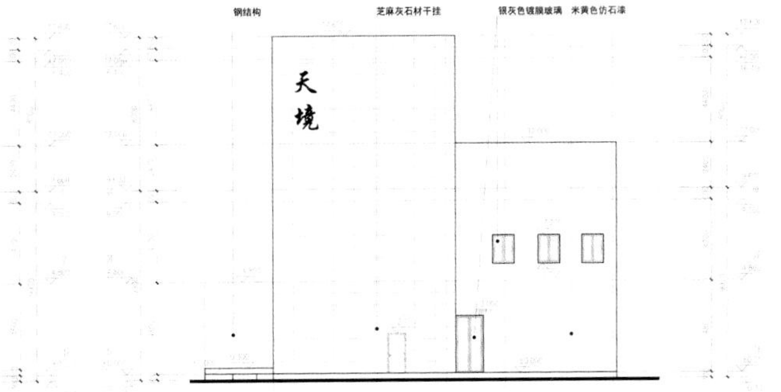

北立面图

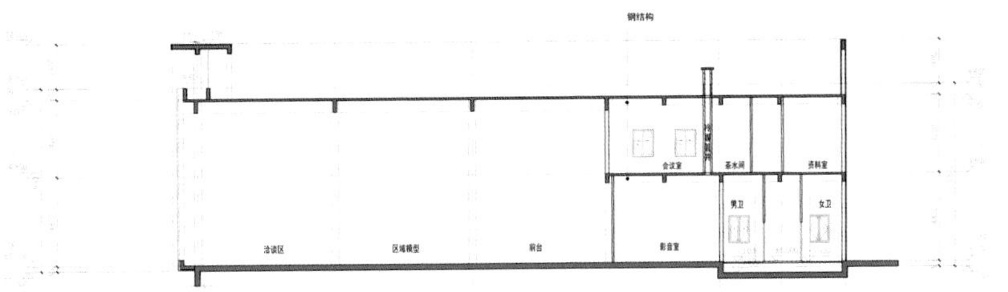

剖面图

中泰售楼部大厅1

中泰售楼部大厅2

中泰售楼部版房走廊

3 技术创新

通过简洁明快的建筑体量，外立面的质感变化丰富，具有强烈引导性的建筑主入口，使销售中心成为整个房产项目现场的视觉中心，聚拢人气。另外，巧妙地利用天光消除走廊空间的局促感，变消极空间为积极空间，产生温馨浪漫的家居氛围，更好地服务房产开发的变化与销售。

延安大学新校区

设计单位：清华大学建筑设计研究院

主要设计人：庄惟敏、李匡、唐鸿骏、盛文革、张翼、许腾飞、陈蓉子、丁浩、曾琳雯等

结构设计：蒋炳丽、杨霄等

景观设计：周易、张雪雷等

项目地点：陕西省延安市宝塔区

项目年份：2018年

建筑面积：575000平方米

占地面积：853600平方米

延安大学总平面图

1 项目简介

延安大学新校区位于延安市新区西北部，毗邻延大老校区和萃园校区，总用地面积853600平方米，总建筑面积57.5万平方米。用地西高东低，为挖山填沟人工平整而成，地质条件复杂，填方区最深处超过60米，东西方向高差达30余米。

2 总体布局

规划采用“十字轴与院落相结合”的布局方式，沿东西向学术交往轴以学生学习生活为中心形成主轴空间；南北向公共活动轴利用公共建筑组团围合形成次轴空间。轴线结合场地形状在西段做了南偏东30度的扭转，与场地形成良好的关系，并有利于形成空间构图的多样性。

图书馆作为校园活动的中心，联系了城市和教学生活区。

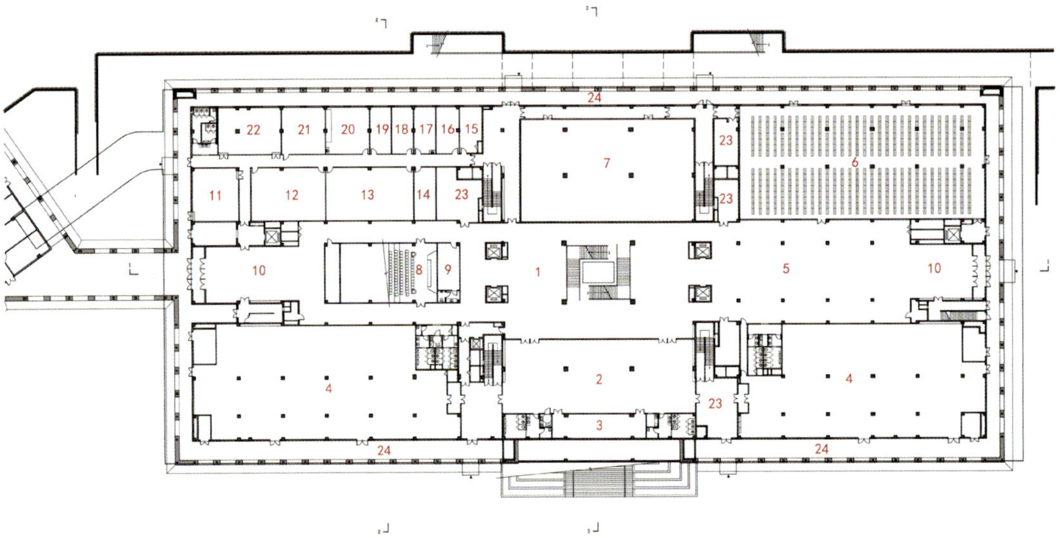

1 读者共享空间
2 咖啡厅
3 文化用品及饮品店
4 自习室
5 读者活动区
6 基本书库
7 密集书库
8 大讲堂
9 休息室
10 门厅
11 消防控制室
12 过期报刊
13 采编分类加工
14 临时存放
15 拆包间
16 典藏室
17 消毒室
18 静电复印室
19 数码照相用房
20 装裱修复
21 办公室
22 系统网络机房
23 空调机房
24 外廊

一层平面　0 5 10 20m

延安大学图书馆技术图纸 1

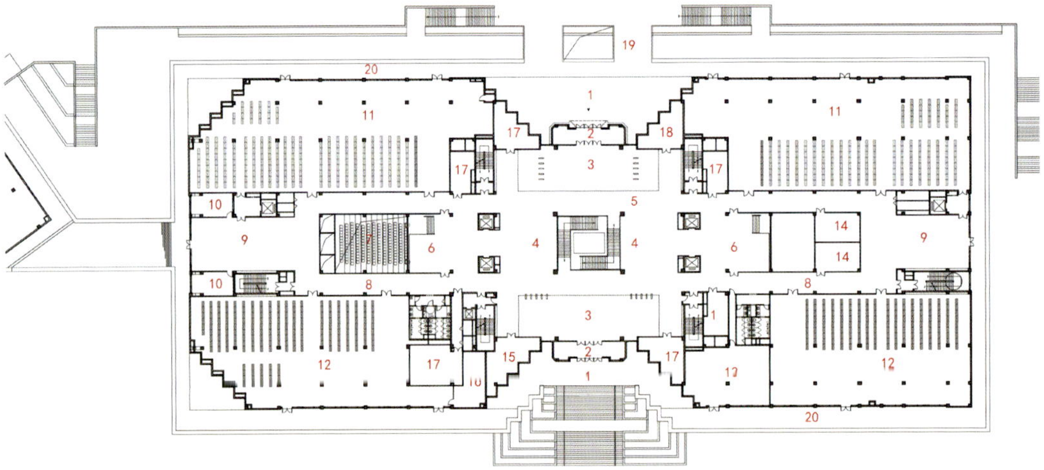

1 图书馆主入口
2 门斗
3 门厅
4 借还书处
5 综合大厅
6 漫步道活动区
7 大讲堂上空
8 走廊
9 公共活动空间
10 研修室
11 开架阅览室
12 休闲阅览区
13 采编分类加工
14 戊类储藏
15 管理间
16 教师活动室
17 空调机房
18 值班室
19 连桥
20 一层平屋顶

二层平面　0 5 10 20m

延安大学图书馆技术图纸 2

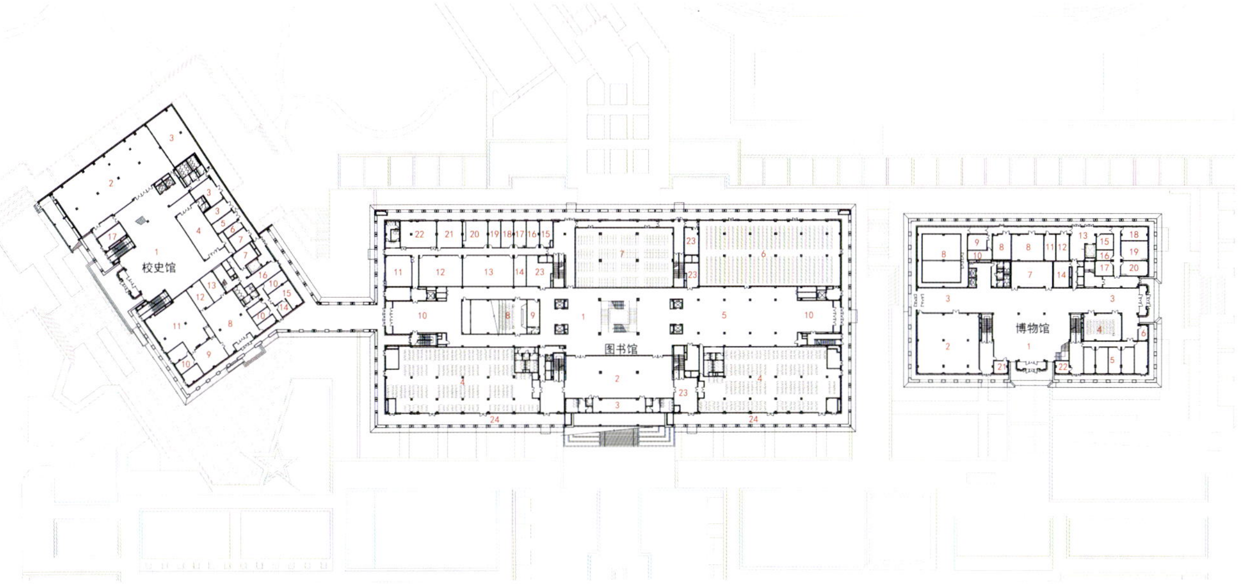

校史馆

1 大厅
2 临时陈列厅
3 藏品库（丙类）
4 贵宾休息室
5 暂存库
6 编目建档
7 空调机房
8 档案馆门厅
9 阅览区
10 办公室
11 档案库
12 整理编目用房
13 装订室
14 查询室
15 库房（戊类）
16 门厅
17 安防控制室

图书馆

1 读者共享空间
2 咖啡厅
3 文化用品及饮品店
4 自习室
5 读者活动区
6 基本书库
7 密集书库
8 大讲堂
9 休息室
10 门厅
11 消防控制室
12 过期报刊
13 采编分类加工
14 临时存放
15 拆包间
16 典藏室
17 消毒室
18 静电复印室
19 数码照相用房
20 装裱修复
21 办公室
22 系统网络机房
23 空调机房
24 外廊

博物馆

1 大厅
2 临时陈列厅
3 观众休息厅
4 多媒体放映厅
5 研究室
6 布草间
7 陈列厅
8 藏品库（丙类）
9 恒温恒湿机房
10 钢瓶间
11 编目建档
12 暂存库
13 库前装卸区
14 空调机房
15 拆箱鉴选
16 器材室
17 摄影室
18 消毒清洁
19 实物修复
20 书画装裱
21 安防控制室
22 储藏室

一层平面　0 5 10 20m

延安大学博物馆、图书馆、校史馆一层平面图

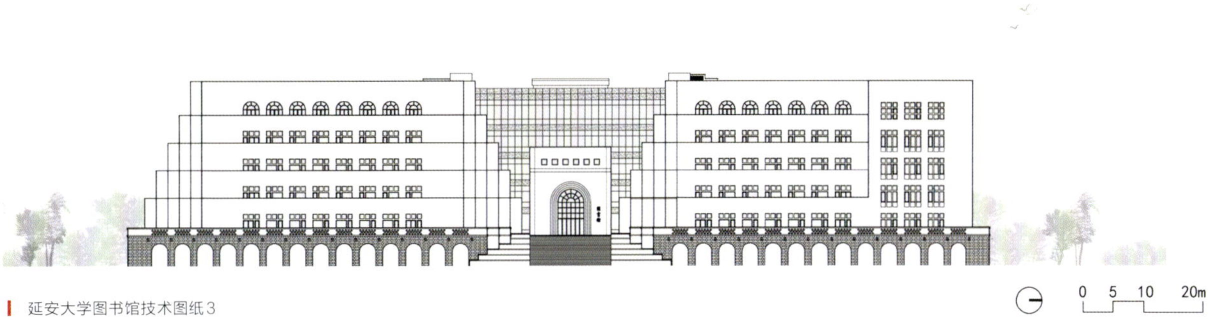

延安大学图书馆技术图纸3

延安大学图书馆技术图纸4

校园实景

图书馆东南角

图书馆实景

图书馆主入口退台及细节

石砌拱廊与混凝土砌块外墙

窑洞符号的运用

抽象的十字砖孔女儿墙

拱廊空间 1

拱廊空间 2

公共教学区处于西侧的核心部分，与学生宿舍紧密相连。北侧独立用地安排鲁迅艺术文学院，作为“书院制”的一种探索。

3 规划特色

3.1 因地制宜，以人为本

以学生为中心，规划有公共广场、庭院、廊下及退台空间，强化步行的便利性，为师生们提供积极而舒适的学习交往空间。规划景观设计中还重点展示了延大建校历史、校园文化及著名校友，传承延大人文精神。

3.2 设施共享，研产互动

适度开放图书馆、体育馆等设施，在保证师生正常学习生活的前提下实现学校资源与社会共享。另外，为了满足延安大学师生科技成果转化及创业需求，在新校区南侧规划双创园区，

三种材料搭配的外墙面

连续拱廊丰富的空间表情和光影变化

拱廊质感与光影细部

形成良好的产学研互动。

3.3 地域特色，文化传承

坚持品格重于风格，不"求新、求怪"，校园总体文化基调、建筑风貌和景观环境与延安黄土高原特色相呼应和契合，营造温暖质朴、学术氛围浓厚的校园空间。

3.4 生态智慧，安全校园

综合性地采用成熟的节能环保技术，注重自然通风，避免空调系统的大量使用以降低能耗。校园建设包括能源监控、数据中心、融合通讯等系统，将"智慧"融入教学、科研、管理和生活中。

用地通过削峰填谷而成，地基承载力非常不均匀，部分深填区土体欠固结。因此，将主要建筑放在挖方区，体育场、绿化、预留发展用地设置在填方区，保证新校区建筑的安全性。

4 建筑设计

设计充分考虑延安当地的气候特征，采用简洁、均衡而不对称的几何形体，突出建筑的体积感与质量感，又避免了刻板及行政化的形象。以退台窑洞为设计源泉形成特色鲜明的退台变化，结合窑洞符号塑造的拱廊空间，抽象简化的十字砖孔，质感丰富的建筑外墙，塑造出厚重、大气、质朴的整体校园风格。

建筑材质采用当地黄砂岩和混凝土砌块，以当地传统的密缝砌筑工法，确保地域文化的传承。手工敲凿的痕迹，在延安当地强烈阳光的照射下，色彩与光影变化丰富，呈现出一种温暖、亲和的氛围，很好地烘托出大学校园必需的人文气息。

图书馆主入口光影雕塑感

图书馆主入口光影细部

建筑在不同阳光照射下呈现的不一样的表情 1

建筑在不同阳光照射下呈现的不一样的表情 2

总体鸟瞰图

福建浦城第一中学新校区

设计单位：浙江大学建筑设计研究院有限公司、浙江大学平衡建筑研究中心

主要设计人：吴震陵、李宁、杨鹏、赵博、胡惟洁、毛军列、许逸敏、徐凡清、赵黎晨、章嘉琛、李才全

项目地点：福建省南平市浦城县

设计时间：2018年10月

建筑面积：91400平方米

占地面积：24046平方米

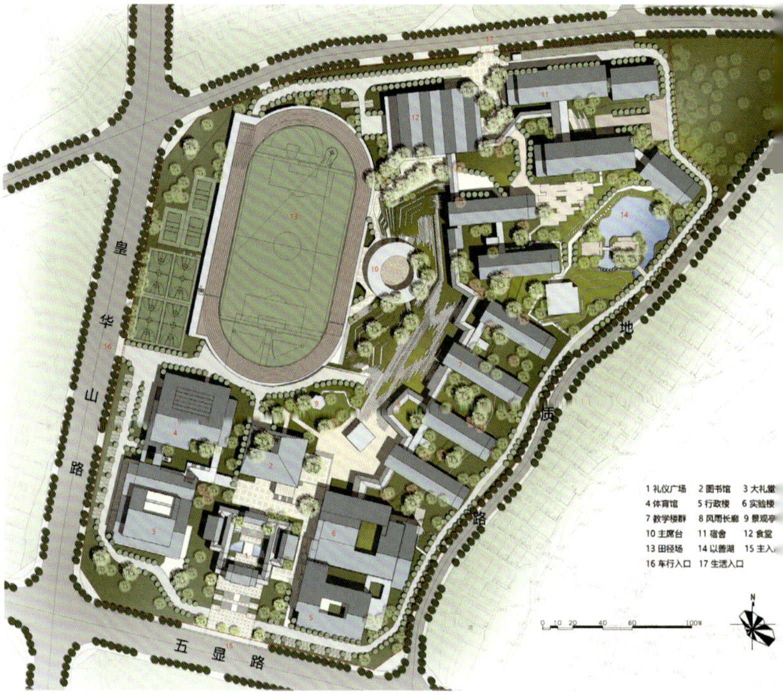

总平面图

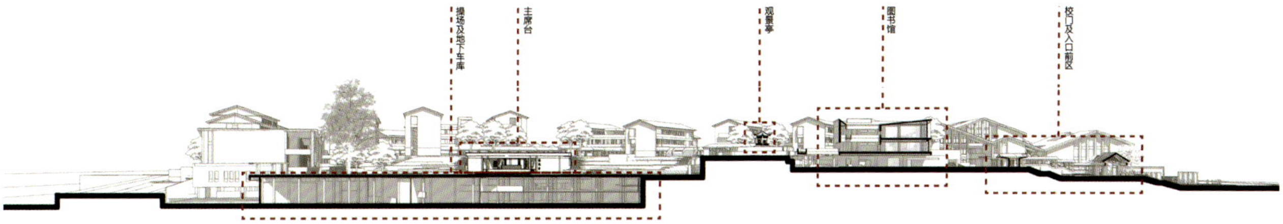

校园高差分析图

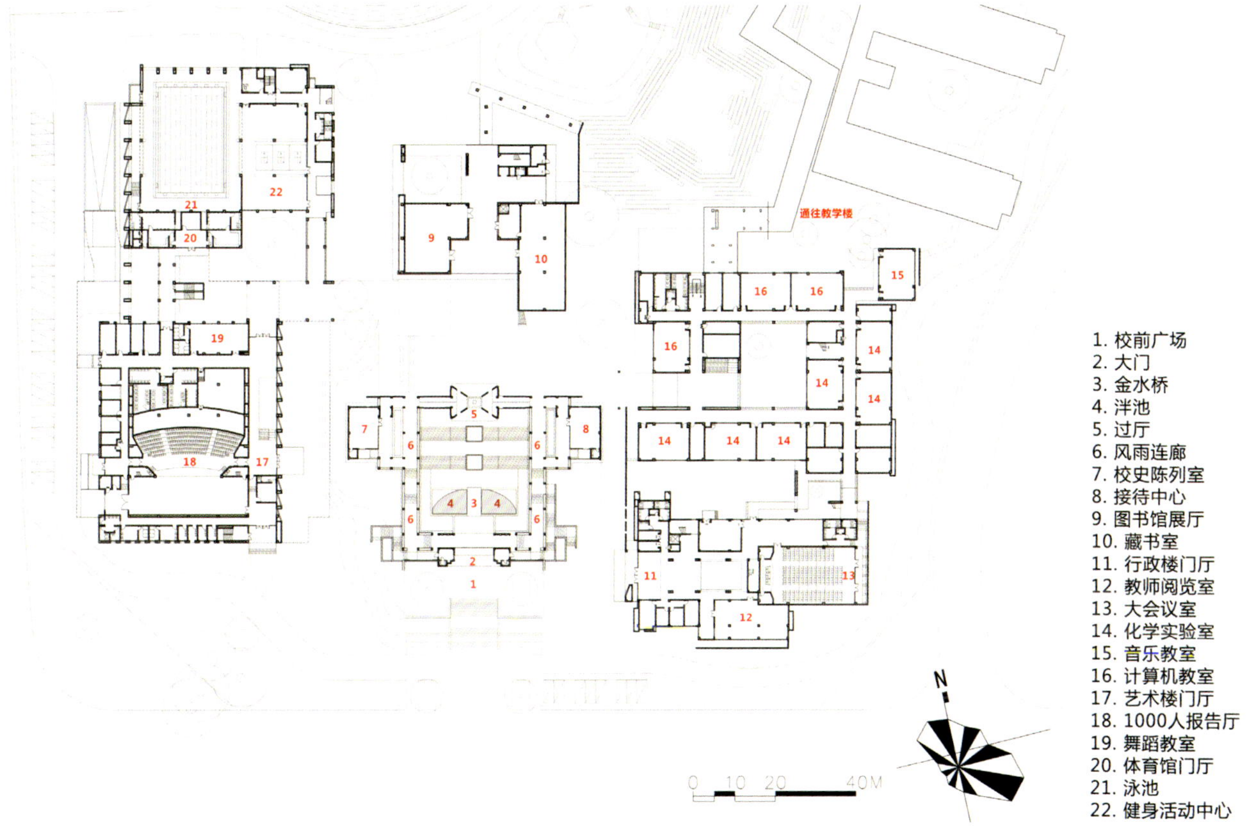

校园前区平面图

1 项目概述

福建浦城县地处浙闽赣三省交界处，是福建省最早置县的五个县之一，自古文风鼎盛。福建浦城第一中学作为当地久负盛名的学府，原初是由古老的浦城文庙改建而来，有着深厚的历史文化积淀。因学校发展的需要，新校区迁建至县城东北部的小山坡上，西临皇华山路，南临五显路，东临地质路，北临金正路；总用地面积109302平方米，总建筑面积91400平方米，满足54个班级、2700名学生就读。

2 艺术特色

设计围绕如何营造根植于地方记忆与发展脉络之中的现代中学校园进行尝试。基地中林木森森、曲径通幽，通过对基地山形地貌的全面测绘，细致地对每一棵树、每一条小径都进行标号分类，据此了解基地的特征与属性，做到“认识自我（地形）”，从而为下一步“表达自我（校园）”奠定基础。

设计充分尊重现有树木的生长情况。或避开大片林木生长的区域，形成自然庭园；或将建筑打散来围合大小不一的内院，环抱树木；甚至在建筑中挖出洞口，让参天古树从建筑内部伸

校园东侧透视图

从操场向教学区的过渡

展出来；让自然绿意渗透到校园的每一个角落，营造一所真正与坡地山林共生的校园。

总体布局把更多的关注集中在校园空间级配的组织上，使校园空间在大、中、小等多个层面上为师生的交流提供多种适宜的场所。结合各层次空间的形态和使用模式的推敲，满足师生大型集会、班组小聚、独自静思等多种需求，从而使校园的空间能促成师生的交流，师生的交流演绎着成长的故事，成长的故事串起了学校的生活。

3 设计构思

校园中部地势较高，东西两侧逐渐降低，最大高差达10米有余。设计顺应高低起伏的地形，让各个功能组团顺应地形有机生长；不讲究方整的轴线与秩序，只是根据基地原始地形地貌来生发建筑群落，顺山势形成步移景异、柳暗花明的空间效果。

校园前区由南侧入口广场起，地面逐层抬高，以保留的小山包作为最高点和入口序列的收头；古老的金水桥和泮池用高度概括的手法进行演绎，既保留了书院礼仪空间的文化感受，

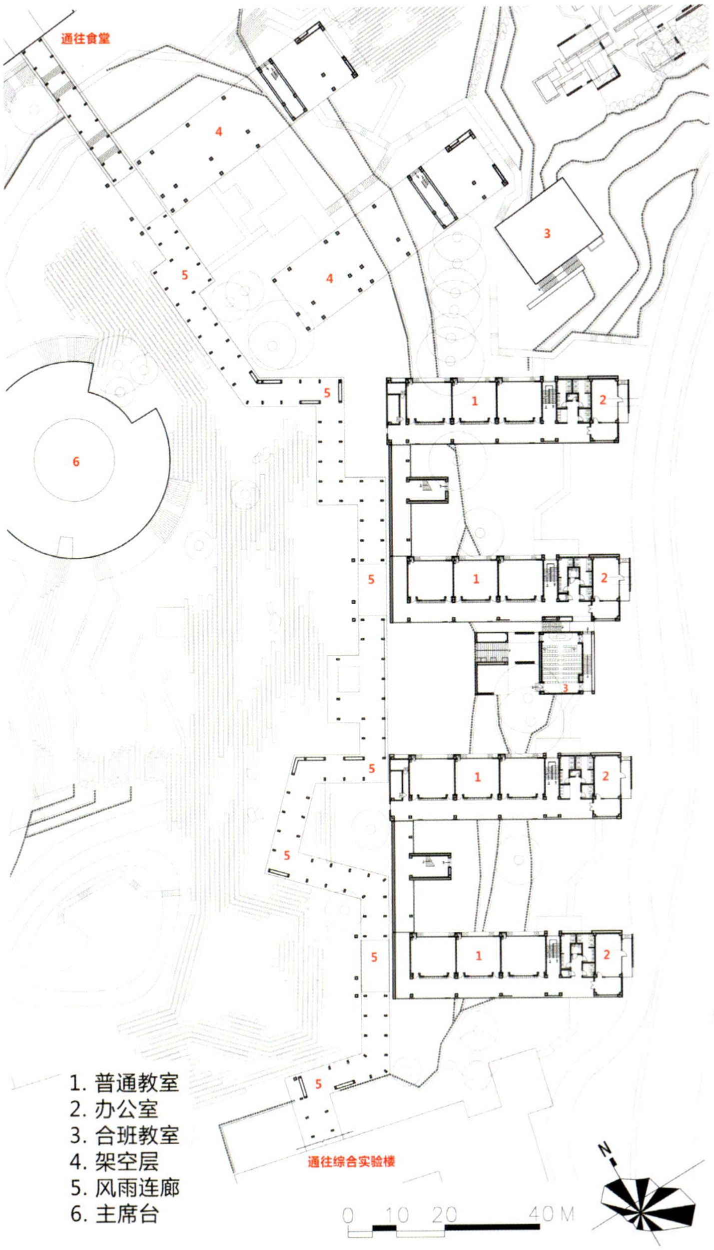

校园中部风雨长廊与教学楼平面图

生活区鸟瞰图

校园南大门透视图

保留基地原初记忆的交往空间

又与校园内的整体建筑氛围相契合。中部场地西侧保留原有坡度，结合操场使坡地成为天然的看台；东侧为嵌入坡地之中的教学群组，各单体顺地势跌落，疏密得当、错落有致。在北侧的生活区中，跌落的屋顶和彼此分离的体块削减了宿舍单体的体量，形成宜人的空间尺度。

建筑的双坡屋顶提取了闽北民居的元素，质朴的灰砖墙面让建筑融合在山坡古树中。在近人尺度模拟当地石屋采用毛石贴面的手法，古木石墙穿插在回环起伏的小路之间，既保留了基地原始的空间脉络，也为师生交往互动提供了多种可能性。

南京航空航天大学将军路校区民航教学实验研究中心

设计单位：南京长江都市建筑设计股份有限公司

主要设计人：王畅、王亮、向雷、毛浩浩、张俊、张旭、吴晓天、芮铖、陶冶、陆蕾、陈靖、朱杰

项目地点：江苏省南京市江宁区

设计时间：2017年8月

竣工时间：2019年6月

建筑面积：26033.13平方米

摄影作者：侯博文

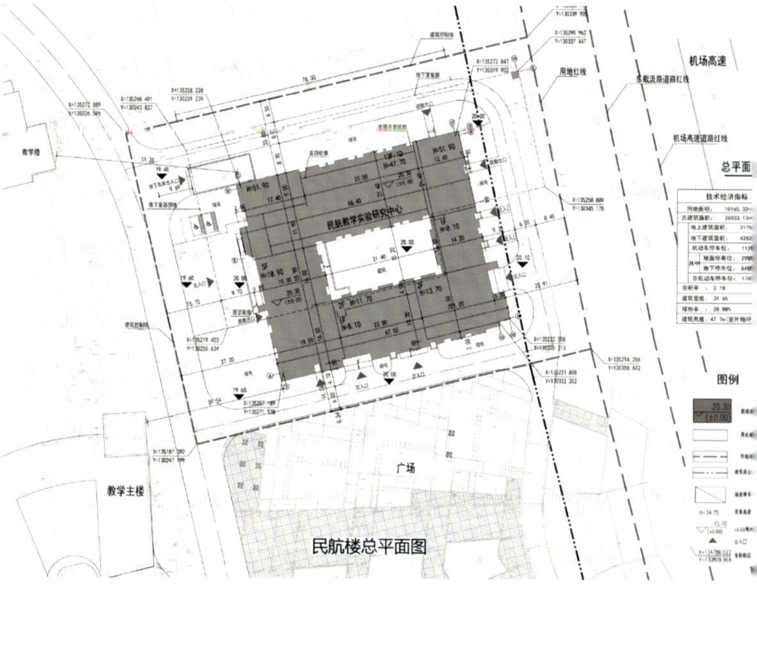

民航楼总平面图

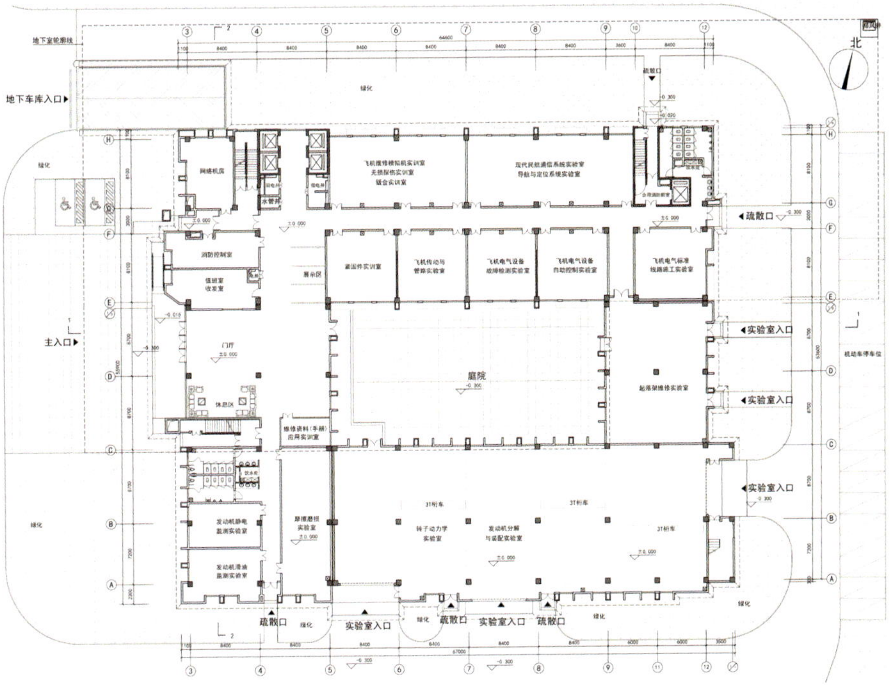

地下室轮廓线
地下车库入口
主入口
北
绿化
网络机房
消防控制室
值班室
收发室
门厅
休息区
展示区
飞机维修模拟机实训室
无损探伤实训室
钣金实训室
现代民航通信系统实验室
导航与定位系统实验室
紧固件实训室
飞机传动与
管路实验室
飞机电气设备
故障检测实验室
飞机电气设备
自动控制实验室
飞机电气标准
线路施工实验室
庭院
起落架维修实验室
维修资料（手册）
应用实训室
发动机静电
监测实验室
发动机滑油
监测实验室
摩擦磨损
实验室
3T桁车
转子动力学
实验室
发动机分解
与装配实验室
疏散口
实验室入口
机动车停车位

民航楼一层平面图

1 整体规划

设计将建筑以内院方式布局，重点实验室相对独立，各自独立设置特殊实验室的主要入口。将部分无柱大空间会议室设置在实验室上方避免对层高和空间的限制。院落为各层功能用房提供良好的景观的同时，也满足了空间对通风采光的要求。

教学实验及办公楼为板式高层，位于用地北侧，高层建筑不影响其他建筑和房间的日照。东侧和南侧为特殊实验室，西侧为各类普通实验室用房。各类实验室与教学办公用房相互联系，形象统一，形成一套科研与教学体系完整的建筑。

在满足退让用地边界要求的前提下，避开特殊实验室，满铺地下室，满足大空间和停车库的功能需求。建筑自身围合出的庭院，宽约16米，尺度合理。屋顶花园和内庭院的设置给师生提供了良好的交流、休憩场所。

2 空间特色

由于用地北侧为体育运动场地，建筑布局总体原则为南低北高，塔楼位于北侧，实验室及会议室对空间有特殊要求的房间布于南侧，北侧与西侧建筑体块相互穿插，使得整体建筑形态均衡且富于变化。

内院采用全包围形式，西侧采用通透开窗，与建筑主入口形成对景，使外部景观进入其中。其他各朝向的房间也通过庭院改善了大空间房间内部通风采光条件，这使得院落空间更加丰富实用，让各功能空间相互渗透，相辅相成。

3 功能分析

民航教学实验中心主要功能包括以下几部分：教室及行政用房、实验教学用房（本科）、科研实验室用房、研究室教学用房、研究生工作室、重点实验室、地下室，以及公共部分。设计为满足各功能需求，主要采用8.1米x8.1米的柱网。设计将小开间的行政办公用房布置在建筑上部，中间部分布置各类教学用房、科研实验用房等，建筑下部主要布置重点实验室等公共性质的用房。其余地下空间主要为人防、机动车停车库和设备用房。

4 立面设计

现状南京航空航天大学将军路校区西校园建设期较早风格较为统一，已经形成自身的建筑风格。本次民航建筑实验中心设计遵循和延续总体规划的整体风貌，以取得和校区周边建筑的和谐统一。立面依据平面标注柱网采用规则的开窗形式，结合外部空调机位，以虚实结合，立面规整，体现建筑稳重大气的特质。建筑色彩采用浅灰色基调，局部运用色彩呼应东校区的色调，起到衔接东、西校区的建筑风格的纽带作用。

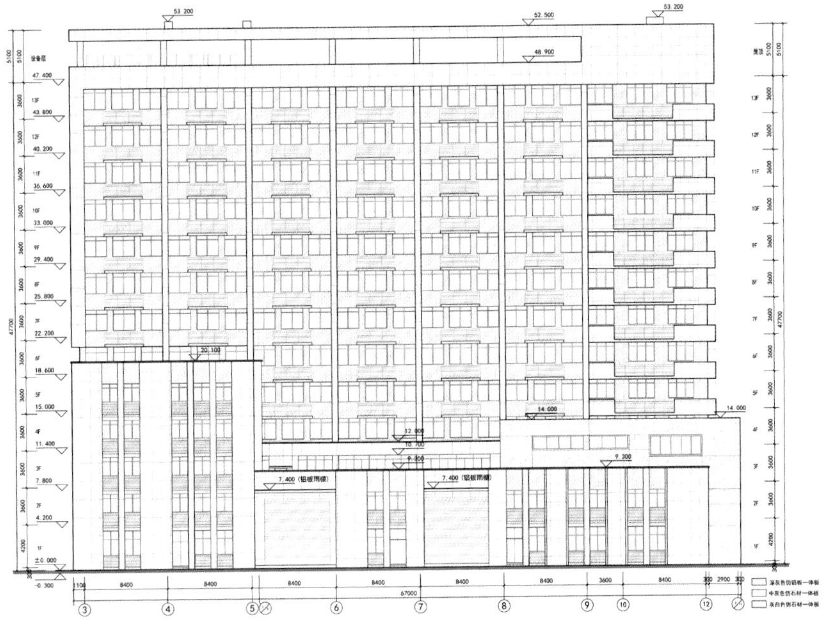

1-12轴立面

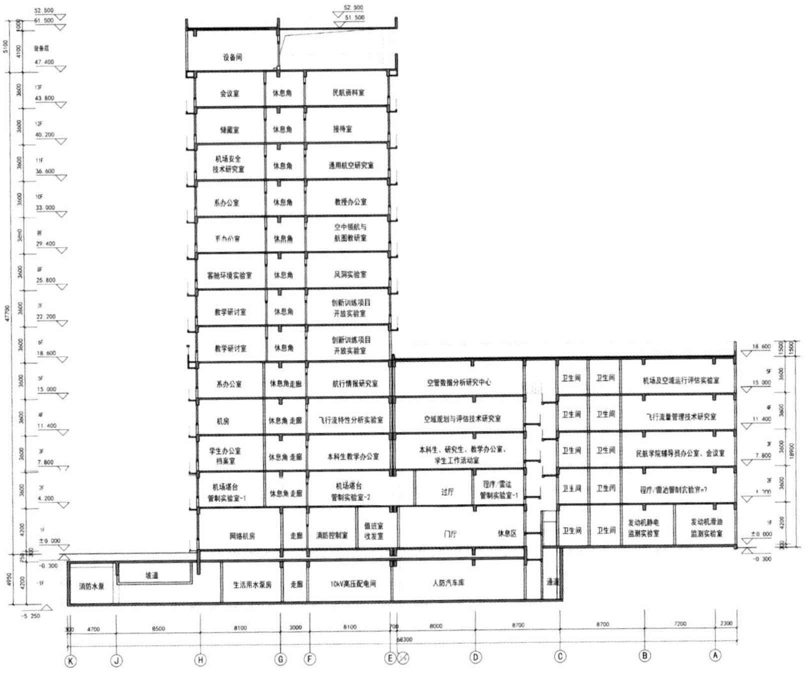

2-2剖面

主入口

华润（北京）生命科学园

设计单位：弘石设计

主要设计人：张露秋、郝龙英、盛启宇

项目地点：北京市大兴区

设计时间：2016年12月

竣工时间：2018年9月

建筑面积：43000平方米

占地面积：10816平方米

摄影作者：根本堂建筑摄影

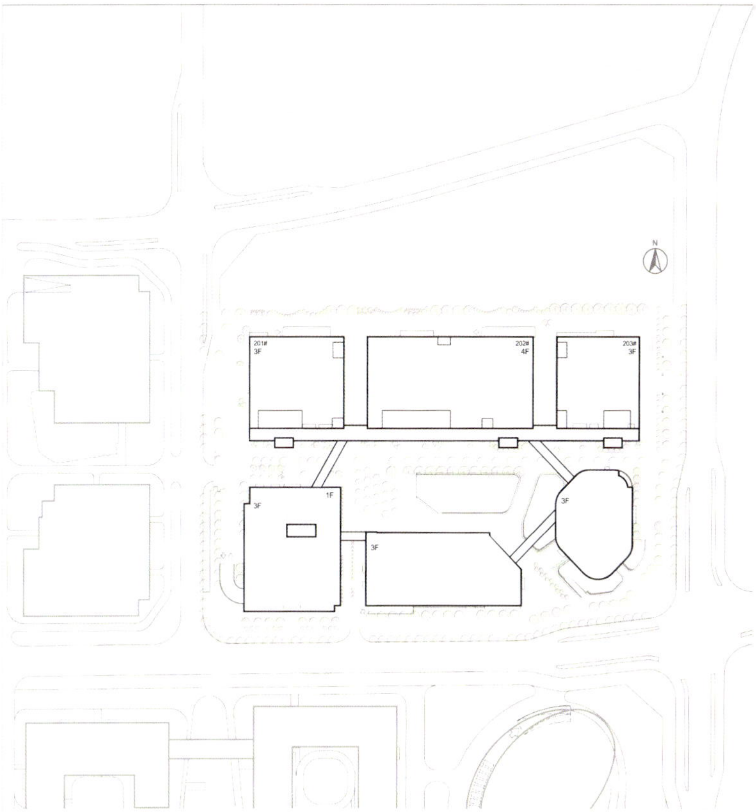

总平面图

西侧主立面

主入口正立面

彩虹连廊夜景

彩虹连廊日景

北立面

华润生命科学园整体鸟瞰图

1 传统模式下的工业厂房亟须改造

华润生命科学园隶属于中关村国家自主创新示范区，地处国家自主创新示范区——北京大兴生物医药产业基地“中国药谷”的核心，占地约43万平方米、总建筑面积约103万平方米。随着北京产业重心的转型，传统模式凋零，必将促使产业园向4.0时代发展。一期三栋厂房作为园区的首开区，华润生命科学将它打造成为一个符合时代特性的前沿的科学园。

三栋厂房原有功能为生产医药的车间，建筑空间巨大且建筑形体简单。随着北京市产业布局调整，定位由医药生产转变为产学研一体化综合园区，建筑用途的转变带来了建筑性格的转变。原始工业氛围与高端科研人员工作生活环境不相匹配，为了化解既有场所与当前需求的矛盾性，我们从使用者的根本需求入手，设计中摒弃了坚硬、冰冷、无趣的过于商务的氛围，从而寻找回当年熟悉的印记，激发园区科研人员的工作热情。

2 细致入微的改造策略

面对业主定位需求的转变，三栋厂房的外立面形象、平面功能都亟待改造升级且改造过程限制条件繁多，原有结构、交通核、超长连廊均要保留，如何将这三栋建筑从工业厂房转变为产学研综合性建筑成为本次设计的难点。为了合理解决这些问题，我们制定了一系列的改造策略。

2.1 弱化体量

将三栋工业尺度的厂房与园区其他建筑的尺度进行协调与横向切分，将原有体块划分为横向三段式，削减了厂房的厚重感以及巨型尺度。

2.2 保留结构

将建筑原有外围护结构拆除，把能解放的墙体全部解放出来，为丰富外立面的虚实变化创造基础条件。

2.3 戏剧性表皮

原建筑的外立面方正且相对简单，对此我们着力探索如何将外立面处理得更富戏剧性，无外围护结构的部位是我们的创作点。首先将整片墙面剪开，实墙采用陶土板材料，中间穿插玻璃幕墙形成虚实对比。

2.4 200米的连廊

因为建筑用途的转变要求保留的200米连廊成为多余的空间，为了化解这一问题我们为连廊内部置入了包括：咖啡、阅读、健身、儿童活动及共享办公等功能，同时原有墙体拆除替换为玻璃连廊及彩色玻璃肋，使这条原本“多余”了的长廊由内

彩虹连廊与弧形陶板凸窗

弧形陶板凸窗和挑阳台的节奏韵律

展示中心入口处的咖啡厅及休息区

展示中心展厅

展示中心入口大厅 1

展示中心入口大厅 2

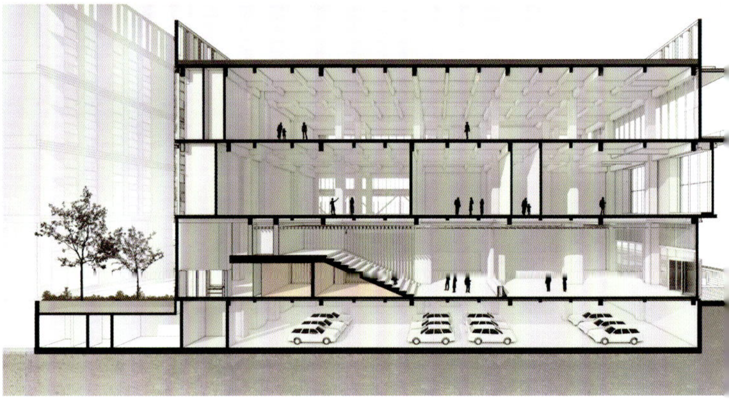

剖面图

而外焕发生机，成为连接三栋建筑的活力纽带。

3 后记

产业园区的转型是大城市产业转型不可逆转的趋势，产学研用一体化更是产业园转型的热门方向，与本案类似的工业建筑改造项目也必将越来越常见。而本案正是对这类生产建筑功能转型的一次探索和尝试，希望能够通过这个建筑的落成，为工业建筑的转型和重生找到一条道路。

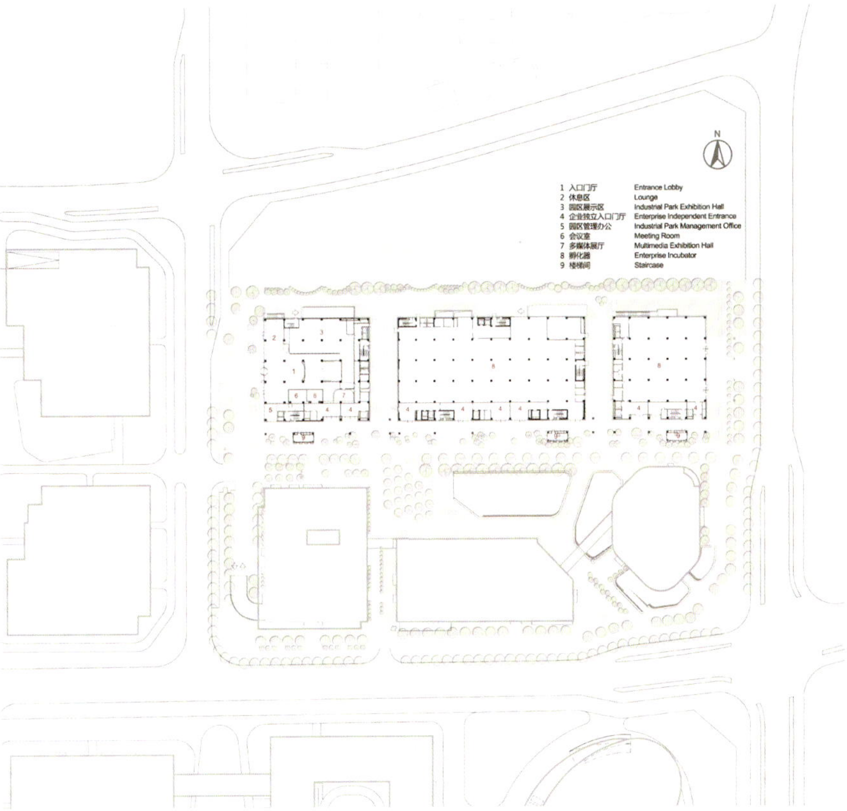

平面图一首层平面及室外环境

立面图一南立面

立面图一西立面

未来时间

设计单位：中土大地国际建筑设计有限公司

主要设计人：郝贵强、罗宝阁、张学玲、黄亮、闫万军、李志强、石晓娜、汪伟、张剑、孟岩勇、甄贺鹏、马旺壮、许雅琴、刘志学、李府宪

项目地点：河北省石家庄市桥西区

设计时间：2015年3月

竣工时间：2018年4月

建筑面积：63924.02平方米

占地面积：10900平方米

摄影作者：李府宪

本项目位于河北省石家庄市中山西路与华安街规划路西北角，地理位置优越，交通便利。与西北角未来城市综合体共同形成对该区域的商业辐射圈，基地内地势平坦，无明显高差。用地性质为商业混合用地，包括办公、公寓及底层商业。

本项目规划总用地10900平方米，总建筑面积63924.02平方米，地上建筑面积43920.13平方米，地下总建筑面积20003.89平方米，建筑密度48%，容积率6.50，绿地率15%。

主要建设1栋29层的办公楼，以及四层商业裙房。

1 设计理念

本案设计理念着眼于发掘地块的整体综合价值，从多角度对本项目进行研究，重新审视隐在次序，为当地环境输入新的

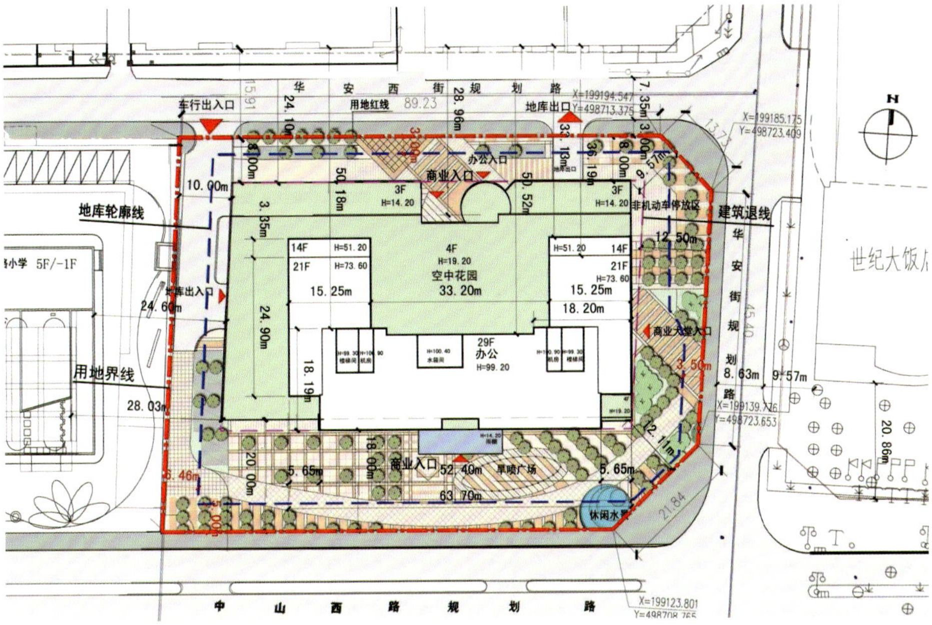

总平面图填色

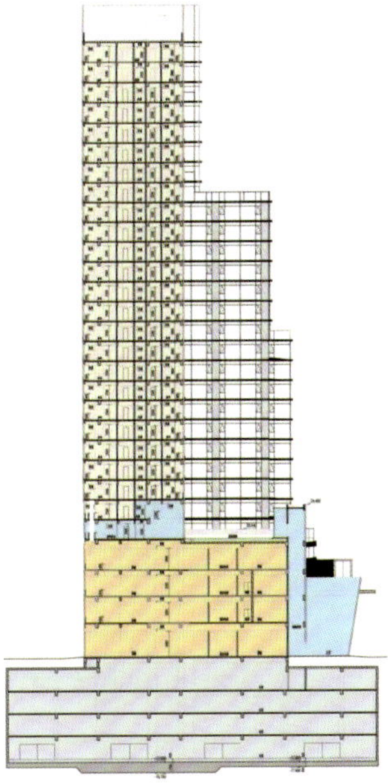

剖面填色图

首层平面填色图

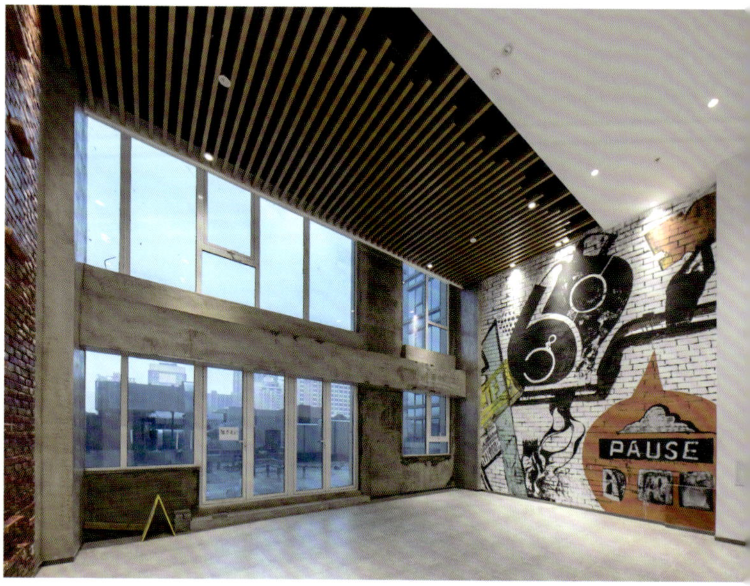
PAUSE

东南向人视实景

室内实景 1

室内实景 2

活力元素；用项目带动人群聚集的同时，力求放大机遇，促进区域经济的再次腾飞。

设计中，标准层办公楼的小户型分割，采光通风良好，并且操作灵活、利于运营。立体复合地延续了生态空间，更新了城市形象与活力；更重要的是创造性地发挥了业态组合的经济效力将城市生态、文化、经济等功能片段重新组织；打造工作、生活与游乐的舞台，从城市场景上通过提供多样的业态组合，聚集商务中心成立所必需的人气，成为重新塑造该区域生活场景的城市地标。

2 总体布局

规划基地内沿街布置了一栋 U 字形高层，通过控制总面宽、逐层退台的形式在满足规划的前提下形成了与周边建筑更友好的城市界面，不仅柔化了建筑边界，也赋予了建筑崭新优雅的姿态，犹如璀璨的钻石熠熠生辉，丰富了城市景观。

裙房设计功能定位、空间设计旨在为该片区增加活力，同时为市民自发的活动提供了更为丰富有趣的开放空间。

室内实景3

细部实景

西北向实景

3 技术先进性与创新点

通过最大限度节约集约利用土地，场地内合理设置绿化用地，采用高性能的玻璃窗，精心处理构造细部，降低传热系数，采用节水型卫生洁具，合理设置停车场所。建筑设计充分利用自然光，楼梯间等公共场所采用节能型灯具。

4 功能流线造型处理

本项目的各部功能：包括商业裙房及一栋U形高层建筑。主体共29层，层高3.2米。商业裙房共4层，涵盖有零售商业、餐饮、文娱空间和服务点。靓丽的外观吸引游客聚集商场人气。

建筑整体线条流畅，形象洗练清新，风格简约中又带有感性柔美的一面。高层建筑外立面用色简洁明快，虚实对比强烈，充满现代感。建筑角部退台式处理。呼应城市环境要求和彼此建筑要求的同时，创造了系列高附加值空间，增加了趣味性，具有环境和经济效益。

5 实施效果

本项目最大开发地块的综合效益，不但在城市格局上整合完善了城区商务中心，并且顺应时代前瞻，立体复合地延续了生态空间，更新了城市形象与活力；更重要的是创造性地发挥了业态组合的经济效力，将城市生态、文化、经济等功能片段重新组织；打造工作、生活与娱乐休憩的舞台，服务周围的企业员工、学生及观光游客，通过提供多样的业态组合，聚集商务

中心成立必需的人气，并且从城市场景上赋予本区域的地标形象，建成效果比较好，得到了甲方的好评，住户的认同。同时创造出安静温馨、整洁明亮、安全方便的办公环境，更为塑造城市景观做出了贡献。

山东省大数据产业基地建设项目

设计单位：深圳市建筑设计研究总院有限公司

项目负责人：黄迎晓、胡卫锋

建筑专业负责人：吕猛

项目地点：山东省济南市贤文片区

设计时间：2019年1月

建筑面积：312322平方米

占地面积：14840.35平方米

摄影作者：章晓宇

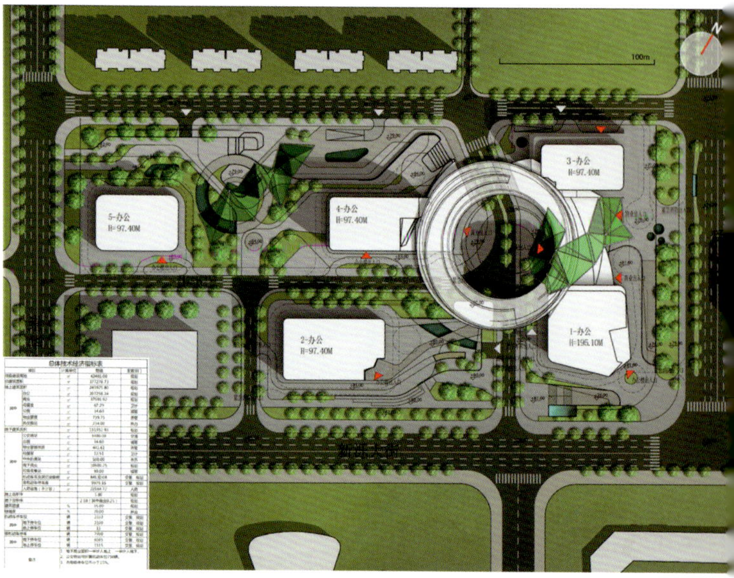

总平面图

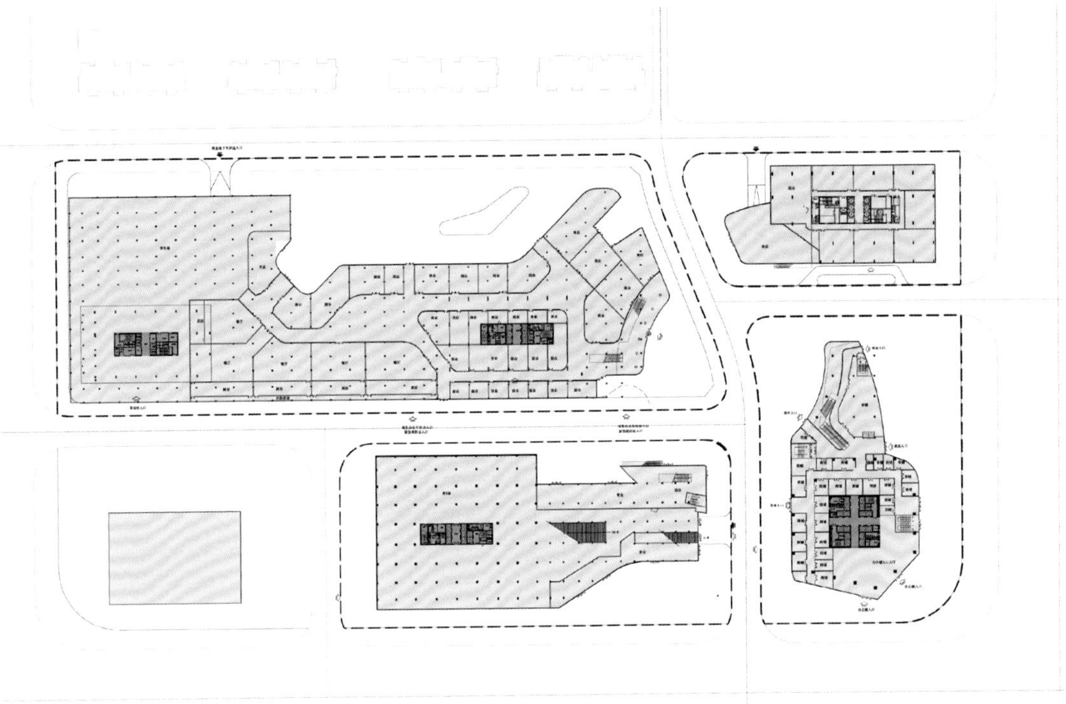

整体一层平面图

1 设计思想和设计原则

总体性原则：项目结合周边项目及特征从规划布局、建筑形态、城市天际线、沿街城市空间效果等方面总体规划本项目，与周边建筑形成整体协调的城市面貌。

标志性原则：项目在兼顾与周边项目关联性、形成连续界面或互动关系的同时，通过建筑组群和单体建筑突出项目地标性，体现项目丰富的城市空间形态和自身特色。

功能性原则：应充分满足商务办公的功能需要与人性化需求，提高项目使用舒适度与实用性，实现建筑形式与使用功能的统一。

经济性原则：在满足建筑形象、功能和使用舒适度的前提下，应充分考虑项目整体经济性，控制项目成本，保证设计可实施性。

地域性原则：项目充分挖掘和体现地域特色与文化内涵，形成项目自身的特征与特色，避免千城一面的设计。

2 设计特色及创新要点

该项目是一个集商业、办公、餐饮、会议和交通等多种功能于一体，从而服务高新区的多功能、高效率的高档区域生态综合体。

项目毗邻中央商务区、龙奥政务中心、汉峪金融区等城市重点功能区。地块周边主要分布有高新区管委会、齐鲁医院东院、山师附小雅居园校区、国际会展中心等设施。项目以科研、产业类用地为主，借助CBD的地缘优势，与CBD差异化、一体化发展。

整个地块北低南高，东低西高，地形最高到最低处垂直落差约10米。地形复杂，如何衔接好道路与场地的关系成为本方案设计中的一大难点。本方案充分考虑地形高差，突出“因势而建”的规划设计理念和指导思想。结合国内外一些类似成功项目的设计处理手法，尽可能利用地势的高差，减少土方量开挖。项目地块内设计了一条贯通各栋建筑的道路。场地内建筑的出入口顺应场地高差，与周边道路衔接良好。

在规划布局上以因地制宜、以人为本、整体性为原则，在原概念设计的基础上，对地块划分进行了优化调整，对城市开放空间轴线进行了恰当的呼应和延续，对内部路网和建筑形态进行了合理的梳理及整合，对地势高差进行了充分利用、对环境生态进行了有效保护，最大化控制成本，提升商业价值及生态效益，全面落实区域生态综合体概念。

项目场地的布局以“高效”“便捷”为出发点，在空间上与铭盛大厦建筑呼应，整个园区共5个塔楼，一个商业裙房。1#楼位于地块东南角，面向新泺大街和舜华路，作为园区入口的形象建筑，整个地块东南角留出一个人流聚散广场，也可以作为济南地铁人流的主要入口，既能形成一个缓冲地带，在城市主要道路交叉口上形成一个核心，也容易凝聚人流，以最直接

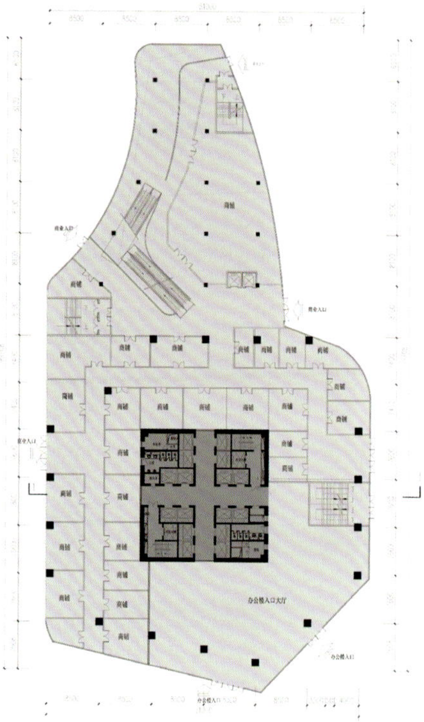

1#楼一层平面图

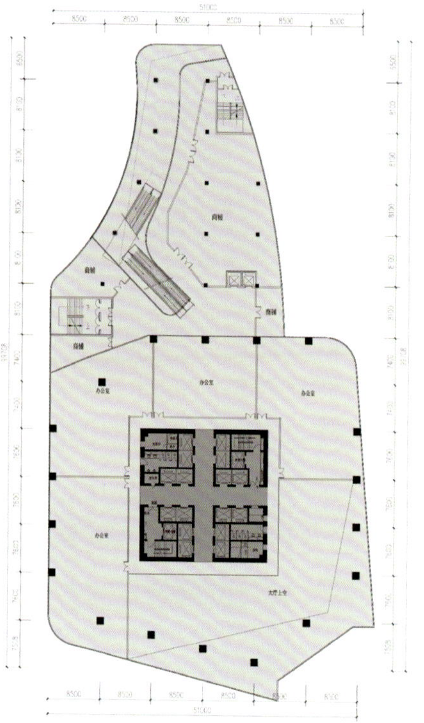

1#楼二层平面图

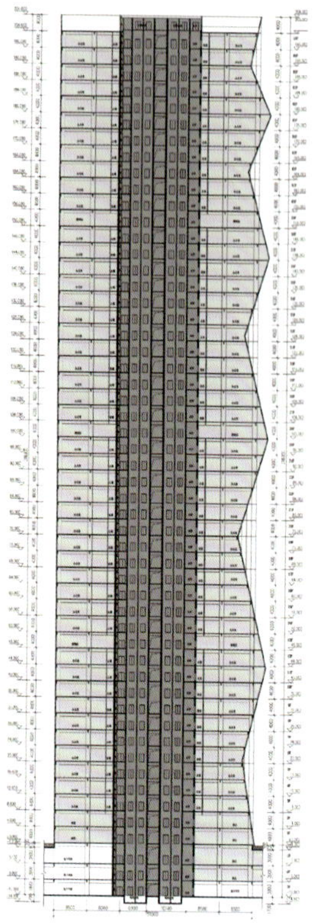

1#楼1-1剖面图

人视图

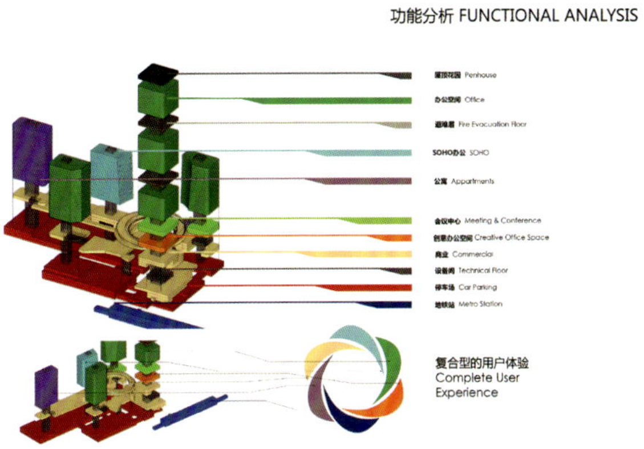

人视图

有效的模式面对大众。2/3/4#楼均匀分布在场地上，4栋塔楼以圆环为中心。5#公寓楼位于西北角，与四栋办公楼既有联系又互不干扰。场地与周边现状的充分结合，打造出一个和谐而又具有标志性的大数据产业基地。

本项目要求打造为地标性建筑，体现项目丰富的城市空间形态和自身大数据项目特色。本项目包含一座超高层建筑。该建筑不仅高达200米，立面造型也复杂多变。为提高空间的使用率，因造型带来的异形空间将作为公共空间绿化、开放式办公商业空间使用。高新技术被视为当今世界生化和可持续发展的标签，我们同样希望借助各类生态建筑的技术实现绿植的最大化种植。该公共空间绿化也可视为垂直花园。通过大跨度的钢结构为垂直花园提供结构支撑。

3 新技术应用

立面玻璃选用：①具有优良保温、隔热和降噪性能的中空玻璃；②真空玻璃：保温隔热，降低能耗，隔声降噪，防结露，保证视野；③镀膜低辐射玻璃：保证室内能见度，又减少冬季室内热量发散，控制夏季户外热量进入室内。

双层幕墙：内外两层立面构造组成，形成室内外之间的空气缓冲层。空气在其间流动状态是可控的。

光源和灯具：①选用高效率的光源和灯具；②应用光导照明系统：采用到光管、光纤等先进的自然采光技术将室外的自然光引入室内深处，改善室内照明质量和自然光利用效果。

节水技术：①雨水收集，使得透水地面面积比40%以上；②空调冷凝水利用；③中水回用；④自然生态水系统；⑤节水产品及设备设施选用。

屋顶绿化：采用保水性保肥性能优良的轻质人工培养土，使得种植基质层的厚度相比传统屋顶绿化减少一半以上；由于人工培养土的湿容重约是普通土壤的1/2，所以单单种植基质层的重量就可以减少到1/4以下。其次，由于采用架空排水板取代陶粒排水层，可以将排水层的重量由约100千克/平方米减少到3千克/平方米。再次，采用双层防根系穿透保护层，可以省去屋面的保温层和混凝土保护面层，又可以节省约80—140千克/平方米屋面荷载。这样便成功地实现了我们所追求的屋顶绿化的薄层化和轻量化。

悦来会展总部基地

设计单位：重庆博建建筑规划设计有限公司

方案设计：陈航毅、黄潇、莫文静、高翔、罗杨、杨才华、何鹏程

建筑后期：吴巍宇、刘娅琼、杨娅红、舒升、袁媛、罗毅、陈中韵、吴长河

项目地点：重庆市两江新区

设计时间：2018年7月

竣工时间：2022年1月

建筑面积：204946.34平方米

占地面积：20904.00平方米

总平面图

1 项目概况

项目紧邻悦来国博会展中心及会展公园，区位优势明显。项目定位与悦来打造“宜居、宜业、宜游、宜商”的生态新城，实现会展城、生态城、海绵城、智慧城、文艺城“五城同创”的城市发展定位相契合，以智能建筑、绿色建筑和海绵社区为切入点，旨在打造一个具有新区特色和时代风貌的绿色生态、文化艺术的城市综合体，成为悦来新城重要地标性建筑。

项目总用地面积20904平方米，容积率6.0，建筑密度40%，绿地率30%，建筑限高200米。包含一栋23层的星级酒店塔楼，一栋43层的超高层办公、艺术酒店塔楼及商业裙房。地上总建筑面积为125424平方米，地下建筑面积为79522.34平方米，总计204946.34平方米。

2 设计理念

项目围绕四大核心理念展开设计：（1）创建联系城市功能的纽带；（2）实现建筑有机地绿色生长；（3）搭建开放的文化共享平台；（4）开启项目创新的运营模式。

项目注重用地分配、交通组织、防火安全、卫生防疫、环境保护、节约能耗、抗震设防等重要原则，设计采用新而可靠的技术、材料、结构形式和设备。以规划要求为依据，使地块

裙房透视

酒店入口透视

剖面图

规划设计既满足业主的开发意向，又符合更高层次的规划要求，成为城市有机的组成部分。着眼于环境的改善及增强建筑形象的标志性，力求使建筑质量有显著提高，合理有效地利用地势、地貌、地形，提高土地使用价值，降低土石方量，从而降低建筑造价。合理组织交通，解决好停车问题以及出入车辆交叉、人车分流、消防等问题。

项目将充分契合场地周边环境，整体规划与城市肌理相协调；突出创新理念，打造悦来城市地标；强调人性化设计，构筑适宜人居的公共环境；倡导新型城市综合体模式，搭建文化艺术平台；实现绿色建筑三星、LEED标准，成为绿色建筑、智能建筑的典范。

3 外立面设计

项目包含一栋23层的星级酒店塔楼，一栋43层的超高层办公、艺术酒店塔楼及商业裙房。旨在打造一个具有新区特色和时代风貌的绿色生态、文化艺术的城市综合体，成为悦来新城重要地标性建筑。

项目造型考虑为一个整体来设计，着眼于建筑形象的标志性，体现现代、绿色、艺术等气质。塔楼造型以突出横向线条的玻璃幕墙为主，两栋塔楼通过玻璃连廊相联系。裙房和顶部穿插不同体量和材质的玻璃盒子，使建筑形体更生动，更具特色。近人尺度的商业裙房采用退台手法，结合屋顶绿色建筑的处理，更体现绿色生态理念。

鸟瞰图

南京航空航天大学将军路校区创新工场

设计单位：南京长江都市建筑设计股份有限公司

主要设计人：王畅、王亮、向雷、毛浩浩、陆蕾、张旭、张俊、吴晓天、芮铖、陶冶、陈靖、朱杰

项目地点：江苏省南京市江宁区

设计时间：2018年6月

建筑面积：24976.2平方米

占地面积：2380.46平方米

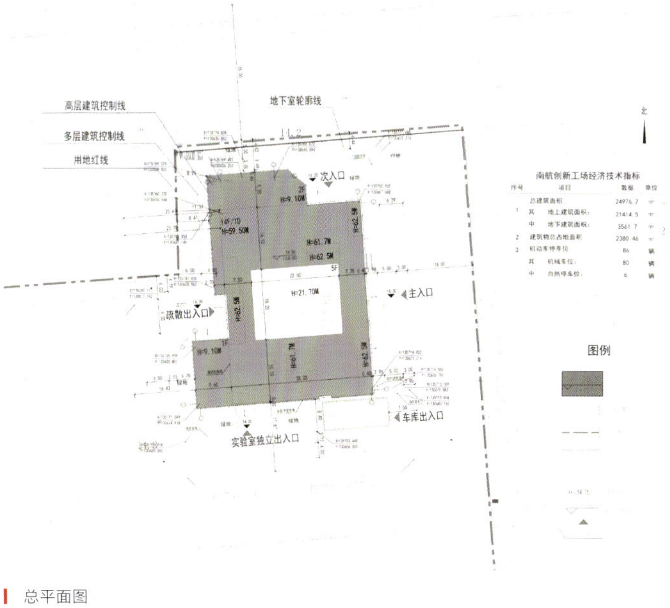

总平面图

1 项目概况

项目用地位于江苏省南京市江宁区经济技术开发区，宁宣高速以东，胜太西路以南。紧邻地铁线，多条线路与南京市区连接，交通便捷，周边高校氛围良好，资源齐整完备，优势明显。本次设计位于校园东北部，用地面积约为4200平方米。学校现有建筑主要是灰白色调，本次设计的创新工场位于学校最东北段，紧邻胜太西路，在传承风格的同时，做出富有创新精神的建筑是我们设计的重点。

2 设计构思

本案以“HUB社区”为设计理念，意要呈现出一个充满活力与想象的场所；摒弃传统固定的模式与形态，依据使用者的要求进行创造，使空间灵活变通。同时，赋予建筑社区属性，在一个复杂的集合体中，将不同功能区域适度地混合渗透，使单一空间多样化。

设计以“交流共享、以人为本、科技创新”为设计愿景，综合考虑将“外观、布置、管理、国际化”作为设计重点。

在具体的建筑控制上，根据规划设计要点、城市道路等级及用地特征，将建筑主入口设置在东面。通过对不同建筑形体的分析对比，同时综合考虑到建筑沿主干道展示面、创新空间特征及标准层使用功能等因素，设计采用内部设置中庭、外部低层裙房的模式。控制进深，提高功能房间利用率与采光，为内部创新空间提供有利条件。该设计方式，在满足任务书要求的前提下，也满足了规划要点，同时增加建筑的标志性。

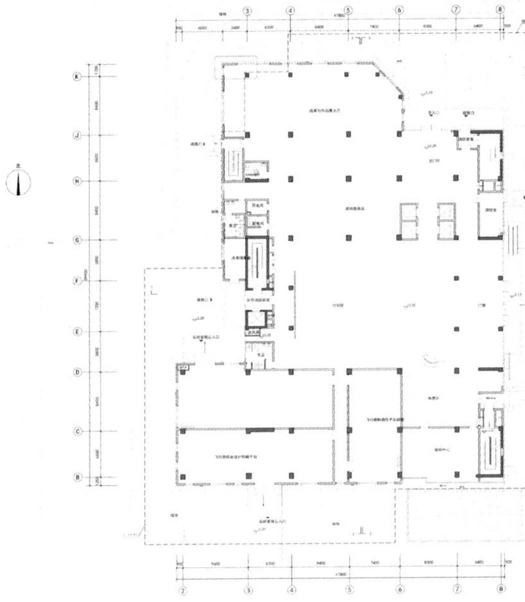

一层平面图

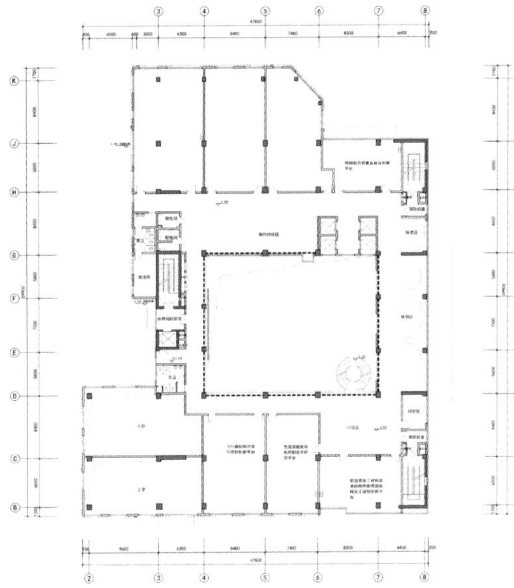

二层平面图

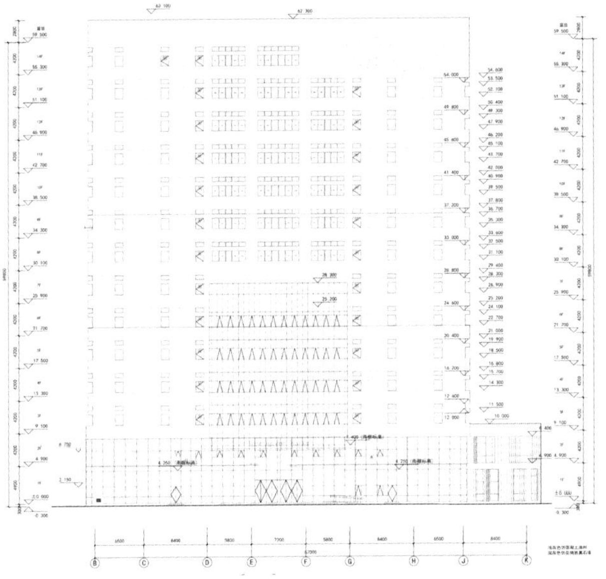

k 轴立面

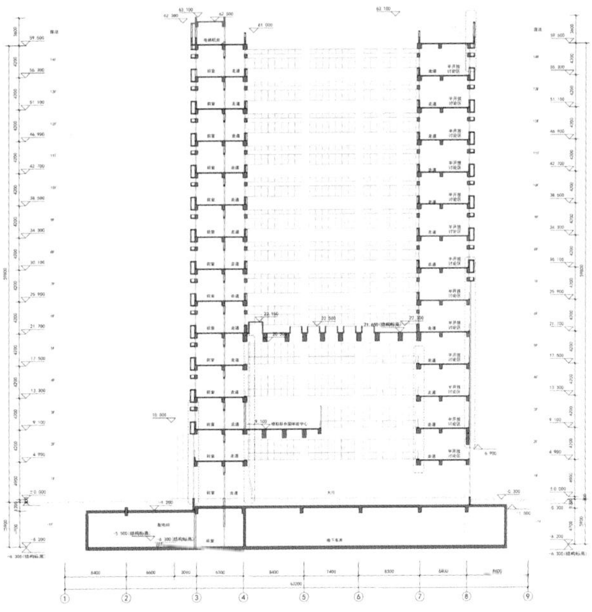

1－1剖面图

3 艺术特色

外观：立面有力的横向线条，扎实而宽广；横向的黄金分割点，部分设置了折角或进退，沉稳中蕴含创新。灰白色调的搭配，协调了周围的校园环境，局部竖向玻璃的点缀增添趣味。外立面的构成，最大限度减少双层表皮的浪费，在单层外立面构建中加入了储藏功能。整体立面风格以“大气、创新、纯粹、协调”为基调，折射出具有国际化特色、开放性理念的办学模式。装修风格以现代风格为主，结合细部做法营造创新空间的氛围。

空间：创新工场内部空间，以高效便捷和互动交流为侧重点。各空间场所的设置，灵活多样，体现出“HUB 社区”为设计理念，通过信息化平台，可以寻找到需要的空间，充分调动学生的主动性和参与感。

海口美舍河生态修复

设计单位：北京土人城市规划设计股份有限公司

主要设计人：俞孔坚、林国雄、张喻、张建乔、俞文宇、拜真、郑军彦、宋嘉、吴帆、王予非、李飞、王芳、王娇、董恬祎、边亚光、周洲

项目地点：海南省海口市

设计时间：2016年12月

竣工时间：2018年6月

建筑面积：785000平方米

摄影作者：俞孔坚

总平面图

鸟瞰（凤翔）

1 项目简介

作为海口的母亲河，美舍河长久以来遭受到生活污水以及城镇面源污染的影响。景观设计专业率先应用自然解决途径（NBS），将水泥硬化、渠化的河流转变为韧性的生态基础设施，融合生态的水净化过程，将美舍河恢复为水质清澈、物种丰富的充满生机和社会活力而美丽的生态系统。

2 场地与挑战

海口是位于中国南部热带地区的旅游城市，季风气候显著。在过去的四十多年里，海口市人口增长了十倍，由原来的25万人增加到230万人，人口增长态势迅猛。相较于一座座拔地而起的高楼大厦，很少有人关注自然河流系统和城市水生态基础设施，而这正是一个城市能否应对季风气候的关键。美舍河全长23公里，在本土语言中意为“美丽的母亲河”，它贯穿了整个城市的建成区却也成为这个城市的噩梦。几十年来，这条河流成为城市污水的集中排放地。传统单一目标的防洪堤坝将河流变成了水泥硬化河道，导致河流失去生命力，人们不愿靠近。多年来，虽已陆续开展了一系列修复工作，比如建立堤坝和水闸来控制洪水和海洋潮汐，河床清淤，岸边种植花卉，树立管理规章，阻断污染的支流汇入等，但所有这些单一目标、功能分割的治理措施往往使环境更加恶化。水体黑臭、死鱼浮于水面、高耸的水泥防洪堤坝等画面经过央视新闻的报道而全国皆知。这对于一个沿海旅游城市来说是莫大的羞耻。

2016年，海口市政府下定决心要改变这一面貌，以划时代的、系统性的途径进行综合治理。因此景观设计被赋予了重塑母亲河这一历史使命。目前正在进行的建设项目是占地80万平方米的凤翔公园和贯穿建成区的全长13公里的河流廊道。这些项目是景观规划设计的绿色基础设施的主要组成部分。

3 目标与设计策略

通过结合国内灰色污水处理系统，利用污水管网和污水处理厂收集处理点源排放的污水，切断排入河流的主要污染源，景观设计将河流廊道设计为综合的生态基础设施，系统解决城市雨洪和水环境问题，营造多样生境，恢复生物多样性，打造娱乐休闲及景色优美的场所。采取的3项设计策略如下：

生态基础设施规划：以地形、土地利用和水文过程为基础，构建以暴雨排水为核心的绿色系统，即绿色海绵系统，实现雨污分流，使河流及其支流、湿地以及所有已建成的和潜在的绿色空间成为整体。这一绿色海绵系统也包含了内部的步行系统和休闲网络。

由“灰”变“绿”：只要有一丝机会可以将更多的绿色空间

建立流域内海绵系统

还给水域，拆除水泥防洪堤，取而代之的是生态友好的河流护岸。重新打通河流和海洋的通道，允许潮汐入城；重建河流周边的湿地和灰色堤岸，恢复红树林生境。设计连续的、远离地面的步行路径，实现人和水面的近距离接触。

“灰绿”结合与梯田湿地公园：在过去水泥防洪堤和垃圾遍布的地方，沿岸边建造了内部相互连通的梯级人工潜流湿地。这些梯级湿地被设计为水净化设施，主要净化两种水源：携带大量营养物质的非点源污染地表径流和附近还未接入污水处理

长堤路改造图

系统的城中村排放的污水。早期的案例证明，梯级湿地可处理6000吨/天的城市地表径流，水质可由V类水提升至III类水，可达到娱乐用水（游泳等）水质标准。后期的案例证明，梯级湿地可每天净化3500吨生活污水并同样可将水质提升至III类水标准。在此案例中，在湿地的入口处建造了一处小型的污水预处理设备，用来去除进入湿地的污水的气味以及可能导致公共健康风险的病原体。这两种水源可交替进行或者根据需求进行切换。污水灌溉的湿地产生的生物量可进行收割，也可被分解为肥料进行使用。在设计生态的韧性水景观中，还设计了环境解说系统和休闲场所，为来访者在享受景观服务的同时，提供设计生态的独特体验。

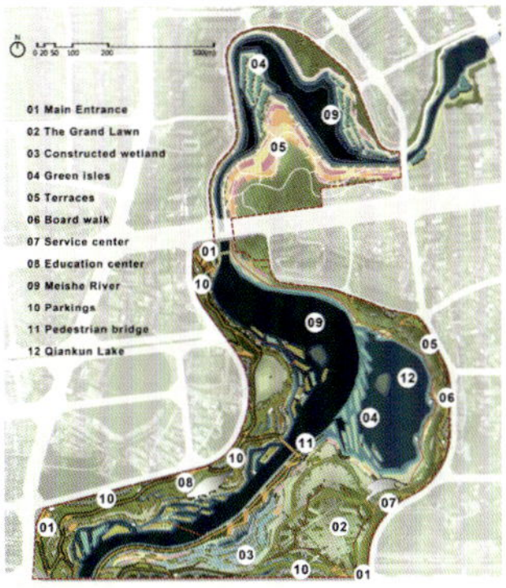

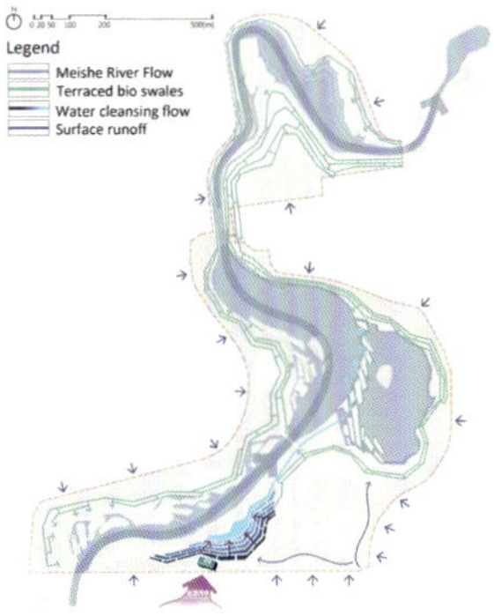

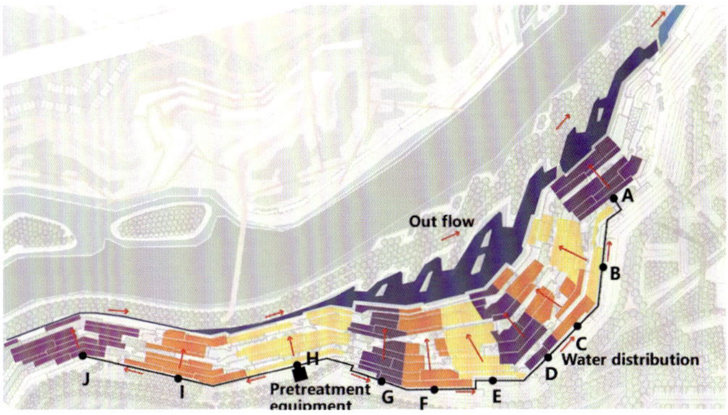

Removal effect of TP in each group of wetlands

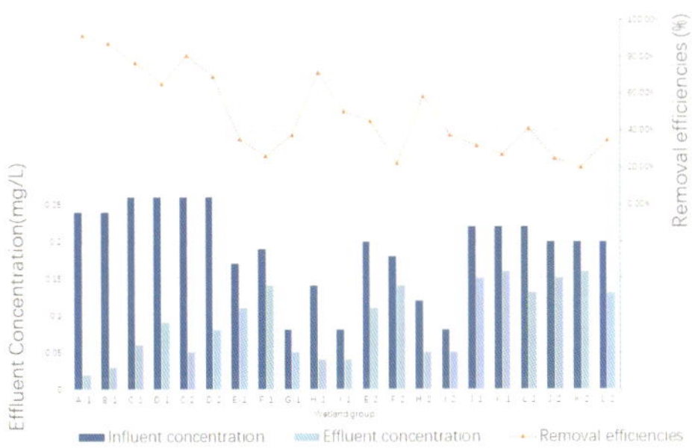

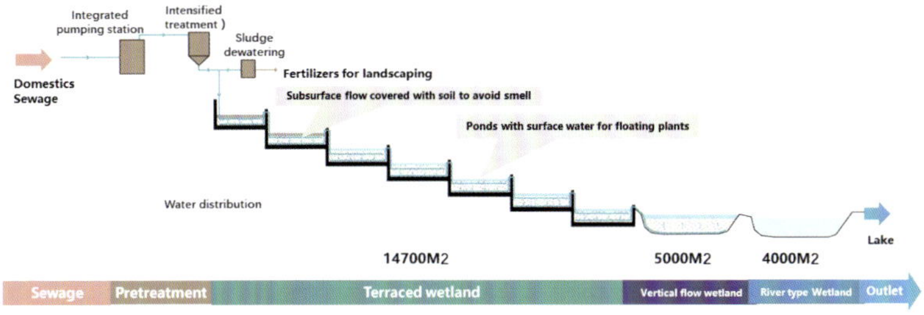

Water cleansing process

鸟瞰图展示了梯田上茂盛的植被，植物吸附了水中的营养物质，净化了水体，净化后的水质清洁且安全，可用于娱乐

鸟瞰图展示了河岸陡坡上的梯级湿地，在城市径流流入河道之前，在此进行水净化处理，同时也为城市居民创造了独特的休闲空间

凤翔公园人工湿地：通过上级梯田的过滤去除污水的气味后，水流至下级，水中的营养物可供水生植物生长，这个生长的过程同时也是净化的过程

梯级湿地将污水提升至 III 类水，清洁且安全，可达到娱乐用水水质标准

往北看凤翔公园人工湿地，拆除原来的水泥防洪堤，以生态友好的湿地及生态岛取而代之

在过去水泥防洪堤和垃圾遍布的地方，沿岸边建造了内部相互连通的梯级人工潜流湿地，在湿地的入口处建造了小型的污水预处理设备，用来净化进入湿地的污水

凤翔公园人工湿地：人工潜流湿地上各种植物旺盛地生长，污水的气味被吸附在下层

凤翔公园人工潜流湿地，为河道的生态净化提供更好的展示作用

人工潜流湿地尽端的池塘里是被净化过的水体

4 结论

海口凤翔湿地公园被证明了是一个巨大的成功。河水又变得干净了，鱼儿和鸟类回来了，红树林在城市中心的水路得以恢复，成千上万的游客被吸引来参观设计的景观。为了庆祝曾经记忆中的美丽的母亲河的重生，2018年海口被誉为拉姆萨公约缔约国组织第18个国际湿地城市。

但是最为重要的是，本项目所采用的基于自然解决途径的设计是可以复制的，而且长期的监测数据可以提供数据支撑。全球范围内的城市地区，尤其是在发展中国家，超过85%的污水是未经处理的，这导致大量的河流、湖泊和海洋被污染，也加剧了地区缺水状况。在中国，75%的地表水被污染，污染源主要为城市和郊区非点源污染的地表径流。然而建设集中式的污水处理系统在一些城中村和其他孤立的社区从经济角度上是难以实行的，基于自然解决途径却可以在水质治理、防洪以及创造公共空间提供社会文化服务等方面发挥重要的作用。这也为景观设计学实践和教育展示了一个全新的领域。

鸟瞰图：乾坤湖外围的生态岛，形成了一个水边的生态缓冲区，这里以前被混凝土墙和建筑垃圾所占据

在美舍河沿岸的内陆地区，设计师为不同年龄层的居民创造了休闲空间、运动空间和儿童游乐场

美舍河绿道旁的凤翔公园儿童游乐场。设计师创造了空中走廊与人行步道相结合的步行系统，使美舍河沿岸的公共空间串联在一起

首开提香湾

建筑方案：GOA 大象设计

建筑施工图：北京天鸿圆方

景观方案设计：北京中加睿吉景观设计有限公司

景观施工图设计：北京鑫地园林集团有限公司

室内设计及配饰设计：北京中加睿吉景观设计有限公司

项目地点：辽宁省葫芦岛市连山区

业主单位：葫芦岛首开宏泰房地产开发有限公司

设计时间：2016 年一至今

项目面积：330000 平方米

首开提香湾地处辽宁省锦州湾海滨。从生态意义上，它位于八条世界性的候鸟迁徙通道之一的“东亚、澳大利亚迁徙线”上，海岸滩涂，入海河流及比邻的打渔山是候鸟栖息、繁衍、觅食的驿站。地理环境北靠打渔山，南面朝锦州湾，比邻锦州港。从人文环境上，它地处辽西地区，具有深厚的文化历史底蕴。

项目距离北京400公里，距离沈阳市200公里，距离葫芦岛市区14公里，因此项目开发具有远离都市的营销难点和直接面对海洋生态环境的敏感特征。

项目着眼于生态宜居和建构人性化互助社区这两个重点。生态宜居体现在亲鸟的主题，围绕亲鸟这个切入点，将人们拉近自然，了解身边的生态环境，建立与环境共栖共生的意识。

建构人性化社区体现在社区以居者为主体，发挥住户多元的生活及社会背景特征，利用空间的凝聚力激发生活的内涵。小区选择一个景观三角地设置了小镇中心，有酒馆、私房菜、小超市和园艺及艺术工坊，夏日纳凉，举办小型聚会，甚至是夏日演唱会等，小镇中心让邻里关系回归到街坊的状态，相互之间和谐融洽，生活充满乐趣。

社区在亲鸟和生态的主题下升华人居环境的品位，设立了“提香湾生态艺术馆”，围绕鸟类、生态、生境为主题展出摄影、绘画及雕塑作品并成为社区举办小型论坛的场所。首开提香湾成为提香湾的精神会所。

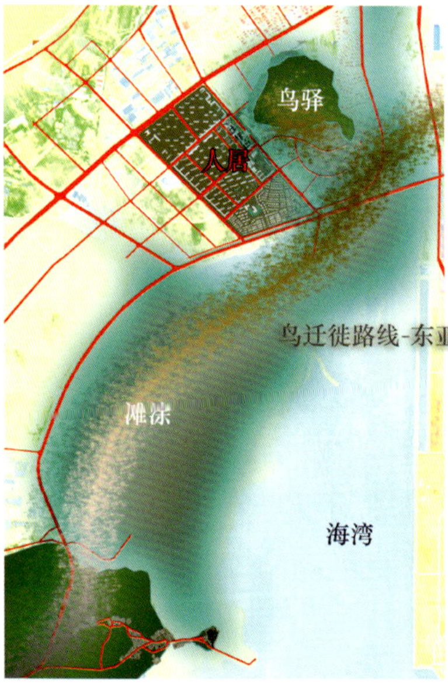

项目地处辽西锦州湾，自秦汉设郡至今辽西走廊虽因地理位置的特殊性成为历来兵家必争之地，却并没有大规模的开发建设。是国内仅存的未大规模开发的海岸线。2005年8月"以锦州湾整体开发为龙头，打破行政区划，加快锦州港和葫芦岛港统筹发展步伐，一体化建设，一体化发展"的战略思路，由此掀开了整体开发锦州湾的历史篇章。2006年初，辽宁省在辽西锦州湾沿海经济区内设立经济开发"飞地"，对于沿海、内陆城市间良性互动，产生积极而深远影响，即内陆城市沿海化与沿海城市腹地内陆化，使之走上同步发展的快车道。

2006之前场地对自然的大规模人为扰动，场地没有大规模的开发建设

大的开发建设背景带来项目的先天特征：
-人居环境-心远地偏
-生态环境-比邻而居

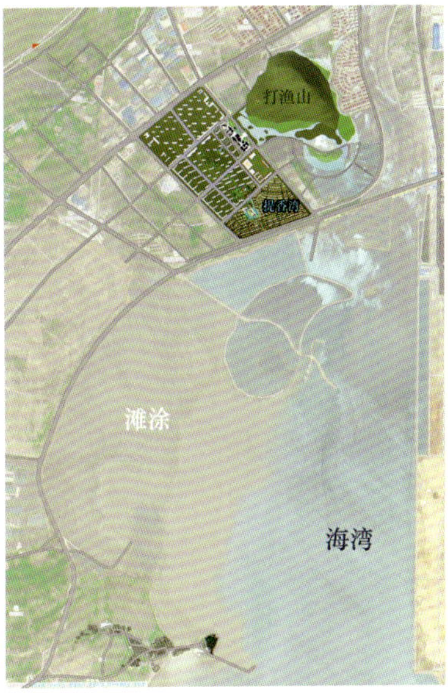

雨水收集系统

设计有意识地收集
地表径流
屋面雨水
形成多样化的景观水体
为鸟类提供饮水水源，为居民和访客创造宜人环境

本土植被

设计有意识地针对植物的
季节构成
品种构成
空间构成
审美构成
营造宜人亲鸟的绿色环境

人与鸟和谐共处

水　食物　安全的环境

打渔山1平方公里的自然保护区是候鸟迁徙途中的一个小驿站，辽宁省在这里设置了葫芦岛打渔山候鸟监测站。

打渔山自然的山林为鸟类提供栖息、繁衍的安全场所，海湾宽阔的滩涂和两条河流入海口是候鸟的觅食场所。打渔山脚下的西塘湿地为候鸟提供了饮水、觅食求偶的天然舒适环境。

每年有数百种候鸟在此停留、修整、觅食、繁衍。

但是一平方公里的小驿站的生态环境非常脆弱，一旦受到扰动，它原有的可持续机制将很难或者永远无法恢复。而这样的小型候鸟驿站的消失将拉大候鸟迁徙途中的飞行间隔，有些鸟类就会在这样逐渐严酷的迁徙条件下死去或永远消亡。

提香湾的景观设计追求人鸟共生的和谐，通过对水、植物和空间的亲鸟处理手法，让人居环境尽量少干扰鸟类的生存空间，进而期望人居环境也成为为鸟类生境的外延。

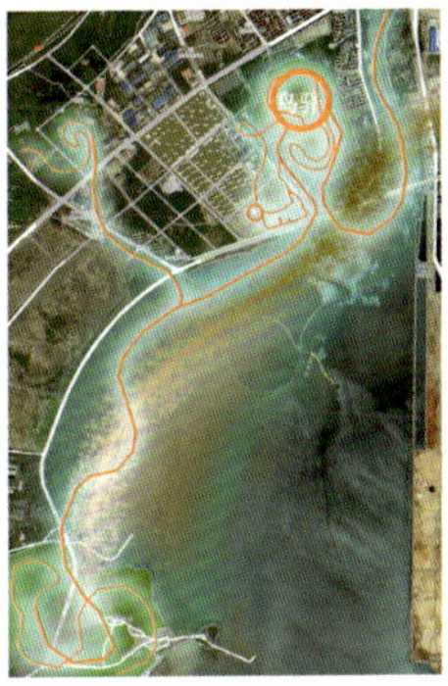

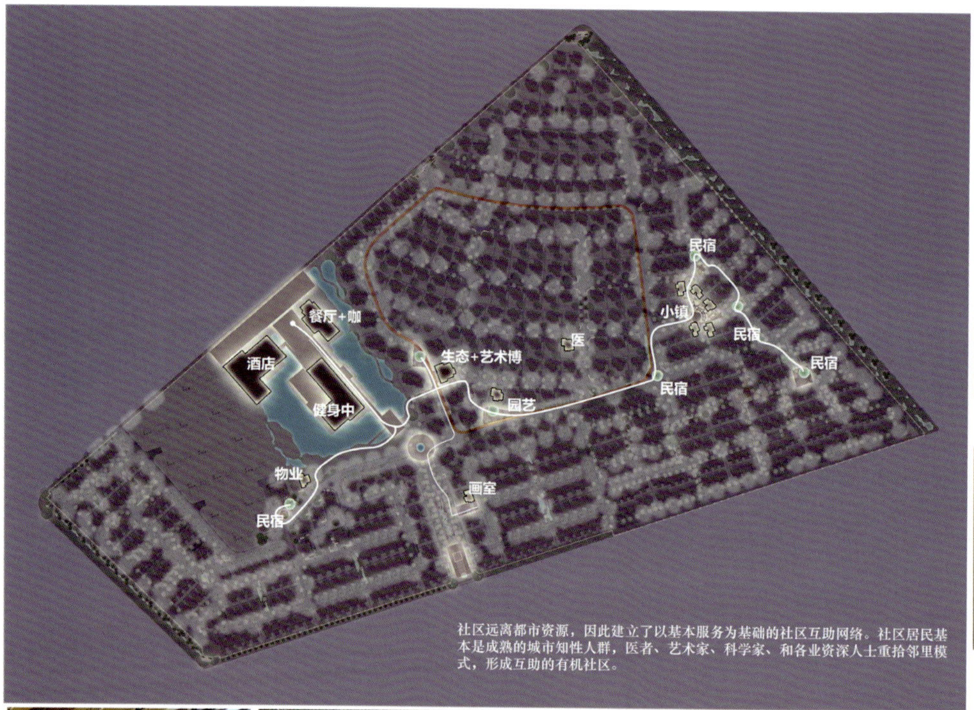

社区远离都市资源，因此建立了以基本服务为基础的社区互助网络。社区居民基本是成熟的城市知性人群，医者、艺术家、科学家、和各业资深人士重拾邻里模式，形成互助的有机社区。

提香湾生态艺术馆

打渔山出生的燕隼

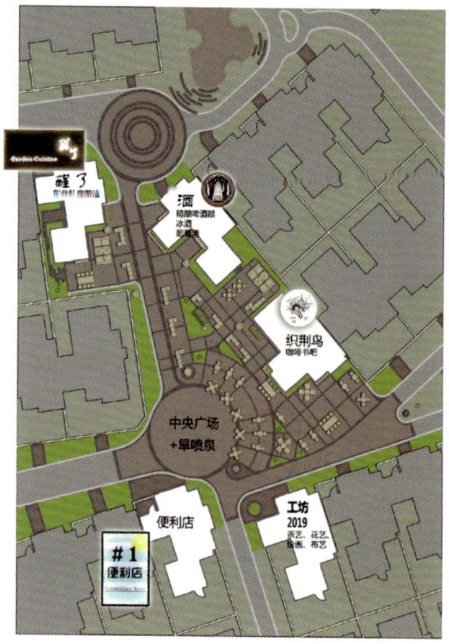

建构人性化社区体现在社区以居者为主体，发挥住户多元的生活及社会背景特征，利用空间的凝聚力激发生活的内涵。小区选择一个景观三角地设置了小镇中心，有酒馆、私房菜、小超市和园艺及艺术工坊，夏日纳凉，举办小型聚会，甚至是夏日演唱会等等，小镇中心让邻里关系回归到街坊的状态。相互之间和谐融洽生活充满乐趣。

儿童公园

青依酒店

提香湾生态艺术馆

社区立足于生态和生境，在传统意义上比较困难的开发条件下与环境和谐生根开花，逐渐成为北京知性人群度假休闲的宁静后花园，享受着远离都市的清新空气、亲切的邻里环境、贴心的社区互助服务体系和越来越多元化的社区生活。

工坊

酒馆

私房菜

织荆鸟咖啡

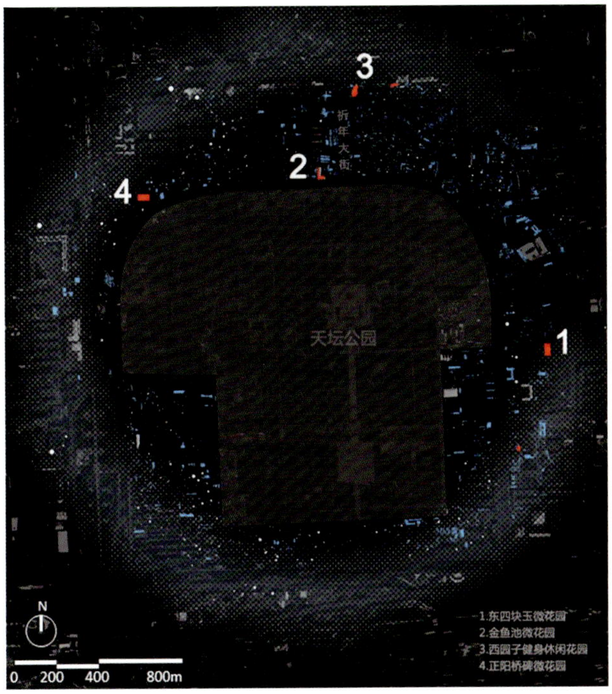

总平面图

北京环天坛户外微空间环境设计

设计单位：中国城市建设研究院无界景观工作室

主要设计人：谢晓英、王欣、黄海涛、张元、周欣萌、高博翰、李宗睿、曲浩、田艾、吴寅飞

项目地点：北京市东城区

设计时间：2017年11月—2018年12月

设计面积：4136平方米

规划面积：3平方千米

摄影作者：无界景观工作室

天坛

人神交互场所

最高文化象征

天桥

人人交互场所

市井文化源泉

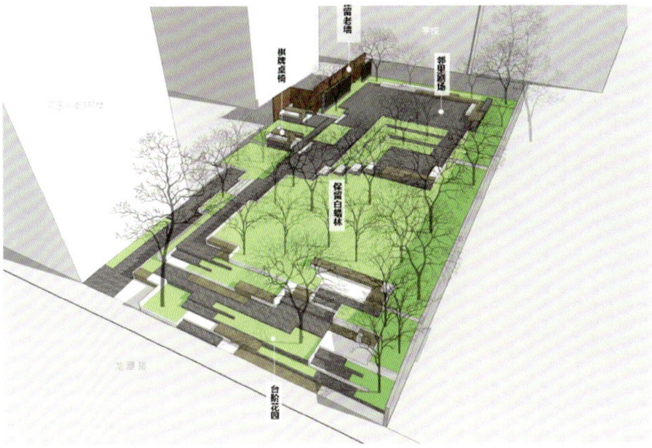

东四块玉微花园鸟瞰效果图

天桥与天坛

北京气质的精神辐射源

人文景点遍布老城胡同

步行网络开发潜力巨大

我们着力于天坛与天桥

文化遗产的传承与延续

小绿地 VS 大理念

串联微小绿地

让文化“活”起来

让北京成为“博物馆城市”

1 项目概况

项目位于天坛周边居住社区内4块拆违遗留空间与未被有效利用的闲置绿地和场地。4块微绿空间处于北京南城文化的核心区，同时又毗邻世界文化遗产天坛公园。

2 设计理念

我们从城市更新织补的角度出发，希望以四处微绿空间项目为试点，通过户外微空间设计增加环天坛以及南中轴区域的历史文化节点和步行网络节点，形成环天坛户外微绿空间体系，深入梳理南中轴城市文化中枢及南城历史人文脉络，辐射天坛文化节点的影响力，获得区域文化的精彩体验，提升城市公共空间设施，增强区域的旅游度假吸引力，进而带动区域经济发展，改善在北京老城大拆大建过程中文化资源断点以及老城区域经济发展不均衡的现状。

东四块玉微花园入口无障碍坡道

东四块玉微花园面向城市道路的台阶花园 1

东四块玉微花园面向城市道路的台阶花园 2

东四块玉微花园邻里剧场上通过不同颜色烧结砖将具有历史特征的牌坊立面拼于地面，提供一种可触摸的历史肌理

居民在刚刚竣工的花园中活动

为居民设置的户外桌椅

金鱼池微花园建成前

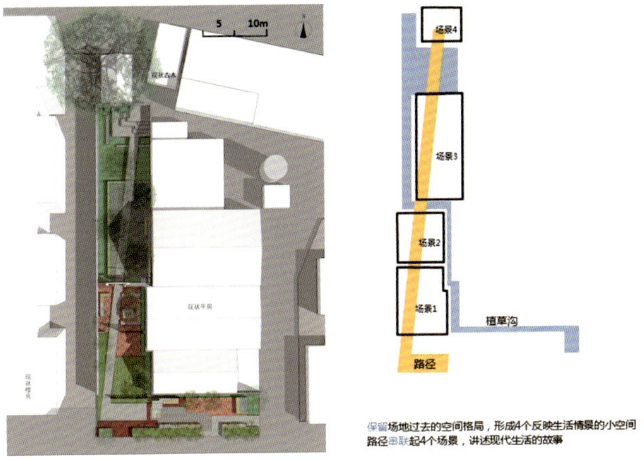

金鱼池微花园平面图

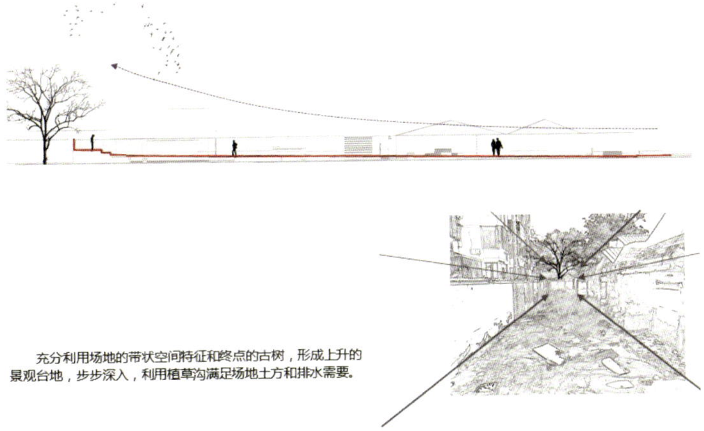

金鱼池微花园剖面图

建设前的西园子健身公园

即将竣工的金鱼池微花园

即将竣工的西园子健身公园1

即将竣工的西园子健身公园2

3 设计特色

通过深入调研，我们挖掘了4块微绿空间所处位置的独特性和与地区深层次的文化关联，提出城市户外微绿空间的更新思路。在东四块玉微花园设计中，我们了解到四块玉地名的由来，将四块玉的历史典故和民间传说融入到场地设计中，通过不同颜色烧结砖将具有历史特征的牌坊立面拼于地面，提供一种可触摸的历史肌理，唤醒人们对于北京生活连贯性的触感与情感记忆。此外我们考虑到该地块的使用人群，将北京南城居民生活结合到场地设计中。在沿路一侧设置与绿化结合的休息空间，内部留有散步、休闲的林下空间，可以展开富有特色的小型活动，促进居民交往，培育城市文化，并将共建共享理念融入其中。

金鱼池户外微花园是老舍创作的话剧《龙须沟》故事的发生地。建设前是拆违留下的废弃空间，残垣断壁、杂草丛生，一度是流浪狗的栖息地。我们利用一条斜向道路串联曾经的院落格局，将窄长闭塞的空间打开，安置健身器械，成为居民日常使用的健身与生活的舞台。我们保留了现状旧墙肌理，地面老砖与新砖拼接，排水设施暗示了龙须沟存在，提示这里曾经发生的故事，契合南城市民的心理锚固点。

西园子健身休闲花园将原有健身场地进行修整，种植竹子美化场地环境，增加休息设施与无器械健身内容，延伸周边市民生活。

正阳桥碑微花园内的《正阳桥疏渠记碑》已有200余年历史，隐藏在杂院内近90年，见证了天桥地区的历史变迁，通过设计，我们解锁隐藏的石碑，增加一处引人探索的北京历史文化空间。

正阳桥碑现状照片

正阳桥碑微花园效果图1

正阳桥碑微花园效果图2

正阳桥碑微花园效果图3

江西省夏木塘村中心场景设计

设计单位：中国城市建设研究院无界景观工作室
主要设计人：谢晓英、周欣萌、李萍、刘晶、王欣、靳远、苏婷
项目地点：江西省吉安市万安区
设计时间：2018年4月—2018年9月
竣工时间：2018年11月
设计面积：3800平方米
规划面积：85000平方米
摄影作者：无界景观工作室

1 项目概述

夏木塘是江西省一个普通乡村，虽近乎空心但拥有美丽的田园风光，其周边还散落着十几个常住人口也多为留守老人和儿童的村庄。2018年6月，由《城市·环境·设计》(UED)杂志与CBC建筑中心共同策划组织的“遇见夏木塘”乡村振兴计划启动，我们作为景观设计师，从创造凝聚新时代乡村文化的场景出发，采用微创与介入式的改造方式为夏木塘营建一个村中心，包括一个水塘剧场和举行多样活动的草坪酒会的空间。

2 设计理念

第一，以微更新、微改造的方式营造场景。设计师与村民协同合作，并利用废弃旧砖铺地，因地制宜地改造场地，注重资源的保护和节约利用，并鼓励村民自发建设。

第二，致力于用场地为乡村带来生产力。夏木塘村改造完

夏木塘村平面图

成后，依托丰富的文化活动、美丽的田园风光以及未来高铁设施，夏木塘将提升旅游吸引力，增添业态，吸引资源，增加就业与活力，实现惠利于民。

第三，提倡乡风文明，致力于建立乡村新文化。夏木塘建成的“水塘剧场”已有村民自发地举办演出活动，“乡村花草堂”园艺课使得村民学到新的技能。未来，随着外部力量和资源的持续引入与推动，借助场地环境影响人的观念，村民的教育水平、职业技能、综合素质都将得到提升，主体意识也将逐渐增强，生活状态和水平将持续改变。

3 设计特色

我们观察到现状水塘位置正处在夏木塘村庄的中心。我们通过设计将不利因素转变成有利因素，将水塘中间的土丘修整成舞台，保留其中标志性的大树，水塘周边高差设计成可容纳400人的看台，开阔地带方便放置餐桌茶座。水塘周边的一些空置民宅可改造为民宿、餐厅、茶室等。“水塘剧场”聚拢人气，丰富村民的文化生活，激活周边其他服务设施，成为夏木塘村可持续运营的活力中心。

我们欣赏水塘周边美丽的田园风光，因而顺势利用水塘边的田间空地做成以田野山林为背景的“草坪酒会”空间。这个占地400余平方米的空间是一处多功能的活动空间。无界景观团队利用这个场地举办了“乡村花草堂”园艺课，为乡村培养园艺师，引导村民爱上园艺，自发地美化乡村。

作为景观设计师，我们希望通过设计的介入，推动户外文化设施的建设，促进城乡一体化过程中的乡村文化建设，有针对性地为民办实事。这可能是针对目前中国大多数普通农村现状、可持续的乡村振兴方式之一。

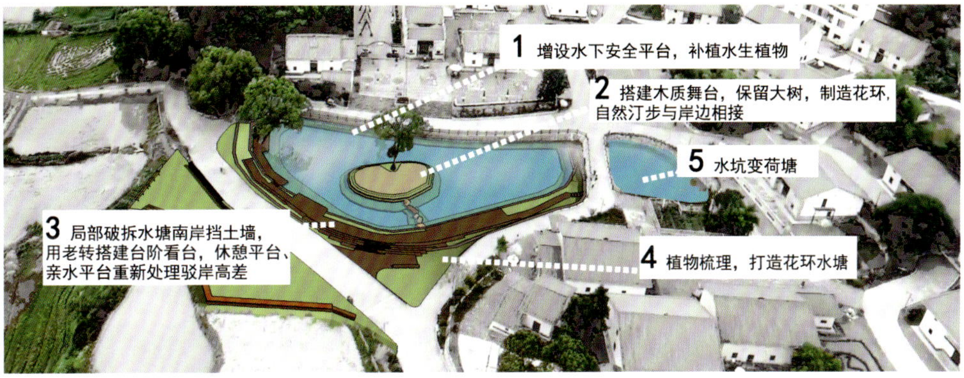

大树下的村中心花环水塘剧场

水塘剧场 1

水塘剧场建成照片

水塘剧场 2

草坪酒会

草坪酒会上举办第三届国际高校建造大赛开幕式活动

草坪酒会

无界景观的设计师们在给村民上“乡村花草堂”园艺课

建筑焦点

城市设计的维度和视角

崔　愷

摘　要：面对我国城乡建设关键转型期的新变化，提出城市设计应该有不同的维度、不同的层级和不同的视角。结合近年来的一些研究和设计项目，从关注城市总体格局特色、从点到面的城市织补、从基础和细节做起的城市品质提升、城市密度的深度研究、城市生态化公园化发展方向等5个方面分别进行了阐释。

关键词：城市设计；多维度；多视角；城市织补；城市密度；城市生态化

当前我国城镇化建设正在进入一个关键的转型期，从之前快速扩张式的发展向城市生态修复、品质提升、特色营造等方向转变。这几年党中央、国务院对城市建设做出了一系列重要而具体的指示，住建部也把城市设计提高到城市管控的法定程序。许多大中城市的政府领导都在大抓城市双修和城市设计，而雄安新区以及多个国家级新区也为建设领域搭建了广阔的平台，提出了“千年大计，一张蓝图干到底”的口号，我国城乡建设的确正在迎接一个新时代！

在这样的大背景下，这两年城市设计也成为行业内热议的话题。比如城市设计与上位规划和下位建筑设计到底如何划定边界？城市设计到底包含哪些内容？是不是就是风貌设计、形象设计？城市设计导则到底规定到什么程度？如何用导则作为依据去审查建筑方案？能否作为土地招拍挂的必备条件？城市设计到底应该由规划师来做，还是建筑师来做？抑或景观设计师、市政工程设计师的工作是否也应统一纳入城市设计的范围来？

北京建筑大学在市政府的推动下成立了未来城市设计高精尖创新中心，召集了规划、建筑、景观、生态、环保、节能、市政、交通、数字信息等方面的国内外知名专家学者，制订计划，开展课题研究，为北京副中心抑或京津冀城镇化发展服务。本人应邀出任创新中心的主任，自己的工作重点也从单纯的建筑设计向城市设计转向，边学习、边观察、边研究，也时常指导院内的规划团队开展一些城市风貌的规划设计，而在日常的工程设计中，我也更有意识地从城市设计角度思考问题，找到建筑设计的切入点。2017年我在美国做了3个多月的访问学者，时间不长，跑了一些城市，除了去参观那些早已期盼已久的大师经典建筑作品之外，也更注意在城市中行走、体验，观察美国城市中心的一些城市设计成果，也请教了一些专家学者，对城市设计有了一些粗浅的认识。

在这次中国工程院主办的“国际工程科技发展战略高端论坛（南京）”上，我做了“城市设计五题”的发言，主要是结合近年来我们的一些研究和设计项目谈一点儿对城市设计的认识。我认为城市设计可以有不同的维度、不同的层级和不同的视角。

一般来说，提到城市，大家都喜欢从空中开始看，一张规划图、一个城市模型、一幅鸟瞰图，这是反映城市整体格局和风貌的视角，当然是最重要的，也是各地领导最关心的，也是规划师们最要费神去想象的。为什么费神呢？因为如果是一个新区，他们并不可能知道这些建筑是什么？谁来投资？会不会是这个样子？只好先臆造一个图景，让领导满意，否则城市设计就很难被认可，其实大家都知道这种图景很难马上实现，实现时也很难不变样。如果是对现有城市来说，要达到鸟瞰图上的效果就更不容易，要么“穿衣戴帽”，要么大拆大改，其操作性的难度之大可想而知。也确实碰到几次政府领导问我：咱们这个城市太乱了，是否您能定几个色，几个月内我让业主刷上去，城市不就有特色了么？凡此情况，我都很紧张，绝不敢贸然答应选什么色，因为我常见到一些乡村就这么被刷新过，那种虚假和廉价的新面貌除了应对某些政绩活动，几乎毫无价值，钱花了但不会有什么好结果，更别说一个城市了，实在有些可怕。所以说，大家最常表现的、最期待和关注的城市鸟瞰视角的城市设计是很难实现的。越画得具体，越不真实，越没用。当然这并不是说这种层级的城市设计就没有用，而是在这个层次上更应关注城市格局的特色，比如城市规划格局与自然山水环境的关系，城市路网是否反映地形地貌特点，城市新区尺度、密度、高度与老城肌理的空间过渡关系，城市公共空间和生态

图1　福建南安城市设计（右上：原城市设计方案鸟瞰）

图2　四川仁寿城市设计（中、右：原规划方案大方格路网与现状丘陵地形不相符）

绿化体系的关系等。这些设计意象对形成城市特色是十分重要的，也是能在规划审批中加以控制和引导的。而我在工作中也遇到不少在有山水特色的环境中粗放规划，将毫无特色的方格路网罩在有些丰富肌理的地形上，失去了创造城市空间特色的机会，很可惜。当我们碰到这种规划还未实施的时候，都会试着与政府商量，可否在建筑设计之前先做一个城市设计，调整上位规划格局，不仅能将有特色的山水环境保护下来，也使城市的空间有了特色。实在说，我虽然是建筑师，但我认为城市的特色比建筑的特色更重要。一旦错过了这种机会，建筑做得再好看些又能怎么样？而一旦城市格局有了大特色，房子好一点差一点也影响不大，许多国内外城市的案例都能说明这个问题。这里我选了在福建南安和四川仁寿县的两个案例，通过城市设计，修改了原有规划，“救”下了一片山水环境，也营造了有特色的街区和建筑，心里就像做了件善事儿一样特别踏实，很有成就感。（图1、图2）此为题一。

如果我们并不依赖实现起来颇费时间和投资的大尺度的城市设计，那么提升城市品质急需做的就是城市织补。在过往粗放式的城市建设中，许多建筑之间不协调，许多公共空间不连续，许多建筑和绿化用地碎片化，要解决这类问题单靠嵌入新项目也很难解决系统性的问题，因此城市设计在此关注的重点是城市织补。从点到线，从线到面，从既有建筑到新建项目，从建筑到步行空间、到公共广场和花园景观，从地上到空中、再到地下，城市设计几乎要触及城市空间中各个层面。而设计也是跨界的大设计，要打破城市建设中的条块分隔，开展各专业之间的积极合作，只有这样才能最终交给市民一个无缝衔接的、完整和谐的城市环境。应该指出，对城市存量的规划手段和思路与城市增量的方法是不一样的，用传统的规划套路处理城市织补的问题是完全行不通的，也下不去手。我们也不能再为拉通城市街道网格去粗暴地裁切高密度的建成区，而为了历史街区的尺度和肌理的完整保护，诸如扩宽小街胡同、建筑退线、密度指标、绿化率等一系列规划管控手段也不再适用。所以用城市设计的视角和方法去做，采用“陪伴式”的设计服务是城市织补较有效的手段。近期听说北京规土委在策划推动一千名（可能有点多）设计师负责一千条胡同的责任建筑师的服务模式，这是十分值得期待的。我们在北京天桥一块犬牙交错的小地块上设计的一个天桥传统文化传承中心的小项目（图3）和前门大栅栏H地块项目（图4）就是在这方面积极的尝试，虽然难度大，磨合时间长，但我认为方向是对的，项目也在推进中。此为题二。

如果从城市空间的构成来讲，街道几乎是人人天天会用的最重要的公共空间。我提出城市设计应该从脚下做起，就是要关注城市街道设计，尤其是步行空间的品质。可是每天我上下班走过的街道，也就是住建部门前的三里河大街怎么样呢？设计是按20世纪80年代流行的三块板式的断面，中间是上下四车道，然后是绿化（并不太绿）隔离带，外侧是非机动车道，现在基本上是停车带，再外侧是行道树，再外侧才是人行道，人行道再外侧是市政绿地，再外侧是建筑用地，这里多是政府机关的前广场或停车空间。这样的道路断面至今仍是城市规划中常用的经典范式，似乎没有什么改变和提升的必要，但实际上品质不高且问题不少。比如，街上随意设栏杆问题，主路中间

图3 天桥传统文化传承中心项目

图4 前门大栅栏 H 地块项目

设栏杆，据说为了防止人横穿马路和汽车随地掉头；公交车站设栏杆，据说为了让人排队；自行车道上设栏杆，据说是这段不让停汽车；人行道和自行车道之间设栏杆，据说是不让人横穿自行车道；人行道和绿化带之间设栏杆，据说是不让人踩踏绿地；政府机关和人行道之间设栏杆，是怕闲人进入影响安全。可见所有栏杆都是用来限制人的行为的，又怎么体现以人为本呢？还有的路段占路施工，人行道宽度被压缩到不足1米，还有的共享单车堆放在路边，人只好绕开或躲闪前行，还有花池高台既不美观又碍手碍脚，还有的地方铺装简陋、常修常坏，别说景观设计、街道座椅和陈设，更别说两侧建筑对街道的开放度了……但是我想这些事儿要提升改造不难吧？比如能否用标识线、标识牌代替栏杆告知路侧停车的规定？能否用绿草绿篱代替栏杆来保护人的安全？能否用更多的树林代替草坪让人可以进入，又不必担心被踩坏？能否用临时的管理措施来防止突发事件而取消缺乏善意的铁栅？能否在街边为老年人设一些座椅？能否让街边商场有外摆的餐饮平台让人们可以在街上坐下来？但实际了解下来却并不简单，一个断面的管理权属分为多个部分，各部门有自己的规范规定、有自己的设计权限、有自己的建设主体，分界清晰，不能逾越，这就是为什么栏杆各做各的，地面各铺各的，景观和街道陈设各管各的，凑在一个断面上，不好用也不好看，行人感到处处被管，而不是处处有尊严地被服务。说实在的，这还是北京比较好的大街呢，更别说其他的背街小巷了，与国外城市相比，我们许多城市的街道品质不高，是造成城市印象不佳、文明程度落后的主要原因之一。因此要提升城市品质，就要从基础做起，从脚下做起，从小事和细节做起，而要做到这点，就要允许跨界设计、统一建设、综合管理，而城市设计的主要任务之一就是要跨越条块分隔，把街道当成一个整体的空间来设计，比起其他类型的城市设计任务，这是投资小、见效快、市民获得感强的大好事，为什么不优先做起来呢？2017年9月在王府井商业街上的绿池和坐凳系列是个快题设计，10天就搭建完成，得到了各方面的好评（图5）。后来我们又在无业主、无立项的情况下，利用课题研究做了一段三里河大街步行空间的改造设想，也希望推荐给相关部门，争取能够实施（图6）。此为题三。

我们在观察和体验城市时总觉得城市密度是个问题。我们的历史古城虽然是以低矮的平房为主构成的，但均质的高密度使其形成一个致密的整体。国外的历史城市亦然，五六层的楼房一栋栋比肩相靠形成了完整的街墙，石块铺就的小街尺度宜人，透过一个个门洞你可窥见大大小小的内院花团锦簇，优雅精美，即便是美国的现代都市中心，一栋栋高楼密集排列，楼下总有丰富的广场、花园和向城市开放的“灰”空间。应该说高密度的城市尺度更宜人是不争的事实。但是我们自新中国成立以来沿用的规划方法却一直是以城市机动车道为主导的，根据预测的交通量去画路网、定路宽，形成的空间尺度当然就不太宜人，要想创造步行空间的应有尺度只能在保留的传统商业区中或建设用地内结合某些商业步行街设计去解决。另外，我们严格执行了半个多世纪的日照间距标准也是城市失去密度的重要原因。不管城里城外，不管中心区用地多么紧张，只要是居住类建筑几乎都要保证日照标准的硬性要求，所以许多原本历史上十分完整有序的城市格局在改扩建中变成无序和混乱的群簇状，但实际上这却是经过精心的日照计算而得到的结果，十分无奈和尴尬。还有诸如一定要在地块内设消防环路的不合理规定、建筑退线做地块内小市政使之与大市政分开的规定、各个建筑用地对绿地率指标的规定，凡此种种，就形成了谁也不担责任的松散无序的城市景象，的确今不如昔！那么今天我们对城市的织补，对建成区存量空间的改造和利用可否逐渐（肯定不能一下子）扭转这个局面，解决而不是继续恶化这个问题呢？我想这是城市设计的主要设计和研究方向。我认为对城市密度的研究可能会发掘建成区的空间资源潜力，在织补城市中大量存在的超尺度不协调的“剩余”空间时，可以增加不少为城市社区服务的小建筑，这些连续的多层小建筑就会形成宜人尺度的街墙界面，构建丰富的城市公共空间场所。而这个系统性的梳理和设计工作显然是难以通过单体项目设计来解决的。应该说明的是，增加密度并非单纯为了在存量土地上提高开发强度，而是一种积极的置换策略，将原本被拆散的城市空间织补起来的同时，也可以开辟出尺度不同的小公园、小绿地、小广场，这比每个项目地块中勉强达标的绿地空间要积极得多、开放得多。所以通过城市设计可以把相关地块的控规绿地指标具体落地到一个合适的位置，让建设用地更加有效地利用，让置换出的指标合成一处，形成更有使用价值的城市公共空间。我想这会是城市设计中十分有意义的工作。此为题四。

图5　王府井商业街上的绿池和坐凳系列及建成实景

图6　三里河大街步行空间改造设想

近来我们还常碰到一类城市设计工作叫风貌整治。其实对已建成的沿街建筑拆违建、拆广告是一种管理行为，与设计似乎关系不大。但领导一看拆完了风貌还不好，是因为建筑立面不好看，所以希望用城市设计去指导整改立面，有的地方着急赶个什么大活动，干脆直接涂料画立面，粗糙地“化妆”，结果还不如那些貌似零乱破旧的立面所表达的真实生活状态和岁月留下的痕迹更好呢，这种花钱不落好的蠢事在城市更新中屡屡发生。但城市风貌确实需要设计，对既有建筑将来的改造也应有一种指导和建议。我主张结合都市生态化公园化的发展大方向，对既有建筑进行立体绿化和垂直绿化的引导，如给沿街住宅窗台上加装花槽花架，办公建筑加多层次的平台绿化和立面绿化，商场建筑更可以利用宽大的屋顶和大面积实墙做绿化种植，甚至适当增加立面上的步行外廊外梯，使立面空间化和开放化，让室内商业人流可以利用这种系统增加与城市空间的互动性。还可以结合节能的要求增加一些遮阳系统。我认为在规划和绿化管理上应给予相应的鼓励政策，立体绿化应纳入绿地指标进行折算，开辟城市公共空间应给予容积率补偿和奖励，这种在国外实行了很多年的管理政策行之有效，为什么不能应用到我们的城市中，以此来调动业主的积极性，主动改造自己的建筑，共建和共享生态花园城市？因此我认为城市设计一方面要有大思路、大智慧，要有引导城市空间转型的前瞻性，但又要有政策的支持和配合，才能逐渐实施，进入到有机的更新进程中去。那种寄希望于政府大投入、大包大揽的形象再造工程除非有特殊的大事件推动，多数是行不通的，也是不可持续的。因此城市设计的技术性和政策性同样重要。此为题五。

城市问题千头万绪，这五题并不全面，也不一定准确，但能说明一点，城市设计范围广泛，不能用一种标准、一种技术路径去解决，应该多维度、多层次、多视角地去研究、去观察、去体验、去设计，这是城市的需要，也是城市设计的魅力所在。规划师、建筑师、景观设计师、市政工程师、产品设计师、公共艺术策展人和艺术家都会找到自己的位置，发挥应有的作用。城市是大家的事儿！

（原载于《建筑学报》2018年第4期）

作者简介

崔　愷，中国工程院院士，中国建筑设计研究院有限公司总建筑师、名誉院长。

在画家与建筑师之间

王 澍

摘 要：文章是作者为柯布西耶展览画册所作的序，通过对“绘画”“地平线”“线条”“时间”“世界”等关键词的探讨，阐释了柯布西耶对绘画与建筑两者都有着通透的理解。同时，对柯布绘画与建筑关系的认识也直接影响了作者办建筑教育的观念。

关键词：勒·柯布西耶；画家；建筑师；绘画；地平线；线条；时间；世界

如果有人问我，给某个建筑师的画册写序，谁是你的第一选择？当然，我们可以列出一排名单，但是，我会毫不犹豫地回答：勒·柯布西耶。因为在我的现代建筑视野里，他的建筑是最具原创性的，他的画，不仅是建筑画，也是非常特殊的，是超越时间的。若论对这个时代建筑与城市的影响，建筑师里无出其右，若论对我个人建筑思考与实践的影响，建筑师里也无出其右。所以，为柯布西耶的展览画册写序？我毫不犹豫地就答应下来，即使我还根本没有看到这本画册。因为不需要：画作由柯布西耶基金会提供，当然没有问题！实际上，现代的世界建筑师是如此熟悉他的画，评论似乎是提笔就可以写的。问题是，即使我们今天仍然能够感受到柯布的强大影响力，无论对城市还是建筑。建筑学院里他的名字经常被提到，有时是正面的，经常也是反面的。但是，我们真的完全理解了柯布西耶建筑思想的所有层面吗？或许，这样发问太沉重，讨论一下他的绘画是更有意趣的角度，毕竟，应该没有人会否认他的绘画是如此出众。但是，又有多少人真正理解了他的绘画呢？我无法猜测别人，但至少可以谈一下我个人的理解。

今天回想起来，作为一个曾经的建筑学生，我应该是非常幸运的，因为知道有一个地方叫学院图书馆，可以随便借书。1982年，我在当时的南京工学院建筑系图书馆借的第一本书就是《走向新建筑》的中译本——勒·柯布西耶写的著名小册子。在这本小书里，我第一次见到他的建筑画，并且被强烈地吸引了。我现在还能感觉到当时的那种激动：不仅因为他画得好，更是因为那种画法透露出一种完全不同的意识，一种关于新建筑的意识。他和我当时追求一种中国现代的新建筑的愿望完全对应在一起了。他在北非的速写和对雅典卫城的速写都极大地影响了我，点燃了我的激情。那时我读大二，利用中午休息时间在南京的大街小巷速写就成了我的习惯。后来这种习惯又延伸到1985年春我在皖南的毕业旅行中，在那里，我发展出一种类似立体派的变形画法，因为我有点儿痛苦地发现，我向柯布学来的画法无法表达我对皖南民居那种高密度状态的理解。多年以后，我才意识到这个习惯对我个人建筑观念的形成有多重要：每一个新建筑的诞生都是以对过往建筑的研究为基础的，都是有某种来源的。每一个新建筑之前都有某种建筑是存在在先的，都会叠合在内。后来，1985年秋，我在学院资料室里（那时我已经是研究生，有资格进资料室的书库了）发现了柯布的另一本大画册，方形版本，很厚，是关于柯布作为一个纯粹主义画派的画家（是柯布和一个画家朋友两个人自创的小画派。有点像立体派）在画室工作的状态。除了建筑画，还有大量的纯粹绘画与雕塑作品。书的名字我记不得了，当时没有照相机，也不像现在可以用手机方便地拍照，我就花了半个月的补贴在学院复印室全本复印了它，这个复印本现在应该还隐匿在我某堆旧书中。

这本柯布画册让我发现了一个全新的柯布。我意识到几个基本的事情：其一，柯布也是在尝试不同画法的。他不仅写实，如我们在他著名的北非和卫城速写中看到的，后来也在尝试变形。实际上，在此之前，我画变形速写主要受毕加索影响。1983年，我在青海塔尔寺画了一批有点疯狂的变形写生，我有点分不清到底是观念的理解需要驱动着我，还是高原酷烈的阳光照耀燃烧着我。但当我后来从皖南旅行归来，正好看到柯布这本画册，就感觉似乎与柯布可以同步思考，这种感觉对我特别重要，让我对柯布的绘画的认识更加深入了，对绘画与建筑的关系的认识也更加深刻了。从这个角度看，柯布不仅是一个建筑画出众的建筑师，也不仅是一个纯粹的画家、雕塑家，真正有意思的是，他同时具有建筑师和画家两个身份，互相影响，又界限分明。实际上，我们可以列出一排建筑画出众的建筑师，但在我看来，画得再好，一般都避免不了一个基本的问题：这些建筑画都太建筑了！都有一点呆板的味道。当然，一方面，按照张永和对南工孙仲阳老师观点的回忆，这种呆板恰恰是好的。但另一方面，建筑师容易把建筑画作为一种表现工具，一种工具理性的结果，也可以说是一种限制，缺乏一点儿魅力。也总是有一些艺术家对建筑有兴趣，他们画建筑，甚至直接设计和建造建筑，但也容易让视觉效果超过物料与工具的理性，容易过度表现，就是建筑师们经常所说的“画家味”。而柯布的特殊之处，我以为就是他对绘画与建筑两者都理解得通透。或许我可以从几个小点探讨一下柯布建筑画中的这种双重关系，这肯定不是什么全面的讨论，但对我来说，是有真实体验的讨论。

我想到的第一个关键词是“绘画”。建筑师一般会画建筑画，但必须指出，建筑画和纯粹绘画经常是有清楚区别的。很少有建筑师的建筑画具有纯粹绘画的质量，但柯布的建筑画就有这个质量。若和中国建筑师比较，记忆里，童寯先生的建筑画有这个水准。有意思的是，我觉得柯布还是在他的绘画和建筑画之间做了清楚的区分的，他的建筑画主要是草图，一般都是铅笔画。但即使这样，他的铅笔的笔触与在纸上面的质感仍然具有某种纯粹艺术家的意识，这直接导致他对如混凝土表面肌理质感的准确要求。据说当他在波士顿做哈佛大学的木工中心时，他就对美国混凝土的浇筑质量很不满意，因为那种混凝土既没有法国的粗糙感，也没有相反的精细性，总之就是平庸。这种挑剔就意味着一种特别的法国式的准确性，从纯粹艺术的角度，并不是越细越准确。中国人讲“意在笔先”首先是意思要对。我去过那个木工中心很多次，2011年我在哈佛大学设计研究生院授课，三个月里只要在波士顿，我几乎每天都去，仔细琢磨柯布的每一个细节。你可以说柯布的很多处理很粗糙，但几乎没有一个细节不准确。

我想到的第二个关键词是“地平线”。当我1982年第一次看到柯布的卫城速写，印象最深刻的元素就是柯布速写中的地平线。也许因为我从小生活在新疆，在新疆与北京之间乘火车旅行的经历，让我对地平线有特别深刻的印象。当然，建筑师画透视图，地平线是基础元素，否则透视图无从画起。但今天看来，柯布的地平线不一样。一般建筑师的地平线是图上的工具，不具有存在与视野的真实性，但柯布的地平线是有真实存在性的。他的地平线很长，延伸得很远，有点像是中国宋代的山水画家，意识到建筑和广大范围的人文地理环境有关。很多年后，在2017年，我第一次访问雅典卫城，站在卫城上，我有点想哭，为某种即使是废墟仍然是建筑的状态想哭，为不辜负我几十年想象的壮阔景象想哭，也为柯布无与伦比的速写想哭，为柯布笔下的地平线想哭。他的地平线也印证了这个建筑师的特别意识，即使只是关于卫城一角的速写也与整个城市有关。这是一个真正有城市意识的建筑师，不是每个建筑师都有这样的意识的。

我想到的第三个关键词是“线条”，很少有建筑师不为那样的线条着迷。尤其是他的那种曲线，不是简单的圆弧，按中国人的说法，有方有圆，但又自由灵动。很多建筑师会模仿他的线条，特别是在总平面图上，画树或者画某种类似花园的事物。实际上，柯布在把绘画与建筑结合成一体这个方面走得更远。不仅他的建筑上一些重要的形式直接来自他的绘画，他也经常直接把绘画描绘在建筑的墙上、门上，甚至做成小雕塑，直接用在像门把手这样的细节上。从这个角度看，柯布是20世纪建筑师中不多的文艺复兴式的人物。当然，柯布很清楚建筑师与画家、雕塑家的区别在哪里，我记得朗香教堂的侧立面上有一个小外挂楼梯，它只通往一个二楼的孤立房间，而且总是关着门，基本没有用，人们一定觉得这个设计实在太古怪了。幸运的是，带我参访朗香教堂的法国老建筑师负责维护这座建筑三十多年了，他手上有这个房子的所有门钥匙。这个小房间里什么都没有，但隐藏着一条隐秘路径，可以进入朗香教堂著名的厚卷檐屋顶的暗层中，我看着这个暗藏空间，会心地笑，因为只有建筑师会在乎这一点。

我想，对柯布的各种评论已经太多了，但我还是想谈一个关键词——“时间”。不讨论这个词就没有可能真正理解柯布的画与他的建筑。当柯布写作《走向新建筑》的时候，尽管他画出了卫城速写那样充满时间感的东西，但他的主要关注点是在未来。像“光辉城市”那样的乌托邦想象只是关于未来，只有到他做出印度昌迪加尔市中心建筑群与城市规划的时候，时间感才悄悄回来。无论从他的草图，还是完成的建筑看，那一组建筑都像跨越时间的神庙，但实际上，某种根本的改变已经发生了。我们只需简单地想象，当世界发生某种巨大变化，那些建筑之间的宽阔空地都被某种贫民窟式的自发建造物充满，我想应该也没有问题，我们就又有一个新的罗马了。我实际上想说的是，柯布的后期建筑已经拥有这种与异类事物共存的潜力，甚至他自己都未必清楚这一点。这种能力也使他的后期建筑甚至可以超越城市与乡村的冲突与界线。我曾经在他的拉·图雷特修道院住过一夜，坐在那个院子里，我突然意识到，这个房子搬到巴黎拥挤的市中心应该也没有问题，想象它被四条街道围合，每一个沿街立面都是生动且对邻居友好的。“时间”感也意味着每一个新建筑中潜含着某个旧建筑。柯布曾经画过一张草图，是对法国南方普罗旺斯一个修道院的平面描绘，据说这个修道院就是拉·图雷特修道院的原型。我曾经到访过这个修道院，直接感受到了那种氛围，我相信这一点。有意思的是，很少有人到过拉·图雷特修道院的屋顶，只有负责的修道士有秘密楼梯间的钥匙。我忘记陆文宇老师是怎么说服那个修道士的，总之他打开门让我们上到了屋顶，看到了那个芳草萋萋的秘密屋顶花园，还有那一直伸向远方的地平线，于是我的感觉跨越时间，再次回到了雅典卫城。

我想到的第五个关键词是“世界”。我经常说，每一次，我做建筑都不只是设计，而是关于一个世界的建造。也许按照柯布的语气，我应该说是“为了一个新建筑的建造”，但请原谅，我无法这么说，因为我的每一个房子几乎都从废墟开始，实在无法区分新与旧。但就我对柯布的理解、他尽管是对新建筑新城市有强烈追求与激情的人，有时候为了破旧立新甚至有点不顾一切，就像他被后人反复诟病的“大巴黎计划”，但实际上，他有着矛盾的另一面。即使在他早期的卫城速写中，我们也可以看到他对什么是“一个世界”的理解。不是有很多建筑师理解“世界”这个观念的。比如，我们可以说达・芬奇、米开朗基罗、皮拉内西、帕拉第奥这样的建筑师是有世界意识的，大多数现代建筑师则根本没有。我们也可以说像童寯先生那样的建筑师是有世界意识的，当他讨论园林的时候，当他放下画笔不再绘画和设计的时候。我在自己的博士论文里曾经讨论过柯布的两张草图，一张是关于松树的枝杈、松针、松果等，一张是关于一只蜥蜴的分解片段，有点像科学家做的研究记录。如果我没有理解错的话，这既是一种理解性的视觉表达，也是一种基本的分类学表达。如果按照法国人类学家克洛德・列维・斯特劳斯的见解，分类学就是认识世界的最基础的理论思维，那么，这两张草图就再次印证了柯布思考的世界性和哲学性。他就是一个画得特别好的哲学家。实际上，一个足够好的建筑师和画家必须也是一个哲学家，至少是一个不断用手哲思的人。对此，我特别感谢我的一个朋友，美国罗得岛设计学院曾经的建筑系主任——皮特・塔基里教授。我记得应该是2004年，他第一次来访象山校园，他的一句话震动了我，他说，米开朗基罗会做的事情你已经都会做了，你做的一切是有世界感的，没有几个建筑师有这样的感觉。我想，我最早有这样的感觉至少有两个来源，一个是中国的山水画，山水画从来都是关于世界如何构造的哲学性绘画，一个就是柯布的建筑绘画。

对柯布绘画与建筑关系的认识也直接影响了我办建筑教育的观念。如果把绘画看作认识世界的一种方式，就会意识到一般建筑学院为期半年的绘画训练是多么少。这也是为什么，在我主持的杭州中国美术学院建筑艺术学院里，学生的素描需要一个四整年的训练计划。几年前，我们邀请葡萄牙建筑师西扎担任荣誉教授，我觉得，柯布之后，在绘画与建筑关系上可以和柯布比较的，西扎肯定是一个。为了欢迎他，我安排二年级本科生做了一个西扎作品与苏州园林互相比较的素描作业，并且在学院展厅做了一个展览。我还记得西扎看到学生的素描时是如何的震惊，他反复地说，他们画得比我的建筑还好，请给我复制一份。我则在心里说，这一切都是从那一天我第一次看到柯布的绘画开始的。

（原载于《时代建筑》2019年第2期）

作者简介

王　澍，中国美术学院建筑艺术学院院长。

20世纪中国园林美学思想的发展与陈从周的贡献试探

赖德霖

摘　要：20世纪中国园林美学研究取得了极大的发展，众多学者在法、变、境、情诸方面，极大地丰富和发展了明清以来中国园林美学的不同追求，即本文借用清代诗学理论所归纳的“肌理说”“格调说”“神韵说”和“性灵说”。陈从周以其对生命的热爱，对性灵的追求，在文学、艺术和建筑学诸多领域的精湛学识，对实地和遗存乐此不疲地探访，对百工之人的不耻相师，以及对园林营造的躬自实践，在所有这些方面的贡献尤其突出：他以诗法画理和实践经验入“肌理说”，以诗词、戏曲品鉴补“格调说”，在建筑界开园林“意境”品评之先，带动“神韵说”发展，并通过不遗余力地宣传中国园林的生命和情感表达，在中国园林美学的“性灵说”方面独树一帜，从法、变、境到情，揭示了中国园林美学的一个新境界，并代表了对于“诗意栖居”理想的一种东方式理解和追求。

关键词：陈从周；中国园林美学；肌理说；格调说；神韵说；性灵说

自20世纪30年代中国园林研究兴起以来，相关研究汗牛充栋。目前学术界有关中国园林的讨论主要围绕着两个主题进行：一是“史”，它关心历史上有关造园的史事、实存、遗迹以及人物，其目标是揭示园林建造和园林生活在中国历史上的社会和文化意义；二是“学”，它关心有关园林的设计理念和审美欣赏，最终目标是揭示园林创作在艺术上的美学意义。在众多名家之中，陈从周无疑是最为杰出者之一。他对中国园林发展的贡献不仅在于对园林遗存的调查、园林史的整理，对有关人、物、事、匠作，乃至逸闻和掌故的记录，还在于对造园之法的阐释和中国园林美学的探讨、弘扬，甚至躬自实践，堪称全面。而学用结合、雅（书本知识）俗（匠人和艺人的经验之谈）兼收也是陈从周学术的一大特色。加之在诗文、书画、戏曲欣赏诸多方面的综合成就，他的园林美学思想因此可以超越建筑学专业的藩篱而具有更为广泛的文化意义，受到学界和社会的广泛重视。陈从周还是一位优秀的散文家，他的著作内容广博、情感丰富、文辞优美，同样受到读者喜爱。然而不可否认的是，他以散文笔法讨论园林却使他学术思想的表达仿佛零珠碎玉有欠系统和明晰，导致后人对他的理解难免断章截句、谨毛失貌。梳理陈从周的思想本身就是中国园林研究的一项重要任务。本文聚焦于“学”，试通过一种史学史的研究，首先廓清中国园林美学园地的若干学理蹊径，继而在大的学术史背景之下审视陈从周的园林著说，以期回答一个虽然基本但对于理解陈却最为重要的问题：他对中国园林美学的贡献及其思想的独特性何在？

清代学者钱泳（1759—1844）在《履园丛话》中说：“造园如作诗文。”[1] 陈从周说：“造园与作诗文无异。”[2] 本文既以明清诗学理论作为参考，先对诸派中国园林美学思想总结作一史学史梳理，继而又在此基础上对陈从周的学术进行讨论。

明清诗学主张中有四种重要理论，即“神韵说”“格调说”“性灵说”以及“肌理说”。“神韵说”的提出者是清代著名文人王士禛（1634—1711），他认为诗的最高境界是“得意忘言”[3]。钱钟书指出其来源于南齐时期（479—502）谢赫论画所言之“气韵”。从“气韵”到“神韵”，从评画到评诗文，“不贵详尽，皆须留有余地，耐人玩味，俾由其所写之景物而冥观未写之景物，据其所道之情事而默识未道之情事”。寓无限于有限，从有限中体悟无限，这就是神韵。所以钱钟书又说：“‘神韵’不外乎情事有不落言诠者，景物有不着痕迹者，只隐约于纸上，俾揣摩于心中。以不画出、不说出为画不出、说不出，犹‘禅’之有‘机’而待‘参’然。”[4]

提倡格调说的清代著名学者和诗人沈德潜（1673—1769）论诗主张尊崇孔子兴观群怨之说，追求温柔敦厚的儒雅诗风，视雄浑高古为诗之最高境界。[5] 但他又讲到《九歌》和《九章》的风格，有哀艳和哀切的分别，而陶诗胸次浩然、渊深朴茂，王维诗清腴，孟浩然诗闲远，储光羲诗朴实，韦应物诗冲和，柳宗元诗峻洁。所以著名古典文学家周振甫说：格调说的长处在“借鉴前人的作品，注意广泛地吸收历代作品的成就，探讨它们的不同风格和内容”[6]。

提倡“性灵说”的明代公安派文学家袁宏道（1568—1610）和清代著名文学家和诗人袁枚（1716—1798）肯定兴观群怨的诗观，把诗人的真情、个性突出放在首位，强调作诗要有性情（个性）、有灵机（感悟）、有新意。[7]如袁宏道称赞其弟袁中道的诗“大都独抒性灵，不拘格套。非从自己胸臆流出，不肯下笔”（《序小修诗》）；袁枚则说，“诗者，人之性情也”，“自三百篇至今日，凡诗之传者，都是性灵，不关堆垛”（《随园诗话》），“诗难其真也，有性情而后真”（《随园诗话》），“诗者，心之声也，性情所流露者也”（《随园尺牍·答何水部》）。

“肌理说”的提出者是清代著名书法家、文学家和金石学家翁方纲（1733—1818）。“肌理”指义理和文理。翁方纲认为，作诗除要重义理，即“言有物”之外，还要重文理，即从立意到结构、造句、用字、辨音，从分宾主、分虚实到蓄势，突出重点、前后照应等都要讲究。可见较之此前的性灵说，“肌理说”更注重诗歌创作之“法”。

概括而言，上述四种观点分别强调了诗之境、诗之变、诗之情，以及诗之法。在中国园林美学中，对境、变、情、法的追求也同样存在。由于它们是造园活动中不同层面的考量，其顺序可以被重新排列为法、变、境、情，分别代表了中国园林美学的不同境界。

明清时期关于造园之“法”的认识除具体的建造技术之外，还包括对画理和诗法的借鉴。前文提到的钱泳之言是以诗法入造园的例证，而计成（1582—1642）的《园冶》所强调的则是建造技术和画理。书中的话“虽由人作，宛自天开”和“巧于因借，精在体宜”被后人视为造园的首要原则。[8]全书又分“相地”“立基”“屋宇”“装折”“门窗”“墙垣”“铺地”“掇山”“选石”“借景”各章，分述园林建造的各方面技术问题。又由于计成本人“少以绘名”，“最喜关仝、荆浩笔意”，所以他十分强调画理对于造园的重要性，如他说“刹宇隐环窗，仿佛片图小李（按：指李昭道），岩峦堆劈石，参差半壁大痴（按：指黄公望）”；他造园“令乔木参差山腰，蟠根嵌石，宛若画意”[9]。他还在《园冶》“掇山”一章中说：“峭壁山者，靠壁理也。借以粉壁为纸，以石为绘也。理者相石皴纹，仿古人笔意，植黄山松柏、古梅丛竹，收之圆窗，宛然镜游也。”计成的观点并非偶然，如同时代的学者茅元仪（1594—1640）也曾在其《影园记》一文中说：“园者，画之见诸行事也。”他们的这些做法和说法首先代表了园林美学中的“肌理说”。

《园冶》“相地”和“掇山”两章涉及环境之“变”与园林的关系，“选石”一章则涉及材质之“变”，此外钱泳又在《履园丛话》中称“邢氏园以水胜，孙氏园以石胜也”[10]，而明代文学家王世贞（1526—1590）在《游金陵诸园记》中指出不同园林的不同风格，如六锦衣东园之“雄爽”，四锦衣西园之“清远”，四锦衣丽宅东园之“奇瑰”，魏公丽宅西园之“华整”，魏公南园和三锦衣北园之“靓美”。[11]这些评价注意到园林的不同风格或视觉特色，也可谓园林美学中“格调说”的自觉。

清代文人沈复（1763—1832）关心的是园林的“境”。他在《浮生六记》中说：“夫园亭楼阁，套室回廊，叠石成山，栽花取势，又在大中见小，小中见大，虚中有实，实中有虚，或藏或露，或浅或深。”换言之，他希望园林设计能够创造出超越场地实体局限的空间意趣。所以他的观点当可称为是园林美学中的“神韵说”。

中国园林美学中还有“性灵说”。以笔者之见，园林美学的“神韵说”追求的是园林在空间或和时间上带给观者的想象或联想，而“性灵说”则更强调设计者、使用者对场所之“情”或意义的表达。借用王国维在《人间词话》中的定义，二者分别为“无我之境”和“有我之境”。[12]明清文人多借助命名和题词赋予园林以诗情，如曹雪芹在《红楼梦》中借贾政之口所说，“偌大景致，若干亭榭，无字标题，也觉寥落无趣，任有花柳山水，也断不能生色”，并称园林的匾额对联为“怡情悦性的文章”，就说明了命名和题词是园林表达感情的手段。

这四种美学思想在20世纪成为现代园林研究的基础，不同学者又对它们作了进一步发展。他们多数都重视园林美学的上述四个方面，不过侧重多有不同，陈从周却是在各方面都有探索且见解独到的学者。

由于主要学者大多为建筑家，他们最关注的问题是造园之法，相关的讨论成果最为丰富，可以被称为是中国园林美学“肌理说”的发展。最早研究中国园林的现代建筑家童寯（1900—1983）结合了沈复、钱泳和计成的思想，提出造园之妙处“在虚实互映、大小对比、高下相称”和为园“疏密得宜、曲折尽致、眼前有景”的三种“境界”。他的《江南园林志》（1937年完稿，1963年出版，图1）一书共有五章，依其内容可分为“学”和“史”两部分，前者包括“造园”和“假山”两章，即造园之“法”，后三章为“沿革”“现况”和“杂识”，即史事。“造园”一章中分述布局、评价标准（“妙处”和“境界”）、造园要素（花木池鱼、屋宇、叠石）以及建筑细节（园林屋宇：厅堂平顶、门窗、廊、墙、铺地）；“假山”一章则谈石的种类兼叠山之法和著名匠师。[13]童寯之后，中国园林美学的“肌理说”又因“空间”“景”等概念的引入得到进一步发展。

1952年刘敦桢开始研究中国园林。[14]这一时期现代主义建筑空间概念的引入带来了中国园林研究的更大进步。1956年10月，刘在南京工学院第一次科学报告会上发表论文《苏州的园林》，在文中他首次使用“空间”概念总结说：“中国传统园林的设计，主要是山池、木石与房屋的空间组合，而它的主导思

图1 《江南园林志》封面

图3 《中国古典园林分析》封面

图2 《苏州古典园林》封面

图4 《江南理景艺术》封面

图5 《苏州园林》封面

想不外‘诗情画意’四字。”刘用现代建筑学的概念总结的“园林布局”有如下方面：不规则的平面、曲折而富于变化的风景、基本形体的利用、宾主分明、对比、对景、借景以及交通线（的组织），而园林设计的“具体手法”则体现在叠山、理水、建筑三个方面。[15]之后，他又在《苏州古典园林》（1956—1963年完成，1979年出版，图2）中以绪论、布局、理水、叠山、建筑、花木六节组织了全书。

刘敦桢使用的“空间”概念，在1963年郭黛姮和张锦秋在《建筑学报》上发表的《苏州留园的建筑空间》一文中成为解析留园入口设计的钥匙。受现代主义建筑思想的影响，该文从对空间动态体验的角度将中国园林建筑的特点概括为“尽变化之能事，重室内外之结合”，并富于“大小变化、方向变化、明暗变化”。[16]此后刘又在《苏州古典园林》一书中进一步阐发了相似的观点。[17]

从空间角度分析中国园林设计原理最重要的著作当推彭一刚的《中国古典园林分析》（1986年出版，图3）一书。除园林建筑历史沿革，园林建筑的分布，两种哲理、两种路子，园林建筑的特征，对于意境的追求，两类活动、两类要求等概要性讨论之外，该书的重点是从空间营造及相关的视觉体验对中国园林的分析，其中包括：从庭到苑囿，内向与外向，看与被看，主从与重点，空间的对比，藏与露，引导与暗示，疏与密，蜿蜒曲折，高低错落，仰视与俯视，渗透与层次，空间序列，堆山叠石，庭园理水，花木配置。他是针对以往研究对古典园林“描绘颂扬者居多，而对造园手法具体分析的则较少，尤其是作全面、系统的分析则更为罕见”因而难以指导实践，因此写作了这本旨在“论述古典造园手法”的专书。[18]

造园的另一个重要概念是“景”，如计成在《园冶》中单辟一章论述“借景”，童寯也视“眼前有景”为造园的最高境界。1961年夏昌世（1903—1996）和莫伯治（1915—2003）在合著论文《中国古代造园与组景》打破以往园林研究以山、水、建筑、花木进行分类，分别讨论的思路，而将“景”作为园林构成的基本元素。他们说：“中国造园结构，是由许多大小不同的‘景’组织起来的，而这些‘景’又是由各种景物所组织成的景物空间，每一景物空间都围绕着一个主题为中心，因就地形环境特点，结合四季节序、朝霞夜月、风雨明晦、禽鸣鹤舞以至钟声琴韵等，都可以作为景物。”[19]因此，对他们来说造园就是造景。潘谷西在2001年出版的《江南理景艺术》（图4）也以“景”为全书核心概念，分析了不同规模的场所——庭院、园林、风景点和风景名胜区——各自理景的特点和手法。他说：“不管园林也好，风景名胜区也好，中心内容乃是一个‘景’字。

无景不成其为园林，无景也不成其为风景区（点）。”[20]此外，朱光亚参酌拓扑学所关注的要素与要素之间的关系，分析中国园林布局的结构模式，也是对于造园之法的探索。[21]

陈从周在20世纪50年代初加入园林研究，1953—1954年间参与留园修复工作[22]，并在1956年出版了自己的第一部学术专著《苏州园林》（图5）。该书分为总体布局、掇山、水、建筑、廊、桥、路、铺地、墙、联对—匾额、树木、栽花、色彩各章，也体现出对园林做法的重视，且内容较之前人更为丰富和具体。虽然相对于其后学者借助现代建筑空间理念的研究或以景为出发点，甚至借助拓扑学的研究，他分类论述的方式还偏于传统，但他对园林做法的认知依然有两个特色值得特别注意。

第一是继承和实践明清以来将诗法和画理引入造园的传统。前者即后文将详细讨论的“以词境画意相参，探求园林技艺”，前者如他引用石涛“峰与皴合，皴自峰生”的绘画思想解释假山的造型需与石质相协调[23]；又言：“园林之画家，实造园家耳。至于平时剪裁，其高下之相称，姿态之屈伸，宜删宜留，必须反复审视，决不能就树论树，必前后左右，高低上下兼顾，正如作画之布局，煞费经营也。”[24]

第二是以访谈工匠或实地探访和体验为基础，所以他有很多超乎书斋研究可得的真知灼见。如他曾采访清时叠山名手王天于的后人，记录下“叠山之诀”。[25]而他所写的“叠石之诀”也绝非没有实际工程经验者所能知。[26]又如他说松江范氏园的黄石假山，特别指出其堆叠与位置的关系：“黄石之面原不及湖石多变，然是处则深知其弊，故于黄石之面凹凸力求变化，使观之不觉过平直也。黄石之色未若湖石雅洁，故置于阴面，少受阳光，似较蕴藉……南向水阁望山石倒影，黄石之色尤历历呈显，不觉阴面之过于枯寂也。”[27]再如他多次提到“建筑看顶，假山看脚”[28]。

这些见解堪称精妙，但若真非亲历观察和细心体悟则定无由获得。陈从周有关园林设计和园林建造的认识服务于他对园林的审美。此后他又在传统“借景”和“对景”思想的基础上，进一步探讨造景与观看的关系，提出“静观”“动观”“引景”的概念，即通过设计的引导，达到所谓“奴役风月，左右游人”的目的。他的思想因此是现代中国园林美学“肌理说”的一个重要部分。

“格调说”对于中国园林美学的意义在于风格的区分以及在此基础上的多样性追求。在这方面，童寯在《江南园林志》对拙政园、留园和怡园的评论可称是初步的尝试。如他说：“谈园林之苍古者，咸推拙政。今虽狐鼠穿屋，藓苔蔽路，而山池天然，丹青淡剥，反觉逸趣横生……爱拙政园者，遂宁保其半老风姿，不期其重修翻造。”他还说留园“大而能精，工不伤雅”，怡园则“假山荷池，稍似留园，而全局则较疏旷”[29]。这些评论是对几个园林的一种风貌的概括，是对王世贞在《游金陵诸园记》中从视觉感受角度进行风格划分的继续，也可以说是一种从风格的角度对园林的赏析。但总体而言，20世纪50年代之后中国园林研究中风格辨析的主要根据有二：一是赞助人类型或规模，即皇家园林与私家园林之分；二是地理特点，即北方园林、江南园林和岭南园林之分，虽然不无概括性，但却失之笼统。

与童寯相似，陈从周也曾从视觉感受角度对中国园林进行风格划分，如他在讨论苏州园林时说：“余谓以静观者为主之网师园，动观为主之拙政园，苍古之沧浪亭，华瞻之留园，合称苏州四大名园，则予游者以易领会园林特征也。”[30]他还说：“余尝谓苏州建筑与园林，风格在于柔和，吴语所谓‘糯’。扬州建筑与园林，风格则多雅健……风格各异，存真则一。”[31]扬州园林中的叠山，个园的“雄伟”，片石山房的“苍石奇峭”，小盘谷的“曲折委婉”，逸圃的“婀娜多姿”。[32]他还从视觉特征上将清代的假山营造分为了清初、乾嘉和同光三个时期。[33]不过，他最具创意的风格分类方式是参照诗词和戏曲的风格。他说：“造园言‘得体’，此二字得假借于文学。文贵有体，园亦如是。‘得体’二字，行文与构园消息相通。因此我曾以宋词喻苏州诸园：网师园如晏小山词，清新不落套；留园如吴梦窗词，七层楼台，拆下不成片段；而拙政园中部，空灵处如闲云野鹤去来无踪，则姜白石之流了；沧浪亭有若宋诗；怡园仿佛清词，皆能从其境界中揣摩得之。”[34]他还说：“我喜欢用昆曲来比南方园林，用京剧来比北方园林。”[35]这些观点是将诗词和戏曲欣赏引入园林审美，有助于揭示不同园林在视觉表象之下的精神气质。这一做法体现了陈从周园林美学独到的艺术品味和文化视角，也极好地丰富了中国园林美学的“格调说”。

作为“神韵说”所关注的核心，“境”也是20世纪中国园林美学研究中的一个重要议题。刘敦桢或许是最早引出“意境”概念的学者。他在《苏州古典园林》中说，“所谓‘诗情画意’，不过是当时官僚、商贾、文人画家将诗画中所表现的意境，应用到园林中去，创造一些他们所爱好的意境……这种思想情趣主要是‘清高’和‘风雅’。”[36]如下文将要介绍，陈从周在1956年出版的《苏州园林》一书中，更为具体地指出了意境对于中国园林的意义。不过他们在这一时期并未区分“无我之境”和“有我之境”，也即园林给观者所带来的时空联想和诗意表达赋予园林场所意义两者之间的差别。事实上他们使用的“意境”一词在多数情形下的所指是后者。

或许因为1949年以后意识形态领域里对“唯心主义”的长期批判，有关意境问题的探讨在此后20余年的中国园林研究中没有得到继续，直到“文化大革命”之后才重新获得重视。1979年美学家宗白华（1897—1986）发表长文《中国美学史中重要

图6 《说园》封面

图7 《江南园林论》封面

图8 《中国古典园林史》封面

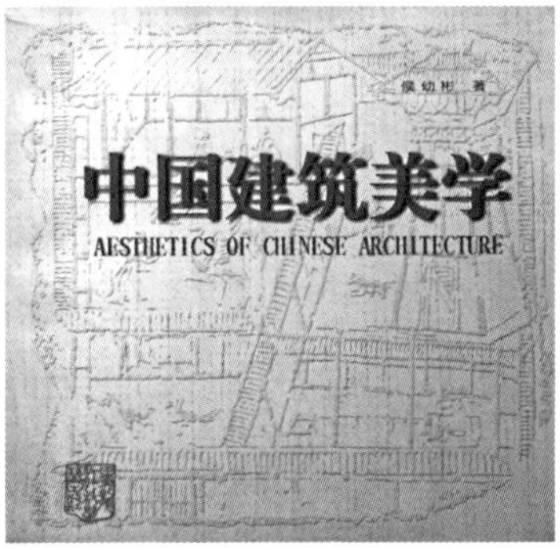

图9 《中国建筑美学》封面

问题的初步探索》，其中有“中国园林建筑艺术所表现的美学思想”一节。[37] 宗白华说：建筑和园林“是处理空间的艺术……空间随着心中意境可敛可放，是流动变化的，是虚灵的”；“窗子并不单为了透空气，也是为了能够望出去，望到一个新的境界，使我们获得美的感受”；“为了丰富对于空间的美感，在园林建筑中就要采用种种手法来布置空间……无论是借景、对景，还是隔景、分景，都是通过布置空间、组织空间、创造空间、扩大空间的种种手法，丰富美的感受，创造了艺术意境”。[38]

宗白华的研究同时拉开了中国美学史研究的序幕。[39] 在这种大的学术背景之下，许多建筑学者也开始重新讨论意境问题。陈从周以其在文学艺术上的敏感成为笔者所知最早加入这一讨论的建筑学者。在《苏州园林》一书出版23年之后，他又在1979年和1980年所写的《续说园》和《说园（三）》两篇重要文章中就意境对中国园林的重要性作了进一步强调：“我国古代园林多封闭，以有限面积，造无限空间，故‘空灵’二字，为造园之要谛。”[40]“文学艺术作品言意境，造园亦言意境……意境因情景不同而异，其与园林所现意境亦然。园林之诗情画意即诗与画之境界在实际景物中出现之，统名之曰意境。‘景露则境界小，景隐则境界大。’”[41]（图6）这段文字中的“意境”概念与宗白华所论相近，表示的是一种空间联想，而非他和刘敦桢在1956年所指的场所意义。

在陈从周之后，又有许多建筑学家加入了有关园林意境问题的探讨。杨鸿勋（1931—2016）在1982—1984年所发表的长文《江南古典园林艺术概论》体现出对意境问题认识的深化。他说：“所谓园林意境，它是比直观的园林景象更为深刻、更为高级的审美范畴。因此它是园林作品的最高品评标准……当具体的、有限的、直接的园林景象融会了游览实用的内容，融会了诗情画意与理想、哲理的精神内容，它便升华为本质的、无限的、统一的、完美的审美对象，而给人以更为深广的美感享受。”杨鸿勋认为，园林意境是思想情趣与景象的统一、景象与园居方式的统一，这种统一所产生的效果，才是园林艺术的最高境界。他还说：“‘似与非似之间’‘真与不真之间’的园林艺术景象所产生的‘象外之象、景外之景’的意境，其深刻性，不仅在于其景象空间的变幻，更在于游览程序与历程的组织；在于四季、晨昏、风雨、晴晦的季相与时态的渲染；在于通过匾联、题刻之类的诗文的开拓。”他更进一步指出深化意境的做法，即“时间的延续、空间的扩展”“景象的应时而借 —— 天时的渲染”，以及“诗文的开拓 —— 匾联、题刻”。[42]（图7）

此后园林的意境问题成为20世纪80年代中国园林研究的一个重要话题，除一些美学家外，建筑家彭一刚、周维权（1927—2007）（图8）、侯幼彬等许多建筑学者对之也都有重要贡献。这些学者不仅从空间对比角度的研究更清楚地解释了造园的布局之法，还从心理学的联想、儒道哲学的“比德”和“畅神”观念等角度更好地阐明了中国园林美学中“大／小”“虚／实”，也即“神韵说”所强调的“境”的生成原理。[43] 侯幼彬还全面总结了建筑意境在构成上的结构特征和内涵上的意蕴特色[44]，将有关园林意境问题的研究提升到一个新高度。（图9）

不可忽视的是，中国园林是一个丰富的符号系统，与追求表现时空“无我之境”的日本禅意的枯山水庭院不同，中国园林在追求空间之境时并非仅仅以实喻虚，还追求表达人的情感的“有我之境”，以匾额和题字等方式加入园林的意境营造。它们更重要的功能是赋予场所意义，同时也是人的性灵表达，抑或以景抒情，有关这方面的认识构成了中国建筑美学的“性灵说”，其代表学者就是陈从周。

作为一名深具传统文人画、诗词、昆曲功底并长于散文写作的建筑家，陈从周极为重视文学和艺术的个性表达。他或许受到了自己曾奉献青春为之编纂了年谱的徐志摩的影响，后者即被当代评论家称为“中国现代诗学中的性灵派”[45]。陈从周曾评论林徽因说：“她的见闻是广阔的，发之于文、诗、建筑及书法绘画，都是清新空灵，雅健有诗人之意……有很多的诗境是一般诗人所未发的，幽深清丽极了，她能说出建筑美、人情美，‘轻软如同花影’（林诗）那样地抒出笔端。这些诗句，不是口语，不是口号，是诗人的性灵。”[46] 他评价丰子恺的绘画

"不能以迹象求之。内美蕴乎其中，静观自得，渐入佳境，移人性情，度人心灵，因人得道"[47]。而丰子恺的书法则是"秀韵天成，没有丝毫做作气。大幅小幅，手稿书札，就像风行水上，摇漾生姿"[48]。他还评价著名昆曲表演艺术家梁谷音的散文"空灵、清逸、流爽"，是"行云流水，淡月清……如小溪清泉，流到哪里是哪里，写得真，写得有感情，因情而演剧，再因情而造文"[49]。由此可见性灵和情感在陈从周审美中的重要地位。他本人所绘的兰竹也被同辈的书画界名家王栖霞称赞为"意多于笔，趣多于法，自出机杼，脱尽前人窠臼"。王栖霞同时称赞他是"以词境画意相参，探求园林技艺"[50]。

当他在同济大学的同事们正在拥抱现代主义建筑，以抽象的造型去化约建筑空间之时[51]，陈从周坚持了中国传统文人移情式——即以人之情感投诸外物，视外物亦具人情——的环境认知。早在1956年，他就在自己的第一部学术著作《苏州园林》中讨论了意境与情感表达的关系。他说："诗人画家在各种不同的境界中，产生了各种不同的体会，如夏日的蕉廊，冬日的梅影、雪月，春日的繁花、丽日，秋日的红蓼、芦塘，虽四时之景不同，而景物无不适人。至于松风听涛，菰蒲闻雨，月移花影，雾失楼台，斯景又宜其览者自得……文学家艺术家对自然美的欣赏，不仅在一个春日的艳阳天气，而是要在任何一个季节，都要使它变成美的境地。因此，在花影考虑到粉墙，听风考虑到松，听雨考虑到荷叶，月色考虑到柳梢，斜阳考虑到漏窗，岁寒考虑到梅竹等，都希望理想中的幻景能付诸实现，故其安排一石一木，都寄托了丰富的情感，宜乎处处有情，面面生意，含蓄有曲折，余味不尽了。此又为中国园林的特征。"[52]这段话为他在下文所说的"情钟于园，而园必写情也"及"为情而造景"提供了极好的注解。在书中他为所有的照片都选配了古诗词句，以图解诗，又以诗释图，正如前面王栖霞所说，是"以词境画意相参"，极富创意地展示了中国园林的空间意趣及其与情感表达的关系。

1981年，他在《中国的园林艺术与美学》一文中说："对于中国人欣赏美的观点，我们只要稍微探讨一下，就不难看出，无论我们的文学、戏剧，我们的古典园林，都是重情感的抒发，突出一个'情'字。"[53]在1985年发表的重要论文《中国诗文与中国园林艺术》中，他说："我曾经说过那时的诗文、书画、戏曲，同是一种思想感情，用不同形式表现而已。思想感情指的主导是什么？一般是指士大夫思想，而士大夫可说皆为文人，敏诗善文，擅画能歌，其所造园无不出之同一意识，以雅为其主要表现手法了。园寓诗文，复再藻饰，有额有联，配以园记题咏，园与诗文合二为一。所以每当人进入中国园林，便有诗情画意之感。"他还称"汤显祖所为《牡丹亭》，而'游园''拾画'诸折，不仅是戏曲，而且是园林文学，又是教人怎样领会中国园林的精神实质。'遍青山啼红了杜鹃，那荼蘼外烟丝醉软'，'朝日暮卷，云霞翠轩，雨丝风片，烟波画船'。其兴游移情之处真曲尽其妙。是情钟于园，而园必写情也，文以情生，园固相同也"。"诗文与造园同样要通过构思，所以我说造园一名构园，这其中还是要能表达意境。中国美学，首重意境，同一意境可以不同形式之艺术手法出之。诗有诗境，词有词境，曲有曲境，画有画境，音乐有音乐境，而造园之高明者，运文学绘画音乐诸境，能以山水花木，池馆亭台组合出之，人临其境，有诗有画，各臻其妙。故'虽由人作，宛自天开'。中国园林，能在世界上独树一帜者，实以诗文造园也。""《文心雕龙》所谓'为情而造文'，我说为情而造景。情能生文，亦能生景，其源一也。"[54]

在经历了丧妻和丧子之痛后，晚年的陈从周更加珍惜"情"。可以说"情"——感时、念旧、叙缘——构成了他晚期散文的一个主要内容，它们包括《随宜集》中的"天一阁中作客情""湖山人情能留客""人间重晚情""曲情·影情·人情""知情·解情·造情——谈梁谷音昆曲"，还有《世缘集》中的"乡音里的乡情""病中情"等诸多篇章。在园林欣赏中他也更加强调情感对造园的影响，以及空间场所所体现的生命和对观者情感的感染，正如他说"情能生文，亦能生景"[55]，他自己就曾因听著名昆曲艺术家梁谷音的歌声获得灵感而命名了豫园的"谷音涧"。[56]他又说谷音涧不仅"是梁谷音度曲与水石相结合，另外却有更多的谷音，像水声、风声、鸟声、人语声、鱼跃声，通过山谷，发出绵邈的回音，园林中有了奇妙的多样变化"[57]。"以园为家"[58]是晚年的陈从周对中国园林的表达。对于他来说，中国园林不是一个需要借助静观和冥想到达的彼岸世界，它"有生命、灵感、还有人情"[59]。

综上所论，20世纪中国园林美学获得了极大的发展，众多学者在法、变、境、情诸方面，极大地丰富和发展了明清以来中国园林美学的不同追求，即本文借用明清诗学理论归纳的"肌理说""格调说""神韵说"和"性灵说"。陈从周以其对生命的热爱，对性灵的追求，在文学、艺术和建筑学诸多领域的精湛学识，对实地和遗存乐此不疲地探访，对百工之人的不耻相师，以及对园林营造的躬自实践，在所有这些方面都做出了突出贡献：他以诗法画理和实践经验入"肌理说"，以诗词、戏曲品鉴补"格调说"，在建筑界开园林"意境"品评之先，带动"神韵说"发展，并通过不遗余力地宣传中国园林的生命与情感表达，在中国园林美学的"性灵说"方面独树一帜，从法、变、境到情，揭示了中国园林美学的一个新境界。

放眼20世纪的中国建筑史学史，我们曾看到乐嘉藻出于传统经学的研究，梁思成和林徽因出于西方建筑结构理性主义的研究，刘敦桢结合马克思主义的研究，以及此后民俗学、人类学、社会学角度的研究等诸多有关中国建筑传统的不同解读。[60]陈从周对中国园林的移情阐发是否可以说代表着一种对于现象学所追求的“诗意栖居”[61]理想的东方式理解呢？

附注：在本文写作过程中，笔者偶读梓翁老人《梓室余墨》“弥罗阁毁于民国元年”条[《陈从周全集（十二）》，第267页]，惊讶地发现这本早在1999年出版的书中，梓翁老人已经指出“【弥罗阁】之形式，尤以顶层多变化，遂为近代建筑家所模拟，卢奉璋（树森）设计之南京中山陵园藏经阁，杨廷宝设计之南京鸡鸣寺山麓的【民国时期】中央研究院，则皆有高度之评价，仿弥罗阁之精华而以新意出之者”。笔者在2007年出版的《中国建筑史研究》中也有同样观点（第320页），但当时却不知道梓翁老人早已有论在先，十分惭愧。在此笔者谨向前辈补申敬意。

（原载于《建筑师》2018年第5期）

引文文献

[1] 钱泳撰．张伟点校．履园丛话·二十·园林[M].北京：中华书局，1979:545.

[2] 陈从周．中国诗文与中国园林艺术[M]蔡达峰、宋凡圣总主编．陈从周全集·（十）帘青集．南京：江苏文艺出版社，2013:205.

[3] 王士禛．带经堂诗话·卷三[M].北京：人民文学出版社，1963.

[4] 周振甫．诗词例话[M].北京：中国青年出版社，1979:380－410.

[5] 张力夫．清代三家诗说简析[N].光明日报，2007－4－27.

[6] 同[4]。

[7] 同[4]。

[8] 计成．《园冶》自序、卷一·兴造论．陈植注释．杨伯超校订．陈从周校阅．园冶注释（第二版）[M].北京：中国建筑工业出版社，1988:42，47.

[9] 计成．《园冶》自序、卷一·兴造论．陈植注释．杨伯超校订．陈从周校阅．园冶注释（第二版）[M].北京：中国建筑工业出版社，1988:42.

[10] 钱泳撰．张伟点校．履园丛话·二十·园林[M] 北京：中华书局，1979:521－522.

[11] 王世贞．游金陵诸园记．陈植，张公弛选注．中国历代名园记选注[M].合肥：安徽科学技术出版社，1983:157－173.

[12] 王国维认为，“无我之境”即“以物观我，故不知何者为我，何者为物”；“有我之境”即“以我观物，故物皆着我之色彩”。

[13] 童寯．江南园林志[M].北京：中国工业出版社，1963.

[14] 陈从周．“式”与“法”．蔡达峰、宋凡圣总主编．陈从周全集·（十二）梓室余墨．南京：江苏文艺出版社，2013:315.

[15] 刘敦桢．苏州的园林（1956）[M]刘敦桢全集（四）．北京：中国建筑工业出版社，2007:146－182．另见陈薇．《苏州古典园林》的意义[M]杨永生，王莉慧编．建筑百家谈古论今——图书编．北京：中国建筑工业出版社，2008:115－122.

[16] 郭黛姮，张锦秋．苏州留园的建筑空间[J].建筑学报，1963(3):19－23.

[17] 如刘敦桢说：“为了适应厅堂楼馆的不同要求和各景区的不同景物，园内空间处理也有大小、开合、高低、明暗等变化。一般说，在进入一个较大的景区前，有曲折、狭窄、晦暗的小空间作为过渡，以收敛人们的视觉和尺度感，然后转到较大的空间，可使人感到豁然开朗。所以在进入园门以后用曲廊、小院作为全园的‘序幕’，以衬托园内主景，是各园常用的办法。留园从园门到古木交柯一带或从住宅进入鹤所到五峰仙馆附近的处理，就收到了这种效果。”见刘敦桢．苏州古典园林[M]刘敦桢全集（八）．北京：中国建筑工业出版社，2007:7.

[18] 彭一刚．写在前面[M]中国古典园林分析．北京：中国建筑工业出版社，1986:1.

[19] 夏昌世，莫伯治．中国古代造园与组景（1961年）[M]莫伯治．莫伯治文集．北京：中国建筑工业出版社，2012:17.

[20] 潘谷西．江南理景艺术[M].南京：东南大学出版社，2001.

[21] 朱光亚．中国古典园林中的拓扑关系[J].建筑学报，1988(8):33－36.

[22] 陈从周．留园假山的设计师周秉忠[M]蔡达峰、宋凡圣总主编．陈从周全集·（十二）梓室余墨．南京：江苏文艺出版社，2013:18.

[23] 陈从周．叠山首重选石[M]蔡达峰、宋凡圣总主编．陈从周全集·（十二）梓室余墨．南京：江苏文艺出版社，2013:31.

[24] 陈从周．园林与花木搭配相得益彰[M]蔡达峰、宋凡圣总主编．陈从周全集·（十二）梓室余墨．南京：江苏文艺出版社，2013:232.

[25] 陈从周．叠山之诀[M]蔡达峰、宋凡圣总主编．陈从周全集·（十二）梓室余墨．南京：江苏文艺出版社，2013:166.

[26] 陈从周．叠石之诀[M]蔡达峰、宋凡圣总主编．陈从周全集·（十二）梓室余墨．南京：江苏文艺出版社，2013:170.

[27] 陈从周．松江范氏啸园[M]蔡达峰、宋凡圣总主编．陈从周全集·（十二）梓室余墨．南京：江苏文艺出版社，2013:184.

[28] 陈从周．贫女巧梳头——谈中国园林[M]蔡达峰，宋凡圣总主编．陈从周全集·（十）帘青集．南京：江苏文艺出版社，2013:202.

[29] 童寯．江南园林志[M].北京：中国建筑工业出版社，2007:28－29.

[30] 陈从周．说园（三）[M]蔡达峰、宋凡圣总主编．陈从周全集·（六）．南京：江苏文艺出版社，2013:16.

[31] 陈从周，说园（五）[M]蔡达峰、宋凡圣总主编．陈从周全集·（六）．南京：江苏文艺出版社，2013:30.

[32] 陈从周．扬州园林[M]蔡达峰、宋凡圣总主编．陈从周全集·（四）．南京：江苏文艺出版社，2013:33.

[33] 陈从周．苏州环秀山庄[M]蔡达峰、宋凡圣总主编．陈从周全集·（七）园林谈丛．南京：江苏文艺出版社，2013:5.

[34] 陈从周．中国诗文与中国园林艺术[M]蔡达峰、宋凡圣总主编．陈从周全集·（十）帘青集．南京：江苏文艺出版社，2013:204－206；园林与诗词之关系[M]蔡达峰，宋凡圣总主编．陈从周全集·（十二）梓室余墨．南京：江苏文艺出版社，2013:30.

[35] 陈从周．园林分南北，景物各千秋[M]蔡达峰、宋凡圣总主编．陈从周全集·（十）帘青集．南京：江苏文艺出版社，2013:249.

[36] 刘敦桢．绪论[M]刘敦桢全集·（八）苏州古典园林．北京：中国建筑工业出版社，2007:3.

[37] 宗白华．中国美学史中重要问题的初步探索[J].文艺论丛（第6辑），1979(1):33－65.

[38] 宗白华．中国美学史中重要问题的初步探索[J]．文艺论丛（第6辑），1979(1):33－65.

[39] 祁志祥．中国美学史书写的历史回顾与得失研判[J]．河北学刊，2017(4):86－95.

[40] 陈从周．续说园（1979）[M]．蔡达峰、宋凡圣总主编．陈从周全集（六）．南京：江苏文艺出版社，2013:10.

[41] 陈从周．说园（三）（1980）[M]．蔡达峰、宋凡圣总主编．陈从周全集（六）．南京：江苏文艺出版社，2013:18.

[42] 杨鸿勋．江南古典园林艺术概论[M]．建筑历史与理论（第二、第三、四辑）．南京：江苏人民出版社，1982－1984:141－161，185－241.

[43] 蓝凡．中国古典园林艺术的一个重要特征——含蓄[J]．人文杂志，1983(6):117－120；田耕余．谈造园艺术的含蓄性[J]．中州建筑，1985(6):10；庄伟．我国古典园林意境初探（一）[J]．园林与名胜，1986(4):14－15；叶晔．动人春色何须多——中国古典园林的含蓄美，叶朗．中国古典园林的意境，孙筱祥．生境、画境、意境——文人写意山水园林的艺术境界及其表现手法[M]宗白华等．中国园林艺术概观，南京：江苏人民出版社，1987:5－16，67－75，77－84，423－446；彭一刚．写在前面[M]中国古典园林分析．北京：中国建筑工业出版社，1986；周维权．中国古典园林[M]．北京：清华大学出版社，1990:15－16；侯幼彬．中国建筑美学[M]．哈尔滨：黑龙江科学技术出版社，1997:259－302.

[44] 侯幼彬．建筑意象与建筑意境——对梁思成、林徽因“建筑意”命题的阐释[J]．建筑师，1993，50(2):63－66.

[45] 龚刚．中国现代诗学中的性灵派——论徐志摩的诗学思想与诗论风格[J]．现代中文学刊，2017(1):45－53.

[46] 陈从周．读《林徽因诗集》[M]蔡达峰、宋凡圣总主编．陈从周全集·（十）帘青集．南京：江苏文艺出版社，2013:363.

[47] 陈从周．“丰子恺先生遗作展览”序[M]蔡达峰、宋凡圣总主编．陈从周全集·（十一）随宜集．南京：江苏文艺出版社，2013:86.

[48] 陈从周．不是书家的书家——《丰子恺书法》序[M]蔡达峰、宋凡圣总主编．陈从周全集·（十一）．随宜集．南京：江苏文艺出版社，2013:88－89.

[49] 陈从周．清泉出谷音[M]蔡达峰、宋凡圣总主编．陈从周全集·（十一）世缘集．南京：江苏文艺出版社，2013:257.

[50] 王栖霞．园林谈丛·跋[M]蔡达峰、宋凡圣总主编．陈从周全集·（十）园林谈丛．南京．江苏文艺出版社，2013.99.

[51] 如同济大学文远楼和教工俱乐部这两栋中国现代建筑经典作品分别由建筑系教师郭毓麟和哈雄文及李德华和王吉鑫设计，1954年和1957年建成。

[52] 陈从周．苏州园林[M]蔡达峰、宋凡圣总主编．陈从周全集·（一）．南京：江苏文艺出版社，2013:20－21.

[53] 陈从周．中国的园林艺术与美学[M]蔡达峰、宋凡圣总主编．陈从周全集·（十一）随宜集．南京：江苏文艺出版社，2013:38.

[54] 陈从周．中国诗文与中国园林艺术[M蔡达峰、宋凡圣总主编．陈从周全集·（十）帘青集．南京：江苏文艺出版社，2013:204－206.

[55] 陈从周．中国诗文与中国园林艺术[M]蔡达峰、宋凡圣总主编．陈从周全集·（十）帘青集．南京：江苏文艺出版社，2013:204－206.

[56] 陈从周．谷音涧[M]蔡达峰、宋凡圣总主编．陈从周全集·（十一）随宜集．南京：江苏文艺出版社，2013:7－8.

[57] 陈从周．谷音涧[M]蔡达峰、宋凡圣总主编．陈从周全集·（十一）随宜集．南京：江苏文艺出版社，2013:7.

[58] 陈从周．《眉短眉长》序[M]．蔡达峰、宋凡圣总主编．陈从周全集·（十一）随宜集．南京：江苏文艺出版社，2013:81－82.

[59] 陈从周．曲情 影情 人情[M]蔡达峰、宋凡圣总主编．陈从周全集·（十一）随宜集．南京：江苏文艺出版社，2013:62－63.

[60] 赖德霖．中国近代思想史与建筑史学史[M]．北京：中国建筑工业出版社，2016.

[61] “诗意的栖居”原是德国诗人荷尔德林（Johann Christian Friedrich Hölderlin，1770—1843）的一句诗，现象学哲学家海德格尔（Martin Heidegger，1889—1976）以之为题，倡导人性的和富有艺术性的生活，反对科学技术所导致的人性异化。详见张祥龙．栖居中的家何在？找寻最适合人居住的非高科技建筑[M]// 彭怒，支文军，戴春主编．现象学与建筑的对话．上海：同济大学出版社，2009:227－239.

作者简介

赖德霖，美国路易维尔大学美术系亚洲建筑和美术史教授。

空间组构与空间认知

韩　默　庄惟敏

摘　要：本文梳理了空间组构从心理学源起到城市设计中的尝试，最终在空间句法中得到发展的演进过程。试图从空间组构对空间认知的影响以及两者之间的相互依存关系的角度来剖析空间组构自身的存在意义——沟通具体的客观环境和抽象的空间认知过程以及社会关系，并探索空间组构与空间认知在实际中的应用潜力。

关键词：空间组构；空间认知；空间句法；具象与抽象

“空间组构”这一概念逐渐被人们所关注，是由于比尔·希利尔（Bill Hillier）所开创的空间句法的一系列理论。希利尔在1996年出版的《空间是机器——建筑组构理论》[1]一书中阐明了空间句法不仅仅是一种测量空间的工具，更是研究人与空间之间相互关系的一个理论框架，这个理论的基础便是空间组构。

希利尔认为，无论是在城市空间还是建筑空间中，都存在一个潜在的空间组织系统，这个系统从空间的产生之初便存在，并伴随着人们的社会活动而发生潜移默化的演变。它具有3个特性：整体性、层级性和有机性。（1）整体性表现为宏观视角下空间网络的发展趋势；（2）层级性表现为空间关系中的主与次分级；（3）有机性的含义在于，有人们活动发生的地方所产生的空间异动会产生潜移默化的多米诺效应，最终导致更大范围的空间异动。这个潜在的空间组织系统是驱动城市与建筑运行和发展的主要动因。

空间组构是一种可以将这种抽象的空间组织系统特性传递出来的媒介，空间句法以空间组构作为研究对象，目的是分析人们的行为活动与客观环境之间相互影响的根本原因。希利尔对空间组构的定义是：一系列的空间关系，它们之间相互影响。更改其中任何一组空间关系，整个空间组构将会相应地发生变化。这个定义隐含的3个值得思考的地方是：（1）空间组构描述的不是传统意义上的空间本体，而是抽象的空间关系；（2）空间组构是一个动态、有机的空间现象，而不是用来复制完美空间的定律；（3）空间组构是连接人与客观环境的纽带，大部分的空间变化都是由人们的社会活动造成的。空间本身是客观的，而空间的组构方式是具有人们活动的社会逻辑的。

1 空间组构的发展与演进

在试图进一步深入地讨论空间组构与人们活动的相互关系之前，有必要简短地回溯一下空间组构这一概念及其理论的由来和发展。

1.1心理学的研究

“空间组构”这一概念最早由心理学家提出。心理学家发现，空间组构能够影响个人对空间的感知和认知过程。人对空间的感知和认知又构成了空间体验的结果。因此可以推测，影响人们的空间体验的因素来源于空间组构。

空间感知属于人们认知环境的最初过程，它发生在活动过程中，是人对环境作出的直接反应；空间认知属于更高级的反应行为，它是对外界信息的获取，组织和解决问题的过程①。心理学家认为空间组构是空间认知的终极阶段，它为空间认知提供了所必需的空间信息[2]。

为了呈现人脑对客观环境的认知反应，心理学家发明了两种实验方法：认知地图（cognitive mapping）和寻路研究（wayfinding）。认知地图揭示了人们感知和认知环境的过程，它是个人发出行为的前提条件；寻路研究与认知地图的研究相似，奥尼尔（O' Neil）做了一个实验，由63个实验者在3个不同的建筑中完成寻路任务并绘出速写地图（sketch map）[3]。这个实验得出的结论是，空间组构是影响寻路行为的重要因素。在较为复杂的建筑空间中，标识对寻路行为的帮助非常微弱，人们只有对空间组构有了认知才能够完成寻路任务；寻路表现的差异也取决于人们对空间组构的认知程度。

心理学家最先提出空间组构影响人对空间的认知过程，并通过认知地图和寻路研究对这一理论进行了验证。但是这些研究缺乏了对认知结果的研究，以及对其背后原因的分析。因此，空间组构是如何影响空间认知的，以及这种影响所揭示的规律和意义都有待继续探索。

1.2 城市设计角度的研究

凯文·林奇（Kevin Lynch）在他的著作《城市意象》[4]中也对空间组构进行了探索。他认为城市空间的可读性（legibility）是空间组构的一个重要特性。一个城市具有好的可读性，那么人们对这个城市就比较容易理解，对城市系统中的局部环境也比较容易认知。空间组构的另一个特征是可意象性（imagibility），可意象性的建立从城市和建筑的可读性中获取信息，并在人脑中形成一系列连贯的画面。因此，可读性对于可意象性的影响重大。

凯文·林奇有意识地在城市中寻找能够表达空间组构的符号，即城市五要素。地理学家盖尔林（Garling）依据凯文·林奇的理论，发展出了空间组构模型②。他的这项研究尝试着进一步地将可读性转化为更组构性的表达方式。他还认为，一个空间是否给人好的方向感，使人很快地找到到达目的地的路线，是可以作为评价环境设计的一个重要标准[5]。

空间组构不但直接地影响人的认知过程，而且间接地影响人的行为活动，这一理论的提出将心理学领域的研究又向前推进了一步。但这些研究的不足之处是，虽然验证了空间组构的影响，但没有对产生影响的原因进行分析，也欠缺对空间组构是如何影响人的认知和行为的研究，以及对它的实际应用潜力的探索。

1.3 空间句法的早期假设

希利尔和汉森（Hanson）教授在早期合作的《空间的社会逻辑》[6]中提出，在建筑设计和城市规划过程中，人们往往过于沉迷于环境的主观能动性。在传统的人与环境关系的研究中，缺乏对环境关系的社会逻辑的探索。人与环境之间不是简单的因果关系，而是通过某种媒介建立起来的复杂关系，这个媒介便是“空间组构”。空间句法早期提出的假设为“空间构成具有抽象的社会逻辑，社会关系具有客观的空间属性”。

空间句法试图将空间组构符号化和图示化，便于将人与环境的复杂关系用可视的方法表达出来。希利尔认为，通过句法式的空间组构分析，配合对人们在环境中的行为模式的观察，来理解和解释复杂表面现象下隐藏着的空间发展规律。通过研究这种规律，可以预测空间的使用以及人的活动，并预测新的设计和规划结果。

2 空间组构与空间认知

基于上述对于空间组构概念及其理论的产生和发展过程的回溯，下文将对空间组构与空间认知的关系进行进一步的阐述，试着探讨客观环境与人是如何相互影响和相互改变的。

2.1 空间组构与空间认知的相互依存关系

回溯到最早的心理学领域，空间组构能够影响着人的认知早已得到了验证。希利尔认为“空间认知过程是人的主观心理活动与客观环境之间的互动”。空间组构一方面为空间认知提供必要的空间信息③，另一方面通过人们对它的认知而获得自身的意义。因此，空间组构与空间认知是一对相互依存的概念。

认知属于高级别的大脑活动，它被用来组织和加工从空间环境中获取到的原始资料。获取空间信息的途径是通过人的身临其境，对四周的真实环境进行感知，主要指通过眼睛的观察。这个过程是一个动态的过程，当人在空间中行走或移动时，才能获取更多的空间信息，从而在大脑中建立一个更大尺度的空间环境系统，定位自己在这个空间系统中的位置，并做出相应的行为。在这个过程中，人在头脑中构建了一个具体的空间组构形象，它就是认知层面的空间组构④。

2.2 空间组构的局部与整体关联性

暂且不考虑人脑认知层面的经验因素的影响，空间认知的过程是人通过感知其所在的局部环境，来推测更大尺度空间的组构关系，并在头脑中建立具体的空间形象。那么影响这个空间认知的关键因素是空间组构的局部与整体的关联性如何。在空间句法的研究中，有一个非常重要的概念专门用来描述这种关联性——可理解度（intelligibility）⑤。可理解度越高，意味着局部与整体空间的关联性越强，那么环境就越容易被人理解；反之，说明环境比较混乱，容易使人迷惑。因此，这个概念具有很大的应用潜力，即可以通过改变环境的可理解度，来改善环境的使用模式[7]。

为了说明可理解度对于人们空间认知的影响，这里引用一下茹斯·康罗伊（Ruth Conroy）所做的一个实验（图1）。在这个实验中，人们在两个看起来相似的虚拟环境中从边缘走向中心。第一个环境具有较好的空间可理解度，它的中心区具有很高的聚合度⑥和连接值⑦，通向中心的各个方向的街道可达性很好，在视线上很通透；第二个环境则情况相反，具有较低的空间可理解度。区域内所有的街区布置相似，接近中心位置的街区布局混乱。区域中心的聚合度较低，通向中心的街道在视线上存在着较多阻隔。实验结果表明，在第一个环境中，人们的行动轨迹基本上是从边缘直接到达中心，冗余折返的轨迹很少，而且人们选择的路线基本一致；在第二个环境中，人们选择的从边缘到达中心的路线比较分散，选择最短距离到达终点路线的人数比例降低；走错路和绕远路的人数比例升高。这个实验说明，一个区域的空间可理解度影响人们的空间认知过程，并且间接地影响人们的行为模式。

这个实验直观地呈现了空间组构对于空间认知的影响，具体地说明了一个好的空间环境是由于局部空间与整体空间之间

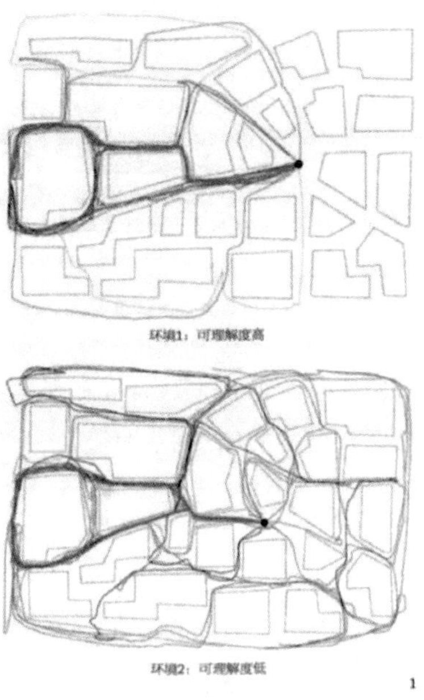

图1

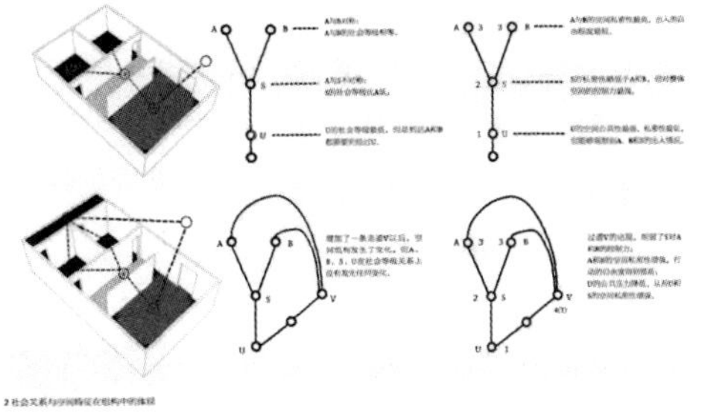

图2

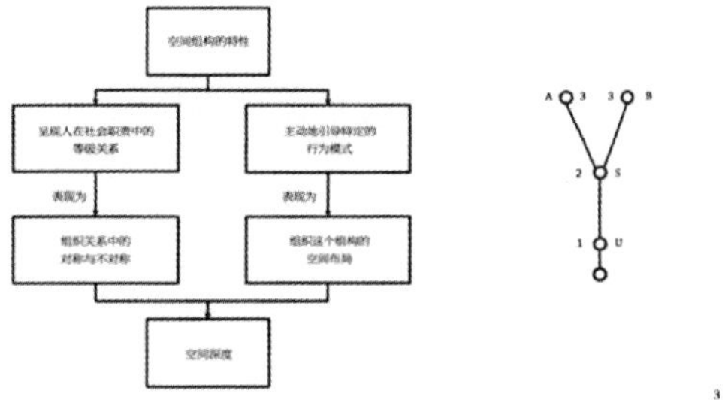

图3

发生变化。空间的私密程度和人的自由度得到了提高，即A和B的私密性更强；相应的，S和U的私密性也得到了提高。

上述例子说明，空间组构是可以表达空间的社会属性和社会职责的，并且通过空间深度来表达空间的私密性与公共性。从这个角度出发，具象的空间环境与抽象的社会关系通过空间组构模型连接了起来。空间组构所传达的信息也与人头脑中的社会经验相沟通，从而帮助了人们对空间的认知，并且引导着人们在环境中的特定行为模式（图3）。

具有良好的组构关系，因此使人的认知过程变得清晰明了，从而引导正确的行为活动。

2.3社会性经验对空间认知的影响

空间认知的过程除了通过空间感知之外，还受到成长过程中所积累的经验性信息的影响。在一个陌生的环境中，哪些空间是公共的，哪些空间是私密的，哪些空间是自由使用的，哪些空间是有所禁忌的，这些问题往往不会写在指示牌上，需要人们通过自身的社会经验进行判断。空间句法在早期的研究中提出了“空间具有社会逻辑”。那么我们可以假设空间组构除了能够描述空间关系以外，还能够表达社会属性，这种社会属性与人脑中的社会经验相一致的时候，便会有效地引导人们的空间认知。

这里举个简单的例子，假设图2展示的是一个办公空间。将它简化为右边的二维空间组构模型，来分析使用各个房间的人在工作环境中的社会地位。从空间组构中可以看出，A与B是对称，这说明了A和B在这个工作环境中的等级相同；A与S不对称，并且进入A必须经过S，说明S的社会等级要低于A；无论进入A、B还是S，都必须经过U，那么U的社会等级最低。从空间的私密性角度分析，私密性最高的空间是A和B，它们的空间深度[⑧]最深（空间深度为3），这与使用者的社会等级相符，即地位最高；S的私密性略低于A和B，但S对A和B具有一定程度的控制力；U的私密性最低，公共性最强，空间深度最浅（空间深度为1），相应的，U的自由度最大。第二个空间，在A和B的另一侧增加了一个过道V，组构层面上没有发生太大的变化，A、B、S和U的社会等级关系也没有

3 研究空间组构与空间认知的意义和目的

3.1研究空间组构与空间认知的意义

无论是城市空间还是建筑空间，在发展和演变的过程中，能够影响人们生活和行为的主要因素是空间组构层面上的改变。因此，研究空间组构的最根本意义在于理解和归纳城市与建筑空间自身的发展规律。

其次，空间组构为空间认知提供必要的空间信息，同时空间组构又需要人们的感受和认知从而获得自身的意义。空间组构与空间认知是一对相互依存的概念，缺乏认知的理解，空间组构只能作为一种简单的现象而存在。因此，对空间认知的研究是促使空间组构发挥潜力的前提条件。只有先了解人们对于空间的认知过程，才能有效地调整空间组构。

空间的可理解度是将空间组构与空间认知连接在一起的桥梁，它借助人们通过感知局部空间来推测整体空间的认知原理，将局部环境与整体环境的相关性定量地描述出来。因此，借助空间的可理解度可以用来评价一个空间组构的合理性，进而对它进行调整，使之适应人们的使用。

空间组构除了描述客观空间关系，还可以输出空间关系的社会属性信息。社会等级关系和空间的私密程度通过组构模型中的对称性和空间深度表达出来。人们对陌生环境的认知需要借助头脑中积累的经验信息的指导，空间组构所传达的社会信息与人脑中积累的社会经验相沟通，从而指引人们空间认知的过程，进而引导人在环境中的行为模式。

3.2研究空间组构与空间认知的目的

首先，借助空间组构可以影响空间认知的原理，可以预测一个建筑空间或一个城市空间区域的运转和使用情况，具体来说，可以预测人们的活动模式、人车流量和土地使用等现象。在新的设计和规划方案的选择上，也可以运用这一原理来预测方案实现后，新的建筑或新的城市设计将会如何引导人们的活动模式。此外，借助空间句法对于空间组构的定量分析，可以有助于多维度地研究人们对于建成环境的满意度研究。

其次，借助空间认知会反作用于空间组构的理论，可以有针对性地调整和修改衰败地区或建筑中消极空间的组构关系。这一依据是对传统的城市设计和建筑设计方法的一个推进。客观地分析和诊断空间问题代替了传统地根据设计师经验而做决策的方法，可以更加有效地对已经出现问题的区域和室内空间进行局部的调整，从而避免大拆大建和不必要的浪费。同时，利用空间认知对空间组构的反作用，还可以建立对空间体验的客观评价体系，从而弥补现有评价方法过于主观的不足。

最后，空间组构赋予了客观环境以社会逻辑，这在一定程度上帮助了人们对于陌生环境的认知。借助这一理论，可以更进一步地研究哪些类型的空间组构有助于人们的社会交流互动，而哪些类型的空间组构可以保护人们所需要的领域感，将以往不可言表的成功的设计经验用空间句法和动态跟踪等量化的分析方法呈现出来。

3.3结论和展望

空间组构是沟通具象与抽象的媒介，它将具体客观的空间环境与人们对于它的抽象认知联系在了一起，使得过去作为人们日常生活背景的客观环境走到了舞台的前方，成为人们希望去了解和研究的认知层面上的需求。另一方面，空间组构是人们审视空间的一个全新的角度，这一角度要求人们不再仅仅将目光聚焦在局部的一点，而是将一个建筑或一个区域作为整体来思考，对一个局部的思考就是对它与其他空间之间的关系的思考，这样的思考模式可以使设计师更加了解人们在空间中的真实体验。

空间组构与空间认知之间的相互依存可以借助空间句法和动态轨迹追踪等技术方法，应用于建立建筑空间环境的客观评价机制，有意识地发掘哪些数据可以作为人们对于空间体验的满意度的评价指标，进而对现有建成环境的使用后评估理论体系和方法中的空白进行填补。另一方面，还可以将这一理论所得出的关于空间组构关系和人们的认知反应的反馈信息应用于建设项目前期的建筑策划阶段，避免重蹈下一个同类项目出错题和蒙眼式设计的覆辙。

（原载于《世界建筑》2018年第3期）

注释

① 空间认知是对环境的整体把握，这种宏观理解需要将局部环境的印象、事物和事件在头脑中组织和整理出来。

② 空间组构模型研究空间组构通过感知和认知来影响人们在空间中的定位和导航行为的过程。

③ 空间组构是由两组空间信息组成的，它们分别是：通过感知直接从环境中获得的直觉型信息和通过认知对整体空间结构的归纳型知识。

④ 空间组构由真实环境的客观组构与认知层面的抽象组构构成。

⑤ 可理解度被定义为连接值与整合度之间的关联度，适用于描述人在建筑中运动时在多大程度上基于对局部环境的感知来了解整体的建筑空间结构。通常的做法是在局部与整体变量之间建立线性回归，以其中的相关系数 R^2 作为理解度值。

⑥ 聚合度表示在一个整体环境系统中，一个空间到其他空间的平均深度。聚合度在量化方面去除了元素个数等非相关因素所带来的影响，因而在不同方案的比较中更具有意义。

⑦ 连接值表示在组构中与某个空间直接相连的空间。连接值对应空间的局部组构特征，反映了该空间在整体结构中的渗透能力。

⑧ 深度值表示一个节点在组构中的拓扑深度，而非实际距离。两个相连接的节点构成了1个深度值。从X点到Y点深度值为n的意思为，从X点出发到Y点最少需要经过n个连接，也就是n-1个点。如果将一个点到其所在组构中的其他所有点的深度值相加后取平均，则称之为该节点的平均深度值。

引文文献

[1] 比尔·希利尔. 空间是机器——建筑组构理论[M]. 杨滔，张佶，王晓京译. 申祖列校. 中国建筑工业出版社，2008.

[2] Hart,R.A.&Moore,G.T.The Development of Spatial Cognition:A Review.In R.M.Downs &D.Stea eds.,Image and Environment[M]. London:Arnold,1973.

[3] O'Neil,M.J.Effects of Signage and Floor Plan Configuration on Wayfinding Accuracy.Environment & Behavior[M].1991,Vol.23:554-574.

[4] Kevin Lynch.The Image of the City[M].Cambridge,MA:MIT Press,1960.

[5] Garling,T.,Book,A.& Lindberg,E.Satial Orientation and Wayfinding in the Dedsigned Environment:a Conceptual Analysis and some Suggestions for Post-occupancy Evaluation[J].Journal of Architectural and Planning Research,1986,Vol.3,No.1:55-64.

[6] Hillier,B.& Hanson,J.The Social Logic of space[M].UK:Cambridge University Press,1984.

[7] Alan Penn.Space Syntax and Spatial Cognition:Or Why the Axiel Line [J].Paper presented at the Third International Space Symposium,Georgia Institute of Technologuy,Atlanta,GA,2001.

作者简介

韩　默，清华大学博士研究生；

庄惟敏，中国工程院院士，现任清华大学建筑学院院长、教授、博士生导师，清华大学建筑设计研究院院长、总建筑师。

试论莫伯治新表现主义建筑创作探索的美学追求

唐孝祥　谢凌峰

摘　要：基于建筑美学视点，从融会古今中外的文化内涵、表达时代意蕴的形象喻义和激发情感共鸣的审美联想三个方面分析莫伯治在新表现主义创作探索中的美学思想，总结其理论研究的深度、美学追求的高度与实践拓展的广度。莫伯治对建筑美学的不懈追求以及文化表现的勇于探索，都将对当代岭南建筑学派的创作与研究产生积极深远的影响。

关键词：岭南建筑学派；建筑美学；莫伯治；新表现主义；审美联想

莫伯治先生（1914—2003）是岭南建筑学派建筑师的杰出代表，在现代岭南建筑发展进程中起到了承上启下的重要作用，其创作生命之长、作品影响之广及所获奖项之丰在新中国建筑史上位居前列。莫伯治在建筑创作中对建筑美学坚持不懈地探索，将具有广泛认同意义的建筑审美观作为创作追求的目标。于2000年发表的《建筑创作的实践与思维》一文中，莫伯治将其创作历程大体分为三个阶段：岭南建筑与岭南庭园的结合与发展、现代主义与岭南建筑的有机结合、新表现主义的探索与尝试，并指出这三个阶段的实践与思考联系紧密，前后互为增益[1]。

在第三阶段的新表现主义建筑创作中，莫伯治延续了岭南传统庭园和现代主义建筑的美学思想，并勇于尝试创新，采用丰富的构图、生动的造型与动感的空间来表现建筑的个性主题，赋予建筑形式和形象以特定的思想内涵并给人们带来审美联想。莫伯治所作的探索对岭南现代建筑的发展有着重要的示范意义，其创作中的审美观应得到更深入的挖掘和研究。下文将从三个方面探析莫伯治新表现主义建筑创作探索中的美学追求。

1 融会古今中外的文化内涵

在莫伯治的创作中，融会古今中外的文化内涵体现是以现代主义建筑文化为核心，纵向对地域传统文化进行传承，横向对世界建筑文化进行吸纳。曾昭奋先生认为，莫伯治已进入自由创作的广阔空间，对于岭南的风土民情和建筑精华、国内外的文化遗产和当代最新成就，都能兼容并蓄[2]。这种融会文化的能力主要来自莫伯治理性思维的科学培养、古典文化的深厚积累以及放眼世界的开阔胸怀，在不同阶段的探索中，与符合时代特征的审美观相结合，创作出富有深厚文化内涵的建筑作品。

莫先生的作品虽在若干秩序与空间组织原则上与古今中外的文化内涵相通，但其本质仍然是以现代主义建筑文化为核心。莫伯治认为，应根据现代建筑美学观表达内涵的原则探索，而不是寻求古典建筑形式的语言，否则将产生形式主义的新历史主义[3]。在西汉南越王墓博物馆创作中，现代主义创作理念深入体现在多个方面：结合15米的场地高差顺势布局，将主展馆嵌入陡坡形成逐步上升的空间序列；建筑整体及局部的光棚等形体，都采用现代建筑的抽象几何形；参照《威尼斯宪章》的原则，在墓室遗迹与新构筑物之间作明显的区分（图1）。总之，“从构思到设计，从总体到局部，都遵循现代建筑的原则，又与历史文化的内涵沟通，而有所突破”[4]。可以看出，现代建筑美学观是莫伯治创作思想发展的主线，追溯其早期的庭园旅馆与高层宾馆系列，到其晚期的表现主义作品的探索，以至影响当代岭南建筑学派的一系列文化建筑创作，在吸纳各类文化内涵之时，都清晰恪守现代主义建筑准则，并以其为基准和根本。

莫伯治对地域传统文化的传承源自对中国古典文化的广泛涉猎以及对岭南传统园林文化的深入钻研，其创作运用丰富的历史知识和熟练的创作技巧，从传统建筑的内涵中挖掘其与现代建筑的共性，并加以融合发扬，形成具有民族特色和地域风格的新时代建筑。庭园研究作为莫伯治地域化建筑创作的基础，是其创作保有鲜明地域特色的本根[5]。莫伯治新表现主义探索的一系列作品，如南越王墓博物馆、新会梁启超故居纪念馆等，都采用了起承转合的庭院空间组织布局，即使是东方宾馆翠园宫这一室内设计作品，也将各个餐厅按其功能需求结合庭院空间的序列层次排列，使人们在室内行进时感受传统庭院文化的

图1　西汉南越王墓博物馆

图2　广州艺术博物院

图3　岭南画派纪念馆主入口

图4　广州红线女艺术中心

图5　汕头市中级人民法院

图6　新会梁启超故居纪念馆

内涵。对地域传统文化的传承也体现在局部造型、室内装饰及庭园意境等方面，如在广州艺术博物院创作中（图2），将岭南建筑特有的镬耳墙形式抽象简化后运用于展馆建筑，主入口大门采用西关大屋的传统样式，大厅立柱的头部装饰采取海岛岛神形象，外墙石壁画取意于海岛的原始岩画，庭园雕塑取材于“十二花神”传说……该作品以丰富多维的方式，展现了岭南地域的传统建筑文化与美学。

莫伯治对世界建筑文化广泛借鉴和引用，包括各国古典建筑文化以及现代主义之后出现的各类流派思潮，1984年、1985年和1993年的三次出国考察及相应研究，对他的建筑思想产生了重大的影响，尤其体现在其作品对文化吸纳的开放思维。在岭南画派纪念馆创作中（图3），莫伯治从分析岭南画派的艺术特质出发，寻求在艺术风格及理念渊源上有联系的建筑形式，采用提炼自19世纪欧洲新艺术运动的建筑元素，将两种文化精神的契合点落在岭南画派的风格实质，主要以建筑的形式语言表达出来。再如广州艺术博物院的创作融汇了现代主义、表现主义与传统文化，展现出颇为丰富的形式风格，体现了莫伯治在建筑创作中融合多元文化的审美追求。建筑形式依托空间和体量而成为表达文化的主要方式，如埃德蒙·N·培根所言：“在世界上各种文化中，建筑形式是体量与空间的力的相互作用在哲学上的一种表现，这种相互作用反过来又反映人与自然以及人与宇宙之间的关系。”[6]虽然个别作品在文化传达上会有些曲折深奥，但莫伯治在建筑形式表达文化蕴意方面的探索有着重要的开拓意义。

对文化的兼容并蓄体现在众多建筑大师的创作理念中，如柯里亚、法赛、巴瓦等建筑师虽然都立足本土，但同时融汇古今及国内外的文化，吴良镛认为建筑创作应从文化中寻找基因，创造出既有时代精神又有地区乡土特色的建筑[7]。落实到文化的具体表达层面，莫伯治根据建筑的类型、功能、时间及地点等因素，在运用古典建筑语言的程度深浅、符号繁简等方面采取不同的方式[3]，与《园冶》的“异宜”思想相通，因现实而异的深浅与繁简是莫伯治的创作融会文化内涵的精髓。

2　表达时代意蕴的形象喻义

汲取其他文明的文化内涵，需要通过符合时代审美需求的形象表现出来。每个时代有其特定的审美观念和标准，如北京故宫、悉尼歌剧院等著名的标志性建筑令人赞叹，它们代表了城市乃至国家的形象，成为一个时代的象征。莫伯治认为，“如何表达社会发展的时代精神，是建筑创作能够有所突破和创新的关键”[8]。为突破既有形式，莫伯治通过建筑的形态、材质色彩与自然光影等方面的塑造，体现形象化的时代意蕴。

建筑的形态构成建筑形象的主体，是形成风格和实现创新的重要因素，莫伯治表现主义建筑的造型大多具有强烈的雕塑感，形体表现多样而丰富。红线女艺术中心的创作以动感的形态赋予建筑特定的形象蕴意，将建筑形体扭转柔化、穿插组合，产生高低起伏、抑扬顿挫的韵律之美，与红线女的戏剧和音乐艺术在审美上达到融会共通，并对“建筑是凝固的音乐”这一经典名言作了贴切的诠释（图4）。另外，细部构件的抽象形态也可隐喻特定的内涵，传递地域特征和历史文化等背景信息。莫伯治通过主体与次要空间分离的处理手法，对红线女艺术中心的门厅、楼梯、天窗、雨篷等次要空间的造型作特殊处理，入口处的形象及半圆形斜向玻璃幕墙象征乐器及乐声，顶部的白色墙体以卷舒开合的形式描摹戏剧表演中轻盈优美的水袖，寓意对戏剧表演艺术的致敬。正如顾孟潮先生所评论的，莫伯治作出这些尝试创新，源自建筑艺术在表现上的本质需求以及新表现主义的探索性，广泛吸纳古今中外精华，又力图表现建筑的个性和内涵[9]。

建筑的材质、色彩及相应的建造技术有助于强化建筑的形象特征，并形成建筑空间的独特氛围。为与雕塑的形体相匹配，莫伯治常采用大面积的同种材质和简约的色彩，如中大岭南堂为了营造出"玉琮"的感觉，表现玉器最显著的特质——通透温润，整体采用墨绿色镜面玻璃幕墙，并利用玻璃晶莹剔透的特质和光学性能，使建筑隐于周边校园环境中。红砂岩是南越王墓博物馆外墙的主要材料，仅在建筑体量的中轴部位，以光滑透明的玻璃嵌入厚实粗糙的石壁中，形成几何感强烈的凹入状缝隙，利用材料特质的对比表现形体的张力。突出立面造型的层次关系及虚实对比，使建筑入口体形秩序感强烈，极富表现张力。在南越王墓博物馆中成功运用后，红砂岩作为展现地域和时代特色的材料符号，开始普遍出现于莫伯治的作品中，如汕头市中级人民法院（图5）、广州艺术博物院、新会梁启超故居纪念馆、蚝岗遗址博物馆等，成为莫伯治新表现主义创作中颇具个性的手法。

自然光影让建筑空间更加生动，也使建筑形象传递出更为丰富的涵义。从早期园林酒家的开敞庭园，到高层宾馆的天棚中庭，再到新表现主义时期的抽象光庭，莫伯治都极力表现光的魅力，注重用自然光营造特定空间场所的氛围，给人独特的视觉效果与心理感受。如红线女艺术中心在外部墙体上较少开窗，仅在门厅、排练厅间的过渡带上方开天窗，这种做法强化了建筑整体的雕塑感，使室内空间的光影效果更加丰富；中大岭南堂在方形建筑的中部设置圆形中庭，引入顶部自然天光从而强化建筑作为学术殿堂的神圣氛围；南越王墓博物馆，通过屋顶几何构成的玻璃天窗使自然光线倾泻而下，静态的室内空间在动态的光影效果中产生全新的感受。莫伯治的新表现主义建筑创作广之运用了天窗采光的方式，在建筑重要的空间节点设置自然光庭，以丰富的光影烘托建筑的形象气质。

莫伯治在创作历程中，为适应新的时代特征与要求而坚持创新，从早期的传统庭园建筑形式到与环境融合的现代简洁形体，再到新表现主义的形象喻义，每个阶段他都以时代精神决定建筑创作的发展方向，结合时代的审美意趣，创造出为人们所认可的空间与形体的形象。

3 激发情感共鸣的审美联想

莫伯治的创作从人们在空间中的感官体验出发，通过空间序列、景物组合、文化意识等手法，诱导人们对大自然意境的联想和对空间的感情移入。赋予建筑空间以生命力，从而使人们与建筑师赋予建筑的情绪和心理感受产生共鸣[10]。在建筑审美中，情感是活跃且最为重要的主体心理因素之一，情感的选择、加工与建构是审美主体展开审美活动并获得具体的个性化审美对象的三个主要阶段[11]。莫伯治的新表现主义创作发掘被大众认同的审美体验，通过情景的设定、情境的建构以及情思的升华，引起审美的联想，激发情感的共鸣。

情景的设定突出建筑外部生态环境对人的感染，营造复归自然的氛围。莫伯治在创作中善于将自然景色引入场地，使人们置身于一个更为广阔的大环境中，体会建筑、人与环境的和谐相融，从而得到情感的升华。新会梁启超故居纪念馆的外部大空间中（图6），着力营造一幕幕显现伟人风范的情景。梁启超的雕像作为点题的焦点，位于纵横两条主轴线的交汇点，远处的青山和宝塔为背景，近处旧居与新馆对话。当人们置身其中，感受此情此景，可谓"山高水长，引人遐想；高山仰止，风范长存"[12]。将建筑的外部大空间加以划分，创造多个宜人尺度的空间，并在其中布置树木、水体、雕塑等，加强与人的对话交流[13]。新会梁启超故居纪念馆的方形水庭、广州艺术博物院的中央庭园、岭南画派纪念馆的入口荷花池等都是这样的空间。

情境的建构强调建筑内部的人工环境所营造的空间氛围，呼应人们在空间中的心理感受与体验。在《梓人随感》一文中，莫伯治引用汤普逊的话表达自己的观点："建筑师的设计，必须对人们的喜悦或恐惧，孤独感或占有感，混乱与明朗，妥协与果断等加以调整。"[14]在广州长隆酒店中（图7），从八边形的门厅到自然天光倾泻而下的大堂，到可观赏奇花异卉、白虎徜徉的连廊，再到私密幽静的客房中庭，空间的序列变换结合室内雕塑、材质、景物的渲染，人们自然可联想到长隆"野生自然"与"休闲放松"的情感主题。建筑创作契合参观者的情感变化需求，采用不断转换的空间策略丰富情境，如南越王墓博物馆，为使人们在展馆首层入口空间中感受到肃穆的氛围和历史的沟通，利用空间收紧与骤然放开的对比、超大体量石阙门的冲突感，营造出穿越古今的戏剧性氛围。

通过情景的设定与情境的建构，将内涵巧妙地安排在同一空间中，以高度概括的人文艺术点题，触发参与者情思的升华。新华社澳门分社新竹苑的中庭，以小桥流水、山石绿植等多种手法营造优美的空间意境，石壁上的书法——"归"，点染了纪念回归的主题，引发澳门同胞们对祖国的思念之情（图8）。莫伯治早期的作品白天鹅宾馆，也在中庭主景以"故乡水"摩崖点题，表达了海外侨胞的赤子之心，此情此景获得广泛的传播与认同。点题的方式不仅可以采用诗文、书法这类形式，也可以是能够统领空间、表达文化的雕塑、绘画、装饰等。广州艺

图7　广州长隆酒店大堂

图8　澳门新竹苑室内中庭

术博物院在主要空间中都设置了点题的元素，例如主馆正门西关大屋式样的大门、门厅正中的岭南民居屏风、百花庭院中的十二花神雕塑等，人们从这些建筑语言和细节中，感受所蕴含的文化和思想，令人流连、回味。

以今天的价值理念看待当时中国社会与文化背景下莫伯治的创作成果，也许会有不同的评判，更有意义的是通过其对著述与作品的解读，探究其中所蕴含的美学思想。明代文震亨的“令居之者忘老，寓之者忘归，游之者忘倦”归纳了情感共鸣的不同境界，也是莫伯治一直以来的创作主旨[15]。通过情景、情境与情思三个层面空间环境的营造，莫伯治的建筑追求给人以超越形式的审美享受，达到使人“忘老、忘归、忘倦”的情感境界。

4 结语

莫伯治在建筑创作中始终强调现代主义和地域特色，其创作与思维植根于岭南大地，新表现主义的作品虽然在形象塑造和表现方面借鉴了历史上表现主义建筑的某些手法，但区别在于其谨慎地把握尺度，没有过分夸张和张扬个性，而是尊重人们的生活经验和审美习惯，寻求社会大众的理解与认同。创作追求以古今中外的宽广视野融会文化的内涵，以创新求变的形象喻义表达时代的意蕴，以真挚传神的审美联想激发情感的共鸣，体现了莫伯治地域现实主义创作思想从借鉴学习中开拓创新的特色。

莫伯治在岭南建筑学派发展史上发挥了极其重要的作用，对新表现主义的探索富有理论总结的深度、美学追求的高度以及实践拓展的广度，不但完成了南越王墓博物馆等一系列岭南建筑代表作品，也以多样化的尝试启示了其后的持续探索。以何镜堂为代表的当代岭南建筑学派，在南京大屠杀遇难同胞纪念馆扩建工程、2010世博会中国馆等一系列创作精品中继往开来，将文化内涵、形象符号与情感表达有机融合在建筑空间本体中，建构了“两观三性”创作理论，展现出岭南建筑学派不断传承创新的发展脉络。莫伯治对建筑美学的不懈追求以及对文化表现的勇于探索，都将对岭南建筑学派的美学思想研究和当代创作发展，产生积极深远的影响。

（原载于《新建筑》2018年第2期）

引文文献

[1] 莫伯治. 建筑创作的实践与思维[J]. 建筑学报，2000(5):44－51.

[2] 曾昭奋. 莫伯治与岭南佳构[J]. 建筑学报，1993(9):42－47.

[3] 莫伯治，何镜堂. 建筑创作中的民族形式问题[M]莫伯治. 莫伯治文集. 北京：中国建筑工业出版社，2012:225－227.

[4] 莫伯治，何镜堂. 西汉南越王墓博物馆规划设计[J]. 建筑学报，1991(8): 28－31.

[5] 庄少庞. 莫伯治建筑创作历程及思想研究[D]. 广州：华南理工大学，2011.

[6] 埃德蒙·N·培根. 城市设计[M]. 黄富厢，朱琪译. 北京：中国建筑工业出版社，2003.

[7] 吴良镛. 建筑文化与地区建筑学[J]. 华中建筑，1997(2): 13－17.

[8] 莫伯治. 边陲偶语[J]. 建筑学报，1994(12): 25－26.

[9] 顾孟潮. 莫伯治与他的新表现主义建筑艺术[J]. 世界建筑，2001(3): 89－92.

[10] 莫伯治. 我的设计思想和方法[M]莫伯治. 莫伯治文集，北京：中国建筑工业出版社，2012:244－245.

[11] 唐孝祥. 论建筑审美活动中的情感作用[J]. 华南理工大学学报(社会科学版)，2010(4):41－44.

[12] 莫伯治，莫京. 岭南建筑创作随笔[J]. 建筑学报，2002(11):5－9.

[13] 芦原义信. 街道的美学[M]. 尹培桐译. 天津：百花文艺出版社，2007.

[14] 莫伯治. 梓人随感[M]莫伯治. 莫伯治文集，北京：中国建筑工业出版社，2012: 249－254.

[15] 顾孟潮. 莫伯治与《莫伯治集》[J]. 建筑学报，1995(2): 51－54.

基金资助

国家自然科学基金面上项目(51378212)；亚热带建筑科学国家重点实验室自主研究课题(2014ZC10)。

作者简介

唐孝祥，华南理工大学建筑学院教授、博士生导师；

谢凌峰，广东省现代建筑创作工程技术研究中心建筑师。

建筑艺术论文

先锋派的“乡土本心”——重读阿姆斯特丹孤儿院

姚冬晖　卢永毅

摘　要：通过对阿姆斯特丹孤儿院设计及其背后思想的重读，回顾了“二战”后现代建筑转型期间，荷兰现代建筑师凡·艾克对功能城市的批判、对建筑和城市中人的精神价值的重新关注，以及其融合现代与传统、先锋与乡土的建筑、城市思想，而这一经典重读的价值不仅在于扩展乡土认知的视角，同样也期望启发对当下建筑与城市品质的重新思考。

关键词：阿姆斯特丹孤儿院；乡土；数的美学；中间态；有组织的卡斯巴

1 “房子就是一座极小的城市”(a house is like a small city)

2018年是阿尔多·凡·艾克(Aldo van Eyck，1918—1999)的百年诞辰，作为Team 10的核心人物，凡·艾克在“二战”后推动现代建筑与城市演变的重要作用一直被公认，然而在那一代现代建筑师之中，他又由于其游走于先锋与乡土之间、复杂晦涩的建筑思想而独一无二。一方面，他启示了结构主义（Structuralism）等现代建筑先锋观念，被认为是赫兹伯格（Herman Hertzberger）、库哈斯（Rem Koolhaas）等关注建筑与城市的荷兰建筑先锋派的先声；另一方面，凡·艾克对传统建筑与城镇，特别是世界范围内的乡土聚落保持着持续兴趣①，并常常从乡土视角讨论现代建筑与城市的基本问题。在以往国内对凡·艾克的研究中[1-5]，往往忽视对其城市思想背后乡土渊源的探究，通常也从未将其建筑实践作为城市思想的投射看待，更对汇聚其深邃思想的标志性作品阿姆斯特丹孤儿院缺乏细致的分析解读。这种欠缺不但让我们忽略了Team 10成员本质上的多元②[6]，令凡·艾克那些深刻又富时代意义的宣言变成了枯燥晦涩的概念，更无从表述其背后的深刻含义。本文的意图正是希冀通过对现代建筑经典作品阿姆斯特丹孤儿院的重读，力图揭示凡·艾克跨越了先锋与乡土、连接着建筑与城市的现代建筑思想内涵，并从中阐发丰富的当代价值与意义。

阿姆斯特丹孤儿院的设计开始于1955年并直至1960年建成。此前，作为国际现代建筑协会（Congrès International d'Architecture Modern，CIAM）和Team 10的活跃人物，凡·艾克只在阿姆斯特丹建造过一些儿童游戏场。而正是他在游戏场设计中探索的儿童游戏本能令孤儿院的业主十分感兴趣，并期望在充满阳光绿地的郊区，把孤儿院打造成为摆脱传统寄宿学校压抑氛围，适合儿童成长的理想世界。这与凡·艾克的理念不谋而合，他认为，回家般的安全、自由温暖的人际交往是孤儿院的应有品质，也是超越儿童层面的城市的应有品质，因此，孤儿院设计从一开始就包含了凡·艾克对现代城市某些基本品质进行探索的目标。

孤儿院需要容纳百名从几个月到20岁不等的孤儿，不同年龄组被安置在不同区域，拥有类似的单元。这些单元具有起居、游戏、厨房、餐厅、卧室等基本功能，也根据年龄性别的不同有着各自特殊的功能。同时，孤儿院还包含办公室、图书馆、健身房等公共功能，其人际交往的多样性与功能复杂性不亚于一座小型城镇（图1）。

孤儿院在郊区环境中肆意生长，尽管有学者认为其钻石型的构图和动感伸展的布局来自现代艺术诸如蒙德里安（Piet Mondrian）绘画的启示③[7]，然而就其外部形象而言，它唤起了一座小型阿拉伯城镇的意象，这座拥有起伏涌动穹顶的“毯式建筑”（Mat-Building）④[4][8]，其形式可追溯到凡·艾克曾多次到访的北非圆顶之城阿尔及利亚的瓦德（El Oued）。

在孤儿院最初设计中，凡·艾克采用了平屋面，但他随即意识到，如瓦德一般，穹顶是北非乡土聚落中提供身体体验、表达场所特质的重要标识，这正是平屋面的现代建筑教条所忽略的。为此，孤儿院整体被赋予3.36米×3.36米网格，无论其下是厨房、卧室还是图书馆，每一网格之上都笼罩着一个穹顶。而为了体现公共交往的重要性，也为了给予孤儿院的复杂形态以场所识别，每个单元的8个起居室被覆盖9倍网格10.8米×10.8米的穹顶，这8个大穹顶在300多个小穹顶衬托下，如部落首领的营帐，或阿拉伯老城的清真寺圆顶一样引人注目。

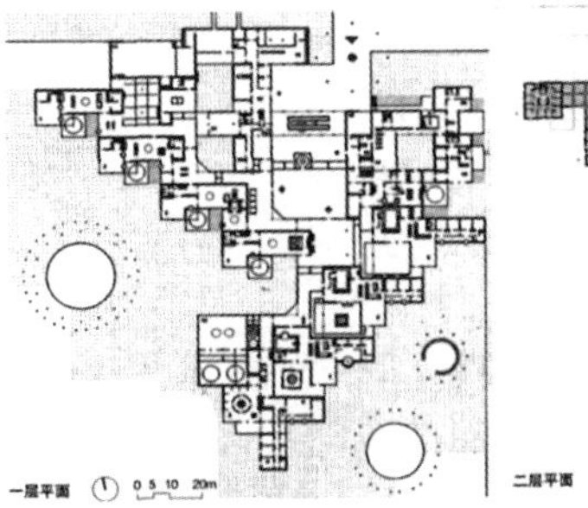

图1　阿姆斯特丹孤儿院平面

图2　孤儿院与圆顶之城瓦德的屋顶对比

如同瓦德以统一的穹顶模块笼罩了城市中的所有功能，孤儿院各种功能也因同样的穹顶覆盖而被赋予同一秩序，并如聚落般以有限的形式语言达成内部的丰富性（图2）。凡·艾克在此以阿姆斯特丹郊外涌动的300多个穹顶反击了现代建筑功能决定形式的观念。尽管路易·康（Louis I. Kahn）同时期在犹太社区中心（Jewish Community Center，Trenton）等项目中也习惯在规整的正方形柱网中运用统一的方形穹顶，然而其意义却与孤儿院完全不同，康的方形穹顶表达的是一种具有仪式感的古典秩序，而凡·艾克则赋予孤儿院穹顶以住居的身体庇护、聚落的场所隐喻，这是一座城市化的建筑，正如凡·艾克对阿尔伯蒂（Leon Battista Alberti）名言的引述：房子就是一座极小的城市，而城市便是一个大房子（A house is like a small city, and a city it is also a big house）。[9]

2 “数的美学”（the aesthetics of number）

然而，凡·艾克从瓦德等阿拉伯城镇获得的远远超越屋顶形式和场所氛围，而是关于现代建筑与城市的深刻思考，这些源自乡土的思考恰是他现代建筑先锋性立场的思想支撑。

自学生时代，凡·艾克就被北非的古老城镇所吸引，并影响了他毕生不渝的乡土情结。1947—1952年，他几度深入北非，旅行至苏塞（Sousse）、斯法克斯（Sfax）、凯鲁万（Kairouan）、瓦德等阿拉伯城镇，而这些城镇也成为“数的美学”思想的概念原型。

“二战”后欧洲城市重建中面对大量住宅需求时的机械武断，令新一代建筑师对CIAM的城市教条充满质疑。在1953年的CIAM上，Team 10表现出对欧洲城市“大量性居住”（habitat pour le plus grand nombre）问题的关注，对此凡·艾克认为，欧洲重建中对“大量性居住”的解决常伴随着住宅单元简单复制式的扩张模式，这只会带来城市空间的单调无序、场所的失去，而传统城镇却隐藏着能够避免这种缺陷的法则。对此，他在1962年的论文《走向构型原则》（*Steps Toward a Configurative Discipline*）中如此谈道：

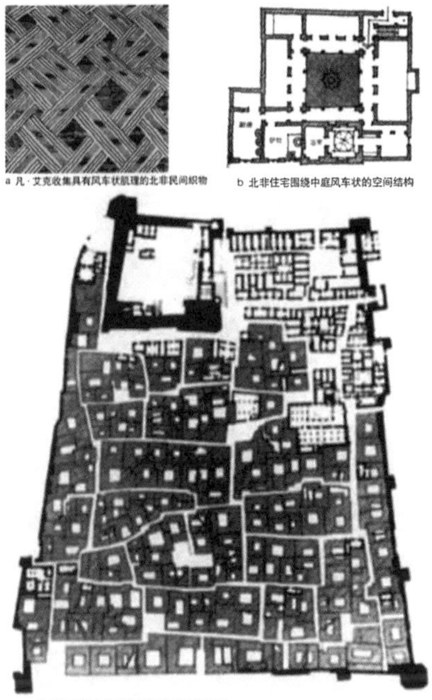

a 凡·艾克收集具有风车状肌理的北非民间织物　b 北非住宅围绕中庭风车状的空间结构

c 北非阿拉伯老城动态的空间秩序

图3　阿拉伯城镇从织物、住居到城镇同样风车状“动态和谐”的生长法则

“为避免‘大量性’重复带来的千篇一律，需要把循环往复的元素加入形式主题之中。面对大量的住宅需求，克服数量扩张的困境，需要扩充我们的美学感觉，去发现传统城镇中始终隐藏的法则……这是一种‘数的美学’的法则，也是我称之为‘动态和谐’（harmony in motion）的法则。”[10]

“数的美学”是乡土聚落从房子、街区到城镇生长累积的内在关系，也是一种从类型化个体到关联整体的拓扑结构。在凡·艾克晦涩论述的背后，阿拉伯城镇能够给予这个法则清晰的现实例证。

在阿拉伯城镇中，城市结构往往建立在同构的类型化单元的动态组合之上。阿拉伯民居，尤其是凡·艾克十分关注的北非防御式住居“卡斯巴”（Kasbah），呈现围绕中庭风车状生长的空间形态。从单元住居生长为街区，乃至整个城镇，阿拉伯城镇在面对“大量性居住”问题时始终保持一种动态同构的生长累积，这甚至体现在织物、舞蹈、住居直至城镇同样风车状的形式结构、同样动态和谐的生长法则（图3）。而凡·艾克敏

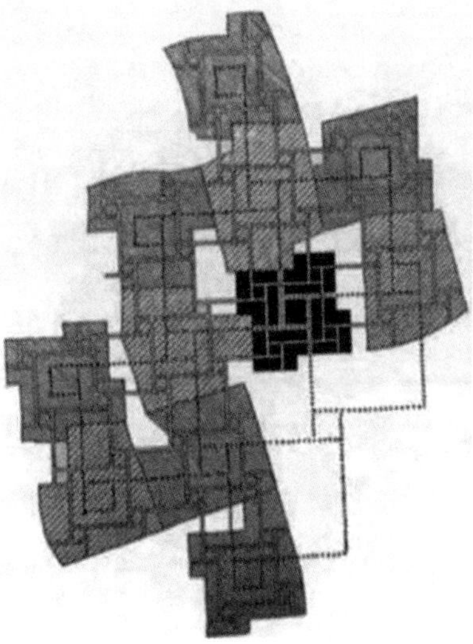

图4　1962年"诺亚方舟"方案

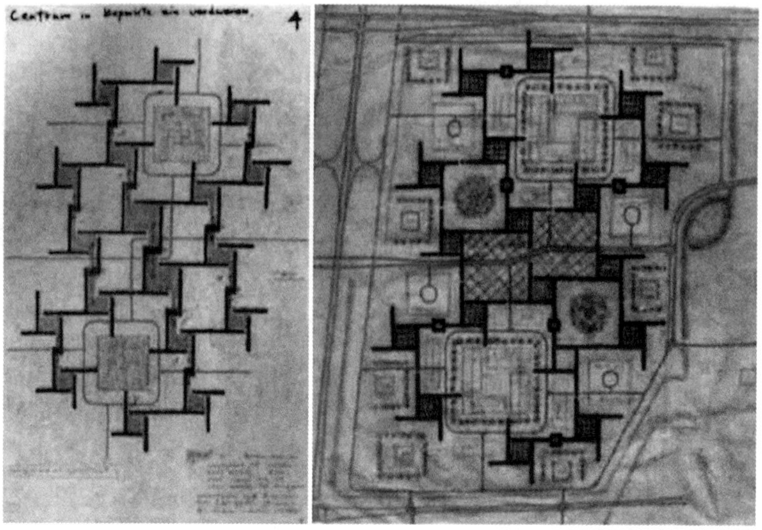

图5　1962年拜克斯洛梅规划的图解及总图

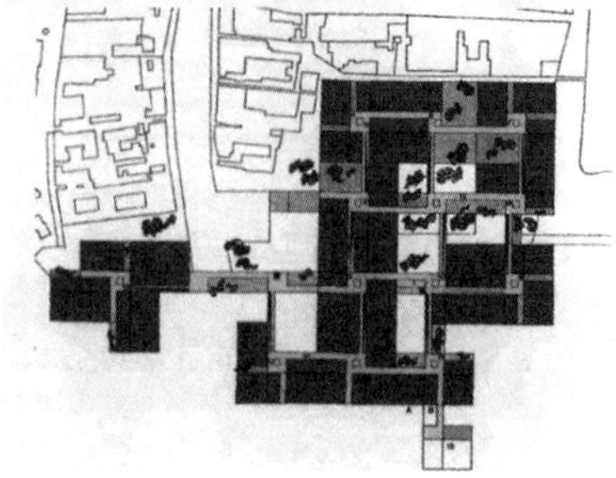

图6　1964年威尼斯医院三层平面

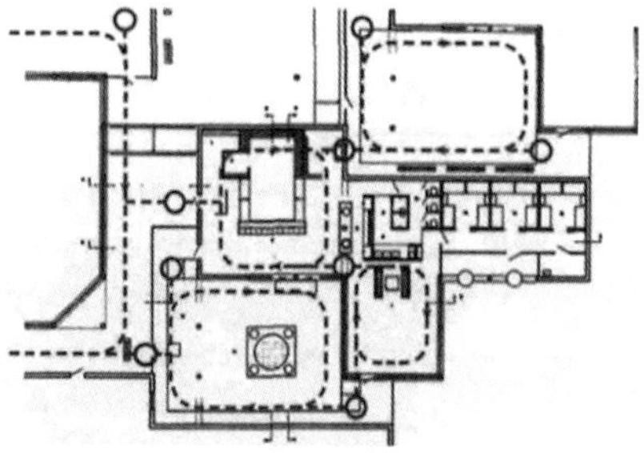

图7　孤儿院各局部具有同样风车状的空间韵律

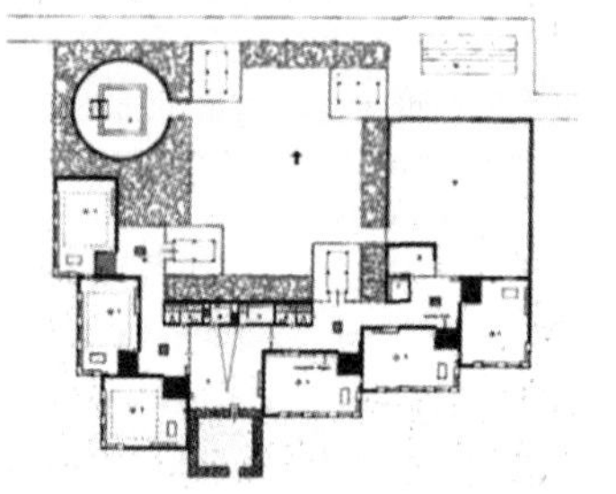

图8　纳格里学校具有较孤儿院更完美的风车状、几何式形式结构

图9　孤儿院恒定静止的入口广场

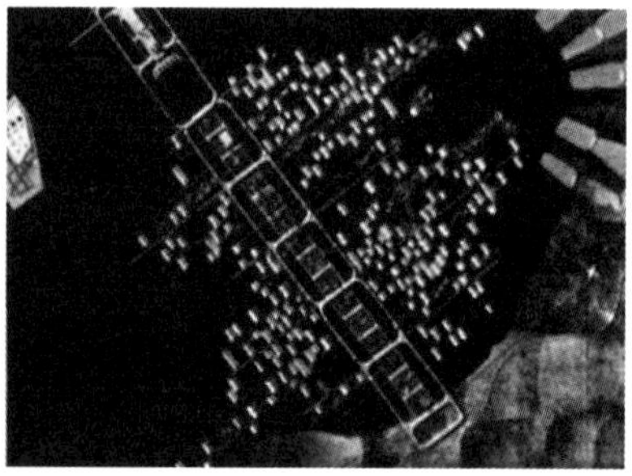

图10　1959年丹下健三（Kenzo Tange）的东京湾"巨构"

图11　凡·艾克以"树与叶"来比拟从建筑到城市的"分形同构"

锐地意识到阿拉伯城镇这一从微观到宏观尺度上所呈现的"数的美学"正是基于同一种宇宙秩序，而统一的宇宙观和世界秩序同样为世界范围内的大部分乡土聚落所共有⑤[11, 12]。因此，"数的美学"是一种乡土聚落生长累积具有普遍性的内在关系，凡·艾克期望将其法则同样赋予面对"大量性居住"束手无策的现代城市。

在《走向构型原则》的附录中，凡·艾克以学生布洛姆（Piet Blom）的概念设计"诺亚方舟"（Noah's Ark）作为"数的美学"的示范（图4），并在Team 10内部讨论中一起提出。而同在1962年，凡·艾克也于拜克斯洛梅（Buikslotermeer）规划中示范了这一法则（图5），这两者尤其是“诺亚方舟”对柯布西耶1964年的威尼斯医院（the Venice Hospital）方案（图6）产生了明显的影响，事实上，在“二战”后的CIAM中，柯布与包括凡·艾克在内的Team 10成员多有交流，并支持Team 10对CIAM现代建筑教条的挑战⑥。

建筑史学家阿兰·柯尔孔（Alan Colquhoun）曾将威尼斯医院与阿姆斯特丹孤儿院进行形式对比。他谈到，与孤儿院增加同构单元为基本特征的添加式（additive）生长不同，威尼斯医院采取了由重复的正方形和黄金分割的长方形系统所构成的几何式（geometric）生长[13]，即一种更符合“数的美学”的形式法则。对于柯尔孔的形式对比，笔者认为，阿姆斯特丹孤儿院很大程度上仍然具有几何式生长的“数的美学”特征。

孤儿院的每组建筑、每个单元，甚至每个房间的入口都被安置在对角线位置，它们的空间组织也围绕各自尺度下的公共交往功能风车状展开。因此，孤儿院每一尺度的空间韵律，伴随着光线开放闭合的动感，令人联想起阿拉伯城镇中，广场、中庭、围廊、房间阳光阴影交叠的节奏变化。从每个单元围绕起居室风车状的空间组织，每组建筑围绕共享庭院风车状的空间韵律，直至建筑两翼环绕入口广场风车状的空间布局，孤儿院仍可被视为阿拉伯城镇“数的美学”的生长法则在不同尺度下的重现（图7）。

建筑史学家麦克卡特（Robert McCarter）曾讨论为何孤儿院不如凡·艾克1954年设计的纳格里学校（The Nagele School）一般具有更完美的风车状形式结构（图8），因而也更不如“诺亚方舟”或威尼斯医院般呈现出理想化、几何式的“数的美学”。在麦克卡特看来，孤儿院在凡·艾克的观念中首先是一座真实城镇的元素呈现，而非抽象化的形式主题抑或柯布式带有黄金分割的神秘几何秩序，真实的城镇空间从来不只是类型化单元的几何式生长，同样兼具封闭而稳定的纪念空间，诸如清真寺广场之于阿拉伯城镇[14]。因此，凡·艾克不惜在孤儿院动态布局的中心楔入一个恒定静止的入口广场（图9），尽管它破坏了“数的美学”的几何与纯粹，却超越了构型原则的抽象和形式主义，呈现出一座真实城镇的象征与寓意。凡·艾克这种对人在建筑城市中身体感知、人际交往的优先关注，也解释了尽管“数的美学”的构型法则在他的学生赫兹伯格、布洛姆的诠释下发展成为结构主义建筑学，凡·艾克本人却为何拒绝自己与结构主义的关联，甚至多次批评结构主义的形式主义倾向。

“数的美学”阐述了传统城镇生长积聚的秘密，凡·艾克不但以此反对欧洲重建中复制式的扩张模式，同样也将其与“新陈代谢派”(Metabolism)的“巨构”(Mageform)概念相比较。凡·艾克批评“巨构”不同于传统城镇，只是一种局部依附于整体的形式创造，不具备从局部到整体统一的生长法则（图10）。对此，凡·艾克运用了“树与叶”的比拟暗示建筑与城市应如同叶脉与树枝一样是一种“分形同构”(fractal)的形式关系（图11），这种比拟尽管在当时造成很大误解⑦[15]，却与日后的城市形态理论不谋而合⑧[16]。事实上，正如“数的美学”的诠释，凡·艾克的思想往往只能从其乡土渊源才能被准确解读，并在其实践中被切实体验。

3 “中间态”（the shape of the in-between）

然而，传统城镇的生长积聚有赖于城镇与建筑间不同尺度的交汇点，同属两种尺度的交汇点是构成“数的美学”的关键，也是不同尺度转换形成“动态和谐”的节点，而凡·艾克把这种具有“双生性”（twin phenomena）的交汇点称为“中间态”。

在Team 10的讨论中，“中间态”的提出是为了批评史密森夫妇（Alison Smithson）的“门槛”（threshold）理论。史密森夫妇把“门槛”解释为城市中不同尺度间的边界线。对此，凡·艾克强调城市中不同尺度的交界并非一条边界线，而是一个尺度叠加的场所及人际交往的场合，对此，他建议以“中间态”代替“门槛”的讨论：

如果空间交界没有给人留有任何空间和时间，如果穿越只是一瞬间，那么人就被排除在城市之外了。为了将人包含，帮助他回家，人必须被包含到城市含义之中……建筑必须扩展它狭窄的边界线，将其围成一个领域，一种连接的中间地带。建筑的工作是通过设计建造提供这一“中间态”，即在房屋到城市范围内为真正的人与事提供真正的空间。[12]

凡·艾克与史密森夫妇的观念差异在于他对人的行为活动的始终关注，也在于他每一先锋观念背后深藏的乡土启示。至于“中间态”的乡土渊源，来自对北非城镇杰内（Djenné）的探访。

在凡·艾克1960年展示的聚落探访照片中，杰内的住居有一个泥土雕琢的入口，门廊外半圆形的下沉台阶扩展到公共街巷之中，而街巷同样通过这处台阶延伸至门廊之内。这处台阶既属于私人住居，又属于公共街巷，在这处建筑与城镇不同尺度交汇转换的场所中，内与外、阴影与阳光、私密与开放相互重叠，一位男孩就在这片“中间态”中诵读着《古兰经》（图12）。

正如杰内住居门前的台阶，“中间态”表达了凡·艾克对于聚落场所时空过渡的人类学（Anthropology）讨论，事实上他同时把“中间态”赋予聚落中人际交往易于发生，具有空间性的“场所”和具有时间性的“场合”⑨[14]：

无论空间（space）和时间（time）被如何理解，场所（place）和场合（occasion）的意义都更加丰富。有人存在的空间便成为场所、有人存在的时间便成为场合……提供这样的场所与场合，令事物关系明了……让每一道门都成为欢迎之门，让每一扇窗都成为赞同之窗……时间和空间必须开放——深入人心——以便它们能被进入，能将人集聚在它们的内涵之中。[17]

在孤儿院设计中，凡·艾克塑造了大量表达“中间态”的建筑元素：穹顶之下，充满了各种下沉台阶、地坑般的交流场所、半开放半封闭的小室，以及代表时空交汇具有象征性的门与窗。这些“中间态”元素，有着来自聚落构筑物的形式启示，更表达了凡·艾克对现代城市忽视人际交往的抽象教条之下，遍布“一望无际无名之地”（mile upon mile of nowhere）的抵抗。

在凡·艾克为孤儿院拍摄的照片中，他热衷于捕捉孩子们在“中间态”中的游戏（图13），正如同他醉心于不同时空、不同传统的人们在“中间态”中的行为活动。而对于“中间态”中儿童游戏本能的关注，事实上同样隐喻着他对城市中人际交往的探讨：“游戏场是城市的核心，也是门前台阶的延伸，在这里人们能重新发现事物的本质，就像城市能重新发现儿童的需要一样。”[14]

4 “迷宫般的清晰”（labyrinthian clarity）

在孤儿院中，除了人际交往发生的“中间态”，凡·艾克同样关注建筑中作为“街巷”出现的交通空间。在Team 10的议题中，曾讨论以交通通道为基础代替现代建筑均质空间的方法，并称为“街巷的回归”（the return of the street）。史密森夫妇在1952年金巷（Golden Lane）住宅设计中，开始以茎干状的空中街巷来组织空间，而凡·艾克在同样议题的基础上，也开始思考在孤儿院中如何实现“街巷的回归”。相对于史密森夫妇空中街巷缺乏社会意义的表达，凡·艾克关注的完全是聚落中街巷的场所品质以及社会意义的再现。

在北非城镇中，卡斯巴的基本单元是内向有着方形内院的住居，它们通过单体建筑相互间风车状的生长积聚，少则两三栋，多则上百栋以无数围廊、走道相联系，形成一种织理状的整体结构，其中的街巷充满“L”形的支状路和尽端路，如同整体巨构下的庞大迷宫（图14）。

因此，对于卡斯巴而言，在聚落层面上讨论建筑单体毫无意义，在这里，城镇便是一个巨大的房子。卡斯巴的建筑与城镇有着共同的防御功能，街巷的空间体验就是一种迂回转向的迷宫，外来者容易在其中迷路，而居民则因对街巷的熟悉和场所记忆能够分辨路径，这种街巷的场所品质被凡·艾克称为“迷宫般的清晰”。

“迷宫般的清晰”可能听来自相矛盾……它意味着重复体验的连贯印象和累积感知，这种体验具有时间跨度，连接记忆和期待。对感知者来说，“迷宫般的清晰”是一种错综复杂的清晰，它不同于瞬时感知的清晰，这种清晰柔化时间和空间的边界，超越可见性，允许场所和场合在意识中重组……归根到底，一座城市、一个聚落、一所房子都是无法被短暂来访者完全构想的。[14]

“迷宫般的清晰”重述了建筑和城市形态中的时间因素，连接了聚落中场所认知的记忆与期待。事实上，这种让外来者迷路，并令居民熟悉的街巷特性也是不同时空中乡土聚落的普遍特征。卡斯巴是这种清晰的迷宫，凡·艾克同样以西非多贡（Dogon）聚落⑩[18]的街巷体验来说明“迷宫般的清晰”⑪[11、19]。“迷宫般的清晰”是凡·艾克对行进与庇护、记忆与期待等人类基本行为的讨论，是他对过于强调功能效率的现代交通空间的人文抵抗，也是对现代建筑固定单向的时间观念的批判，而这种街巷特性的塑造也令凡·艾克的建筑实践充满了体验上的时间感和复杂性。

在孤儿院以街巷为基础的空间结构中，均质空间被抛离，代之以一种既有个体安全感，又保证人际交往的空间模式。在涌动的穹顶之下，墙体、空间、通道互相交织，似乎没有规律，迷宫般的街巷令人仿佛身处卡斯巴之中。孤儿院的街巷几乎完全是“L”形的支状路，无法一下子看到尽头，只能转过一个弯时才能看到下一个，而人的观察视线与行进路线也总保持着分离又重合的动态节奏。街巷的每个转折点都存在着行进的变化、视野的变换和方向的改变，这使人与环境之间产生了体验的互动，联系起记忆与期待的时间性更替，这是一种充满时间感的

图12　凡·艾克的摄影：杰内住居的“中间态”

图13　凡·艾克的摄影：孩子在孤儿院“中间态”中的游戏

4 “卡斯巴”织理状的整体结构，如同一个庞大
宫

图15 孤儿院的街巷空间

图16 “走向有组织的卡斯巴”

行进体验（图15）。

应当指出，孤儿院塑造的这种迷宫般的街巷特性正是出于功能的深刻考量，如同卡斯巴具有令居民可识别，而令侵入者迷路的特性一般，在孤儿院中，孩子能够通过经验和记忆轻易找到自己的居所，而陌生人则很容易迷路，这种源自乡土聚落的场所感区分，给予孤儿院这座小型城镇的居民——孤儿们以安全感，也完美对应了卡斯巴的防御功能，并同样隐喻了现代城市日渐缺乏的场所安全感。

5 “走向有组织的卡斯巴”（Vers une casbah organisee）

凡·艾克关于现代城市的许多先锋理念，无论是城市化的建筑、数的美学，还是中间态、迷宫般的清晰，都整合在孤儿院设计之中，也都能从乡土聚落尤其是卡斯巴城镇中找到概念源泉，难怪凡·艾克在1959年发表的论文《另一个理念的故事》（*The Story of Another Idea*）中，提出了针对现代城市强有力的口号——“走向有组织的卡斯巴”（图16）。显然，这一雄心勃勃的口号是对柯布西耶“走向新建筑”（Vers une architecture）的一种当代类比，而支撑这种雄心的正是凡·艾克源自乡土，具有人类学视角的建筑思考。

“走向有组织的卡斯巴”表达了凡·艾克改造现代城市的雄心，而阿姆斯特丹孤儿院正是“有组织的卡斯巴”最恰当的现实呈现。事实上，许多参观过孤儿院的建筑师都将其空间体验和场所品质联系到卡斯巴，而同样有历史依据证明，凡·艾克本人也把孤儿院暗示为一座“有组织的卡斯巴”⑫[7]。

阿姆斯特丹孤儿院最终成为凡·艾克建筑方法和城市观念的综合，它丰富多义，完全超越功能主义和单体建筑的传统概念，其穹顶之下，展开的是一座真实城镇所有的象征元素：边界、广场、街巷、住居，呈现出对庇护、穿越、行进、汇聚、离散等人类基本行为和城市原始品质的关注。孤儿院的设计游走于先锋与乡土之间，融合了现代与传统，连接了建筑与城市，并从中建立起对现代城市与当下生活的基本隐喻，这其中不但有阿尔伯蒂般以建筑窥视城市品质的隐喻，更有凡·艾克推崇的文化史学家赫伊津哈（Johan Huizinga）带有人类学色彩的观念：即儿童的活动，尤其是游戏，重现了原始聚落中人类最初也是最基本的文化本能。因此，孤儿院的隐喻也在于一种超越儿童层面，对当下城市中最基本的人际交往和社会意义的强调，而这双重隐喻正如凡·艾克诗意的总结：

让每一座城市和每一处房子的每个地点都蕴含着大千世界，因为房子就是一座小的城市，而城市便是一个大的房子。这是一座为孩子建造的大房子，在这里孩子享受生活(live)胜过生存（survive）。[14]

6 结语

对于凡·艾克建筑思想的复杂晦涩，过去的一些研究众说纷纭，建筑史学家斯特拉文（Francis Strauven）曾列举了一些著名学者对凡·艾克完全不同的观点：詹克斯（Charles Jencks）视凡·艾克为现代建筑运动的主流、理想主义传统的重要继承者；弗兰姆普敦（Kenneth Frampton）强调凡·艾克对现代建筑运动的激进批判，并提到他在同时代建筑师中对乡土的关注；沃格特（Adolf Max Vogt）把凡·艾克的建筑观念主要归因于他对原始乡土文化的兴趣，并认为人类学因素是凡·艾克建筑思考的显著特点；克洛茨（Heinrich Klotz）尽管并不认为凡·艾克具有后现代立场，但认为其思想实践正是后现代主义的重要先声[20]。对于这些不同观点，事实上只是包含了凡·艾克宏大思想的某一层面，他的深刻思考涵盖这些不同观点，尽管它们指向了建筑学这个庞大体系的各个层面，甚至诸如建筑与城市、现代与传统、先锋与乡土等通常认知中的对立视角。对此，赫兹伯格谈到了这些对立角度是如何整合在凡·艾克的现代建筑目标之中：

无论在Team 10还是《论坛》(*Forum*) 杂志中，凡·艾克论断了CIAM这艘巨轮必将沉没的命运，并勾画如何通过不同思考为现代建筑与城市创造全新的机会……其中最重要的启示来自原始的乡土文化。[21]

而凡·艾克本人则更清晰地表达了原始的乡土文化在他先锋性的建筑与城市思想中所起的作用：

无论何时何地何种种族，人的本性 (essence) 基本上总是同一的，它具有同一的精神内涵，尽管这种内涵因文化或社会背景的差异，或生活方式的不同而用法不一。现代建筑师们喋喋不休地申诉我们时代的不同，以至于他们失去了与那些同一事物的联系……[6]

如今，让我们为了改变当下研究过去，从而发现永恒不变的人类本性吧……[22]

因此，凡·艾克的思想实践，是对现代建筑与城市抽象冷漠的激进批判，他敏锐地意识到"二战"后城市人居的退化、场所精神的失去，那些现代建筑的"理性秩序"，却造成了城市与建筑关系的退化和失和，他试图从乡土中探索"永恒不变的人类本性"，寻求基于精神价值、服务人际交往的建筑学，来对抗这种退化与失和。尽管仍然相信现代建筑的乌托邦理想，但不同于基于时代精神之下，把现代建筑视为与过去决裂的传统观念，凡·艾克的建筑思考建立在从传统中探寻服务当代的现代性价值之上，这也令他的思想实践一定程度上成为后现代主义的重要先声。在"二战"后建筑与城市的先锋性探索中，凡·艾克以自己的方式扩展了现代建筑的视野，这令他不但区别于CIAM中强调功能城市的老一辈现代建筑师，也不同于当时兴起的"建筑电讯派 (Archigram)""新陈代谢派"之类对未来狂热、对技术狂热的城市观念⑬[22]，甚至不同于他的大部分Team 10同伴。

通过对阿姆斯特丹孤儿院建筑设计的重读，也通过对凡·艾克建筑城市思想及其乡土渊源的重述，本文回顾了"二战"后现代建筑转型期间对功能城市的批判、从建筑单体到群体建筑的研究转向、对建筑与城市中人的身体体验、行为交往以及精神维度的重新关注，尽管这已是一段过去的现代建筑历史，然而对此的经典重读仍然释放出丰富的当代价值。

首先，凡·艾克的现代建筑观念建立在对不同时空中各种传统的深层次思考之上，并尤为关注世界范围内原始的乡土文化，因为其更能清晰地展现"人类本性"中那些永恒的价值，以服务于现代建筑与城市的目标。原始的乡土文化能够启示建筑乃至人类社会的某些基本原理，这种乡土视角始于卢梭 (Jean-Jacques Rousseau) 关于"高贵的野蛮人" (the Noble Savage) 的讨论⑭[23]，并体现在劳吉耶 (Marc-Antoine Laugier)、森佩尔 (Gottfried Semper)、柯布西耶，直至凡·艾克等建筑师的思想实践之中。这条贯穿现代建筑萌芽、形成与发展的线索，不同于以乡土表达地域民族身份、表达恋乡怀旧的常见视角，而是一种基于人类创建家园同等智慧之上，对建筑普遍价值的追寻。这条沉潜的思想线索，不但是现代建筑谱系中，同时也是建筑师寻求乡土启示中容易被忽略的重要层面，并仍然对当下的建筑学认知意义深远。

其次，不同于以乡土作为形式模型的通常认知，对当下更具启示的是凡·艾克认知乡土的人类学视角，他探寻聚落中人际交往的方式，人类基本行为的呈现，醉心于乡土中各种象征元素的精神意义，他认为现代建筑与城市中那些日渐失去的与人类身体体验、行为交往、精神维度相关联的基本价值，可以通过乡土的重新认知得以寻回。与凡·艾克的时代相比，当下的建筑与城市某种程度上已变得越来越关心性能和效率，它们与人之间的精神情感纽带同样逐渐衰退。对此，我们是否还能够回到凡·艾克的话题，重新关注建筑与城市中那些被遗忘的品质，即建筑与城市"不只是生产、市场、交通以及卫生问题的一种理性解决答案，或是一个应对自然及市场因素的结果，还应铭记人们的希望与恐惧"⑮[24]。关于此点，凡·艾克的思想实践将一直堪为面对当下日渐冷漠的建筑与城市的"人文主义的抵抗" (Humanist Rebel)⑯[7]，并焕发出持久的价值与意义。而我们对阿姆斯特丹孤儿院的经典重读，也将不止于凡·艾克的百年纪念，更在于重新思考凡·艾克思想实践显著的当代价值。同样，现代建筑的多样性和丰富性也值得不断地被重读与深入学习！

（原载于《建筑学报》2018年第12期）

注释

① 1959年凡·艾克提出了名为"奥特洛圈" (The Otterlo Circle) 的现代建筑经典图解，表达了他整合古典、现代艺术以及乡土3种传统的雄心。在"奥特洛圈"的描述中，凡·艾克把乡土的价值内涵总结为"乡土本心" (Vernacular of the Heart)。

② 弗兰姆普敦在《现代建筑：一部批判的历史》(*Modern Architecture:A Critical History*) 中谈到关注原始的乡土文化，具有"人类学"经验使凡·艾克区别于十次小组 (Team 10) 的同伴："阿尔多·凡·艾克迥然不同的途径直接反映了'十次小组'在本质上的多元性。他毕生致力于建立一种适合20世纪后半期的 (Place Form '场所形式')。从一开始，凡·艾克就研究那些被十次小组多数成员宁愿弃之不顾的问题……'十次小组'中再也没有一个成员打算要对现代建筑运动的异化抽象性从根本上进行声讨了，这也许是因为他们不像凡·艾克那样具有'人类学'的经验。从20世纪40年代初期起，凡·艾克就专注于研究原始文化，以及此类文化所无例外地显示出来的建筑形式的永恒性。因之，当他参加'十次小组'时，他已经发展了一种独特的观点……这与'十次小组'主流思想的距离几乎与CIAM同样遥远。"

③ 建筑历史学家勒费夫尔 (Liane Lefaivre) 与楚尼斯 (Alexander Tzonis) 在研究中提到，蒙德里安的绘画"Victory Boogie-Woogie"给予孤儿院

类似的钻石型的构图和动感伸展的布局以启示。

④ “毯式建筑”是Team 10内部一个重要的议题讨论，艾莉森·史密森(Alison Smithson)提出了“毯式建筑”的概念，在她的描述中：“‘毯式建筑’可被视为一种优化的集群，其中个体在一种基于相互关联的模式和发展变化可能性的全新秩序中得到解放。”而在Team 10关于“毯式建筑”的宣言式出版物中，阿姆斯特丹孤儿院正是其重要范例。

⑤ 在凡·艾克1960年对西非尼日尔河(Niger River)流域多贡(Dogon)聚落探访后发表的文章《平和的奇迹》(*A Miracle of Moderation*)之中，凡·艾克认为以多贡为代表的乡土聚落有着一种“篮子—房子—村庄—宇宙”(Basket - House - Village - Universe)一般的宇宙观和世界秩序，令所有的事物和生活都包含在充满意义的逻辑框架中。而建筑历史学家斯特拉文(Francis Strauven)在研究中同样谈到，在多贡探访之前，凡·艾克事实上也意识到阿拉伯城镇同样存在着织物、舞蹈、住居直至城镇的同一种风车状的“动态和谐”的法则，同一种宇宙秩序。

⑥ 在战后的CIAM中，柯布西耶与凡·艾克等Team 10成员多有交流，而Team 10成员坎迪利斯(Georges Candilis)、约西奇(Alexis Josic)与伍兹(Shadrach Woods)出自柯布门下，是这段关系的中介。柯布在1957年的东京国家西方美术馆(The National Museum of Western Art in Tokyo)运用了风车状构图的形式结构，然而与威尼斯医院相比，东京国家西方美术馆是单一的几何式构图，1964年的威尼斯医院却是风车形类型化单元的几何式生长。这种从单一构图到同构单元复杂生长的变化可推断是受到了Team 10的话题以及1962年拜克斯洛梅规划尤其是“诺亚方舟”等设计的启发，此点因威尼斯医院与“诺亚方舟”在形式上及构成方法上的类似显而易见。

⑦ 在CIAM的讨论中，克里斯托弗·亚历山大(Christopher Alexander)认为城市不应该是一种树或叶子的形式结构。他的著名宣言《城市并非树形》(*A City is not a Tree*)即是对凡·艾克关于城市和树形比拟的批判。亚历山大认为城市结构不是树形的支状联系，这是把分形同构的概念模型误读为了树形结构的形式模型。

⑧ 城市学家塞尔日·萨拉特(Serge Salat)在其研究中谈道：“树叶和城市系统都随时间而改变其状态，这样的系统具有多面性和复杂性，并且相互依赖，但它们却体现出一种隐性的有序状态。它们的对称性是尺度不变的，即能在经过若干倍率的放大后仍能呈现出相似的复杂程度。有生命的城市也必须采用分形结构。树叶和城市的分形结构记录了它们在有序和混沌之间进行转变时所发生的一切。”

⑨ 凡·艾克希望以“场所”(place)与“场合”(occasion)代替“空间”(space)与“时间”(time)的讨论，被建筑史学家麦克卡特(Robert McCarter)认为是对吉迪翁(Sigfried Giedion)在著作《空间、时间和建筑》中表达的现代建筑时间与空间抽象观念的批判。“场合”作为连接人际交往记忆和期望的“中间态”，参与了“场所”特性的表达，也成为人与城市、过去与未来之间不可缺少的时间性链接要素。

⑩ 多贡人是居住在西非马里(Republic of Mali)尼日尔河(Niger River)流域的黑人土著部落，以耕种和游牧为生。他们没有文字，只凭口授来传述知识。他们所着的衣衫、器物、行为举止以及住居、村落，均象征着多贡人的创世神话，同样，多贡人把他们的社会组织及文化，大都与创世神话联系起来。除了凡·艾克以外，建筑人类学家阿摩斯·拉普卜特(Amos Rapoport)也同样关注多贡人的村落、住居以及他们的社会组织和文化，并在著作《宅形与文化》(*House Form and Culture*)中多次从人类学角度讨论多贡的住居与村落。

⑪ 在1967年《论坛》杂志发表的《平和的奇迹》一文中，凡·艾克谈到了在多贡的一段经历，一位村民声称要带着同伴参观他的房子，然而他却在整个村子的弧墙和直墙之间迂回，他们去了村里的议事厅，村长、牧师、老者们的住居，当同伴完全迷失方向时，却发现村民的房子其实就在出发处附近，而他们已经参观了这个村子。凡·艾克从这段经历总结了多贡等聚落的空间体验就是一种循环往复，迂回转向的迷宫，村民不至于迷路是基于他对场所的重复记忆和体验。

⑫ 建筑历史学家勒费夫尔与楚尼斯的研究提到，以色列建筑师格利克森(Artur Glikson)在写给刘易斯·芒福德(Lewis Mumford)的信中讲述，凡·艾克曾经坚持在孤儿院中悬挂过多幅卡斯巴的照片。

⑬ 在1967年的《时间的内在》(*The Interior of Time*)一文中，凡·艾克批评了“建筑电讯派”“新陈代谢派”等对未来狂热、对技术狂热的城市观念，他谈道：“在我看来，过去、当下和未来在思维意识中应该是一个连续体……建筑师们病态地热衷于改变，他们把过去视作障碍，总在追寻未来，为此，他们宁愿断绝与过去的联系。然而，正因为他们的未来并不来自过去，这令当下失去了时间维度。我不喜欢技术主义者那样对未来的狂热，如同不喜欢文物研究者那样对过去的怀旧，这两者的共同在于，他们对时间的认识都是固定和单向的。”

⑭ “高贵的野蛮人”代表了原始状态下，约束、自由纯粹状态中的初民形象，卢梭在《论人类不平等的起源》(*Discourse on the Origin and Basis of Inequality Among Men*)中为他赋予道德的高贵，身体和思想的自由。对“高贵的野蛮人”的赞美是西方启蒙运动的重要思想，它在建筑学中的投射即是“原始棚屋”(Primitive Hut)的讨论，正因为“高贵的野蛮人”的行动只受需求和直觉驱使，拥有纯粹理性，那么他们的建造即“原始棚屋”同样理性，而“原始棚屋”不但是表达建筑基本原理的最初范例与标杆，同样也象征一种最为理想化的社会状态。

⑮ 凡·艾克综合现代与传统的城市观念的另一个侧面印证是他在当时背景下支持出版了约瑟夫·里克沃特(Joseph Rykwert)对古代城市表意性和象征性形态的研究——《城之理念》(*The Idea of a Town*)。如里克沃特在此书再版前言中所述，那个时代年轻建筑师热衷的是“建筑电讯派”及“新陈代谢派”之类前卫设计，所谓“插入式城市”或“空中步行城市”将建筑与城市描绘成可应对未来变化的机器。在此氛围下，将市镇视为一种由人意志控制与随机元素而造就的表意性和象征性结果，显得“荒唐而不合时宜”(ridiculously passé)，所幸凡·艾克力排众议于1963年《论坛》杂志上将此书作为特刊率先发表，并在发刊词中提出如下洞见：“这本书或许会成为建筑师们的备忘录，以提醒他们关注那些似乎已被遗忘了的东西，即城市不只是生产、市场、交通及卫生问题的一种理性解决的答案——或者是一个应对自然及市场因素的结果——还应该铭记人们的希望与恐惧。”

⑯ 建筑历史学家勒费夫尔与楚尼斯在他们对凡·艾克的研究中，以著作标题的形式把凡·艾克的思想归结为“战后世界的人文主义抵抗”(Humanist rebel inbetweening in a postwar world)。

引文文献

[1] 王凌. 凡·艾克的城市设计观点及启示[J]. 建筑师，2011(4):88-91.

[2] 朱振骅，刘子吟. 阿尔多·凡·艾克的构型原则[J]. 西部人居环境学

刊，2012(2):3－8.

[3] 朱渊. 现世的乌托邦——基于“中介”(Inbetween)视角的“十次小组”城市建筑理论研究[D].南京：东南大学，2011.

[4] 朱渊. 现世的乌托邦：“十次小组”城市建筑理论[M].南京：东南大学出版社，2012:126.

[5] 利亚纳·勒费夫尔. 公共空间中游戏的力量[J].黄华青，译. 世界建筑，2016(11):20－26.

[6] 肯尼斯·弗兰姆普敦. 现代建筑：一部批判的历史[M].张钦楠，等，译. 北京：生活·读书·新知三联书店，2004:308.

[7] Lefaivre Liane, Tzonis Alexander. Aldo van Eyck: Humanist Rebel[M]. Amsterdam: Oio Publishers, 1999:101－106.

[8] Smithson Alison. How to Recognize and Read Mat-Building; Mainstream Architecture as It Has Developed.Towards the Mat-Building[J]. Architectural Design, 1974(9): 573－590.

[9] 阿尔多·凡·艾克. “十次小组”启蒙书[M]//查尔斯·詹克斯，卡尔·克罗普夫. 当代建筑的理论和宣言. 周玉鹏，雄一，张鹏，译. 张媛，李雪，校. 北京：中国建筑工业出版社，2005:17.

[10] Eyck van Aldo. Steps Toward a Configurative Discipline[J]. Forum, 1962(3): 83.

[11] Eyck van Aldo. A Miracle of Moderation[M]// Jencks Charles, Baird George. Meaning in Architecture, London: Barrie & Jenkins, 1970: 170－213.

[12] Strauven Francis. Aldo van Eyck:The Shape of Relativity[M]. Amsterdam: Architectura & Natura Press, 1998:360－391.

[13] 艾伦·科洪.建筑评论——现代建筑与历史嬗变[M].刘托，译. 北京：知识产权出版社，中国水利水电出版社，2005:19－21.

[14] McCarter Robert. Aldo van Eyck[M]. New Haven: Yale University Press, 2015:92－159.

[15] 克里斯托弗·亚历山大.城市并非树形. 严小婴，译. 汪坦，校. [M]//从现代向后现代的路上:《建筑师》丛书. 北京：中国建筑工业出版社，2007:206－224.

[16] Salat Serge, Labbe Francoise, Nowacki Caroline. Cities and Forms: On Sustainable Urbanism[M]. Berlin: Hermann, 2011: 27.

[17] Eyck van Aldo. There is a Garden in Her Face[J]. Forum, 1960/1961(3): 107－117.

[18] 阿摩斯·拉普卜特.宅形与文化[M].常青，徐菁，李颖春，张昕，译.北京：中国建筑工业出版社，2007.

[19] Jaschke Karin. Ethnography, Archaeology and the Attraction of Tribal Cultures in the Work of Aldo van Eyck and Herman Haan[D]. New York: Princeton University, 2012: 313.

[20] Strauven Francis. Aldo van Eyck: Shaping the New Reality from the In-between to the Aesthetics of Number[J]. CCA Mellon Lectures, 2007(5): 1.

[21] Hertzberger Herman. The Mechanism of the Twentieth Century and the Architecture of Aldo van Eyck[M]//Robert McCarter. Aldo van Eyck. New Haven: Yale University Press, 2015: viii.

[22] Eyck van Aldo. The Interior of Time[M]//Ligtelijn Vincent, Strauven Francis. Aldo van Eyck Writings.Amsterdam: Sun Publishers ,2006: 474－475.

[23] 让－雅克·卢梭. 论人类不平等的起源和基础[M].李平沤，译. 北京：商务印书馆，2015.

[24] 约瑟夫·里克沃特. 城之理念——有关罗马、意大利及古代世界的城市形态人类学[M].刘东洋，译. 北京：中国建筑工业出版社，2006:6－15.

图片来源

图1，5，8，9，15：引文文献[14]；

图2：左，3左，4，11，12，16：引文文献[12]；

图2：右：https://blog.respekt.cz/pouceni-z-atlasu/；

图3：中：诺伯特·肖瑙尔. 住宅6000年(人类住宅演化史)[M].董献利，王海舟，孙红雨，译. 北京：中国人民大学出版社，2012；

图3：右：引文文献[16]；

图6：Fondation Le Corbusier. Le Corbusier, 1910－1965[M]. Basel: Birkhauser Publishers , 2001；

图7：笔者在阿姆斯特丹孤儿院典型单元平面基础上绘制；

图10：Jorge Vidal. Mat-city: Plan de Kenzo Tange para un mundo flotante[J]. Documents de Projectes d’Arquitectura, 2011(27－28): 100－107；

图13：引文文献[14]，引文文献[12]，Ligtelijn Vincent. Aldo van Eyck Works[M]. Basel: Birkhauser Publishers ,1999；笔者组合；

图14：伯纳德·鲁道夫斯基. 没有建筑师的建筑：简明非正统建筑导论[M].高军，译，天津：天津大学出版社，2011.

作者简介

姚冬晖，浙江工业大学建筑工程学院；

卢永毅，同济大学建筑与城市规划学院教授。

乡土景观与乡土建筑之死：建造体系的现代转型与建构

杨宇振　覃　琳

摘　要：乡土景观的死亡是社会转型的必然；乡土建筑的死亡在于传统建造体系的消失；乡土符号的挪用已经成为一种当下普遍的形式操作。建筑的生产作为社会生产与再生产的一个重要组成部分，需要正视和积极回应当代社会生活的各种复杂问题。它的转型与建构需要来自传统的语言符号，却又必须忘记这些语言符号，创造性地建立新时期的语法和词汇。

关键词：乡土景观；乡土建筑；建造体系；符号；转型

1 乡土景观的死亡是现代社会转型的必然

乡土已经死亡了，乡土景观已经死亡了，但我们还依然依依不舍，还仍然留恋着乡土的气味，想象着乡土的宁静、期待乡土的永恒。于是对于乡土的想象与欲念成为支配新时期空间生产的一种力量。这种力量背后有纯粹的追念和挽留——它们毕竟距离我们当下还不太远，还有一些人体验过乡土之境；却也有借着投大众所好产出利润的无数行动。

但是乡土的确已经死亡了。“乡”是一种传统中国农业社会的基层组织。在一个基本单元中，它往往聚族而居，农业生产的土地就在生活场所的周围，一定土地的产出供养生活场所中一定数量的人群。几个乡、村之间形成约定俗成的集市，一三五或者二四六的市期，用来交换剩余农产品或者手工制品等。在大部分汉化的地区，儒学也已经成为乡中教导人群的基本知识和观念，“天地君亲师”的牌额高悬在堂屋正中。“土”因“乡”而活，因乡民的活动而改变景观，在乡民的拓荒过程中，在年复一年的精耕细作过程中而存在。人们因为“土”的慷慨而深怀感激，缺了“土”，在土地上长大的人群就不能生存——既包括物质上的，也包括行为上的；“土地神”在众神中大概是排位最后的，微不足道的神仙了，他（她）的形象不得而知，但在小说《西游记》中就是常被孙悟空为了处理棘手的问题而招之即来、挥之即去的老态龙钟的矮个子，却对地方无所不知、无所不晓。然而这一微不足道的神仙，却也可能是受到供养最多的神仙，田间地头往往就树立着一个小小的、两三尺宽高的小庙，供奉着这一微不足道却又极为重要的土地神。①[1] 乡里的人乘鹤西去，也往往埋葬在不远处的土丘里。祖先的灵魂于是便和活着的人群共存，观看着活着的人群的一举一动。“祭祖”既是一种哀思的追溯，也是对集体感的再塑，对个体行为的约束。在私塾里读书，结婚生子，在天地间劳作，渐渐老去，或者，偶有状元及第的状况引起乡村的轰动，然而天上白云悠悠，世代与世代之间并没有什么大不同。行脚商人、旅行的过客带来的消息往往只是茶余饭后的点心。

乡土景观的死亡首先是“乡”和“土”的死亡。因为血缘、宗族关系而聚居一起的“乡”、千年不变的“乡”在王朝崩溃、在资本流动性的冲击下解体。最初变化是乡村的经济结构。普遍的农村已经不能依靠农闲时生产的手工制品来和土地贵族交换，获得必要的生活补充。生产—消费的基本循环圈已经出现断裂，不能保持持续运转。土地贵族最初开始消费舶来的、廉价高质的棉纺织品、工业品，替代农村的产品；之后城乡经济关系开始发生变化，城市因为较低的制度、知识与技术、劳动力、交通等的交易成本，利于发展工业，并向乡村反倾销工业制品，进一步形成了对乡村资本的吸纳，引起乡村空间中资本量的急剧萎缩，导致了乡村经济的严重衰败。[2]

20世纪二三十年代中许多经济调研报告中的结论是“都市进步、农村解体”[3-6]。经济结构的变化是导致社会组织关系变化的基本原因。经济的逻辑（以“利润”为一切，讲究契约精神、讲究效率等）冲击着秩序的逻辑（维持社会等级、以人伦为序等）、冲击着“天地君亲师”。乡村的社会生产与再生产不再完全依托于曾经可以信赖的土地、可以依托的土地、曾经一切可以出产的土地。相反，与流动性相关的一切，都成为时代之需。最开始科举中四书五经的考试还在，但已经增加了“策论”，督促学子思考国家如何才能强大；而最终科举被废除，意味着社会阶层流动的途径已然发生了巨变。乡里的孩子，只要家里有经济条件的，一定会送出去，送到省城，甚至是东边的日本，西边的欧洲或大洋彼岸的美利坚，以得“风气之先”——要学习的已然是另外的一套知识和技术系统。乡的经济和社会组织形成的基础已然不复存在。土地呢？它不再是牢系人们的场所，年轻人早已经向往那灯红酒绿、霓虹闪烁的都市，向往着解脱的自由和变化的自由。“土里土气”已经成为讥诮人的话。摸捻一下田间泥土的湿润，看看天边的云就知道下不下雨的经验已经日渐消失，替代为温度计和电台或者电视台中的天气预报。人们已经和土地之间没有情感交流，它就是产出口粮或者利润的工具。乡间的人死亡后，虽然也想入土为安，却需要运载到火葬场焚葬，据说是为了安全目的和节约土地。于是，祖先的灵魂失去了依托，只剩下忙忙碌碌之间可能的默念和怀想。隔了代，这种不再是如过往的定期的纪念，个人的默念便弥漫消散在空气之中。

段义孚在《空间与地方》中说，“地方意味着安全，空间意味着自由”，说到地方的狭隘性却同时是一种安全，而空间代表了开放、无限和自由，却是一种不确定性和危险。现实的情况是，地方在日益消失，空间的生产支配了地方的生产，就如马克思曾经的论述。马克思在《德意志意识形态》中精辟论述了工业化以来地方与全球之间的关系。马克思的确是“乾坤万里眼，时序百年心”，他说：大工业通过普遍的竞争迫使所有个人的全部经历处于高度紧张状态。……它建立了现代的大工业城市来替代自然形成的城市。凡是它渗入的地方，它就破坏手工业和工业的一切旧阶段。它使城市最终战胜了乡村。……大工业导出造成了社会各阶级间相同的关系，从而消灭了各民族的特殊性。[7]

乡土景观即是民族特殊性的内在和表征。

2 乡土建筑的死亡在于传统建造体系的消失

乡土建筑作为乡土景观重要的构成，它的死亡是乡土景观死亡的表征。乡土建筑是维持乡土社会的生产和再生产的空间。乡土聚落的形态往往是儒学观念、风水理念、人伦关系的地方物质实践的结果。乡土建筑的存在依附于乡土社会。乡土社会的死亡即是乡土建筑的死亡；乡土建筑存在的社会和经济基础已经消失；特别是，乡土建筑的建造体系已经消失。

乡土建筑不是纯粹的物质存在，不是简单的一个房子，而是沟通天、地、人的一个介质。也就是说，作为人存在的一个依托，它和土地、和上天、和祖先、和乡邻社里都紧密联系在一起。它首先必须告知天、地、祖先；它也要从乡村社会获得建造许可，这一过程本身虽然是约定俗成的事情，却是强化社会关联的一种方式，它意味着建造必须要在一定约束关系下进行，必须考虑左邻右舍关系；它要从周围土地上取得各种材料，居住者往往本身就是主要建造者之一。虽然仍然需要工匠，但建房过程中邻里互助使得大多数人都有修建经验和基本技能。建造的礼仪、知识与技术的传承在使用者，同时也是建造者的建房过程中实现。它的建造不仅仅是建造本身，而是乡村社会总体社会关系在局部领域中的实践。大部分工匠仍然是农民，在农闲时节有需要的时候才成为工匠。他们专业知识的传授是师徒制方式、口传心授的方式。匠人有可能同时也是风水先生（也有可能另外邀请资深风水先生），对房屋的气脉与天地山水之间的关系做出判断；匠人要掌握建房的一整套礼仪，在建房的不同阶段告知天、地、祖先的礼仪；也要使用丈杆、墨斗、斧、锯等特有的工具，完成具体的建造。它最后的样式没有意外，是过去空间形式与具体形态的复制、繁衍，尽管在微小之处有变化。乡村的田间渠道、码头、桥梁、寺庙和祠堂等公共性设施或建筑，是乡贤召集村民讨论、个人捐款和集体筹款、集体劳动的结果。它的过程和结果都是维持乡村社会等级和秩序的重要构成，这就是一种“栖居”，一种经由漫长时间人与人、人与自然调适后的栖居。

“栖居”在海德格尔 (Martin Heidegger) 的解释中，是栖居者与天、地、人、神四者间的紧密关系，它不仅仅是指建造和居住，更是一种存在的方式，是整体中不可分割的一部分。从这一意义上说，乡土建筑即是栖居。但海德格尔问道：

在我们这个摇摆不定的时代，什么是栖居的状态呢？我们听见到处都在谈论住房短缺，并且言之凿凿……然而，更加艰巨而悲惨的是，住房短缺的问题无论多么痛心疾首，多么威胁重重，栖居的真正困境还不仅仅就是在住房的短缺之中……真正的困惑是，芸芸众生永远都在重新寻找栖居的本质，以至于他们必须永远学习如何栖居。②[8-9]

现代建造体系本身尽管是不清晰的界定，但无论从内涵的观念、知识、技术，还是材料、建造组织、建造工具等完全与传统建造体系不同。它不再是家庭与天地沟通的场所，而是大规模的生产，是资本拥有者、组织者、设计者、建造者与使用者分离的生产——他们之间的接触，是基于现代社会的生产与生活方式对于个体行为规训和约束基础之上的想象性接触。建造过程是基于“利润最大化”而组织，因此，资本的来源、生产的知识与技术、组织管理、材料甚至劳动力不必然要来自地方，相反，可以从各个地区、全国、全球范围各处运送到建设地点，只要是综合利润最高。它们不再是整体中的一部分，不再与天、地、祖先有关联，是四处碎片的拼贴，却是理性的、高效率的拼贴和建构。建造的知识与技术不再是普遍的认知，成为一门专门的学科（也是一种关于局部的学科）。它也不是现场的经验与直接回应使用者的需求，更多是抽象性知识与技术的操作。

现代建造体系就存在于生产市场和缓解危机的基本目的和

实践之中。但这样的表述并不完全准确。20世纪以来民族国家的诞生是全球范围重要的空间现象。现代建造体系同时也还要服务于民族国家在国际经济与文化等竞争状况下，对于理性、进步等（在不同的历史阶段有不同的取向）、对于权力合法性的要求。在保罗·利科（Paul Ricoeur）经常被引用的“世界文明与民族文化”一文中，他谈到通过现代消费文化的技术，世界范围生产了一种普遍的生活方式，通过住房、服装、交通等的统一样式表现出来；谈到各种民族文化的逐渐消亡和新世界文化的浮现（既是进步的，却也是整体粗糙的）；他进而谈到落后国家在现代化过程中的矛盾：

一方面，应该使自己重新扎根在自己的过去之中，应该重建民族的灵魂和提出民族的精神和文化要求……但是，为了进入现代文明，同时也应该进入科学、技术和政治的合理性，这通常需要彻底抛弃古老的文化。事实是：每一种文化都不可能支持和承受世界文化的冲击。这就是矛盾：如何在进行现代化的同时，保存自己的根基？如何在唤起沉睡的古老文化的同时，进入世界文明？[10]

现代建筑是现代建造体系的产出，是长在这棵树上的果子。最终的建筑形态是一系列复杂的、各种因素随着时间过程交互作用的结果，它远远不是建筑师本身空间想象和个体实践的结果③。它具有两种基本属性，即空间商品（资本诉求）和空间分配品（权力诉求）的属性。它不断地要屈服于市场的逻辑，从生产的组织到生产的商品。一个例子是，彼得·沃克（Peter Walker）在《未现之园》(*Invisible Garden*)一书中检讨了美国的现代景观发展历程，结论之一是，二战前由设计精英主导的设计事务所，在20世纪60年代后，普遍的状况是，已经转变为由善于市场经营和资本运作的金融精英所支配。它也要服务于权力的意图。[11]

清光绪十八年（1892）颁布的《洋务启蒙学堂试办章程》上第一条是选取16岁以下学童“学习外国语言文字及天文、地理、算法等事。欲通西学者应以此为门径娴熟之”，然后再修测量之学、格致之理、制器象尚之法、轮船火器之用等。光绪二十八年（1902）颁布了《钦定学堂章程》，明确规定高等教育分为高等学堂或大学预科、大学堂及大学院，是中国现代教育体制的里程碑标志。光绪三十二年（1906），《四川官报》转录《北洋官报》报道“遣学建筑”：“两江督宪以近来推行新政，形式与精神二者不可缺一。故于营缮工程之事颇为注重，惟中国建筑之学问向不讲求，遇有重大工程不能不聘用洋工洋匠，甚非持久之计。先特饬令学务处遴选素优东文、算学之学生十名，资遣出洋，前往日本专习工科内建筑学一门，以备将来应用。”[12]这是营造体系转变的开始。

汉宝德在《中国建筑传统的延续》中回顾中国传统建筑延续的问题、实践和理论探讨后说：

我们要把现实与历史分开，把建筑与建筑史分开……要明确地把思想游戏与真实的、有生命的建筑分开。

他进一步说：现代化所带来的灾难，不是新材料、新技术，而是西式的营造制度，亦即建筑师与营造厂自设计至建造的过程。西式制度是工业化的制度，设计家以创新为务，营造厂则必须按图施工。工匠与设计师的分离，使良性的自然演进的过程无法产生。④[13]

2014年威尼斯建筑双年展的主题“现代性的吸收”(absorbing modernity)。策展人库哈斯(Rem Koolhaas)谈到：

在设想的普遍性现代(universal modern)的“同一性”表面下，每一组策展人展示了内嵌在他们国家的现代性中的地方特性和气质……展示了对于地方特质的持续强调，然而也许还深藏着对于这些特质潜在可能消失的晦暗的焦虑。[14]

最后他说，最初许多国家现代化的理念是非常清晰的宏图，现在转变为一种更模糊不清的“具有民族特色的现代性”，“从‘全体的现代性’(modernity forall)出发，我们走向了‘为每个群体自己的现代性’(to each their own modernity)”[14]——过去一百年间的民族国家的历史，民族国家的建筑历史的文化追求，按照库哈斯潜在的解释，更多成为一种形式操作和符号的追求。

3 乡土符号的挪用：从形式操作到批判性回应现实需求

因为乡土社会的政治、经济、文化等根基不在了，“形式操作”成为广泛的、基本的模式。它是多种力量共同推进的结果。它一方面暗合了对普遍的、千篇一律的现实建筑的失望，也是新时期对于“求新求变”社会状态的回应；另一方面，也迎合在“中、西建筑”的过度简单分类中，对于生产“中式建筑”的心理与文化的要求；如果把“乡土”的概念适当扩大，把它作为“传统”的代名词，那么由政府主导的、反反复复的、类似的“夺回古都风貌”的行动也可以纳入这一讨论中来；更加有生产力的是资本的力量，从四处的“明清一条街”、某某新“古街”“古镇”到“新中式建筑”，是资本对于传统、对于乡土符号的挪用。然而无论是哪一种“形式操作”，基本的架构都是现代的结构体系（钢筋混凝土、钢结构为多）加上传统符号的复制、拼贴；或者是传统材料外表皮（如小青瓦、青砖等），容纳的是当下的功能需要。建筑师在其中有各种不同的尝试和实验。我曾经讨论过上海世博会上3个有趣的建筑，中国馆、西安馆和滕头村馆，对于符号的不同应用方式。[15]大量的符号抽取、并置或拼贴，很大一部分是众人心知肚明的“皇帝的新衣”，却被广泛接受。

当代农村的建筑，是尽可能节省造价的建造方式、材料与新时期生活方式相结合的结果。在某一地区范围内，这一结果不会产生大的不同（包括建造方式、空间模式、材料应用），农户间建房相互参考和攀比，差距只在于建房费用投入的差别。比较普遍的现象是，富有的农户往往建造有一定西式样式的农宅，虽然建房的仪式还部分存在，自己建设为主、邻里互助的建设方式已委托给农村的施工员、施工队完成。这是当下现实的和普遍的状况。即便如此，由于家庭结构、相近材料的不同组合、投入差别、小规模建设等原因，在同一性下面仍然体现出一定的多样性。2008年以后在政府主导下的新农村建设，是中央和地方政府财政、城市中的现代建造体系向农村地区的大量投入和制度性安排。这种快速的大规模建设形成了新时期的农村（建筑）景观。[16]

在这样的情况下，还能有新乡土建筑吗？还存在地方性建筑吗？什么又是新乡土建筑或者地方性建筑？

乡土建筑是乡土社会的果子，乡土社会的死亡也是乡土建筑的死亡；乡村建造体系的消失断裂了乡土建筑再生产的可能。新的、现代的建造体系是在没有现代化的社会中从外部直接引入的建造体系，包括观念、知识与技术、组织与管理、建筑师职业、施工管理等；它支配了普遍的建设过程，现存的大部分建筑就是这一体系的产品。回答以上的问题，直视现实的答案是，绝大部分20世纪80年代以来修建的农村建筑就是新乡土建筑。它们来自生活的直接需求，在经济限定和有限技术供给的条件下，改善了家庭的居住条件——尽管它们在一些专业人士眼中不能入像，也和普遍理解中的“乡土建筑”完全没有关系，却是那些没有能力搬进这类新居的农民们所羡慕的。但2008年以来的广泛的新农村建设运动正在大规模擦除这一类型的“新乡土建筑”，重写新时期的“新乡土建筑”。这一过程，是基于城市的现代建造体系高强度入侵或者替换农村的自发的、演变的建造体系（它既不完全延续传统建造方式，但也并不直接采用现代的建造体系）。

一个明确的判断是，不能也无法回到过去的建造体系，因此也无法复制传统的乡土建筑。从形式到材料的符号抽取、转换、拼贴、重组甚至只是简单的复制（符号作为一种生产资料），是生产具有传统意象建筑的一种方式，却不是全部，不是生产当代地方建筑的全部方式。存在的问题是，在现代化的过程中，我们不够现代，我们必须要更加现代。建筑的生产，作为社会生产与再生产的一个重要组成部分，要正视和积极回应当代社会生活的各种复杂问题。它的转型与建构需要来自传统的语言符号、却又必须重新忘记这些语言符号，建立自己的语法和词汇。在当下快速变换纷繁的世界中，它虽然必须要植根于现代的建造体系，却不必然要有统一的理论。如果说还能够从乡土建筑中学习到什么，那么对于地方性环境、气候、地理状况、材料的直接回应，是现代乡土建筑应有所作为的。但这只是其中的一方面，物质性的回应要与社会性的需求结合起来（创造就蕴含在这两者的关系之间，在空间的形式和逻辑、建筑形态和表达、材料的应用和情感等），加上建筑师个人或团队的创造，因地制宜，才是新乡土建筑的依托所在。从这一点上说，虽然当下已然是一个去精英化的社会，但建筑师仍然具有一定的社会责任，去积极回应现实的需求，而不完全成为生产体系中被推动的一个齿轮。

（原载于《建筑学报》2018年第1期）

注释

① 段义孚在《地方与空间》中谈道：“古希腊人和古意大利人相信排他性。空间有其神圣不可侵犯的边界。每一处田产都在家庭神明的看护之下，并且有一条未经耕作的地带标出来它的界线。”他还进一步谈到，“对于故乡的深深依恋似乎是一种世界性现象。它并不局限于任何特定的文化或经济体”。见参考文献[1]:126。

② 中文翻译转引自参考文献[8]。同样在这本书中，还引用了阿多诺对于栖居的讨论：“栖居，如今在其真正意义上是不再可能了……住屋的事已经成过去。”

③ 但不否认建筑师个体的能动作用。

④ 在该文中，他还谈道：“在基本上厌弃传统政治与文化的氛围中谈文化传统的维护是一个笑话。”

引文文献

[1] 段义孚. 地方与空间：经验的视角[M]. 北京：中国人民大学出版社，2017.

[2] 杨宇振. 兼容二元：中国县镇乡发展的基本判断与路径选择[J]. 国际城市规划，2015，30(1):1-7.

[3] 李鸿球. 巴蜀鸿爪录[G]// 中国社会科学院近代史研究所. 近代史资料（总85号）. 北京：中国社会科学出版社，1994.

[4] 丁家驹. 中国的歧路[J]. 中国农村，1935，1(7):1-14.

[5] 吴景超. 发展都市以救济农村[J]. 独立评论，1934，118:5-7.

[6] 陈序经. 乡村建设理论的检讨[J]. 独立评论，1936，199:13-18.

[7] 马克思，恩格斯. 马克思恩格斯选集：第一卷[G]. 中共中央马克思、恩格斯、列宁、斯大林著作编译局，编译. 北京：人民出版社，2008:114-115.

[8] 希尔德·海嫩. 建筑与现代性批评[M]. 北京：商务印书馆，2015:27.

[9] Heidegger.Building,Dwelling,Thinking,in Poetry,Language,Thought[M]. New York: Haper and Row,1971.

[10] 保罗·利科. 历史与真理[M]. 上海：上海译文出版社，2004:280.

[11] Peter Walker,Melanie Simo.Invisible Gardens:the Dearch for Modernism in The American Landscape[M].Cambridge,Mass:MIT Press,1994.

[12] 新闻：京外新闻：遣学建筑（录北洋官报）[J]. 四川官报. 1906(14): 52.

[13] 汉宝德. 中国建筑传统的延续 [G]// 中华文化的过去现在与未来. 北京：中华书局，1992: 489.

[14] Rem Koolhaas.Fundamentals: 14th International Architecture Exhibition. Marsilio, 2014: 22.

[15] 杨宇振. 关于王澍 [G]// 杨宇振. 在空间：城乡观察随笔. 北京：清华大学出版社，2013: 81－84.

[16] 杨宇振，覃琳，张沂川. 双村记　农村的困境与介入新农村建设的方式 [J]. 时代建筑，2015(3): 55－61.

作者简介

杨宇振，重庆大学建筑城规学院教授；

覃　琳，重庆大学建筑城规学院副教授。

地块肌理——土地划分的形态学

刘 铨

摘　要：地块肌理是城市土地划分形态的表达。它作为街道肌理与建筑肌理的联系中介，是城市肌理的重要组成部分。本文在明确定义城市肌理与地块肌理的基础上，分析了地块肌理在街块、地块格局和地块三个层次上与建筑肌理、街道肌理的关系，并探讨了增强街道与建筑、建筑与建筑空间关联性的土地划分基本原则。

关键词：地块；街块；城市肌理；城市形态；城市设计

1 概述

城市肌理是建筑设计与城市设计中被广泛讨论的对象，但一直没有明确的定义。以往对城市肌理的讨论多将其指向街巷肌理与建筑肌理两个方面[1]。英国城市形态学派的“城镇平面”（town plan）则在讨论中加入了土地这一重要城市形态物质要素的基本单元——“地块”[2][3]。这一学派代表人物康泽恩（M.R.G.Conzen）将“城镇平面”定义为“英国地形测量局1：2500地图上所表达的建城区所有地物特征”[4]（图1）。它隐含着以下意义：第一，地图上表达的街道、地块、建筑（及其外部空间）是构成城市形态（Urban Form）的三个基本物质要素[5]；第二，城镇平面（城市肌理）是这些城市形态要素的布局形式和相互关系的平面表达；第三，它有一定的解析度，比如建筑要素主要是其形体的平面投影（block-plan）。为便于讨论，本文在此基础上将城市肌理定义为“城市形态中街道、地块、建筑形体（及其外部空间）及其相互关系的平面表达”。表达城市土地划分形态的地块肌理与街巷肌理、建筑肌理共同构成了城市肌理。城市土地的划分包含由街道划分和围合的“街块”（block）[6]和单个“地块”（plot）两个层级，两者由街块内土地细分形成的“地块格局”（plot pattern）联系在一起（图2）。因此，“地块肌理”可被定义为“若干街块的不同地块格局组合形成的城市土地的分割与排布形态”。

地块肌理是城市肌理及城市形态研究中的重要组成部分。

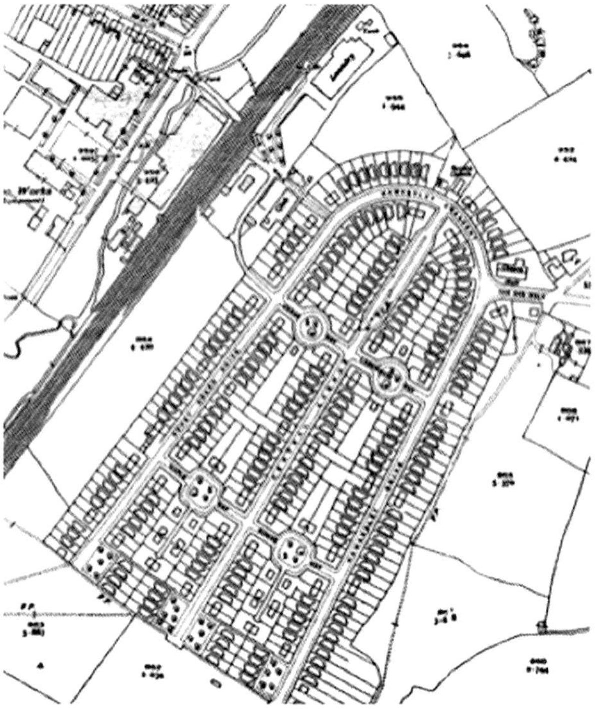

图1　1:2500的英国地形测量局地图

图2　地块划分的三个形态层级

首先，从时间上看，土地边界及权属的划定通常先于建筑，早期的地块格局和地块边界作为一种“形态框架”（morphological frame），对城市形态的变化往往比建筑具有更加持久的影响[7]（图3）。其次，从空间上看，它是联系街巷与建筑要素的中介。街道的围合定义出了街块，单个地块限定出建筑的边界，地块格局则建立起建筑之间的基本布局关系。因此，街巷肌理与建筑肌理实际上是通过地块肌理联系在一起的。同时，地块肌理

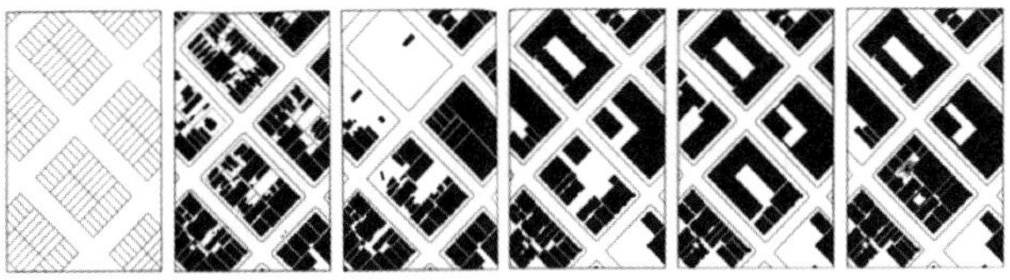

图3　初始地块划分形态肌理变化的持续性影响

反映出的城市土地分配逻辑，使城市肌理及其变迁的讨论与社会政治经济因素紧密地联系在一起，如租地权周期、城市边缘带拓展与经济周期的关系等[8][9]。

但地块肌理在建筑学领域往往不如街巷和建筑肌理那样受到足够重视和充分讨论。首先，它不易于辨识，加之地籍资料的匮乏、分散和不公开使相关研究多停留在街块尺度[10]。其次，中华人民共和国成立之后的土地制度变更，弱化了它形态框架的约束作用。更为重要的是，目前用以落实土地细分的控制性详细规划，从诞生始，其核心任务就是基于土地价值管理而不是形态控制[11][12]。土地划分主要被作为各种指标“量”的匡算基础，它在“形”的控制方面所应有的潜力未得到重视。而城市设计作为目前城市形态塑造的主要手段，其中土地划分的形态通常要么是“已知项”（已编制控规），要么是建筑布局结果的“翻译”（转化为控规地块），始终处于被动的位置。深入讨论地块肌理，能够把路网规划、土地利用与建筑形态控制更好地结合起来，也能更有效地保证城市设计的可实施性[13]。

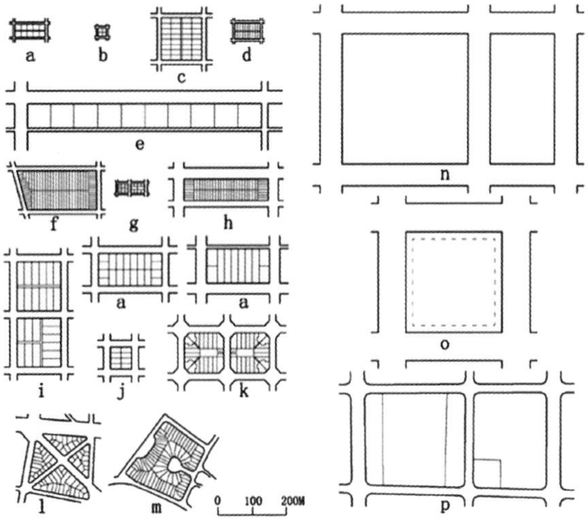

图4　典型的街块案例及其初划地块格局

2 地块肌理的演变

大致可以分为从细分的传统时期到合并的现代主义时期（表1，图4）。

表1　典型街块及地块尺寸[14]

编号	城市	规划年代	典型街块尺寸（米×米）	典型地块尺寸（米×米）
a	奥林索斯	公元前5世纪	87.5×36.5	17.5×17.25
b	提姆加德	1世纪	24×24	12×12
c	平安京	794年	约119×119（400尺×400尺）	约15×29（50尺×97.5尺）
d	蒙帕济耶	13世纪90年代	约73×46（240英尺×150英尺）	约7.3×22（24英尺×72英尺）
e	元大都	13世纪	约678×67.8（440步×44步）	约67.8×67.8（44步×44步）
f	阿姆斯特丹	1614年	约231.5×110	约7.6×55（25英尺×180英尺）
g	新布里萨克	18世纪	约39×27	约10×10
h	纽约曼哈顿	1811年	约244×61（800英尺×200英尺）	约7.6×30.5（25英尺×100英尺）
i	芝加哥	19世纪30年代	约137×128（378英尺×320英尺）	约21×65（90×180）
j	波特兰	1853年	约61×61（200英尺×200英尺）	约15×30.5（50英尺×100英尺）
k	巴塞罗那	19世纪60年代	113×113	12.5×45
l	巴黎	1866年	约160×80（三角形底边与高）	约11×28
m	韦林	20世纪20年代	约170×160	约12×34
n	明日城市	1929年	约366×366（400英尺×400英尺）	约366×366（400英尺×400英尺）
o	巴西利亚	1957年	280×280	280×280
p	南京河西新城	21世纪	约290×260	约180×260

2.1传统地块肌理

无论是由农田村庄发展而来的城镇，还是因政治或军事需要而直接建立的城市，土地划分都是形态生成的基础。中国早期城市很早就开始基于土地国有并结合对人口的管理建立了以土地划分和分配为基础的“井田”和“营国”制度。无论城市还是乡村对各类土地都有明确的面积分配规定[15][16]，同时形成与户籍对应的土地分配图[17]。在古罗马，土地的测量也是建城的基础，其划分、分配都会被记录在铜版上[18]。为便于丈量，初始的土地划分形态都会倾向于使用较为简单的正交网格，但其规整程度则多取决于地形等自然因素及测绘技术水平。

在一些城镇形成的早期，由于地广人稀，初划地块往往远大于普通建筑所需[19][20][21]。随着人口的增长与集聚，土地大都会经历再分的过程以提供更多的沿街地块。基于已有的研究[22][23]以及现存的正在生成与生长的村庄形态，可以大致描述出地块细分的发展过程：细分多始于均分主街道地块沿街面（图5a，b），而后细分向交叉的街巷发展（图5b，c），在形成完全围合的街块后，长条形地块的“尾端”会被分离出来形成新的沿街地块，而中心地段的地块有可能被进一步细分（图5d）。合并则会发生在相邻的两个或多个地块间。但总体上看，传统城市的地块肌理还是以细分为主，地块被越分越细，面宽与进深比往往能达到1 ∶ 6甚至更大[24]。长期多次的细分—合并—再分的过程中伴随着偶发事件、测量偏差，最终形成了参差不齐的长条形地块沿街紧密排列的地块格局。传统的格网型城市规划将这样的地块划分经验标准化了：中分的街块沿街布置数量众多的标准长方形地块。一些街块在中分处还留有窄巷，起到联系地块尾端与城市街道及消防通道的作用。

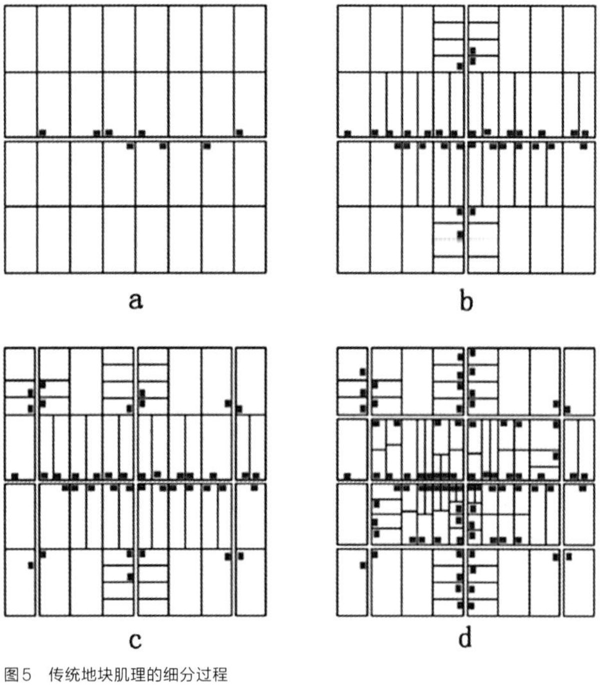

图5 传统地块肌理的细分过程

2.2现代主义城市的地块肌理

工业化与城市化以来，一方面，新的空间需求推动传统的均分式小地块的格局逐步解体。传统城市中的小地块肌理由于尺度的限制无法为大量涌入城市的人口提供足够的有一定质量的居住空间和新类型的公共空间，从而推动了地块与街块的不断合并，而高人口密度带来的健康、安全需求也促使在街块和地块内部提供更多半公共性的室外开敞空间。柯布西耶的现代主义城市构想，则基本上取消了街块内的地块划分。另一方面，机动车的普及使城市街块尺度发生了巨大变化。以步行为主导的传统城市，街块边长基本不超过150米。而现代主义城市规划对机动车交通的强调使城市街块尺度大幅增加。因此，要理解现代城市肌理的变化问题，就需对地块肌理与建筑、街道的关系进行进一步讨论。

3 地块肌理与建筑肌理

传统的长条形地块，早期通常沿街布置建筑，后端仍被用于耕种[25]，地块肌理有着明显的农耕时代印记。也有一些地块的沿街面宽在初划时就会考虑当时的建造技术限定下的建筑尺度[26]。当地块因建筑尺度限制难以继续切分而沿街面又被建筑完全占据之后，建筑只能向地块尾端发展，并采用侧院或多进内院的布局来解决采光通风问题。因此，传统城市紧密的建筑肌理和紧凑的建筑空间，很大程度上是在地块形态的限制下被慢慢“挤”出来的，而不是以固定的类型单元拼出来的。

工业化初期的西方城市，迅速涌入的人口导致出租屋需求剧增，小地块所有者为获得更多的利益而不断提高建筑密度与高度，导致居住条件急剧恶化[27][28]。以纽约曼哈顿为例，标准的25英尺 × 100英尺地块是以传统家庭住宅为标准设定的，之后逐步发展出的哑铃式公寓，建筑密度甚至达到80%，每层14个房间中有10个房间只能通过极窄的天井获得采光与通风（图6）。为改善居住质量问题，建筑师开始探索突破传统地块肌理的限制。建筑师首先尝试在不改变地块数量的情况下采用新的地块格局来缩小地块进深、加大面宽。而后，一些方案探索了通过地块合并为居住环境的改善提供更大空间[29]（图7）。

与此同时，基于地块形态的建筑控制线管理开始出现。最具代表性的就是1916年纽约的区划法，“它定义了最大可容许建设范围的外缘”[30]。后来的规划法规多以此为蓝本，设定了改善日照、通风、采光、防火相关的建筑退界、建筑间距、内院面积等条款[31][32]。这进一步推动了地块合并甚至占据整个街块的趋向[33]。而20世纪50年代起逐渐被广泛使用的土地开发强度指标（容积率与建筑密度），将形态控制条件进一步地抽象

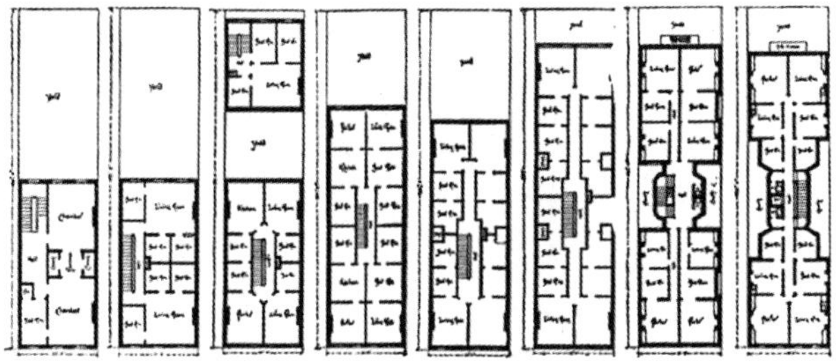

图6　曼哈顿标准地块限定下家庭住宅向高密度公寓的建筑形态演变

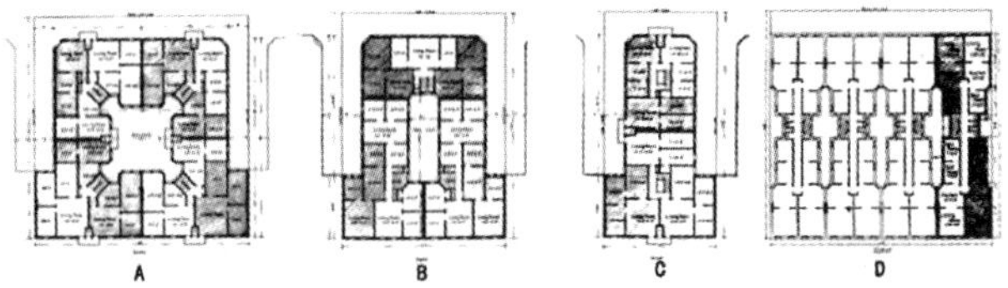

图7　费拉格(Ernest Flagg)1984年基于合并，扩大地块的公寓原型设计(ABC)与典型哑铃公寓(D)的比较

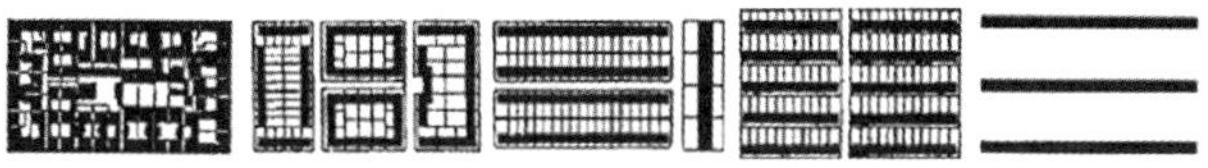

图8　地块格局瓦解与建筑肌理变化过程的图解

化了，它们只与地块面积有关，而不包含对地块形状的考虑。

传统地块格局的瓦解使长期以来地块与建筑布局的直接关联被打破，建筑有了谋求更自由布局的可能，而从私人到社会建设资金的转变则使这种可能得以实现。这在社会住宅建设上表现得尤为明显。早期出现的大量联排式公寓，虽然明显是在多个连续地块上统一建设的，但其单元拼接的形式（图7）并没有突破传统小地块格局的限制。而在大地块条件下，由政府和私人基金建设的社会化住宅则摆脱了传统地块肌理的限制。虽然由于传统的惯性，建筑在早期仍多沿街布置，但街块内部已转变成半公共空间。其后，围合式的建筑肌理也逐步瓦解，街块空间被打开，直到柯布西耶式的现代主义“物体城市”（objectcity）将传统建筑肌理彻底改变。可以说，现代城市建筑肌理的变化与传统地块肌理的瓦解息息相关[34]（图8）。

4 地块肌理与街巷肌理

地块肌理与街巷肌理在形态上相互关联的同时，功能上也相互依存。街块是由路网划分出来的，地块则通过沿街面与街道联系在一起。而街道为街块带来人的聚集、形成高土地利用率、提升街块土地价值的同时，其繁荣又能反过来促进街道作为城市公共空间的活力。

而传统地块格局的解体首先极大地影响了街道界面与功能的转变。意大利城市形态学派使用“城市组件”（urbantissue）来描述传统地块肌理中由共用街道串联起的一系列街块形成的城市空间的基本单元，而街块实际上是由几个不同组件的部分

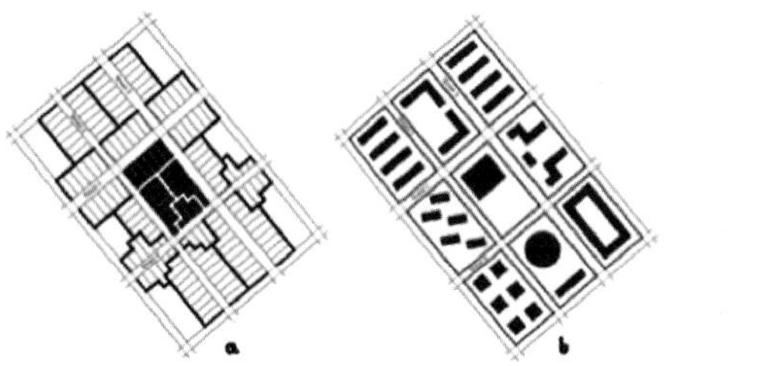

图9　城市组件及其解体

拼合而成[35]（图9a）。由于多数地块只有一个较窄的沿街面，沿街布局成为建筑与街道空间发生联系的最好方式，并形成连续的沿街界面。街道成为这些地块共生的纽带，凸显出它在传统城市形态和城市生活中的核心地位。但随着现代城市中传统地块肌理被打破，地块沿街面对于建筑不再稀缺。加之建筑布局的自由化，连续的街道界面消失，地块及建筑内的活动已很难再和特定的街道空间联系在一起，公共活动不必再聚集在街道空间内[36]（图9b）。

同时，大地块设置的“门槛”所导致的“挤出效应”（只有资金更充足的购买者才买得起土地进行开发建设）降低了沿街地块的功能多样性[37]。同时，越多沿街面地块、越小进深的土地划分形态被认为越有利于土地价值、城市多样性和街道公共空间活力的提升[38]。在传统城市中，街巷密度相较于现代城市要大得多，街块面积和地块进深更小、沿街面更多。有研究通过美国和欧洲一些城市中心区典型街块肌理变化情况的对比，认为边长80米—110米的街块，其形态尺度适应力最强，引发的街块、地块和建筑肌理变动最少[39]。而机动车交通主导下的现代主义城市的大街块对街道公共空间活力的损害则早已遭到批判。除了街道密度，影响沿街面和地块进深的还有街块形状。虽然方形和长方形都是最常见的街块形状，但排布同样的地块，长方形更具效率。在路网密度相同的条件下，长宽比更大的街块也更能有效增加沿街面、减小进深，也更有利于更多小地块的灵活划分。而像以巴黎为代表的城市那样增加斜向道路，或者像韦文（Raymond Unwin）在田园城市规划中大量使用的街块内尽端路或内广场所形成的U形街块（表4m，可以将其视为变形的长方形街块），也是减小街块与地块进深、增加沿街面的有效方法，同时还起到了丰富城市街道空间景观的作用。

另外，街道走向会对地块排布方向产生很大的影响。在传统城市中，自然河流作为城市重要的对外水上通路，其走向往往对地块布局朝向有着比日照、通风要求更大的影响力（图10）。塞尔达的巴塞罗那规划也使用了斜向的路网形成斜向街块，从而使沿四个边布置的建筑都能获得南向日照。因此，在布置对日照要求较为敏感的建筑用地和街块时，需要充分考虑街道走向对沿街界面形态可能带来的影响。

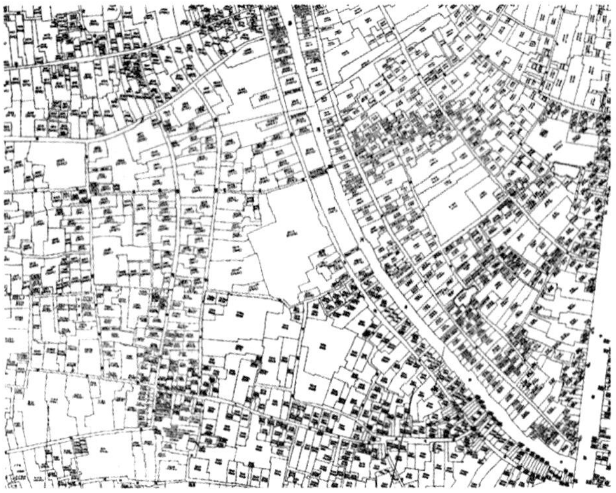

图10　南京门西地区1937年地块图（可以看出从垂直于秦淮河向正常的南北向转变的地块肌理）

图11　南京新街口商业街区地块格局变迁

5 我国城市的地块肌理特征

1949年前，我国城市地块肌理也仍主要以独立住宅小地块构成。1949年后，单位制空间治理模式使老城内原有的小地块逐步合并，厂区、大院式的大街区、大地块在城市空间中占据了主导。同时，城市建设的低投入、土地市场的缺失也抑制了交通与城市公共空间的需求，导致了较低的路网密度和较大的街块[40]。改革开放后，为了在较低的市政基础设施投入下快速、成规模地进行城市改造与开发，多数地方规划部门也更倾向于采用大地块和大街块。而街块内的地块格局概括起来则有三个大的类型。

中心型。这一类型的地块肌理是在老城区传统地块肌理基础上演变或叠加而来的。有些直接是地块或街块的合并与再分，有的还存在不同时期肌理的叠加，特别是新开道路的影响。虽然规划常常忽视原有的地块权属边界，造成许多地块“混合分并”的情况[41]，但总体上看，早期地块肌理仍对后来的地块划分存在着持续的影响，特别是在街块这一层级（图11）。

边缘型。在城市向外扩展的边缘区，地块划分主要表现为一种填充的特征。向外扩展的路网往往避开原有的村庄，将其包裹在街块内，而快速开发的不规则地块填充了沿街空地，包裹住了原有村庄。这在柯布西耶的现代主义城市规划主张中早有提及的快速城市化模式[42]，虽然减少了初期建设成本，但为

图12　边缘型地块格局

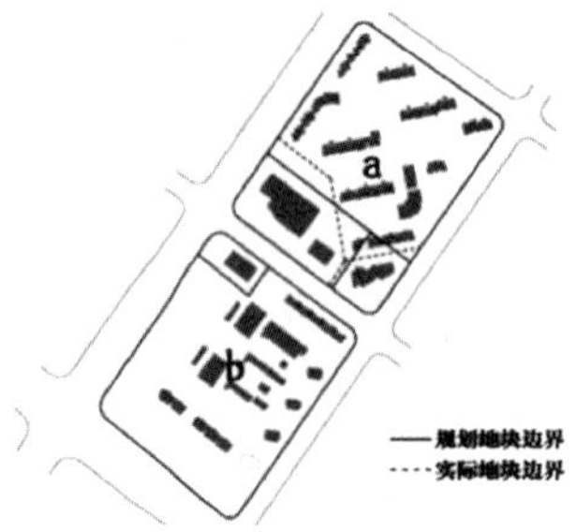

图13　新区型地块格局

后续的城市发展埋下了隐患，比如城市空间破碎、改造难度加大、形成城中村，带来许多社会问题（图12）。

新区型。城市新区往往将机动车交通组织及土地利用作为核心任务，地块肌理更多呈现的是对现代主义规划原则影响下的规划法规规范和指标的翻译。大街块、街块内地块数量少，缺少具有明确划分规则的地块格局特征。例如图13a所示街块，控规虽然划分了地块，但实际只起到控制各类用地的面积和大致布局位置的作用，并未考虑对肌理的形态约束，实际建设仍以街块为整体。图13b是城市新区常见的转角切割型地块格局，虽然街道转角是城市认知中的重要空间节点，但规划却往往将划分其作为不利于形态塑造的市政设施用地。

6 结语

传统城市地块肌理体现了沿街面和土地资源利用的最大化，并在长期演化中建立起街道、地块与建筑形态的紧密联系。现代主义城市规划则在快速城市化的密度压力下向取消建筑形态束缚的大街块、大地块演化，造成地块、建筑、街道形态关系的断裂。而退界、间距、建设强度指标等出于环境、经济需要产生的规划控制手段，作用于单个地块，强化了这种断裂。形态关系的断裂又导致城市公共空间活力的衰落。

从20世纪六七十年代起，对现代主义城市规划的反思已从单纯批判转向了形态重建的探索。前路茫然时，人们开始回顾历史，因此“形态类型学”（typo-morphology）方法从对欧洲历史城市的发展过程的研究中产生出来，试图把街道、地块、建筑的关系再次连接起来。[43]例如，康泽恩以地块为核心，将城市形态中的不同要素进行叠加，区分出城市的“平面单元”（plan unit）和“形态区域”（morphological region），而“形态区域”的演化则勾画出城市生长的结构[44]。而新城市主义的实践[45]，回归传统城市空间的构成原则，在城市设计角度对街道、地块与建筑类型的区分及形态规则的探索，对之后“基于形态的规划”（form-basedcode）的发展产生了重要的影响。

不过，基于传统城市的回顾式研究忽略了城市在当代的发

展与需求，对现代城市肌理的相关研究还十分缺乏[46]。而我国在快速的城市发展中，城市肌理常常发生叠加式的巨大变化，但地块肌理在其中所起的作用却并未受到重视。目前城市建设开始从“量”向“质”转变，通过整合与重建地块肌理，来缝合二维的城市道路交通规划、城市土地利用和三维形态塑造之间的断裂，仍有巨大的研究空间。

从单纯的形态层面看，群体的秩序和关联构成了城市肌理的可识别性。因此，必须强化现代城市中地块肌理的秩序，重建它与街道、建筑的紧密关系。在地块层面，可研究城市建筑与地块形态的关系，并尽量将其类型化。在地块格局层面，综合考虑地块功能、面积形状，以“城市组件”的形式重构地块与街道的联系，从而设定合理的街块与地块划分规则，避免地块切割的随意性。对于老城已有的地块肌理，应注重分析其现有类型特征，通过城市更新对地块肌理进行重整。

从形态的性能层面看，紧密的肌理关系实际上反映的是土地与街道空间的互惠和利用的最大化。因此，在现代城市中重建地块肌理秩序，有利于形成更为紧凑、更具活力、更好管控的城市空间，达到高效利用土地的目的。在地块层面，基于地块与建筑形态关系的类型研究，可以增强地块尺度及其建设指标制定的科学性与高效率。而在地块格局层面，尽可能增加沿街地块的数量，其退界要求应综合整条街道来考虑，而不是分配到地块。这并不只是出于形态连续性的要求，而是有利于街道活力的提升。另外，适当设立街块内的公共巷道，可减少各地块为联通街道、消防环道而单独设立的内部通路，从而提高建筑布局的紧凑性和外部空间的使用效率。在街块层面，为达到增加功能多样性、激发公共空间活力的目的，路网规划应更多地考虑街块形状、边界方向，特别是在不便于突破我国现有规划路网密度标准的情况下更多采用长宽比更大的街块形态。

（原载于《建筑师》2018年第1期）

引文文献

[1] 杨俊宴，钱舒皓. 特大城市中心体系 空间肌理分异研究——以重庆市为例 [J]. 城市规划学刊，2014（4）：18－23.

[2] Spiro Kostof. The City Shaped:Urban Patterns and Meanings [M]. London:Thames and Hudson Ltd,1991:25,147－150.

[3] 童明. 城市肌理如何激发城市活力 [J]. 城市规划学刊，2014（3）：85－96.

[4] M.R.G Conzen.Alnwick,Northumberland:A Study in Town-plan Analysis[M]//Institute of British Geogra-phers Publication 27, London:George Philip,1960:4.

[5] 城市形态学将基本的研究对象定义为“人工物质环境”（详见参考文献[1]）。因此，地形等自然要素大多仍被作为影响城市形态（urban form）形成的外部条件。

[6] Street-block 或 block 有多种中文译法。它是指由城市街道围合或半围合的整片区域，翻译为“街块”最为直接和明确，也与“地块”呼应。因为中文没有复数表达，“街区”易与描述由街道及其周边若干街块组成的区域产生混淆，而“街廓”则更接近于描述以街道空间为核心的垂直街道界面（街块的外轮廓）。

[7] 同 [4]:38.

[8] 段进，邱国潮. 租地权周期与微干预规划设计 [J]. 城市规划，2010(8):24－28.

[9] J.W.R. Whitehand.Development Cycles and Urban Landscapes [J]. Geography,1994,79(12):3－17.

[10] 受技术及财力影响，也顾及扰民等问题，古代中国全面的土地清丈很有限。民国时期，国民政府开始采用现代测绘技术进行土地清丈，但也因为战争等影响只完成了很小一部分（详见参考文献[2]）。因此，公开的可供城市形态研究的地图等地籍资料相对匮乏（详见参考文献[3]）。

[11] 鲍世行. 规划要发展管理要强化——谈控制性详细规划 [J]. 城市规划，1989(6):42－46.

[12] 孙晖，梁江. 控制性详细规划应当控制什么——美国地方规划法规的启示 [J]. 城市规划，2000(5)：19－21.

[13] 刘迪，孙晓敏. 地块划分对加强城市设计实效性的意义 [J]. 城市规划学刊，2012（S1）：144－148.

[14] 表中选择的平安京街块并不是它的一个坊，而是一个“町”（坊的16分之一）（详见参考文献[4]）。日本古代都城的条坊制效仿自中国宋代之前的“闾里制”或“里坊制”，因此大街所分割的“闾”或“坊”与后来的街块不能完全对等。例如，唐长安的坊在封闭的坊墙内还有十字街、沿墙街，甚至更下一级的巷道（详见参考文献[5]），其空间尺度及组织形态可能更接近一个村落（《唐元典》：“两京及州县之郭内为坊，郊外为村”）。

[15] 贺业钜. 中国古代城市规划史 [M]. 北京：中国建筑工业出版社，1996:188－195.

[16] 赵冈. 中国城市发展史论集 [M]. 北京：新星出版社，2006:50－51.

[17]《周礼·天官·小宰》：“听闾里以版图。”贾公彦疏：“在六乡则二十五家为闾，在六遂则二十五家为里。闾里之中有争讼，则以户籍之版、土地之图听决之。”

[18] Joseph Rykwert. The idea of a Town: The Anthropology of Urban Form in Rome,Italy and the Ancient World[M]. Cambridge and London: The MIT Press,1988:60－63

[19] 邓奕，毛其智. 从《乾隆京城全图》看北京城街区构成与尺度分析 [J]. 城市规划，2003，27(10):58－65.

[20] 李菁，王贵祥. 清代北京城内的胡同与合院式住宅 [J]. 世界建筑导报，2006(6):6－11.

[21] A. E. J. Morris. History of urban form: before the industrial revolutions [M]. London & New York: Routledge, 2013: 137.

[22] 同 [4]:25.

[23] T. R. Slater. Ideal and reality in English Episcopal medi-eval town planning, Transactions of the Institute of British Geographers [J]. New Series, 1987, 12(2):191－203.

[24] 同 [2]:148；同 [4]:3.

[25] 同 [2]:14.

[26] 同 [4]:32－34.

[27] 同 [2]:148－150.

[28] Peter Hall. Cities of Tomorrow: An Intellectual History of Urban Planning and Design in the Twentieth Century [M]. Oxford: Blackwell Publishers, 1996: 12－48.

[29] Richard Plunz. A History of Housing in New York City [M]. New York: Columbia University Press, 1990.

[30] Rem Koolhaas. Delirious New York [M]. New York: The Monacelli Press, 1994: 107.

[31] Emily Talen. City Rules: How Regulations Affect Urban Form [M]. Washington: Island Press, 2012: 9.

[32] Marjut Kirjakk. Fire Alleys in Finnish Urban Design[J].Urban Morphology, 2005, 9(1): 17－28.

[33] 以芝加哥为例，1910年设定退界要求后，25英寸沿街面宽的独立住宅地块价值不到30英尺面宽地块的一半，而到1929年，住宅地块的面宽已经普遍增加到40英尺（同注释 [30]:48－49）。

[34] Philippe Panerai, Jean Castex, Jean-Charles Depaule, Ivor Samuels. Urban Forms: The Death and Life of the Urban Block [M]. Oxford: Architectural Press, 2004.

[35] Karl Kropf. Urban Tissue and the character of towns [J]. Urban Design International, 1996, 1(3): 247－263.

[36] Karl Kropf. Ambiguity in the Defi Nition of Built Form [J]. Urban Morphology, 2014, 18(1): 41－57.

[37] 赵燕菁. 从计划到市场：城市微观道路—用地模式的转变 [J]. 城市规划，2002(10)：24－30.

[38] 同 [37].

[39] Arnis Siksna. City Centre Blocks and their Evolution: A Comparative Study of Eight American and Australian CBDs [J]. Journal of Urban Design, 1998, 3(3): 253－283.

[40] 同 [36].

[41] 目前中国城市中保留传统城市肌理的历史地区，在现行规划里也多是被划成一个完整的大地块。

[42] Le Corbusier. The City of Tomorrow and Its Planning [M]. New York: Dover Publications Inc, 1987: 271.

[43] David Mangin, Philippe Panerai, Projet Urbain [M]. Marseille: Editions Parentheses, 1999.

[44] M.R.G Conzen. Thinking about urban form [M]. Bern: Peter Lang, 2004: 116－142.

[45] Andres Duany, Elizabeth Plater-Zyberck. Towns and Town-Making Principles [M]. New York: Rizzoli, 2006.

[46] Albert Levy. Urban Morphology and the Problem of the Modern Urban Fabric: Some Questions for Research [J]. Urban Morphology, 1999, 3(2): 79－85.

参考文献

(1) A.V.Moudon.Urban Morphology as an Emerging Interdisciplinary Field[J].Urban Morphology 1997, 1(1).

(2) 江伟涛. 南京国民政府时期的地籍测量及评估——兼论民国各项调查资料中的“土地数字”[J]. 中国历史地理论丛，2013, 28(2).

(3) Kai Gu. Zhang J. Cartographical Sources for Urban Morpho-logical Research in China [J]. Urban Morphology, 2014, 18(1).

(4) 王晖. 日本古代都城条坊制度的演变 [J]. 国际城市规划，2007, 22(1).

(5) 郑卫，李京生. 唐长安里坊内部道路体系探析 [J]. 城市规划，2007, 31(10).

(6) 梁江，沈娜. 方格网城市的重新解读 [J]. 国外城市规划，2003, 18(4).

(7) 万国鼎. 中国田制史 [M]. 北京：商务印书馆，2011.

(8) Harold M. Mayer, Richard C. Wade. Chicago: Growth of a Metropolis [M]. Chicago: The University of Chicago Press, 1969.

(9) Farèsel-Dahdah ed. CASE : Lucio Costa, Brasilia’ s super-quadra [M]. Munich: Prestel Verlag, 2005.

(10) Susanne Komossa, Han Meyer, Max Risselade, Sabien Thomaes, Nynke Jutten, ed.Atlas of the Dutch Urban Block [M]. Bussum: THOTH Publishers, 2005.

(11) Peter Bosselmann. Urban Transformation: Understanding City Design and Form [M]. Washington: Island Press, 2008.

(12) Hilary Ballon ed. The Greatest Grid: The Master Plan of Manhattan 1811－2011 [M]. New York: The Musume of the City of New York, 2012.

(13) Emanuel Christ, Christoph Gantenbein. Typology-Honk Kong, Rome, New York, Buenos Aires [M]. Z ü rich: ETH Z ü rich & Park Books, 2012.

(14) Joan Busquets. Barcelona: The urban evolution of a com-pact city [M]. Applied Research + Design Publishing, 2014.

(15) Emanuel Christ, Christoph Gantenbein. Typology-Paris, Delhi, São Paulo, Athens [M]. Z ü rich: ETH Z ü rich & Park Books, 2015.

(16) Lina Zhang, Wowo Ding. Study Planned Economy Based Urban Plot Distribution and Urban Fabric: Casing Center District in Nanjing [C]. Roma: ISUF 2015 22nd international Conference, 2015.

图片来源

图 1：https://commons.wikimedia.org/ wiki/File:Austin_Village_OS_map_1936_1_2500_25_inch.jpg；

图 3：参考文献（11）. 204 205；

图 6，7：引文文献 [29]:13，27，42；

图 8：引文文献 [34]:165；

图 9：引文文献 [36]；

图 10：http://map.rchss.sinica.edu.tw/cgi-bin/gs32/gsweb.cgi/ccd=wDgVOV/result；

图 11：参考文献（16）；

其余为作者自绘。

作者简介

刘　铨，南京大学建筑与城市规划学院讲师。

异托邦与多维之境——西方建筑设计思维与审美的当代性思考

王　辉

摘　要：建筑设计的趋势在不断变化，在混沌与多元的当代西方社会条件之下，有关社会、技术、空间、身体等多维度的综合使得建筑设计呈现出了一种独特的时代精神。在经验与试验、本质与外延多个层面游走的建筑师试图通过各种探索来丰富建筑与城市空间体验，在应对纷繁复杂社会状况的同时描绘了一幅多维度的当代空间图景。文章从三个方面介绍了这一空间图景背后的思维与审美特征，试图以此对西方建筑设计的当代性进行解读与剖析。

关键词：当代建筑；设计思维；当代性；异托邦

20世纪60年代，法国思想家福柯对于西方空间的发展提出了异托邦的概念；MIT建筑与城规学院的院长威廉·米切尔在21世纪初使用了“e-Topia”一词来描绘未来信息化影响之下的建筑与城市现象。在社会越发多元、科技不断进步的情况下，同时伴随着建设量缩减以及设计主战场转移的现实状况，西方建筑与城市发展正如e托邦或异托邦所预示的那样，建筑设计思维与审美似乎越来越呈现出一种虚幻与难以把握的状况。

这种状况也可以认为是之前种种争议与悖论持续的结果[1]。当代西方建筑设计发展越来越多元化，建筑实践背后缺乏能够作为基本纲领的建筑思想，一些人甚至认为这是建筑继续发展的动力。美国早在1961年举办了一场有关建筑发展的研讨会，研讨会前半部分的主题就是“混沌主义时期”，主办者美国建筑评论家T.克莱顿使用“混沌主义”一词来形容当时建筑发展多元化的特点，同时这也是他对未来建筑发展趋势的一种预测。后现代以来的建筑设计确实包含了许多重叠和冲突的倾向，其中除了关注社会、技术发展因素而强调他律的尝试，还有一些建筑师和学者希望挖掘建筑“自主性”而进行的实验。曾编辑出版《1968年以来的建筑理论》（*Architecture Theory Since 1968*）一书的建筑理论家迈克尔·海斯（K.Michael Hays）在《建筑的欲望：解读新先锋》（*Architecture's Desire:Reading the Late Avant-Garde*）一书中对于这些实验进行了梳理与解读[2]。伴随着这些先锋性的尝试，大量关于建筑设计的探索都争先恐后地与当代西方思想如批判理论、后结构主义、现象学相关联，也有人认为在建筑多元化时代中社会批判理论与后结构主义可能占到了上风[3]。进入20世纪以来形势又发生了变化，在2010年出版的建筑理论专著中，作者认为有关建筑理论的探索逐渐式微，在新的时代背景下建筑设计的研究中实用主义、建造、实践等关键词开始大量出现[4]。

可以认为，在经历了种种多元思潮的洗礼，同时在“技术—社会”趋势的影响下，近年来西方建筑设计的发展获得了极大的可能性与必要性，而与此同时当代西方文化中的种种特征又使得有关空间的多维度体验成为新时代的评判标准。在混沌与多元的条件之下，技术、社会、空间、身体等维度的综合确实呈现出了另一种独特的超现实语境。在经验与试验、本质与外延多个维度游走的建筑师们试图通过各种可能性的探索来丰富建筑与城市空间体验，在应对纷繁复杂社会的同时描绘了一幅多维度的当代空间图景。

1 乌托邦、异托邦与目标的转向

美国思想家丹尼尔·贝尔认为西方现代社会用乌托邦取代了宗教——这里所谓的乌托邦不是那种超验的空想，而是一种靠技术的营养和革命催生、通过历史（进步、理性与科学）来实现的世俗理想[5]。在建筑与城市设计领域，乌托邦思想也一直与近现代以来的西方建筑与城市发展相联系，有研究者针对这两者之间的潜在关系展开了研究[6]。他们将近现代以来的种种实验性的建筑与城市设想及实践与乌托邦观念相联系，认为以现代主义建筑为代表的设想或实践是与“靠技术营养和革命催生、通过历史（进步、理性与科学）来实现的世俗理想”相匹配的；在其中一些研究者看来，乌托邦的设想离不开对于建筑空间的设计与营造。

这些研究认为无论是乌托邦还是建筑都是有关于如何为个人或团体营造适当空间的问题，另外乌托邦对于建筑与城市发展的启发在于，它表达了对更好的生活方式的愿望，同时提供了对于现状个人的生存状态与社会状态进行反思与批判的思维方式；乌托邦的功能是将现状进行隔阂和陌生化，并质疑事件的存在状态。[7]而在审美方面，有的思想家在现代主义初期为了应对现代文化和古典文化之间的冲突，避免物质对于精神、对象对于主体以及群体对于个体的侵害，就提出现代主义的艺术发展必须要走上一条自律的乌托邦之路。阿多诺提出现代艺术的自律特征建构了一个新的乌托邦世界，以此对抗资本主义的物化和交换逻辑，保持审美的救赎功能。可以认为，乌托邦为思维与审美现代性的建立提供了模板，成为当时人们努力争取的、将现实与想象相统一的理想范例。

在肯定乌托邦式现代主义建筑运动的价值同时，一些研究者同样提出了乌托邦的局限性。首先这些设想与尝试大多还是基于一种乌托邦的想象，多数情况下这些强调改造社会的项目还是被建筑师、规划师或开发商和政府部门单方面的主观意志所主导，而不是来自更为多数的普通居民。另外，有人提出当现代主义建筑运动逐渐过渡成为一种形式风格并在全世界推广时，那它和后来的后现代主义、解构主义等时尚运动没有什么区别了。[8]而意大利建筑理论家塔夫里在20世纪70年代出版了《建筑与乌托邦》一文，认为社会的发展使得建筑设计陷入了危机，当代建筑与城市的发展将脱离乌托邦，而建筑职业角色在新的时代背景下也需要重新确立。与这些想法相对应的是，还是有人坚持肯定乌托邦思想的价值，认为未来建筑设计发展仍然是一个有关于重新寻求乌托邦的问题[9]（图1）。

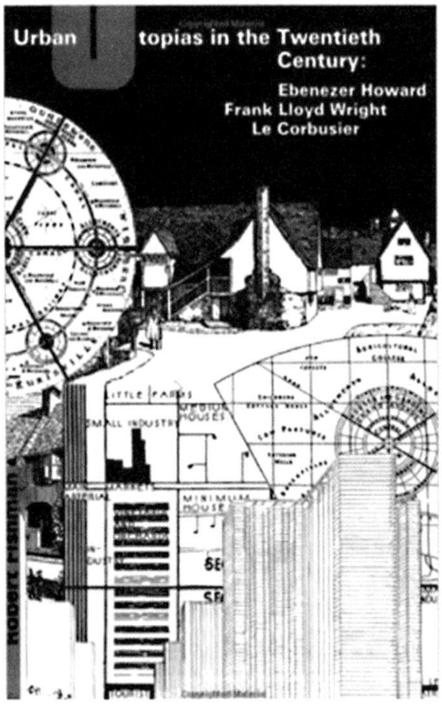

图1 《20世纪的城市乌托邦》(*Urban Utopias in the Twentieth Century*) 封面

在这些或支持或批判乌托邦的争议背后隐含的还是对于未来建筑与城市发展目标的探寻与想象。从这个角度出发，法国思想家福柯在20世纪60年代提出的异托邦概念似乎能在对乌托邦的讨论之后为理解当代性的发展提供新的启示。1967年，福柯针对西方空间现象的演变进行了论述，提出了一个与“乌托邦”相对的概念“异托邦”（heterotopias）[10]。与乌托邦相对应同时又有所区别的是，异托邦指的是在世界上实际存在的异质空间，这类空间同时具有想象和真实的属性。

为了阐述异托邦的内涵，福柯首先在文中提出，19世纪人们关注的是历史或时间问题，人们用时间构造神话故事；当前的时代更像是一个网状的时代，他认为除了时间的历史以外，还应该关注到空间的历史。福柯概括了西方各个时期的空间特征，认为中世纪的空间是一种有关于等级划分的空间，是一种需要定位或确定地点的空间，具体的空间类型可以分为神圣的地点与凡俗的地点、城市与乡村等。接着他提出从伽利略开始，延伸性取代了地点定位的确定性；他认为当代空间中场地取代了延伸性，而场地是由许多点或元素的相邻关系进行确定的。

福柯提出当代的空间需要继续完成“去神圣化”，要将传统对于空间的简单类型划分偏见消除，比如私人空间与公共空间、家庭空间与社会空间、文化空间与实用空间、休闲空间与工作空间之间的对立，这些对立还在因为隐蔽的神圣化而存在着。他认为当代的空间不再局限于单一性质的空间，而是包括了多种类型，包括想象的空间、感觉的空间、梦的空间和热情空间，这些含混、边界模糊的空间构成了各种各样的内部空间[11]。除了内部空间之外，还有外部空间即由各种关系集合所相互限定的空间位置的组合。

福柯认为相较于并不真实存在、没有确定位置场所的乌托邦，现实中存在着一些实现了乌托邦意象的场所空间，这类空间就可以被认为是异托邦。他以镜子为例进行说明，镜子是真实存在的，但镜子又相当于一个异托邦，因为镜子提供了一种介于虚拟与现实之间的复杂体验。于是，能提供虚拟与现实双重体验、带有乌托邦感同时又真实存在的场所或空间，就可以被称作为“异托邦”。福柯以迪士尼主题公园、度假村、图书馆等空间为例，对于异托邦进行了说明，并在文章中从多个方面概括了异托邦的特征。虽然福柯后来并未对异托邦做进一步的深入阐释，他在文章中对于异托邦的定义与特征的描述也还较为宽泛，但异托邦这一思想的提出却在不经意间为理解当代西方建筑设计思维与审美提供了一个独特的视角。

相较于融合个人与社会等多种元素、较为宏大叙事的乌托邦，异托邦巧妙地从另一个角度为当代建筑设计划定了可能的目标。在现代主义之后多元化的“混沌时期”，建筑设计思维包含了众多复杂甚至冲突的倾向，很难在其中定义一种具有统帅意义的价值观与思维方式。异托邦的提法回避了这些潜在的矛盾与争议，从审美的角度思考了当代空间的价值与发展可能，并在其中重新融合了现实与想象、经验与创新等话题，使之成为新时期有关于社会想象的乌托邦目标的替代品。正如福柯在阐释“异托邦”特征时所提出的，异托邦意味着空间的两极，一方面，它创造出一个虚幻的幻想空间，以揭露所有的真实空间是更具幻觉性的；另一方面，他认为这是在创造另一个不同的空间，另外一个完美的、仔细安排的真实空间，可以与周围原来的空间一样精细完美，甚至显现原有空间的混乱。这就为生活世界创造出了全新的空间模式，就像是对于原有空间的差异性增补。这一新创造出的空间也必然会给人们带来全新的复杂体验，它既独立于现有世界同时又由于它的异质性与虚拟感而映射原有世界，人们在其中也必将体验到多样的可能性。于是，从乌托邦到乌托邦批判，再到异托邦的提出，现代之后的设计思维与审美也同样在逐渐演化，预示着当代西方建筑发展的异质化趋势。

2 本质的消解与异质的未来

当代西方建筑设计思维变得越来越多元，其中有关本质的追求在逐渐弱化甚至消解，而对于空间自身品质与人本主观体验的关注在逐渐加强，这也成为建筑设计思维与审美当代性的另一特征。西方现代主义是关于表达的危机，为了展现与传统不同的风格和特色，追求本质的深度模式成为当时众多创作者的出发点，这是一个针对社会现实并试图改善社会问题的乌托邦式追求。而这之后人们逐渐意识到这一目标与相关实践的局限之处，一些学者如塔夫里更认为现代主义建筑不仅未能改善社会，而且实际上在不知情的情况下使事情变得更糟，现代主义建筑也成为后来者批判与超越的对象[12]。在这种背景之下，大量的当代西方建筑设计放弃了现代主义中追求宏大与表现真理的追求，原来的本质解读模式转变成全新的感受体验模式。以往被强调的中心、意义、结构等范畴在强调边缘、过程与发散的语境中被逐渐消解，现代主义中宏大叙事式的本质与意义被具体的感受及体验所替代。

现代建筑的审美意义可以通过观者的解读与创作者的解释进行加强，而伴随着“反对阐释”[13]这种振聋发聩的话语出现，当代西方建筑设计与审美的深度感在向着更为开放与多元转化，游戏、反讽等全新的思维方式与价值观开始出现。与此同时，当代审美生活化、生活审美化将进一步加剧空间的异质化趋势。在以往的设计思维中，为了强化建筑形式的独特性，陌生化与距离感是观者欣赏与思考建筑的必要条件。在审美泛化的影响之下，当代西方语境中主体与客体的边界趋于模糊，建筑创作与各领域的联系越来越紧密。当代西方建筑设计文化涉及了艺术、媒体、商业和社会生活等领域，体现出了多领域、多角度杂糅的特点。这一状况形成了一种被西方理论家称之为“中介的艺术”，如果引用安东尼·维德勒的话来说明这一现象，就是这种艺术的阐释需要依赖于其他外在的解释[14]。于是，现代所关注的类型与选择演化成了变体与组合，现代的确定性与非此即彼也被模糊性与杂糅不清所取代。

这种设计的中介性在当代建筑设计思维与审美中广泛出现，这一新的源于现实又超越现实的美学观是非中心、多元与模糊的，它与之前强调本质、追求确定性的精神相悖，传统意义上的审美所承载的隐喻与象征功能被消解，确定的审美范畴与审美标准也被解构。审美活动拓展到了社会生活的各个领域，并结合不同于传统的各种新的体验与可能性，实现了一种全新的带有超越意味的美学观。本质的消解与异质化的趋势也充分反映了当代对于空间的关注与解读，也即西方理论界所谓的“空间的转向”现象。自20世纪中期以来，正如前文提到的福柯从关注空间出发提出异托邦一样，西方一些思想家将立足点从时间转向空间，这些研究以空间为立足点关注到了西方城市与建筑中的种种问题，并通过多学科领域交叉对于空间问题进行研究。空间不再是固定与静止的客体对象，而是与时间一样在西方社会文化中具有了丰富的内涵。美国理论家詹姆逊在《文化转向》一书中提出，后现代社会具有两个新特点：一是“形象就是商品”，追求快感满足的视像文化已不再限于艺术领域而成为公共领域的基本存在形态；二是“在后现代中，时间不管怎样都已变成了空间”，即时间被空间化，历史上前后各个时代的异质的作品和产品，都变成了在不同空间多个层面上共时存在的东西；美学也已转移到感知领域，开始转向以感觉为核心的生产，追求视觉快感成为人们的基本需求[15]。

空间的转向意味着在日益复杂与多元的社会条件下空间具有了独立与更为突出的意义，与当代生活相匹配也使得空间有了与以往不同的内涵与特质，当然这也反映了当代西方社会中空间与时间维度的错位。当代西方文化中的去中心化、扁平化、多元化的思想与现代或传统思维中的中心式、单向度的进步理念相对，曾经被时间历史维度所限定的深度感被消解，不同性质、不同层次的事物在同一个空间内并置；传统意义上的时间与空间的统一体也在逐渐转化为多个空间状态同时存在又相互交织的多维度、立体的甚至虚幻的空间体系，而这一趋势在新时期科技发展的影响之下也变得越发明显。

可以认为，在当代西方文化中一种以空间为导向，异质、边缘、偶然和非纪念碑性地去解读世界和阐述深度的思维方式开始出现。在创作的过程中，现代所关注的语义、范式、结构与隐喻被修辞、句法、并列与转喻所取代，人们更多考察空间

图2　雅典城市空间中的互动空间装置设计作品“White Noise White Light”

图3　2002年瑞士世博会建筑“Blur Building”

图4　荷兰视听研究所色彩斑斓的建筑空间

图5　美国纽约时代广场光怪陆离的夜景

图6　美国洛杉矶迪士尼音乐厅

图7　美国麻省理工学院学生宿舍楼外观

图8　美国麻省理工学院学生宿舍内部空间

客体与观者主体之间的互动，强调受众在空间中的感受与体验。如果说20世纪现代性的西方建筑文化突出摩天楼、纪念碑和技术进步的话，那当代的新建筑文化可能会去追寻有些短暂的、假设的甚至虚构的异质未来。这并不是说，这种异质甚至虚幻的审美观会完全代替以往的价值观，当代西方多元的状态也正体现短暂与不朽或无形与有形这两种不同甚至完全对立的状态也在同时共存，共同预示着充满可能性的多维发展趋势（图2—图6）。

3 多维之境与新图景的涌现

在本质的消解与异质化的趋势之下，体验与情境取代了功能与形式，成为了当代西方建筑的新标签。正如福柯所提出的，当代的空间更多地体现出了一种相互关系，传统对于空间的简单类型划分需要消除，取而代之的是含混、边界模糊的体验式的情境。不仅如此，这些新的空间又是相互结合、彼此联系的，共同构成了当代西方空间的多维度发展状况，这种多维之境的形成是与当代西方文化以及建筑设计发展的多元状况相匹配的。

首先，当代西方建筑设计思维与审美中不再强调分离的倾向，而是再次关注到了建筑与环境、技术等相关要素的连续性，这种新的整体性体现出了建筑与当代生活的整合特征[16]。大量的建筑创作开始从生活世界中提取灵感，艺术和生活、建筑设计与日常空间的边界在逐渐消失，这也得益于工业化大发展之下感知力、消费力以及生产力的大幅提升。与此同时，生活与艺术的结合使得传统对于艺术品欣赏的距离静观模式的消解，全方位的空间感知投入创作与欣赏的过程之中。本雅明曾提出传统艺术具有韵味的审美价值，而到了机械复制时代艺术品的韵味在逐渐丧失，艺术品的膜拜价值转变为展示价值，审美方式则从有距离的审美静观到无距离的直接反应、从个体的品位到群体的共同反应等方面[17]。这就要求建筑创作摆脱以往传统语境中抽象、静态的审美感受，而是强调多维度、多感知方式的全面体验。建筑多维度的整体性带来的也不仅仅只是形式的审美，而是融合了审美、使用、互动、体验等多维度的可能性。

其次，主体的身体感知文化开始全方位主宰和渗透，这使得有关身心的愉悦体验成为新时代的判断标准。西方社会一直以来有着二分式的切入方式，如理性和感性、普遍性和特殊性、话语和形象等，而且在传统的价值观中前者往往比后者要更为重要；而当代西方则在反叛与超越中以后者为基础定义了属于新时代的价值观。从现代到当代的变化可以体现在话语和形象的区别上，话语对应理性、自我和现实，而形象则对应欲望、本我和体验。在话语的体系中，文化对象的形式特征具有重要意义，受众与文化对象之间存在一定的距离；而在形象的体系中，感受将更为直接，受众沉浸其中将自己的体验与文化对象直接对话。于是，主体的身体投入成为当代的趋势，建筑的创作与欣赏逐渐从静态的传统模式转化为动态的、富有生命力的可能性探讨。另外以往对于建筑功能与形式的二元判断也被逐渐消解，当代的建筑已不再以功能、形式的简单融合为判断标准，而更多强调主体的人与客体的建筑对象间的积极互动。建筑作为人与世界联系的一个重要接口，成为人们体验世界与生活情境的载体及对象。

这种趋势代表了当代西方文化对传统思维的一种反思，其中高度宣扬了人的身体的重要性，从身体出发成为新的时期展现人的生存与体验的时代宣言。大卫·哈维在《希望的空间》一书中提出在全球化影响下当代文化的无边界和非中心化，而身体在这一趋势下则成为事物的中心[18]。与之相对应，马歇尔·麦克卢汉在关于媒介的理论中则提出传统的视觉社会被触觉社会代替，有关视觉的特性如质量、力量和重量被有关触觉的特质即流动、相互关系和无形的价值等关键词所代替；埃森曼在20世纪90年代初提出，新的时代在抛弃传统的建筑视觉审美方式，传统的主体占据固定位置对于空间进行欣赏的方式已经发生转变，在从反映透视角度的智力活动向纯粹图像式的情感事实转变[19]。当时间模式转化为空间模式之后，厚重、线性就被碎片、扁平所取代，而在以身体为出发点的评价体系中，空间的不同层面与维度也获得了同等独立的价值，中心化、单一的模式被更多元与更多维度的空间层次所取代，建筑审美成为一个涉及身体全方位感知的多要素立体网络。借助于全新的科技手段，一些当代建筑设计创造出了富于幻想的空间体验，用一种声音、景象和运动交织成的全方位环境围绕体验者。建筑空间不仅包含了各种艺术形式，而且激发人们感官的参与，成为一种既是物理意义的又是感知意义上的环境，一种体验与形式相结合的人造物；越来越多的新建筑通过更为多元与感性的方式形成富有生命力的空间体验。

另外，在当代"技术—社会"趋势影响之下，建筑设计过程也体现出了一定的多维"复杂性"，这种复杂性体现在技术、社会、文化等多个方面。而这种相对系统的思维模式又与具体的身心感知联系在了一起，这就意味着当代西方建筑设计思维与审美不只关心有关环境可持续、社会发展之类的大问题，在以系统的思维与全方位的感知切入问题研究之后，还将大的设计问题分解成了不同的层面进行阐释。这种多维度的切入方式并不排斥对于新技术与科技手段的利用，而是在充分了解各种新学科发展与技术手段基础上，探寻建筑学与其他学科如社会学、心理学、计算机科学、视觉艺术等各门学科渗透与融合，寻求更多的创新与突破。

在20世纪90年代初，库哈斯曾针对城市中不断涌现的大尺度空间进行了研究，他认为大型化空间会导致传统和谐理念与内外肯定关系的丧失，同时这类空间也会为城市带来新的可能性[20]。在建设规模放缓的现状之下，当代西方新的建筑设计并未朝向规模尺度方面的大型化发展，而是从多个维度对于具体的建筑与城市问题进行了探讨。这些设计探索所呈现的结果异质而多元，物质、意识、文化、技术等维度杂糅其中，成为

图9　诺曼·福斯特(Norman Foster)设计的伦敦某媒体新总部办公楼，对于空间、材质、科技与人文等要素等进行了多维度探索

图10　2015年"世博会"英国馆呈现了人与自然、科技与艺术多维度交融的建筑世界

图11　2015年"世博会"英国馆呈现了多维度的建筑世界

设计者表达他们眼中世界多样性的一座桥梁。在多维度的建筑观之下，不仅仅是空间层面的大与小、部分与整体、简单与复杂被并置到了一起，有关更多维度的命题包括结构与解构、永恒与瞬时、厚重与透明等也都被重新阐释。于是，在将以往的主导现代性精神反叛、分离、异化与超越之后，当代西方建筑设计组成了一个自由的多元体系，或者更像是由多重要素组成的一个多维度矩阵，其中包含了理念、形象、故事、历史与技术的种种维度，所有这一切凝聚成了一幅混沌多元的空间图景（图7—图11）。

4 结语

本雅明在《历史哲学论纲》中对于克利的画《新天使》进行了解读，"历史的天使"在废墟之上飞离他凝神注目之物，他似乎愿意留下，但一场所谓"进步"的风暴在把他推向他背对着的未来。这段话被引到了《现代建筑：一部批判的历史》一书的前言中，这似乎也在表达西方建筑未来发展状况的混沌与不可预测。一方面，多维度的可能性确实为建筑的进一步发展提供了更多的可能性，但与此同时我们还必须要注意到，多维度的探索必将进一步模糊传统设计边界，建筑价值观与评价标准将更为多元。《现代建筑：一部批判的历史》一书曾提出当代西方的多元探索似乎只有两种极端尝试有可能取得有意义的结果，一是完全迎合当前流行的生产和消费方式，把建筑任务还原为一项大规模的工业设计，实现一种服务良好、包装完美的功能主义；二是试图建立一种合理开放而又具体的人与人以及人与自然之间的关系；作者认为未来的希望在于使上述两种极端之间取得某种创意的接触。因此，在当代西方建筑成为一个包罗万象的多元系统之后，种种不同方向与维度的探索虽未完全给

出发展的权威答案，但却在不断启发人们对于建筑的认识，为“创意的接触”提供可能；而对于当前的探索与未来的发展不管持何种态度，在多元条件的持续影响下，建筑设计的发展还需要继续去明确属于新时代的建筑逻辑。

（原载于《建筑师》2018年第2期）

引文文献

[1] 王辉. 当代西方建筑思想的发展悖论 [J]. 建筑学报. 2016(4):55－59.

[2] K. Michael Hays. Architecture's Desire: Reading the Late Avant-Garde[M]. The MIT Press. 2009.

[3] Sykes, A. Krista and Hays, K. Michael. Constructing a New Agenda : Architectural Theory, 1993－2009[M]. New York, NY, USA: Princeton Architectural Press, 2010. Introduction: 14.

[4] 同上，15－18.

[5] [美]丹尼尔·贝尔(Daniel Bell). 资本主义文化矛盾 [M]. 赵一凡，等，译. 北京：生活·读书·新知三联书店，1989:74.

[6] 相关研究包括 Peter Blake “No Place Like Utopia”; Nathaniel Coleman : “Utopias and Architecture”; Alastair Gordon : “Weekend Utopia”; Hubert-Jan Henket and Hilde Heynen : “Back from Utopia”; Malcolm Miles : “Urban Utopias”; Felicity Scott : “Architecture or Techno-Utopia”; Robert Fishman : “Urban Utopias in the Twentieth Century”; etc.

[7] Ralahine Utopian Studies : Imagining and Making the World : Reconsidering Architecture and Utopia. Oxford, GB: Peter Lang AG, Internationaler Verlagder Wissenschaften, 2011: 3.

[8] Peter Blake. No Place Like Utopia. W W Norton & Co Inc. 1996.09.

[9] 同 [7]，[20].

[10] Michel Foucault “Texts/contexts of other spaces”,-Diacritics, 16(1) (Spring): 22－27. 法文原出自 Foucault 的演讲“Des Espace Autres”(1967). 后刊于1984年的法国期刊 Architecture /Mouvement/ Continuité 上。

[11] [法]米歇尔·福柯. 不同空间的正文与上下文 [M]. 包亚明主编. 上海：上海教育出版社. 2001.12:18－28.

[12] 同 [3]，[14].

[13] [美]苏珊·桑塔格(Susan Sontag). 反对阐释 [M]. 程巍译. 上海：上海译文出版社，2003:12.

[14] Anthony Kiendl. Informal Architectures: Space and Contemporary Culture. Black Dog Publishing. 2008.

[15] 胡亚敏:《〈文化转向〉译者前言》，见[美]弗雷德里克·詹姆逊(Fredric Jameson). 文化转向 [M]. 胡亚敏，等，译. 北京：中国社会科学出版社，2000.

[16] 王辉. 建筑微托邦 [J]. 新建筑. 2015.4:16－20.

[17] [德]本雅明(Benjamin Walter). 机械复制时代的艺术作品 [M]. 王才勇，译. 杭州：浙江摄影出版社，1993:6.

[18] [美]大卫·哈维著. 希望的空间 [M]. 胡大平，译. 南京：南京大学出版社，2006:3.

[19] Peter Eisenman. Visions Unfolding: Architecture in the Age of Electronic Media [J], Domus. No 734, January 1993, 17－25.

[20] Rem Koolhaas. Bigness or the problem of large [J]. Domus. no 764, 1994:87－90.

参考文献

(1) K. Michael Hays. Architecture's Desire: Reading the Late Avant-Garde. The MIT Press. 2009.

(2) Sykes, A. Krista, and Hays, K. Michael. Constructing a New Agenda : Architectural Theory, 1993－2009 [M]. New York, NY, USA: Princeton Architectural Press, 2010.

(3) [美]丹尼尔·贝尔(Daniel Bell). 资本主义文化矛盾 [M]. 赵一凡，等，译. 北京：生活·读书·新知三联书店，1989.

(4) Ralahine Utopian Studies : Imagining and Making the World : Reconsidering Architecture and Utopia. Oxford, GB: Peter Lang AG, Internationaler Verlagder Wissenschaften, 2011.

(5) Peter Blake. No Place Like Utopia. W W Norton & Co Inc. 1996.09.

(6) [法]米歇尔·福柯. 不同空间的正文与上下文 [M]. 包亚明主编. 上海：上海教育出版社. 2001.

(7) [美]苏珊·桑塔格(Susan Sontag). 反对阐释 [M]. 程巍译. 上海：上海译文出版社，2003.

(8) Anthony Kiendl. Informal Architectures: Space and Contemporary Culture. Black Dog Publishing. 2008.

(9) 胡亚敏:《〈文化转向〉译者前言》，见[美]弗雷德里克·詹姆逊(Fredric Jameson). 文化转向 [M]. 胡亚敏等译. 北京：中国社会科学出版社，2000.

(10) [德]本雅明(Benjamin Walter). 机械复制时代的艺术作品 [M]. 王才勇. 译. 杭州：浙江摄影出版社，1993.

(11) [美]大卫·哈维著. 希望的空间 [M]. 胡大平，译. 南京：南京大学出版社，2006.03.

(12) Peter Eisenman. Visions Unfolding: Architecture in The Age of Electronic Media, Domus. no 734, January 1993, 17－25.

(13) Rem Koolhaas. Bigness or the problem of large [J]. Domus. No 764, 1994, 87－90.

图片来源

图1：https://www.amazon.com/Urban-Utopias-Twentieth-Century-Corbusier/dp/0262560232/ref=sr_1_1?ie=UTF8&qid=1497513794&sr=8-1&keywords=Urban+Utopias+in+the+Twentieth+Century.

图2：http://media-cache-ec0.pinimg.com/736x/a8/cb/27/a8cb27e19905ddae7411f6ca8ad81aff.jpg.

图3：http://theredlist.com/wiki-2-19-879-606-228825-view-diller-scofi dio-renfro-profi le-diller-scofi dio-renfro-blur-building.html

图4：http://www.presidentsmedals.com/Entry-11950.

图5—图11：作者自摄。

作者简介

王　辉，清华大学建筑学院副教授。

微缩宇宙——装置艺术作为激活空间的可能

齐　奕

1 引言

"装置"自20世纪60年代开始便逐渐进入艺术领域及公众视野。从20世纪初马塞尔·杜尚(Marcel Duchamp)的现成物品艺术(ready made),到后来的意大利未来主义作品、库尔特·施威特斯(Kurt Schwitters)的梅尔兹建筑(Merzbau),装置艺术的诞生、发展与演化不断拓展着艺术表达的可能性。不同于绘画、雕塑、电影、戏剧等传统艺术门类,装置具有更强的在地性、参与性及互动性。在传统"菁英"艺术占据主流地位的背景下,装置艺术突出重围,为实现艺术的开放性与公众性带来契机。装置艺术中,客体(装置)不再是经验式的简单呈现,而是充满体验式的情感表达。它将主体(观察者)纳入进来,塑造出一种空间力场,使得客体与主体关系趋向动态变化,两者中间的力场被暗示并激发出来。正因为装置艺术可以创造、影响,甚至改变空间,所以装置是激发空间的一种艺术工具。在空间力场的作用下,装置与所有观察者共同构成了一个"微型宇宙",彼此相互作用、相互影响,塑造出有关场地、材料、情感的"整体情境"。

2 建筑师的"装置"宣言

随着装置艺术的范围被不断拓宽,其表现形式更趋多样化。装置已不再是艺术家的专利,建筑师也渐渐介入装置创作领域中。无论以展览为导向还是以空间实践为导向,装置都成为建筑师表现设计创意的一种富有张力的艺术表现形式。在建筑双年展中,如威尼斯建筑双年展、芝加哥建筑双年展、深港城市/建筑双城双年展等,建筑师越来越多地通过装置艺术创作,表达自己的设计理念,传递独特的设计思想。在一些先锋性的空间实验中,建筑师经常借助装置强化空间的戏剧性与张力。他们试图再造"微型宇宙",激活空间力场,唤起(evocative)观察者不甚敏锐的五感(视觉、听觉、触觉、嗅觉、味觉)。建筑师的装置艺术创作与其他艺术家的装置艺术作品相近,均运用

图1　感知

材料、场所、情感打破观者对日常问题的固有认知,启发观者对传统、现实与未来的反思。

事实上,建筑师能够涉足装置艺术创作有其必然原因。具体如下:

2.1装置艺术与建筑创作的关系较为紧密

不同于绘画、音乐、戏剧等艺术表现形式,装置最大的特征是具有空间属性,它强调把观众置身于三维空间中。观众介入及参与过程是装置艺术的有机组成部分。作为建筑空间创造的主角,建筑师一直强调"空间"是建筑创作的核心。对空间塑造的意识与能力、对空间中人的行为预测与影响是建筑师最擅长的内容之一,这种空间场所塑造能力使建筑师更容易理解并创作出有趣的装置艺术。在简·赛普卡(Jan Sepka)装置作品《感知》中,建筑师利用广场上的装置,使观者感受到建筑与艺术的魅力。同时,还让人再度观察城市——这样一个大家每天生活的地方(图1);不同于室外装置创作,2016年威尼斯建筑双年展上,亚力杭德罗·阿拉维纳将2015年威尼斯艺术双年展的石膏及金属条作为建筑材料,营造出具有戏剧性的空间,同时表达了可持续设计价值观(图2)。在建筑师的装置创作中,空间是最重要的主题之一。

2.2装置艺术是创造空间、激发空间的先锋手段

前文虽然已提到装置艺术与建筑具有相似的空间属性。但

图2　再造

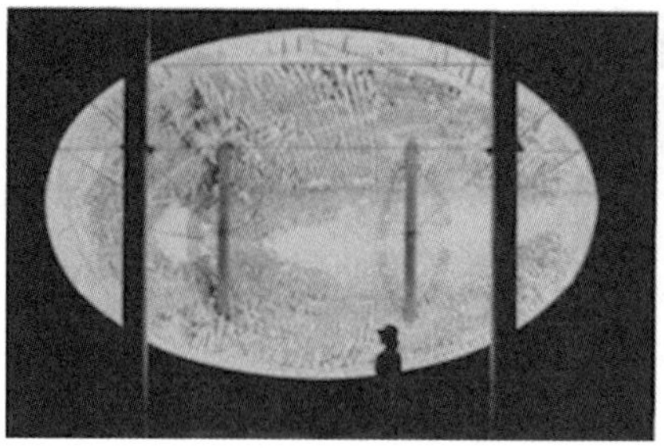

图3　鸡蛋（1）

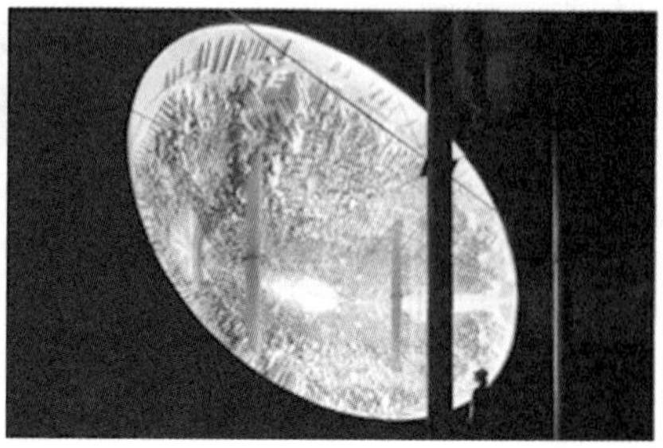

图4　鸡蛋（2）

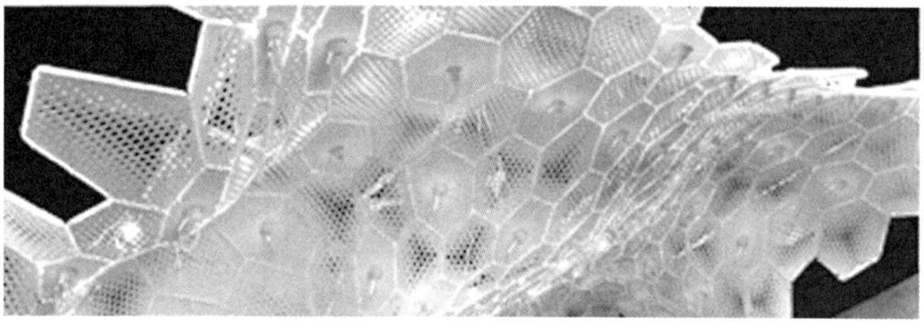

图5　EXOtique

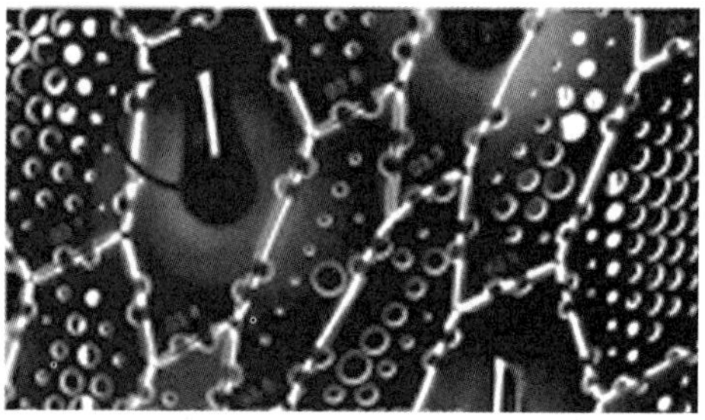

图6　EXOtique 结构与灯光

是，装置艺术的空间塑造能力却并非局限于此。众所周知，空间是一种三维状态，不同空间的形态、尺度、比例将带给人不同的感受。不过，影响空间体验与感知就只有这些要素吗？答案显然是否定的。为了更透彻理解空间体验与感知，不妨换一个角度，从体验主体（人）来看，人感知世界的方式通常有形、声、色、味、触五种，即视觉、听觉、嗅觉、味觉、触觉。建筑空间创作往往只强调视觉，却忽视了后四种感知方式。在建筑创作中，虽然有斯蒂芬·霍尔（Steven Holl）、彼得·卒姆托（Peter Zumthor）、尤哈尼·帕拉斯玛（Juhani Pallasmaa）等少数建筑师会重视人体五感，但大量建筑师往往只关注形态本身，对听觉、嗅觉、味觉、触觉的设计考虑不足。

装置艺术则不相同，它要求在有限的空间场所内，尽量调度各种要素激发观者五感，从而启发观者对空间本身、对主题有更深入的思考。英国设计师爱思·德芙琳（Es Devlin）在十一画廊（The Xl Gallery）中，共创作了三件装置，用以推介宣传BIG的“十一号”住宅。其中一件作品格外引人注目。设计师将曼哈顿部分地图三维化，置于巨型内凹椭圆形半球中，屋顶设置的反光镜将半球镜像为完形。在投影及音乐的配合下，观者获得了有关曼哈顿城市与建筑的别样体验，这与传统的三维空间体验截然不同。视听混合，加上奇幻的透视及镜像效果给观者带来了强烈的体验空间（图3、图4）。

装置艺术为包括建筑师在内的设计师提供了广阔的创作空间，设计师可以更灵活地探索并表达空间的无限可能，创造出在建筑实践中难以实现的空间意向，并利用装置与观者的互动关系，激活原来处于稳定状态的空间，将观者有关空间的惯性思维彻底打破。

2.3装置艺术可作为建造实验研究的有效手段

在建造周期方面，装置艺术的建造时间显然比建筑的建设周期更短。建筑师可以利用相对短的时间，实现对某一主题的回应，表达自己的设计理念；在材料方面，材料是装置与建筑的组成要素。但不同的是，装置的材料建造更为简单便捷，无须过多考虑结构、通风、采光等实际问题，而建筑的建造问题却更为复杂，属于系统工程问题。建造技术、建造经济性、建造与空间的关系等使建筑真实起来更为困难。当建筑师在探索前沿性建筑理念时，装置艺术就成为建筑师们极为有效的建造实验手段，他们借助装置艺术表达自己的设计理念与主张。在参数化设计、数字建造等领域，建筑师往往先通过装置进行复杂形态生成与建造实验，而后，再将理念应用于建筑设计项目中。在EXOtique作品中，PROJECTiONE事务所创作出基于六边形的可组装的自由曲面吊顶，吊顶背面的光随着构件的位置和孔洞变化，形成富有变化的艺术效果（图5、图6）。

建筑师的装置创作按照空间及时间可分为两大类：一是按装置所处位置分为室外空间装置与室内空间装置；二是按装置面向的时间分为传统空间装置和当代空间装置。当装置被作为激活空间的策略时，可具体分为室外空间场所营造，室内空间要素重构，传统空间情境再现，未来空间形式衍生。

3 室外空间场所营造

装置通过室外场所营造激活空间的方式由来已久。早期的装置艺术无法得到美术博物馆的重视，室外空间就成为装置艺术的重要展场，这变相地促进了装置对室外空间的影响。如前

图7 议会

图8 议会的马赛克

图9 蓝色拱廊

图10 议会

文所述，装置既是展现创意构思的室外展品，同时也是再次激活室外空间的工具。装置艺术作品改变了原有室外空间的日常状态，使沉寂的空间被激活，为室外空间场所注入了新鲜活力。

如果对意在营造室外空间场所的装置进行细分，其实有两类：一类是位于完全开放的城市公共空间或自然中；另一类是位于建筑中的庭院、前广场等半开放空间。前一种情况的装置更趋“自治”，其创作的关键是突显“自己”，利用自身的形体、位置、颜色等要素激活周边环境，吸引人群进入装置营造的场域中，引导人们观察、参与，并对装置表达的议题有所反思。后一种情况的装置更强调“融合”与“对话”，当被置入到建筑室外空间时，装置就必须对周边的建筑形态、空间状态有所回应，或融合，或对话。

《议会》是在城市公共空间中寻求相对“自治”的装置案例。设计者借用古希腊“议会”（Ekklesia）的概念，在瓦伦西亚城区某十字路口中心设计了装置。他们意图在四通八达的交通节点上建立一个“容器”，使人们可以在此见面，通过讨论或争辩达成对某事的共识。“议会”装置为长方体，由刷有银色漆的圆形纸筒柱列组成，地面由96000块马赛克拼贴而成。事实上，这种传统的瓦伦西亚陶瓷马赛克技术在20世纪中叶已经近乎消失。设计者试图将现代银色纸筒柱列与传统马赛克地面对比，激发进入装置的人群能够对传统与现代的关系有所反思。有了此装置的出现，十字路口周边空间被重新定义（图7、图8）。

《蓝色拱廊》是一个与周边建筑、室外空间对话的案例。作品位于一座建于11世纪的石砌建筑庭院内。装置如何与建筑回廊产生空间联系，怎样与回廊的连续拱形成呼应是设计者的创意出发点。设计师依据庭院的形制，沿着庭院原有景观设计了一套次级回廊系统，中间呈正方形，四角各延伸出一段，与景观走道保持一致。最具创意的是，设计者在转角及尽端设置了多个尖拱、圆拱、扇形拱金属框架，框架与框架之间采用蓝线联系。由于拱的形制变化，蓝线构成的拱廊也随之变化。在光线照射下，蓝色拱廊形成了明暗丰富的半透明效果。如同阿里阿德涅之线①，指引着观者在“迷宫”中游走，体验蓝色拱廊与老建筑回廊的共生关系。经空间激活后，光影与色彩、传统与现代进行了一次奇妙对话（图9、图10）。综上，装置的出现使建筑师或设计师可以利用它改变空间，营造场所。室外空间成为装置创作的一块重要“阵地”。

4 室内空间要素重构

自装置转至室内空间后，其尺寸受到了一定限制。艺术家们无法再像室外装置那样塑造巨型艺术作品。如何根据既有室内展览空间进行装置创作成为艺术家们必须考虑的问题之一。从构成的方式来讲，室内装置有两种表现形式：一是与室内空间界面基本不发生关系，独立存在，仅影响装置周边的环境；二是装置自身成为室内空间构成要素，通过要素重构，达到改变空间状态的目的。后一种空间激活方式可以称之为室内空间要素重构。

事实上，建筑师对室内空间要素重构并不陌生。由于专业的特殊性，建筑师在建筑创作中永远离不开柱、墙、窗、屋顶、地面等空间要素的组合与设计。在利用装置创作激活室内空间时，空间要素重构就成为建筑师最擅长的创作手段之一。

《颠倒之屋》的主题就是“翻转”。设计师通过对局部空间要素翻转、重构，建立起一种反常态的秩序，打破了大众对“重力”作用下物体状态的固有认识，从而达到激活展览空间的目的。首先，设计师在靠墙的体量中挖出截面为正方形的负空间，该空间与水平地面呈一定角度；其次，在负空间靠近其他房间一侧留出走道供人行走；最后，将桌椅、吊灯、各种灯泡进行了反重力布置。桌椅被固定在负空间的顶界面上，吊灯则从底界面“悬挂”出来，五个灯泡被倒置于桌面之下。一系列

图11 颠倒之屋

图12 颠倒之屋

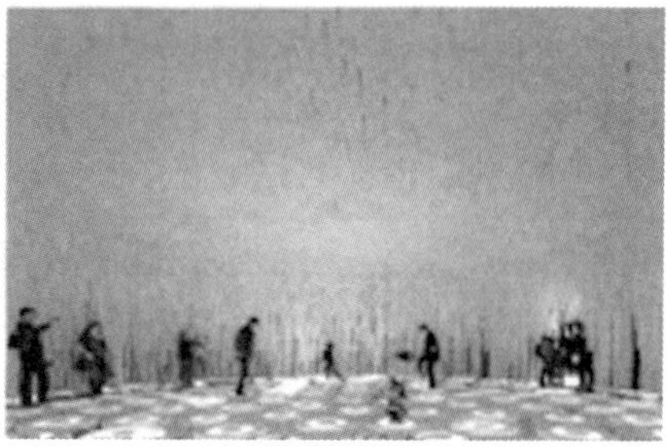

图13 迷墙

图14 迷墙

图15 原型

图16 原型

翻转动作为参观者构建出“别样”的空间效果。詹姆斯·怀恩斯（James Wines）收藏的“系列灯泡”进一步对人们固有空间思维提出挑战，诱使观者对空间诸多要素进行再思考（图11、图12）。

LIKE建筑师事务所（LIKEarchitects）设计的《迷墙》（*Wonderwall*）同样采用了室内空间要素重构的方式，来实现空间激活的目标。为了收纳并展出珍·勒温（Jen Lewin）的作品《池》（*Pool*），建筑师在里斯本科伦坡商场中特意设计了“迷墙”装置。整个装置采用拉索吊装，平面呈圆形，空间由20000条黑白色织物围合而成。装置内部地面满铺按照几何形式摆放的勒温的艺术作品，“池”内部带有互动感应装置，它会根据重力的变化而变换灯光效果。当人们进入“迷墙”内部，踏上“池”后，地面的颜色将会发生改变，随之整个室内空间的色彩氛围也将改变。内层白色织物强化了彩色光线反射，外层黑色织物则有效吸收了来自商场的过强灯光，保证内部光线以“池”发出的光为主，使有关“池”的展示更纯粹。在该作品中，展品既是被展示的要素，也成为装置内部空间的构成要素。展览以展品与人互动的方式呈现（图13、图14）。

5 传统空间情境再现

传统空间情境再现是装置创作的方向之一。通常而言，普通人常以惯性思维认识并理解传统空间意向，而建筑师或建筑理论家常采用类型学方法将传统空间进行分类、比较及再现。两种空间认知方式其实是存在差异性的：一种是凭借直觉感知；另一种则借助分析方法获得。为了使非专业人士体验并理解传统空间，建筑师必须在提取空间要素后，再将所有元素进行重组，为情境再现提供基本支持。但是，仅有基本元素是不够的，毕竟非专业的普通人对传统空间的“原型”并不敏感，建筑师必须在元素重组基础上，适当引入视觉、听觉、嗅觉等更多感知刺激，使体验者获得多元化信息，从而唤起其对传统空间情境的记忆。装置在空间情境再现时，较建筑具有更多样化的刺激手段，建筑师无须受限于基本功能配置，可开放性地借用场所与材料，引起观者对传统空间的情感共鸣。近年来，一些建筑师或设计师开始纷纷尝试在装置艺术中运用多媒体、数字信息技术，实现对传统空间情境的叙事性再现。

《原型》是爱德华多·特雷索尔蒂（Edoardo Tresoldi）在2017年完成的装置作品。在该项目中，特雷索尔蒂与体验设计实验室（Design Lab Experience）合作，试图创造一个建筑与自然交融的“神秘花园”。设计师用金属丝网塑造出古典建筑要素原型，在灯光照射下，多个古典建筑片段如“海市蜃楼”般出现在人们面前。投射于墙面的自然图像以及从屋顶悬吊下来的树叶营造出一大片“绿色”。“建筑”与“自然”浑然天成，充满梦境的虚幻感。一群金属丝网制作而成的飞鸟动感十足，进一步消解了“建筑”、“自然”与宴会厅的边界。《原型》不但再现了传统空间情境，还带给观者多层次的体验。由于装置具有半透明属性，在灯光的作用下，原本古典与当代两种原型融合为第三种原型，使置身其中的人们体会到了时而虚幻、时而现实的奇幻情境（图15、图16）。正在举行的2018年威尼斯建筑双年展中，作品《他处》（*Somewhere Other*）以另一种方式展示了传统空间情境再现的可能性。传统空间情境再现不仅指对传统空间的逆向“还原”，还包括正向“引入”，即将过去、现在及未来元

图17 他处

图18 他处

图19 格里佛

图20 格里佛

素带入真实的历史性建筑空间中，使处于实体传统空间情境中的人们，体验“他处”的建筑与风景，真实的传统与引入的“他处”情境共同塑造出一种时空转换的“蒙太奇”效果。今年的威尼斯双年展主题为“自由空间”（Free space），策展人借用此词描绘建筑学核心议程中的慷慨精神和人文精神。约翰·瓦尔德勒事务所（John Wardle Architects）在《他处》中设计了几道不同朝向的门，使装置与周边环境建立起空间联系；装置端头添加的校准设备与长镜头，为观者提供了观看威尼斯与澳大利亚影像的机会。在空间艺术家娜塔莎·琼斯·迈森哲（Natasha Johns Messenger）的协助下，门内置入了不同角度的镜面，给观者造成一种错觉：究竟哪是真，哪是假？这种错觉模糊了现场观者对威尼斯及澳大利亚的感知，使观者一段时间内无法确定自己究竟在威尼斯还是在澳大利亚。设计团队成功地将“他处”风景“正向”引入到“兵工厂”（Arsenale）②，不受时空限制的“自由空间”就此实现（图17、图18）。

6 未来空间形式衍生

探索未来空间可能性是装置艺术创作的另一个重要方向。现代主义对建筑从空间到形式都有极为深远的影响。在大量正交网格秩序作用下，空间常趋向于均质化、功能化，缺少多样性、灵活性及交互性。随着时代不断进步，空间已不再拘泥于传统状态。在面对未来时，人类的生活模式会发生怎样的改变，怎样的空间才能满足人类新的生活需求，已成为许多建筑师、设计师关注的重点。伊东丰雄（Toyo Ito）、雷姆·库哈斯（Rem Koolhaas）、斯蒂芬·霍尔（Steven Holl）等建筑大师在建筑实践中不断探索着突破传统空间的方法与途径。诚然，这些富有探索精神的建筑师们已为当代空间提供了多重可能，可是当未来到来时，全新的空间形式究竟是哪般模样，现在并未有定论。需要更多的建筑师去思考、去探索未来空间的可能性，去寻找、去实践传统空间与未来空间之间的共性与差异。装置为新空间探索提供了创新与实践的契机。

马丁拉杰尼斯建筑事务所（Hut Architektury Martin Rajnis）设计的《格利佛》（*Gulliver*）是对未来空间的一次勇敢尝试。该装置是为布拉格的DOX当代艺术中心而建，作为中心新的阅读、讨论、研究文学的空间。DOX当代艺术中心的中心任务是：为研究、展示及讨论重要社会议题提供空间。在此，与其他学科发生对话的当代艺术将鼓励人们开启批判性视角。艺术中心馆长里奥·瓦尔卡（Leoš Válka）早在多年前就有一个设想，他希望能有一个“寄生”结构入侵DOX中心，使新结构与老建筑形成强烈对比，以此展示当代艺术中心的文化先进性。于是，他邀请到拉杰尼斯进行设计。经过与木结构、钢结构专家2年多的合作，建筑师设计了一个42米长、10米宽的巨型飞艇，并将其横跨在两个建筑的屋顶上。这个以齐柏林硬式飞艇（zeppelin）为原型的空间装置，为DOX中心带来新的文学空间。以乌托邦文学经典《格利佛游记》中的格利佛为名，飞艇将为面向未来的文学讨论、研究与创作提供超越现实的“奇想”空间（图19、图20）。

2018年米兰设计周上亮相的《细胞》装置诞生于对社会及医疗设施的反思，它主要讨论的是技术、自然与建筑在未来医院中的关系。费利佩·泰代利事务所（Filippo Taidelli Architetto，FTA）凭借这个临时性装置设计，意在为

图21 细胞

医疗世界带来一次合成效果革命，通过为参观者带来沉浸式感知体验，使其体验到所有感知的真实效果。装置由两个相反属性的细胞组成，它们分别代表了未来医疗的两个互补方向：一是将医疗单元置入当地空间中；二是展现虚拟医疗（virtual healthcare）及去医院化（dehospitalization）的概念。无论哪种细胞装置，均展现了共同的价值观，即"以人为中心"的需求是最基本原则。值得一提的是，装置被特意布置在米兰大学的"大房子"（Ca' Granda）庭院内，"大房子"在15世纪时曾是医院。将未来医疗装置放置在古代医院中，既保持了医疗主题的延续性，也突显了未来医疗建筑及技术的革新性（图21）。

7 结语

因为自身具有环境属性，装置从出现到发展，一直改变着既有空间环境状态。艺术家们，当然也包括建筑师在内，都综合运用着场所、材料、情感在意识层面或实际操作层面对空间进行着改造。创作者利用装置将观众带入到富有情感的场景之中，使其成为装置艺术的一部分。在预设的视觉、听觉、触觉、嗅觉、味觉的作用下，观者的感知功能被重新激活。艺术创作使观者以全新的角度审视并体验装置本身，这样一门空间环境艺术。

无限的开放性使得装置艺术并不拘泥于某一种特定表现形式。绘画、雕塑、戏剧、音乐等传统艺术形式为其提供养分，新技术为其提供无限创新可能。装置激活空间的方法及策略并非仅局限于前文提到的4种。事实上，有多少种不同的装置形式存在，就有多少种激活空间的方式。

在共享、数字化与信息化的时代背景下，装置，就像一个微缩宇宙，在各种创意构思及多变场景的共同作用下，时时刻刻为空间带来新的动力与能量。微缩宇宙自身，将永远充满着无限想象！

（原载于《世界建筑导报》2018年第3期）

注释

① 阿里阿德涅之线，源于古希腊神话。相传英雄忒修斯在克里特公主阿里阿德涅的帮助下，用一个线团破解了迷宫，杀死了怪物弥诺陶洛斯。这个线团被称为"阿里阿德涅之线"。文中《蓝色拱廊》装置中的蓝线使拱廊具有强烈的方向感，指引着观者在中间游走。本文用阿里阿德涅之线隐喻在"蓝线"的指引下，观者寻找传统与现代、建筑与装置之间的复杂而又微妙的关系。

② "兵工厂"（Arsenale）是威尼斯前工业时代最大的集造船与军械库于一体的复杂组织。1980年，"兵工厂"成为第一届威尼斯建筑双年展展览场地。一直以来，"兵工厂"都是威尼斯建筑双年展的重要展场之一。2018年第16届威尼斯建筑双年展的部分展览在此展出，约翰·瓦尔德勒事务所（John Wardle Architects）的装置作品《他处》（*Somewhere Other*）就展于此处。［该论文得到深圳市建筑环境优化设计研究重点实验室支持，受到深圳大学新引进教师科研启动项目（项目编号：2017042）资助］

参考文献

（1）De Oliveira,et al.Installation Art in the New Millennium:The Empire of theSenses[M].London:Thames & Hudson, 2004.

（2）Safont-Tria J，Kwinter S，Holl S.Steven Holl: Color,Light,Time[M]. Zurich: LarsMuller Publishers, 2012.

（3）Pallasmaa J.MacKeith P.The Eyes of the Skin:Architecture and the Senses[M].New Jersey: Wiley, 2012.

作者简介

齐　奕，深圳大学建筑与城市规划学院助理教授。

两种原型的相遇——莪山实践的形式操作思路解析

刘涤宇

摘　要：文章从建筑师张雷及其研究设计团队近年持续推进的莪山实践系列项目开始，探讨了传统风土建筑和当代农村“新风土”建筑基于具象原型的模式调适操作方式与建筑师以抽象原型为基础的形式操作方式的区别，并进一步解析了莪山实践诸项目面对这些区别的几种具体形式操作策略。文章最后指出，“向没有建筑师的建筑学习”这一口号的实现并没有一成不变的固定路径，而需要事先对具体“没有建筑师的建筑”价值进行充分评估，然后基于个案的独特性选择有针对性的应对策略才能实现。

关键词：原型；模式调适；形式操作；莪山实践

图1　先锋云夕图书馆入口庭院

图2　云夕戴家山乡土艺术酒店主楼南面局部

图3　云夕深澳里书局主入口小广场

图2　雷宅前院正面

从建筑学本体的角度来看，建筑师张雷及其研究设计团队近年持续推进的莪山实践系列项目，以实际案例对如何使用当代建筑设计的操作方式、介入乡村不同时期形成的各种风土建成环境的问题做了耐人寻味的解答。

1 两种原型

1.1作为风土建造基础的原型

当今学界讨论乡村建成环境，往往将其中的传统风土建筑或风土聚落与近年来乡村自发性的建造活动割裂开来。对前者，或用“田园牧歌”的刻板印象和将其包装为不同于当代日常生活空间的“差异地点”（Heterotopia），或将其作为一种地域身份认同的标识而加之以扁平化和抽象化理解；而对于后者，也就是被称为“当代农民房”的“新风土”建筑，则多被视为风土文化沦丧的代表而不受重视。但两者都是伯纳德·鲁道夫斯基（Bernard Rudofsky）所谓“没有建筑师的建筑”[1]，其建造方式也有颇多相通之处。

按照建筑理论家阿摩斯·拉普卜特（Amos Rapoport）的说法，风土建筑的建造过程是一种“模式调适或变异的过程”，其基本特征是“从最简单的轮廓线和主要特征开始，加入细节，精心推敲……开始的轮廓线是先验的，甚至连工序操作的原则也自然而然地适用于每一座建筑。形式也可以在功能问题和解决手段中得以调适，根本不用刻意于美学风格的追求”[2]。通过这个过程，特定时代和地域的风土建筑数量有限的原型（prototype），得以成为与场地和生活需求存在有机联系而富于变化的具体形态。

传统风土建筑最初的原型无论是本土自生还是来自于外部世界，都在与地域环境调适的漫长过程中，达到了与所在地域

图5　戴家山秘境客房夯土小屋

图6　先锋云夕图书馆屋架大修并抬升高度

图7　雷宅外墙取材当地采石场废料

相适应的稳定状态。当代农村"新风土建筑之所以被诟病为对城市房屋的拙劣'山寨'，很大程度上是因为缺乏这个条件。因为当代条件下与外部世界的联系比传统条件下方便得多，一种来自外部世界的输入形制在远未经过调适过程达到稳定状态时，就被另一种新流行的输入形制取代，所以其与环境条件格格不入的生涩没有机会被周期相对较长的调试过程化解"[3]。

传统风土建成环境与当代"新风土"建成环境共同构成了当代乡村的基本面貌。它们都是通过某种观念中的建筑原型经过调试与适应自发形成的。现实操作中，很多建筑师将它们简单理解为一种形式或者风格，因此在乡村建设操作中有意无意将其理解为符号或装饰，以为将之附着在从城市中简单移植过来的模式外部即可延续风土特征。然而，抽离了建造和日常生活本质的符号或装饰既非建筑形式中有机的一部分，也无法和真正的风土建筑产生有效对话。

传统风土建筑和聚落风貌的历史和艺术价值毋庸赘述，但除了少数标本式保护对象外，多数并无保护身份且并未丧失其功能性，通过再生延续其生命是可行的选择。即使对于今天普遍认为历史和艺术价值都有所欠缺的"新风土"建筑，如果不是采用整村推倒重来这种自上而下的激进做法的话，至少是新作品不可忽视且可能需要与之长期共处的建成环境背景。更何况，"新风土"建筑本身也不无当代村民与工匠利用当代相对经济的技术和廉价工业产品的建造智慧，以及适应乡村生活的巧妙空间局部。

因此，当代乡村建筑设计的操作方式难免与作为模式调适操作方式产物的传统风土建筑或"新风土"建筑产生密切联系，甚至相互融合。虽然从理论上两者的共处并无不可逾越的障碍，但在实践中，却因为这种共处而经常出现很多琐碎却关联全局的问题。因此，张雷建筑师团队对这类问题的解决思路值得深入分析和探讨。

1.2作为建筑师形式操作基础的原型

原型分析是张雷常用的一种形式操作方式的起点。"假设没有外在的约束条件，空间的基本原型便能得以显现。如果以此作为衡量作用条件变化的尺度，也就能够理解与诠释建筑复杂

图8　缝之宅全景

图9　缝之宅立面

的生成过程。"[4]这是一种与类型学方法结合的理性主义形式操作方式，在其中，原型意味着与建造要求对应的基本形式关系，在大多数情况下对应高度抽象化的基本体量组合。其余的建造要求，如对外部环境的呼应、对内部空间要求的回应等内容，则经过分析抽象化为对基本原型的简单操作，通过这样一系列操作的叠加，基本原型被转化为最终的建筑形式。

张雷2005年设计的作品混凝土《缝之宅》可以作为这种操作方法的典型案例。即使在最后完成的建筑中，混凝土《缝之宅》的原型也清晰可见——一栋长方形平面并有双坡屋顶的房屋。而这个原型的墙面与屋顶材料相同，并利用构造处理避免了两者交界处可能的挑檐或女儿墙，使墙面和屋顶从形式上弱化了其作为建筑构件的意义，被抽象为相对单纯的几何形体。在此基础上，建筑师进行形式操作，以交通空间在作为原型的形体上划出一条折线的"缝隙"，将形体分为两部分，分别容纳有所区别的功能。而"缝隙"既塑造了活跃并带有公共特征的空间形态，又形成了两部分形体间的张力[5]。

在世纪之交，这种操作在包括张雷在内的一批当时的新生代建筑师中，对一直基于风格的建筑设计操作构成一种批判。张雷主张"向没有建筑师的建筑学习"，主要理由是"这些建筑往往是建筑的使用者单纯地从自身需求和最基本的功能出发而建造的"，所以"是有生命力的建筑"[6]。这和同时代张永和、张路峰认为工业建筑因无特别的附加意义而将之归入"基本建筑"并号召向其学习的思路有内在的一致性。[7]然而，作为风土建造基础的原型和作为建筑师形式操作基础的原型之间毕竟存在明显差异，相应的两种基于原型的操作方式之间究竟是什么关系，还需重新思考。

1.3 两种操作方式的比较

基于原型的形式操作与风土建筑的模式调适操作至少有如下几点区别。

首先，前者以抽象性为前提，先将原型抽象化，强化其几何性并弱化其作为建筑构件的意义；后者则依托于原型的具体性，以建筑构件约定俗成的意义为操作基础。

其次，两者对待日常习俗的态度有所区别。前者强调在抽象解析中寻找空间组织新的可能性，习俗在其操作过程中往往成为被突破的对象，而后者既是习俗的产物也是它的一部分。

最后，前者的核心是对形式的操作，意在以此实现建筑与外部环境的恰当关系，并解决建筑自身功能与空间的问题；后者虽也重视美观，但以对重点部位的重点装饰为主要手段，对形式的整体关系并无重点的关照，虽然某些成功案例可以用形式操作的原则进行解释，但这往往既非自觉塑造，也不具备必然性。

上述两种操作方式的共同特征是回到原型，这种共同特征使“向没有建筑师的建筑学习”这一口号具备了可能性。风土建筑的模式调适操作在没有建筑师的建筑建造过程中自然而然地发生，但若由职业建筑师来进行这种操作，无论流程上还是控制上都存在困难。建筑师用什么策略来贯彻“向没有建筑师的建筑学习”的思路？是通过基于原型的形式操作来对没有建筑师的建筑进行有限介入，还是通过既与风土建筑的模式调适操作相容，又方便职业建筑师进行控制的新操作方式？对莪山实践中形式操作思路的解析，可以在很大程度上回答这一问题。

2 莪山实践中建筑师面对风土建筑或风土环境的操作方式解析

2.1 对现存风土建筑构成方式的微调——先锋云夕图书馆

先锋云夕图书馆的主要操作方式是对现存风土建筑构成方式进行微调。改建前，这里是当地两栋典型的乡村民居，基本特征包括木制抬梁式构架、黄泥土坯墙、小窗洞和两坡小青瓦屋顶等。它们并非保护建筑，理论上可以做各种改变，甚至拆除重建。建筑师选择保留并进行微调，既因为它们是当地原生建造方式的见证，也由于它们对预期中来自城市的图书馆使用者构成一个差异地点（Heterotopia），且符合其对乡村的期待。

改建设计以当地典型乡村民居的原型容纳与之有很大差异的图书馆功能，并为此对其做了一些微调[8]。

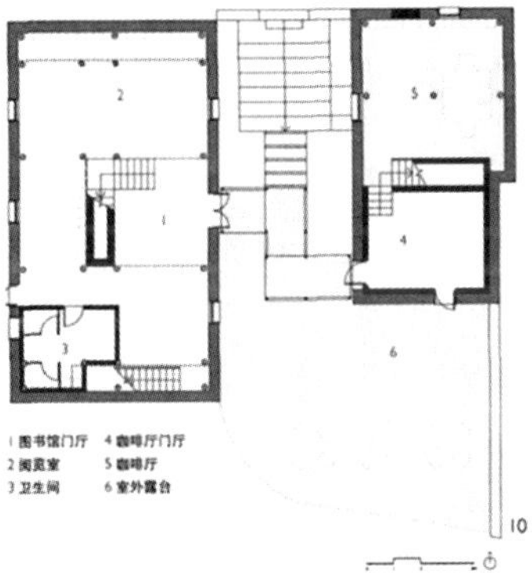

图10

图11

图12

图13

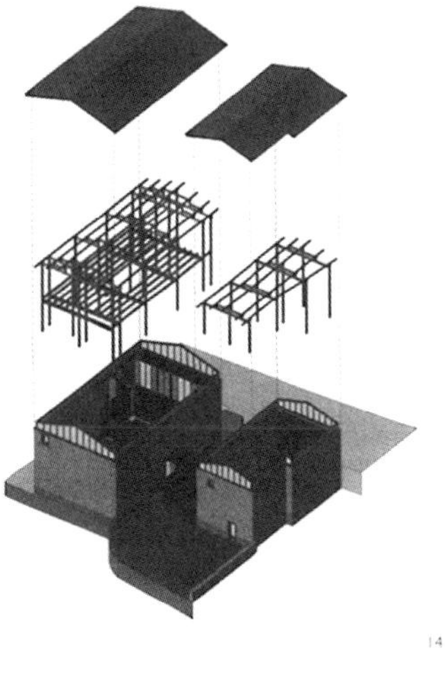

图14

图15

民居虽有两层，但主要活动空间在地面层，楼上层高低矮且有梁架的障碍，一般仅用作存储功能。改建为图书馆要求两层都要具备一定的层高下限，所以需要将建筑适当加高。为此，建筑师采用传统建筑修缮技艺中的墩接方法把建筑的柱子接高，梁架和屋面也因此相应地抬升。这种情况下，在抬升的屋面和原有黄泥土坯墙体之间产生的缝隙如何处理呢？如果选择以新增黄泥土坯墙填补上述缝隙，那么这两栋乡村民居无疑保持了其基本的原型特征，但却在一定程度上掩盖了建筑师的操作痕迹，有可能使后来者误认为改建后尺度有所变化的房屋就是风土建筑本来的面貌。《威尼斯宪章》虽然针对的对象是文保建筑。但其“新加建部分要有明显可识别性”的原则用意在于不让历史信息产生混乱，对具有明显时间维度的非文保项目也有其参考价值。

建筑师选择以横向长窗置于抬高的屋面和原有黄泥土坯墙体之间，除了不混淆历史信息的考虑外，另一个重要的原因是建筑师熟悉现代主义早期来自风格派的“分解一重组”形式操作方法，并认同由此产生的抽象性和几何性审美趣味。这种现代的审美趣味并没有损害原民

图16　云夕戴家山乡土艺术酒店主楼北面

图17　云夕戴家山乡土艺术酒店主楼南面

图18　云夕戴家山乡土艺术酒店入口广场

图19　云夕戴家山乡土艺术酒店主楼三楼平台

图20　云夕戴家山乡土艺术酒店主楼入口及展厅一角

图22　云夕深澳里书局沿街立面

图21　透过对面老屋大门看到的云夕深澳里书局入口

居形式的完整性和地域感，在很大程度上是因为风土建筑的模式调适操作中，原型更接近于一种模式而非一种具体形态，因此对具体形式的变化有很强的包容性。

2.2以新的形式秩序整合新旧建筑碎片——云夕戴家山乡土艺术酒店

与先锋云夕图书馆的微调相比，云夕戴家山乡土艺术酒店则是创造一种新的形式秩序，并以此来整合现存的风土建筑碎片和新加建形式碎片。莪山实践设计团队的主要成员之一王铠引用美国诗人艾略特（T.S.Eliot）讨论积极的艺术创作与传统的关系时的观点，对这种操作方式做了解释：“现存遗迹自身形成了一种理想秩序，这种秩序通过新《真正的新》艺术作品的引入而得到修正。在新作品产生之前，现存秩序是完整的；为了新的添加之后秩序能够持续，这种秩序必须略为改变；因此整体上，每件艺术作品之间的关系，比例和价值需要重新调整；并且这种改变能够使旧的和新的协调一致。”[9、10]

云夕戴家山乡土艺术酒店在改建前是游离于村庄之外的一栋南北向黄泥土坯民居和一座石砌平顶小屋。建筑师对民居改建活动的操作起点与先锋云夕图书馆相似，也是通过墩接加高原有木柱并抬升屋面，使其室内层高满足两层酒店的功能要求。但在形式操作上，建筑师的处理方式与先锋云夕图书馆完全不同；抬升部分高度与保留的黄泥土坯墙面相似，以深色木制墙面形成了另一种墙面肌理；抬起来的小青瓦屋面也因此与原有黄泥土坯墙面失去关联，反而因为色泽相近和位置相邻，与新增深色木制墙面组合成相对完整的新体量要素，而新体量要素构成与原有黄泥土坯墙面的强烈对比；石砌平顶小屋由于新增的柴垛立面质感和扫把栏杆，事实上已成为与乡土元素关系密切的现代设计要素，在形式上不再具备传统风土建筑或“新风土”建筑的特征。这样，在外观上，传统风土建筑留下了一些碎片，这些碎片与新加建形式碎片共同整合成一种新的设计秩序。

这种操作方式的整体秩序和基本原型都来源于新的设计，而在新的秩序中，无论原有风土建筑碎片还是新设计碎片都不能自成一体，两者互相包含、犬牙交错。这种操作会带来各种复杂问题，其必要性取决于传统风土建筑碎片能否在新的整体中充分凸显其特色，成为设计的突出亮点。

在云夕戴家山乡土艺术酒店中，传统风土建筑碎片主要凸显其年代价值（age value），并兼顾其艺术价值。岁月造成的斑驳是新建的建筑无论怎么做旧也无法达到的。建筑师用原有黄泥土坯墙和内衬砖墙形成复合墙体，以原有木楼板为模板浇制混凝土形成复合楼面，这些处理使室内与人接触的主要界面以现代砖混结构的建筑材料为主。复合墙体在施工时，经常遇到因原有黄泥土坯墙砌筑时的随意和其在漫长时间内发生的各种变形问题，更不要说原有土坯墙和木柱的关联远没有当代建筑师所想象的那么密切。室内的很多细部展现了这种不同于现代工业条件下的建筑产品的随意性，尤其是贯通的垂直空间里，失去结构作用且有所变形的木构架成为视觉上的展示要素。

这种操作方式虽然让传统风土建筑以碎片要素形式存在，但保留的碎片无论从年代价值还是艺术价值上均得到了建筑师的充分尊重，并使用材料对比等手法对之加以烘托。

2.3在聚落肌理中选择加建原型——云夕深澳里书局

与前述位于戴家山村的先锋云夕图书馆和云夕戴家山乡土艺术酒店不同，云夕深澳里书局所在的深澳村是国家第三批历史文化名村，其选址景松堂也是村落中的保护建筑之一。与戴家山村相对简单的黄泥土坯墙民居不同，深澳村的景松堂是一

图23 云夕深澳里书局改造后的景松堂中庭

图24 云夕深澳里书局内景

处格局完整、自成一体的深宅大院，虽然其产权关系复杂，且由于长期分割使用导致空间格局现状支离破碎，但厘清其原有空间格局并不复杂，在这种完整空间格局中以任何现代形式操作方式介入均属唐突。所以，云夕深澳里书局对景松堂建筑的处理，严格遵循历史建筑保护和再利用的基本原则，主要的工作集中在如何在原住民同意的情况下，按一定的步骤恢复院落原有空间格局方面。

加建部分包括入口大堂和客房两种功能。按照惯常思路，建筑师需要处理的问题似乎是加建部分如何与原来完整而内向的景松堂融为一体。实际上，笔者在未亲临现场之前，也曾对方案中加建部分究竟试图与景松堂保持怎样的关系有些疑问。但进入深澳古村之后才意识到，如何与景松堂保持整体性并不重要，重要的是如何通过分析聚落肌理的结构，选择适合于加建部分的肌理原型，以保证古村整体肌理的完整性。

在传统村落肌理中，祠堂、大型住宅以及完整合院空间这种带有一定礼仪性要求的空间往往形态完整且秩序井然，然而它们的附属建筑却常常以最经济、最方便的方式处理。在前述风土建筑模式调适操作，附属建筑是否和主体院落构成一个形态意义上的整体是不需要加以考虑的，因为将之联系在一起的是土地权属而非建筑形态。于是，带有礼仪需求而形态相对完整的院落空间与形态、空间和建造方式都相对随意的附属空间及贫民住宅在传统村落肌理中相互依存，后者可以被视为前者间的黏合剂。缪朴所谓“正格与变格共存”[11]是从另一个角度对同一现象的描述。研究者往往聚焦于“正格”而忽视“变格”，但“变格”中一些特质扎根于风土社会，反而具有独特的生命力，如建筑师王澍常用的“瓦爿墙”即来源于浙东地区院墙和附属建筑常用的砌筑方式。与之相似，深澳村常见的仓房、猪圈等附属建筑独特的卵石砌筑工艺也是构成村落景观不可忽视的元素。新建部分采用了这种卵石砌筑工艺，其临街面宽和高度也尽可能与村落中卵石砌筑的附属建筑保持关联。

虽然加建部分在外部建筑形态上以村落中的附属建筑为原型，但内部的空间形态原型则由现代宾馆建筑演化而来。云夕深澳里书局的入口被安排在形态上容易被理解成附属建筑的新建部分，与村落空间的原有结构并不相符，但却与像景松堂这样的宅院将最奢华的部分呈现于进入大门后的院落的内向性布局异曲同工。入口的灰空间起到恰当的引导作用，向右进入原景松堂的传统院落空间，向前穿过临水池的甬道进入客房。从空间组织上，虽然相对克制，但仍可以感知到张雷早期基于原型的形态和空间操作的影子。

这样，云夕深澳里书局将外部形态原型与内部空间原型分离，既保证了古镇肌理的完整性，塑造了街巷空间与景松堂院落之间流畅的空间序列，又赋予新建部分的大堂、院落与客房空间以现代性格。

2.4与“新风土”建成环境共处——雷宅

与前述三个案例都不同的是，雷宅所在的山阴坞村并无传统风土建筑及相应肌理存在，整个村落沿着山坡台地展开，面向山谷和山阴坞水库大坝。建筑基本呈现20世纪90年代末以来当地农村“新风土”建成环境的特征：三开间总计超过10米的建筑面阔、三层、砖混结构、灰色面砖或水泥饰面，视建造年代不同而使用劈离砖或罗马柱等时代印记鲜明的装饰元素。

上述共同特征有很多与特定时代的乡村社会组织方式及制度限定有关，例如乡村的宅基地使用制度在很大程度上规定着建筑的平面布局与高度[12]。另外的一些特征与特定时代的生产条件关联紧密，但传统风土建筑特定的生产条件不同往往意味着地域特征不同，“新风土”建筑最经济的材料未必是当地产品，经常表现为当时当地最广泛使用的廉价工业产品，如20世纪90年代的劈离砖，或当代的不锈钢制品、罗马柱等。[13]

雷宅在用地中的布局方式与村落最常见的布局方式完全一致；建筑在用地后部，左右方向上居中，面阔尺度采用与周边“新风土建筑”类似的三开间，总计超过10米，高度三层，采用砖混结构。用建筑师的话说，这是“建筑在整体聚落结构上表现出的谦逊姿态”[14]。

在材料的使用上，雷宅没有采用“新风土”建筑常用的廉价工业产品，而是在新的工业化条件下重新寻找与传统风土建筑相似的当地建筑材料。附近石材加工场的边角废料，既具备地域性，也具备就地取材的经济性。石材使用干砌的方式，砌筑方法源于当地传统。最后呈现的石材肌理未经事先设计，而是当地工匠的手风与建筑师的现场协调共同作用的结果；这种肌理既难以在图纸上预先设计，也由于其随机性而使每面墙都具有不可复制性。同时，由于材料的不同，完成的石材肌理与传统的砌筑效果也并不一样。这样，建筑师在总体采用现代设计控制手段的同时，在可控的领域引入传统工匠的智慧参与建筑形式的操作。

通过选择与“新风土”建筑一致的原型，雷宅充分融入聚落整体建成环境；通过选择当地特殊的建筑材料，既保证了经济

图25　雷宅与3D打印茶亭

图26　雷宅西北侧透视

图27　雷宅中地方石工与数字化材料技术的结合

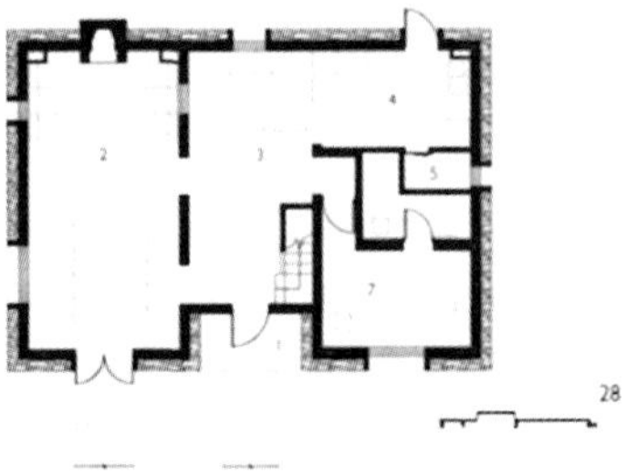

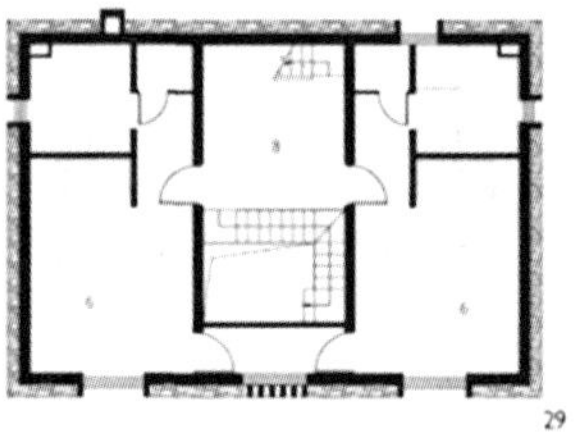

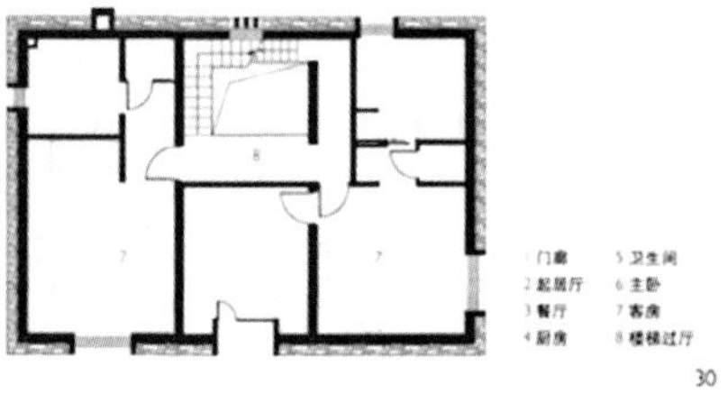

图28　雷宅一层平面图

图29　雷宅二层平面图

图30　雷宅三层平面图

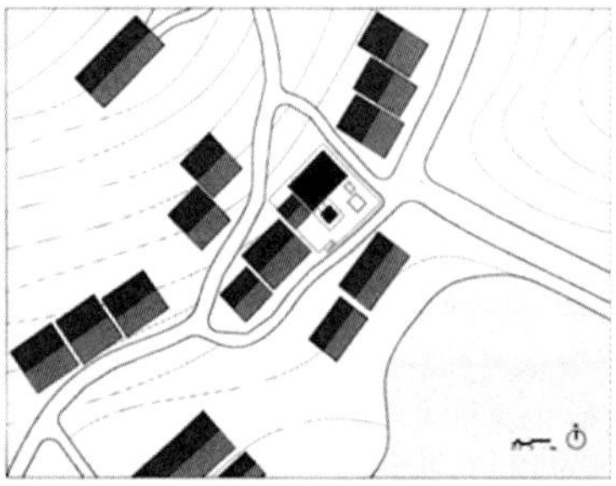

图31　雷宅总平面图

图32　融入基地场所的雷宅

图33　雷宅入口门厅

性，又在此基础上重建其地域性；通过局部利用工匠的智慧，使建筑的外墙肌理具备不可复制性。这是雷宅面对当代“新风土”环境的基本设计操作方式。而建筑的平面布局通过梯井空间在平面位置上的变化产生空间的丰富性，与建筑师早期基于原型的形式操作方法也不无关联。

3 结论

面对基于风格的操作和当代社会图像对建筑本质遮蔽的反

思，“向没有建筑师的建筑学习”在一定程度上呼应了18世纪以来各种回归建筑本源的努力。然而，风土建筑模式调适的操作方法与当代建筑师基于原型的形式操作方法虽然都以类型学意义上的原型为基础，但风土建筑基于模式而相对具象的原型与当代建筑师在形式操作中高度抽象的原型有很大区别，两者的操作方式也完全不同。所以，莪山实践从建筑学本体意义上，最值得关注的是当两种原型相遇后，建筑师的具体操作策略。从以上分析中，可以看到以下几种情况；先锋云夕图书馆以风土原型为基础对其形式进行微调操作：云夕戴家山乡土艺术酒店创造新的秩序整合传统风土建筑碎片与新加建形式碎片；云夕深澳里书局基于聚落肌理的构成规律选择聚落中的附属建筑作为新加建部分外部形态的原型，同时以形式操作塑造内部空间；雷宅选择顺应当地“新风土”建筑的基本原型，同时以当地特殊建筑材料和工匠手风重塑地域性。从上述案例可以看出，由于风土建造模式和各种现代设计模式之间都有程度不同的鸿沟，“向没有建筑师的建筑学习”这一口号的实现并没有一成不变的固定路径，而需要事先对具体“没有建筑师的建筑”价值进行充分评估，然后基于个案的独特性选择有针对性的应对策略，才有可能真正从“没有建筑师的建筑”中汲取独特营养，从而使设计获得扎根于此时此地的独特生命力。

（原载于《时代建筑》2018年第5期）

引文文献

[1] 鲁道夫斯基．没有建筑师的建筑——简明非正统建筑导论 [M]. 高军，译，邹德侬，审校．天津：天津大学出版社．2011．

[2] 拉普卜特．宅形与文化 [M]. 常青，徐菁，李颖春，等，译．北京：中国建筑工业出版社，2007:4－5．

[3] 刘涤宇．宅形确立过程中各要素作用方式探讨——《宅形与文化》读书笔记 [J]. 建筑学报．2008(4)：100－101．

[4] 张雷．基本空间的组织 [J]. 时代建筑．2002 (5)：82－86．

[5] 张雷．混凝土缝之宅 [J]. 城市环境设计．2009(6)：142－147．

[6] 李娟．向没有建筑师的建筑学习 [N]. 第一财经日报．2013－07－16(C03)．

[7] 张永和，张路峰，向工业建筑学习 [J]. 世界建筑．2000(7)：22－23．

[8] 王铠，张雷．时间性——桐庐莪山畲族乡先锋云夕图书馆的实践思考 [J]. 时代建筑，2016(1)：64－73．

[9] 王铠，周德章，张雷．时间 / 空间——乡土聚落渐进复兴中的莪山实践案例研究 [J]. 建筑遗产，2016 (2)：86－99．

[10] Eliot TS.Tradition and the Individual Talent[C]//Eliot TS. The Sacred Wood:Essays on Poetry and Criticism.London:METHNE，1920:26－27．

[11] 缪朴．传统的本质——中国古代建筑的十三个特点（下）[J]. 建筑师，1991，40：61－69，80．

[12] 张维．产权、使用变迁下的民居空间演变特征研究——以江南地区的五栋住宅为例 [D]. 博士学位论文．上海：同济大学建筑与城市规划学院，2017．

[13] 段威．浙江萧山南沙地区当代乡土住宅的历史、形式和模式研究 [D]，博士学位论文，北京：清华大学建筑学院，2013．

[14] 王铠，钟华颖，张雷．工匠建筑学与数字乡村 [J]，建筑学报．2018(4)：75－77．

作者简介

刘涤宇，同济大学建筑与城市规划学院副教授。

公共空间复愈之道：408小组的场所营造

徐磊青　言　语

摘　要：文章阐述了公共空间复愈的理论及其构造，涉及自然复愈、社会复愈、策略都市、社区营造、城市治理等方面。通过塘桥实践，408研究小组展开了对空间复愈这一主体建构性空间实践命题的分析与案例展示。在存量语境与学科转向的大背景下，公共空间复愈有着对现存各种城市病根源上的应对态度，但是要求设计者以行动者的姿态投入社区并创造社群。

关键词：公共空间复愈；自然复愈；社会复愈；场所营造；408研究小组

1 空间复愈，城市更新

目前，城市空间在某种程度上成了具有敌意的环境，它空旷、危险、拥堵、吵闹、污染、隔离、歧视、不洁，这些被人称为“城市病”。城市的公共空间本来被期待成为解药，现在反而成为毒药本身。城市失去环境感、空间失去亲密感、场所失去场所感已经成为一种普遍情况。学界对此也提出了不少应对理论与方法，尤其是最近的城市更新和城市设计及其政策，也表现出对社会—自然—空间修复的关注，以及空间使用机制的创新等。同济大学408研究小组在近年的研究与空间实践过程中，逐渐形成了公共空间复愈的学术观和实践路径[1-5]。公共空间复愈（public space restoration）理论包括自然复愈、社会复愈、空间修复三个基本观点。策略都市主义是一种空间利用的创新机制，场所营造（place making）、空间微更新和社区营造则是空间实践的重要路径。

1.1自然复愈

住房和城乡建设部的城市双修工作将自然复愈提到了重要的位置，其中生态修复是建设健康、美丽城市的基础，旨在保护自然资源、修复生态环境、推进海绵城市建设等[6]。欧洲近年来出现了一个火热概念——NBS（Nature-based Solution），直译为“基于自然的解决方式”。这个概念最初被引入是将环境提升作为一种方式来应对气候变更和可适应性的挑战[7]。在欧洲，政策制定者已经将这个概念融入他们新的研究和革新的框架之中，将生物多样性、生态系统服务与创新发展、工作机会的增加视为同等重要的目标，并且为通向可持续的社会发展的转变路径提供了一个潜在的开口[6]。408研究小组在最近完成的“上海城市有机更新实践调研”项目中发现，以自然复愈为主导动机所做的城市微更新和更新项目，具有极高的居民评价。

1.2社会复愈

社会复愈的城市主义（socially restorative urbanism）来源于谢菲尔德大学景观系教授施维茨（Kevin Thwaites），它致力于提出一种概念性的框架，以思考城市空间结构和社会进程之间的关系。[8]社会复愈的城市主义通过体验性景观理论和相应的体验性设计方法论，指导都市场所营造、参与式设计等一系列直面社会空间的设计实践，直面并救济地域关系上的不平衡状况，着力于社会凝聚力与互相依存关系的城市生活环境。其体验设计学方法论的核心为研究人与人之间、人与日常建成环境间的关系，通过图绘（mapping）的方式厘清并将这种关系可视化，以对设计进行推动。

1.3空间修复

空间修复运动包括历史建筑保护、慢行街区、活力社区、完整街道等。空间修复运动涉及城市空间中历史、功能、空间、身体等特质的复原与重视。住房和城乡建设部的城市双修政策中的城市修补也把空间修复摆到重要的位置，具体涉及拆除违章建筑，修复城市设施、空间环境、景观风貌，以及提升城市特色和活力等。因为自然复愈、社会复愈和空间修复最后都以空间作为载体，所以空间修复是空间复愈城市化（Spatial Resto-ration）的重要维度和实施维度。但没有前文所述的应对社会空间的方法论作为基础，空间修复容易流于形式，重演空洞的城市美化运动，并修剪有活力的异质自发力量。

1.4策略都市

近十几年来出现的策略都市主义（tactical urbanism）被用

来描述为一种低成本的、临时的、对建成环境的改变或改造方式，以提升在地社区的邻里和城市公共空间①。策略都市主义的核心理念是通过对空间的运营或临时性占有来讨论空间的权属与实验空间的改造。它比传统的建筑化手段更直接也更彻底地面对存量的公共服务优化问题，因它直接承认了既成物质形态环境不可大改的前提条件，并用空间计划去撬动空间运营与空间的权利归属等根本性问题。设计师以空间作为武器，参与空间的价值逻辑并直面社会问题，通过空间修补完成社会修复。策略都市主义通常意味着近人步行化尺度公共设施的实现，如增加公共空间的座椅、限制机动车的使用等，也可以是标语，或者仅仅是一道斑马线。它一般是临时的，并以小见大，提升着场所的使用率与活力，并作为触媒促进下一步的进行与扩散。

但策略都市的问题在于，其在能够帮助设计师方便有效进行场所实验的同时，对待主空间中的目标群体差异性上有用研过于简化的趋势，需要搭配合适的田野调查进行，并转化为长久经营的计划。

1.5共建、共治、共享

习近平在十九大报告里提出的打造共建、共治、共享的社会治理格局，已经开始反映并落实到城市治理和政府管理实践中。它反映了城市公共空间多主体、多权属、多意义的性质，以及在建设、使用和管理方面的各种协同。社会治理层面的创新对于空间复愈主体具有重要意义，否则要么成为新潮抵制的符号化，要么成为守旧建制的同质性收编。

1.6社区营建

社区营造一般指居民持续以集体的行动来处理其共同面对的社区的生活议题，居民彼此之间及居民与社区环境之间建立起紧密的社会联系的进程。社区指地区性的居住环境，以及附于其上的生活、历史、产业、文化与环境等多向度的意义，并且隐含着"故乡"的情感意识。营造一词具有造作与行动的意思，强调自发性与共同参与的行动[9]。与社区营造类似，还有社区复兴（community revitalization）、社区培力（community empowerment）、场所营造（placemaking）等都市行动主义（urban activism）范畴的议题涌现，它们都指向社会修复的都市主义并彻底摆脱了格式塔模式的形式控制，同时更是一种社会学、人类学方法介入的复合空间实践方式，其核心是赋权（empowerment）。

1.7空间复愈理论

空间复愈城市化的核心目标，是将城市空间再更新为具有高品质的人性空间。对被汽车社会和不适合的机能主义城市规划所造成的空间割裂、单一、冰冷的城市空间进行清理、干预并重新纳入公共空间轨道上，是重建社会融合、自然疗愈和场所感的一种城市更新模式。这个空间复愈的更新模式具有很强

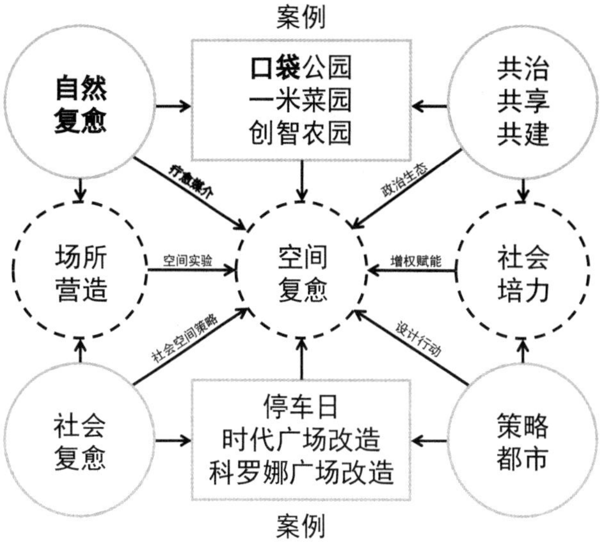

图1　空间复愈理论结构

的跨学科背景，涉及以社会创新、合作和自然为基础的解决方案、空间修复设计及其评估与协同治理等（图1）。

2 公共空间实践转向

城市发展不可能永远停留于新建的、硬件的、形式化的操作，它需要不断指向有内涵的、贴近人群的、更加精细化的领域[9]。一些中国城市的发展重心已经由增量向存量转化，实践方式已经从对实体的设计逐渐转向了对存量空间的规划与运营。存量语境下的设计实践要求对现有空间，尤其是较早建设的、地处城市中心区的那些无法满足当今城市生活需求的人居环境进行品质升级，为其使用者提供更好的服务与体验[10]。存量城市的关键在于土地增值带来的公共服务的升级，而不是"招拍挂"的土地产能，而公共服务的提升作用于公共空间却不一定作用于建筑实体。很明显，在一切都可以被资本化的新自由主义网络社会，公共空间一词变得具有不能被建筑师群体尽述的多重语义。与形式专属建筑本体不一样，空间受到诸多学科如社会学、人类学的影响。公共空间迭代也成为存量语境下的必经之路。

2.1建筑学转向

继坂茂（Shigeru Ban）斩获 2014 年普利兹克奖之后，2016 年智利建筑师阿拉维纳（A. Aravena）也凭借建筑学本体意义同时极具社会性实践的上佳作品获得普利兹克奖。获奖的评语中肯定了阿拉维纳在社会保障住宅等社会实践方面做出的贡献，并提及年轻建筑师要承担多重角色。他认为"建筑师的角色正在面临挑战，他们要服务于更广泛的社会和人道主义需求"。获

图2　电影《普鲁特艾格之谜》海报

图3　鄂尔多斯康巴什新城

图4　纽约时代广场改造前后

得了 2018 年的普利兹克奖的印度建筑师多西（B. Doshi）曾说过一句话："当生活方式和建筑融为一体的时候，生命才能开始庆祝。"多西也因其对改善印度人居条件与生活品质所做出的贡献而受到高度评价。审度建筑的贡献倾向于普世价值，是因为在全球城市的资本狂潮和建筑市场衰退的双重作用下，产生了更多对空间的人文诉求，并能通过媒体向大家传达。

从吉迪恩（S. Giedeon）到塔夫里（M. Tafuri），历史学从平铺直叙的尽述式资料库逐渐转向评论与解读，时间—空间的理论建构也逐渐从静态、永恒走向动态、临时。历史的观点被复数化了，纪念性、单一取向的叙述变得无法成立[11]。同样，在理论的实践层面，从柯布西耶的光辉城市到山崎实被炸毁的普鲁特艾格（Pruitt-Igoe）住宅，建筑师总是想靠单一一招改变城市，铸就乌托邦，致使在面对错综复杂的、动态的、不确定性的社会关系时却有心或无意地做了坏事（图2）。当代建筑有太强烈的意图想要在单体里全部成就，想在一霎间完成永恒……太重视单一的小转折，以为每次身姿漂亮的转折，都指向永恒的方向[12]。

2.2空间迭代

在千城一面的历史性缺失和大量库存难以消化的情况下，上文提到的矛盾被放大。在中国的许多城市，这些库存常常是难以处理的坏账。例如鄂尔多斯康巴什新城（图3）。建筑师只管造楼的某种集体无意识，使得在危机来临后一时没有了方向感，因为他们要么仍执着于造博物馆，要么继续在流水线中复制生产。大量建筑师在没项目做、失业、转行的同时，也留下各种冰冷的无用空间。作为背景条件的城市环境生产方式已经转入金融空间生产、资本全球化跨界空间生产，于是必须重新检视传统空间工具的效用。面对千城一面与在地需求，建筑师作为最了解空间的人之一，理应加入空间修复的进程中。建筑师将扮演更加多元的角色是学界内外、双向必然的要求，其空间实践的方式也应因空间迭代而迭代，应对上述现状。

2.3更新与微更新

始于2005年，由 Rebar 工作室在旧金山发起并蔓延全球的名为"公园日"（Parking Day）的社会活动是个很好的例子。Rebar 工作室在付费的停车位上放置草皮、座椅等设施，让停车位变成临时的公共空间，并架设摄像机记录了未来的前景：人们开始在小草坪上看报纸、喝咖啡、交谈、聚集，在缺少公共空间的地段，这一对比让人印象深刻。由于旧金山超过70%的室外空间都被用于机动车停靠了，因此极度缺乏公共空间。该视频被传到网上并引起轩然大波，之后 Rebar 工作室对此设置了开源操作手册及建议，让更多的 NGO、设计事务所，乃至社区居民都能够有板有眼地参与进来。也有因临时性改造带来巨大的社会利益最终演变成永久性项目的例子。纽约绿灯工程就是这样的一个声势浩大的案例。它通过增设座椅、改变铺装等手段直接作用于百老汇大街时代广场段和先驱广场段的道路，将其临时性地改造成为步行街。最终经过对广场使用者的调查得出此场所实验的效果是正面和显著的之后，纽约市于 2010 年决定将对时代广场进行为期6年的永久性步行化改造（图4）。

欧美城市的场所营造持续实践一直是其城市更新的常态，老牌的事务所如公共空间项目公司 PPS 和盖尔事务所等在世界各地都和政府、NGO 合作承担了大量的公共空间复兴的实践和研究项目。这种合作动用的社会力量跨越大小设计事务所、咨询公司、NGO、不同的社区和族群，例如 DesignAgency 事务所的空间实践主导、和纽约交通局合作的科罗娜广场（Corona's Plaza）的更新（图5），由包括 Snohetta 在内众多知名事务所介入的纽约时代广场与百老汇大街改造（图6）等，它们都属于注重人性化尺度，也注重主体和空间参与的方法论投入的案例。

2.4复愈术、公共空间与建筑师

总结起来，面向复愈的场所营造和微更新对设计师来说通常意味着四点：厘清空间运行系统、多重身份参与运营、近人尺度的活力实现、参与过程与平台的设计。在场所营造的

图5 DesignAgency的纽约科罗娜广场项目

图6 纽约时代广场改造项目

图7 疗愈花廊设计构想

过程中，设计所服务的对象显得格外重要。策略都市主义还有另外一个名字——“用户驱动都市主义”（user generated urbanism），很好地描述了这种定位。参与式、行为驱动的设计会逐渐兴起，因为它直指存量优化的公共服务升级和自然—空间—社会修复的本质需求。在这个过程中，设计师需要同时进行多个层面的实践而不丢掉设计师设计的武器，对此，Design Agency 事务所用他们颇具创造性的实践给出了参考。欧美发达国家根本没有什么存量优化的概念，通过公共空间复兴已经走了几十年的西方发达国家深谙此道，而只是没有用存量去形容这种状态。存量优化需要社会资本增加带来的空间溢价，场所营造出来的环境是比以前更贵、更好的，这是设计师的思维定式。但空间复愈恰恰不是这种单向度的设计问题，唯 GDP 主义导致的异化和其对共同利益（common good）的不公平影响不能只通过设计回应，这是设计师通常做得没那么完善的地方。所以需要明确主体，以活力、文化与多样性来复兴城市，并修复、激活粗放型空间生产带来的隔阂物质环境地带与社会空间（socio-space）场所，并以建构主体性和共同体作为社会空间策略介入设计。

3 408研究小组的空间实践

自 2016 年上海、武汉等地陆续推行社区规划师制度以来，上海以社区微更新的方式首先落地了一批试点项目，社区营造、基层共治因为政策、资金层面的支持得以以上下结合的方式落地。这些项目无一例外都是面向居民的共同体的构建，或者着眼于小、微的空间格局设计，重点是社会空间的修复。408研究小组有幸能参与这些实践 [13]。目前浦东塘桥项目（金浦小区入口广场）已经建成。最近笔者受聘为杨浦社区规划师，第一个项目明园村改造还在设计中。

上海浦东金浦小区入口广场（塘桥社区公共空间）改造是2016行走上海——微更新项目之一，也是上海市规划和国土资源管理局启动 2016年微更新计划的开幕式所在地。这座长廊状的小广场周边混杂分布着小学、菜市场、垃圾房、药店、慈善超市、居民楼。广场内，人员鱼龙混杂，车辆乱停乱放，环境脏乱差，空间权属不明，缺乏对空间使用者的关怀，忽视空间的实际运行方式的设计使该区域汇集了各种矛盾。研究团队在塘桥社区多次发起居民代表座谈会和两次街道办访谈会议，征求居民意见作为设计依据。

方案着重于自然复愈、空间修复和社区营造三个方面。自然复愈的核心是在广场的中心设计建造疗愈花廊。它是一个长20米、宽 8米、高 5米的木制廊架，上面爬满绿色植物，因其中有紫藤花，设计师把这个花桥称为“疗愈花廊”（图7）。花廊的设计并非一帆风顺，在被居民以投票的方式选出之后，仍然受制于土地产权边界、对周边业主需求的满足等问题，经历了数轮包括位置、高度、植物、倾斜角度、活动预设在内的详细调整。在某些节气，花廊可能会结合药店、慈善商店、居委会等多元主体需求举办活动。

空间修复主要是延续了中国传统的建筑风格的墙元素，并在亭子、太湖石和学校围墙边上设计了受人欢迎的休闲座椅。另外，针对广场疗愈花廊核心区域的活动预设，为了配合这一活动设置，广场上原来升旗、举办活动的升旗台则由原来的朝外设置，变成朝内设置，旗杆位置由内挪向外侧。并且在广场前区设计了8棵榉树，以区分道路、菜场前广场和小区入口广场的不同特性。这一空间的细微差别影响了空间的内外氛围。报刊栏的设计延续了作为背景的小学墙面风格，采用相对粗糙的反光材质，比改造前的遮蔽加深了挑檐同时，确保了适合老年人阅读的照度，还增加了遮蔽面积以支持雨季的读报人停留。

因文章篇幅限制，不能详细说明决策过程，它们都经历了数轮面向全阶层使用者的以公众参与、田野调查为工具的调研—设计—反馈，包括塘桥文化衫与义卖活动、搭建模型交互、投票沟通平台，以激发群众广泛参与的积极性，帮助社区规划师能够更贴切地了解居民的需求（图 8、图9）。在获知社区居民、政府部门的需求之后，工作围绕社区营造的咨询、发掘、整理和研究展开，团队依据自身的专业背景，结合各利益方的需求，提出规划设计的构想。这期间共进行了四场设计进展汇报，并邀请居民现场评议，其间收集到的几百条意见给予后续设计的反馈调整很大的帮助。

408研究小组的设计方案最终获得了由街道办事处、规划

图8　塘桥社区现场交互场景

图9　塘桥文化衫设计义卖活动

图10　改造后场所活力得到提升（值得注意的是，旗台的反向设置暗示了边界内外的分隔，从而导致乱停放行为多数集中在外侧）

院、社会公益组织及两名居民代表组成的评审团的肯定，并于2017年3月建成投入使用，获得了大量居民的好评且多次见诸报端，形成良好的社会反响（图10）。

4 结语

面向空间复愈的场所营造与微更新是建筑学在面对当代困境的应对方式，致力于解决建成环境在当今的社会、经济、生活环境下所显露出的种种弊病。基于场所与使用者的设计，有助于提示建筑师重新关注具体的物，使其有更多机会从身体及感受出发，讨论触感、材料、做法及更多使用场景。首先，它不提倡过往流行的大拆大建，而是以更低的成本、更小的代价在现有环境中进行优化和提升，在节约成本的同时，也避免了断裂式的发展对既有生活方式造成的破坏。其次，它区别于以往“自上而下”的，以投资者、管理者或设计师为主导的设计与建造方式，更加关注使用者的需求，对使用者的日常生活进行观察和探访，并以此为基础提出针对空间环境和生活方式的优化策略。另外，对于业内的空间实践范式，它增加并丰富了存量语境下设计师的实践方式，摈弃流于表面的美学想象，给行业和学科带来了新的机遇，指明发展方向。

（原载于《城市建筑》2018年第25期）

注释

① 参考 The Planner's Guide to Tactical Urbanism，https://www.scribd.com/document/348773655/A-Planner-s-Guide-to-Tactical-Urbanism。

引文文献：

[1] 徐磊青，言语. 公共空间的公共性评估模型评述 [J]. 新建筑，2016(1)：4－9.

[2] 翟宇佳，徐磊青. 城市设计品质量化模型综述 [J]. 时代建筑，2016(2)：133－139.

[3] 徐磊青. 恢复性环境、健康和绿色城市主义 [J]. 南方建筑，2016(3)：101－107.

[4] 徐磊青，施婧. 步行活动品质与建成环境——以上海三条商业街为例 [J]. 上海城市规划，2017(1)：17－24.

[5] 言语，徐磊青. 记忆空间活化的人本解读与实践——环境行为学与社会学视角 [J]. 现代城市研究，2016(8)：24－32.

[6] 杜鲁司，范嗣斌，朱春丽. 三亚市“生态修复城市修补”总体规划 [J]. 城市规划通讯，2017(2)：15－16.

[7] Nessh Ver C, Assmuth T, Irvine KN, et al. The Science, Policy and Practice of Nature-based Solutions: An Interdisciplinary Perspective[J]. Science of the Total Environment, 2017(579): 1215－1227.

[8] Thwaites K, Mathers A, Simkins I. Socially Restorative Urbanism[M]. London: Routledge, 2013.

[9] 黄瑞茂. 社区营造在台湾 [J]. 建筑学报，2013(4)：13－17.

[10] 李彦伯. 城市“微更新”刍议 兼及公共政策、建筑学反思与城市原真性 [J]. 时代建筑，2016(4)：6－9.

[11] 五十岚太郎. 关于现代建筑的16章——空间、时间以及世界 [M]. 刘峰，刘金晓，译. 南京：江苏人民出版社，2012.

[12] 阮庆岳. 建筑退化论：哲学·文学·社会 [M]. 上海：同济大学出版社，2014.

[13] 徐磊青，宋海娜，黄舒晴，等. 创新社会治理背景下的社区微更新实践与思考——以408研究小组的两则实践案例为例 [J]. 城乡规划，2017(4)：43-51.

图片来源：

图1：作者自绘；

图2：firstrunfeatures.com/presskits/pruitt_igoe/pruittigoe_poster.jpg；

图3：中国城市难以消化的库存(roll.sohu.com/20111125/n326876489.shtml)；

图4：Places in the making-how placemaking builds communities and places 一文；

图5：dsgnagnc.com；

图6：www.snohetta.com/uploads/images/f60daf5545efaa508953b9e0f834e299_2048w.jpg；

图7—图10：设计团队；

图8—图10：作者自摄。

作者简介

徐磊青，同济大学建筑与城市规划学院教授、博士生导师。

苏州古城洪涝适应景观语言探析

于 悦 刘志成

摘 要：苏州古城是我国历史上典型的具有完备防洪排涝体系的水乡型城市，其人地关系正是生态与人文景观相适应的成果。从景观语言角度，对其防洪景观体系的设计语汇、空间关系等进行研究。在对景观语言理论研究的基础上，提取有代表性的洪涝适应性景观要素“词汇”，并对其空间组合及形态格局进行“词法”“句法”的归纳。构建苏州古城洪涝适应性景观语言，对我国水乡古城洪涝适应性格局的保护与现代水敏城市的建设有一定参考意义。

关键词：风景园林；洪涝适应性；景观语言；苏州古城

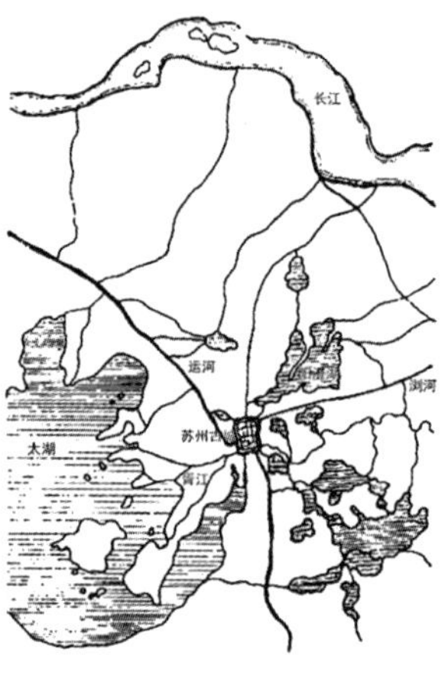

图1 苏州周边水环境

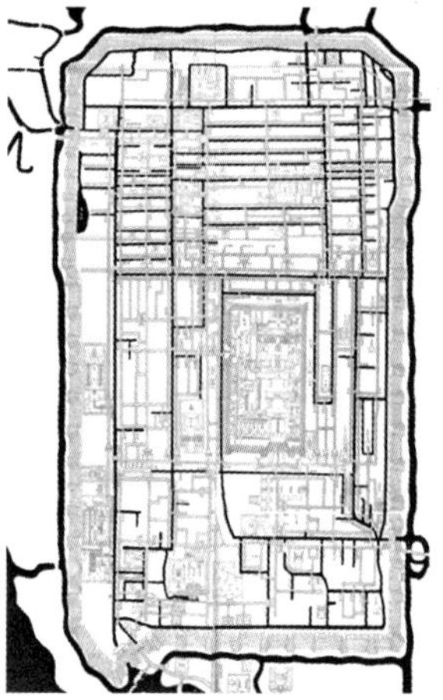

图2 《平江图》所示苏州城水系

1 苏州古城防洪景观语言的研究背景

1.1 苏州古城防洪格局的典型性

苏州城址位于长江太湖流域下游，三江五湖交汇口的低地势山岭地带至平原地带的过渡区域。古城外部四周环水，内部地势低平、河网纵横，长江分支和京杭大运河及太湖来水均自西向东流经穿越城区，城内却少有洪涝灾害[1]。古城的形成可追溯到春秋时期吴国建都于此，发展至宋代，城市风貌及水系格局基本达到顶峰状态，城址经千年未易，是我国历史最为悠久的典型水乡城市。然而之后古城用地布局让步于农商，河网密度骤降。如今沟渠管网更是大量取代河道，对城市内涝排蓄系统也产生一定影响。本文对苏州古城这一独特的防洪布局模式进行研究（图1、图2）。

1.2 景观语言学与生态水敏设计结合

对于苏州古城水系及防洪体系的建设研究，主要着眼于从城市更新角度分析苏州古城水系发展历程以及从生态角度研究防洪基础设施建设。本文以景观语言学为依据，通过对平江图等对于古代苏州的记载研究，将景观语言要素化、设计语言化，对苏州古城洪涝适应性景观[12]形成进行归纳总结。

2 洪涝适应性与景观语言的相关性

2.1 景观语言

“景观语言”的概念是由美国宾夕法尼亚大学安妮·惠斯顿·斯本教授在《景观的语言》中提出[4]。其主要内容归纳为以下方面：景观语汇的空间要素、景观语法的行文关系、景观语言的应用表达以及景观修辞[5]。从类型学的视角，将景观要素，空间单元及其组合与语言学的“字词语汇”体系进行结合与转译，通过语法将各要素关联复合。景观语言由词汇与语法共同组成。词汇是景观元素的提取，语法是词汇的组合方法[4]。词汇为“字”“词”及“词组”“字段”“段落”等[5]。“字”为不同类别的元素单体；“词”与“词组”为“字”的规律性组合。语法规则是要素间形成空间序列的联系法则，包含词法和句法。词法即组合嵌套关系，决定了复合空间的形态秩序，基本词法关系有：并列、叠加、均质、从属等[4]。句法从空间尺度以及空间的场所性方面，对语句进行复合润色（图3）。

2.2 洪涝适应性景观

洪涝适应性景观是城市在与洪灾的长期抗衡中形成的“理水”及“利水”[2]的景观，反映的是人与水的相互作用[12]。理

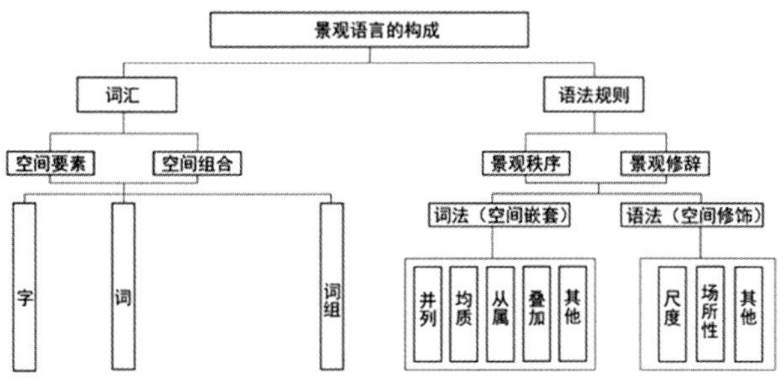

图3　景观语言的构成[5]

水层面包括人对蓄水泄洪的景观设施体系构建及空间营造，利水层面则是大面积水道给人带来的快捷多样的交通运输方式及丰富的滨水空间。

2.3 景观语言与洪涝适应景观的空间关系

苏州古城的洪涝适应景观组成可归纳为多种景观生态基础设施的空间组合，是景观语言的“要素”。从防洪体系构建角度，其组合依据是以防洪为主要目的，同时受地域性影响，即以生态及文化过程联系景观要素和景观语言之间的句法及规则[3]。景观要素在不同尺度下的空间组合与景观语言耦合，耦合过程是大小景观空间组合之间的关联性与规律性的体现[4]。

3 苏州古城洪涝适应性景观语言系统

3.1 苏州古城洪涝适应性景观语言结构

苏州古城防洪适应性景观，可作为“字”要素的为水系要素、建构筑物单体以及道路空间等。单字要素复合形成水系河网空间与建筑及街巷空间的“词”。水网、路网及建筑单词要素复合形成适应洪涝的景观“词组”。特定的景观秩序及景观修辞手法使得空间组合形成不同尺度，适应不同场所。

3.2 苏州古城洪涝适应性景观语言类型

以景观空间构成为依据提取景观“字词”。①水系骨架。古城外的运河与护城河及城内水网的布置相互关联及影响，形成兼具景观功能的疏散、容纳及运输水的体系。②作为防洪设施的建构筑物。城墙、水门、高台等构筑物在城市竖向界面上不仅是景观构筑，更是阻水屏障，对调整水流方向及河道布局有重要影响。③街道线性公共空间。水巷虽然不是防洪适应性景观的主体空间组分，但其起到串联或分离水系与设施的作用。以防洪功能为依据提取景观“词组”，归纳为障水系统[6]、疏排系统[7]以及蓄滞系统。障水系统以阻挡洪涝进入内城及减缓水速为主要功能，构成古城防洪的第一道屏障；疏排系统承担分洪以及排涝的功能，是内城分散洪水来量的主要方式；蓄滞系统平衡城市用水及排水。各系统共同组成古城洪涝调蓄管理体系。

语言要素	空间要素	
字	水体水系	运河　护城河　支流　湖塘　沟渠
	建筑构筑	城门　城墙　河堰　高台　桥梁
	道路街巷	街　道　巷　弄
词	水体建筑街巷 单字要素 复合空间	复合水网空间　复合街巷空间　复合建构筑物 建构筑与水网复合空间　街巷与水网复合空间
词组	水网建筑路网 单词要素 复合空间	障水系统　疏排系统　蓄滞系统

图4　苏州古城洪涝适应景观语言要素

4 苏州古城洪涝适应性景观语言组成

4.1 苏州古城洪涝适应景观语言要素单体

苏州古城洪涝适应性景观语言包含网状水体要素、点状建构筑物要素、线性道路交通要素（图4）。

4.1.1水体要素

水体要素的“字”层面，分为外城运河，护城壕池及内城河道湖泊三个子类。要素分别具有交通运输、输水排水、景观水体等功能。

①运河。苏州古城内部形态西高东低，太湖水自西面通过元和塘、山塘河、胥江及大运河支流至苏州城，从城东泄水至吴淞江、阳澄湖等河湖水系中，与城内水网组成重要的排水通道。

②护城河。护城河与壕池沟通城内外的水道，汇集污水，收纳雨水。其组织规模平衡古城的汇水面积与河道总蓄水量之间的关系。

③内城水网。内城河道之间的水巷形成“丁字型”“十字形”“井字形”等格局的完整交通水网体系，同时起到调蓄功能。

④沟渠。古代苏州石板路街道下方或侧方设置沟渠形成与道路网平行的立体排水系统。

4.1.2建筑构筑要素

建构筑物的“字”层面分为“水陆城门”“城墙”“拦河堰”“桥梁”四个基本要素。

①城门。苏州城门兼有水陆门以及附属瓮城，这一结构增加了行洪蓄水能力。古城设立盘门、葑门、娄门、齐门、阊门五处水陆城门，分别位于古城西南侧、东南侧、东北侧及西北侧，以通航和分泄洪水之用[8]。水陆城门接近主水道，分行模

式及开口方向受城外水源走势影响。

②城墙。古城城墙四角形状并不相同。太湖水从西南角来，因此西南角城墙向南突出，城门开口方向转向东侧，避免山洪水流直接冲击入城；古城北的东西两角均为楔形，减缓北部急流，增大河道曲率；城墙四处角隅只有东南角为正交角，形成独特的洪涝适应性景观[9]。

③拦河堰。苏州大城外有七组拦河堰，是挡水并能溢流的建筑物，起到对主河道的分流及泄水的作用[10]。

④高台。姑苏台等高台建筑地基厚重，作为文化景观的同时也是城市避水患的功能建筑。

⑤桥梁。苏州桥梁数量众多。拱桥的结构形式以及桥上泄水孔加速泄水排水[10]。拱桥间形成多种连桥字段组合，形成独特的水乡景观[9]。

4.1.3道路交通要素

道路要素的"字"层面为街道。

苏州古城的街道分为路、街、巷、弄四个层级。布局与河道结合，以旱路和水路为边界作为街坊的分隔，驳岸连接水陆。

4.2 苏州古城洪涝适应景观语言要素组合

苏州古城洪涝适应景观空间在"词"的层面，通过并列、均质、从属及叠加可复合为水网组合，建构筑物与水网空间组合，街巷组合、街巷与水网空间。空间尺度由作为"字"的点线组合成面。

4.2.1复合水网空间

包括内城线性河网，内城线性河网与园林等内部的人工湖泊，外城自然河道与城内河网及湖泊等。复合水网形成具有景观功能、运输存储功能。

4.2.2复合街巷与水网空间

包括"一河一街""一河多街"及"多河多街"等水路关系[11]，不同的河街并行组合形成了不同的街区尺度，影响了建筑布局及街区用地性质；结合驳岸码头及商业街的点状开放空间等，形成了环绕居住建筑的线性滨水空间。

4.2.3复合建筑与水网空间

包括城西护城河与城墙及高台建筑，内城河与城内高台建筑，护城河与水陆城门等具有区域性的复合空间。在"词组"层面形成建构筑、街巷与水网组合的嵌套系统："障水系统[6]—疏排系统[7]—蓄滞系统。"依据生态需求构建稳固的"渗、滞、蓄、排"洪涝适应性体系。空间尺度由作为"词"的节点性面组合成区域性的面。

①障水系统以建构筑为主体，减缓水速，改变水流方向。②疏排系统以线性河道及道路沟渠为主体，减少地表径流，引流出城。③蓄滞系统以湖池堰坝为主体，控制水量，消解短时洪涝。

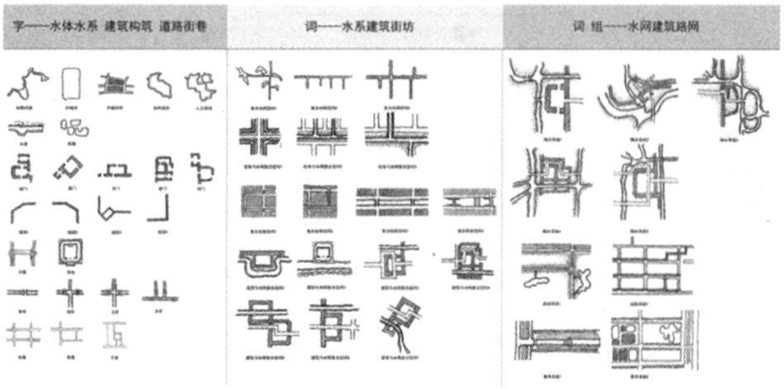

图5　苏州古城洪涝适应景观图式语言

4.3 苏州古城洪涝适应景观语言特性

上述景观语汇通过景观秩序及修辞整合，特点可归纳为：①景观元素类型丰富且明确，水体、建构筑和街巷三大要素在空间秩序上嵌套形成不同尺度的组合，具有不同的景观效果及防洪生态效益；②苏州古城洪涝适应性网络通过多义的语法组合方式成为障水、疏排及蓄滞系统等；③苏州古城的水敏感格局历经数代稳固，有稳固的洪涝适应性格局，也是景观语言的典型性及稳定性的体现（图5）。

5 结语

景观语言学是对景观生态与人文关系进行系统描述及设计转译的重要方法。本文从语言学角度出发，关注水乡古城水敏格局的普适性，综合考虑水网语言、建构筑语言与街巷语言等核心组分，建立具有地域性的洪涝适应性景观语言构架。其洪涝适应性景观空间格局不仅满足古城防洪的需求，也对城市交通布局，用地布局及规模产生了影响。

如今的现代水乡古城，防洪景观调蓄能力降低，逐渐衍生出城市内涝问题。现代苏州大量河道及防洪设施被填埋为建筑用地或道路，发展农田水利，城市排水管网取代自然河道。城市景观空间特征的转变也代表着景观语言的变更，对洪涝适应性的景观语言研究可对我国古城保护及水敏城市发展建设提供参考。

（原载于《华中建筑》2018年第3期）

引文文献

[1] 裴丹. 太湖下游平原古城洪涝适应性景观研究[A]// 城市时代，协同规划——2013中国城市规划年会论文集（05—工程防灾规划）[C]. 中国城市规划学会，2013:11.

[2] 俞绳方. 从苏州论中国城市规划的水系问题[J]. 建筑学报，1986(9)：37-42,84.

[3] 王云才. 景观生态化设计的空间图式语言初探[A]// 中国风景园林学

会2011年会论文（上册）[C]. 中国风景园林学会，2011:7.
[4] Anne Whiston Sprin. The language of Landscape [M]. Yale University Press，2002:19－38.
[5] 王珲，王云才. 苏州古典园林典型空间及其图式语言探讨——以拙政园东南庭院为例 [J]. 风景园林，2015(2):86－93.
[6] 吴庆洲. 中国古城防洪研究 [M]. 北京：中国建筑工业出版社，2009.
[7] 郑连第. 古代城市水利 [M]. 北京：水利电力出版社，1985.
[8] 苏州市地方志编纂委员会. 苏州市志 [M]. 1995.
[9] 俞绳方. 我国古代城市规划的一个杰作——宋平江（苏州）图 [J]. 建筑学报，1980（1）：1－8.
[10] 马祖铭. 苏州古城是人类智慧的光芒——苏州古代的防洪设施 [A]//中国民族建筑论文集 [C]. 中国民族建筑研究会，2001:5.
[11] 陈泳. 城市空间：形态、类型与意义——苏州古城形态演化研究 [M]. 南京：东南大学出版社，2006：80－82.
[12] 俞孔坚，张蕾. 黄泛平原古城镇洪涝经验及其适应性景观 [J]. 城市规划学刊，2007（5）：85－91.

图片来源

图1：出自《水网都市》；

图2：出自《平江图》；

图3：改绘自《苏州古典园林典型空间及其图式语言探讨——以拙政园东南庭院为例》；

图4－5：作者自绘。

作者简介

于　悦，北京林业大学园林学院硕士研究生；

刘志成，北京林业大学园林学院教授。

田园城市？花园城市？——对霍华德 Garden City 的再认识

黄明华　惠　倩

摘　要：霍华德的著作《*Garden Cities of To-morrow*》自被翻译为中文并引入中国后，关于 Garden City 究竟应译为田园城市还是花园城市这一关乎理论核心思想的问题始终众口难调。本文试图通过对霍华德原著的深入研读，从 Garden City 理论背景的研究、规划方案的剖析、理论本质的解读、霍华德城乡观的挖掘、著作命名逻辑的分析五个方面进行探究，并在此基础上得出结论：一方面，霍华德提出 Garden City 理论的初衷是为解决当时日益严重的城市问题提供一种社会改革的"正确的思想体系"，他在构建的理想城市 Garden City 上寄托了对美好城市新生活的向往，garden 代表了英国居住生活的传统；另一方面，"田园城市"这一译名，为 Garden City 理论带来新的更深的误解。因此，唯有还原 Garden City 思想的本质，才能回归霍华德的本意。

关键词：花园城市；田园城市；霍华德；城乡观；规划实践

霍华德的 Garden City 理论是现代城市规划理论的鼻祖，其重要性和影响力不言而喻。自金经元先生将 Garden City 理论翻译为中文出版后，关于田园城市的研究和实践一直成为规划界的热门话题。然而，因不同的规划学者和规划从业者对霍华德理论的研究和应用存在不同程度的认识偏差，造成了目前最难统一的问题——霍华德理论的命名究竟是应该将"Garden City"按照字面意思译为"花园城市"，还是继续沿用金经元译为的"田园城市"？笔者认为应该从霍华德的原著中追本溯源，并对其理论进行系统性研究，努力从中搜集线索，理清逻辑关系，把握霍华德思想的重点，从而准确地传达 Garden City 理论的思想内涵。

1 Garden City 理论的产生背景

1.1工业革命后英国面临的城市问题

随着19世纪上半叶工业革命的基本完成，英国取得了社会经济和城市化井喷式的发展成就，跃升为当时世界上最强大的国家。但是由于当时人们缺乏保护自然环境的意识，只一味地追求生产力的发展，在城市经济、建设繁荣的背后，城市的发展也潜伏了许多问题，而这些问题很快就在19世纪后半叶集中爆发了。

首先是环境问题大规模爆发：一方面是工业污水对水源的破坏，1832—1866年间，泰晤士河被工业污水污染让英国遭受了4次恐怖的霍乱肆虐，几乎所有的英国城市都被影响，造成了巨大的人员和财产损失；另一方面是煤炭等化石燃料的燃烧产生了大量烟尘、湿雾和有害气体，严重破坏了英国的空气环境，随之而来的毒雾更是极大地危害了人的身体健康。其次是住宅问题恶化：城市人口爆炸性增长，在一些开发商为谋取私人暴利推动城市地价疯狂飙升的情况下，占城市人口很大比例的中下层人民只能居住在拥挤不堪、环境恶劣、市政基础设施落后的贫民窟中。再次是人口单向流动：这是霍华德在书中提到的最令人担忧的问题。如果人口向已经超过环境承载力的大城市持续聚集，那么城市将产生大量失业者，且城市环境将进一步恶化；同时，乡村土地将无人耕种，乡村将面临比城市拥挤更为严重的乡村衰竭问题。

1.2影响 Garden City 理论的思想渊源

霍华德在《*Garden Cities of To-morrow*》一书的第十章"各种主张的巧妙组合"中清楚地提到花园城市理论主要源自三个不同方案的思想，即：（1）英国殖民问题政治家韦克菲尔德（Edward Gibbon Wakefield，1796—1862）和经济学家马歇尔（Alfred Marshall，1842—1924）提出的有组织的人口迁移运动思想。（2）首先由英国耕地社会主义者斯彭斯（Thomas Spence，1750—1814）提出，然后由斯宾塞（Herbert Spencer，1820—1903）做重大修改的土地使用体制——土地公有的主张。（3）

1850年英国作家、旅行家白金汉（James Silk Buckingham，1786—1855）所提出的模范城市模型。

霍华德将这三种思想与自己的思想进行了综合，在实践方面提炼归纳出了解决工业革命后英国面临的一系列复杂城市问题的关键思路，即“应该诚挚地去组织一个从过分拥挤的中心向稀疏散落的乡村地区迁移的运动”。霍华德主张从一个适当规模的人口迁移运动开始，逐步实现将城市富余的人口迁入乡村且取得一定社会反响和示范作用的目标。他的思想充满了以人为本的人文关怀，不管是对Garden City由人民集体自治的期待、对城市人口失业问题的关注，还是对迁移者利益的保障，无不体现这一点。他关于生活要结合自然景致与科学技艺，使其相互补充的思想体现了他对于理想的美好生活的构思。

这种对美好生活的向往实际上与霍华德年轻时拮据艰苦的生活经历有密不可分的关系。微薄的收入、拥挤的住房、肮脏的街道、落后的设施、低效的交通都给年轻时的霍华德带来了非常深刻的影响，使他更能真切地体会中下层人民生活的艰难。因此他将自己对理想生活的期待寄于Garden City所包含的社会改革思想中，希望在Garden City中人们能够平等地享有兼具城市和乡村优点的新生活。

2 Garden City的理想方案与规划实践

2.1 Garden City的构想

霍华德在其著作第一章“城市—乡村磁铁”开头的引言中引用英国诗人布莱克的诗作，表明要在英格兰绿野上建立起体现他的社会改革理想的“耶路撒冷”①的决心。这座美好的圣城将如英国政论家罗斯金在《芝麻与百合》中畅想的那样：城市中脏乱拥挤、破旧不堪的住房彻底被坚固、美观、组团式的优美住区替代，并且规模适当的城市住区能与周边的溪流、城墙保持良好的比例关系。城墙内外被一片“美丽的花园”和飘香的果园所环绕。清洁、热闹的城市街道取代了衰退、肮脏的关厢，与郊外开阔的田野相得益彰。城乡交通联系便捷，从城内任何地方出发都能在几分钟步行到乡野，享受清新的空气、如茵的绿草和一望无际的原野。然后，霍华德阐明了他构建Garden City的用意：既可以发挥各行各业的人才的聪明才智，也能为居民提供具有较高购买力工资的稳定工作和有益健康的生活环境。

2.2 Garden City的理想方案

霍华德在构想出心中的理想城市之后便开始进行具体的方案描绘，他在Garden City方案布局的开篇就提到了“六条壮丽的林荫大道”（six magnificent boulevards）②，每条宽约36.6米，形成放射形的路网骨架，将城市等分为6个部分（图1）。

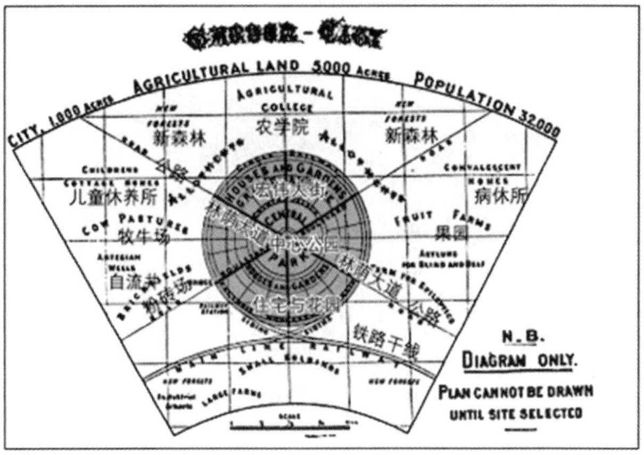

图1　Garden City——城市用地1000英亩，农业用地5000英亩，人口32000人

这是霍华德构建的花园体系中首先被提及的构成要素。接着作者指出这6条壮丽的林荫大道皆通向城市的中心，即一块占地2.2公顷的圆形公共空间——“一个灌溉良好的美丽花园”（a beautiful and well-watered garden），且环绕“花园的四周”布置着市政厅、剧院、图书馆、展览馆等大型公共建筑。这是方案中第二次向读者展现花园体系的组成，也是第一处提到花园。毋庸置疑，方便快捷的交通设施、环境优美的中心花园和种类齐全的大型公建将会吸引大量Garden City的居民到城市中心休闲游憩，享受便捷文明的城市生活。从宏伟壮阔的放射形林荫大道的设计到精心布置的城市中心花园，霍华德的方案开始就意在给人展示Garden City中花园的重要地位无可替代。换一种角度，这样的布局也合乎城市的逻辑，在城市中布置的游憩场所多是规划整齐的美丽花园，而不是故意留下或者人工创造的乡村田野。

花园体系第三次出现是在方案第一次提到公园时，依然是在描述城市的中心。从城市中心花园沿着林荫大道向外走，将映入眼帘的是一个“用‘水晶宫’（Crystal Palace）包围起来的‘中央公园’（Central Park）③”。这个规模约为58.7公顷的宽敞的“Public Park”能为Garden City中所有的居民提供方便使用的休闲场所。

霍华德对环绕中央公园的宽敞的玻璃连拱廊“水晶宫”的详细描述是方案中第四次提到花园体系，且是第二次提到花园的地方。他指出水晶宫除了恶劣天气时为来公园游憩的居民遮风挡雨外，还陈列和出售各种先进的工业产品。尽管水晶宫这个最富魅力的永久性展览馆将展出大量的展品供顾客们尽情挑选，但是它的面积却足够宽敞，以致“它的绝大部分是作为‘冬季花园’（winter garden）”存在的。并且水晶宫的环形布局设计方便每一个城市居民到达。从这一点分析，水晶宫其实是一个方便到达且拥有大量展品的室内花园。

从水晶宫走出城外，是和城内一样遍植成行树木的五号大

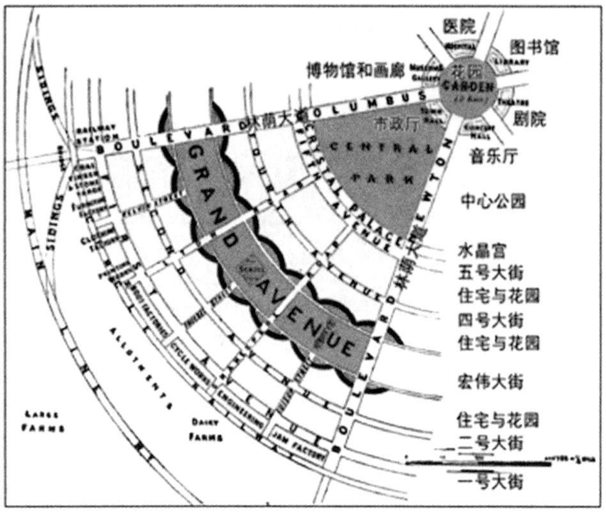

图2　Garden City 的分区和中心

街。沿着五号大街面朝水晶宫的是一圈拥有宽敞用地的高品质住宅。其中大部分住宅都以同心圆的方式面朝各条大街、林荫大道或向城市中心汇聚的道路布置。而作者在具体讲到 Garden City 中住宅的设计时，第五次提及花园体系的构成部分，即住宅花园这个第一次出现的名词。住宅建在平均面积约为6米乘40米的住宅建筑用地上，包括一些有“普通花园和合用厨房④”（common gardens and co-operative kitchens）的住宅，其装饰的重点一般沿街道线或适当退后街道线，建筑设计手法变化多样。花园住宅是英国的传统，虽然英国住宅的庭院一般面积偏小，但是都会留有一处小花园，作为提升居住质量的场所，这就是所谓“English garden”。

跟随书中的描述，再向城外走就来到了“宏伟大街”（Grand Avenue），这也是霍华德最后一处提到花园体系的构建要素——第一次被提及的绿地和第二次被提及的公园。“宏伟大街”是一条蔚为壮观的带形绿地，将中央公园之外的城市地区分为内外两条环带，其宽度为128米，长达4.8公里，构成了一个面积为46.5公顷的环带型城市公园。可以看出，霍华德在设计这个绿地公园时，精心考虑了 Garden City 中居民的出行便捷程度，选择了适中的区位以方便每位城市居民到达。另外这条大街上布置了6所占地约1.6公顷的公立学校，并且设有“游戏场和花园”（play-grounds and gardens），这反映了霍华德对英国花园传统的发扬和传承。

回顾霍华德原著中对 Garden City 的描述，共有6处提到了花园体系，其中“花园”和“公园”各有两处设计，并布置了“林荫大道”“花园住宅”“绿地”来增强读者对花园城市优美环境和花园体系的整体认知。由此可见，霍华德对 Garden City 内的花园设计是经过冥思苦索和精心布置的（图2）。

从 Garden City 的构想和方案可以看出，城市建设的主要目的是将城市和乡村的优势巧妙地结合起来，建造一个新的交通便捷、环境优美、工作稳定的城市，使各阶层人民生活和工作质量都能得到提高。霍华德意图构建一个规模适宜的城市，通过便捷的城市道路和铁路联系距离适宜的城市和乡村，并能够最大限度地使城市和乡村发挥自身的特色，为在其中居住的人们提供一种兼具城市和乡村美景、干净舒适、设施完备、居民具有极大自治权的生活和工作环境。

因此，Garden City 不等于拥有田园景观的城市，而是兼具城市和田野特色景观的城乡磁铁：人们既能在城市的广场上与喷泉尽情地玩耍，与家人在公园的草地上愉快地野餐，走在整齐的街道上欣赏沿街的花园住宅，又能感受乡野微风拂面，呼吸新鲜空气。生活在这种城市的体验就仿佛置身于一个花园中——一个城市就是一个大的花园，切切实实的花园。

2.3 霍华德及其追随者的实践

霍华德为了将 Garden City 理论付诸实践，于1899年组织了花园城市协会，并于1903年组织了“先锋花园城市公司”（The Garden City Pioneer Company），随后在距伦敦东北56千米的地方筹建了第一座 Garden City——莱奇沃斯（Letchworth）。这座城市是在霍华德的指导下，由杰出的规划师和建筑师昂温爵士（R.Unwin）和帕克（B.Parker）共同完成的。这座城市在吸收霍华德想法的基础上，根据当地的地形条件因地制宜地进行了布置和安排。莱奇沃斯的城市建设虽在低价收购土地、城市规模、功能划分、住宅设计上基本遵循了霍华德 Garden City 的设计思想和要求，但在城市形态上却与 Garden City 理论的方案模型差异显著。

首先在城市边界划定方面，由于受到周边维尔波力山、怀斯腾山、杰克山等自然地形的限制，莱奇沃斯的城市边界是一个不规则的多边形（图3）。这说明 Garden City 理论以圆形为城市形状只是为了构建城市模型而设计的理想边界。其次在城市中心的位置选择方面，因为充分考虑了自西南向东北方向延伸的大北铁路将莱奇沃斯等分成南北两部分的现状，所以将作为整个城市中心的市中心广场布置在大北铁路沿线的西南侧。这一点体现了 Garden City 的设计应该在充分尊重现状的前提下进行，而不是必须机械地遵循理论中城市中心位于6个相等的城市分区正中的说法。再次在路网设计方面，莱奇沃斯的道路网采用了放射状和网格状道路相结合并在外围套以环路的方法，改善了理论中因路网形态而被分割的锐角弧形空间，提高了城市土地的利用率（图4）。最后在居住区布置方面，住区选址在大北铁路以北上风向，因而避免受到位于城市下风向的工厂的废气污染。并且，住区紧邻铁路，更加方便居民的长距离出行。

而另一座受霍华德思想的影响，由巴尼特夫人（Dame Henrietta Barnett）发起，莱奇沃斯的设计者之一昂温爵

图3　莱奇沃斯区位

图4　莱奇沃斯城市中心区道路网

士（R.Unwin）设计的汉姆斯特德田园城郊（HGS，Hampstead Garden Suburb）于1907年最终建成。这座城市顺应山地的地形，利用等高线和自然元素来组织总体布局，依然以城市制高点作为城市中心，并以此为原点生长出主要街道，街道沿地势而下，并随地势的下降降低街道级别和宽度以延伸发散，串接沿路布置的低密度住宅。城市花园体系占据了城市超过一半的用地，分为层级清晰的绿地系统：集中绿地、组团绿地和住宅花园。位于第一层级的5处城市集中绿地，是向公众免费开放的空间，成为居民周末全家出游享受和煦阳光和新鲜空气的绝佳场所。而第二层级的组团绿地主要布置在居住区中，属于半开放性质，其主要功能是为附近的居民提供休闲游憩的场所。第三层级是最为私密的住宅花园，为市民的私人空间。由于英国住宅遵循独栋花园住宅的传统，因此每户都布置有用低矮绿篱分隔的独立宅前小花园作为缓冲街道和住宅界面的过渡空间，同时布置了宅后花园作为家庭日常活动空间。

对比两座 Garden City 的规划建设，对这两座城市的设计建造均做出了重要贡献的昂温爵士认为汉姆斯特德更为符合霍华德的思想。而在汉姆斯特德这座小城的设计中，昂温并未提及乡村农田，而是通篇强调城市各系统尤其是花园体系的布置。这说明存在一种可能性，那就是霍华德提出的居城务农已经失去了时代背景，更加凸显出霍华德理论的核心是利用 Garden City 解决城乡问题，而并非强调乡村。但对于花园的追求却是遵循霍华德本意的原则之一。

3 Garden City 的理论本质及霍华德的城乡观

3.1 Garden City 的理论本质

通过反复研读霍华德的原著《*Garden Cities of To-morrow*》，笔者了解到当时英国面临的“现实的最大危险”，即“人口将继续向已经过分拥挤的城市集中、农村地区将进一步衰竭的问题”。

在原著的“作者序言”一章中，霍华德先引用了伦敦郡议会议长罗斯伯里勋爵的观点，将当时英国伦敦遭遇的城市发展问题比作从19世纪30年代以来伦敦不断累积如赘瘤般的城市病导致的大肿瘤，并犀利地指出伦敦正遭受着大量城市居民拥挤地居住在孤陋的斗室中且彼此漠不关心的灾难，而伦敦周边的乡村地区则陷入了半死不活的境地。面对这一城乡发展桎梏，霍华德借用1891年《每日纪事报》登载的 J. 戈斯特爵士的观点表明自己对城市和乡村问题症结和对策的认识，即必须逆转人口持续向大城市迁移的潮流，使他们重返乡村。

霍华德再借用法勒教长的话进一步强调如果城乡问题得不到有效解决，长此以往，城市将呈现蔓延式的畸形发展。被人类肆意糟蹋的肮脏拥挤、污水横流的住宅在城市中将成为常态。城市将变成人类自掘的坟墓，而乡村则陷入停滞衰退。引用1891年《泰晤士报》刊登的罗斯德医生在人口大会上的发言可以说明，当时的英国乡村正面临着居住条件恶劣，很多人身体虚弱，大量农村劳动力流入城市的现实困境。想要摆脱这种困境，首先要抑制农村劳动力外流城市。霍华德引用了1891年10月9日《明星报》提出的疑问，引导读者反思尽管可以通过制止农村人口外流的政策达到使劳动者返回故土的目的，又如何使乡村工业也能如同乡村劳动力一样被遣返乡村呢？这一反思触及了乡村发展的本质问题，即乡村的生产力和产业应该如何发展。同理，城市能否发展也取决于城市产业该何去何从。通过进一步反思，霍华德借两位工联主义者领导人蒂利特先生对城市工作不足、劳动力闲置，而乡村土地闲置、劳动力不足这一城乡矛盾的揭示和曼先生认为有地待种的农村人口外流导致大城市的劳动力过剩这一观点，明晰了当时城乡发展难以挣脱的镣铐及其产生的本质原因。

究竟怎样扭转因乡村劳动力不断外流大城市造成大城市劳动力过剩的恶性循环？霍华德认为：尽管提出的策略千差万别，但大家对于这一问题的迫切性的一致认识可以使这一问题更易得到解决。使人民返回土地的方法必定是一把万能钥匙，而这把万能钥匙就是“引力”，它是一种经过归纳抽象的逻辑概念，使我们可以不必为了钻研人口向大城市集聚的千头万绪的原因而进行旷日持久的调查。显然，如若我们不建立“新引力”来克服大城市的“旧引力”吸引至少一部分劳动力定居，那么讨论任何解决问题的对策都是徒劳。因此，霍华德提出了自己解决城乡问题的核心观点，即利用磁铁吸引的原理，“找到一种方法能构成引力大于现有城市的磁铁”，使人口分布得到重新调整，呈现出有效、自然、健康的结构状态。从作者的论述中反复推敲，可以分析出 Garden City 的理论本质实际上是寻找一把万能钥匙，去破解当时英国亟待解决的城市居住环境拥挤、就业严重不足以及乡村劳动力大量流失的城乡难题。

3.2霍华德的城乡观

GardenCity 理论的本质是要解决因人口涌向城市造成的城市拥挤、大量人员失业，以及乡村因缺乏劳动力而发展衰退的问题。霍华德针对这一城乡问题提出的“三磁铁”理论集中代表了他的城乡观。

霍华德曾一针见血地指出当时人们在对城乡问题的认识上存在的桎梏：“问题在于似乎人们都认为：劳动人民现在不可能，而且永远不可能住在农村而从事农业以外的职业；拥挤而有碍健康的城市是经济科学的结论。”他犀利地批评这种常见的谬误全然不顾与固有成见不同的各种可能性，将现在工业和农业截然分开的产业形式看成是一成不变的。通过对这一旧观念的批判，他大胆提出了和谐地组合了最生动活泼的城市生活和愉快美丽的乡村环境的第三种生活，进而提出了极富创造性的“三磁铁”理论：“可以把城市和乡村当作两块磁铁，它们各自力争把人民吸引过去，然而有一个与之抗衡的劲敌，那就是部分吸取二者特色的新的生活方式。”因为“城市—乡村磁铁”克服了“城市磁铁”和“乡村磁铁”的缺点并结合了二者的优点，所以它会产生远大于其他两种磁铁的吸引力，从而将涌向大城市过剩的人口自发地吸引过去。

在对“城市磁铁”和“乡村磁铁”各自的优缺点做了详尽的对比分析之后（表1），霍华德发现：在就业、社交和公服设施方面，城市磁铁较乡村磁铁的优势突出。高工资、多机遇、诱人的前景、丰富的社交生活、漂亮的公建与灯光如昼的街道都是吸引大量人口流向城市的主要原因。但与此同时，城市磁铁的缺点也是难以规避的。高地租、高物价、职住不平衡、超时工作、贫富差距、互相隔阂的人际关系与严重污染的环境都使城市中的人们不堪重负（图5）。乡村磁铁在有益身心的自然特色方面独具魅力，但其较低的生活成本是低工资的产物。并且因为劳苦的工作、贫乏的社交、寒酸拮据的生活和落后的基础设施而导致乡村的一些地方被废弃，其余的地方又如城市的贫民窟一般拥挤不堪。居住在乡村的人们生活艰难，根本无心欣赏乡村美景（图6）。

表1　城市磁铁和乡村磁铁的优缺点

	优点	缺点
城市磁铁	社会初遇 娱乐场所 高工资 就业机会 街道照明良好 宏伟大厦	远离自然 群众相互隔阂 远距离上班 高地租 高物价 超时劳动 失业大军 烟雾和缺水 排水昂贵 空气污浊 天空朦胧
乡村磁铁	自然美 树木、草地、森林 空气清新 地租低 阳光明媚	缺乏社会性 工作不足 土地闲置 提防非法入侵 工作时间长 工资低 缺乏排水设施 缺乏娱乐 没有集体精神 需要改革 住房拥挤 村庄荒芜

很显然，不论是城市磁铁还是乡村磁铁都不能超越自身的局限，扬长避短地为人们提供更好的居住和就业环境。因而为了将人类社会的智慧文明成果和自然美景的秀丽风光结合起来，霍华德指出“两块磁铁必须合而为一。正如男人和女人互通才智一样，城市和乡村亦应如此”。它将带给人们焕然一新的生活体验，敞亮的花园住宅、接近的田野和公园、无烟尘的清新空气为城市居民提供充分享受自然之美的高质量居住环境。充裕的高工资、好前景、无繁重劳累的工作使劳动者在这个低物价、低税收、没有贫民窟的城市里可以充满希望地积极工作。而扎

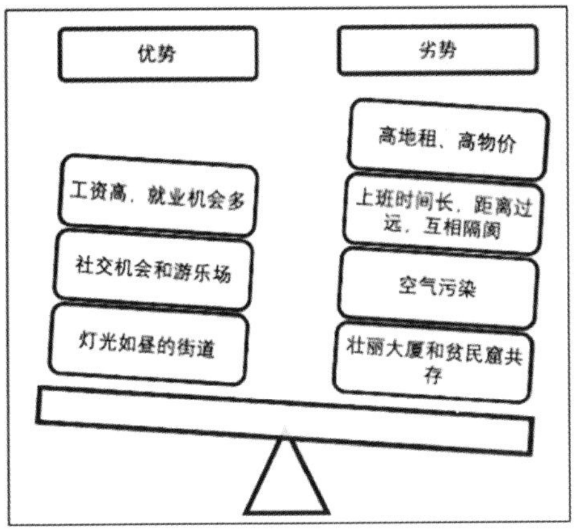

图5 城市生活的优劣势比较

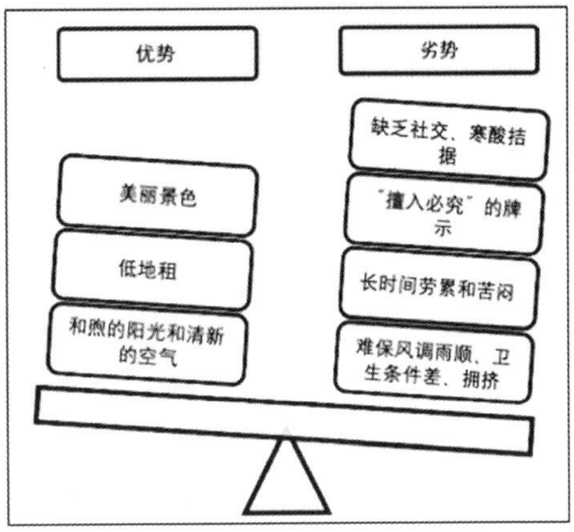

图6 乡村生活的优劣势比较

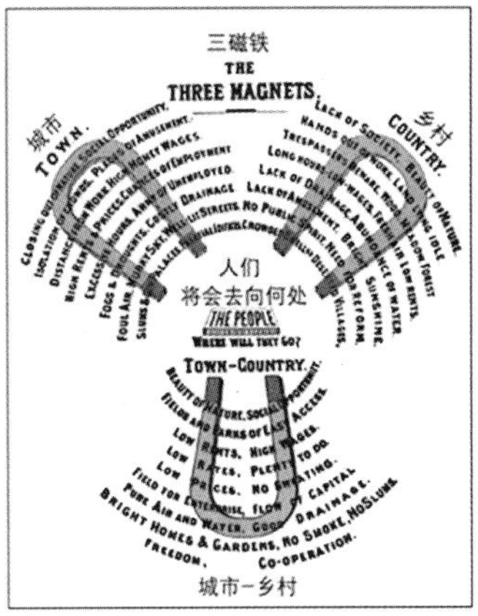

图7 三磁铁

根这座城市的企业也可以进行公平、自由的合作和获得快速周转的资金以不断拓展企业发展的空间。正如霍华德描述的那样，"城市和乡村必须成婚，这种愉快的结合将迸发出新的希望、新的生活、新的文明"。

并且霍华德直言不讳地指出自己著书的主旨是为了构成一个城市—乡村磁铁，为人们探究城乡问题的解决办法提供一套完整的先导性的理论与实践体系，使读者认同Garden City各方面的合理性并进一步推广建设更多这种磁铁，以解决J. 戈斯特爵士提出的逆转人口向城市迁移的潮流这一棘手的问题。总结霍华德的城乡观，即建设规模适当、兼具城乡优点且城乡间联系便捷的城—乡磁铁取代之前各有缺陷的城市磁铁和乡村磁铁，为居住和就业者提供最为舒适便捷的居住和就业环境，达到吸引人们自发地从原来拥挤的大城市向Garden City集中的目的，从而分散大城市的居住与就业压力并带动原本缺乏动力的乡村的发展，解决城市拥挤和劳动力过剩、乡村劳动力不足经济衰退等一系列工业革命带来的城乡问题，使溢出的人口实现从继续大量向城市集中到重返乡村的流向逆转，促进城乡区域的整体协调发展(图7)。

4 对"Garden City"命名的理解

4.1译名"田园城市"带来的理解误区

4.1.1译名的起源

在《*Garden Cities of To-morrow*》译本的译序中，金经元先生多次提到将"Garden City"译为田园城市的原因。在"第一部分——版本的变迁说明了什么？"中，金经元先生通过引用1946年版的芒福德的导言说明这本经典著作也曾遭受一些从未读过此书的人诟病，又被另一些囫囵吞枣、不求甚解的读者所误解；通过引用1985年托马斯为此书所作的序言，指出当时人们以牺牲关键思想为代价对霍华德所作的各种评论是不客观、不理性的，这也表明了金经元先生研究霍华德理论的态度，即要抓住霍华德的关键思想——改善城市和乡村生活两极分化的现象，探求新的城乡结构形态。金经元先生认为将"Garden City"译为"花园城市"会使不少人望文生义，认为这本书在宣扬城市应该摒弃杂乱、拥挤的城市形象而追求花园般的生活环境，并因这一误解正好与其对城市生活的期待不谋而合而大为赞赏，导致了将霍华德提出的具有开创性的城乡结构形态这一伟大设想降低成为一般人常有的生活愿望。并且他在"第三部分——什么是'田园城市'？"中进一步解释了译为"田园城市"的原因，即英语中的"garden"是一个本意为"园"且含义丰富的单词，可以翻译为与植物相关的花园、菜园、果园等，也可以引申译为香料园、动物园等。所以金经元先生认为将"Garden City"译为"花园城市"是合理的，但是容易让读者将注意力集中在"花园"二字，导致过分关注城市的景观设计，而忽略霍华德"Garden City"的本质。因此金经元先生希望通过将"Garden City"译为"田园城市"，使人们自然地联想到乡村，从而促进读者对"Garden City"的理解能更加接近霍华德的深意。

显然，通过对这些文字的阅读，可以理解金经元先生的初衷是为了让人们不要望文生义，肤浅地用理论名字代替对理论核心思想的认知。但是，金先生通过译名警醒人们不要对Garden City理论停留在字面理解的苦心孤诣显然没有达到他预期的效果。他也在译序中坦然指出，即使译为"田园城市"依然没有引起读者对霍华德理论本质的关注，人们对理论的理解流于肤浅的这一误解仍在继续。

4.1.2译名的理解误区及其影响

实践证明，人们对"Garden City"理论的理解的确有失偏颇，但金先生提出的解决这一问题的方法又造成了新的误解。正如金经元先生引用芒福德的导言表达的担心一样，《明日的田园城市》这本译著也被很多人一知半解地接受了。目前规划界人人必称田园城市，但很少有人去研读金经元先生的译本和霍华德的原著，这导致了“田园城市”逐渐沦为开发商和政府的一个口号甚至一个噱头，无论是否符合霍华德经典理论的城市都可以被称作田园城市。这种夸大的宣传又进一步致使更多没有对原著和译本作过研究的人陷入对“田园城市”的误解之中。于是，出现了更多以田园替代农田但却与霍华德的“Garden City”理论本质相去甚远的“田园景观”城市，如现代田园都市、现代田园城市、山水田园城市等。是否这些有农田包围的城市就可以称得上“田园城市”？显然，答案是否定的。除非城市受特殊地形限制而被森林、海洋等包围，绝大多数城市都是被农田包围的。认为“田在城中，城在田中”的城市就是田园城市的观点是非常荒谬的。

因此，必须清晰地反思一个问题，那就是译为“田园城市”带来了新的误解，并且相较之前对“Garden City”肤浅的字面理解，更容易让有几千年农耕文化历史的中国人对“Garden City”理论的核心产生强调“乡村”的误解。

4.2 原著改名为《*Garden Cities of To-morrow*》的逻辑

众所周知，霍华德最初将他的著作定名为《*To-morrow:A Peaceful Path to Real Reform* 出版》，得到的社会反响寥寥无几，而改为《*Garden Cities of To-morrow*》再出版却大获成功。可见，霍华德将理论改为“Garden City”是经过再三考虑的。霍华德最终选择意为“花园”的“garden”作为理论名，而非意为“乡村”或者“田”的“rural”“field”，抑或是英语中专门译为“田园”的“pastoral”，表明霍华德并不是从概括理论内核的角度为理论再命名的。那么霍华德将理论改名“Garden City”的逻辑究竟是什么？

一方面，从“花园”溯源，不难联想到英国历史悠久的“花园”文化。从欧洲中世纪时期开始，花园已经融入了英国人的生活文化之中。花园象征着英国人对美好生活的向往和追求。在伦敦不难发现周边众多的3—4层的联排别墅都围绕中心的一个花园广场（garden square）布置，且自身都带有一个小花园。彼得·霍尔曾在分析纯粹的英式风格的花园城市案例VINEX开发区时指出“按照全国范围内的标准，独栋住宅全部都带有小花园”。这种居住模式是英国人的传统居住习惯，即不论贫富，英国几乎每家每户都会在自己家中开辟一处空间作为花园。午后在自己的花园中享受美妙的下午茶时光也是英国人的生活乐趣之一。这反映出英国人对优美城市环境和宜人住宅环境的向往。那么可以推断，霍华德将理论命名为“Garden City”既体现了对英国花园文化的传承，也寄托了他对花园城市能带给人们美好生活的期望。

另一方面，从霍华德的职业特点分析，命名为“Garden City”是出于一位伟大的社会改革家对他的社会改革理论如何能更具社会影响力的深思熟虑。虽然他提倡平和的、渐进的、避免极端的社会改革，但不可否认的是他的社会改革思想很大程度上受到了“乌托邦”思想的影响。“乌托邦”在学术上是指空想社会主义思想和无政府主义思想及这两种思想指导下的社会改革的方案，而这两种思想被认为是从根本上改变了传统建筑和城市相关领域思考问题的出发点的源泉。这两种思想更关注人的需求，尤其是作为社会中下层的平民和工人阶级的需求。其中，近代空想社会主义的最杰出代表人物欧文（Robert Owen）和傅立叶（Charles Fourier）分别提出了新协和村和法郎吉两个具有一定规模的居住社区作为他们城市改革的实验对象。虽然这些实践最终都以失败告终，但是其建立美好社会和城市的理想都为霍华德的Garden City理论的产生提供了丰厚的土壤。作为一名社会改革家，霍华德期望通过提出一种新的城市发展理论来引起社会反响，进而实现自己的社会改革思想。因而他从著作第一次出版时因命名过于凸显社会改革思想而失败的经历中汲取经验，选择掩去他思想的激进性，而选择了最受英国人认同的且在“Garden City”规划方案里被提及最多的花园体系中的“花园”这个核心概念去吸引读者，使人们通过阅读了解“Garden City”理论的社会改革的内核。

最后，从Garden City的建成效果分析，Garden勾勒出了霍华德构建的新型城市的优美蓝图并反映了他期待通过这条“真正改革的和平道路”译序（peaceful path to real reform）扉页实现为人们创造美好生活的社会改革理想。霍华德在《*Garden Cities of To-morrow*》一书的最后一章“The Future of London”中写下了他关于当时最大、最臃肿且城市病最为严重的伦敦经过社会改革之后的未来构想：由公园等要素构成的花园体系被设置在生活忙碌的人民之中，从而使花园体系可以最充分地发挥其改善城市环境的作用。Garden City正在不断地为那些长年住在贫民窟中的人建设住宅，为失业者创造就业机会，为无地者提供耕地，使整个城市的劳动者都能在此安居乐业[⑤]。他认为这样的新生活可以唤醒每个人的才智，从而使他们内心充满“新的自由、愉快感”（a new sense of freedom and joy）。至此，garden的意义已经由普通的花园升华为一种令人感到自由、愉快的新城市生活的象征。

5 结论——还原Garden City理论的思想本质，回归霍华德本意

霍华德的Garden City理论是在吸纳前人思想和方案的优点，并剔除其不合理之处后的综合创新。尽管在霍华德之前已经有了现代城市规划的思想萌芽，但这些思想并没有与传统城市规划划清界限。而当霍华德将其理论定位为一种“正确的思想体系”，仅是为城市规划提供一种模式，可以根据不同城市发

展条件而更改时，“现代城市规划”的内涵就被揭开了。因此霍华德的“Garden City”理论被学术界公认为第一个比较完整的现代城市规划思想体系，这也体现出霍华德在现代城市规划发展中无可替代的先驱地位。

通过仔细研读霍华德的原著，包括对“Garden City”方案的解读、对该理论的核心和霍华德的城乡观的挖掘、对霍华德为著作命名的逻辑进行的分析，可以看出霍华德对于通过和平改革解决社会问题的期望以及对美好城市生活的向往。事实上霍华德的改革思想本质和“Garden City”的译名改回花园城市没有直接的关系，并不影响人们对其理论内核的理解。另一方面，虽然金经元先生对霍华德“Garden City”理论的理解是全面而深刻的，但综合客观地分析这一理论，如将其翻译为“田园城市”不仅不能解决对于公众会肤浅地将其理解为景观良好的城市的这一担忧，而且带来了新的更深的误解，我们还是应该尊重霍华德的本意，这样，“Garden City”理论才能解决现在学术上“花园”“田园”混合并存的乱象，从而更好地为我国城市规划提供源源不断的思想营养。

（原载于《城市规划》2018年第10期）

注释

① 译著引用部分见参考文献［1］，下同。

② 原著引用部分见参考文献［2］，下同。

③ 原著中将被“水晶宫”（Crystal Palace）环绕的公园定义为“Public Park”，但在原著的图示3中将其标注为“Central Park”，且在译著中被翻译为“中央公园”。

④ 译著中将“common gardens and co-operative kitchens”译为“合用花园和厨房”，此处将翻译修正为“普通花园和合用厨房”。

⑤ 此处原文为“parks and gardens, orchads and woods, are being planted in the midst of the busy life of the people, so that they may be enjoyed in the fullest measure; homes are being erected for those who have long lived in slums; work is found for the workless, land for the landless, and opportunities for the expenditure of long pent-up energy are presenting themselves at every turn”。

参考文献

［1］霍华德 E. 明日的田园城市［M］. 金经元，译. 北京：商务印书馆，2010.

［2］Howard E. Garden Cities of Tomorrow[M].London: Rosemount Press, 1902.

［3］谢鹏飞. 第一座田园城市莱奇沃斯（Letchworth）规划建设研究［M］//中国城市科学研究会. 2010年城市发展与规划国际大会论文集. 北京：中国城市出版社，2010.

［4］周婷. 汉姆斯特德田园城郊空间设计探析及思考［J］. 中外建筑，2014(1).

［5］Hall P，袁媛. 更好的城市：寻找欧洲失落的城市生活艺术［M］. 南京：江苏凤凰教育出版社，2015.

［6］孙施文. 现代城市规划理论［M］. 北京：中国建筑工业出版社，2007.

［7］刘亦师. 田园城市学说之形成及其思想来源［J］. 城市规划学刊，2017(4).

［8］宗仁. 霍华德“田园城市”理论对中国发展的现实借鉴［J］. 现代城市研究，2018(2).

［9］Lizx, Bol, Zhoull. Water Resource’s Ecological Counteraccusation Towards Garden City[J]. Procedia Environmental Sciences, 2011, 10(11).

［10］Gaol, Dietze-schirdewahn A. Garden Culture as Heritage: A Pilot Study of Garden Culture Conservation Based on Norwegian Examples[J]. Urban Forestry & Urban Greening, 2017(3).

［11］Hess M. “Spatial” Relationships? Towards a Re-Conceptualization of Embeddedness[J]. Progress in Human Geography, 2004(2).

［12］Zaidman M, Kark R. Garden Cities in the Jewish Yishuv of Palestine: Zionist Ideology and Practice 1905－1945[J]. Planning Perspectives, 2016, 31(1).

［13］Sharifi A. From Garden City to Eco-Urbanism: The Quest for Sustainable Neighborhood Development[J]. Sustainable Cities & Society, 2016, 20.

图片来源

图1：参考文献［2］第22页；

图2：参考文献［2］第22页；

图3：参考文献［3］；

图4：参考文献［3］；

图5：根据参考文献［2］内容绘制；

图6：根据参考文献［2］内容绘制；

图7：参考文献［2］第16页。

作者简介

黄明华，西安建筑科技大学教授、博士生导师；

惠　倩，西安建筑科技大学建筑学院硕士研究生。

中国传统城市营建艺术与围棋的审美共通性

王潘亮　唐孝祥

摘　要：秉承中国传统文化精神的传统城市营建艺术与围棋在价值取向、表达方式上存在诸多相似之处。文章尝试通过对审美共通性的研究，从空间格局、群体形态、虚实关系和布局选址四个方面探析中国传统城市营建艺术与围棋的共通性，以期传承和弘扬传统艺术中蕴含的理想人居环境美学观念。

关键词：传统城市营建；围棋；共通性；空间格局；群体形态；虚实关系；布局选址

宗白华先生说："中国各门传统艺术（诗文、绘画、戏剧、音乐、书法、建筑）不但都有自己独特的体系，而且各门传统艺术之间，往往互相影响，甚至相互包含。因此，各门艺术在美感特殊性方面，在审美观方面，往往可以找到许多相同之处或相通之处。"当前，关于中国传统城市营建艺术与其他门类艺术的共通性研究，主要集中在与书法、绘画、音乐等艺术门类的审美共通性上。而作为中国古代"四艺"之一的围棋，由于种种原因，到了现代被纳入竞技体育范畴，淡出了艺术学门类，故关于其与传统城市营建艺术的审美共通性的研究相对较少。然而，随着对棋理的研究，不难发现其与传统城市营建艺术在形式、审美活动方面都有着近似、融会贯通的特点，共同显现出了中华民族特殊的审美原则与哲学观念。本文尝试从空间格局、群体形态、虚实关系和布局选址四个方面，对比分析中国传统城市营建艺术与围棋的审美共通性。

1 空间格局的共通性

空间格局是中国传统建筑与围棋艺术二者的客体审美属性，传统建筑和围棋艺术的空间格局都遵循中国古代"天圆地方"的宇宙观。《文子·自然》记载："往古来今谓之宙，四方上下谓之宇。"所谓"宇宙"就是空间和时间；所谓"天时"，是指从天而降的能量到来时就是相应季节的开始。由于这种能量60年一轮回，周而复始，如环无端，因此古人用"天圆"来描述时间的特点；同时，古人用"四面八方"来描述方位，也叫"地方"，"天圆地方"是古人对宇宙的认识。

中国传统城市营建非常重视空间格局和形制，基于传统的宇宙观，形成了一套独特的城市规划布局理论体系。"天圆地方"的宇宙观自周朝时已全面渗透到包括礼制在内的方方面面，从而深刻影响到城市的空间格局营造，并流传下来。《周礼·考工记》中规定："匠人营国，方九里，旁三门，国中九经九纬，经涂九轨，左祖右社，面朝后市匠"，形成了以皇宫为中心、左右对称的方形城市营造制度（图1）。此后，历朝万代均遵循"九经九纬"的空间方位和"左祖右社、面朝后市"的布局方式，并在这样的空间格局下营建传统建筑。秦汉以后，由于古代科学的不断发展，"天圆地方"说逐渐为其他说所取代，但基于"天圆地方"宇宙观形成的方形城池的空间格局却一直被保存下来，历千载而不衰。

同样，围棋艺术也蕴含着"天圆地方"的思想。围棋别称"方圆"，南朝梁武帝《围棋赋》云"围奁象天，方局法地"。圆形的棋盒、棋子喻义"天圆"，方形的棋盘象征"地方"。围棋最早的棋盘为9×9，与中国古代城市"九经九纬"的格局相同，后逐渐发展为19×19（共361路，交叉点），表示农历的361天；棋盘分成四个角，就是四季；每个都均为90度，意喻每一季度有90天；棋盘的中央为"天元"，与古代城市中天子皇宫位置相同。"大圆地方"的宇宙观通过棋盘、棋子得以体现，棋手就遵循这样的格局展开对弈（图2）。

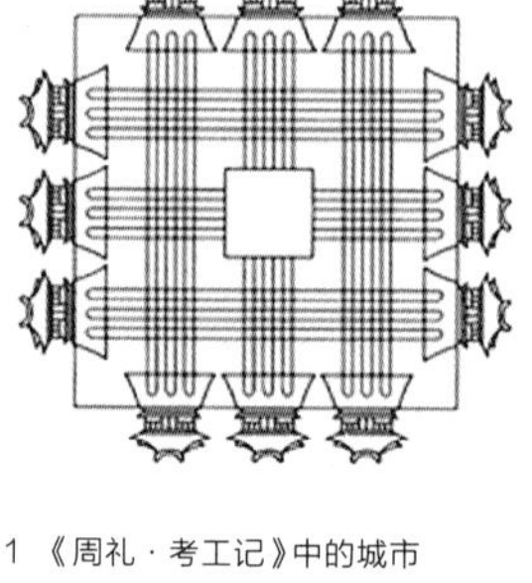

图1 《周礼·考工记》中的城市

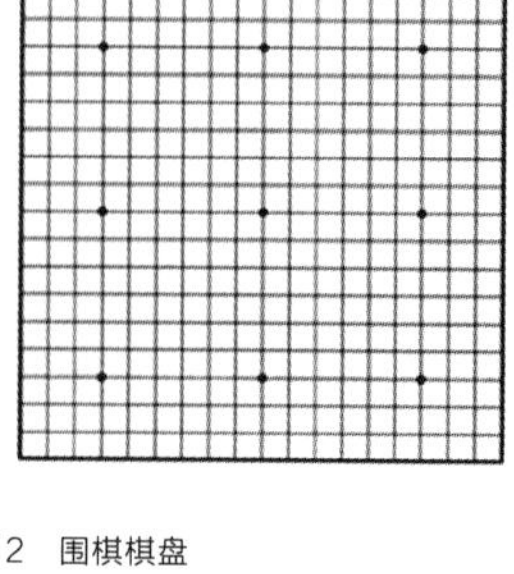

图2　围棋棋盘

由此可见，传统建筑与围棋艺术在空间格局上均体现了“天圆地方”的宇宙观，正如白居易的《登观音台望城》：“百千家似围棋局，十二街如种菜畦。”

2 群体形态的共通性

西方传统文化的突出特点是“以个体为美”，强调局部和个体的生动形象，认为这是美的重要属性。与西方文化不同的是，中国传统文化更强调“整体意识”，这种整体意识是建立在哲学的思维之上的，体现了“群体重于个人”的价值观念。中国传统建筑艺术与围棋也都体现了这种“群体重于单体”的价值追求。

与西方国际象棋等级、造型各异的棋子不同，围棋子只有黑白二色，没有尊卑，无论大小。围棋子在棋盘平面上展开攻防，围棋之美体现在棋子与棋子之间形成的整体组合关系——棋形（图3）。被誉为围棋“美学大师”的日本著名棋手大竹英雄认为围棋之美在于棋形，顶尖棋手对棋形的审美追求，甚至超越了胜负，宁可输棋也不愿下出“愚形”。而“形”正是围棋整体之美的体现，体现了中国传统文化对于整体、和谐、统一的价值追求。

西方传统建筑艺术与国际象棋体现了相似的审美追求，注重单体造型之美，一般建筑体量较大，如罗马万神庙、圣彼得大教堂及科隆大教堂等。而中国传统建筑艺术与围棋一样均秉承中国传统文化中“群”的理念，更注重整体气韵，强调整体和谐之美，即不以单体的体量和造型取胜，建筑之美体现在建筑的“群”特征以及个体与个体组合而成的“形”上。具体而言，中国传统建筑以水平构图的形式延展开来，形成宏大的规模，以体现“群”的壮美，如北京故宫，遵循“左祖、右社、面朝、后市”的原则布局，由八千多间房屋构成一个庞大、完整、和谐、统一的整体。英国学者李约瑟（Joseph Terence Montgomery Needham）如此评价东西方建筑审美的差异：“凡尔赛宫，是集中在一个孤立的中心建筑物上，宫殿好像是同城市分离着的。而中国的构思则要宏伟得多，而且比较复杂，因为在一个建筑群中，有几百座建筑物，而宫殿本身仅是更大的有机体的一部分，这个有机体就是带有城墙和街道的整个城市。虽然轴线如此强烈，却没有单独的突出的中心或高峰，而是一系列的建筑境界……中国式的大建筑群……构成任何其他文化所未曾超越的有机形式。”同时，中国传统建筑在“群”的内部不是简单的重复排列，而是如同围棋千变万化的棋形一样，通过多样化的组合方式，把各个单体建筑有机地组织起来，形成多种不同“形”的聚集，如苏州网师园，主要由礼仪区（轿厅、大厅、花厅等）、宴乐区（小山丛桂轩、蹈和馆、琴室等）、读书区（看松读画轩、集虚斋、五峰书屋等）和居住区（梯云室

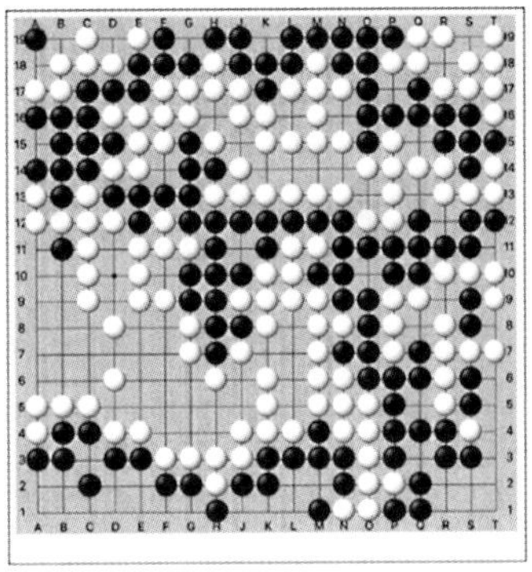
图3　棋形

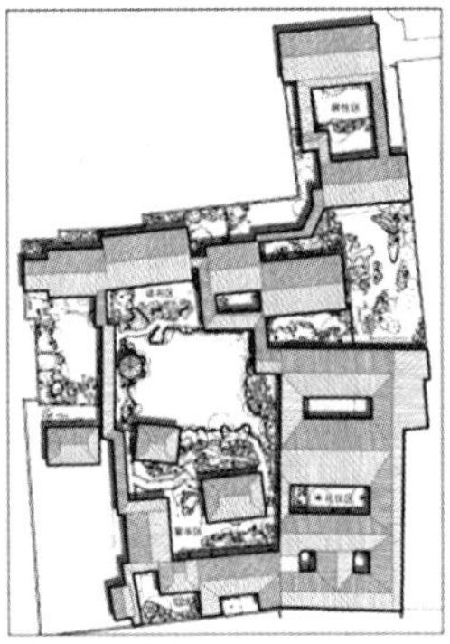
图4　网师园

等）四组建筑通过回廊和院墙的连接，形成大小形态不同、环境氛围各异的四组院落空间，以满足人们不同的使用要求和审美感受（图4）。

由此可见，传统建筑艺术与围棋在审美上均追求“群体”的统一和“形态”的多变，即和而不同，为了群体形态组合的整体性，甚至可以弱化单体造型。同时，对形态组合的创新始终贯穿于中国传统建筑与围棋艺术的发展过程中，归根到底是因为中国传统建筑艺术与围棋一样，每个建筑、每一局棋，都寄予着人们独特的情感及对美的追求。

3 虚实关系的共通性

“虚实”这一范畴在中国哲学中源远流长。老子《道德经》曰：“三十辐共一毂，当其无有车之用。埏埴以为器，当其无有器之用。凿户牖以为室，当其无有室之用。故有之以为利，无之以为用。”可以说，后来的“虚实”范畴实际上就渊源于“有无”之辨。中国传统“艺术观”中的“虚实相生”直接秉承了“有无相生”的思想。

中国传统艺术观认为，“虚实”结合是人类艺术创作和审美标准的基本原则之一，宇宙万物和人类一切审美活动都是“虚”和“实”的统一，中国传统建筑与围棋艺术都是通过“虚实”对比产生多样的趣味形态，引起审美观照，以生成意境。

在围棋中，“气”为“虚”，子为“实”。棋子围住的空白交叉点称为“气”，也称“目”和“眼”，即为围棋之“虚”，而棋子则为“实”。一方面，“气”须由“实”的棋子围合而成；另一方面，一片棋子必须至少围出两个“眼”（图5），才真正成为活棋，因此围棋的“虚”就成为“实”能生存的必要。由此可见，“实”为“虚”的前提基础，“虚”为“实”的必要条件，体现了“虚实”相生的辩证关系。此外，“计虚当实”，围棋的胜负取决于哪一方目数（虚）的多少而非子数（实）的多少。正如中国哲学在“有无相生”中更重“无”，万物生于有，有生于无，以“无”为本原、本体，在围棋的艺术观中，虽强调“虚实”相生

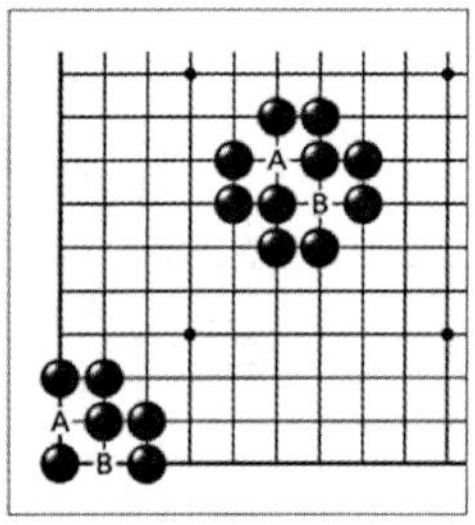

图5　围棋之眼

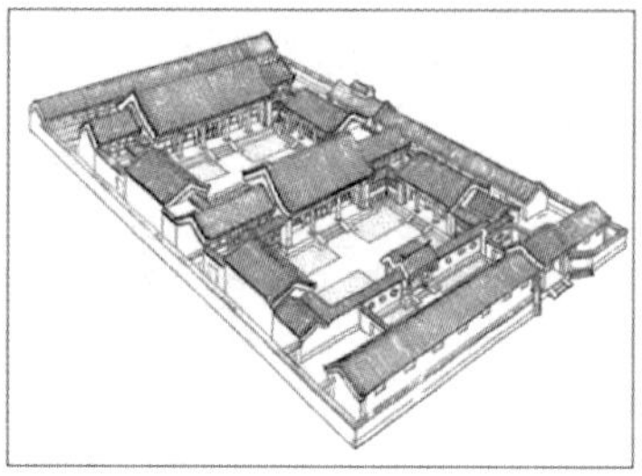
图6　四合院

的辩证关系，但谈到审美的“境界”，则更重于“虚”。

从围棋联想到中国传统建筑艺术，作为“实体”的建筑也往往围合出如围棋之“气”“眼”一般的“虚”空间——庭院和天井。作为一种建筑空间形态，庭院与天井普遍存在于中国传统建筑中，如中国传统民居四合院，“虚”的院落与四周“实”的建筑形成了虚实相生的建筑空间特征（图6）。除了单体建筑，群体建筑也重视虚实对比，如中国传统园林就好似一张棋谱，轩、亭、楼等园林建筑即棋盘的落子之处，为“实”，而虚的庭院就如同棋谱的围空。这里的“围空”不仅是必不可少的构成建筑空间的内容，还是设计者在建筑艺术创作中有意为之的留白。著名华裔建筑大师贝聿铭曾说过：“大屋顶固然是中国传统建筑的显著特征之一，但它并不是唯一的最重要的因素。那什么是更重要的……是虚的部分，是大屋顶之间的空间——庭院！以故宫为代表的宫殿建筑以及寺庙都体现了上述虚实关系，此外还有北京典型的四合院民居。”

在围棋的规则中，无论棋形的大小和形状如何，内部都要有“气”“眼”方可活棋；同样，在中国传统建筑中，建筑实体呈现多样化的形态组合，但“虚”——天井庭院始终是建筑的核心。

由此可见，中国传统建筑与围棋艺术均以“实”为手段，以“虚”为目的。“虚实相生”的中国传统艺术观念和“计虚当实”的艺术手法，无论是在传统建筑艺术或围棋中，还是在单体或是群体、微观或是宏观中，都表现得淋漓尽致。

4 布局选址的共通性

中国传统城市营建艺术与围棋在布局选址中都体现了相同的自然观。在中国传统文化中，天为自然，人是自然的一部分，“天人合一”就是人类在生产活动中要与大自然和谐共处、顺应自然。因此，自然也就成为中国传统艺术中表现最多的题材，绘画、音乐、诗词常常通过对自然的表现，反映“天人合一”的审美追求。

无论是中国传统城市或是建筑单体的营建，其本质都是古人改造自然环境的人工活动，因此必然体现古人对自然的看法。中国传统文化中“天人合一”的自然观，直接表现在中国传统建筑布局选址的审美活动中。《管子·乘马》曰：“凡立国都非于大山之下，必于广川之上。高毋近旱而水用足，下毋近水而沟防省。”中国传统建筑依山而建、择水而居，充分体现了“天人合一”“无为返朴”的美学精神。

同样，“天人合一”的自然观也体现在围棋的布局中。围棋棋盘的“角”与“边”和“中腹”相比，要围出相同的“空”，用子最少也最易成活，因此围棋布局通常自“占角”起始。角可以利用两个边，用最少的子围合最大、最坚固的空间，和中国传统建筑选择充分利用地形环境及周边资源、最少人工干预的布局选址原则一致。因地制宜，尊重环境是中国传统建筑的特点。正如《园冶》相地篇所指：“园地惟山林最胜，有高有凹，有曲有深，有峻而悬，有平而坦，自成天然之趣，不烦人事之工。”中国幅员辽阔，地形多变，传统建筑往往顺应自然地势而建，如陕北的窑洞、桂北干栏民居等各地民居，无论群体或者单体建筑布局皆注重因地制宜，充分利用自然条件，减少土方，节约人力，节省造价，同时保持了生态和水土。

由此可见，围棋与建筑在布局选址的审美活动中均体现了古人在改造自然的过程中所遵循的“天人合一”的自然观。

5 结语

综上所述，中国传统城市营建艺术与围棋在规划布局和整体形态等外在特征、虚实对比的表达方式、自然和谐的价值取向等方面均具有相通性，共同体现了中国传统的价值观和美学精神。

吴良镛先生在2012年中国建筑学会年会上提出：“中国历史上的人居环境是以人的生活为中心的美的欣赏和艺术创造，因此人居环境的美也是各种艺术的美的综合集成。”可见，中国传统城市营建艺术和传统艺术一样，基于相同的传统文化语境，通过各自的符号记录和反映文化的内涵，集中概括了中华民族文化独特的思想范畴、认知成果、意义体系和价值观念，成为中国传统文化的载体。因此，从围棋等传统艺术中提炼中国美学精神，使不同门类的艺术相互借鉴、相互促进，可将传统艺术中蕴含的理想人居环境美学观念传承与弘扬。

（原载于《规划师》2018年第9期）

参考文献

（1）宗白华. 艺境 [M]. 北京：商务印书馆，2011.
（2）李约瑟. 中国科学技术史 [M]. 汪受琪，等，译. 北京：科学出版社，2008.

(3) 王天赐. 国外著名建筑师丛书——贝聿铭 [M]. 北京：中国建筑工业出版社，1990.
(4) 吴良镛. 人居环境与审美文化——2012年中国建筑学会年会主旨报告 [J]. 建筑学报，2012(12).
(5) 张锦秋. 传统建筑的空间艺术 [N]. 中国建设报，2013-11-27.
(6) 桂雍，正映. 虚实相生美学原则的产生与发展 [J]. 合肥工业大学学报：社会科学版，1986(1).
(7) 徐清泉. 天人合一：中国传统建筑文化的审美精神 [J]. 新疆大学学报：哲学社会科学版，1995(2).
(8) 唐孝祥，魏峰. 中国传统建筑与书法艺术的审美共通性初探 [J]. 华南理工大学学报：社会科学版，2017(1).
(9) 唐孝祥，王永志. 中国传统建筑与传统绘画的审美共通性 [J]. 艺术百家，2010(3).
(10) 吴庆洲. 中国古代哲学与古城规划 [J]. 建筑学报，1995(8).
(11) 唐孝祥. 论建筑审美与艺术的共通性 [J]. 新建筑，2004(6).
(12) 何云波. 围棋与中国文艺精神 [D]. 成都：四川大学博士学位论文，2003.
(13) 王军，朱瑾. 中国古代的自然观与传统建筑的"绿色"理念 [J]. 西安建筑科技大学学报：社会科学版，2009(4).
(14) 钟书林. "宇宙"语义的古今转换和中西对接 [J]. 长江学术，2013(2).
(15) 王锋. 论围棋的起源、演变与中国传统文化的关系 [J]. 西安体育学院学报，1999(2).

作者简介

玉潘亮，高级建筑师，广西艺术学院建筑艺术学院建筑系主任；
唐孝祥，华南理工大学建筑学院教授、博士生导师。

修复革命圣地的绿水青山——延安生态修复工作实践探索

魏 巍 辛泊雨 韩炳越

摘 要：随着中国“城市双修”试点工作的深入开展，各城市所面临的问题也呈现多样化的特征。延安作为第二批双修试点城市之一，兼具黄土高原城市和革命圣地城市的双重属性。以风景园林师的视角，深入阐述生态修复规划在延安双修工作中的技术特点，通过总体规划、专项规划、落地规划3个层次的实践分析，探究新阶段生态修复的工作方向和价值导向。

关键词：风景园林；城市双修；革命圣地；生态修复；绿道；三山两河

1 “城市双修”中的生态修复

中国新型城镇化的不断推进，城市建设取得了举世瞩目的成就。随着经济发展进入“新常态”，在快速城镇化发展中隐藏的一系列问题和“后遗症”也逐渐浮出水面[1]，在这一大背景下开展的“生态修复、城市修补”工作正是为了解决众多城市病问题而进行的。随着“城市双修”的深入开展，试点城市的不断增多，不同城市所面临的问题也呈现多样化的特征。因此，如何在解决城市病的同时，努力打造城市自身特点，避免“千城一面”，成为双修工作中的一项重要任务。

1.1 “城市双修”的理念

我国“城市双修”的目的是针对我国现阶段的城市问题，通过实践探索具有我国城市特色的城市更新方法，延续并发展了“城市更新”的理论，但所采取的是渐进微创式更新方式。城市双修的目标是通过对城市的项目更新，带动更大区域的发展，提升社会、经济的综合效益，以最小的社会存量财富的消耗，换取最大的社会财富的增益[2]。

1.2 生态修复的内涵

生态修复是城市“双修”中的关键工作和首要任务，也是风景园林师的一项重要职责。生态修复在理论方面的观点有很多[3]，比如国际恢复生态学学会认为，生态恢复是帮助研究生态整合性的恢复和管理过程（management process）的科学；美国自然资源委员会认为，生态修复是使一个生态系统恢复到较接近其受干扰前的状态；我国彭少麟、余作岳等学者认为[4]，生态修复是研究生态系统退化的过程与原因、退化生态系统恢复的过程与机理、生态恢复与重建的技术与方法的科学，等等。

由于学界对生态修复的认知多样化，尤其在生态修复的参照物标注以及生态修复成功的评判标准上还存在不同的理解，因此仍需要通过大量的生态修复实践工作进行深入的探索。

为了在实践工作中切实有效的推进落实，我国住房与城乡建设部于2017年公布的《关于加强生态修复城市修补工作的指导意见》中，将生态修复分为山体修复、水体治理、修复利用废弃地、完善绿地系统4个方面，使得生态修复工作能够落到实处。针对本次双修工作中的“生态修复”主要强调在对城市生态安全格局各类生态要素进行整体性和系统性分析的基础上，梳理现状城市生态问题，通过对各类生态要素的完善，来修复整体的生态格局和系统，使城市生态环境得到改善。

生态修复着眼于城市生态系统与人共生的大关系，不仅改善城市环境，同时也要重塑与展示城市特色。我国地域广阔，每个城市都有自己的特点，也有不同的“城市病”，需要“认真把脉，对症下药，目标与过程双导向”（表1），以系统思维解决城市问题。

2 延安双修工作的特点

2.1 延安双修规划工作体系

2017年，延安市委市政府围绕“重塑圣地特色、改善生态环境”总体目标，启动了延安城市双修工作，建立了综合性的双修规划工作服务体系，将双修规划设计工作与具体项目深度结合。双修服务体系涵盖项目把控建议、项目建设指导、项目实施跟踪等多个方面的工作，具体包括1个技术总把控、1个总体规划、5个专项规划、10个详细规划设计和若干个优化提升项目的规划编制体系（简称“一五一十”体系）（图1）。

表1　不同导向的生态修复工作侧重[5]

策略	工作重点	优点
目标导向	一个生态系统向接近于干扰前的状态修复	提出了寻找接近干扰前状态的参照系统问题，强调对生态比较的参数
过程导向	修复人类对当地生态系统多样性和动态损害的过程	包括了生态损害的社会要素，强调社区行动在恢复中的作用，认识到恢复在干扰和社会状况中的限制

在生态修复项目组织方面，为了提高项目系统性和协作性，将其则分成了“总体—专项—实施”3个层次，这3个层次由相关的规划项目作为支撑：总体层次为《延安市“生态修复、城市修补”总体规划》中的生态修复规划专章，专项层次项目之一为《延安市老城区绿道网络建设规划》，实施层次项目之一为《三山及两河核心区段生态修复与环境提升规划》等。

不同层次的生态修复规划有利于深入研究延安的生态本底和自然要素，并从网络结构和重点片区多个方面探索生态修复与红色圣地相结合的抓手，分部有序地开展规划设计工作，努力打造属于当代红色圣地的生态环境。

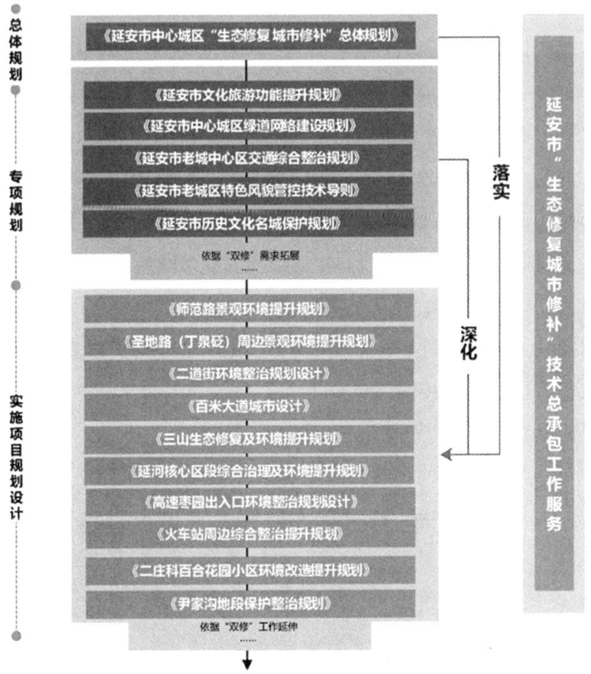

图1　延安双修工作“一五一十”的服务体系

2.2 延安的城市特点

延安在中国的历史地位极其特殊，城市生态环境有特色。总结其城市特点如下。

2.2.1黄土高原城市

延安位于黄土高原腹地，属于丘陵沟壑区，是我国水土流失最严重和生态环境最脆弱的地区之一。土壤类型为湿陷性黄土，土壤竖向节理，空隙大颗粒细，结构松散[6]，易受冲刷。同时延安降水时间与空间分布不均衡，多集中在夏季时节，短期雨量大，强度高，对城市建设具有严重影响。同时延安作为典型的川道河谷型城市，梁峁纵横，城市空间狭窄，用地紧张，在城市建设用地不足的情况下，人与自然争地，水土流失，绿地严重不足。

2.2.2革命圣地城市

延安是具有1000多年建城史的历史文化名城，是毛泽东思想的诞生地，是中国共产党的精神家园，更是全国人民心中的红色圣地。特别是毛泽东等老一辈革命家亲手培育的自力更生、艰苦奋斗、实事求是、全心全意为人民服务的延安精神，是中华民族精神宝库中的珍贵财富，已经成为全国人民团结一致进行社会主义现代化建设的重要精神支柱。延安在中国现代史上占有极为重要的特殊位置，现存革命旧居140多处，是全国红色旅游景点最多、内涵最丰富、知名度最高的红色旅游资源富集区，是伟大的革命圣地。

2.3 延安生态修复的特点

经过近30年的快速发展，延安的社会经济和城市建设取得了巨大的发展成就，但是也带来了一系列城市问题。山川河流等生态空间被城市建设侵占严重，庞杂的城市建筑侵山占水，传统的山水城市空间受到较大破坏，使得圣地风貌特色逐渐削弱，历史名城保护压力加大，急需进行保护性的抢救修复，再现延安的青山绿水、圣地风貌。

针对延安的自身特点，生态修复工作不能脱离延安作为中国红色圣地这一属性。作为1935—1948年中共中央所在地，延安是人民解放斗争的总后方和夺取全国胜利的出发点，是新中国孕育与成长的精神家园。众多的红色文化资源是与延安“山—河—城”相互融合成为一个整体，生态修复工作不能孤立开展。延安的生态修复，重点是要深入研究生态本底和自然环境，与红色文化相衔接，要为红色文化提供安全的城市格局和良好的物质空间。

3 延安生态修复规划

延安生态修复工作的特点在于：系统问诊抓重点。生态修复的总体思路是坚持问题与目标双导向，保护优先、近远期结

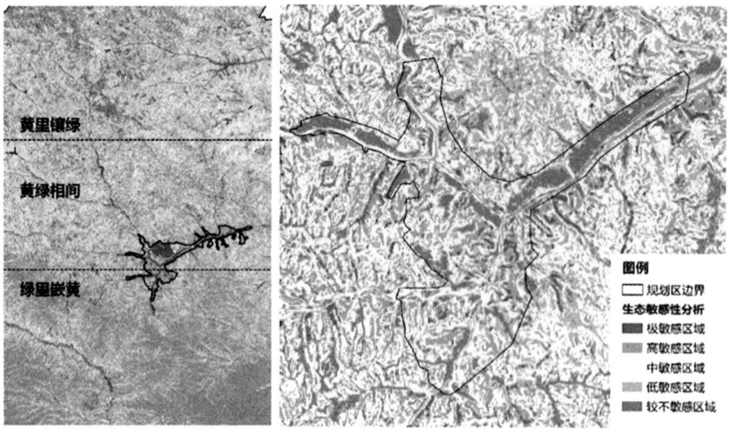

图2 延安生态安全格局分析

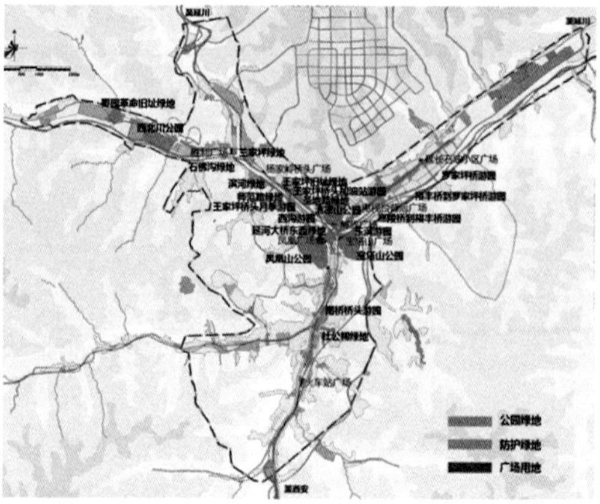

图3 延安老城区绿地系统现状

合，分类推进。

延安生态修复工作分为3个步骤。

3.1生态评估

生态评估的工作重点在于对延安整体生态格局的宏观识别，锁定生态问题。根据住房和城乡建设部《关于加强生态修复城市修补工作的指导意见》，从生态格局（整体）、山体、水系、绿地系统（部分）4个方面对延安进行生态评估（图2）。

3.2修复策略与措施

修复策略与措施的工作重点在于既有宏观战略高度，又有可操作性，能够近远期结合利于实施。主要将其分成2个层面，在整体层面提出修复工作的目标策略，在局部层面对山体、水系、绿地系统分别提出相应技术措施。

3.3行动计划与项目库

行动计划与项目库阶段的主要目的是重点问题的修复落实，将需要生态修复的问题进行整合，结合实际情况确定为行动计划与项目库，工作重点在于近期实施项目的选择。行动计划应明确项目的位置、类型、数量、规模、完成时间和阶段性目标，合理安排建设时序和资金，确定项目库，落实实施主体，并对项目库动态维护更新。

4 延安市老城区绿道网络建设规划

《延安市老城区绿道网络建设规划》是双修工作中的专项规划之一。根据多个双修试点城市的工作经验，绿道规划和建设是生态修复工作的重要抓手，对于城市绿地系统的修复具有重要意义（图3）。

4.1 总体思路

延安市生态修复工作中，强调对绿道认识的转变，即从“道”的观念转变成“具备多种功能的土地保护网络”[7]。以绿道作为生态修复工作的实际抓手，以绿道项目带动生态修复工作。

《延安市老城区绿道网络建设规划》突出建设绿道对修复城市破碎生境、保持生态廊道、建立对生物多样性保护的重要作用，同时根据延安红色资源、自然生态资源的分布，确定绿道的等级与网络结构。依托城市的社会经济发展条件，旅游发展需求、服务设施需求、交通需求等实际情况，构建城市绿道体系。科学确定绿道总体建设目标，确定绿道网络、生态建设、设施配置和建设运营等分项目标及相关指标，并提出近期实施工作。

4.2 定位与布局

延安绿道网络建设要彰显城市特色、修复城市生态、提升城市品质、凸显红（革命圣地）黄（黄土地区）绿（生态环境）3种文化的融合，故定位为：国内具有示范意义的红色文化、黄土风情、山水游憩绿道网络。

鉴于城市用地紧张，交通压力较大，绿道布局突出实施性与可操作性，主要布局在对老城区产生较小交通影响的区域（概括为：山边、水边、绿边）。布局时以川为轴，顺应城市山形地貌；串联尽可能多的城市组团，符合城市居游一体特点，保证便捷；突出城市特色，串联红色文化节点、公园绿地、特色节点；重点考虑宜居、惠民，连接各个居住用地。最终将规划的10条绿道（图4），形成“两环、放射、成网”的绿道网络结构。这些绿道按照特色分为“山、水、文、路”4类（图5），强调绿道之间的差异和自身特色。

5“三山两河”片区生态修复与环境提升规划

《延安“三山两河”片区生态修复与环境提升规划》是延安市生态修复工作的实施项目之一，也是本次双修工作的重中之重。

图4　延安老城区绿道网络布局图

图5　延安绿道分类效果图

图6　延安山水形制简图

图7　“三山两河”环境鸟瞰

图8　“两河”河道现状

图9　摘星楼与宝塔

5.1“三山两河”片区在延安的核心地位

“三山两河”片区是延安老城区最重要且最具有代表性的城市核心地带，是延安市贯彻国家生态文明和美丽中国战略初心的抓手，也是关系此次延安城市双修工作成败的关键一环。其对于延安具有3个方面的重要意义。

5.1.1延安城市的生态安全核心

延安老城区中心地带形成三山两河（三山即宝塔山、清凉山、凤凰山，两河即延河与南川河）的空间格局，建设区沿鱼骨状河谷梁展开，使得延安老城区的生态安全与三山两河息息相关（图6）。

5.1.2老城区的休闲功能核心

延安城市老城区公共空间极为有限，多年来在“三山两河”片区内集中了大量的日常休闲、旅游服务等公共场所，是延安市民健身、观景、游客集散休闲的最集中之所在（图7）。

5.1.3红色文化的景观核心

“三山两河”片区是红色文化旧址的集中地，我党老一辈革命家在延安生活的点点滴滴很多都发生在这一区域，是延安红色文化的重要载体与核心展示区。

5.2“三山两河”片区的主要生态与城市景观问题

5.2.1山水空间生态多样性缺失

经过30年不断的山体绿化，延安山体的生态面貌已有很大改善，山地水土流失的逐年降低使得延河泥沙含量大量减少，防洪压力也随之降低。然而延安沿用传统的水利防洪方式，“高堤细河”特点显著，河堤和两岸的生态交换及物质交流被高大堤岸所阻隔，城市核心成为“生态荒地”，耐湿型地被和灌木的缺失导致河岸缓冲带无法形成，水体生物栖息环境严重缺失，河流和周围山地的生态廊道被切断，造成三山及两河物种多样性的极大缺乏（图8）。

5.2.2城市休闲功能的“孤岛”

延安建设用地紧缺，公共绿地和休闲空间极为有限，延河两岸高大的堤岸不但严重割裂了山河之间的生态交流，同时也阻隔了市民与城市自然核心地带之间的联系。城市最核心、最平坦的公共空间被压缩在河岸及山体之间的狭长地带，休闲功能受到极大限制，本应成为休闲黄金地带的两河滩涂却难以得到便捷有效的利用，市民亲水空间严重缺乏。

5.2.3文化资源的碎片化和隐藏化

受不同管理及开发主体分散化的影响，“三山两河”片区以红色为主体的文化景观呈现景观主体破碎和不明确的现象。片区内的山体棚户建筑、宗教建筑及市政设施等栉比鳞次，将以宝塔为核心的红色文化景观主体淹没其中（图9）。“山—河—城”的综合性红色观览体系缺失，对于圣地的文化的游览活动缺少联系，严重降低了作为红色景观核心的示范价值。

5.3“三山两河”片区的双修策略

“三山两河”片区的双修工作重点围绕这一片区的总体定位：“城市会客厅”展开，对生态资源修复的同时将城市红色文化景观空间进行织补、串联和组织利用，打造彰显延安山河气势、圣地特质和居游品质的城市核心。

5.3.1三山的生态修复

山体生态修复主要通过“山体径流引导”和“山体植被提升”两方面进行。

图10　退台式河堤景观

图11　“三山两河”核心区空间环境修复效果示意

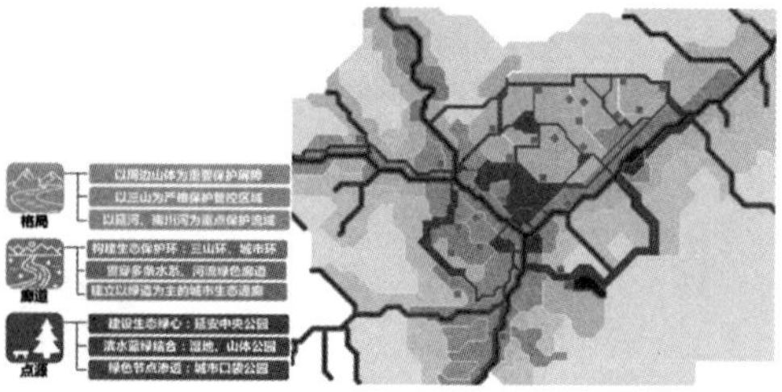

图12　生态修复布局格局

在山体径流引导方面，分析山体径流，形成“拦、阻、分、导、净”五位一体的生态雨水处理系统。拦，通过截水沟拦截雨水；阻，设置障碍降低径流流速；分，通过地形和山石分流；导，结合景观营造将蓄积雨水排出；净，在山脚设置沉淀池，泥沙量大的径流沉淀后进入市政雨水管网，泥沙量较少的雨水排入河道。

在山体植被提升方面，保证山体水土安全前提下，将植物修复、红色文化、地域特色相结合，划分3类山体修复区。在一般修复区内，对现有山体植被进行保育、保护和提升，增加元宝枫、五角枫、黄栌等乡土彩叶植物；由山体绿化向彩化转变，重点强调红色遗址的景观效果，突出山体彩化重点；在重点修复区内，增植刺槐、侧柏、云杉、白榆等乡土乔木，修复山体破损和裸露区域，保证山体绿量；在保留区内，生态修复也要结合地域文化，保护延安黄土丘陵的地域风貌，使面河川一侧的山体和建筑延续历史真实性。

5.3.2两河的生态修复

两河的修复工作重点在于对两岸堤坝的生态景观化。在不减少行洪断面的前提下，对河堤局部处理，用退台式的景观代替现有高大的垂直河岸，增加市民活动空间，便捷亲水，也为游客形成望宝塔、观延河的滨水空间，同时补植抗冲击、耐水淹、抗倒伏的乡土类灌木和水生地被，如鸢尾、芦苇等，形成河岸缓冲带基底（图10）。

5.3.3文化景观的修复

生态修复不能脱离对历史文化的传承。在山体及河道生态修复的同时，恢复摘星楼真实历史面貌，降低对宝塔的景观压制，拆除周围山地的棚改建筑，降低对宝塔山风貌的影响；以绿道建设为引导，对延安古城的消失段落进行恢复，将城市休闲功能与历史文脉进行有机结合，既增加三山各自独立性，又建立三山联系；每座山形成自身的环路体系，增加河堤上下空间联络的同时将延河场所与山地公园相联系，山体道路进行横向联通。最终形成展示红色主题的宝塔山红色文化景观群，展示红色宣传的清凉山红色宣传景观群，展现延安悠久历史的凤凰山古城景观群以及“河道—河堤—山体”复合型的城市休闲道路体系（图11）。

6 总结与思考

结合延安“城市双修”工作，通过对双修系统组织、双修规划编制、双修实施的推进等多环节的持续跟踪参与，对城市双修工作都有了进一步的认识和思考。

6.1 对生态修复的思考

6.1.1生态修复强调落实成效化

生态修复应“系统问诊抓重点”。分析问题层面需要“放”：审视生态修复工作的视角不应拘泥于城市的一个片区或一个地块，应在时间方面将城市放在一个生态演替的过程中研究，空间方面扩大研究范围，考虑区域内的生态变化规律（图12），才能摸索到城市“生态病”的病因。解决问题层面需要“收”：在有了整体的认知后，应反复强调“聚焦”，在空间上落实到具体的项目、在时间上能够形成项目库和计划书，研究之后能够形成结论，可以落实建设，才有可能摸索到城市“生态病”的药方，有利于推进城市生态环境改善工作，将城市改善效果落到实处，使生态修复的城市特色不断显现。

6.1.2生态修复强调过程长远化

城市生态系统较为复杂，伴随着城市的生长与发展发生变化，与城市互利共生，有其自身发展变化规律。“生态修复”是试图引导或加速自然演化的过程，城市中的生态修复就更加的复杂和多样。

应该树立“生态修复工作仅是时间与程序上的过程”观念，以利于生态修复工作。所谓时间观念，是指生态修复工作应在一个较长的时间段进行审视，对于城市生态系统的干扰仅仅是时间长河中的一个片段而已，不能一蹴而就，应尽量减少对生态的负面干扰，以符合城市当前的发展阶段和文化特征，使其进入到与城市发展良性循环的轨道。所谓程序观念，是指生态修复工程的工作方式由之前的“设计—施工—移交”变为“评估—规划—设计—实施—监测”，后期需要持续的监测、分析、研究。根据城市发展状况和需求，不断进行后期修正和补充。可以预期，今后的生态修复工作必将长期化、普遍化、规范化。

6.2 对“城市双修”工作的认知

6.2.1具有国家战略的高度性

双修工作不仅仅是对于“生态”或“城市”的修复或是修补工作，还是对近几十年来城市建设工作的反思与总结，是治理“城市病”、改善人居环境的重要行动，是补足城市短板的客观需要，是打造中国特色城市文化的重要策略，是城市转变发展方式的重要标志。

6.2.2具有横向领域的全面性

双修工作的复杂体现在技术、机制、成果3个方面。在技术方面，双修工作涵盖生态、城市、文化、历史等多个层面，涉及城市规划、建筑、道路、风景园林、市政给排水、电力通信等数个专业，技术总控需要完备的知识储备；在机制方面，政府的全面协调有助于双修工作的顺利开展[8]。在成果方面，双修工作要起到的作用是：重构自然生境、重获文化认同、重整经济活力、重理社会善治、重育场所精神、重塑空间品质等社会方方面面。

6.2.3具有纵向实施的深度性

双修是一项一以贯之的工作，强调规划设计要落实细化为具体的工程项目，强调人民城市为人民、一张蓝图干到底的思路，要能够有针对性地改善城市环境、真正解决城市病症，做到真正服务于民。

目前，各城市的双修工作更注重城市特色，更关切老百姓最关心的民生实际。双修工作需要由政府主导，协同推进；多专业并行，规划统筹；多部门参与，分类实施。城市中不同的部门、不同单位、不同市民团体都应参与到双修平台之中，建设人民的城市。

项目参与人员：

《延安市“生态修复城市修补”总体规划》中的生态修复专章、《延安市老城区绿道网络建设规划》，两项目规划人员：韩炳越、刘冬梅、王斌、魏巍、崔溶芯、贺旭生

《延安“三山两河”片区生态修复与环境提升规划》规划人员：韩炳越、刘冬梅、刘华、辛泊雨、邓力文、王剑、牛铜钢、何硕

（原载于《中国园林》2018年第8期）

引文文献

[1] 新华社. 人民日报评论员：扛起生态文明建设的政治责任[DB/OL]. [2017-07-20].http://theory.people.com.cn/n1/2017/0720/c40531-29418807.html.

[2] 谷鲁奇，范思斌，黄海雄. 生态修复、城市修补的理论与实践探索[J]. 城乡规划，2017(3):18-25.

[3] 魏志刚，等. 恢复生态学原理与应用[M]. 北京：哈尔滨工业大学出版社，2012:5.

[4] 彭少麟. 恢复生态学[M]. 北京：气象出版社，2007:1.

[5] 董世魁，等. 恢复生态学[M]. 北京：高等教育出版社，2015:5.

[6] 王景明，等. 黄土构造节理的理论及其应用[M]. 北京：中国水利水电出版社，1996:16.

[7] 秦小萍，魏民. 中国绿道与美国Greenway的比较研究[J]. 中国园林，2013，29(4):119-124.

[8] 王建国，等.21世纪初中国城市设计发展前瞻[J]. 建筑学报，2018(4)：16.

图片来源

文中图片均由项目组提供。

作者简介

魏　巍，中国城市规划设计研究院风景园林和景观研究分院高级工程师；

辛泊雨，中国城市规划设计研究院风景园林和景观研究分院工程师；

韩炳越，中国城市规划设计研究院风景园林和景观研究分院副院长、教授级高级工程师。

社区微更新：北京老城公共空间的设计介入途径探讨

侯晓蕾　郭　巍

摘　要：在北京逐渐从大规模的快速城市建设转向小规模渐进式的城市更新的背景下，文章以团队近几年的研究和实践为基础，首先探讨了公共空间的日常性，认为它是由居民的主动行为和非正规活动而创造，并成为城市活力的源泉。接着，文章指出社区营造是城市公共空间微更新的主要方式，而基于社区营造的设计介入则成为设计师、城市管理者和居民沟通的平台，并提出了基于社区文化的引导参与、平衡利益和诉求的协作改造和共同参与下的功能嫁接设计介入途径，然后讨论了设计介入的过程性特征和相关平台的构建设想，从而可能对类似的实践提供有益的参考。

关键词：社区营造；微更新；日常生活；设计介入；公共空间

1 背景：社区微更新

20世纪90年代以来，随着西方国家经济、社会发展背景的变化，物质环境的更新与社会网络的更新都进入了更缓慢、谨慎的阶段，以小型的社区公共空间为主体改造对象的局部微更新方式，成为激发城市活力，提升建成空间品质的新方式。而中国城市在过去30年中，很大程度上沿袭了功能导向的现代主义规划方式，快速大规模的城市建设模式顺应了权力和资本运作下的空间生产方式，城市空间发生巨大变化，同时也造成了巨大的破坏和浪费[1-3]。

伴随北京、上海等城市不断变化的发展状态，人们认识到政府主导的大中型城市更新会破坏漫长时间沉淀而成的城市肌理，并由此摧毁依附其上的复杂社会生态关系，近年来从大规模城市和街区更新逐渐转向更为日常的城市社区的更新上，逐渐采用微小规模、包容多种功能、渐进的城市改造方式，涌现出不少较有探索意义的城市微更新模式和典型案例[4]。

社区微更新是对社区小微尺度建成空间的品质和功能提升，基本投入小，但能实现多样的合作形式；在此基础上的设计介入也往往是从问题出发，解决小微的需求，实现小微功能的完善，但具有小中见大的特点，是综合导向的更新设计[5]。

文章试图以风景园林的视角对本团队的北京老城社区空间微更新的研究和实践加以总结，这些实践和研究面对社区空间由于形态、尺度、功能协调性不足而导致的日常性的丧失，并在已经定型的和复杂的城市建成区，尤其是老城区域，对完善城市公共空间功能和提高居民日常生活品质的设计途径加以探讨，并提出相应的设想。

2 北京老城社区空间的更新

2.1 社区空间的日常性

日常生活是北京老城社区空间特质形成的依据和动力，这些平凡琐碎的日常公共空间存在于老城的缝隙之处，流淌在街巷的角落、小卖部的窗前、餐厅的门口、公交车站的屋檐下，因随处可见而司空见惯[6]。这些建成空间经常看似混乱，却反映日常生活的真实性、不确定性和多样性，是一个健康城市活力的源泉，正如雅各布斯论述与分析哈德逊大街上错综复杂的人行道“芭蕾”——沿街小店的店主、家庭主妇、学童和酒吧顾客等相互和睦的依存关系一样，北京老城街巷中居民们的主动行为与各种非正规活动，创造了这些建成空间的使用和形式，将日常甚至边缘空间转化为快乐、丰富的空间场所，构成了极富特色的北京老城社会生态（图1）。

虽然2004版《北京市城市总体规划》提出“坚持老城整体保护”，并明确提出保护老城棋盘格式道路网和街巷胡同、保护传统城市空间形态等内容[7]。但伴随着以“发展”为出发点的老城改造的深入，普遍现象是拓宽道路以满足机动车交通需求，代替了原先生活气息浓郁的胡同街巷；整片街区的拆除以新建现代小区、商业区以及配套的广场、公园。历史保护区虽然基本保留其城市肌理，但悄悄地出现了绅士化更新：复古的大院和整治一新的街道、昂贵的精品酒店和餐厅，原住民日益被游客

图1　北京老城街巷中居民日常活动的丰富性

和“新移民”所替代。

这两种变化都使得老城社区公共空间的日常性受到巨大影响；“资本力量、政府、媒体和消费者品位所形成的文化力量共同推升了一种普遍性的、粉饰过的城市更新，也揭露了一种与城市居民对原真性起源的渴望与原真性新开端本身的矛盾，结果就是持续不断的社区更新改造。……新的品位取代了常住民的品位……中产阶层化的城市更新和时髦社区变成了都市体验的范式。至此，原真性成为某种被精心选择的生活方式，一种表演，一种置换的方式。”[8]

北京老城的街巷胡同是其最主要的社区公共空间，融合了原住民和多元族群的居住者的日常生活，是北京极富传统和当代特色的公共空间和文化载体，面临着全盘抹去或绅士化的趋势。面对多元化的利益诉求和较高饱和度的建成环境，风景园林师如何有效介入老城社区空间的微更新？

2.2 作为社区营造平台的设计介入

社区是人群聚集的所在，指地区性的居住环境，以及依附其上的生活、历史、产业、文化与环境等多向度的意义，并且隐含着“故乡”的情感意识[9]。社区营造是一种过程式、渐进式的运动，其对象很大程度上是与社区居民生活息息相关却没能被有效利用的公共空间，更新的目的不仅仅是物质空间层面的，更是精神空间层面的社区共建。

北京老城建成密度高，人口密集，具有较大的多元性，对公共空间的利益需求较为复杂，社区营造则是实现北京老城公共空间更新的重要保障。风景园林师需要同时考虑公共空间物理环境层面及日常生活的原真性，前者往往是后者的实现手段，而后者是前者的实现目标，相比前者，后者更为重要。“原真性……是生活和工作的连续过程，是一种日常体验的逐步积累，一种人们对眼前房子、身边社区每天如故的期待。……这种连续性中断，城市便失去了灵魂。”

在社区营造中，居民出于自身需求参与社区事务，风景园林师则承担中间人的角色，帮助挖掘和深化社区居民的需求，并“解译”给政府的相关职能部门。基于社区营造的老城公共空间设计介入改变了设计师、使用者和管理者的亲疏关系，其关键在于通过公众参与，了解居民的诉求，并通过共同协作，加以改造。

3 社区公共空间微更新途径：基于团队的实践

近年来，设计团队以多种途径积极参与老城公共空间的微更新，探索相关的操作模式，这些探索建立在与公众充分交流沟通的基础上，鼓励居民参与项目进程，增加公众其对社区的认同感和归属感，进而促进居民间的交往活动，由此取得较好的效果。

3.1 途径一：基于社区文化的引导参与

公共参与转换了设计介入的话语权，为创造出符合居民需要的公共空间创造了条件，但是公共参与也容易导致不同意见和利益的分歧，影响社区营造的效率，因此，需要设计方与居民以及有关管理单位寻求一个有效的结合点，从而推进社区营造的进程，而这个共识常源于社区的地域性，与社区文化密切相关。

在北京老城的胡同街巷里，居民在自家门前窗边经常采用回收的旧物和废弃材料，种植特色植物和瓜果蔬菜，少则几盆花，多则形成一个“微花园”。这一类的微花园往往尺度很小，土生土长，由居民独立建造和维护。这些胡同中的自发花园多种植月季、蔷薇等当地花灌木以及葡萄、葫芦、丝瓜等具有食用功能的蔬菜瓜果。出于各家不同的审美和需求，胡同里每一个微花园都不同，具有各自鲜明的特点，同时又在整体上具有一致性，体现居民对生活品质的追求和对公共空间环境的改造

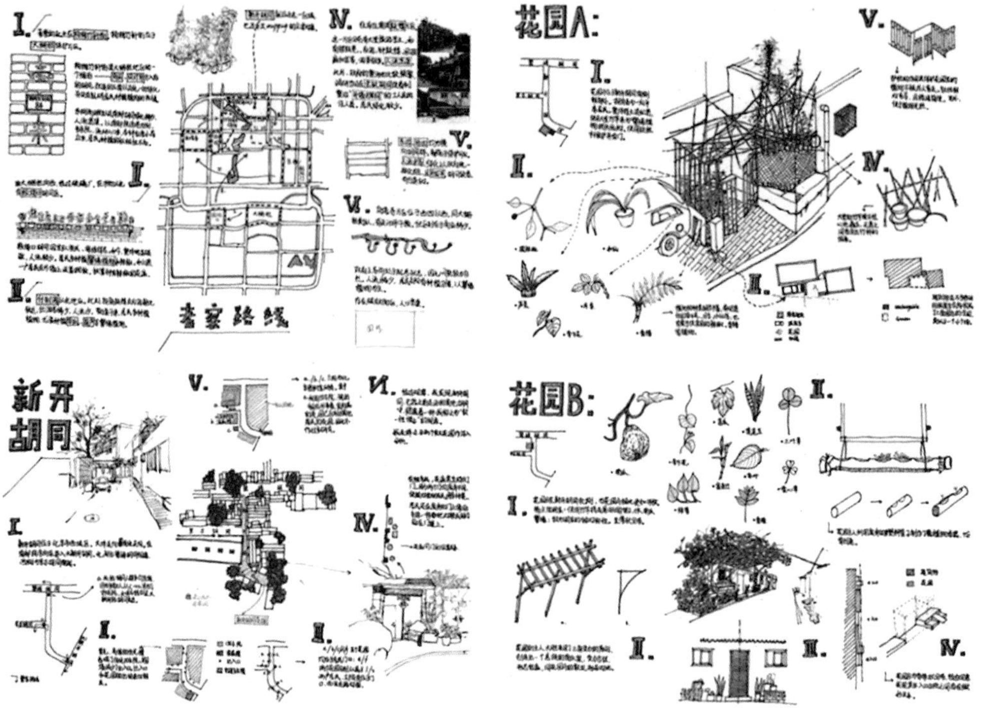

图2　北京老城街巷中的微花园

图3　基于微花园自发更新的社区营造活动

和使用。

近3年来，本团队系统地对北京老城范围内的东四南片区、白塔寺片区、景山片区和大栅栏片区进行了上述自发的微花园的调查研究和访谈，记录下各片区的自发花园现状，研究自发花园的建造方式和特点，同时也记录下胡同居民的日常生活场景和居民塑造空间的方式（图2）。在史家风貌保护协会的协助下，设计团队带领中央美术学院的青年学生，在史家胡同博物馆举办了微花园的介绍和提升活动。根据先前调研，向居民介绍了老城中各种类型的微花园，分析了微花园中常用植物的习性、栽培方式以及与不同器皿的组合等；居民们准备了日常生活中可以作为种植器皿的旧物，设计师也带来植物材料，设计师与居民有针对性地利用闲置旧物进行绿色盆栽和组合种植，将生活中的旧物与植物进行组合，居民和设计师共创生活美学（图3）。

活动受到胡同片区居民的广泛欢迎，居民自发改造和提升街巷公共环境的愿望得到鼓励，也促进了居民与设计师相互的沟通和信任，并且被《北京日报》《北京晚报》等多家媒体报道，也为团队在更大尺度和复杂度的公共空间有机实践更新和研究积累经验，找到相关的切入点。该活动更深层的意义在于设计介入需要以社区具有的文化为出发点，这个文化不只是历史或传统文化，更普遍的是当地的空间使用上的传统或生活规范，这些都与社区营造的本质相关联。在各个地方社会，地方文化和社区营造有着深刻的关系。设计介入只有根植于社区文化，才能得到当地居民的认可和参与，这是社区营造的重要组成部分[10]。

3.2 途径二：平衡利益和诉求的协作改造

虽然北京很多规划也开放了公众参与的途径，但由于尺度以及程序等原因，公众并未感觉规划与他们日常的关联性，而使得公共参与常常流于形式。理查德·博克斯（Richard C. Box）在《公民治理：引领21世纪的美国社区》中提到居民只有在问题切实关系到自身利益而必须进行认真思考时，才会参与到社区治理中来。在参与过程中，他们开始理解公共利益和个人利

图4　杂院公共空间改造

图5　违建房转化为入口空间

益的结合。因此，一方面需要将公众参与和居民利益诉求有效的结合，另一方面也需要将公共参与的层次保持在有效范围，设计师与居民共同介入，平衡居民之间的利益和诉求，才能改造出更符合使用者实际需要的生活空间[10]。

在史家风貌保护协会和朝阳门街道的推动以及设计机构的共同努力下，自2015年起，北京市东城区东四南地区杂院院落公共空间的改造项目开始启动，2年间分别对7个院落公共空间进行提升和改造。设计团队对其中的某院落公共空间进行改造，虽然这是一个纯公益性项目，但团队从调查、访谈、设计、沟通、认同、施工，前后历时一年有余。该院落是生活着的杂院，代表着北京老城平房区的典型生活单元，由于长期杂居和住户的搭建，院内转变成曲折的迷宫，由此形成错综复杂的小院环境，邻里街坊在此演绎着最真实的市井生活。

传统项目中抽象的“使用者”在这次实践中，转变为院内实实在在的15户居民50余口住户和租户，设计团队关注了每间房间的屋主、租户的人数、活动规律、院落使用情况，分析了院落长期杂居而形成的微妙的生态平衡。设计将改造意愿绘制成图，对照现状照片，与居民多次沟通，逐渐形成改造共识：包括重新铺地，以解决原先排水不畅和积水情况；设计嵌有太阳能灯的储物柜与花池的组合，从而避免杂物的乱堆乱放，并解决了院落公共照明的问题；设计无障碍设施，以便于院内老人出行等（图4）。

改造共识重新塑造了院内个人利益与公共利益之间的平衡。沉积已久的杂物原先被居民用于各自领地的占领，根据院落公共活动的需求，设计师与居民共同协商对此进行重新调整，确定了储物柜的数量和位置，由此腾挪出部分公共空间。尤为突出的是入口处原是一座已空置多年的违建房。在团队的努力沟通下，居民最终愿意将违建进行拆除，腾退出珍贵的入口空间。设计据此塑造了富有四合院居住特色的入口对景墙，并在一侧设置花池，花池后面的墙体上刻上了居民讨论确定的“大院公约”，为院落营造了和谐的气氛（图5）。

在目前城市转型的背景下，该院落改造的意义在于利益再平衡在老城更新中的可能性。当更新不仅局限与政府，而是与多个业主和使用者协调时，基于沟通的协作改造显得尤为重要：设计介入演变为相应的参与平台，居民们在这个平台上基于共治演绎着个人利益与公共利益的博弈。

3.3 途径三：共同参与下的功能嫁接

在目前老城趋于饱和的建设用地下，公共空间的微更新如何进行空间有效腾挪和利用，达到“螺蛳壳里做道场”的目的，功能嫁接也许是一个较为有效的途径。嫁接是促使2种植株的局部相互融合，生长成一个完整强壮新植株的生物学手段，而“公共空间的活力取决于多样性、人群密度和意料之外使用的可能性”[11]。功能的嫁接则是保持日常性的前提下提高公共空间活力的有效手段。

对于北京老城而言，菜市场是一种较为特殊的公共空间类型。设计团队对北京市菜市场进行了系统研究，认为它们是北京老城中的为数不多的潜力类型（图6）。而由于各种原因，自2005年以来，老城内越来越多的菜市场被拆除或者改造成为超市，这种极具潜力的公共空间越来越少。

朝内南小街菜市场建成历史较长，基础设施老化，卫生条件堪忧，作为公共空间而言，功能略显单薄。2017年6—11月，在东城区商委、朝阳门街道办事处的大力推动下，设计团队在菜市场硬件升级改造的基础上，对朝内南小街菜市场进行了空间整治设计：设计了源于菜场布局的Logo，并印制在菜市场的入口、各商户的柜台以及工作围裙上；根据所卖商品的色系，设计了菜市场的分区招幌，并与商户协作，进行了典型摊位整治设计；将菜场与博物馆这貌似不相干的“接穗与砧木”进行了功能嫁接。设计师与摊主、居民一起动手制作以蔬菜、瓜果、

图6　北京老城中的部分菜市场

图7　菜市场的整治提升

图8　公众参与决定了设计介入的过程性

油盐酱醋等菜场常用售卖品为材料的艺术拼贴和展示作品（图7），布置在菜场入口、墙面、楼梯和部分摊位。同时，在菜市场植入临时性的日常饮食展示馆、菜市场画廊、烹饪养生无人售卖书摊等，不定期举办菜市场课堂等内容，以微干预、微更新的方式对菜市场进行功能异质化提升，售卖、聊天、浏览，使菜市场真正成为居民的交往空间。经过艺术和设计提升之后的菜市场不但为居民提供了充满文艺味儿的交往空间，而且激活了菜市场的活力，极大促进了菜市场的良好运转。

4 讨论与展望

4.1 设计介入的过程性

基于社区营造的设计介入与传统语境下的“设计”有较大的差异，常常采取低成本、低门槛、广参与、多合作、易应用、过程性的模式，由政府和公众协商产生的主动的社区发展规划，通过社区发展规划，对社区公共空间进行持续长期的梳理，构筑适应社区具体条件的治理模式，分步骤可持续地进行社区微更新[10]。

基于社区营造的设计介入对象经常是社区中废弃或者边缘化的小而微的公用地，例如可挖潜的闲置公共空间、无人问津的绿地、可提升的老旧建筑等，设计介入的方式较为多元，可以是常规意义上的“设计”，也可以临时性的装置、景观事件、公示与展览的甚至是访谈与调查；其成果经常表现为非通常意义上的建成项目，还可以是相关的活动组织等。因此，设计介入是一个持续的过程，是创意、建造、制作、服务、运行等在内的一系列操作的整合，以实践导向、问题导向和综合导向为特征，公共参与是其核心，通过社区公共空间的小规模功能调整，活化社区，进而增加居民的认同感。这对设计师的知识储备、设计经验、工作方式等提出了巨大挑战。例如，团队设计的东四南片区公共空间微更新，虽然是邻里环境基层改善的小项目，但却历时数年，设计挖掘面积从数平方米到上百平方米的街道胡同间隙地和其他公共设施的潜力，并通过临时性景观装置、设计测试、互动游戏、展览访谈等形成系列阶段成果，而居民的参与贯穿始终（图8）。

4.2 设计介入平台的营建

基于社区营造的设计介入需要政府管理、设计师和居民的共同参与，政府的规划管理常规方式是项目审批，这是一种指导性的被动管理，各部门之间平行运作，沟通较少。社区营造需要城市规划、管理、社区等各个部门的沟通，不再是立项、审批和建设的线性模式，很多情况下，设计师个体、民间团体和企业机构都无法胜任，这就需要一个强有力的开放的平台，

图9 借助2015年、2016年和2017年的北京国际设计周平台，促进了团队公共空间系列研究的深入和部分实践的完成

以便吸纳不同专业、不同背景的个人与团体，实现多个利益主体的沟通对话[10]。

已经举行了多届的北京国际设计周近年来在一定程度上充当了这样的角色，先由相关组织机构对北京老城提出一系列宏观思考与解决策略，并各领域专业人员组成各种咨询团队，咨询团队与社区居民、街道办等讨论，了解居民诉求，据此确定更新方案，部分方案由规划单位、居民和专业学者共同选择后递交政府部门，加以实施[12-13]。本团队的北京东城公共空间更新系列研究，以及杂院改造等微更新部分便是借助于2015年、2016年和2017年的北京国际设计周这一平台（图9）。

但是，仅靠北京国际设计周本身，无法保证基于社区营造的设计介入长久和有效。台湾的社区规划师制度为此提供了一个借鉴，社区规划师采用选聘制，为当地社区居民提供专业咨询服务，参与地区环境改造，提供城市更新的咨询和研究，成员源于专业人员和具有相关能力的志愿者[14]。社区规划师的制度化能够吸引设计师、规划师、艺术家、社区组织持续参与城市公共空间的微更新，与社区、管理部门之间通力协作，并在工作中储备和提升社区规划人员的数量与素质[15]。目前，北京东城区百街千巷责任规划师便是社区规划师制度的初步尝试，由规划局牵头与挑选，并组织相关的社区管理培训。在社区街道整治过程中，责任规划师需要持续跟进，在街道办的协调下，为社区居民与相关单位提供专业咨询服务，但由于责任规划师的责权利仍未清晰界定，其效果如何，仍需检验。

5 结语

公共空间的日常性决定了社区营造是改善其物质环境和人文生态的基本途径，基于社区营造的设计介入由此成为设计师、城市管理者和居民相互沟通与提升改造的平台。通过近几年北京老城公共空间微更新的设计实践，团队对设计介入的途径进行了探讨，并总结了基于社区营造的设计介入的相关特征以及平台营建的设想，可能对类似的实践提供一些有益的借鉴。

（原载于《风景园林》2018年第4期）

引文文献

[1] 翟斌庆，伍美琴．城市更新理念与中国城市现实 [J]．城市规划学刊，2009(2).

[2] 龚书章．以再生与公共意识启动城市的微更新行动 [J]．时代建筑，2016(4).

[3] 杜鹏．社区环境微更新中的自主治理 [J]．时代建筑，2016(04):62－67.

[4] 徐磊青，宋海娜，黄舒晴，等．创新社会治理背景下的社区微更新实践与思考——以408研究小组的两则实践案例为例 [J]．城乡规划，2017(4):43－51.

[5] 单瑞琦．社区微更新视角下的公共空间挖潜——以德国柏林社区菜园的实施为例 [J]．上海城市规划，2017(5):77－82.

[6] 汪原．日常公共空间——公共空间的终结与重生 [J]．新建筑，2014(6):32－35.

[7] 冯斐菲．北京历史街区微更新实践探讨 [J]．上海城市规划，2016(5):26－30.

[8] 莎伦·佐金．裸城：原真性城市场所的生与死 [M]．上海：上海人民出版社，2015:5,12.

[9] 黄瑞茂．社区营造在台湾 [J]．建筑学报，2013(4)：13.

[10] 马宏，应孔晋．社区空间微更新 上海城市有机更新背景下社区营造路径的探索 [J]．时代建筑，2016(4)：10－17.

[11] 简·雅各布斯．美国大城市的死与生 [M]．南京：译林出版社，2005:78.

[12] 世界建筑杂志社．2017北京国际设计周白塔寺再生计划：新邻里关系 [J]．世界建筑，2017(11):116－119.

[13] 赵幸．北京国际设计周助力公众参与城市规划——规划师的实践探索 [J]．装饰，2016(9):30－35.

[14] 曾旭正．台湾的社区营造 [M]．台北：远足文化，2007:11－18.

[15] 杨芙蓉，黄应霖．我国台湾地区社区规划师制度的形成与发展历程探究 [J]．规划师，2013(9):31－35，40.

图片来源

图1：由陈丹阳绘制；

图2：由王若飞绘制；

图3－5，7－9由作者拍摄；

图6：由赵子颂、秦琴绘制。

作者简介

侯晓蕾，中央美术学院建筑学院教授；

郭　巍，北京林业大学园林学院副教授。

土山湾中国宫：晚清中国建筑艺术的西方解读与融合

刘丽娴　郝艺妍　沈丽旸

摘　要：晚清中国风盛行欧洲，巴黎世博会玛赛尔展台上的土山湾“徐家汇模型”引来一个多世纪以前比利时国王的订单。在中国宫的创作与生产中，参与者包括欧洲设计师、在华传教士、中国修士艺术家、土山湾孤儿工匠们。从中国宫的设计、创作素材、风格、生产过程看，均融合东西。以中国宫为起点，土山湾美术工艺品在世界舞台不断亮相。土山湾中国宫是晚清基于西方视角的东方解读，也是近代东西方艺术交流与融合的建筑艺术个案。

关键词：土山湾；中国宫；设计生产；中西交流

在基督教全球传教背景下建立的土山湾孤儿工艺院，虽是法国天主教在华传教的产物，但在其百年存世过程中，创作了大量糅合中西方审美与技术的工艺美术品。而中国宫则是西方建筑设计师玛赛尔和中国土山湾孤儿工艺院共同为比利时国王所设计、生产的，其创作由西方建筑艺术家、在华西方传教士和掌握中国传统工艺技巧的中国孤儿工匠们共同完成。其主要设计者出于对神秘东方建筑的膜拜和臆想完成了设计构思，加之西方传教士与孤儿工匠们的参与，中国宫从建筑艺术风格上看，中式外观，西式内在，可以说是百年以前西方艺术家对东方文化解读所催生的产物。时至今日，土山湾中国宫依旧巍然矗立于布鲁塞尔，是晚清中国建筑艺术的西方解读与审美融合，也是百年以前的这场东西方文化、艺术对话的历史见证。

1 创作背景与海外订单

1.1清末工艺品外销业与巴黎世博会

16世纪，伴随东方航线的开辟，欧洲各国相继成立东印度公司，投身于繁荣的对华贸易。1757年到1842年，清朝长期实行“一口通商”政策，出口的工艺美术品用料讲究、工艺精湛、造型美观且独具东方艺术魅力，备受西方消费者青睐，因而促成了清代外销工艺品市场的繁荣。

1900年，当世界伸开双臂迎接新世纪到来时，法国人正忙于巴黎世博会。由于附属法国天主教的特定背景，土山湾孤儿工艺院终于有机会将所生产的工艺美术品送展巴黎。

1.2“徐家汇模型”与玛赛尔展台

1864年，在上海西南部的徐家汇，一群不远万里来到中国进行传教的西方传教士为了满足孤儿谋生与宗教用品生产需要，建立了一座名为土山湾孤儿工艺院的机构，下设五金、木工、美术、印刷等工场，传授制铜铁器、雕刻、绘画、印刷等各种手工技艺。[1]这座工艺院在特定历史背景下，创造了无数融合东方审美与西方技术的佳作。1900年的法国巴黎世博会上，土山湾选择他们雕刻制作的徐家汇园林建筑模型作为在世博会上的首秀。因展品性质相近，徐家汇园林建筑模型被放在了强调东方风格的建筑设计师玛赛尔（Alexandre Marcel，1860—1928）推出的“玛塞尔展台”上，首次亮相便荣获金牌。[2、3]正是这座充满东方情调的玛赛尔展台，以及参展并获奖的徐家汇模型，最终造就了一个世纪以前以中国宫为媒介、东西方建筑艺术交汇的契机，也掀开了中比两国文化交流史上的重要一页。

1.3国王的订单

19世纪末，日本经过明治维新与欧洲建立了密切的贸易联系，加之欧洲百年来本就对神秘的东方充满向往，一时间掀起一股狂热的东方风潮。1900年前后的比利时是欧洲的工业强

图1　1900年参加巴黎世博会的徐家汇园林建筑模型

国，正由利奥波德二世（Leopold Louis Philippe Marie Victor，1835—1909）执政。这位国王对东方事物兴趣浓厚，在巴黎世博会上，他被土山湾木雕模型中东方情调的亭、台、楼、阁等建筑所吸引，除了立刻购买了由玛赛尔建造的日本塔，还下令定制“中国宫”，由比利时驻上海总领事薛福德负责监督。之后又另委托再造一座中式八角亭，作为中式小楼的配套建筑，安放于布鲁塞尔莱肯宫内。百年后的今天，中国宫和八角亭仍矗立于布鲁塞尔，作为比利时皇家历史与艺术博物馆分馆，专门陈列展示中国17世纪至19世纪的珍稀外销瓷。

2 中国宫的设计与生产者

中国宫的外立面装饰是富丽堂皇的传统中国木雕：一层楼面两尊石狮子各守一方，四根雕花镀金立柱位于正中，四扇木门上雕刻中国传统纹样；二层上方悬挂着三个中文牌匾以及对联，写着“八表山川苍车献瑞，重霄日月青锁含辉”；房顶的飞檐、雕刻亦无一不是雕龙画凤等传统中国样式。而宫殿的内部却是充满法国风情的洛可可样式，光亮的木地板、圆弧的穹顶、金碧辉煌的雕刻装饰、一排排奢华的吊灯，与外部风格迥异。（图2—3）

图2—3　中国宫的中国式传统外观设计和西方式洛可可内部设计形成强烈反差

设计者玛赛尔热爱东方艺术，但从未到过中国，他对中国宫殿的理解全凭借臆想和资料。作为最重要的设计者之一，他设计了一座西方世界臆想中的中国宫，是一个多世纪以前西方视角对中国建筑的解读。虽然随后葛承亮做了进一步的修饰完善以及中国纹样的装饰配件设计，并联合美术工场主任刘必振、五金工场主任笪光华在中国土山湾孤儿工艺院完成了所有组件的生产，再送至比利时布鲁塞尔组装完成。但从设计风格与元素看，“中国宫”既不是东方的也不是西方的，而是一个世纪以前东西方文化、艺术、审美交融的建筑集合体。

2.1初稿设计者玛赛尔

当收到来自比利时王室的订单后，凭借自己长久以来对于东方式建筑的了解及制作经验，玛赛尔在冥思苦想后慎重地画出了初步的建筑图稿。但他深知，这笔来自国王的订单不容小觑，不管是对于中国式纹样的细节还是对工艺的要求，自己都不够专业。中国式建筑向来复杂并且对于细节的处理有着极高的要求，大到宫殿城墙、锦绣园林，小至砖瓦门楼、窗棂立柱，都极为玲珑别致，并且古代人物形象和各式寓意吉祥的自然万物图案也十分讲究，绘制雕刻得惟妙惟肖，制作材料也有各种名堂。玛赛尔虽然对于东方式的建筑很擅长，但类似这样需要具备十分深厚的中国古典文化底蕴和与之相配的专业雕刻技艺的作品，他作为一名海外建筑设计师是无法驾驭的。因此，他找到了与法国一直保持联系的法国天主教在华附属机构土山湾孤儿工艺院，寻求支持、设计与生产合作。

2.2设计完善与传统图案设计者葛承亮

木工工场是土山湾孤儿工艺院历史最悠久、规模最大的部门。主要负责生产神像、祭台和其他宗教用品给上海及中国甚至亚洲各地的诸多教堂，与此同时还制作家居摆设等生活必需品，如浮雕、塑像、摆件、装饰等。[4]这也为该部门完成中国宫的雕刻提供了技术保障。木工工场发展最盛时拥有工人和学徒三百名，而带领木工工场走向这段极盛时期的就是主任葛承亮（Aloysis Beck，1854—1931）。在接到这笔来自异国的大订单后，葛承亮慎重地着手，经过对相关文献的查阅，我们可大致推断他的制作步骤：

第一步：查阅资料，收集素材，确定设计方案。刚拿到这笔订单的葛承亮并没有直接着手制作，而是开始大量收集与阅读各种相关资料，通过联系土山湾的各个兄弟修会来从各地搜集雕刻中可能需要的文物、民俗、图案、技法等细节。了解最能体现中国文化的表现形式与手法，也查阅了比利时当地的相关文化与作品，并将这些灵感源及素材进行汇总，与美术工厂与五金工场进行商议，最终确定了设计方案。[5]

第二步：选定材料，着手制作。作为木雕的材料，必须要满足美观、高品位、保存时间长、易出效果、具有中国特色等

图4—5　中国宫的纹样设计中运用了中国传统纹样和中式牌匾

一系列的高水准要求，在木雕工艺上有着深厚造诣的葛承亮最终选定了上等柚木作为主要木料，以确保作品的最高规格。[6]

第三步：确定装饰细节。接下去要考虑的就是局部细节了，葛承亮规划安排了各主要部件，例如：一对镇守的石狮、四根雕刻的蟠龙巨柱、两扇木雕的彩凤、四根颀长的旗杆……每个细节都严格遵照中国传统建筑的规格与要求，无一不蕴藏着浓郁的传统文化气息。

葛承亮根据自己的理解，采用了龙凤纹样、博古纹、戏曲人物，以及明代以来的一些典型纹样作为中国宫的装饰。中国宫殿式建筑向来强调细节的精致与对工艺技巧的严苛要求，这也是最考验设计者的地方。葛承亮为此倾尽了全部心血。他在中国宫的各个局部上所设计的传统图案、吉祥纹样，以及对古代民俗传说、人物故事的再现多达上百种，其中不仅包括各种古代神话传说的场景刻画，还有对于小说戏曲人物、古代文豪、历代帝王的细致雕琢。如图4—5所示，除了纹样装饰，还在中国宫专配对联与牌匾——“八表山川苍车献瑞，重霄日月青锁含辉”“化成臺沼”“弓皋来庭”“永观厥成”，表达中国式的祝福和吉祥。

2.3中国宫传统纹样绘制者刘必振

葛承亮召集了木工部、五金部、画馆等部门三百余名优秀工匠，历时四年方制作完成这一工程。中国宫面宽28.7米，进深8.26米，上下二层。雕梁画栋、镶金饰银。立柱、门檐、窗棂、梁枋及护栏上雕刻的中国历代人物故事和民俗传说及各式祥兽和吉祥图形等多达数百种，堪称一部中国传统文化史册，这些图像全部由土山湾画馆主任刘必振（1843—1912，字德斋，号竹梧书屋侍者）带领画馆师生设计绘就。此时的刘必振正执掌土山湾美术工场，也正值土山湾孤儿工艺院工艺品生产的全盛时期，他带领弟子们共同完成了中国宫所需传统纹样的绘制。除了尽心地对中国宫的雕刻细节进行设计，为了表示对比利时国王的尊敬，刘必振的得意门生盂杏棠还被安排绘制了一幅利奥波德二世的画像，并作为礼物与中国宫订单一起送给国王。

2.4中国宫五金配件制造者笪光华

五金工场起初属于木工工场，至1908年才独立为五金工场。其主要负责冶炼和制作金银铜铁器，所生产的产品涵盖了从宗教用品到座钟、铁床、黄包车等生活用品各类，甚至可以修理管风琴等需要较高技术要求的外国乐器并提供相应的零部件。笪光华在生产这笔订单的时候任木工间的副主任，土山湾五金间在笪光华修士的带领下也参与了这次订单的制造。[7]出于对中国文化和欧洲文化的敏感，为了体现中国宫富丽堂皇的特点，笪光华选用黄金为材料，对建筑中最能体现中国文化的部分进行镀金，例如建筑物四根廊柱进行全镀金；在其他柱子上，他选择了对柱子上龙的造型部分进行镀金；还有二楼代表中国古代建筑特色的太师壁以及具有中国特色的额楣部分，也用黄金包裹。这样奢华的细节加工使中国宫历经百年依旧富丽堂皇。

2.5生产者土山湾孤儿工匠们

19世纪，基督教开始进一步推进其全球传教网络布局，而土山湾正是这张全球网络的远东中心。其建立初衷是为立足江南，并为远东教区的传教活动所需工艺美术品进行生产配备。其采用精神管理与技艺管理的双轨制工艺美术人才培养方式，在其存世近百年间，陆续开设了美术、印刷、木工、五金等核心工场，培养了大批融合中西设计教育方式与技艺的工艺美术人才，既是中国美术工艺史中的独特案例，又是与时代脉搏、文化背景结合的必然果实。中国宫制作生产时期，时值土山湾孤儿工艺院全盛时期，孤儿工匠的工艺技能娴熟，且当时土山湾孤儿工艺院的神父为法国神父孔道明（Jesephde Lapparent，1862—？），客观上具有与法国政府的天然联系，于是才能间接获得来自比利时政府的皇室订单。

土山湾孤儿工匠们经历初小四年、高小两年、工艺培训两年，而后进入土山湾手工工场做学徒，最后步入社会或留院做工的培养过程。这种融合中西的工艺美术人才培养方式使土山

表1　土山湾中国宫的设计与生产团队

中国宫设计者	玛赛尔（法国建筑师） 完成设计初稿（臆想中的中国宫）	中式外观、西式内在 出于西方人臆想的东方建筑设计方案
	葛承亮（德籍建筑师） 在华传教士+土山湾木工工场主任 设计完善、传统图案设计+设计施工	
+	刘必振（土山湾美术工场主任） 中国宫传统图案的绘制	
	笪光华（土山湾五金工场主任） 中国宫五金配件制造者	
中国宫生产者	中国土山湾孤儿工艺院 葛承亮、刘必振、笪光华带领孤儿工匠集体制作 各工厂协作完成（美术、木工、五金） 比利时驻沪总领事薛福德制造监督	在中国完成组件生产，送至比利时在当地装配建造完成
	运至比利时装配完成 历时四年完成配件组装建造	

湾孤儿工匠们一方面继承了中国传统手工艺的精华，一方面又吸收了西式教育体系的教育理念，是具有西方技术、基督教审美与世俗工艺美术品生产能力的创造者。

2.6制造监督者驻沪总领事薛福德

为了实现国王的心愿，制作出举世无双的绝妙作品，比利时政府指派比利时驻上海的总领事（自1906年，即光绪三十二年起担任比利时驻沪总领事）、工程师出身的薛福德（Daniel Siffert）负责监督这笔订单的生产。这位尽职尽责的总领事多次亲临土山湾进行监察。

这笔来自国外皇室的大订单与随之而来的薛福德的亲临监察，都从外界给土山湾施加了不小的压力，敦促土山湾中国宫成为更臻完美的作品。于是，不光是在材料上采用了顶级配置，工艺上也安排了最资深的工匠负责，这也就有了接下来各部门通力合作，采用协作式生产方式完成这一订单。（表1）

3 中国宫的创作特点

3.1各工场协作式生产

如图6，各工场由于地理位置毗邻，加之前期宗教物品生产过程中已然磨合形成的协作式生产习惯，在中国宫的创作生产中也沿用了这一方式。事实上，这种协作式的生产方式几乎运用于所有土山湾工艺品的创作生产上，如道原精粹、中国宫、百塔、中国牌楼等，土山湾孤儿院的各个部门发挥各自优势，配以默契的生产程序，以协作和利益分享的方式制作生产。

3.2西方传教士和中国孤儿工匠的集体创作

这笔中国宫的订单一交到葛承亮手中，这位对于中国传统艺术品近乎痴狂的神父便马上沉浸在工作的兴奋之中。为了将作品做到极致，葛承亮不仅满足于图纸上的中国宫的草图，而

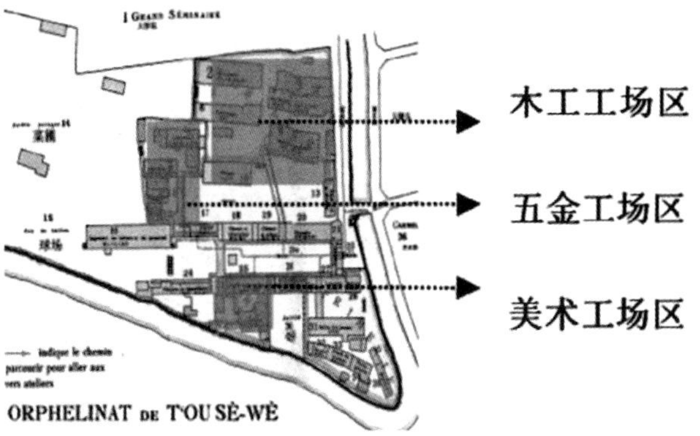

6

图6　土山湾孤儿院地图

且要将自己多年来所积累的雕刻技术与对中国古典文化的积累融入其中，赋予这座建筑以新的生命。他所在的土山湾孤儿工艺院各个工场的优秀孤儿工匠们成了他最大的优势之一。与一般平庸的务工者不同的是，这些画家、雕刻师、木匠、金银铜铁匠等各类孤儿工匠们都是长期以来经过严格的专业技能培训与锻炼的熟练技工。此外，他又找到了笪光华，希望他能够参与，负责工程的装饰及金加工。笪光华答应了葛承亮的请求。为使自己的作品更加专业，笪光华又通过同学安静斋的关系，与刘必振商量，请他率徒参与细部绘图设计。拥有如此专业的队伍和对于中国传统建筑文化的积累，各部门主任通力合作，葛神父才得以开始转动起他指挥的车轮，进行协作式生产。中国宫也就成为土山湾木工间、画馆和五金工场相互合作、共同努力的伟大作品。

因此，促成这次协作式生产的，不仅是土山湾孤儿工艺院各部门主任对于作品完美的追求，还有土山湾的每一位具有精良工艺的孤儿工匠们的辛勤付出和各部门之间默契的合作。

3.3定制与组装配件

经过土山湾孤儿工艺院各部门的通力合作与辛勤付出，这精致又庞大的工艺品在中国一经完成，便以零配件的形式踏上了运往比利时的道路，并在当地进行装配组合。最终，一座美妙绝伦的中式小楼呈现在了比利时布鲁塞尔的莱卡宫内。如图7所示。

3.4借助世博会传播契机

定制中国宫的比利时国王利奥波德二世本身即对东方文化极度痴迷，很早就想亲自到东方去目睹这些美妙绝伦的佳作，但由于其他因素制约，这个念头一直停留在想法中，无法付诸行动。而巴黎世博会无疑成为一个大好契机，博览会中唯一带有东方色彩的玛赛尔展台毫无疑问在这位"东方迷"国王的心中激起了层层涟漪，回到比利时后他就立刻向玛塞尔发出了订单。而在此以后，土山湾美术工艺品还参加了更多的世界博览会，开始了世界舞台的征程。（表2）

图7 中国宫、八角亭

4 结语：东西方建筑艺术风格的对话与融合

百年以前的中国宫是伴随土山湾木雕展品在巴黎世博会上获奖而来的比利时王室订单，由西方建筑设计师和在华外籍传教士、中国孤儿工匠们集体创作，后送至比利时装配完成的。这幢在布鲁塞尔欧式建筑群中的中式楼宇掀开了中西文化交流史的重要一页。

从设计角度看，比利时土山湾中国宫是晚清东方艺术的西方解读，其中最重要的设计师是法国人玛塞尔和德籍在华传教士葛承亮。于是，才会出现这个中式外观、西式内在，出于西方设计师臆想的东方建筑设计方案。

从生产角度看，中国宫是由中国土山湾孤儿工艺院的西方传教士艺术家带领孤儿工匠们所进行的集体创作生产，工艺院下设的美术、五金、木工三个工场通力协作完成所有中国宫组件生产，而后送至比利时，直到1906年才完成了设计和运输、组装建造的所有环节。基于这样的设计与生产方式，可见，比利时土山湾中国宫是晚清时期东方艺术的西方解读，更是百年以前东西方建筑艺术的交融与历史见证。

以中国宫的建筑订单为契机，才有了随后世博会上中国土山湾美术工艺品屡获大奖，并磨合出一种协作式的工艺美术品生产方式。这些由西方传教士艺术家、土山湾孤儿工匠们集体创作形式所带来的融合中西的建筑艺术作品在百年以前的世界舞台上发出了响亮的中国声音。

＊基金项目：中国博士后科学基金面上项目“美术工艺的土山湾模式”（编号：2016M601990）；浙江省高校重大人文社科攻关计划项目“工匠精神——美术工艺史的土山湾”（编号：2016QN027）；国家社科基金艺术学项目“土山湾美术工艺传习方式的当代价值研究”（编号：17BG141）；浙江省哲学社会科学重点研究基地项目（编号：浙社科规2017—31）。

（原载于《装饰》2018年第4期）

引文文献

[1] 张爱红. 土山湾美术工艺所的历史价值探析 [D]. 济南：山东大学，2007:22.

[2] Mee-Seen Loong, Jeffrey Hantover. A Collection of Pagodas: 1915 Panama-Pacific International Exposition in San Francisco[M]. Hong Kong: Mee-Seen Loong Fine Art LLC, 2014: 138－159.

[3] 宋浩杰. 影像土山湾 [M]. 上海：上海文化出版社，2012:34－35，221.

[4] 徐妍. 土山湾孤儿院人才培养模式研究 [D]. 上海：上海师范大学硕士学位论文，2014:42.

[5] 宋浩杰. 土山湾中国牌楼的百年“世博情” [J]. 上海工艺美术，2010(2):2－4.

[6] 曾竹韶. 论建筑雕刻综合艺术 [J]，建筑学报，1984(11):65－66.

[7] 高蓓. “土山湾孤儿院美术工场”研究 [D]. 北京：中央美术学院博士学位论文，2009:76－80.

作者简介

刘丽娴，浙江理工大学国际教育学院副教授；
郝艺妍、沈丽旸，浙江理工大学国际教育学院。

表2 土山湾美术工艺品参展与获奖情况

开展时间	地点	名称	国家	人数/万	参加作品	获奖情况
1900年	巴黎（法国）	第五届世界博览会	40	5000	徐家汇建筑模型木雕	金奖
1902年	河内（越南）	法兰西世界博览会	8		木雕圣像、祭台	金奖
1904年	圣路易斯（美国）	纪念路易斯安娜购买100周年世界博览会	60	1969	木雕桌屏《中华圣母子》	金奖
1905年	列日（比利时）	列日世界博览会	31	700	木工部木雕楼亭	金奖
1915年	旧金山（美国）	美国旧金山巴拿马太平洋博览会	31	1900	中国牌楼、木雕百塔、四幅水彩画	金奖
1933、1934年	芝加哥（美国）	庆祝芝加哥设市100周年世界博览会	47	3830	中国牌楼	
1939、1940年	纽约（美国）	纪念华盛顿当选美国首任总统150周年纽约世界博览会	64	4493	中国牌楼	

汉口砖砌建筑艺术再观察

任康丽

摘　要：汉口原租界保留的历史建筑中，砖木结构或砖混结构建筑约占据总数的80%，虽然砖砌建筑在一次次城市更新中逐渐减少，但其深厚的文化价值与艺术价值仍亟待我们去发掘。本文从汉口原租界建筑的用砖类型、砌筑艺术、檐口门窗等局部砌筑形态展开论述，并提出砖砌筑的自然性、地域性、人文性、艺术性应成为现代设计师必不可少的专业素养。

关键词：汉口原租界；砖砌建筑；砖砌艺术

砖是人类建造史上使用久远的一种材料，它有易组合的特点。从审美角度看，其材质具有远古的厚重感，装饰性强。汉口原租界保留的历史建筑中，砖砌筑形式在老里弄、老洋行、老公馆、老教堂等地方都广泛可见，砖木结构或砖混结构建筑占据了汉口原租界建筑总数的80%，虽然砖砌建筑在一次次城市更新中逐渐减少，但其深厚的文化价值与艺术价值仍亟待我们去发掘。

1 汉口原租界建筑用砖的类型

1.1红砖制作历史及样式尺寸

汉口原租界中的里弄、公馆、教堂、洋行等建筑主要以红砖砌筑。最早红砖基本由欧美输入，后在本土生产，是工艺严苛的建材。红砖是烧结型建筑砖块，以含砂的黏土、页岩等经粉碎、混合、捏练后以人工或机械压制成型，经晾晒干燥后在900摄氏度温度下以氧化焰烧制而成。这种含有高铁元素的红黏土在湖北地区遍地都是，从近代至20世纪80年代，沿汉江开设有诸多制砖厂。砂在黏土中起着骨架作用，增强黏土的硬度，因此红砖具有较强的耐久性。因其多气孔的特质具有一定的保温、隔热、隔音等优点，在汉口租界建筑中运用广泛。常见红砖规格为23.5厘米 × 12厘米 × 6.5厘米、22.5厘米 × 11.5厘米 × 6厘米、23.5厘米 × 11厘米 × 7.5厘米。

光绪十七年（1891）湖北官砖厂投产，日产机砖三万余块。这是武汉第一家官办制砖厂。“汉阳铁厂于1892年创办砖瓦厂，从英国购进制砖机，是武汉有机制砖之始。”1892年至1911年，武汉相继开办了10家砖瓦厂，其中1903年创办的汉口裕记砖瓦厂是辛亥革命前少有的私营砖瓦厂。1911年至1924年，民营砖瓦厂有阜成、华兴、富源三家。其中阜成砖瓦厂生产的砖瓦质量颇高，还试制出空心砖和异型砖等新品种，达13个之多；1916年该厂日产砖坯15万块。

20世纪30年代是武汉砖瓦行业的鼎盛时期。红砖建筑构建了当时汉口的城市印象。如今，这些旧时的红砖在汉口老巷中还能依稀寻见，它们作为实物成为那段汉口城市建设辉煌历史的见证，为当下砖材美学价值研究提供了重要的实物参考。

1.2青砖制作历史及样式尺寸

青砖是中国本土传统的建材品种，生产历史悠久。我国具有文化意义的第一块砖大约出现于7300年前，到6400年前大溪文化时期砖的雏形出现，到公元前5000年左右出现具有文明意义的烧结式正方形、长方形砖。春秋战国时期已有花纹青砖出现，砖雕工艺初露端倪。人们常说的秦砖汉瓦中秦砖即是青砖，砖雕、画像石、墓室砖在此时发展很快。至宋代，《营造法式》中专门规范了砖砌筑技术，明清时期青砖砖雕及各种砖砌筑工艺已相当成熟。

青砖与红砖的烧制方法相似，只不过烧制完成后的冷却方法有所不同。青砖在砖坯入窑焙烧至1000摄氏度左右时要往窑中不断淋水，由于窑内温度很高，水化为水蒸气阻止了空气的流通，在窑内形成一个人造的缺氧环境，砖坯中的三氧化二铁被还原成氧化亚铁并存于砖中。由于氧化亚铁呈青灰色，因而砖就呈现为青灰色。又由于黏土中的铁不完全氧化，使青砖具备了更好的耐风化、耐水特性。由于青砖烧制工艺较为复杂，能耗高，相对产量也小。现存的青砖老建筑在汉口原租界中留存不多，仅海寿里、八大家等里弄中还可寻见。另外，一些私人收藏家如武汉民间“砖家”刘文斌先生收藏有元代元兴寺青砖、宋代城墙青砖、明代城墙青砖等实物。青砖上大多刻有文字，砖文是与甲骨文、金文、玺印文字及刻石文字同等重要的古代文字资料。其文字常见窑匠的名字、监督官员称谓、时间信息等内容，为研究武汉地区青砖的历史提供了翔实的实物史料。

清末民用青砖主要由武汉地区官砖厂生产，砖上符号标记明显。官办造砖厂生产的青砖一面有凹槽，用阴文或阳文刻上“沙湖”“水洪口”“大顺”“元记”“双合”“同合”“义和造”“YTK”等字样。这些文字符号标识的是青砖的出产地、砖厂名称或商号名称，也有刻人物姓名的，一般分记地砖和记名砖。如青砖上的“沙湖”指代沙湖地区砖厂；“水洪口”位于汉南，清朝道光年间就开始生产砖瓦，时间较长，武汉很多30年代的老房子都用此砖。“大顺”“双合”“同合”“义和造”都是当时湖北地区的砖瓦厂。清末民初武汉地区有十数个砖瓦集散地，长江流域生产的砖瓦通过水路由此转运到各地。青砖一般有四丁砖24厘米 × 11.5厘米 × 5.3厘米、22厘米 × 10.5厘米 × 5.5厘米，八五青砖21厘米 × 10厘米 × 4厘米等尺寸型号。

2 汉口原租界建筑墙体砖砌筑艺术

2.1英式砌筑艺术

砖块体积小巧，在砌筑时可多样组合，亦可直可曲，形成美观丰富的立面结构。另外，砖的易操作性使得砖砌工匠们创造出在顺头、丁头上丰富多变的砌筑方法，再通过水平方向和垂直方向进行有规则的排列组合，完成砖砌筑的多种审美形态。英式砌筑是全顺砖层与全丁砖层相互交替层列的砌筑方式。此砌法将丁砖位于顺砖的中间，相同砖层间垂直对齐。

英式砌法砌筑排列简单，丁砖层给墙体带来了稳固的连接，砌筑过程中整体稳定性较好。在标准的英式砌法基础上，通过将顺砖层移动半砖长度就产生了英式十字砌法，这种英式砌法的变体会在建筑立面上形成大小不同的菱形，产生错视艺术效果。

2.2美式砌筑艺术

美式砌筑一般是三到五层全顺砖与一层丁砖交替砌筑的方式。全顺砖层在上下丁砖层间一般运用压半砖砌筑方式，且丁砖位于顺砖中部位置。美式砌筑砖的排列遵循内外搭接、上下错缝，通过砖丁头与顺头的结合与砂浆的粘接，其面积较大的顶底面有利于荷载承重的均匀向下传递，保证了建筑构件的稳定。陆砖与立砖可穿插用在建筑开洞处，承受洞口上方荷载。汉口德租界海寿里就用了美式砌筑作为墙面的整体设计。

2.3弗兰芒式砌筑艺术

不同于英式逐层丁顺砌筑，弗兰芒式砌筑中丁砖和顺砖在每一层都变化砌筑，每层一块顺砖一块丁砖，且丁砖砌筑于顺砖的中部处。弗兰芒式砌法主要有两种变体砌法，一种是将每层中采用两顺一丁的交替排列，并且顺砖结合的竖缝位于丁砖中间，这种也叫作跳丁砖砌法；另一种是每层采用三顺一丁的交替排列砌法，丁砖是位于顺砖的中间位置，这种被称为弗兰芒花园墙砌法或西西里砌法。

2.4墙体砖色图形艺术转化

红砖与青砖的色彩搭配也能创造出多样的艺术效果。在汉口租界建筑中，出现了红砖与青砖在墙面、柱式、窗楣、砖券上的不同组合。不同砖色对比，映射出建筑结构图式化细节，自然质朴地传递出砖砌建筑亲切、宜人的情怀。红砖、青砖勾勒出几何形跳跃的色彩变化，加之白水泥、素砂浆勾缝线条，形成具有材质对比变化的砖砌筑墙面艺术效果。

3 汉口原租界檐口、门窗的砖砌筑艺术形态

3.1檐口砖叠涩艺术形态

砖砌筑建筑能够创造出多种艺术形态，砖叠涩为其中最典型的一种。与中国古代木构建筑层层收分的斗拱出挑类似，每一层砖皆比下一层砖超出一定长度，形成叠级效果，这种砌筑方法被称为砖叠涩。它常用在建筑檐口、支撑梁、门窗洞口和穹隆结构。中国最早的砖叠涩砌筑实物见于河南襄城茨沟汉墓墓顶，在唐、宋、辽、金时期的砖石佛塔中也常见，如苏州云岩寺塔。汉口原租界建筑中，砖叠涩多运用于建筑檐口及外立面砖块层与层之间的束腰。另外，立面檐口锯齿砖叠涩造型丰富，使墙体产生细微精致的光影变化。

3.2门窗凹凸砌筑艺术形态

凹凸砌筑是指在砌筑时利用砖块长方体的长短面，单块或者整组凸出或者凹入砖墙表面，形成三维立体效果的砌筑方式。利用砖块模数化特点，建筑师可组合设计出各具特色的门窗凹凸砖砌筑结构，增强建筑立面门窗的表现力。凹凸砌筑中还有一种倾斜砌法，一般为丁砖与墙面形成45度的角度，砖角被精心排列成一条直线，形成韵律与节奏感的视觉效果。门窗构件中的凹凸砌筑是建筑师在细节设计上的准确把握，不仅是艺术性塑造，而且在使用安全性上也有探索。

3.3门窗砖券艺术形态

由于汉口夏季炎热，为加强空气流通，19世纪中期到末期汉口西式建筑砖砌筑的主要形式为外廊式殖民风格。青砖与红砖作为外廊式建筑的主要构造材料，与带有各类砖券的窗洞、门洞结合，形成外廊立面。门窗砖券在砖砌筑技术上开新蜕旧、别开生面。

建筑师路易斯·康曾以诗歌一般的语言描述拱券：“砖你想成为什么，而砖回答我想成为券。”在汉口租界建筑立面中，砖券是重要的结构形式。砖券组合一方面能拉升建筑立面，从审美角度看，不同的拱形也使建筑立面更富有变化。

“券”（读作“炫”），古时对于砖石砌体上较大的洞口的称

呼。其上方有三种结构处理方式，一是用过木，二是用石梁，第三就是用砖或石块砌成弧形砌体，这个砌体就叫作砖券。砖券结构在汉口原租界建筑中一般用于入口大门、窗洞上方、外廊立面等处。砖券是砖块侧砌而成，砖块之间彼此挤压定位，将上方的荷载传递给其毗连的墙体部分，从而形成一定的跨度。砖排列成拱是一个复杂而富有技巧的过程，真正的砖券靠楔形砌块的压力构成一个受力整体，绕券洞呈放射状。汉口租界建筑的砖券包括平口券、木梳背、半圆券、尖拱券等样式。

平券最初是指底面平直、形成门窗过梁的拱券。清代末年以后，受西洋建筑的影响，汉口租界建筑中门窗券中出现平券的形式较多；木梳背是带弧形的砖券，亦出现较多；半圆形砖券在门斗、外廊处设计普遍；尖拱一般见于哥特式教堂门窗，如汉口荣光堂，砖拱尖券占据了整个建筑的三向立面。

不论是平券还是半圆券，都是利用砌块相互挤压来保证上部墙体的重量转化为水平方向的受力。评券和木梳背两端部分叫作“张口”，位于拱券中间的砖叫“合拢砖”或“龙口砖”，是最后起决定性作用的砌筑构件，也是门窗砖券上的艺术点缀。“三分砌七分勾，三分勾七分扫”，工匠们用高超的砌筑技术与砖券巧妙结合，使汉口原租界建筑门窗都具有了明显的标识性。

砖作为建筑基本元素，在近代汉口原租界建筑中得到丰富的组合应用。砖不仅是简单地堆砌拼贴，而且是在诗意的建造中与所属场地、环境、建筑结构产生密切关联。砖砌筑的自然性、地域性、人文性、艺术性应成为现代设计师必不可少的专业素养。

（本文系2016年度教育部人文社会科学研究一般项目《汉口原租界建筑装饰图形谱系研究》中期成果，项目编号：16YJA760033）

（原载于《美术观察》2018年第12期）

作者简介

任康丽，华中科技大学建筑与城市规划学院副教授。

近代建筑装饰视觉美感研究

康　峰　曹如姬

摘　要：我国近代建筑是世纪之交的西方建筑设计思潮与中国传统建筑文化相互融合的产物，它的装饰视觉美感不仅体现了特殊的历史时期西方建筑艺术发展的趋势和审美倾向，而且也反映出建筑艺术美的原则和肌理。因此对近代建筑装饰视觉美感进行深入研究具有重要意义。

关键词：视觉美感；建筑装饰；近代建筑；传统建筑文化；西方建筑；建筑艺术美；设计思潮；艺术发展

我国近代建筑是世纪之交的西方建筑设计思潮与中国传统建筑文化相互融合的产物，它的装饰视觉美感不仅体现了特殊的历史时期西方建筑艺术发展的趋势和审美倾向，而且也反映出建筑艺术美的原则和肌理。因此对近代建筑装饰视觉美感进行深入研究具有重要意义。

1 近代建筑装饰及视觉美感核心概念

1.1两种维度的“近代建筑”认知

文章的论述通常从时间和空间两方面展开。在时间维度上，中国近代建筑一般被认为开始于19世纪40年代，到中华人民共和国成立为止。这个时代的建筑处于新老交替的过渡时期。在空间维度上，近代建筑有其空间变化规律，是一个动态发展的过程，有其历史演变性，也有一定的地域代表性。近代建筑是世纪之交的西方建筑与中国传统建筑文化的相互融合的产物。

1.2建筑装饰

从宏观概念上来讲，建筑是人类用建筑材料构成的用来居住和使用的空间环境。空间是建筑的本质。建筑装饰是指采用装修材料对建筑外部的梁、板、柱等承重构件和非承重构件的形式美化。建筑主体与装饰之间的关系属于结构与完成面的关系。建筑主体是建筑核心基本结构，装饰是依附于主体的符号表达。装饰主要作用是加强建筑形式，完善建筑艺术形象。

1.3视觉上的美感

当建筑立面构图通过材料质感肌理、色彩、光影变化等给人视觉上的刺激，眼前的画面会在你的脑海中激发一种感受，人们根据自己的素质修养、生活经验、思想观念等，将这种刺激感受转化为视觉形象。对建筑立面产生了某种情感，例如喜欢、愉悦，认为它的整体形象创造了美感（即感觉某建筑立面是美丽的）。如果审美感知进一步提升到“美的情感”体验，这就使人们通过建筑立面获得了视觉上的美感。

2 近代建筑装饰视觉美感特征

2.1依附性

从建筑装饰的定义来看，建筑装饰与其他装饰的最大区别是，建筑装饰依附于建筑主体，不能脱离建筑主体而存在。首先，建筑装饰是用于保护建筑主体构件、完善建筑物理性能，如建筑物外立面玻璃幕墙装饰设计，既可保护建筑外墙，又可以改善建筑的保温性能。其次，装饰设计是对装饰构件来说的，也就是指附着在建筑物上的装饰物。这种依附性使建筑装饰具有独特性和鲜明性，并表现出丰富的视觉美感，这种视觉美感的产生不能离开建筑主体而单独存在。

2.2艺术性

建筑装饰本身属于美学的范畴，用来美化、修饰建筑物，它所展现出来的视觉美感，富有艺术性，这种艺术性是从形式、精神等多方面通过色彩、光影、材质、形式体现出来的，也表现在装饰所包含的社会文化背景和体现的精神美上。

2.3精神属性

建筑装饰不仅具有实用性，而且具有一定的精神属性。精神属性表现在多方面，其中审美和历史文化意义承载就是精神属性的有效表达。一方面，审美活动是以人的精神需要为基础的。墨子曾经言：“食必常饱，然后求美；衣必常暖，然后求丽；居必常安，然后求乐。”这句话的意思是说，人们在吃饱、穿暖、安居等基本生活需要满足的基础上，就产生了审美需求。

山西新绛纺织厂厂房

另一方面，历史文化意义承载是建筑装饰的最高级目标，也属于建筑装饰精神范畴，不管是古代建筑、近代建筑还是现代建筑，意义承载都是最深层的，体现了建筑装饰最核心的追求。

3 近代建筑装饰艺术表现的美感分析

3.1建筑材料的装饰艺术表现

近代建筑常采用的装饰材料有砖、石材、砂浆抹灰、铸铁构件等。砖是最常见的近代建筑外墙面饰面材料。因此，砖也是塑造近代建筑装饰之美的重要物质因素。如山西新绛纺织厂厂房，外墙凹凸变化的砖砌造型是建筑立面上最为突出的装饰特征。

石材作为建筑空间的主要装饰材料，应用极为广泛，尤其在西方建筑中，我们也常将西方建筑史称为一本石头的史书。我国北方地区石材生产较少，成本高，因此，更为常见的是将石材作为建筑物的局部装饰材料。

抹灰指选用石灰砂浆、混合砂浆、聚合物水泥砂浆、麻刀灰、纸筋灰等对建筑物的面层抹灰和石膏浆饰面技术。抹灰装修的作用是为创造丰富多彩的建筑艺术形象。抹灰的多样化造型能力极强，除用于修饰建筑造型以外，还大量用于建筑装修细部的处理上。新的建筑材料和结构形式越来越多地出现在建筑的外部，展现出新时代建筑师新的设计理念。

3.2建筑构件的功能性装饰艺术

建筑构件分为结构构件和构造构件，前者是指梁、柱、楼板、房顶、承重墙等受力构件，构造构件是指门窗、屋檐、女儿墙、雨棚等非承重构件。建筑构件的装饰设计就是对构件自身进行的美化、润饰和艺术化的处理，使得建筑物体的美感与结构构造功用相得益彰。

3.3材料的肌理与质感

所谓肌理是材料的物理属性所表现出的表面组织构造，即建筑材料自身的天然纹路，也指人工制作过程中产生的工艺肌理。质感是人眼对材料的质地特征所产生的感觉，体现的是材料的细部特征。

不同的肌理具有不同的质感，能给人不同的心理感受，如玻璃、钢材等工业材料可以赋予产品理性器质感受，而木材、竹、藤条、石材、皮革、织物等天然材料可以赋予产品自然、古朴、人情味等感性器质感受。材料质感和肌理的感知属性将直接影响建筑外立面视觉美感。在设计过程中，要充分发挥材料肌理和质感的表现力，创造出独特美感的建筑外立面。

4 近代建筑装饰美感对现代建筑设计的启示

4.1地域特征与文化性相统一

社会在不断发展过程中，文化同样需要创新，建筑师需要在继承传统的同时，体现新的文化特征，并做出新时代的回应。建筑的文脉中必然有对地域性文化的继承与创新。建筑的文化可以体现在其外立面的多种方面，传统建筑的形象符号生动而传神，是体现建筑地域文化特征的重要手法。近代建筑装饰的形象符号丰富传神，抓住建筑文化的精髓与内涵，对现代建筑设计具有深远的指导意义。

4.2完美的比例，精致的细节

近代建筑精致的细节充分展示了近代建筑师们深厚的美学功底和工匠们的精湛技艺。除欧式建筑常使用的复杂柱式、檐口线条、线脚处理以及民族风格的雕刻外，一些尺度得当、简洁大方、人性化的细节更值得我们学习。

4.3充分发挥装饰材料优势与特色

装饰材料对增强立面表现力至关重要，近代建筑非常注重装饰材料的应用，多了解材料特性、建筑材料的施工工艺，能加强建筑立面质感和肌理，使得建筑造型及空间魅力倍增。近代建筑多以木雕琢、墙面抹灰、砖砌筑、石材饰面为外立面造型设计，将建筑材料的特征与建筑性格紧密结合，使立面独具表现力，值得我们借鉴学习。

5 结语

综上所述，近代建筑立面设计地域性及文化性特点鲜明，建筑形体比例推敲细致，材料使用古朴自然、立面质感强、颜色搭配丰富，对现代建筑立面设计具有重要的借鉴意义，是现代建筑外观设计的重要理论基础。

（原载于《中华建设》2018年第5期）

作者简介

康峰、曹如姬，太原理工大学建筑与土木工程学院。

试论交通建筑的结构节点美学

胡映东　沈百琦　邱明兵

摘　要：交通建筑的结构节点是力汇集与消散的枢纽，在结构体系中至关重要。节点设计不单要解决工程问题，同时也是一种艺术创作，通过将节点形式与结构力流的传导规律进行比较印证，论述交通建筑节点设计是一种理性的艺术创作过程，能够将不同材料、构造形式与结构力学性能等特质转化为可感知的建筑美学，实现力与形的有效协同。

关键词：交通建筑；结构节点；美学；材料；力

结构技术与建筑美学的研究由来已久。P.L. 奈尔维在《建筑的艺术与技术》中将建筑定义为“技术与艺术的综合体，而非是技术加艺术”[1]。*Structure as Architecture:A Source Book for Architects and Structural Engineers* 认为结构并非简单的技术构件，不同的结构形式能带来美感（Andrew Charleson, 2014）[2]。结构设计不仅注重如何实现建筑物的坚固稳定，更关乎视觉效果和人文关怀；在让建筑更美观的同时，不应忽略结构与形式间的互馈。

作为引领技术与时代风格的一类大型公共建筑，现代交通建筑展现当下的建造技术和设计理念，其结构体系不仅要维持建筑物的安全与稳定，更应促进结构内在规律与可感知的外在形式之间的关联与融合；不仅要体现结构的建构原则与策略，也应反映理性和诗意并重的结构表现观。将结构和形式完美结合是设计者毕生的努力与追求。合理的结构形式兼具经济、稳定、耐久、节约资源等优势，美学则提升建筑的地域特点和审美价值，形与艺的结合才能创造诗意且合理的交通建筑。本文尝试将节点形式与结构力流的传导规律进行比较印证，论述交通建筑节点设计是一种理性的艺术创作过程，能够将不同材料、构造形式与力学性能等特质转化为可感知、充满诗意的“刚、柔、巧”之美。

1 节点重要性

建筑设计立足于美学，结构设计立足于力学，结构美学源于对力学原理和力流规律的创造性加工和诠释。力流（Flow of Forces）是指结构对荷载进行接收、传递并释放，并形成了完整的力的流程。力流可以分为客观的“力的作用”和主观的“力的感觉”两部分，后者也称为力量感。结构美学是通过结构体系的力学与力相抗衡的特性、材料的外在表现力等实现，并进行建筑形体的塑造，利用观者对力的感知、联想及情绪等主观感受来强化不同的视觉和心理体验[3]。

结构构件工作过程中始终伴随着外力与内力、作用与反作用力间的动态平衡。节点作为结构系统中重要的枢纽，承担三个作用：一是作为最佳传力途径上的关键点，节点须改变力传递方式与方向，有效地进行各项力的连接、转换，确保安全可靠地承担和传递荷载，达到力的汇集、分散及平衡。节点在结构体系中至关重要，节点的形式与材料选择是保证荷载有效传递的基础；其次，节点还关乎能否以合理的节点力矩形式以提高结构的安全、稳定和整体性，特别是抵抗突变应力的能力；最后，节点设计还反映连接材料、连接方法及施工安装等要素[4]。

2 节点与材料

材料是节点力学传递与转换性能的决定性因素，决定结构抵抗破坏与变形的能力。不同建筑材料的节点物理形态不尽相同，是因其强度与刚度、加工性与耐久性等不同方面的力学特性。另一方面，材料本无情感色彩，透过肌理、视觉、触感等传递信息，人在认识材料时的心理感受赋予材料以性情。设计者借助材料的力学特质和性情差异传达建筑性格与美学意境，使结构体系呈现厚重或轻巧、粗糙或细致、张弛或紧凑的视觉差异。

2.1 混凝土

混凝土抗压、不易腐蚀、取材方便、价格低廉、耐久耐火

图1　华盛顿杜勒斯机场外观

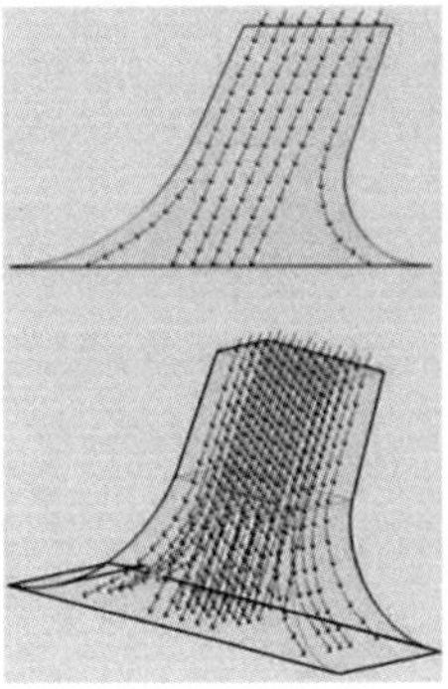

图2　节点倒角的力传递示意图

图3　吉隆坡国际机场航站楼的异形柱

性好、可塑性与整体性好、加工及施工工艺简单。与钢筋组合形成的钢筋混凝土，其整体性得到加强。混凝土的艺术表现形式多样：既可加工光滑平面以展现细腻之美；也可保留浇筑印痕以表达粗犷而质朴的一面；在节点上，常根据构件交接情况而随意变化，适应性强。

2.2砖石

尽管因现代施工技术、环保及新材料而逐渐退出，但砖石材料与生俱来的乡土气息和亲和力仍无法替代，可以呈现出粗野冰冷或亲切温暖的艺术效果。砖石抗压性能强，但抗拉、抗剪切破坏能力极弱，因此在节点设计时应借助砖石块材间互相咬合以消解转化拉力和剪切力，形成变化有致的砖缝线条。

2.3金属

钢材等金属材料具有良好的刚度和强度、韧性和弹性、耐冲击、性能可靠、良好的焊接和铆接性能等特性，亦美观耐用，具有装饰效果。节点形态多样，易加工成型，可采用焊接、高强螺栓和混合等连接方式。钢材表现力丰富，可展现精致、隐约及轻盈的视觉效果。

3 节点的艺术性表现

节点的艺术性基于力学特性，并通过人们视觉和心理接收感知该节点不同受力之间传递、转换的力量；并被赋予不同寓意，以传递设计意图，展示不同地域文化符号。节点的艺术创作，其核心在于充满诗意且可感知的构造能力。

好的结构形式能保证最佳的力流传递路径，实现能量的有效转移；好的节点设计在于力流的合理组织，应遵循力流路线最短、力流转向平滑和力流均布等原则，充分利用材料性能，让各处截面的力流密度相对均匀，避免应力过分集中和梯段变化过大。力的传递轨迹形成力线，力线汇集形成力流，而力线的密集程度（即力流密度）则反映出力的大小。通过节点处的力流、力流密度与节点构件的几何形状进行比较，可以分析结构美学与力学受力的关联[4]。

3.1力量美

清晰的节点形式、合理的传力逻辑能激发视觉效应，让人直观地感受力在节点处的转换及流动，展示节点的力学性能和力量感，无论是体现雄健与粗犷的男性形体，或是展现女性婀娜线条与体态的节点细节。

图4　香港机场线东涌站柱

华盛顿杜勒斯机场候机楼采用缆索和塔架相结合的悬索结构体系，高强度钢索的轴向拉伸来抵抗外荷载，实现了减轻大跨度结构自重的目标；塔架为钢筋混凝土结构，底部向外弯曲外翻，既是结构受力需求也是节点艺术性的表现。该处节点与地面相接呈一锐角，并做圆弧形倒角，线条富于力量、动感而不僵硬。倒角处理符合力流最短路径原则，即力流倾向于沿最短路径传递，最短路径附近力流密度集中，并具有下列作用：一是通过倒角增加了支座反力的力臂距离，抵抗基础内部因受力不均而沿建筑内部向上扭转受力，而增加的用于抵抗结构弯扭的基础外部内应力。倒角的作用也为结构底部支座增加了支撑链杆，使之不能作向上方的旋转或移动；第二是利用力流最短路径原则使得力流直接穿过柱脚外侧的三角区传导至地面；第三是避免力流方向急转而造成转角处应力过分集中[5]；最后是增加了节点的艺术魅力，使节点兼具平衡感和力量感（图1、图2）。同样，在黑川纪章设计的吉隆坡国际机场航站楼中，柱子截面上小下大，逐步加大，利于向下传递过程的应力分散和钢结规则方正的经典结构布局和受力传递方构稳定性，也增加了视觉稳定效果（图3、图4）。

因此，采用上细下粗、端头曲线型等过渡形状处理的节点设计，能避免力流方向急剧转折造成的应力集中，同时有变化、曲线细节也增强了建筑形体的力量感和爆发力。

3.2稳重美

规则方正的经典结构布局和受力传递方式，给人舒适的心理安全感。与弯剪结构相因此，拱结构具有跨度大、承载力高、截面尺寸小、变形小的优点。拱脚产生水平推力，并将竖向荷载产生的弯矩大部分转化为轴向压力，使得拱节点的连接方式较为简单。拱截面上的应力分布较均匀，适合抗压较强而抗拉性能较差的砖石、混凝土等材料，也利于强化节点的稳重感。

交通建筑也常用的梁式结构体系，受力简单但需注意梁与柱的搭接长度不应小于柱宽的1/4，过短会使柱承受轴侧弯矩而降低承载能力。如阿姆斯特丹地铁站外侧柱均承托三个方向的梁，柱头节点向外扩大形成牛腿，增大柱与梁的接触面积，使对向梁荷载沿柱中心向下传递。既符合结构的受力特性，视觉也更显稳重（图5、图6）。

3.3轻盈美

模仿自然界树木生长形态的树形柱，其杆间连接方式给人以轻盈感，与之相似的还例如Y字形和多枝型的双向或多向汇聚结构形态。树形柱的结构计算以轴线传力为主，但为了应对刚度突变时的应力集中现象，交接节点处宜以微曲线过渡，必要时通过增加肋板以加强某一方向上的刚度，实现应力分布较均匀，使得构件间连接成连续曲线以利于内力传递，因此在造型上也呈现出流线美（图7、图8）。该节点特性包括：（1）力传递路径简洁明了；（2）多向汇聚的结构方式提供了更多的传力路径，适合屋面不同方向和部位的不均匀荷载通过树形柱有组织地分配，实现了整体平衡[5]；（3）支撑范围大，能降低结构高度，满足交通建筑大跨、大出挑的空间网格屋架结构形式；（4）Y型或交叉型产生的图形感、序列感赋予空间以韵律并帮助限定空间，形象突出适合公共建筑使用（图9—图12）；（5）将柱与屋面柔和过渡并融为一体，柱子在大空间内不显突兀；（6）如哥特束柱般将视线吸引向上，通过竖向线条和空间划分创造升腾的视觉体验，增加细部感染力。例如斯图加特机场T3航站楼结构采用大型的树状支撑结构体系，通过三级分叉使得横向分

图5　阿姆斯特丹地铁站外侧柱

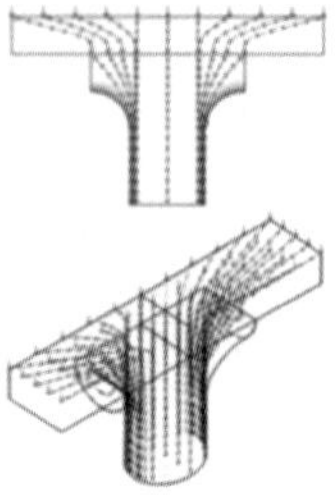

图6　梁式结构力传递示意图

图7　哈拉曼高铁车站的伞型结构

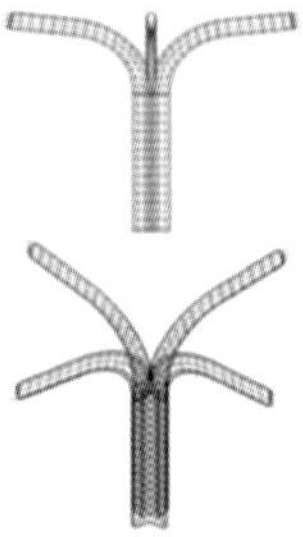

图8　伞式结构力传递示意图

图9　浦东机场二期Y型柱

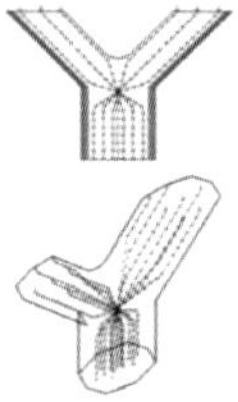

图11　Y型结构力传递示意图

图10　伦敦斯坦斯特机场的树形柱

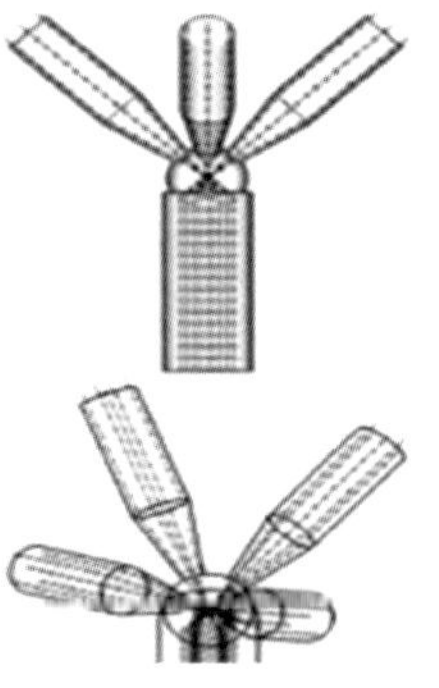

图12　球节点力传递示意图

图13　斯图加特新航站楼的树形柱

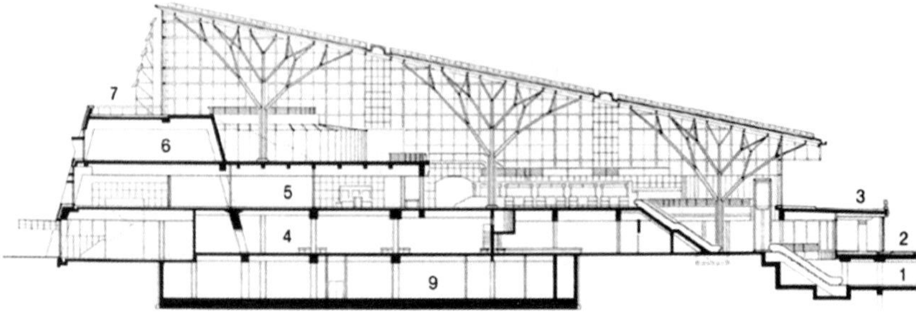

图14　斯图加特新航站楼剖面

支出挑深远，支撑交通建筑的大跨空间。节点巧妙地将斜竖杆件用曲线进行再次连接，既加大了节点的稳定性，也节省了建材。整体流线自如，缥缈轻盈，宛如置身一片钢铁森林之中[4]（图13、图14）。

4 结语

好的结构设计能引发人们无尽的感知与联想。当与力抗衡的特性被用于空间和结构塑形时，观者感受也被激发创造不同的空间体验。在结构美学的四个构成要素：力与力量感、材料选择、构件节点、组合构型之中，材料与构件节点的选用将影响结构体系的完整性与结构美学。好的节点抛弃了繁芜的形态，简洁而直接，是对结构最忠实的表达。力流分析为节点设计与结构美学认知提供了直观而准确的理论依据和实证参考，并借此优化节点。总之，节点构造不但解决了工程问题，也成为一种艺术性的建筑表现手段。设计者在掌握不同节点的材料选择、节点受力的基础上，结合力所带来的力量感、材料的特性、多形式运用，实现理性系统向诗意建筑的转变。

随着建筑参数化技术与结构有限元分析技术的深入研究，基于复杂形态与力学机制的统一性研究必将有助于力与形关系的重新参数化定义、构建和动态协同[6]。

[基金项目]本文系中国建筑学会学术研究课题“交通综合体过渡空间优化设计研究”（项目编号：asc-kt2014008）和教育部规划项目“应对气候环境变化影响下的城市住区低碳交通规划设计研究”（项目编号：15YJA760041）阶段性成果。

致谢：康杰参与绘制本文部分配图，在此表示衷心感谢！

（原载于《创意设计源》2018年第2期）

引文文献

[1] P.L. 奈尔维. 建筑的艺术与技术 [M]. 黄运升，译. 北京：中国建筑工业出版社，1986：2－21.

[2] 海诺·恩格尔. 结构体系与建筑造型 [M]. 林昌明，罗时玮，译. 天津：天津大学出版社，2002：12－17.

[3] 张敏龙，吴斌. 节点——建筑中的亮点 [J]. 华中建筑，2004，24(6)：50－51.

[4] 程建伟. 合理力流原理在轴类零件结构设计中的应用 [J]. 煤，2004，13(2)：27－28.

[5] 姜妍. 点的建构与技术表现 [D]. 南京：东南大学，2008：47－51.

[6] 苏朝浩，林康强，冒亚龙. 力与形的数字建构与调度——基于海帕壳体结构力学机制与建筑参数化设计之协同 [J]. 新建筑，2016，34(4)：100－102.

图片来源

图 1：https://pixabay.com/zh/；

图 3：《航空站建筑》p123；

图 4：《现代交通建筑与设计》p112；

图 5：http://www.soujianzhu.cn/news/display.aspx?id=2230；

图 7：《交通枢纽》p60；

图 13：《航空站建筑》p210；

图 14：《航空站建筑》p6。

作者简介

胡映东，北京交通大学与艺术学院副教授；

沈百琦，北京交通大学；

邱明兵，北京又土又木网络科技有限公司。

基于建筑艺术与声学技术的传统戏台保护与再利用研究
——以晋南村落部分传统戏台为例

冯任军　高兴玺

摘　要：山西南部地区为黄河三角地带，历史文化沉积深厚，是众多剧种和戏曲的主要传承与发展地区之一，历史上几乎村村建有戏台，至今仍保存着许多弥足珍贵的戏台建筑遗产。文章以晋南地区部分有代表性的戏台为例，对戏台的遗存、保护及修缮问题进行了现状分析，总结了晋南戏台的建筑艺术特征和声学要素。提出对传统戏台依据现存类型进行分类，充分考虑戏台的建筑艺术特征及新时代对剧场演出的声学新需求，根据分类结果，分别采取不同的戏台保护措施与开发再利用策略，并结合实例探讨了相应的设计理念。对传统戏台的保护再利用，传统戏曲的传播与传承，均具有一定的价值和意义。

关键词：晋南村落；传统戏台；保护；再利用

引言

源远流长的传统戏曲，凝聚了中华文化的博大精深，有着鲜明的民俗风格、独特的艺术魅力和感染力，千百年来一直是人们喜闻乐见的文娱活动。山西南部地区为黄河三角地带，曾作为尧、舜、禹的古都。凭借着深厚的文化艺术底蕴，成为多种剧种的戏曲主要传承和发展的地区之一。追溯到中国戏剧史上第一个黄金时代，从元代元杂剧形成兴盛于此，到明清时期热耳酸心的梆子腔等戏种的繁荣，传统戏曲已深深扎根于这片土地。

戏台作为传统戏剧的物质载体，满足了戏剧演出要求的内在功能，与戏剧相辅相成。它见证了戏剧曲艺的兴盛和繁荣，展现了地域文化的特色，是传统戏剧凝固的历史。戏台的形制、梁架、屋顶、装饰等也是部“无声似有声”的戏，表达了民俗文化和艺术形态，反映着社会的变迁以及人们审美标准的变化，也折射出民族情感和民族精神。

本文以晋南地区部分有代表性的戏台为例，对传统戏台的遗存现状、建筑特征等因素进行了研究分析，从多角度切入，探讨传统戏台的保护措施与再利用策略。

1 晋南传统戏台现状及面临的困境

在晋南地区，村民普遍喜爱传统戏剧，这种爱好，已经形成一种代代相承的文化习惯。戏台作为该地区村落的必建建筑，几乎村村皆有，遍布各处。

1.1 晋南地区传统戏台遗存现状

山西南部的平阳府（今临汾、运城两地级市辖境）“府东连上党，西略黄河，南通汴、洛，北阻晋阳”[1]，历史上为中原的门户，政治军事要地，同时也成为经济文化中心，元杂剧产生和成长的沃土，在这片土地，戏剧作家荟萃，优伶辈出。因此金、元以来，该地区戏台建筑众多，据统计至今保存完好和存有台基或石柱的元代戏台共有12座，这在全国是绝无仅有且弥足珍贵的戏剧文物，是源远流长的中国戏剧舞台的活标本；保存较好的明代戏台有15座，清代以后现存的戏台数目众多，在村落中非常普遍。[2]可以说宋、金、元、明、清以来，晋南戏台屡有所建。如今，年久月深，几经沧桑，虽然仍有戏台保存较完好，但更多的传统戏台保存及维护的现状堪忧。目前来讲绝大多数被列为文物保护单位的传统戏台，现状保护较好。而没有列为文物保护单位的戏台，保护状况差强人意，庭院杂草丛生，自然侵蚀及人为破坏非常严重。

1.2 传统戏台保护与发展面临的问题思考

1.2.1 保护传统戏台的价值意义

文化是民族的血脉。传统戏剧经过漫长的历史发展，成为我国传统文化的重要组成部分。推进它的传承和振兴，需要将其融入全阶段国民教育，与人民生产生活深度融合，才能有长久生命力，真正实现活起来、传下去。

在晋南村落居民的娱乐生活中，戏剧文化非常普及和重要，至今许多村庄仍延续着庙会演出传统戏剧的习俗，每每某地逢会唱大戏，观众聚集常达上千人，戏台下座无虚席、熙来攘往。

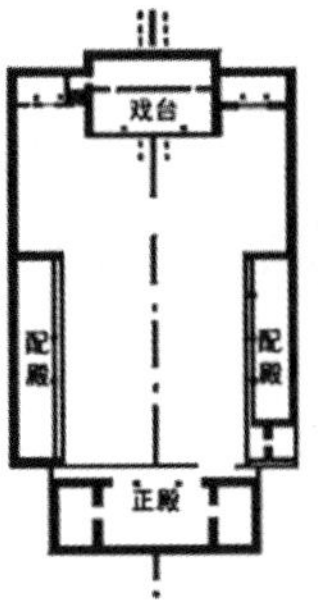

图1　庙宇剧场的基本布局

图2　临汾市魏村牛王庙戏台

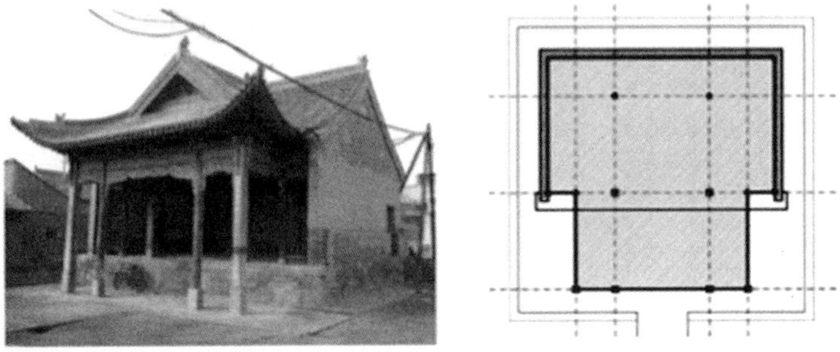

图3　运城市三里路三官庙戏台及平面图

因此对戏剧演出场所的传统戏台，进行适宜的保护和修缮，延展其使用寿命，增强其观演效果，对于充实当地居民的精神文化，对于传统戏剧的传播与传承，对于有效地保护和利用弥足珍贵的历史建筑遗产，均具非同寻常的价值和意义。

1.2.2传统戏台保护所面临的困境

1.2.2.1破败损毁的戏台修缮问题

（1）亟须制定专业的保护制度

从传统戏台的保护情形来看，总体分为泾渭分明的两类：被列为文物保护单位的古戏台，保护工作基本上由文物保护部门管理，村落中有专人负责，有相关管理制度，村民也普遍有强烈的保护意识；而大部分未被列为文物保护单位的，则缺乏相应的管理制度和负责人员，保护意识淡漠，保护现状普遍令人担忧。

（2）维修资金与技术的缺乏

我国的传统戏台建筑建造工艺精湛、装饰精美、技术考究，因此对戏台的保护与修缮，需要专业维修技术的支持。目前来看，很多未能评定为文物的传统戏台，有些是缺乏维修资金，导致戏台年久失修，破旧程度加剧；有些则是村民自发维修，直接使用现代建筑材料及工艺对建筑损毁部位进行处理，是一种破坏性的修复。维修资金的缺乏，维修专业技术的不足，是晋南传统戏台普遍面临的重大问题。自发维修的戏台虽然延长了生命，但建筑风格愈来愈不伦不类，昔日古建面貌就这样逐渐被抹去再难复现。

1.2.2.2新时代戏剧演出对专业剧场的需求

传统戏剧在新时代需要新发展。随着传统戏剧艺术的发扬及在青少年教育中的普及传承，观众对演出剧场的专业性提出了新的要求。营造良好的声场效果，提升观剧的品质，以顺应传统戏剧崭新的春天。

2.传统戏台建筑特征分析

2.1传统戏台建筑的空间格局

晋南村落的传统戏台主要为两种类型：庙宇剧场与广场式剧场。庙宇剧场主要修建于村庙、祠堂中。戏台作为舞台，由正殿、配殿、献殿、戏台等围合成的庭院作为观众空间。庙宇建筑群体的平面布局一般在纵向轴线上安置主要建筑，左右两侧布置次要或辅助性建筑。[3]正殿与戏台的位置一般相对位于中轴线上，正殿往往坐北朝南，用于供奉主神；戏台上的戏剧演出主要用于祭祀神灵，面向寺庙的正殿，布置在主殿之南（图1）。

广场式剧场主要建于开敞平整地带或一些人流汇集的街道巷口，形成村落广场戏台、道口戏台。例如临汾东羊村东岳庙戏台，东岳庙由山门、献庭、前殿、后殿等组成，因为寺庙空间有限不便安排，于是戏台选址位于山门之外的平地广场。

2.2传统戏台建筑形制及装饰艺术特征

晋南地区传统戏台的建筑装饰艺术在不同时期呈现不同特色：

2.2.1元代戏台

现今保存较完整的晋南元代古戏台清晰地折射出当时戏曲的舞台规制和观演状况。舞台平面面积一般为50平方米左右，形制上以单开间为主[4]，这种舞台的构筑设计是由于当时元杂剧的演出需要决定的。一些结构与细部装饰做法颇具特色，如梁架迭构、斗拱使用翼形拱、柱采用梭柱形式、在柱头上砍出卷杀等。例如魏村牛王庙戏台（图2）。

2.2.2明代戏台

明代的戏曲演出较元杂剧演员角色扩充，还出现了对垒的武戏，演戏场面增大对戏台提出了改革需求，晋南保存较好的明代戏台基本上面积大于元代戏台，以三开间为主流，主要采用长方形平面，异于元代戏台平面几乎全部为正方形，通面阔多大于通进深，例如运城三路里三官庙戏台，整体平面为凸字形，通面阔10米，进深8.3米[5]（图3）。明代戏台的台身四角立柱方式和元代类似；梁架结构形成藻井。相对元代戏台大多更为注重装饰，戏台雕梁画栋，华丽精致。[5]

2.2.3清代戏台

清代的山西戏剧，呈现百花齐放的特点，演戏活动空前兴盛。现存的戏台数目众多，戏台的面积进一步增加，主要通过两座建筑前后串联或三座建筑左右并列的方式，扩建的原因主

图4　临汾市吴村镇王曲村东岳庙戏台现状

图5　襄汾县南辛店乡西徐村三教庙戏台现状

图6　阜平庄新建戏台现状

图7　运城市万荣县四望村后土庙戏台存照（1932年）

要源于戏剧演出发展的需要。戏台装饰也更为考究，把雕刻艺术发挥到极致。特别是梁枋、斗拱等多施以彩绘或雕以图案。另外许多戏台在台口设置八字墙，八字墙形态多样、造型简繁不同，尺寸大小各异。

2.3传统戏台建筑的声学功能特性

晋南村落传统戏台均属于露天剧场，观众在空旷场地上围观，由于没有扩声设备，声效主要依靠演唱者的功力。因此为了加强声音响度，增加反射声，戏台的建制由三面围观的形式过渡到一面观，部分戏台两侧还建有八字形侧墙。除此以外，有的戏台建筑顶棚采用了藻井结构，这种穹顶是一种对声聚焦现象的巧妙利用。[6]这就是有些戏曲演员常提到某处舞台“拢音”好的缘由，舞台及正面观众席处的响度均得到了提高。

3 传统戏台保护方法探析

3.1传统戏台依据现状的保护分类

由于戏台的建设年代不同以及保护修缮的差异，传统戏台保存现状也有所不同。为了更有针对性地对不同戏台开展最妥善的保护修缮方式，需根据戏台保存状况分为三种类型。

3.1.1全面整体保护，沿袭剧场功能

有些传统戏台建筑本身及周边建筑环境景观均保存良好，且具有一定的历史文化价值，大多仍然承担剧场功能，有两类：

3.1.1.1文物保护单位

有的传统戏台由于其具有一定科学、艺术、历史及社会文化价值，已被确定为全国、省级或市 / 县级文物保护单位。例如王曲东岳庙戏台，位于吴村镇王曲村东岳庙内，考其形制结构，建于元初，是国内现存最早的戏台中的几个代表性建筑，是中国戏剧历史的珍贵实物（图4）。

3.1.1.2现状保存较完好，是仍在承担剧场演出功能的传统戏台

现存的古戏台中有些并未被确认文物保护单位，建设年份也大多无法考证，但因为修缮或近年来翻修的原因，保存状况较好，并且仍然进行着剧场演出的基本功能。此类型大多当地村民对其怀有深厚的情感，是许多游子的乡情记忆。

3.1.2部分构件保护，建筑整体更新

有些戏台现状损毁较严重，保存状况不佳，已无法承担剧场演出的功能。它们的建设年份多无法考证，就算修复也无据可依，可根据需要，保护现有建筑构件，进行整体更新重建。例如西徐村三教庙戏台，创建年代不详，据记载，清代曾重修。庙内建筑现存有戏台、月台、正殿及东、西耳殿。戏台损毁非常严重，基本只留有砖砌台基和八字形台口墙体（图5）。

另外还有一些戏台为现代建筑，因戏曲演出的需求，当地村民自建了戏台建筑，承担剧场的功能，但装饰风格基本和古戏台无关，此类需要进行整体装饰更新。例如阜平庄新建戏台（图6）。

3.1.3现存遗址保护，维持残缺现状

部分戏台损毁非常严重，建筑残破不堪，基本只有戏台的建筑构件台基、石柱、墙体等部分遗存。例如万荣县四望村后土庙戏台，该戏台照片曾经过古建专家梁思成鉴定，确认为金元建筑，图 7 为刊发在民国 21 年《国剧画报》的戏台存照，非常令人痛惜的是，40年代日寇侵略，拆毁戏台甚至把木料拉回去当了柴烧，如今只留下了一处遗址。但残存遗址表达着多重

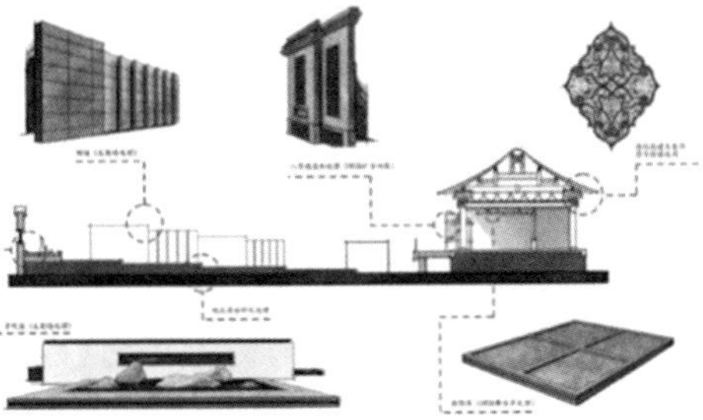

图8 整体保护改造设计方案图示

图9 三教庙戏台再利用概念设计

历史文化信息，曾经的辉煌精美、侵略者的也野蛮行径、现今的追忆凭吊，其价值毋庸置疑。

3.2传统戏台的生效改善策略分析

对于村落戏台这种露天剧场，空间不是围合的密闭结构，因此按封闭空间建立的经典声场计算公式以及最佳混响时间等理论则不再适用。这种观演场所不同于现代剧场的围蔽空间，缺少来自顶棚和侧墙的反射声，一般会产生混响感不足、声能衰减快、出现回声等音质问题。

本文中把增加反射声作为改善声场音质的根本，提出以下措施：

3.2.1在舞台区充分考虑演出者声音的声反射，增强演出声音的响度

充分保护传统戏台调节音质的有效构造：藻井顶棚，台口的八字墙等；对于进行大型改造的戏台，例如顶棚已坍塌，可以增设舞台罩并建张开的延伸翼墙。

3.2.2合理设置庭院构筑物，增加观众区声音响度

保护戏台庭院的古槐树、院墙及周边古建筑，因为很多戏场中的古槐就如同为观众区加装了一个“顶盖”，近似形成一个比较封闭的演出空间，戏场四周的构筑物也可以提供一些来自侧墙的反射声。对于庭院被破坏而需要改建的戏场，则选择根据声场需求，合理设置反射界面的方式进行。

4 传统戏台保护与再利用设计及实例分析

传统戏台的保护与再利用主要以延续戏台的历史文化价值、维护建筑艺术风格、改善声环境、传承戏剧文化为核心进行。以上文的三种保护分类，分别采取不同措施，分析如下：

4.1全面严格保护，秉承“修旧如新”的案例分析

以王曲村东岳庙戏台为例，无论其是否为文物保护单位，均需完整保护，并按照“就地保护，修旧如旧”的原则进行保护修缮。即“不改变传统戏台建筑的原状”，保持其原有的建筑风貌，严格遵守传统建筑的“真实性，完整性”[7]。戏台建筑的场地、平面形制、建筑结构、台基、台口、柱子及顶棚和装饰艺术等方面均要求原状修复，及保护场地内古树木。

对于此类剧场，在提出声场改善措施但不改变任何原建筑构件的前提下，演出时设置一些可移动构件，近似屏风结构，在戏台台口两侧、观众席声场后方及侧后方增加声反射板，使声场的均匀度得到一定的改善。

4.2保护现状构件，建筑整体再利用改造案例分析

4.2.1设计理念

以西徐村三教庙戏台为例，在风雨飘摇中戏台已经损毁严重，荒废多年，留下了许多衰败和破损的痕迹。提出保留原有建筑的模样，不对其进行所谓的修补翻新的设计原则，遵循“古与今的融合，旧与新的共生”的设计理念，以现代中式风格对戏台进行整体更新设计，保留旧构件的破败，不翻新、不补救，同时让新元素直接引入，不对抗、不抢戏。让传统与现代建筑构件和谐共生于一体。衰败和破损的原始痕迹诉说传统岁月的变迁，玻璃和金属等新材质展现古老戏台的新生。在已经坍塌的屋顶就直接加筑现代的顶棚，保留破败的建筑表皮，同时再加入现代材料。传统戏台建筑与现代的透明玻璃和金属结构相融合，建筑再获新生，重启戏台功能。

对戏台庭院进行环境整治或重建，除了观戏场所，也作为村民广场，重新成为村民集会、休憩和庆典等文娱活动中心、社会公共活动的中心，提高“乡村场所感”。这个公共空间能够把历史与当下、古代与现代人的行为与情怀汇集在一起，延续“传统戏曲文化的回响”，维护村落生活气息和活力。

4.2.2声学技术措施

戏台在利用设计的声学方面，依据提高声场均匀度需求，采用舞台声反射罩、舞台前侧、观众席两侧及后场增加活动或永久性反射板/墙的方式，增加声反射从而提高声音响度；根据观演视线及减少观众声吸收的要求，观众座席采用起坡的方式，考虑村落的场地实用性，可以采用台地场地，解决观众区视线的阻挡问题和直达声的传播衰减问题，提高声场均匀度，也构成亲切的观演关系，使观众悦之于耳，赏之于目。建筑整体保护再利用改造设计方案措施（图8）。

4.2.3实例分析

以西徐村三教庙戏台概念设计为例（图9），西徐村三教庙戏台，戏台损毁非常严重，基本只留砖砌台基，八字形台口墙

图10　阜平庄新建戏台改造概念设计

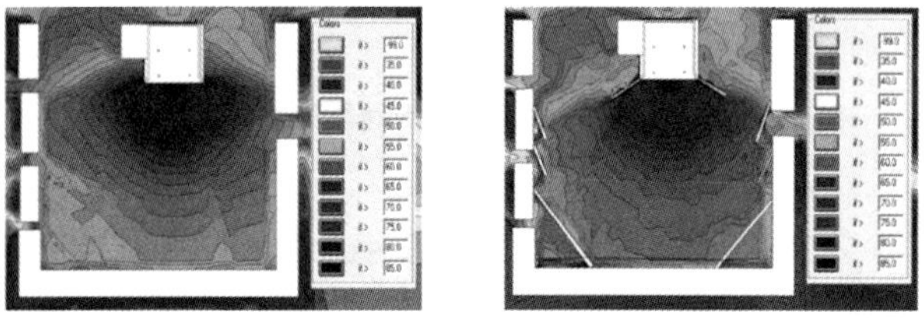

图11　阜平村戏台声场现状图（左）及改善图（右）

体。对其进行整体更新设计，保留台基墙体的现状，直接附加金属屋架及玻璃顶棚。

以阜平庄新建戏台改造设计为例（图10），针对当地村民自建的粗制现代戏台建筑，在设计中找寻最具传统特色的建筑符号并介入新功能设计元素，完善戏台的艺术风格与技术功能。戏台庭院的起坡设置，距离台口 30 米标高上升 2 米，并增设反射板。声场改善模拟结果如下（图11）。

4.3遗址式保护，场所精神再塑造案例分析

以万荣县四望村后土庙戏台为例，即使是一座废墟和遗址，也同样表达了戏台建筑毁坏前后的历史信息。对于戏台建筑的不再修复，保护措施是通过平面勾勒场所边界和建筑轮廓的方法，可以在场地内平面铺设白色石子或修建台基。勾勒出逝去的戏台墙基的宽度、轮廓，标出原后土庙的准确边界和范围，让遗迹安详、静谧地阐述曾经的沧桑岁月，给人留下广阔的想象空间；并且以碑刻记录戏台信息，提取戏台传统要素信息，在场地内增设风格相得益彰的建筑小品及休憩座椅等。使之不仅是村民的乡情记忆，并可成为村民喜爱的活动广场和讲述历史的场所。戏台虽已不复，但戏剧故事流传至今，传统文化精神仍在延续。

5 结语

黄河曲处，华夏祖遗文址；晋韵史话，戏台阁楼留语。晋南传统戏台建筑是戏剧文化的物质载体，也是社会民俗文化及建筑文化的重要代表。时代在发展和前进，文化在更替和丰富，对戏台的保护与再利用，需充分考虑对传统建筑艺术的尊重、戏剧文化的传承，新时代剧场技术功能的要求。本文以晋南部分传统戏台为例进行了探讨，对传统戏台的保护措施提出了系列策略方案并进行案例可行性设计，希望能够通过对戏台的保护和再利用，将传统戏剧文化及戏台建筑艺术进行传承与延续。

（原载于《科学技术哲学研究》2018年第5期）

引文文献

[1] 顾祖禹. 读史方舆纪要：卷41[M]. 北京：中华书局出版社，2005(3):1872.

[2] 薛林平. 中国传统剧场建筑[M]. 北京：中国建筑工业出版社，2009(5):53 — 98.

[3] 薛林平，陆凤华. 山西寺庙戏场建筑研究——戏台位置剖析[J]. 太原理工大学学报（社会科学版），2002(3):58 — 60.

[4] 黄维若，宋元明三代中国北方农村舞台的沿革：续一[J]. 戏剧，1986(2):79 — 81.

[5] 薛林平，王季卿. 山西明代传统戏场建筑研究[J]. 同济大学学报，2003(3):319 — 323.

[6] 王季卿，莫方朔. 中国传统戏场亭式戏台拢音效果初析[J]. 应用声学，2013(4):290 — 294.

[7] 梁思成. 中国建筑史[M]. 天津：百花文艺出版社，1998:18 — 32.

作者简介

冯任军，山西大学美术学院讲师；

高兴玺，山西大学美术学院教授。

镶嵌，折叠——一种动态响应式建筑表皮原型探索

徐跃家　郝石盟

摘　要：建筑智能化、响应化趋势渐显，动态响应环境因素和人的行为成为一些建筑实践的动机。实际建筑案例中，动态响应的效果大多通过建筑表皮实现。通过相关理论和案例的介绍，引入平面镶嵌和几何折叠两个数学原理，通过计算机辅助设计手段，采用算法实现的方式，试图探讨一种以折叠单元镶嵌为基础的动态响应式建筑表皮原型。

关键词：动态；响应式；平面镶嵌；几何折叠；算法；参数化

图1　动态响应式建筑实践案例

1 动态与响应——建筑表皮时间趋势

科学技术日新月异，几乎所有领域都裹挟其中。随着数字技术的突飞猛进，建筑学已进入继“二战”前以来的又一次以技术为主要导向的阶段。时代对建筑提出了新要求，其中建筑对环境因素和人的行为的智能化响应就是其中一个重要方面。

近年来，建筑师们有意识地接触并应用一些主动式动态响应技术。动态建筑思想的根源是人类对环境各种要素积极互动的需求，由来已久，其真正理论化是从20世纪40年代控制理论引入建筑学开始。1970年，弗吉尼亚大学 William Zuk 教授出版了 *Kinetic Architecture*，从自然、技术、建筑三个层面探讨了建筑动态的本质。此后30年间，MIT、UCL 等著名高校以及一些知名学者都对动态建筑议题的理论、原理、方法等进行了探索。MIT 的 Carlo Ratti 教授和佐治亚理工大学的 Lars Spuybteok 教授进行了一系列具有代表性的建筑与人直接动态交互的实验性设计。随着传感器和机械联动技术的发展，科技进步将动态建筑带出理论领地，并出现了一些受到世人关注的建筑项目。2007年完成的 Kiefer Technic Showroom 和2012年建成的 Al Bahar Towers 是动态响应环境因素的代表（图1）。

结合以上案例，可以看出主动式响应建筑表皮实践的根本目的是实现建筑与环境各种因素以及人的行为的积极互动，实现这种关系的关键在于建筑表皮的动态化。这种动态化既需要满足建筑表皮安全、稳定等基本功能，也需要有效的联动机制来根据环境参数产生适当变形，两种需求需要采用不同的原理结合实现。本文选取平面镶嵌原理和几何折叠原理对这两种需求进行回应，尝试探索一个基于折叠单元镶嵌的动态响应式建筑表皮原型。

2 镶嵌为骨，折叠为体——建筑表皮原型类型探索

在几何学中，平面镶嵌和几何折叠是两个很小的理论分支。平面镶嵌主要探讨平面几何图形的拼合稳定问题，几何折叠主要讨论几何对象折叠变形的数学关系。如果我们将建筑表皮看成几何表面，那么根据上述原理的性质，平面镶嵌可以对应实现建筑表皮自身稳定的需求，几何折叠原理则可以实现建筑表皮动态化的需求。可以简单理解为，平面镶嵌图案可形成稳定骨架来支撑建筑表皮，折叠镶嵌单元形成表皮围护实现表皮的封闭与动态化。因此，需要从两类原理的繁多模式中探索普遍适合动态建筑表皮原型设计的类型。

2.1平面镶嵌原理与镶嵌单元类型

2.1.1平面镶嵌原理

平面镶嵌是指多个平面几何图形或平面几何图形群可以无限关联，即按一定规律实现边、角的连续、无缝对接。平面镶嵌体系可以分为很多不同类型，首先分为基础几何学镶嵌和高级几何学镶嵌（图2）。基础几何学平面镶嵌按周期性又分为周期性镶嵌和非周期性镶嵌；按镶嵌单元的几何性质分为多边形

镶嵌和非多边形镶嵌；多边形镶嵌又可分为正多边形镶嵌和非正多边形镶嵌。高级几何镶嵌中有分形镶嵌、Voronoi 镶嵌和 Delauny 三角网格镶嵌。

建筑中很早就用平面镶嵌图形装饰建筑表面，如古罗马的马赛克装饰就是最早的例子。在现当代建筑中，也有许多应用多边形非周期性镶嵌和非多边形镶嵌的实例，如多哈中亚艺术科学院的立面图案是一种多边形非周期性镶嵌——彭罗斯镶嵌，水立方是一种立体镶嵌界面后形成的多边形非周期性镶嵌（图3）。由于建造条件和构件标准化等方面的制约，建筑实践中多边形周期性镶嵌仍占大多数，即使是非多边形图案镶嵌也具有一定的周期性。作为静态表皮图案，镶嵌图形可以丰富多样，但出于对表皮原型动态性、原理性、普适性等方面的考虑，本文将平面镶嵌的探讨范围限定在常见的凸多边形周期性镶嵌。

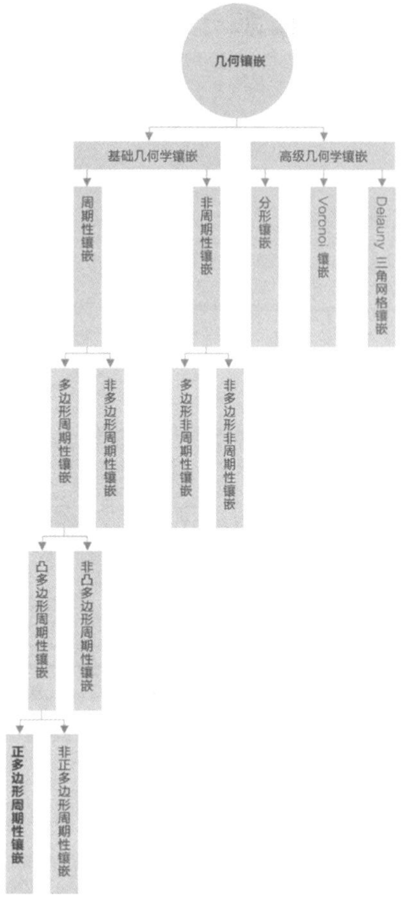

图2 几何镶嵌的分类示意图

图3 非周期性镶嵌和特殊镶嵌的案例

2.1.2镶嵌单元类型

凸多边形周期性镶嵌可分为正多边形周期性镶嵌和非正多边形周期性镶嵌，两个子类又有单一单元镶嵌和多单元组合对象群镶嵌之分。正多边形周期性镶嵌可以通过数学计算得出11组单一单元和多单元组合对象群的镶嵌解，不止11种镶嵌模式。除此之外，还有一些常见的其他多边形单元组合对象群周期性镶嵌。建筑实践中合理且广泛应用的镶嵌模式是正多边形周期性镶嵌及正多边形变形单元周期性镶嵌。建筑表皮原型设计需要对这类镶嵌模式进行进一步基本镶嵌单元的提取，为折叠原理的结合做准备。通过提取可以得到五种最基本正多边形单元母形，然后在此基础上进行变化（图4）。

2.2几何折叠原理与平面折叠类型

2.2.1几何折叠原理

几何折叠理论在数学上已渐渐成为一个独立的研究方向，本身存在多方面分支，其原理几乎都与几何对象的折叠变形相关。按照几何对象的性质，几何折叠原理可以分为连杆折叠原理、面折叠原理和多面体折叠原理三类。三种类型的很多方法都可以直接应用于建筑设计、建筑结构和建筑建造，其中面的

图4 凸多边形镶嵌模式示意图及镶嵌单元提取示意图

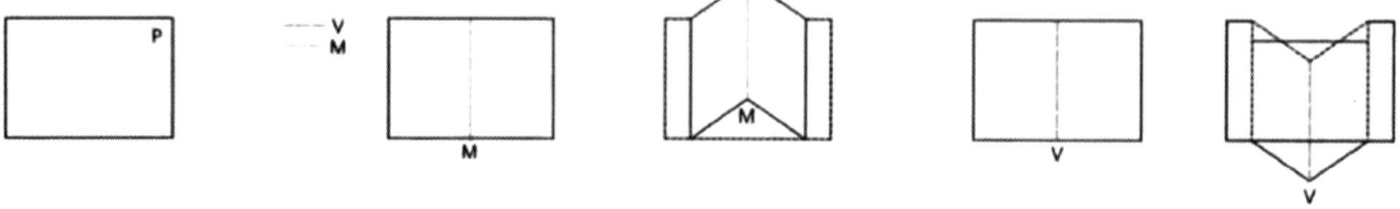

图5 平面折叠中折痕的山折和谷折示意图

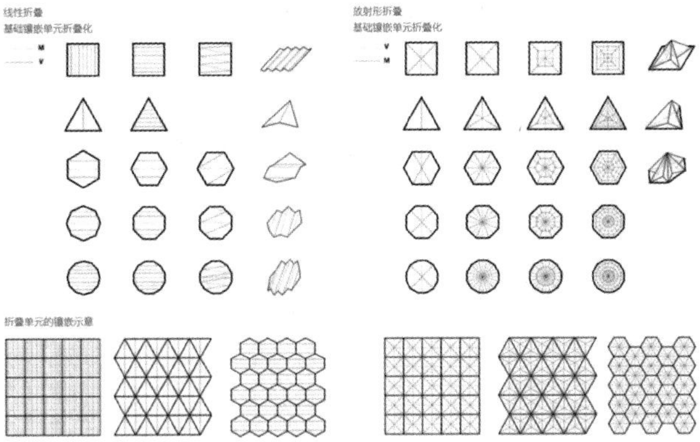

图6　线性折叠与放射折叠模式示意图

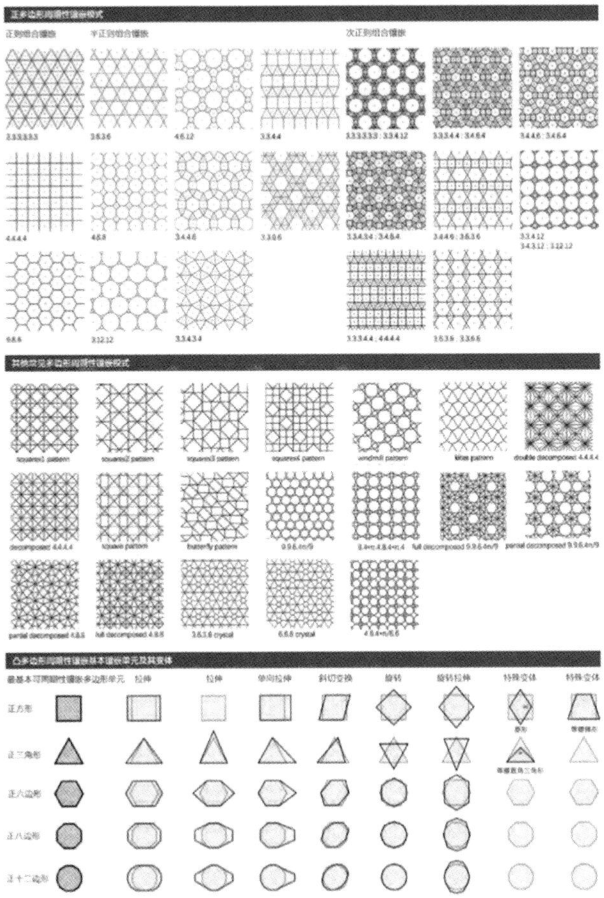

图7　线性折叠与放射折叠模式示意图

折叠类型在建筑中应用最广泛。面的折叠主要探讨几何面对象在二维和三维之间的折叠变化。几何平面依据在其上布置的折痕和自身的刚性约束，通过收拢和展开实现形态变化。折痕分为山折和谷折两种类型（图5）。如果将建筑表皮抽象成具有层次关系的几何面，那么面的折叠原理可以为建筑表皮动态性的实现提供方法。

2.2.2平面的折叠类型

平面的折叠形态受三个主要因素影响：（1）平面形状；（2）折痕布置，包括折痕的布置类型和数量；（3）折叠程度，可以用折叠主动点的移动轨迹区间描述，也可以用各折面之间的折叠角度区间描述。

本文讨论的折叠平面形状由镶嵌单元形状决定，折叠程度设定为从全部展开到充分折叠的全部变形过程。因此，折叠形态的讨论重点是折痕布置的类型。

面的折叠原理中折痕布置存在不同类型，其中线性折叠和放射折叠是两种重要类型。

（1）线性折叠是在平面上设置呈线性分布的折痕，依据此折痕变形，其中还存在一种无折痕的线性卷折类型。

（2）放射折叠是在平面上设置具有共同几何顶点的放射分布折痕，然后平面依据此折痕进行单顶点折叠变形。

线性和放射都是折痕的布置模式，折痕自身也可以存在不同形态，如直线、折线或曲线（图6）。

2.3以折叠单元镶嵌的建筑表皮原型类型

依据以上两种原理，初步形成了动态响应式建筑表皮原型的逻辑构架。以平面镶嵌中凸多边形周期性镶嵌模式作为表皮的框架基础，再对镶嵌单元母形进行折叠设计并重新形成折叠单元，进而实现表皮动态性。结合建筑表皮的构造设计，通过增加框架杆件可以实现所有多边形单元的线性折叠和放射折叠，但考虑到单元实际构造以及变形过程受到框架的限制，其中只有具有双轴对称性的偶数边多边形可以很好地适应线性折叠，如正方形、矩形、正六边形、正八边形，以及这些形状的单轴向正交变形的多边形等。对折叠模式和镶嵌模式进行排列组合，得到可镶嵌的折叠表面原型的基础（图7）。

3 算法实现，参数驱动——建筑表皮原型动态实现

3.1算法实现

以上基础动态建筑表皮原型可以进行丰富的延展，子模式变化多样。本节以最基本的三类正多边形镶嵌作为基础，分别用几种线性折叠和放射折叠方法对镶嵌单元进行折叠化，以便阐述这种建筑表皮原型的普适性算法建构逻辑。对于折叠单元镶嵌表皮来说，有三个影响其动态形态的因素：镶嵌单元的形式、折痕的布置模式和折叠的程度。

算法实现的第一步是实现普通正多边形镶嵌的算法。正多边形周期性镶嵌的基本数学原理可以描述为：若有n正多边形进行镶嵌，其边数为x，内角角度为α且均小于π，镶嵌的必要条件是每个相同的镶嵌点处的内角和均为2π，则边数组合模式满足以下三个公式：

$$\alpha=\frac{(x-2)\cdot\pi}{x}=\left(\frac{1}{2}-\frac{1}{x}\right)\cdot\pi$$

$$n * \alpha = \pi$$

$$\sum_{i=1}^{n}\left(\frac{1}{2}-\frac{1}{x_n}\right)=1 \quad (3 \le x \le 6)$$

对于多边形镶嵌，现在已经有成熟的成型算法，很多三维图形软件都将这些算法集成其中，因此可以直接调用已有算法实现多边形镶嵌。

算法实现的第二步是将镶嵌单元提取并进行折叠化设计，这一步是算法实现的关键。根据上文得到的可镶嵌折叠表面原型模式，在折叠单元的每一个折痕和单元边界定义出主动点、被动点、运动方向、折叠面折度以及折叠的刚性约束。在此之后，用具有数值范围的参数控制主动点的运动范围，实现单元不同程度的折叠动作。最后根据不同建筑形态和实际建筑尺度调整参数化的表皮原型，使其结合到建筑设计中（图8）。

3.2参数驱动与算法修正

动态响应式建筑表皮产生的根本目的是实现建筑与环境、建筑与人的行为的积极互动。影响表皮折叠形态的三个因素均可以通过设计完成，其中折叠单元的折叠程度是实现表皮与环境、人的行为动态响应的关键。我们可以设立一个参数（初始化参数）作为自变量，将这个自变量的参数范围映射到折叠单元的折叠参数范围，并施加到表皮的每个或每组折叠单元上，不同折叠单元就可以根据不同的参数值实现相应的折叠动作。设立的参数可以对应很多现实数据，如日照强度、风环境压力、人的可视和遮挡范围等，不同实际参数会使表皮呈现不同形态（图9）。这也是一种逻辑原型思想的体现，具有一定普适性。

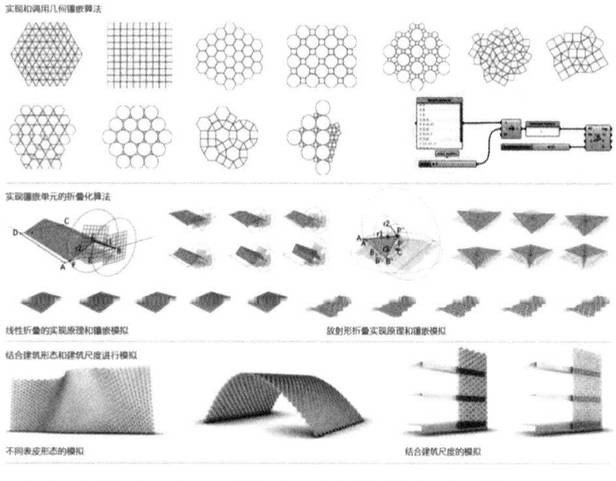

图8　以折叠单元镶嵌模式为基础的建筑表皮原型的算法实现过程图解

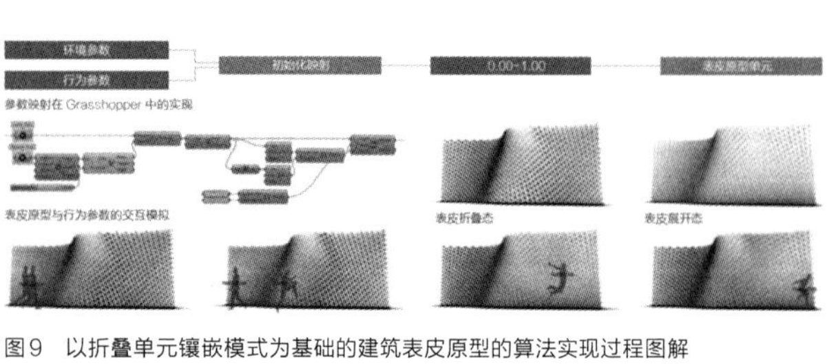

图9　以折叠单元镶嵌模式为基础的建筑表皮原型的算法实现过程图解

4 总结

随着技术的不断进步，建筑逐渐向智能化、动态化、虚拟化的方向探索。本文首先简单梳理了建筑学中动态建筑理论的发展，进一步将这种思想与计算机辅助设计技术和参数化工具结合，进行了一次基于平面镶嵌作为表皮基础结构、折叠单元作为可动响应式围护结构的表皮原型的探索。方法更胜结果，通过对这种表皮原型的理论研讨和方法详述，可以看到一种基于数理建构实现的原型设计所具有的逻辑性、普适性和结果的有效性。但原型毕竟是原型，原型探索的实验性价值更胜于实际价值，设计方法的效用也更胜于实践，将原型扎实地进行现实转化仍需更多的实际条件和实践探索。

（原载于《建筑技艺》2018年04期）

参考文献

（1）Zuk, W., Clark, R. H. Kinetic Architecture [M]. New York: Van Nostrand Reinhold, 1970.

（2）Erik D. Demaine, O’rourke Joseph. Geometric Folding Algorithms. Linkages, Origami, Polyhedra, London[M]. Cambridge: Cambridge University Press, 2007.

（3）O’rourke Joseph. How to Fold It: The Mathematics of Linkages, Origami, and Polyhedra [M]. London: Cambridge University Press, 2011.

（4）Eric Gjerde. Origami Tessellations: Awe-Inspiring Geometric Designs [M]. Boca Raton: A K Peters/ CRC Press, 2008.

（5）Micheal Fox. Interactive Architecture: Adaptive World [M]. New York: Princeton Architectural Press, 2016.

（6）Russell Fortmeyer, Charles Linn. Kinetic Architecture: Designs for Active Envelopes [M]. Mulgrave: Images Publishing Group Pty Ltd., 2013.

（7）Spuybroek, L. The architecture of continuity [M]. Rotterdam: V2_ Publishing, 2008.

（8）王嘉亮 . 仿生·动态·可持续——基于生物气候适应性的动态建筑表皮研究 [D]. 天津：天津大学，2011.

作者简介

徐跃家，清华大学建筑学院博士研究生；

郝石盟，北京建筑大学建筑与城市规划学院讲师。

城市色彩景观遗产探析——以汉润里历史街区为例

陈 鲲

摘 要：文章通过研究现代人保护历史遗迹历史色彩的方式，探究在保护过程中应注重的细节和原真性问题，为城市色彩景观遗产下定义，并确定历史街区色彩推敲方式，以此回答近代历史建筑的历史痕迹保护问题。

关键词：历史性城市景观；城市色彩景观遗产；色彩原真性

联合国教科文组织于1976年发布的《关于历史地区的保护及其当代作用的建议》中指出，历史性城市景观是存在于自然和生态环境内所有建筑群、空间和结构全局组合，古生物遗址和考古遗址也属于此范畴。这些景观在经历过一段岁月后将会融入城市居住环境，成为城市的有机组成部分。

从历史学、考古学、美学、科学、建筑学、生态以及社会文化等角度来看，景观与城市居住环境的联合有着重要价值。城市景观由岁月累积而成，城市色彩是城市景观的类别之一，历史性城市景观由历史色彩来诠释。城市色彩即城市的标志色，由城市的总体建筑色彩与近人尺度的城市硬质景观色彩组成[1]。每座城市都有其独有的城市色彩，每座城市的色彩背后都蕴藏其历史痕迹。历史街区的建成环境通过岁月痕迹表现出来的，人们能根据这些岁月历史痕迹来阅读一座城市的历史。文章研究现代人保护历史遗迹色彩的方式，以及在保护过程中应注重的细节和原真性。

关于武汉历史街区的色彩问题，在2003年12月11日生效的文件《武汉城市建筑色彩技术导则》中有提及，某地建筑（群）色彩受到当地的环境艺术氛围所影响，影响其表现力的主要因素为地区文化、当地自然环境以及时代审美。该导则的出台正是为了促进武汉市城市建筑设计创作活动，扩大其创新空间。它将建筑色彩与建筑形态、建筑经济指标以及体量等要素放在同一位置，是以指导性为原则的最低标准规定，并没有指出色彩的确定与标准。文章的研究目的是确定城市色彩景观遗产的定义，以及历史街区色彩推敲方式，以此来回答近代历史建筑的历史痕迹问题。

1 西方城市色彩景观保护的启示

1.1 国际遗产保护条例中的环境色彩演变

1964年，世界上第一个关于文物建筑保护的国际宪章在威尼斯被通过，即《威尼斯宪章》。《威尼斯宪章》对文物建筑的所在地及其周边环境进行了定义，这也是在1933年《雅典宪章》颁布之后第一次提出有关文物建筑所在地的周围环境概念。

1976年，《内罗毕建议》提出，应重点关注为新建筑物制定规章的问题，并进行严格控制，保证新建筑能够与历史建筑群的环境互相协调。在新项目展开之前，需要认真研读城市历史，既要确定该建筑群的一般特点，还要明确其主要特点。比如建筑物色彩、高度、选材及造型等。建筑物记录了其所处地区、所处时代的文化，建筑色彩是表达历史环境的一部分。1979年，《巴拉宪章》提出环境概念，进一步明确了环境所包括的细节。所谓环境（setting），指的是某一地点四周的范围，包括视野能及的全部范围。保护的重点为合理的直观环境及其他与此地文化意义有关联的部分。直观环境包括选址、外观、特征、用途、大小、颜色、质地、材料以及规模；其他关联部分，如历史联系，能够帮助人们增强对此地的评估、观赏、理解或体验。总体来说，那些对环境及其关联部分有害的新建筑，自其产生起便是不合理的。

1987年10月通过的《华盛顿宪章》中指出，对于历史文物建筑的保护，除建筑本身以外，还应对能够体现建筑特点的所有物质和精神的构成部分进行保护。需要重点关注的有：①通过地段和街道展现的城市形制；②建筑物与绿地、空地之间的关系；③通过风格、规模、材料等细节表现的建筑物内部及外部的外观；④该城镇和城区在历史发展过程中所拥有的各种功能。一旦上述特性出现变化，便将影响到历史城镇和城区的真实性。

2005年通过的《维也纳保护具有历史意义的城市景观备忘录》第二十四条提出，世界遗产的保护涵盖了公共空间的设计：需要重点关注规模、功能、照明、材料、广告、街道设施以及植物等多方面的内容。必须对遗产区域内部的城市基础设施规划采取各种相关措施，以尊重历史结构、建筑主体及周边环境，最大限度地降低由道路规划、车辆停放、交通带来的负面效应。

《西安宣言（2005）——关于古建筑、古遗址和历史区域周边环境的保护》中提及，记录、了解、展陈周边环境，对判断和衡量古建筑、古遗址及历史区域的重要性有着显著意义。定义这些区域的周边环境，需要从遗产资源周边环境入手，了解其过往历史、演化及主要特点。对周边环境进行划界需要综合考虑各个因素，比如现场体验、遗产资源的特征等。

《中国文物古迹保护准则2015》对文物价值的内容表述为，保护和修复古迹的目的是将古迹作为历史见证物和艺术品加以保护，强调保留文物建筑所有历史信息。文物古迹具有艺术、历史、社会、科学及文化价值。其中社会价值的组成部分有情感、记忆及教育等多方面的内容；文化价值的内容主要包括文化多样性和非物质文化遗产等。很多文物古迹还包含有关自然要素价值，如文化景观、遗产运河以及文化线路等。随着环境的变迁，历史环境色彩会随建筑物自身功能的变化，以及建筑表皮在自然中的消磨而产生变化。

1.2 AIC国际色彩协会与西方城市保护色彩规划的研究现状

国际色彩协会（International Colour Association）成立于1967年，是一个以色彩为研究主题的国际性研究组织（下文简称AIC）。1976年，布达佩斯召开了AIC临时会议，该会议讨论了色彩活力问题，这也是AIC首次举行专门会议讨论建筑环境和设计中的色彩主题应用问题。1985年，瑞士建筑师维尔纳·斯皮尔曼提出，建成环境需要有合理的环境色彩。每个建成环境色彩都会受到自然和人为的影响，在修复的过程中需要考虑这些综合因素。1988年，温图里AIC会议第一次提出环境色彩设计的概念，并开始着手城市环境色彩的修复工作[2]。

历史街区的色彩修复方法来自意大利建筑师布里诺（Giovanni Brino）。1978—1983年，布里诺基于客观的历史文献，从色彩保护和修复方面出发，研究都灵城市大规模的立面色彩修复问题，并总结方法。

1.3 色彩地理学对城市色彩的影响

让·菲利普·朗克洛在都林早期实验思想的基础上有了进一步发展，其内容为：①绘制城市的色彩图前要进行环境调查，可以制定调色板以将其作为色彩方案的基础；②每个城市的色彩方案要具备可操作性和全面性，在经过对色彩的收集、整理和分析等一系列过程后，构建出城市的建筑色彩数据库，也就是色彩的前期评价。

1.4 城市色彩景观遗产的界定

城市色彩景观，其英文为chromatic townscape。其中chromatic意为与色彩有关的，townscape则意为城市景观。

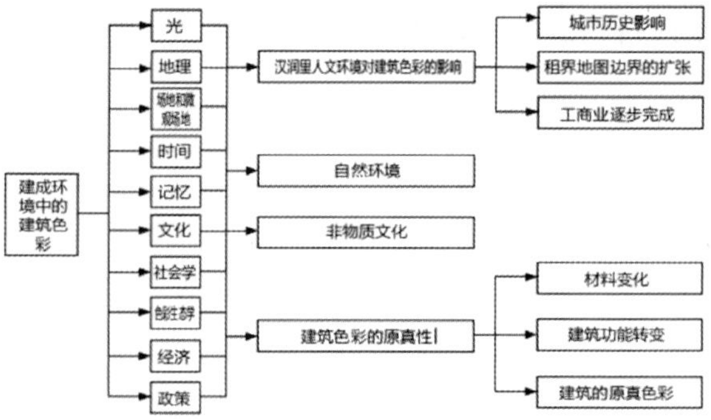

图1　建成环境中色彩的影响因素

land-scape和townscape的区别在于，前者具有两重含义：广义上的乡村景观；将房屋或工厂附近的环境改变为更趋近于自然环境的景观[3]，后者则指城镇或城市的景观。

根据Verena.M.Schindler的观点，城市色彩景观（图1）主要研究与色彩表象相互关联的品质，并将其作为城市和建筑空间的构成部分。建筑是构成城市景观的主体，建筑色彩会在建成环境中随着时间的流逝而产生变化。

城市色彩景观遗产概念，源自建筑遗产概念与建成环境中色彩的影响因素。城市色彩包括3个方面：①受众感知的色彩；②受众通过视觉所获得的心理感受；③城市色彩的地域性文化。城市色彩景观遗产的概念可表述为：通过对历史环境及建筑表皮的色彩分析，推断该环境下既有代表性的色彩。

2 汉润里历史街区的色彩景观遗产

2.1 汉润里人文环境对建筑色彩的影响

2.1.1 城市历史及现状因素

汉润里位于江汉区、江岸区交界的原汉口英、俄、法租界区内，有160年历史。汉润里历史街区集中展现了汉口市近代的商贸文化、革命文化和里分文化。2012年以来，武汉市重点落实原汉口5国租界历史文化风貌区的保护修缮项目，推进汉正街片区改造工程，加快昙华林片2期修整步伐，加强汉阳旧城改造、工业遗产保护和青山“红房子”片综合整治力度，以确保历史文化风貌街区于“十二五”内初具规模，“十三五”基本建成[4]。

汉润里属于历史保护片区，汉润里历史街区属于青岛路片。该片区为集居住、商业金融、文化创意、餐饮娱乐及旅游休闲于一体，兼具文化气息与地域艺术的历史文化街区（表1）[5]。

2.1.2 租界地图边界的扩张与工商业的逐步完成

在近代史上，许多国家为了自己的利益而扩大其殖民地范围。1898年，英国与清政府正式签订《英国汉口新增租界条款》，

表1　武汉市16个历史文化与风貌街区一览

编号	名称	四至范围
01	江汉路及中山大道片	江汉路及中山大道片从秦宁街至江边，沿中山大道从前进一路至黄兴路
02	青岛路片	青岛路片北临北京路，东至沿江大道，西至胜利街，南临南京路
03	“八七”会址片	“八七”会址片北至车站路，东至沿江大道,西至胜利街，南至天津路
04	一元路片	“八七”会址片北至车站路，东至沿江大道，西至胜利街，南至天津路
05	昙华林片	昙华林片东部与北部至中山路，西部临近解放路，南至粮道街
06	首义片	首义片北至蛇山、东至首义路区域、西临复兴路、南至起义门
07	农讲所片	农讲所片北至西城壕，东部界线临近解放路，西至武汉谭秋中学，南临中华路
08	洪山片	洪山片南至武珞路，北临八一路
09	青山“红房子”片	青山“红房子”片主要包括红钢城和红卫路两处
10	珞珈山片	珞珈山片为武汉大学内珞珈山及武大樱园的区域
11	大智路片	大智路片是京汉大道和中山大道之间里分集中区域
12	六合路片	六合路片位于京汉大道东侧原日租界范围
13	汉正街片	汉正街片西部区域位于利济路以西，东部区域位于多福路和友谊南路之间的区域
14	汉钢片	汉钢片位于琴台大道以南，京广铁路以北，月湖西南部
15	龟山北片	龟山北片位于龟山北麓，汉南路以南
16	显正街片	该街区显正街片位于拦江路以西，龟山南麓，显正街–西大街沿线历史风貌保存较为完好的区域

注：编号01~05为已确定的历史文化街区；编号06~10为已确定的历史地段；编号11~16为初步确定的历史风貌街区。

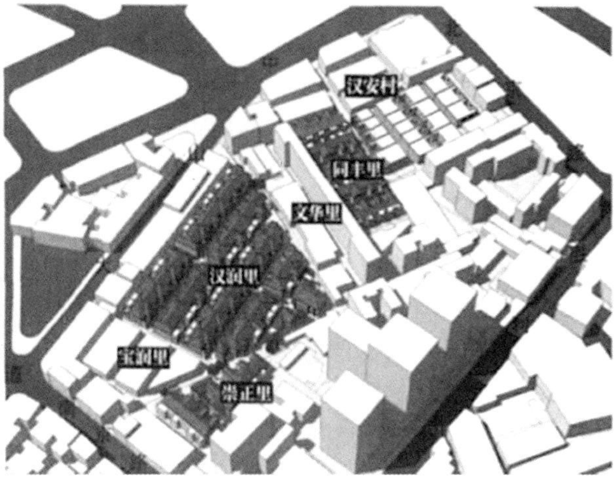

图2　汉润里片区历史建筑分布

英国在汉口的租界范围进一步扩大：东自江汉关下起至如今的合作路止，西沿今中山大道从江汉路始延续至合作路，南自今江汉路江边至鄱阳街段。

2.2 自然环境对建筑色彩的影响

城市历史街区的色彩是城市历史文化的视觉因素，为了延续历史文化名城的文脉，应尽量保持其传统色调。城市历史建筑的色彩是历史的沉淀。因此，需要研究建筑材料如何随着时间的推移而起的变化。

2.3 汉润里历史街区色彩景观原真性

文章研究汉润里片区的历史建筑包括：汉润里、盐业银行、英文楚报馆、汉口商业银行、大孚银行、荣宝斋沿街、宝润里、文华里（图2），通过分析汉润里历史街区的建筑规模、建筑样式、建筑材料情况及建筑现状（表2），总体来看建成环境色彩。

1924年建成的英文楚报馆，在胜利街与北京路的转角处，为5层钢筋混凝土结构，该建筑的风格为现代主义与古典主义。由景明洋行工程师格里波夫设计，汉口汉兴昌营造厂承包修建。此建筑为3段式，主入口是圆柱门斗，踏步进门，正面9开间、中间两侧开间突出，二层中间两边的3个开间为4根圆柱，三层以及转角的三、四层建有阳台，底层为花岗石砌筑，外墙粉饰假麻石。

汉润里在英租界湖北街（今中山大道）伟雄路（今南京路下首），共有砖木结构房屋35栋。里巷内为2层石库门式住宅，街面为3层（底层是商店，二、三层为住宅），占地821市丈（1市丈≈3.33米）；文华里主巷宽窄变化多端，最宽处为8.8米，最窄处3.4米，北与中山大道相接，南向为尽端路，建筑沿主巷而建；宝润里巷道成环形，宽约3米，向南与南京路有一个出入口；崇正里通过主巷与南京路相接，宽为6米左右，3条宽为5.5米的平行次巷与主巷相交，对外只有南京路1个开口，空间布局类型为行列式，4栋住宅并排建设，由于地形限制，4栋住宅开间逐渐减小；同丰里已拆迁；汉安村主巷宽5米左右，长约165米，北与鄱阳街相接，南与洞庭街相接，与外界共有2个出口；江汉村的空间布局类型属于沿街式，建筑沿主巷而建。

汉润里片区为英租界时期银行员工的高级住宅区，周围一

表2　汉润里片区建筑与里分情况

里分与建筑名称	具体位置	建成年代	现存	现场情况	建筑材料情况
汉润里	湖北街（今中山大道）伟雄路（今南京路下首）	1917	35	整洁热闹，住区内有部分单元租给艺术作坊	人造石材
宝润里	南京路中段南侧	1930	9	保存相对完整	砂浆
崇正里	中山大道与南京路交汇处	1929	18	整洁宁静	砂浆
文华里	宝华街中山大道分岔处东南侧	清末	27	整洁宁静	资料缺失
同丰里	中山大道中段与黄石路相交处东南	1928	30	居民已外迁完毕。住区闲置，破烂不堪，正在拆除	砂浆
汉安村	中山大道与北京路相交处南侧	1928	拆除	市二级保护街区，居民已外迁完毕，住区闲置，将被完全拆除	砂浆
盐业银行	中山大道910号	1926	完整	资料缺失	天然石材
英文楚报馆	胜利街与北京路转角处	1924	完整	资料缺失	人造石材
汉口商业银行	南京路83号	1934	完整	资料缺失	人造石材
大孚银行	中山大道934号	1935	完整	资料缺失	人造石材

共有3座银行。

盐业银行，成立于1926年。盐业银行大楼为现代风格的古典主义建筑，是一座5层的钢筋混凝土结构的大楼，位于现今中山大道910号。外墙麻石到顶，两侧和中间退后，其间两边突出，中间踏步上二层。2—3层建6根廊柱，两侧单柱，中间2双柱，双柱间内廊设入门口。第四层上檐较宽，装饰比较简洁[6]。

汉口商业银行，成立于1934年。该银行位于现湖北省少儿图书馆，由上海陈念慈设计，汉兴昌营造厂承建，并在特三区（原英租界，今天南京路83号）兴建5层（另有地下1层）钢筋混凝土结构大楼，为现代风格的古典主义建筑。采取三段式立面；第一段3层，中间被柱子分成3开间，建6根柱，两边单柱，中间双柱。15步台阶上二层，设有3扇入口的门，三楼在内廊还有3个阳台。第二段1层，与第一层相似，设5根廊柱。第三段檐口中部建有歇山顶，是中西合璧的建筑。抗日战争期间，原歇山顶被炸，重建时改为平顶楼。

大孚银行，外借处1935年。大孚商业银行在汉口开业，在特三区湖北街与伟雄路（今天的中山大道934号）兴建的4层（转角处5层）钢筋混凝土大楼，占地面积506平方米，建筑面积1668平方米。该大楼采用的是现代建筑形式，楼层之间的装饰为两块矩形的几何图案，整体建筑风格洒脱大方。大楼顶部采用的也是简洁的几何图案，使整座建筑充满了典型的艺术装饰主义情调，当时称之为摩登大楼。由景明洋行设计，钟恒记营造厂承建。

2.4建筑表皮材料对建筑的影响

武汉市于1917—1930年间存在的35个里分都是砖木结构或混合结构，这期间建造了2000多栋建筑，标志着武汉里分进入鼎盛时期。一般情况下，外墙主要有3种类型：①在立面为假麻石墙与另一立面为拉毛墙的中间为清水墙；②建筑外墙为清水红砖，局部采用水泥拉毛，红瓦坡顶，平面及立面墙身不规则，窗户大小不一、上下错落；③水刷石外立面，这些不同材料的建筑外立面形成了历史街区特有的风貌（图3）。

汉润里始建于1917年，建成于1919年。汉润里最开始的商业功能是钱庄、纺织、电力、运输、米业、房产等产业。1921年的汉润里是临街100多米商铺的英租界，湖北街是商住混合的建筑形式，有不少钱庄、票号和银行办事处。1926年北伐军攻占武汉后，华商总会曾迁到汉润里。抗战胜利后，汉润里的产权是多样化的，很多建筑都被改建了很多间小房间，合用同一层堂屋，厨房厕所公用等[7]。建筑痕迹是建筑物在建成环境下，与外部环境接触所留下的印记。由于汉润里的建造与上海石库门相似，也是石库门的一种。武汉租界建筑虚拟复原是将一些变色、褪色、脱落的数字化墙面色彩复原如初建时一般；色彩演变模拟则展示在外界环境因素影响下，建筑物的变化

图3 汉润里鸟瞰

过程。

2.5 建筑色彩对城市历史文化建成环境复兴的影响

建成环境一词取自拉普卜特的名著《建成环境的意义——非语言表达方法》。拉普卜特认为，建成环境是由固定元素、半固定元素和非固定元素构成。固定元素指的是极少发生改变的元素，包括建筑基础、主体、立柱、地板、墙体以及顶棚等元素；半固定元素有树木、城市建筑色彩、花园以及有关的城市家具等元素。非固定元素是针对使用者而言，包括人的交流、行为、活动以及规则等元素。拉普卜特把环境这一物质性的要素同理想、需求、爱好、价值观等非物质性的要素关联在一起。

阿尔多·罗西在1966年的《城市建筑》中强调，城市具有历史的延续性，应将城市视为一建筑是城市建成环境的主要元素。2005年，国际古迹遗址理事会第15届大会在古都西安召开。本次会议通过了《关于古建筑、古遗址和历史区域周边环境保护的西安宣言》，环境（setting）一词得到正式定义[8]。该宣言提出：遗址、遗产建筑以及地区的环境，界定为直接的和扩展的环境，是其重要性和独特性的组成部分。环境不仅包含着实体和视觉方面的内容，也包含了和自然环境的互相作用；过去和如今的社会活动、精神活动、传统习俗、知识、用途等无形文化遗产，共同创造并演化为环境空间和如今动态的社会背景、文化背景、经济背景。根据我国2002年修订后的《中华人民共和国文物保护法》，物质文化遗产包括3个方面：①不可移动文物，如古建筑、古遗址、石刻、古墓葬、壁画、石窟寺、重要历史遗迹、代表性建筑等；②可移动文物，如各朝代流传至今的艺术品、图书资料、文献、重要实物以及手稿等；③在建筑形式、空间分布或与自然环境有机结合等方面有着突出价值的历史文化名城、村镇。

建成环境需要有社会凝聚力，历史文化环境在城市建设与发展中发挥着巨大的作用，可借助旅游、创意文化产业、商业

和宜居化营造一个有活力的城市地区。

3 历史建筑色彩的保护

就当前武汉市的保护情况而言，中华人民共和国文化和旅游部所发布的《文化和旅游部纪念建筑、古建筑、石窟寺等修缮工程管理办法》第三条提出，纪念建筑、古建筑、石窟寺壁画、造像、古碑石刻等修缮工程，应严格遵守“不改变原状”的原则。对建筑进行修缮时，需要根据建筑物的样式特点、用材质地、整体风格及石刻文献、题铭，判断该建筑物的始建年代、重建年代以及重建时的历史遗构，再根据建筑物现存样式、构造特点拟定修缮方案和相应的保护性措施；或根据现存建筑物的历代遗存，将其复原到某一特点历史时期的样式特点、构造风格以及材料质地，再开展修缮活动。

作为武汉历史建筑修缮比较权威的单位，湖北省建筑科学研究设计院对汉口商业银行的整修遵循“不改变原状”的原则，采用相同材料进行局部修补。同样作为市文物保护单位的日清邮船公司在修复时，于非沿街立面上的表皮则用了喷砂的方法。由此可见，在文物保护单位的表皮保护上，现阶段“整新如旧”的方式在一定程度上也是被适度允许的。采用“整新如旧”的方式应该考虑建筑环境变化因素，更应该从时间、场地的微观影响、文化、色彩生态学与经济价值中去设置建筑色彩的参照标准[9]。

采用“整新如旧”的方式应该考虑建筑环境变化因素，更应该从时间、场地的微观影响、文化、色彩生态学与经济价值中去设置建筑色彩的参照标准[9]。

4 城市景观色彩遗产价值

人们在特定场所中产生的强烈历史感，源于特定个体与背景不可分割的整体意向。每一个历史建筑群都有其相应的历史色彩。将历史色彩所组成的环境进行细节分解，会发现各组成部分环环相扣。1987年10月，国际古迹遗址理事会通过了《华盛顿宪章》。该宪章修正和补充了《威尼斯宪章》中关于“历史地段”的概念，列举了“历史地段”中应该保护的5项内容，其中一项为：“历史性建筑的内部面貌和外部面貌，包括形式、体量、材料、建筑风格、色彩以及建筑装饰等”。由此可知，建筑的形式、风格、材料、色彩等无一不与建筑表皮色彩相关联，建筑表皮色彩也是历史地段保护的重要内容。

5 结束语

通过对汉润里进行实地调研，并对现有历史资料进行分析，文章首先阐述了西方的城市色彩景观保护问题，继而引出汉润里历史街区的色彩景观遗产保护问题，概述建筑色彩保护的理念，明确城市景观色彩遗产的价值。文章认为，若要还原历史建筑色彩，还需要对场地建成环境、历史文化、材料自生的转变进行研究。

（原载于《遗产与保护研究》2018年第12期）

引文文献

[1] 万敏，郑加华．城市CI：城市形象营造的新方法[J]．城市规划，2001(10):72－74.

[2] VERENA M.SCHINDLER.Colour as vocation:werner spillmann's contribution to environmental colour design[J].Color Research & Application, 2005, 30(1):53－65.

[3] 苟爱萍，吴伟．国外城市色彩规划的发展概况[C]// 规划50年：2006中国城市规划年会论文集(下册)．广州：中国城市规划学会，2006:263－265.

[4] 武汉市国家历史文化名城保护委员会办公室．国家历史文化名城通览[M]．武汉：武汉出版社，2014:89.

[5] 陈鲲．从城市文化历史与经济发展展望武汉市历史街区文化旅游未来[J]．湖北社会科学，2015(6):63－68.

[6] 李百浩，孙震．汉口里分研究之一：汉润里[J]．华中建筑，2008(1):161－164.

[7] 李百浩，薛春莹，王西波等．图析武汉市近代城市规划(1861—1949)[J]．城市规划汇刊，2002(6):23－28.

[8] 张倩．历史文化遗产资源周边建筑环境的保护与规划设计研究[D]．西安：西安建筑科技大学，2011.

[9] SPILLMANN W.Color order systems and architectural color design[J].Color Res Appl, 1985(10):5－11.

作者简介

陈　鲲，湖北大学艺术学院讲师。

非线性建筑形态审美的心理空间格局

程婧婷　林建群　刘　杨

摘　要：当代美学语境下，非线性建筑形态尚处于审美认识的模糊期，在梳理非线性建筑形态表意范式的基础上，剖析非线性建筑形态的审美体验过程及其所搭建的心理空间格局，意在描述这种建筑在当下技术平台上的具体化呈现，探究这种建筑形态的存在意义和审美价值。

关键词：非线性建筑；建筑形态；审美过程；心理空间格局

建筑理论家查尔斯·詹克斯曾预言："非线性建筑将在复杂科学的引导下，成为下一个千年一场重要的建筑运动。"[1]自20世纪60年代开始的非线性理论研究推动了非线性建筑的产生，受哲学家吉尔·德勒兹思想的启发，建筑师们试图将非线性技术应用于设计之中。然而，非线性技术能够转换设计思维、改变设计方法，但因缺少有效的计算机平台支撑而未能真正成功。如今，计算机平台的参数、算法、数控、生成等技术的发展，促成了非线性建筑的繁盛景象。

1 非线性建筑形态的表意逻辑

1.1形态与范式的逻辑关系

从文艺复兴到18世纪末，建筑师关注的是秩序美，建筑被塑造为理性、永恒、技术和艺术的统一体。18世纪末到19世纪初，受工业革命的影响，信仰与理性发生了分离，在科学理性的主导和支配下，有关建筑的努力开始趋向于适用性，在更多地满足人类物质需求的同时牺牲了建筑审美中丰富的心理体验。20世纪60年代，在见证了崇尚功能技术的现代主义建筑无法满足人的身心体验和精神诉求之后，人们开始对建筑师所依赖的抽象、无意义的几何形式语言感到厌倦。当建筑沦为工具，其工具性又固化为某种特定的形式时，人们一直关注却未能实现的"非线性"审美形态被引入建筑设计之中。

德勒兹哲学在这种时代背景下出现，以新颖又合理的视角诠释了建筑设计中的形态与范式的逻辑体系。德勒兹认为，"意义"并不产生于差异的系列向一个"中心"的汇聚和整合，也不是来自一个总体性的"图式"或"结构"[2]。也就是说，意义并非源自"范式"或是类似于"范式"的某种固定的形式，而是源于纯粹的事件。它生成于身体在其周围投射而出的某种环境，即"场"。"场"并不试图把所有的要素和领域都整合为协调的整体，而是试图以穿越不同层次的生成运动来改变现有的关联状态，向外在的、异质的领域和层次转化。建筑的焦点从"物"转向"场"。在非线性建筑的"无序"形态中，任何形式的或者空间的矩阵都能够将不同的元素整合起来，同时相互尊重彼此的身份[3]。在德勒兹的理论中，这是审美对象的一种内在开放性。只有当建筑始终处于未完成、未实现的状态时，才会出现多样的形态，并成为潜在的范式。内在的开放性在建筑之中不断得以实现，类似"多"和"一"的辩证统一，无限次往返。这也印证了德勒兹生成理论的核心思想一万物皆生成，生命处于无限的运动过程中[4]。在这个体系中，建筑的"形态"与"范式"也处于无限反复的辩证统一中：若形态为"多"，范式则表现为"一"来限定、约束形态的变异；若形态为"一"，范式则演化为"多"来充实、转译形态的固化。因此，表面看来是科学技术决定人与建筑之间的关系，本质而言，科学仅仅在人对建筑的体验上给出了较为理性的描述，而建筑的美学属性才是其价值和意义所在。因而，在对建筑本源关系的追寻中，人的身体、身体对建筑的感受、心理对建筑的体验、知觉对建筑的经历，或许才是当代建筑的审美取向。

1.2时间与空间的逻辑关系

线性建筑的表意范式讲求言简意赅、主旨明晰，这种确切而和谐的形态被理解和接受的能力很强，然而，它的吸引力却会随着时间的推移而降低，并会转化为熟悉和尊重的审美情感认同。较之线性建筑，非线性建筑的审美意象更为抽象，看似"虚空"的形态，可以用鲍德里亚的"虚拟的时间性"思想来理解。这种虚拟感来自"时空叠合"的超真实，它并非真正的虚拟，而是由于时间属性的高度参与，使人们所习惯的建筑形态发生了颠覆性的进化，从而生成一种更接近本质、更趋于真实的“时空叠合体”。

时间是对既往的追索和对未来的诉求。随着时间的涌动，建筑的表意范式发生着延展、流变、跨越。非线性建筑追求虚幻、破碎、空间界线的含混，打破了传统建筑中恒久、稳定的时间性。非线性建筑形态的“时间”，既不是点、线、面性质的“固体”，也不是简单的“过去、现在、未来”的循环过程，而是一个具有“生成”特性的过程。时间维度仅是非线性建筑中的一个系数，代表某一个时刻的状态与特性。其中，时刻、时序和时空，对应空间中的点、线、面，构建了非线性建筑中时间和空间交织的综合体验。非线性建筑的空间组合方式具有多义性，它不仅创造了审美接受的需要，同时也创造了满足这种需要的方式和路径。时间和空间被永久牢固地锁在一起，物质、空间和时间融合成一种单一的基本体验，这种感觉即存在感[5]。建筑能给人以存在感，有意义的建筑作品也能反映生活的全景，而伟大的建筑师能够将隐匿在空间形态中的理想生活图景完整、流畅地展现出来。

2 非线性建筑形态的审美心理空间格局

审美体验是主体（人）与客体（建筑形态）之间同一性关系的瞬间生成境界，是一种“以身体之，以心验之”的感受，在本质上接近于人们对自我价值和生命意义的体验[6]。接受美学的概念源于文学领域，也被称为“文学的接受和作用论”，它将审美心理过程分为三个阶段：第一，运用以往的阅读经验去理解、诠释作品；第二，调动自己的想象力及生活与美学的经验对作品进行反思、联想，把作品提供的想象空间与现实世界的状况以及自己对这种状况的理解进行对比、判断；第三，从阅读中获得美学认识，将自己的这种认识作为对结论的补充、修正，从而重构读者的审美经验并体现在日后行为中[7]。

2.1非线性建筑形态审美的心理过程

2.1.1审美过程中“交错—映射”的对接

“映射”是一个术语，从数理理论借用而来，表示两组事务要素之间的关系。在设计的控制中，映射是一个重要概念[8]。审美心理的映射分为三个层次：第一层次，审美心理直接被投射在建筑形态上；第二层次，建筑形态尽量接近或模拟审美心理逻辑；第三层次，建筑形态与审美心理的分布一致。而非线性建筑的“交错”形态利用看似松散的空间分布技巧实现了这种隐形的“对接”心理关联。“建筑加强了存在的体验，一个人存在于世的感觉，这实质上是一种被强化了的自我体验”；世界被印记在身体里，我们也将身体投射到外在的世界，就像我们通过神经系统和大脑记忆一样，我们同样通过身体进行记忆。亨

图1　日本仙台媒体中心的空间形态

利·柏格森（Henri Bergson）认为：“我们的神经系统能够输出身体某一部分的运动，这些运动造成了外界世界的表现。”[9]因而建筑的元素并不仅仅是视觉单元或格式塔，而是和人们记忆互动的碰撞与抗衡。以伊东丰雄设计的仙台媒体中心为例（图1），无论就其社会形态还是建筑形态而言都是一个极其复杂的耗散结构。于是，建筑师把驳杂的社会效应和心理需求转化为建筑形态。像所有非线性系统一样，仙台媒体中心建筑各要素之间的相互作用呈现变量关系。看似混沌的建筑形态其实是复杂的宏观组织，映射的是当代纷繁多元的审美心理构成。

2.1.2审美过程中“图解—生成”的适应

筑师通过模仿自然生物运作机能产生了建筑的机能空间，而科技的进步使迭代的生物构造形态演化为一种新的生成法则，为建筑师提供了创造图解生物、拟态复合空间的可能性。格雷格·林恩（Greg Lynn）在1999年出版的数字化建筑代表作《动态形式》（*Animate Form*）中展开分析了“图解—生成”技术，并提出将这种技术与建筑设计紧密结合起来[10]。“图解”手法给建筑形态带来了多变的生物拟态空间，这不仅是建筑形态空间构成手法的重要突破，也是体验者对空间本体认知更深层的适应过程。它弱化了建筑各元素之间的原本界定与围合，其自由舒展的拟态空间使各元素浑然天成。空间中的底面摆脱了线性力学的制约，空间形态也解放了垂直体系，从而使“图解”建筑形态的空间走向真正的自由化。如林恩的作品纽约韩国人社区新教堂（图2），在尊崇传统信仰的基础上，利用图解理念将线性柱式形态通过各向度非平衡力的相互抵消，形成了一种整体有序、有向、有力的动势均衡非线性形态。交叠的空间在各向度作用力下产生了分离的张力，从而创造了“图解——生成”空间中倾向于分离的动态均衡空间。

2.1.3审美过程中“破碎—自省”的交互

“破碎”的建筑形态更像是建筑的物质功能与精神功能的终极较量。“建筑作品中最有吸引力的形态表现，是功能性和无用性之间的张力或者对立，建筑的重要性正是在它与功能之间的距离中体现。”[11]“破碎”的非线性形态中各元素之间没有确定的关系。建筑的结构、体量、肌理等元素并没有具体和统一的

图2　韩国人社区新教堂的非线性构成

图3　美国魏斯曼博物馆的外部“碎片”形态

图4　哈尔滨大剧院（a 内部流线形态，b 外部流线形态）

组织形式，而是借用零落、无关的状态来表达整体性的理念，强调结构塑造、体块组合以及肌理、光影、质感和色彩本身的形态相融合。空间的美学属性和功能属性并没有区分，却又形成了强烈对比。“破碎”的各种形态要素就是建筑本身。非线性建筑利用片断性的抽象构图使想象空间无形中拓宽，增加了审美体验的维度。比如弗兰克·盖里为明尼苏达大学所作的魏斯曼博物馆（图3），将形态各异的金属体块以不同的方式随意、自由地拼合在一起，形成了一座碎片的“废墟”。建筑表皮有许多不同的小坡度，在阳光的照射下，各种坡度的表面便产生了不同的折射或反射效果。这种非线性手法超越了黑与白、光与影的关系，从而形成了多维度的超越感。

2.1.4审美过程中“流动—绵延”的共生

“流动”的非线性形态是一种自由体，这种“自由”是基于对建筑性能及周边环境因素的分析而来的，算法技术将概念化的影响因素逐渐从表象变为具象。作为建筑设计的成果，这种看似自由的“流动”在某种程度上也是必然的、相对优化的结果。这种建筑形态呈游离状，它所追求的是建筑沉浸于自然之中，时间与空间交织着、流动着，过去、现在和将来联契成一体。空间知觉并非产生于某一节点或某一时刻，而是在“许多”的绵延中展开的[12]。于是，时间的绵延性决定了空间审美体验中时间与空间的渗透性，也决定了审美心理体验永远是多维层次、混杂交错、支离破碎的。例如，MAD建筑师事务所设计的哈尔滨大剧院（图4），这种建筑形态追求连续的、不规则的、随机的表意范式，更为重要的是这种自由的形态存在着内在的情理。“流动”的非线性建筑中，审美对象不是固态的建筑体，而是一系列状态，其中每一种状态都预示着随后的状态，当然也蕴含着已经过去的状态。首先“流动”的非线性建筑空间以其接近自然的形态给人存在感，继而在体验中以舒缓的表述方式带来共鸣和认同感，体验后期通过流畅而完整的描述带来想象的实现感。“流动”建筑形态的审美心理格局包含由浅入深的这三种感觉梯度。

在非线性建筑形态的审美过程中，基于生命秩序的审美意象不断生成、更新，建筑所显现出的“交错”“图解”“破碎”“流动”等表意范式，构建了非线性建筑“映射”“生成”“自省”“绵延”的审美心理逻辑变化，引导审美主体与建筑之间从“对接”到“适应”再到“融合”，最后实现“共生”的审美接受进程。在这种审美心理体验由浅入深、由表及里的变化中，非线性建筑完成了其美学使命，也表述了其不仅仅作为一种形态的存在价值（表1）。

2.2非线性建筑形态审美过程的心理空间格局

非线性建筑的空间形态与传统建筑的空间形式互相交织、碰撞，重构了人们在建筑中的行为方式，改变了人们对建筑的

表1　非线性建筑表意范式—审美过程—心里格局关联

	关联一	关联二	关联三	关联四
表意范式	交错	图解	破碎	流动
审美过程	对接：在错位中补差	适应：跟随迭代频率	交融：打破原有格局	共生：运动和谐共奏
心理格局	映射：在混乱中矫正	生成：体验客体繁殖	自省：反思自我模式	绵延：生命意识延续
建筑形态				

审美心理空间格局。信息技术的发展缩短了物理空间的距离，人们处于一个处处链接、没有边界的空间维度中，如今我们生活在一个“共时”的世界。正如前文所说，建筑形态发生了颠覆性的变化，生成一种“时空叠合体”。非线性建筑的时间属性和空间属性应当共同作用，构成建筑本质。然而在当代的审美语境下，建筑师更擅长，也更热衷于表达建筑的“时间性”，原因在于审美取向的多变和技术的高速更替。建筑的空间形态在时间形态的对比之下呈现出较为固定的表象。在人们惯有的认知中，建筑的真实和秩序源于空间，而建筑的虚空和情感产生于时间之中。其实不然。在任何审美对象中，时间和空间的关系都是具体的、不可分离的，都是与审美对象的运动紧密结合的。正如黑格尔所说，运动是过程，是由时间进入空间，空间进入时间的过渡[13]。这种时间和空间互相渗透、互相转化的时空观至今适用。“时”与“空”作为建筑的元素、介质，它们对建筑自身意义和审美价值的主要作用体现于“间”，即它们在建筑中的“距离”和“关联”。

与非线性建筑的空间形态相对应，其审美过程中的心理空间形成是一种“二次审美”。简言之，人们在建筑中直接的审美体验是第一审美进程，而心理空间格局的搭建及其变化是第二、也是更深一层次的审美进程。它是由审美经验转化为具象的审美认知，再转化为抽象审美意识的过程。在建筑空间中，审美心理活动能动地把握建筑形态和表意范式，构建对照式的审美心理空间，并赋予建筑以意义。在这个空间中，建筑并非直观的、综合的，而是一种人性化的介质，在被人的心理活动干预后，形成了一种可控的、效能的心理空间。非线性建筑为审美心理架构了新的空间逻辑。这种心理空间格局与计算机网络空间一样，来自相同的生成技术，没有完整的界定，只有交错的节点和枢纽，类似于一种半透明的拓扑空间，其边界和中心不停转换。任何时代的理论都隐藏着那个时代特有的时空体验[14]，而在非线性“基因”的蔓延中，不只建筑的空间可以变幻，审美心理空间也可以开拓全新的格局。

3 结语

非线性建筑形态在当代建筑美学中的突围，像是一种对传统线性建筑的挑战，它最初的目的并非消解和弱化线性系统，而是通过一种全新的话语体系来重申建筑的审美意义。在非线性建筑理论的不断完善的过程中，基于对建筑意义和审美价值的追求，这种建筑形态审美的心理空间研究终将形成全新的审美格局。

（原载于《新建筑》2019年第1期）

引文文献

[1] 程泰宁. 构建“形”“意”“理”合一的中国建筑哲学体系 [J]. 探索与争鸣，2016(2):16-18.

[2] 姜宇辉. 德勒兹身体美学研究 [M]. 上海：华东师范大学出版社，2007:169.

[3] 王飞，陆轶辰. 场域、田野、在场2015年米兰世博会中国馆三读 [J]. 时代建筑，2015（4）：68-77.

[4] 郃蓓. 德勒兹生成思想研究 [D]. 北京：北京外国语大学，2014:149-150.

[5] 尤哈尼·帕拉斯玛. 肌肤之目——建筑与感官 [M]. 刘星，任丛丛，译. 北京：中国建筑工业出版社，2016:47-62.

[6] 常兵. 当代西方景观审美范式研究 [D]. 哈尔滨：哈尔滨工业大学，2013:16-18.

[7] 章国锋. 国外一种新兴的文学理论——接受美学 [J]. 文艺研究，1985（4）:74-76.

[8] 唐纳德·A·诺曼. 设计心理学1：日常的设计 [M]. 增订版. 小柯，译. 北京：中信出版社，2014:21.

[9] BERGSONH.Matterand Memory[M].NewYork：ZoneBooks，1991.

[10] 冷天翔. 复杂性理论视角下的建筑数字化设计 [D]. 广州：华南理工大学，2011:19-20.

[11] ANDOT.The Emotionally Made Architectural Spaces of Tadao Ando[M].FRAMPTONK.The Work of Tadao Ando in Yukio Futagawa.Tokyo：ADA Edita，1987.

[12] 沈克宁：空间感知中的时间与记忆 [J]. 建筑师，2015（4）：54-55.

[13] 黑格尔. 自然哲学 [M]. 梁志学，薛华，钱广华，等译. 北京：商务印书馆，1980:60.

[14] 冯雷. 理解空间：20世纪空间观念的激变 [M]. 北京：中央编译出版社，2017:174-179.

图片来源

图1：引自 https：//www.pritzkerprize.com/cn；

图2：引自冷天翔，复杂性理论视角下的建筑数字化设计，2011；

图3：引自 www.archcy.com；

图4a：引自 www.sohu.com；

其余图片均由作者拍摄。

作者简介

程婧婷，哈尔滨工业大学建筑学院；

林建群，哈尔滨工业大学建筑学院教授；

刘　杨，浙江理工大学艺术与设计学院教授。

空间基因

段　进　邵润青　兰文龙　刘晋华　姜　莹

摘　要：在形态类型相关研究基础上，从城市空间发展理论的视角，提出“空间基因”概念。空间基因是独特的、相对稳定的空间组合模式，它既是城市空间与自然环境、历史文化长期互动契合与演化的产物，承载着不同地域特有的信息，形成城市特色的标识，又起着维护三者和谐关系的作用。通过空间基因识别提取、解析评价到传承导控的技术体系，可以避免采用统一的模式面对千差万别的城市、不尊重历史和自然的设计弊端，强化规划设计的在地性，推动城市规划设计方法从空间形式创作到空间基因分析的方向性转变，为城市建设与自然保护、文化传承的共赢提供有效设计路径。文章还对空间基因库计划进行了展望。

关键词：空间基因；空间发展理论；形态类型；可持续发展；空间互动；文化传承；在地性

1 问题背景：城市发展中的自然环境破坏与历史文化断裂

当代城市发展中的自然环境破坏与历史文化断裂是严重的社会问题，也是当代城市规划设计中的关键性技术难题。

近年来，“环境污染”“特色缺失”“文化传承堪忧”等已引起社会各界的普遍关注①。《人民日报》于2017年9月发文写道：“生态文明建设已成为全面建成小康社会的突出短板。经过30多年快速发展积累下来的环境问题进入高强度频发阶段……一些地方生态环境还在恶化。”[1]古建保护专家阮仪三教授针对城市历史保护问题也感叹道：“在全国近120个国家历史文化名城中，已经有将近20个没有历史文化街区，有将近一半历史文化街区不合格。”②

2015年12月中央城市工作会议中明确，“尊重城市发展规律，城市建设要以自然为美，把好山好水好风光融入城市，延续城市历史文脉，保护好前人留下的文化遗产，留住城市特有的地域环境、文化特色、建筑风格等‘基因’”。2016年《中共中央国务院关于进一步加强城市规划建设管理工作的若干意见》再次强调，要“认识、尊重、顺应城市发展规律，保护历史文化风貌，恢复城市自然生态”。2017年10月，习近平总书记在党的十九大报告中提出“绿水青山就是金山银山”“文化自信”等发展理念，其后又持续就此发表讲话把自然环境保护和历史文化传承提升到国家战略的新高度③。

针对如何保护自然环境、传承历史文化，生态学、文化学、社会学等领域多年来已经在各自学科从诸如生态系统进程[2]、历史文化保护[3]、社会文化多样性[4]等方面进行了长期不懈的努力。但是，如何在城市空间上加以综合统筹，什么样的城市空间才能取得城市建设与自然保护、历史传承的共赢，则是城市规划学科必须回答的问题，也是新的国家空间规划体系需要回答的问题。因此，城市空间成为研究的主题。

2 理论基础：从形态类型研究到空间发展理论

从历史上来看，对城市空间的研究和探讨贯穿了城市建设史、规划史，中外学者提出了大量的模型、模式、理论或学说。从古代中国《周礼・考工记》的营国制度到19世纪英国霍华德（E.Howard）的田园城市，从空想社会主义对理想空间的描绘到新城市主义者富有激情的实践……他们均试图为千差万别的城市建立一种具有普适性的理想空间模式，从而一劳永逸地解决这个难题。

从理论上来说，近百余年来，形态学以空间为核心，综合运用建筑学、城市规划、环境心理学、社会学、地理学和历史学等学科的方法，发现空间形态的规律，从内部统一性与外部差异性来归纳空间形态类型，形成了系统性的空间研究成果。形态类型所蕴含的普遍性法则及其对建筑设计语言、城市空间模式的技术指导价值，使其成为空间研究关注的中心。

2.1形态类型研究

20世纪50年代开始，城市形式（urban form）研究形成了多个流派，其中有两种最重要的研究线索[5]。其一，以地理学为基础的形态生成研究传统。经康泽恩（M.Conzen）发扬光大，形成了城镇平面分析、度量衡学分析和租地权分析等方法。其二，以建筑学为基础的法国和意大利设计类型学。其中，卡尼吉亚（G.Caniggia）继承穆拉托尼（S.Muratori）的类型概念为所发展起来的建筑类型学奠定了基础，形成了穆拉托尼－卡尼吉亚学派（Muratori-Canniggia），主要关注建筑和开放空间的类型分类，解释城市形态。继而罗伯特·克里尔（R.Krier）、里昂·克里尔（L.Krier）、罗西（A.Rossi）等建筑师和建筑理论家在此基础上发展，提出了新理性主义方法[6]。

1994年，国际城市形态论坛（ISUF）的成立力求缓解不同学派之间复杂交叉的状态④，同时聚焦于整合上述两大研究传统，形成了形态类型学方法（typomorphology）。经莫顿（A. Moudon）等人的发展，一个全面的研究框架和术语体系开始浮现。之后，又经历了长足的发展，在系统运用形式语言[7]和计算机技术的条件下，量化工具和平台得到发展。以空间构形、空间分析等开展的形态学研究也已成长为重要的城市形态分析途径[8]。

形态类型学结合了形态学和类型学，以城市形态学的分析性和概念性认知框架来理解形态的结构与特征，配合类型学中演进的观点来审视这些形态形成与变化的逻辑关系⑤。它横跨多个学科领域，将碎片化的形态逻辑拼合起来以便关注城市建设这种真实现象，力求形成以“形态类型单元”为基础的认知图解，进而在时间维度顺叙解释城市空间的历史演变过程。对于城市设计师和建筑师的实践而言，发现形态类型即可将其转化为设计语言，具有一定的实用价值。因此，不少学者均认为形态类型的研究和发现对于城市设计的科学性具有重要的理论意义[9]。

但同时它也面临不少质疑。第一，形态类型学所归纳的形态类型以城市物质形态为单一中心，是一种“空间是文化发展的物质沉淀”的思想。同时，它的研究传统又使它容易被划入物质形态决定论的范畴，从而受到艺术人士和文化人的质疑[6]。因此，它对空间的态度一直在空间决定论和空间映射论之间摇摆不定。第二，形态类型学是描述性、解释性或说明性的。它以认知城市形态为其历史任务，是以建筑为基本要素来探讨层级体系下的物质构成的类型变化[10]，其经验性视角存在的固有缺陷内在规定了其技术价值的上限⑥。映射到技术层面，在面对新的城市开发建设时，他们是“朝着过去迈进”而不是“向前看”的[11]。他们声称真理已被全部阐明，不可能再发现新的真理，于是只去把各种不同的历史形式机械地拼凑在一起[12]。正如罗伯特·克里尔所坚信的——我们所能想象的空间形态都已经被创造出来了[13]，城市空间的发展已经到了历史顶点，已经不需要也无法被创新[14]。这样一来，会使人们误以为城市的发展就是那些既有法则的简单拓展或生长，其价值被固定在历史文化名城保护、历史建筑遗产保护等层面，但面对城市开发时却显示出软弱无力感，面临着“忽视传统社会关系，使城市空间的外在风貌与内在价值产生冲突”等质疑[15]。

不少研究者已经注意到形态类型学的瑕疵，并尝试针对中国现实问题对形态学方法论进行重新审视和改造。近年国际上也有了新的相关的动向，加强了空间与历史人文、空间与自然环境之间的关系研究。例如，哈佛大学、复旦大学等研究团队对CHGIS（中国历史地理信息系统）的建构，力图基于数据库的建立来探索空间形态与人文活动的关系；萨拉特（S.Salat）等[16]认识到运用城市形态学的原理进行城市设计可以提高城市运行的效率，降低能耗，增强可持续性，试图寻找空间与自然的协调发展途径。但是，上述结构性的缺憾难以通过这些局部的理论修补得到完善。

形态类型学以物质空间为中心，在纵向上研究建筑的历史传统和地域文化的关系，在横向上研究建筑与基地环境和城市的关系，寻找建筑的原型。它在认知层面存在将空间视为封闭系统的趋向，仅把自然环境和人文活动视为空间系统的外因，摆脱不了空间决定论或空间映射论，对“空间—自然—人文”系统的内生互动过程认识不足。同时，其描述性、解释性的范式在理论层面决定了它难以形成一种发展的观念，所以也难以面对未来城市发展中出现的自然环境和历史人文问题。

2.2城市空间发展理论

城市空间发展理论通过多学科交叉，研究“空间—自然—人文”系统内生互动过程，并首次把发展观引入空间研究[17]，拓展了新的空间研究领域，经过20余年的发展，已经成为我国当代城乡规划学科的基础理论之一[18]。城市空间发展理论的系列研究⑦不仅支持了学界长久以来的假设——城市空间具有自身的特性和发展规律，而且在此基础上进一步确认了空间能动性的客观存在，形成了空间互动论。

空间互动论是一种从宏观到微观，从社会、经济、生态到空间形态的整体性观点。它认为，空间绝不是意识形态的附庸或是社会和经济活动在地域上的简单投影[19]，而是既作为社会行动与关系的结果，同时又对其他城市系统具有整合效用和制约力。空间本身参与了演化，发挥了作用。这一发现的意义是指出多学科多专业综合参与决策的城市建设必须尊重“空间—自然—人文”系统内生的演进动力。

同时，城市空间发展理论引入发展观来审视空间理论。通过对增长观的批判，强调空间在地域上的整体性、在功能上的综合性、在动力上的内生性发展。从发展观的视角，一方面需要认识城市空间的规律，另一方面也要重视正确发展观施以

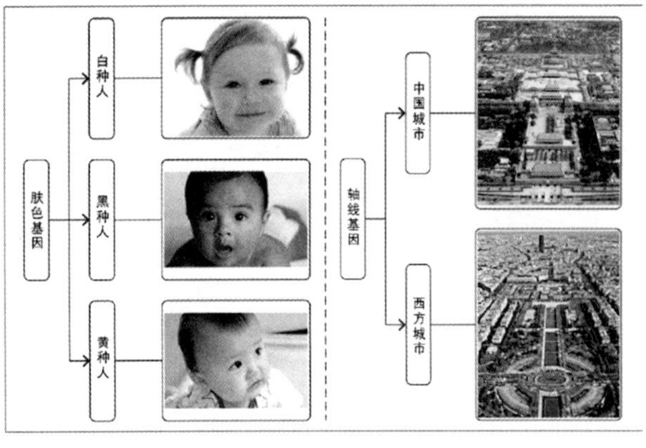

图1　生物基因与空间基因类比

空间干预的重要性。城市空间发展理论希望通过对“空间—自然—人文”内生互动过程的研究，探讨空间变化和演进的动态规律，为规划、设计和决策提供空间干预的科学知识。并且，发展作为一种深层次的价值观和方法论，它不满足于对空间现象的历史解释能力，更重视空间理论对城市发展的指导潜力。因此，对空间的抽象数学分析和形式语言分析，需要受到发展观的洗礼和筛选，才能作用于城市系统，产生真正的社会价值。

3 空间基因：从普适性到在地性的方向性转变

在城市空间发展理论的互动和发展视角下，对空间的研究目标由封闭的空间形态类型研究转向“空间—自然—人文”的互动影响模式研究，弥补了形态类型研究的理论局限性，并且从结构主义主张的统一性、普适性的抽象城市原型和形态类型研究中走出来，去分析具体的空间，实现了从普适性到在地性的方向性转变。

3.1空间基因概念

在此分析框架下，研究团队针对中国各地域近百个城市进行了20余年的持续研究，发现了城市空间在互动与发展中存在的“空间基因”现象。空间基因是指城市空间与自然环境、历史文化的互动中，形成的一些独特的、相对稳定的空间组合模式，它既是城市空间与自然环境、历史文化长期互动契合与演化的产物，承载着不同地域特有的信息，形成城市特色的标识，又起着维护三者和谐关系的作用。

“基因”的概念来源于生物学，是指生物体遗传的基本单位。生物基因一方面是生物演化过程中自然选择的结果，同时又储存着生命的孕育、生长、凋亡等过程的全部信息，可以通过复制精确并稳定地实现生物学性状的遗传[20]。而城市空间的某些构成要素，如轴线、滨水空间、街道、院落等，在不同的地域文化区，有着不同的结构、肌理、序列特点。这些特征性的空间组合模式一方面是历史选择的结果，体现了与当地自然环境和睦相处的关系，适应了当地人文活动的特点；另一方面，对于继续维护与保持这些关系和特点起着基础性的作用，类比于生物基因影响生物体的性状，空间基因影响着城市的形态演化和发展（图1）。

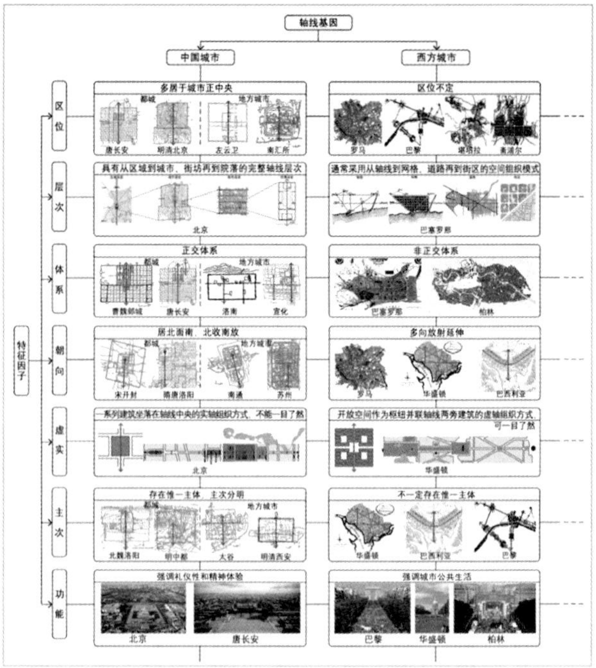

图2　不同文化的中西轴线基因

3.2空间基因举例

3.2.1不同文化的中西“轴线基因”

中西方城市空间与自然环境、历史文化的互动中，形成了各具特色的轴线基因，在区位、层次、体系、朝向、虚实、主次、功能等方面都存在差异（图2）。对西方而言，“大多数城市轴线采用的是多向放射延伸、以开放空间作为枢纽并联轴线两旁建筑的组织方式”[21]。受到“辨方正位”“择中立宫”“尊上”等礼制思想的影响，中国城市传统轴线所采用的是一种显著不同于西方传统轴线的空间布置方式。以明清北京为例，它将居于城市中央、正南北向的线型空间与大尺度的紫禁城建筑群结合，北收南放，层层递进。培根（E.Bacon）在谈及华盛顿中轴线与北京中轴线的差异时写到，“如果一个人站在华盛顿纪念碑脚下，美国首都两条主要轴线的交叉点上，他只要绕基座移动，只不过几英尺，就能领悟纪念碑式的华盛顿的全部要素。在北京除非通过2英里通道的空间移动，否则就无法领悟它的设计”[22]。这些差异，来自不同的自然环境、世界观、政治制度和文化思想，同时，其固化的空间组织方式也已经形成了各自文化的重要特征。这样，为了达成一定的城市文化目的，就可以选择采用相应的轴线基因进行相应的空间导控。例如，雄安新区需传承中华文化基因，体现华北平原的城市特点，就需要通过强调正交体系、序列组织等华北平原的轴线基因进行空间形态导控。课题组已将相关的成果应用于已批复的《河北雄安新区规划纲要》中。

3.2.2不同地域环境的“城水关系基因”

再如常见的城水关系，通过田野调查和实证研究发现，不同地域城市在与自然环境的互动中，形成了基于不同空间要素排列秩序的城水关系基因。太湖流域水网密布，水位相对恒定，水乡聚落主要以河、街、宅等元素形成密切的组合序列，水系网络与街道网络相结合，具备生活、公共活动、物流、农业灌溉等多种功能[23]。武陵山区聚落地势起伏、土地资源稀缺，主要以溪、田、宅、山等元素形成组合序列，常通过干栏式建筑的架空来适应坡度变化，水系在其中主要承担灌溉作用，并兼具一些物流功能。华北平原淀区聚落处于大、小水面的共同影响之中，主要以淀、河、坡、台、宅等元素形成组合序列，考虑防洪需求，常通过“蓄、疏、固、垫、架”等手段对地形进行改造利用(图3)。

每一种不同的城水关系基因都是人们长期空间组织经验的积淀，也成了当地的文化标识之一。如果将某种“理想”模式盲目推广到其他地区，可能就会带来自然生态的破坏、地域文化的混淆和城市安全的隐患。例如，在雄安新区的建设中，就不能采用江南水乡的空间组织方式，形成所谓的华北水城，这样的方式将会导致严重的水资源浪费和洪涝问题。《河北雄安新区规划纲要》中体现出来的“平原低地系统 + 高台组团”的空间模式则是对当地城水关系基因及其背后空间发展规律的尊重。

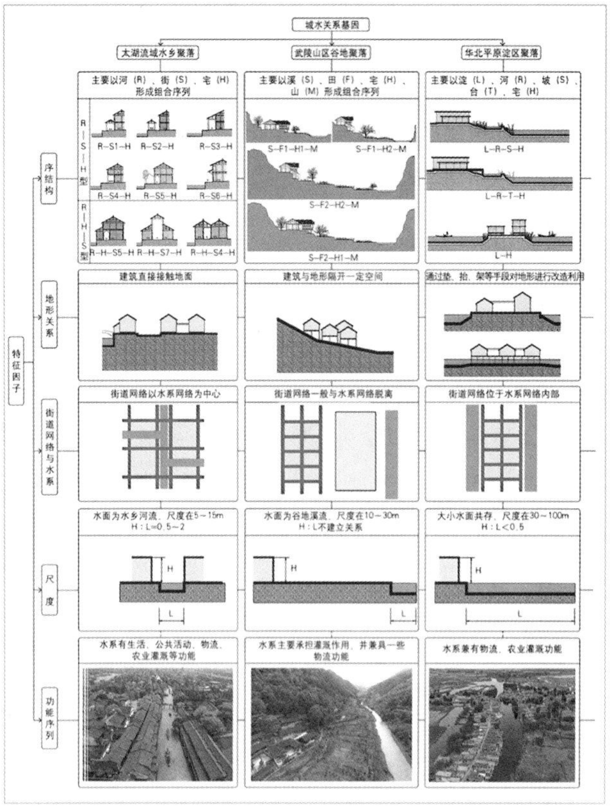

图3　不同地域环境的城水关系基因

分强调纯粹来自个人喜好的“创意”，把奇怪当特色，是产生奇奇怪怪的建筑、广场、城市风貌的主要原因。

结合空间基因研究，形成空间基因识别提取、解析评价到传承导控的技术体系，加入传统的规划设计流程中，可以借助空间基因承载地域特有信息，维护城市空间与自然环境、历史文化和谐关系的特点，为设计师的创意提供一个具有在地性的结构性空间框架。在这样的结构性框架下进行创意性的设计演绎，不仅可以“记得住乡愁”，而且使城市空间与自然环境、历史文化形成的和谐关系可持续发展。

4 技术方法：从空间形式创作到空间基因分析

空间基因研究的技术应用，可促使规划设计基本流程从2阶段转向3阶段，实现规划设计的“在地性”，避免采用统一模式面对千差万别的城市，导致不尊重历史和自然的设计弊端，提供城市建设与自然保护、文化传承共赢的有效设计路径，有利于推动城市规划设计从空间形式创作到空间基因分析的方向性转变。

4.1从创作到演绎的方向性转变

一般规划设计方法可以分为两个基本阶段，第一阶段是田野调查和资料分析，第二阶段是设计创意和规划导控。这其中有两个风险，一是模式套用，二是主观臆想。前者来自设计师群体对其他城市经验模式的学习、研究和总结，以形态类型、规范和一般原理的形式套用在新的设计对象中，其风险是不顾设计对象的自然人文特点，导致千城一面。例如，在有的山地城市设计方案中，也模仿平原城市的“方格路网、几轴几带”，破坏自然山水，城市文化特色丧失。后者则反其道而行之，过

4.2“空间基因”分析导控技术体系

基于“空间基因”分析导控的规划设计技术体系，主要包括空间基因的识别提取、解析评价和传承导控3个方面。

第一，空间基因的识别提取。通过问卷法、文献法、访谈法、对比法等基础性方法，从复杂的城市形态中提炼出独特的、相对稳定的空间组织模式，为空间基因的解析评价和传承导控奠定基础。这其中最重要的是在地代表性原则，并不是所有现存的形态组合模式都是“空间基因”，这种组合模式必须稳定存在、具有地方代表性并形成广泛共识。

例如，苏州古城历史悠久，现状的空间合模式是多样的，有非常有特点的，也有和其城市类似的，但其特色性空间组合是相对有的。结合太湖流域聚落的田野调查[23]、吴良镛等老一

辈专家的研究基础和苏州市民的共同意向，经过多重筛选，识别提取出具有共识性的“四角山水”“城中园，园中城”“水陆双棋盘网格”“廊空间”“粉墙黛瓦”等空间基因。这些空间基因缺少哪一个都会损害苏州的城市特色，如果这些基因控制住了，苏州的整体特色就能延续。而其他的方面，不需要面面俱到，可以在此基础上结合当地需求演绎、发展。

第二，空间基因的解析评价。空间基因识别提取出来后，就需要通过一系列宏观微观的空间分析方法，对空间基因的具体空间要素及其组织方式进行客观分析。在这方面，空间研究中积累了众多的分析手段，如元素分析法、结构分析法、网络分析法、空间构型分析法等，近年来也有更多的空间分析方法不断涌现[⑧]。空间基因解析以此为基础，从各种空间维度来分析空间基因构成的独特性，并且考察信息的承载和外显特征的稳定性。例如，在苏州“水陆双棋盘网格”基因的结构分析中，确定了“序结构”“地形关系”“街道网络和水系”“尺度”“功能序列”等5个特征因子，对其进行空间组织的解析，考察在特色文化表达、城水和谐关系上的控制性作用。这个阶段为空间基因的传承导控提供坚实的科学基础。

第三，空间基因的传承导控。其要点是将传统的分要素系统控制方法转变为以空间基因为导向的综合导控方法。再以苏州为例，如果将苏州古城分为街道系统的规划设计、水系的规划设计等，那就存在各自根据自己的原理进行控制，整体形不成苏州空间特色的问题。而以空间基因为导向的综合导控，就是把空间基因作为一个约束目标，将要素系统组合进行综合设计导控，以具有靶向性的方式达成空间基因的保护、强化和传承。1998年的《苏州古城控制性详细规划》中，课题组就已经将空间基因的传承导控与控制性详细规划相结合，吴良镛、周干峙、齐康院士等组成的专家委员会评价“是一项带有开拓性的工作，不但在实践上在全国具有示范作用，在学术上也具有重要的理论意义”。经过20年的发展，该方法也已经应用在《雄安新区规划技术指南》、全国《城市设计技术导则》等技术文件的研究编制中。对于正在形成的新的国家空间规划体系，也具有一定的应用价值。

5 应用前景：城市建设与自然保护、文化传承的共赢

5.1普适性和在地性的统一

在认识论层面，空间基因的概念提供了一个新的视角——由在地性的空间形态传达普适性的可持续发展原则。从空间基因的角度审视，放之四海而皆准的理想城市空间原型，由于过于抽象，有着割裂城市与本地自然人文联系的风险，事实上将不可避免同时失去普适性和在地性。而遵循空间基因去进行城市发展和建设，则在追求自然人文和谐的原则上是普适性的，寻找当地空间基因的手段上是普适性的，而其实现的具体空间形态则必然是在地性的。在这个意义上，空间基因是普适性与在地性的统一。

5.2传承和发展的共赢

在方法论层面，空间基因揭示了历史传承和当代发展实现共赢的可能性。从空间基因的视角，在城市建设中应当受到保护的并不是僵化的外在形式细节，而是传递空间与自然人文和谐发展的信息，同时应强调对带有自然和人文信息的空间组织关系的保护和传承。这一过程孕育着发展创新的可能性，其具体的表现形式可与时代需求相协调。例如，在苏州古城空间基因的传承中，贝聿铭先生设计的苏州博物馆就进行了建筑创新，古老的城市显现出时代的活力，正是传承与发展的共赢。

5.3空间基因库计划

借鉴“生物基因库”的概念，参考近年来蓬勃发展的“人类基因组计划”“材料基因组计划”等重点研究方向，笔者倡议开展“空间基因库计划”。空间基因库的主要目标及发展方向是建立一个具有影响力和公信力的空间基因公益性服务平台，整合城市特色空间样本，数字化储存和管理我国特有的空间基因资源和空间基因解析成果，为我国城市空间研究和城市规划设计提供基础信息服务。基于空间基因库计划，可开展广泛的国际研究和文化交流，最终将促进行业技术进步，维护国家空间文化安全。

（原载于《城市规划》2019年第2期）

注释

① 2016年2月6日《中共中央国务院关于进一步加强城市规划建设管理工作的若干意见》指出我国城市规划建设管理中的若干突出问题。

② 2013年2月1日人民网发文《我国历史文化名城保护现状堪忧》，摘录了阮仪三教授关于2011年国家历史文化名城、名镇、名村调查结果的描述。

③ 2018年10月，习近平总书记在广东考察时指出，“城市规划和建设要高度重视历史文化保护，不急功近利，不大拆大建。要突出地方特色，注重人居环境改善，更多采用微改造这种‘绣花’功夫，注重文明传承、文化延续，让城市留下记忆，让人们记住乡愁”。

④ ISUF统一了城市形态学的分析基础：第一，城市形态通过3种基本的物质元素来定义：建筑物及相关的开放空间、地块、街道。其中最小的单元公认为是两种元素的组合：单个地块与它的建筑，或者建筑和开放空间。第二，城市形态能在不同的分辨率水平上理解。一般而言有4种，分别对应建筑/地块、街道/街区、城市、区域。第三，只能用历史的眼光来理解城市形态。

⑤ 陈飞. 一个新的研究框架：城市形态类型学在中国的应用[J]. 建筑学

报，2010（4）:85－90.Marco Trisciuogliom，董亦楠. 可置换的类型：意大利形态类型学研究传统与多元发展 [J]. 建筑师，2017(6).

⑥ https：//sites.fas.harvard.edu/~chgis/.

⑦ 包括《城市空间发展论》《城镇空间解析—太湖流域古镇空间结构与形态》《世界文化遗产西递古村落空间解析》《当代新城空间发展演化规律》等在内的多部空间研究系列专著。

⑧ 例如，Space Syntax、Spacematrix、Morphospace、Spatial Design Network、UNA、Form Syntax 等。

引文文献

[1] 闻言. 建设美丽中国，努力走向生态文明新时代 [N]. 人民日报，2017－09－30.

[2] 王续琨. 城市文化与城市文化学 [J]. 城市问题，1991(2):15－19.

[3] 王如松. 转型期城市生态学前沿研究进展 [J]. 生态学报，2000，20(5):830－840.

[4] Sassens.The Global City[M].Princeton: Princeton University Press，2001.

[5] 陈锦棠，姚圣，田银生. 形态类型学理论以及本土化的探明 [J]. 国际城市规划，2017,32(2):57－64.

[6] 段进，邱国潮. 空间研究5：国外城市形态学概论 [M]. 南京：东南大学出版社.2009. Duan Jin, Qiu Guochao.UrbanSpace 5:Conspectus of Foreign Urban Morphology[M].Nanjing : Southeast University Press，2009.

[7] Hillierb, Leamana, Stansallp, et al.Space Syntax[J].Environment and Planning B: Planning and Design, 1976,3(2):147－185.

[8] Liveirav.Urban Morphology: An Introduction to the Study of the Physical Form of Cities[M].Dordrecht: Springer, 2016.

[9] 丁沃沃. 城市设计：理论？研究？[J]. 城市设计，2015(1):68－79.

[10] 郭鹏宇，丁沃沃. 走向综合的类型学——第三类型学和形态类型学比较分析 [J]. 建筑师，2017(1):36－44.

[11] 理·英格索尔，李道增. 后现代城市主义朝着过去迈进 [J]. 世界建筑，1991(5):13－17.

[12] Rierr.Town Space Contemporary Interpretationsin Traditional Urbanism, Krier Kohl Architects[M].Berlin: Birkhauser, 2003.

[13] Krierr. Urban Space[M].New York: Rizzoli International Publications，1979.

[14] 亚历山大·R·卡斯伯特. 理解城市——城市设计方法 [M]. 邱志勇，杨凌，董宇，译. 北京：中国建筑工业出版社，2016.

[15] Chenf.Typomorphology and the Crisis of Chinese Cities[J].Urban Morphology, 2008, 12(2):131－133.

[16] Salats, Labbef, Nowackic, et al.Citiesand Forms: On Sustainable Urbanism[M].Paris: CSTB Urban Morphology Laboratory, 2011.

[17] 段进. 城市空间发展论 [M]. 南京：江苏科学技术出版社，1999.

[18] 赵万民，赵民，毛其智. 关于"城乡规划学"作为一级学科建设的学术思考 [J]. 城市规划，2010（6）：46－54.

[19] Madanipoura, Hullad, Healeyp. The Governance of Place[M].England: Ashgate, 2001.

[20] Gersteinmb, Brucec, Rozowskyjs, et al.WhatIsa Gene, Post-Encode? History and Updated Definition[J].Genome Research, 2007, 17(6):669－681.

[21] 王建国. 城市传统空间轴线研究 [J]. 建筑学报，2003（5）：24－27.

[22] 埃德蒙·N·培根. 城市设计 [M]. 黄富厢，朱琪，译. 北京：中国建筑工业出版社，1989.

[23] 段进，季松，王海宁. 城镇空间解析：太湖流域古镇空间结构与形态 [M]. 北京：中国建筑工业出版社，2002.

作者简介

段　进，东南大学建筑学院副院长、教授，中国科学院院士；

邵润青，东南大学城市规划设计研究院副院长；

兰文龙，东南大学建筑学院；

刘晋华，东南大学建筑学院博士后；

姜　莹，东南大学建筑学院。

国外视觉景观规划设计方法比较

吕圣东　陈　静

引言

《欧洲景观公约》（*ELC: The European Landscape Convention*）对“景观”的定义是：景观是一片被人们所感知的区域，该区域的特征是人与自然的活动或互动的结果[1-3]。而观察者与景观之间的感知关系中，视觉景观的感知占极其重要的主导地位，涵盖了感官感知的87%。同时视觉景观是一种资源，在土地决策中是需要考虑的重要因子之一[4]。视觉环境随人类建设活动对空间改造的无序行为，产生了不同程度的负面问题。如地形地貌植被水系等自然空间要素的破坏，建筑物构筑物组合等人工空间要素的不协调。视觉维度对资源保护维持问题切入的解决，是各类研究中非常重要的一支[5]。西方发达国家在20世纪中叶开始从美学角度分析风景、旅游资源的综合评价或个体单因子评价，并建立了诸多定量分析的数学模型，而研究的主体为地理学家、心理学家、生态学家等[6]。在美国，景观视觉研究和评估基于这些意图，形成了四大分析评价流派。在欧洲，该领域研究方法的涌现目的则在于解决人居环境空间的建设引导与改善问题。研究从自然景观空间，扩展到城市景观空间，从追求视觉协调性、整体性，到兼顾标志性、可见性。

在生态文明建设的时代号召下，“城市双修”作为具有时代意义的理念，从生态、视觉、社会、经济等多方面提出了要求。视觉景观作为空间环境感知最为重要的部分之一，视觉景观规划设计方法则是从研究物体、空间、环境的视觉要素感知因素，诸如线条、块面、形体、光影、色彩等关系等组合优化，进而对实体要素控制、管理的有效方法。通过对各类方法的比较分析，为视觉维度的“城市双修”提供借鉴与参考。

1 自然要素控制方法

1.1 英国——“主动设计途径”法

英国的森林景观设计源自“一战”（1914—1918年）过后的木材短缺，政府以造林为政绩要求开始营造森林。“二战”（1939—1945年）以后，森林遭受的破坏更为严重，木材的采伐或种植一般都是大片地展开，但政府营造的人工林通常是沿着18—19世纪圈地形成的集合牧场围栏线控制，因此这样的森林在视觉上显得很突兀，尤其是在地形起伏处，线性种植与很多不规则的自然要素如岩石、自然水体等有较大的冲突。因此政府这一行为遭到了公众的批评（特别是游憩活动者），林业局从而意识到森林种植需要一定的设计并遵循一定的规则。有专家通过借鉴建筑、艺术、绘画等领域的视觉理论成功解决了森林种植采伐与视觉的冲突，并在1980年将此制定为森林经营的目标之一，随后又修订了《森林法》（1967年）来提供实现目标的保障。此后，森林景观设计的从业人员开始增多，并形成了一定的设计理论和技术，被称为“主动设计途径”（PDA: Proactive Design Approach）。设计途径的设计价值评判不仅受到当时推崇自然式园林的社会风潮影响，也由当时活动特征所决定[7]。

1.2 加拿大——“视觉质量目标”法

伐木业是加拿大部分山区的重要经济来源，尤其是不列颠哥伦比亚省（British Columbia）。当地的林业管理部门借鉴了英国的PDA分析方法和美国的视觉资源管理系统，结合自己的情况形成了一套完整的设计途径。主要有以下步骤：首先是景观调查，侧重于视点的视域范围和视域内景观特征的构成特点，而后进行分析，从现状分析到预期视觉质量目标（VQOs: Visual Quality Objectives）和最终实现的视觉质量目标，而景观的特征表达要素则是通过地形结构、土地特征来实现，土地特征又包含了多样性、植被、自然特征等[8]。对道路和采伐范围进行设计和布局，最后则是操作与反馈。其中借鉴视觉评价方法中的专家学派理论和VIA（Visual Impact Assessment）评价方法，通过分析景观中的形、色、线、质、空间方向等方面，对比各方案产生的冲击改变量（percent alternation）定量来确定VQOs[9]。该方法的特点有：吸取PDA的主动设计途径，使用量化的方法来确定VQOs，对于维持山地森林视觉景观的提供了有效的设计途径。

1.3 美国——视觉管理系统

美国率先在20世纪70年代制定了视觉管理系统（VMS:Visual Management System）[10-12]，主要手段是通过控制规模和作业行为隐藏等手段来降低活动对景观的影响。1995年在系统中又加入了对公众信息的搜集，结合生态系统单元，强调景观的特征；将景观看作为生态单元，认为变化、生动、神秘、完整、连贯、和谐、平衡是应该具有的属性。风景完整度（integrity lever）包含了五大层次：很高、高、中、低、很低，分别与景观的视觉元相对应。根据风景吸引力等级（SAC: Scenic Attractiveness Class）与景观可视性（landscape visibility）制定出七级美感度标准，以此为目标纳入森林管理框架，再结合多要素进行综合规划，形成新的风景管理系统（SMS: Scenery Management System）[13-17]。当然该方法也遭到了质疑，有的设计师认为该系统原则局限性太强，并且对评价的分类和解析较为混乱，虽然管理较为系统，但是对如何创造美景并未提出应对措施，只能保证景观风貌变化最小化。同时在学术界和景观设计专家内部也对此抱质疑态度，尽管如此，在实际应用中其确实具有极强的可用性。该方法应用的面也较为广泛，不仅应用于林业，还应用于植物景观保护、游憩区开发、水利资源开发和建设、能源开发、采矿及农田建筑等方面，方法围绕的核心对象是如何将活动产生的视觉冲击降到最低，为土地利用管理决策提供一个整体框架和建议[18、19]。

1.4日本——山体可视控制

2002年日本的国土理院对富士山进行测量，得出其高度为3775米，虽然山体处于休眠状态，但是仍然是活火山之一，其视觉景观保护路程也是充满艰辛的。考虑到观看富士山的每个角度景观效果都不一样，因此当局对山体的保护主要从山体周边的建设控制来出发，周边的发展建设更是严格控制。但是从周边的城市观看山体的视觉保护曾经也是一度空白，因为远距离的建设超越了山体本身的限制建设范围，法律上没有可控之处。随着城市的发展，很多城市的高层建筑成了遮挡观赏富士山的障碍物，因此日本民众自发地多次上诉，但当时的法律很难限制建筑的具体建设。随着多处从东京看富士山的视廊的消失，当局终于开始采取行动，通过与开发商协调，将原定的建筑层数削减，并通过视廊的梳理来保护富士山的可视性。

2 人工要素控制方法

2.1德奥——建筑等级制

德国自“二战”前就开始对城市景观进行控制，控制的主体是建筑，控制将建筑分成十个等级的类型，控制的要素包括了建筑物层数、楼高、建筑面积比、建筑间距和样式，等等。维也纳的城市景观控制与德国有极大的相似之处，不过层次不如德国的如此细分，总共分有六个高度等级（bauklassen）[20、21]，通过对相邻建筑的差异程度来控制相互关系，从而避免相邻建筑在形体、色彩、体量、高度上出现过多变化，以至于不和谐的存在。随后相似的视觉控制方法在室外的广告和构筑物视觉景观控制上得到延续。建筑等级制的意图是基于视点的随机性而形成的，强调片区视觉风貌的整体性，并没有一个具有控制性的视点或视觉对象在统领全局，更多关注的是建筑群体的整体性与协调性。

2.2法国——纺锤形控制

巴黎的控制主要是通过视线与控制点的可见关系来控制，截止到1999年，巴黎市内划出了45处景观控制点的控制区，主要方法是“纺锤形控制”。这个方法的视觉特征强调静态特定视点视角的视觉完整性，具体落实到图纸操作层面，是通过对具体需要景观保护的对象建筑或建筑群与眺望点构建立方体，依据立方体的透视改变从而控制背景范围内要素的高度，当然这个要素主要是视线遮挡物，那么巴黎城市中的主要遮挡物则是建筑[22]。从这里可以看出城市景观与自然景观要素的明显差异——自然景观往往是强调各类要素之间的协调性，而城市景观在强调城市景观要素的协调性的同时也在挑选“老大”，通过挑选展示性、控制性突出的个体来强化视觉特征，而对于周边在特定视觉条件下的建筑要素进行控制，进而避免主体建筑被影响。

2.3英国——战略性眺望景观

英国在1938年开始了战略性眺望景观（Strategic View）的尝试，通过视点与视觉对象构建控制框架，进一步通过景观视廊（Viewing Corridor）、广角眺望周边景观协议区（Wilder Setting Consultation Area）背景协议区（Background Consultation Area）来管控要素，达成可见性、标志性的目标。从10处战略景观的视点与视觉对象比较可以看出——视点如格林尼治公园、黑石楠尖峡、威斯敏斯特码头等都具有明显公共性与可达性特征，而视觉对象如圣保罗大教堂、威斯敏斯特宫殿则都是极其重要的历史文化建筑。因此前者侧重于重要的开放空间与名胜地。后者侧重于历史文化建筑，并且这些建筑具有相当的历史背景并是整个城市的标志性象征[22、23]。这一切的视觉管控措施，既塑造视点视觉类型的多样性与特征，也强化了伦敦的城市标志性与特色[24、25]（图1）。

3 各类方法比较

3.1方法控制目标与协调要素比较

林业景观设计在国外已经较为成熟，并且早已经纳入景观设计的教学中，随地区和面临状况的差异而有所异同。以英国的PDA方法为例，该名称的由来是为了与美国林务局的视觉管理系统遮蔽和遮挡的特点有所差别[27]。而VQOs与之极其相似，方法上进一步突出了定量的特点。这两种方法的目标都是为了整体森林要素的美感度，手段则是通过对人工林的设计控制。VMS反映了对原生地物要素的协调要求，要求新增的要素必须从线形色质等方面与之协调。日本的山体可视控制，则是为保证山体可视性，对建筑要素提出的视廊禁建、限建要求。建筑等级制为了保证建筑组群的协调行，对互相之间高度、体量等要素提出了比例协调的控制要求。而纺锤形控制与战略性眺望景观两者的控制意图更为相似，都是针对标志性的建筑物的可见性、标志物周边建筑的协调性，展开控制（表1）。

3.2 方法应用优缺点比较

自然要素类：森林设计方法的适用性意义非常突出，但是从林学的角度对视觉要素的整合基本是围绕软质的植物要素来展开，以艺术化的手法，通过植物的组合关系来提升视觉效果，注重美感度，注重整个面状的效果。

人工要素类：对城市标志物、建筑要素进行整体控制和协调设计的方法包括纺锤形控制、战略性眺望景观、建筑等级制等，在方法上具有一定建成环境优化的被动局限，更关注重点

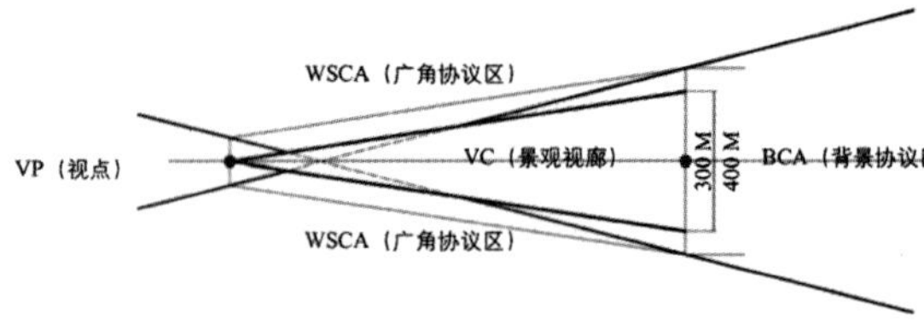

图1 战略性眺望景观视觉控制框架构

的点状空间与线性视觉廊道（表2）。

而现实的人居视觉空间更多呈现出动态化、体系化、复杂性。这七个方法都具有很好的专类领域实践价值。

4 结论

视觉景观规划设计方法是对人居环境中可视区域内面域、线性、点状空间，美学功能改善与维持，通过对景观要素的管控和设计，营造具有空间美学性、景观可视性、整体协调行性、空间可索性的视觉格局。其规划设计在美欧人居区域也有着广泛的实践活动。

由于所处时期面临问题的特殊性，在方法建构的目标和控制要素上存在系统性差异。但是，对于取得更具美感度、协调性、整体性、可见性的空间意图上趋于一致[28、29]。

鉴别视觉景观规划设计方法的目标与视觉结构及方法优缺

表1 方法控制目标与要素比较表

方法类型	控制核心要素（目标）	协调控制要素
PDA（Proactive Design Approach）法	整体森林要素（美感度）	人工林
VQOs（Visual Quality Objectives）法	整体森林要素（美感度）	人工林
VMS（Visual Management System）	场地原生要素（协调性）	新增要素
山体可视控制	山体要素（可见性）	建筑要素
德奥——建筑等级制	建筑要素（协调性）	建筑要素
法国——纺锤形控制	标志建筑要素（可见、协调）	普通建筑要素
英国——战略性眺望景观	战略建筑要素（可见、协调）	普通建筑要素

表2 方法应用优缺点比较表

方法	优点	缺点
PDA（Proactive Design Approach）法	具有主动性，可操作性强	只针对森林景观
VQOs（Visual Quality Objectives）法	主动设计，结合PDA和VMS的优点，主要应用于森林景观	只针对森林景观
VMS（Visual Management System）	应用广泛，有效降低项目的视觉影响	过于被动地控制，对现状过分依循
山体可视控制	被动控制，针对山体进行视廊梳理的方法	针对要素有限，仅为山体
法国——纺锤形控制	被动控制，有效地依据视觉对象可操作性强的控制途径	针对建筑景观，并且只能以视觉对象主导
德奥——建筑等级制	解决相邻建筑景观视觉协调问题	强调视觉景观的和谐性高于一切
英国——战略性眺望景观	被动控制，以视觉对象主导形成有效的控制方法	被动控制，只能以视觉对象主导

点，对视觉景观规划设计与管控方法延展具有实际意义。

在城市双修的理念指引下，视觉景观规划设计与生态空间规划设计[30、31]均有重大价值。目前视觉景观规划设计方法体系尚未完全成熟，对国外理论与实践方法的研究比较，可以从根源理清脉络，系统认知、深化应用。

（原载于《国际城市规划》2019年第3期）

引文文献

[1] Council of Europe. The European Landscape Convention[Z]. Florence, s. n. 2000.

[2] 范榕，李卫正，王浩. 基于视觉吸引分析的迁西县绿道规划研究 [J]. 中国园林，2017,33(12):58－63.

[3] 范榕，王浩，乐志. 基于主成分分析法的城市公园空间视觉吸引机制模式研究——以西雅图奥林匹克雕塑公园为例 [J]. 中国园林，2017,33(9): 23－27.

[4] Dearden P. Philosophy, Theory and Method in landscape evaluation[J]. Canadian Geographer, 1985(29) : 263－265.

[5] 吕圣东. 从范式化到精准化的公园设计趋势研究 [J]. 园林，2017(9): 50－53.

[6] 汤晓敏. 景观视觉环境评价的理论、方法与应用研究 [D]. 复旦大学，2007.

[7] 郝小飞. 我国森林景观视觉设计途径初探 [D]. 北京林业大学，2007.

[8] Bell S. Visual Resource Management Approaches[J]. Landscape and Planning, 2004:450－462.

[9] Sheppard S.R.J. Visual Analysis of Forest Landscapes[J]. Landscape and Planning, 2004:440－450.

[10] Herbert W.S. The Effect of Perceived Conflict on Evaluations of natural resource management goals[J]. Journal of Environmental Psychology, 1981, 1(1): 61－72.

[11] Martin K. Visibility Analysis of Mining and Waste Tipping Sites-a review[J]. Landscape and Urban Planning, 1986, 13(2): 101－110.

[12] Billington JN. Visual Interactive Modelling and Manpower Planning[J]. European Journal of Operational Research, 1987, 30(1): 77－84.

[13] Kopka S., ROSS M. A Study of The Reliability of the Bureau of Land Management Visual Resource Assessment Scheme[J]. Landscape Planning, 1984, 11(2): 161－166.

[14] Williamson D.N., Calder S.W. Visual Resource Management of Victoria's Forests: a New Concept for Australia[J]. Landscape Planning, 1979, 6(3－4): 313－341.

[15] Brent C., Chamberlain, Michael J., Meitner,Automating the Visual Resource Management and Harvest Design Process[J]. Landscape and Urban Planning, 2009, 90(1－2): 86－94.

[16] Brown T., Keane T., Kaplan S., Aesthetics and Management: Bridging the Gap[J]. Landscape and Urban Planning, 1986(13): 1－10.

[17] Trent R.B., Neumann E, Kvashny A.Presentation Mode and Question Format Artifacts in Visual Assessment Research[J]. Landscape and Urban Planning, 1987(14): 225－235.

[18] Cooper A, Murray R. A Structured Method of Landscape Assessment and Countryside Management[J]. Applied Geography, 1992, 12(4):319－338.

[19] 吕圣东，环境模拟技术支持下城市生态廊道构建——以郑州市中牟文创区为例 [J]. 中外建筑，2019(2): 122－125.

[20] Lichtenber Ger E. The Nature of European Urbanism[J]. Geoforum, 1970, 1(4): 45－62.

[21] 邹耀勇. 巴黎城市发展与保护史论 [D]. 华东师范大学，2007.

[22] 陈煊，魏小春. 解读英国城市景观控制规划——以伦敦圣保罗大教堂战略性眺望景观为例 [J]. 国际城市规划，2008(2): 118－123.

[23] 陈煊. 武汉东西湖区吴家山地区景观控制规划的实践与反思 [D]. 华中科技大学，2006.

[24] Navehz.What is Holistic Landscape Ecology: a Conceptual Introduction[J]. Landscape and Urban Planning, 2000, 50(1－3): 7－26.

[25] 西村幸夫. 城市风景规划——欧美景观控制方法与实务 [M]. 张松，蔡敦达，译. 上海：上海科学技术出版社，2005: 170.

[26] City of London.Unitary Development Plan, 2002.

[27] 范榕，吴寒玉，赵锴铮. 基于文献计量学的城市景观色彩研究现状与前景 [J]. 现代城市研究，2018(7): 107－113.

[28] 范榕，王浩，邱冰. 基于视觉吸引机制分析的长荡湖景观风貌优化策略 [J]. 中国园林，2018,34(8): 56－61.

[29] 吕圣东，谭平安，滕路玮. 图解设计风景园林快速设计手册 [M]. 华中科技大学出版社，2017: 204.

[30] 吴敏，吴晓勤. 基于"生态融城"理念的城市生态网络规划探索——兼论空间规划中生态功能的分割与再联系 [J]. 城市规划，2018, 42(7): 9－17.

[31] 吴敏，吴晓勤. 生态激励机制下的生态交融区空间规划研究——以安徽省池州市为例 [J]. 城市规划，2015, 39(9): 87－92.

作者简介

吕圣东，上海同济城市规划设计研究院有限公司城市设计研究院副所长；

陈　静，中国建筑设计研究院有限公司绿色建筑设计院建筑师。

由感性认知到量化管控的城市色彩规划实践

陈昌勇　刘恩刚

摘　要：随着我国城镇化进入快速发展阶段，城市色彩作为与城市空间品质紧密相关的重要公共环境景观要素而日益受到关注。针对我国现阶段城市色彩出现的色彩污染、“千城一面”、特色丧失以及色彩规划实施效果不理想等问题，文章在梳理城市色彩的基本价值和提出城市色彩规划4个基本原则的基础上，通过综合运用公众参与、色彩图谱分析、色彩心理分析、色彩设计法则等城市色彩规划设计的理论和方法，建立以城市色彩价值为基础，由感性认知到量化管控的城市色彩规划技术路线，并以柳州市城市色彩规划实践为例，探讨城市色彩规划的技术体系，可为相关规划提供借鉴。

关键词：城市色彩规划；感性认知；量化管控；柳州市

引言

城市色彩是城市公共空间环境的重要组成部分，是城市发展历程的重要信息载体，也是最能影响人们感知城市特质的表现要素。随着我国城镇化逐步进入高质量发展阶段，人们对城市空间环境的要求越来越高，城市色彩的品质也日益受到关注。但是近十几年来，我国城镇化快速推进，伴随着大规模的城市开发建设活动，城市的色彩形象趋同、色彩污染、色彩杂乱无序以及美感缺失、地域文化特色丧失的问题越来越突出。针对这些问题，自20世纪90年代以来，我国逐渐开展了城市色彩的实践和相关研究[1]，多个城市先后编制了色彩规划，尝试对城市色彩进行规划管控和引导，但是规划实施效果普遍不理想[2]。

针对当前城市色彩及其规划存在的问题，本文在城市色彩相关研究和部分城市的色彩规划实践的基础上，尝试对城市色彩规划的基本出发点进行再梳理，提出城市色彩规划的基本原则，建立基于城市色彩基本价值的由感性认知到量化管控的城市色彩规划编制技术路线，并以柳州市城市色彩规划为例，探讨城市色彩规划编制的技术体系。

1 城市色彩面临的问题

1.1 城市色彩影响因素的变化

城市色彩是人们在城市的自然、社会、文化、经济及历史等众多因素作用下所形成的一种主观上对城市整体的反映[3]。不同的地理位置、自然环境和气候特点，以及由此形成的经济、社会、文化和习俗等方面的不同的城市发展特点，导致了不同地域的城市产生了不同的色彩审美观念和色彩表现。影响城市色彩的因素分为自然环境因素和人文环境因素两大方面。自然环境因素包括自然地理条件、气候条件和地方建筑材料，是影响城市色彩形成的基础因素，一般较为稳定。人文环境因素包括民族文化、宗教意识、科学技术和经济社会发展等，是变化较为强烈的影响因素，是影响城市色彩演变的关键。随着改革开放和市场经济的发展，外来文化的冲击、时尚文化的流行、个性化的发展、房地产等商业开发资本的快速流动以及科学技术和材料技术的进步，人们的价值观念和审美观念发生了巨大的变化，同时伴随着快速城镇化和大规模的城市建设活动，我国城市的传统色彩受到了强烈的冲击，城市进入了剧烈变化和多样化发展的阶段，这是现阶段我国城市中产生五花八门色彩建筑的大背景。

1.2 城市的色彩污染和色彩特色丧失

1.2.1色彩污染问题突出，从生理和心理上对人们造成不良影响

色彩污染主要表现在一些新建筑特别是商业建筑采用亮丽的纯色，给人视觉上强烈的冲击。另外还有为吸引行人视线、突出于周边环境的艳丽的广告牌、灯光群，以及建筑业主自主搭建的各式各样的建筑附属物，如很多地方大面积采用蓝色彩钢板的简易屋顶、挡雨墙，给城市色彩带来了极大的冲击，影响着市民的生活环境。色彩作用于人的感官、刺激人的神经，进而在心理上对人产生影响，但是由于城市色彩对人们生理、心理的刺激和伤害往往是下意识的，导致城市色彩污染成为普遍存在而又往往被忽略的问题。

1.2.2 城市间色彩雷同，丧失地方的文化识别性

色彩特色丧失主要表现在地方的、民族的传统文化色彩逐步消失，大量现代建筑采用的大面积相似中性色彩占据城市色彩的主导地位，大型房地产开发商在全国各地城市通用的居住区建筑色彩外观，以及标准化、模式化的公共建筑和园林绿化建设模式，与城市的文化及环境缺乏联系，使城市的色彩可识别性丧失。

1.3 城市色彩规划编制实施效果不理想

城市色彩规划编制实施效果存在以下两方面的问题：

（1）缺乏共同的、好的城市色彩认知标准，导致规划与当地的社会大众和文化环境脱离，缺乏认同。专业规划人员与社会群体之间的色彩认知没有达成共识，在规划编制中未能真正采纳公众和建设主体对城市色彩的认知，规划得不到公众和建设主体的认可，最后色彩规划往往变成了规划编制人员一厢情愿的色彩设计。期望通过色彩设计来控制城市色彩，而忽略其复杂性和多样性，其结果往往是色彩设计“流产”[4]。

（2）感性的色彩认知未能有效转变为可供操作的标准化的规划管理成果，实施的基础不牢靠。色彩认知因人而异，城市色彩的审美也会有差异，纷繁复杂的主观感性认知如何转化为能被各方接受的标准化的规划技术成果和实施管理的措施，始终是色彩规划编制与规划管理衔接中的难题。其症结表现为规划编制的目标与内容不明确、技术方法的不成熟、色彩规划成果的不完善等[5]，在具体实践中表现为以强调控制性为主、缺乏包容性和弹性的色彩规划不能满足城市快速发展的需要[6]。

2. 城市色彩规划的基本原则和技术路线

2.1 城市色彩规划的基本原则

城市色彩面临的不断加剧的混乱局面，促进了对加强城市色彩规划管理的需求。张姝总结国内城市色彩规划研究的趋势已从最初的关注视觉感受和心理感受逐渐转向关注城市本身的文化特色，从关注城市色彩主色调转向关注具体区域的色彩特色[7]。但是无论是从色彩设计审美还是从色彩心理、色彩地理的角度研究出发，城市色彩规划首先需要回答什么样的城市色彩才是好的城市色彩，只有从本源上认识城市色彩规划管理最根本的目的和原则，才有可能给出合理的应对措施。

城市色彩具有多方面的价值，邓清华等早在2002年就提出城市色彩的价值包括美学价值、文化价值和精神价值等[8]。进一步来看，城市色彩作为城市公共空间环境的构成要素，应该具备城市公共要素的基本特点，好的城市色彩应该同时具有视觉景观、生理和心理健康、历史文化传承及文化艺术特色四个方面最基本的价值特征。从保护和凸显这些基本价值特征的角

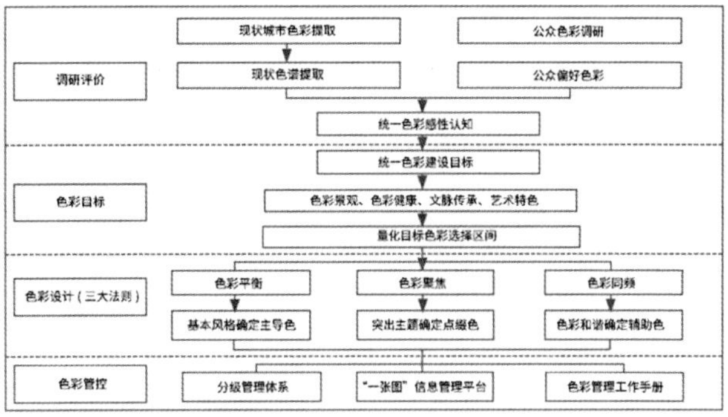

图1　城市色彩规划技术路线图

度，可以归纳出城市色彩规划应该达成的四个基本的规划目的，同时也构成了城市色彩规划的四个基本规划原则：（1）有助于形成怡人的色彩视觉景观；（2）有助于营造生理和心理健康的色彩环境；（3）有助于传承历史文化信息；（4）有助于展现城市的文化艺术品位和特色。按照这四个基本原则，城市色彩的规划和管理，既包含对传统城市色彩的保护和传承的控制，对与城市发展定位相匹配的城市色彩基本风格和主导色调的引导，又包含了从视觉景观和谐、平衡、美观和文化艺术的角度，对不同色彩感知主体偏好的多样性色彩的包容。

2.2 城市色彩规划的技术路线

城市色彩规划技术路线包含“色彩调研评价—色彩目标—色彩设计—色彩管控”四个环节（图1）。

2.2.1 调研评价——统一城市色彩的感性认知

色彩是城市中最为活跃的因素之一[9]，从色彩的角度看城市，城市本身就是一种色彩的表现体，人们生活在城市里，就是生活在某种色彩关系之中[10]。城市色彩是视觉和心理感知的城市整体，既包括相同的、实体的物质部分，也包括不同的、虚的、感性认知的精神部分，物质部分既是视觉感知的基础，也是色彩规划的实体对象，精神部分既是规划设计的最终目的，也是城市色彩的核心与价值所在[11]。统一城市色彩的认知，首先需要在精神层面的感性认知达成共识，这是对广大人群而言抛开具体差异的物质色彩表象能够达成一致的精神层面认知的要素，其途径主要是通过公众参与色彩调研的方式实现；其次，需要在色彩专业技术层面对现状城市色彩进行提取，提炼城市色彩色谱，与公众色彩调研的结果进行校核，达到统一规划编制技术人员与社会公众的城市色彩认知的目的。

2.2.2 色彩目标——量化城市目标色彩的参数区间

结合城市的发展目标以及公众对城市色彩愿景的调研，按照色彩景观、色彩健康、文脉传承及文化艺术特色四个色彩规划基本原则，统一城市的色彩建设目标。对不具备色彩专业知识的公众而言，色彩建设目标是属于语义分析形式的感性的、精神层面的抽象概念，因此在规划编制中需要通过色彩心理分

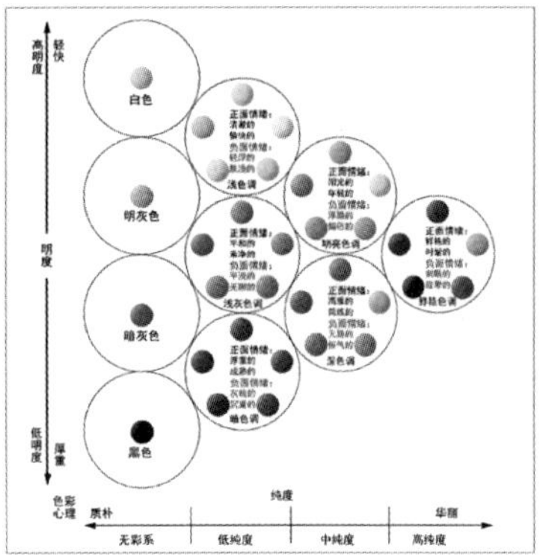

图2　色彩要素与色彩感性认知关系图

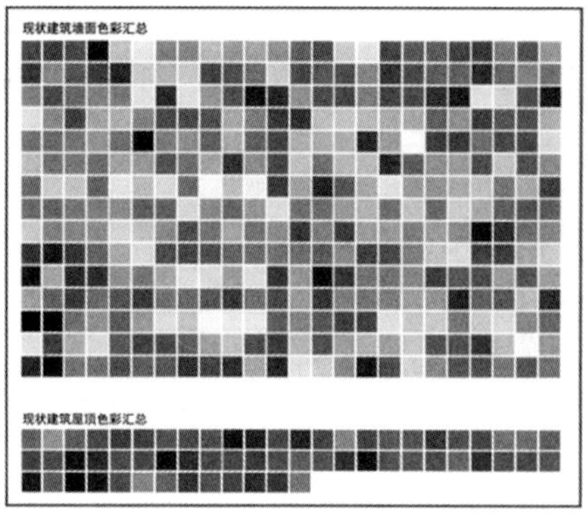

图3　柳州市建筑现状色彩汇总图

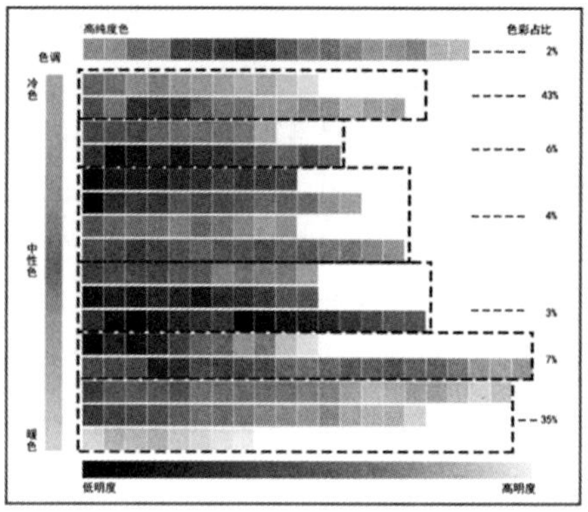

图4　柳州市城市现状色彩图谱

析建立与抽象概念相对应的规划目标色彩，对照标准化的色彩体系，将规划目标色彩转化为色彩标准体系中的色彩参数区间，实现将城市色彩的感性认知转化为量化的规划指标。笔者在研究中，采用在建筑规划设计中常用的蒙塞尔色彩标准体系，按照色彩心理学相关理论，对照色彩情感信息关系[12]，建立起由色彩目标感性认知情绪到色彩三要素（色相、明度、纯度）的数量区间对应关系（图2）。

2.2.3色彩设计——城市色彩的平衡、聚焦和同频

在色彩规划设计环节，按照色彩设计的平衡、聚焦、同频法则[9]，实现色彩规划目标。色彩参数量化借鉴日本城市色彩规划的经验，引入色彩面积比的思路[13]，设定相应的色彩基准，使建筑色彩的引导和控制更为准确、便捷。从色彩绘画原理看，城市色彩包括色调以及相互搭配构成色调的主导色、点缀色、辅助色三要素，这些相辅相成的色彩搭建出城市色彩的整体效果。城市的色调即是城市整体的色彩倾向，体现城市的整体面貌和形象，体现一定的地域自然和历史文化内涵。城市色调是由不同的色彩及其组合关系搭建出来的整体效果，其中占比最大的色彩是主导色。主导色是一个城市显著的色彩文化景观，是最能够体现其文化和景观特质的一种规模性的色彩构成关系，一般而言占比超过75%，存在一定稳定性和传承性，在色彩设计中通过色彩平衡法则确定。占比超过20%低于75%的色彩可以归纳到城市辅助色调中，起到色彩过渡、协调的作用，在色彩设计中通过色彩同频法则确定。占比低于5%的色彩可以归纳到城市点缀色调中，起到突出主题的作用，在色彩设计中通过色彩聚焦法则确定。

2.2.4色彩管控——城市色彩规划管控的技术成果体系

建立分层次引导与控制的城市色彩规划控制体系，借鉴王建国教授在其《城市设计》著作中对城市设计对象范围的三层次划分，形成“宏观尺度—城市级，中观尺度—分区级，微观尺度—地段级”三级色彩规划管控体系，城市级和分区级供管理部门整体把控城市色彩营造情况，地段级直接指导控规编制；建立城市色彩“一张图”信息管理平台，把色彩的量化参数储存在以地块为载体的空间属性数据库中，与规划管理信息平台相结合，纳入城市规划审批管理；制作色彩规划管理图则，还可以进一步制定城市色彩管理工作手册，以便于规划管理人员日常使用以及与公众和建设主体沟通协调。

3 柳州市城市色彩规划实践

3.1柳州市城市色彩认知调研评价

3.1.1城市现状色彩色谱提取

柳州市州拥有2100多年的建制史，是国家历史文化名城和著名的山水城市，历史文化遗存丰富，与峻秀的山景及抱城而流的柳江共同构成柳州市城市色彩最大的色彩环境背景。规划编制人员对建构筑物、山体、水体、植被等城市实物要素进行实地观测拍照、拍摄视频记录，提取图像、影像色彩信息，建立观测点的色彩信息数据库，分析、归纳数据库信息，提取城市色彩图谱，根据色彩图谱对象建立色彩规划对象体系，通过一系列技术手段形成专业编制人员对城市色彩的认知。通过现场调研、实物校对、街景色彩提取及调整（去除由于天气、光线和相机等相关因素造成的较大色彩偏差）等手段，汇总整理出柳州市现状色彩数据库，可以客观地反映出柳州市现状的城市整体色彩面貌，其中最核心的城市色彩为建筑色彩，包括墙面色及屋顶色（图3）。

为便于更加直观系统地认知柳州市建筑环境整体色彩状况及构成关系，对调研汇总的城市色彩进行相关性梳理，提取色相相近、明度及纯度具有相关性的色彩组合，通过提炼整理成为17个主要色彩家族（图4）。这17个色彩家族基本代表了柳州市色彩的整体色系分布、明暗关系和冷暖变化，更为系统地反映了柳州市整体建筑色彩分布的规律与取向。在空间分布层面，现状建筑色彩主要以淡雅的灰色调为主，无彩系、灰蓝系及暖米灰色系占到整体城市色彩80%以上。其中，灰色调是柳

图5　柳州市城市色彩现状感性认知示意图

州市传统的城市色彩，与历史遗存的分布吻合度高。

3.1.2社会公众色彩认知调研

此次规划前期即进行了广泛的公众参与调查，重点关注柳州市民对于现状城市色彩的评价及对城市色彩未来的看法两个方面。为便于与公众沟通，从现状提取的色彩图谱数据中，采用语义分析的方法，从专业人员的角度抽象出山水青、柳石白、柳祠灰、科技蓝（现代蓝）、紫荆粉、工业金及民族红7种具有柳州市城市典型代表性的感性认知色彩（图5），同时，设计了城市色彩调研问卷，包括"城市色彩不足、感性认知、整体色调、主导色、色彩变化搭配倾向"等基于感性认知层面的调研主题。公众参与调查显示，不足之处主要存在于主色调不够明确以及与环境和人文历史特色结合方面。在对城市色彩未来的看法方面，市民所认可的意向为暖色调中的浅米灰色的建筑主色调，表达明快亮丽、朴素大方的整体色彩环境，这既体现了对城市传统色彩冷灰主色调的继承，又体现了色彩审美观念的转变。另外，公众对于城市绿化色彩的关注度为76%，远高于对建筑色彩41%的关注度，两者与40%关注度的城市照明色彩共同组成柳州市民最关注的城市色彩三大组成部分。这表明柳州市民所关注的城市色彩并不局限于建筑色彩层面，对于城市的环境色、背景色等方面，也具有较高的要求。

3.2 明确色彩建设目标及色彩取值区间

3.2.1统一色彩建设目标的感性认知

在现状色彩调研认知分析结果的基础上，规划提出了"青山绿水、清秀淡雅、四季彩城"的三重色彩定位和规划方案，分别对应城市背景色、城市建筑色及城市环境色彩（包括园林植物色、灯光照明色）三个层面。规划通过线上线下多种方式进行了方案公示，开辟了"网络留言、规划满意度问卷、规划局信箱、现场咨询"四个渠道征集市民意见，突破了原有规划公示方式，特别是专业技术人员与市民面对面的交流沟通，广泛听取了民意，汇聚了民智，同时也有效地向市民传达了规划信息，提高了此次规划的可信度和合理性。规划调研结果显示，95%的参与调研者认可"青山绿水、清秀淡雅、四季彩城"的色彩形象定位，在对柳州未来城市色彩建设的感性认知上达到了较高的统一。

3.2.2明确色彩建设目标的量化区间

按照蒙塞尔色彩体系，色相、纯度和明度是色彩的三个主要构成要素：（1）色相用以区别色彩的不同种类，决定城市色彩的特质，是人们视觉最易捕捉的；（2）纯度是色彩感觉的鲜灰程度，反映了外部空间中该城市色彩的鲜艳程度，是当前城市建筑出现问题最多的地方，城市色彩的纯度更能充分展示色彩的模糊性，表达微妙的情感；（3）明度指色彩的明暗程度，是城市色彩视觉效果追求的目标之一，用以显示空间结构，是空间中色彩的"骨骼"。综合色彩的明度和纯度属性对人们色彩感性认知的心理影响，其中高明度低纯度的"浅色调"带给人清秀典雅的色彩体验，但如果运用不当，会给人平淡无味的视觉效果，无法带来较好的视觉冲击。中明度低纯度的"浅灰色调"给人稳重高档之感，也存在灰暗无光的使用隐患。中明度中纯度的"深色调"给人高雅的审美体验，使用不当也会给人无趣的感觉。

围绕色彩建设目标，规划色彩目标量化选择区间如下："青山绿水"，针对柳州市山水环境，是城市色彩的总体背景，色调基本选择为中低明度、中高纯度绿色范围，位于图2中"浅灰色调"至"深色调"的范围；"清秀淡雅"，针对柳州市城市建筑色彩，色调基本选择为中高明度、低纯度色彩范围，位于图2中"浅色调"至"浅灰色调"的范围；"四季彩城"，针对柳州市环境色彩，是城市色彩的重要补充与点缀，色调基本选择为中高明度、中高纯度的红黄紫色彩范围，位于图2中"明亮色调"至"鲜艳色调"的范围。其中，规划提出的以"暖灰色、清雅明快的淡色作为城市建筑主色调"获得了参与调研者87%的认可度，在规划目标色彩区间的选择上也得到社会公众的认可。

3.3 城市色彩体系设计与参数控制

3.3.1城市色彩参数控制

色彩现状调研形成了相对统一的概念色谱，各自包含了柳

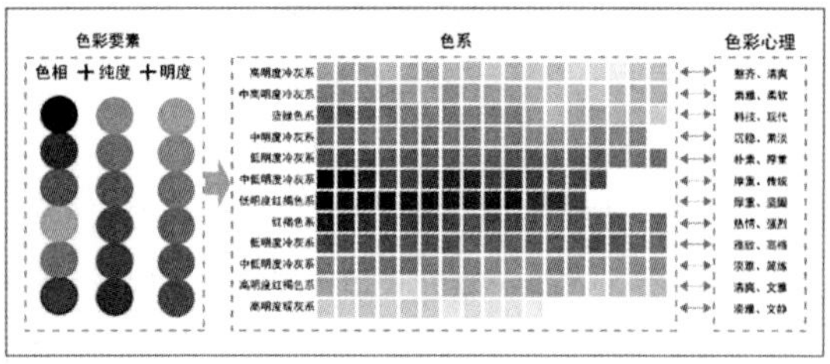

图6　柳州市城市色彩规划的12个色彩家族谱系图

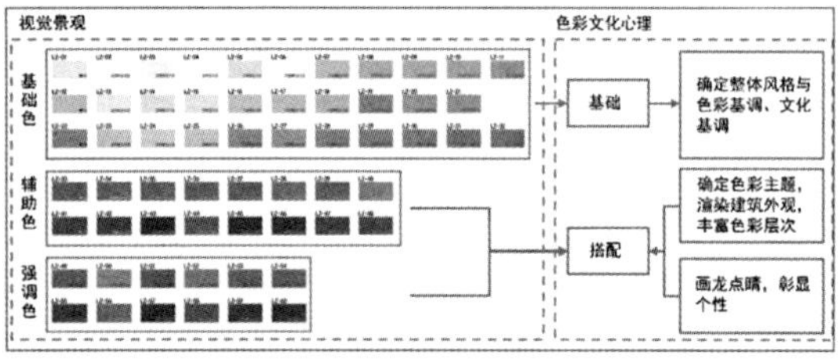

图7　柳州市城市色彩规划色彩体系图

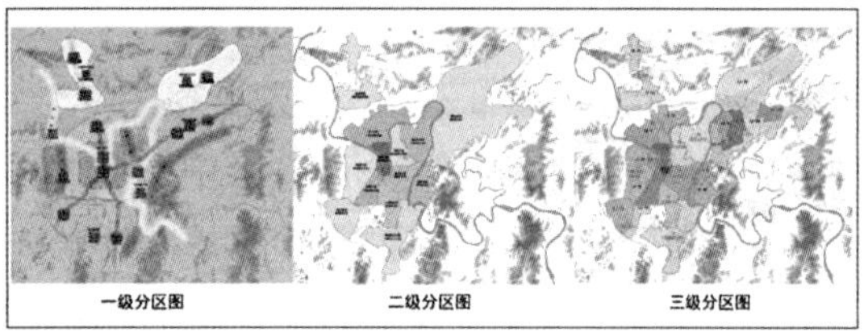

图8　柳州市色彩规划三级管控体系图

州市现状色彩的大致色系及明暗、灰度及冷暖的变化，概念性地反映了柳州市城市色彩的主体色调情况。按照色彩平衡、色彩聚焦和色彩同频的色彩设计法则，对现状色谱进行色度学梳理，结合前期公众参与成果及色彩的相关定位，在剔除高纯度色系后基本保留了现状色谱的色相内容，并将色彩纯度降低、明度提升，使其基本控制在“浅色调”“浅灰色调”和“深色调”内，梳理得到12个家族谱系（图6），谱系内按照冷暖和明暗要素进行分区，冷色系在上，暖色系在下。每个家族色系由相近的明度、色相或纯度构成，以其内在的秩序感构成色调的协调和美感，其中每一组色调都可以展现出和谐的整体色彩效果。

3.3.2城市色彩参数控制设计

梳理后得到的柳州市城市色彩的12个色谱家族既传承了柳州市的历史文化色彩，又顺应了柳州人民的审美需求，由此规划形成了柳州市“清秀淡雅”的基本色调。按照这一色调范畴，根据色彩平衡设计法则，与“山水青、柳石白、柳祠灰”的自然环境和传统历史文化色彩协调，确定“暖色调浅米灰色”为城市主导色，构成城市的基础色彩，其中包含32种具体的主导色推荐色彩。对应于色彩心理和城市不同功能区（如生活居住区、行政办公区、科研教育区、工业生产区、商业商务区等），按照色彩景观、色彩健康、文脉传承、文化艺术特色原则，根据色彩同频设计法则，在12个色彩家族谱系中，规划确定16种辅助色推荐色彩。同时，为便于单个建构筑物建设主体根据自身功能特点和审美偏好，在城市色彩景观中既能突出自身又能与周边色彩协调，按照色彩聚焦设计法则，在12个色彩家族谱系中，规划确定12种强调色推荐色彩。规划确定的主导色、辅助色、强调色和推荐色，构成了柳州城市色彩规划的60色推荐色色彩体系。结合现状色彩调研和统计分析结果，统筹考虑各类建筑使用功能对色彩的需求，对主导色、辅助色、强调色设定色彩面积比基准。原则上，主导色面积占比控制在75%以上，辅助色面积占比控制在20%以内，强调色面积占比控制在5%以内。各建筑主体根据自身需要，在色彩推荐60色和色彩面积比基准控制范围内选择色彩搭配（图7）。

3.4 规划管控体系的构建

3.4.1建立三级管控体系

规划结合柳州市“一主三新，一江两岸，多点支撑”的城市结构，引导色彩沿江、沿城市主要发展轴线有机渐变过渡，由中心彩逐渐过渡到外围暖、冷、雅几种色彩模式。例如，城市中心区位置商业发达，生活及商业商务活动氛围都较为浓厚，用色纯度较其他区域就可以有所提高，突出城市活力。外部工业区则多以中高明度冷色调用色为主，展现现代制造业的科技感与秩序感。规划通过“城市—城市片区—色彩控制单元”的三级管控体系进行规划管控（图8），落实城市空间结构的色彩引导。其中一级分区（城市级）从总体上指导城市色调的结构布局；二级分区（分区级）承接一级分区，并结合城市风貌将城市划分为13个片区，明确片区色彩导控目标与片区主色调；三级分区（地段级）是在二级分区基础上结合各片区未来发展方向进一步细化出26个色彩控制单元，明确各色彩控制单元及其内部各地块的色调以及主导色、辅助色和强调色的推荐色。

3.4.2建立色彩数据库“一张图”

为使色彩管控更加直观、易于操作，整合现状调研色彩数据、规划分区色彩管控数据，包括基本色调和主导色、辅助色、强调色的色彩参数，对照蒙塞尔色彩标准体系和色卡，对应于不同的分区、控制单元和地块，把规划色彩的蒙塞尔色彩参数值，包括色相（H）、明度（V）、纯度（C）和无彩色（N）的数值，输入到空间数据库的属性表中，建立色彩规划“一张图”数据库，并将其纳入柳州市GIS规划信息管理平台。利用GIS技术平台和数据库色彩参数，可以方便生成不同层级分区、不同类型的城市色彩规划图，为规划的实施管理提供便捷、准确、直观的图数结合的管理手段（图9、图10）。

3.4.3制作色彩管理工作手册

为方便规划成果日常规划管理、沟通交流和公众宣传使用，规划制作了城市色彩管理工作手册，主要是对26个色彩控制单元分别制定简明的色彩规划管理图则。图则重点展示单元的控

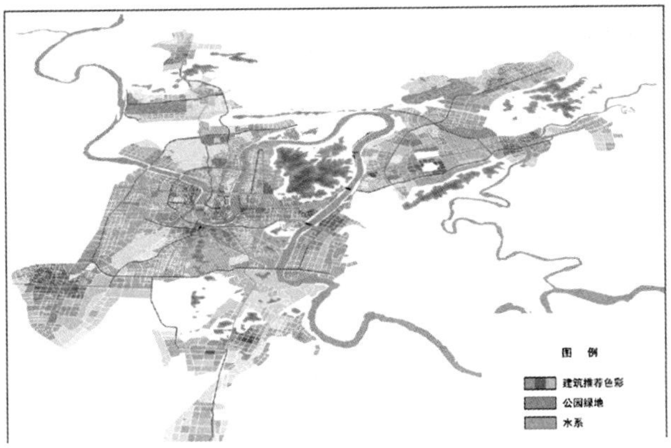

图9 柳州市城市色彩规划“一张图”总体色调图

图10 柳州市城市色彩规划主导色、辅助色、强调色分项管控图

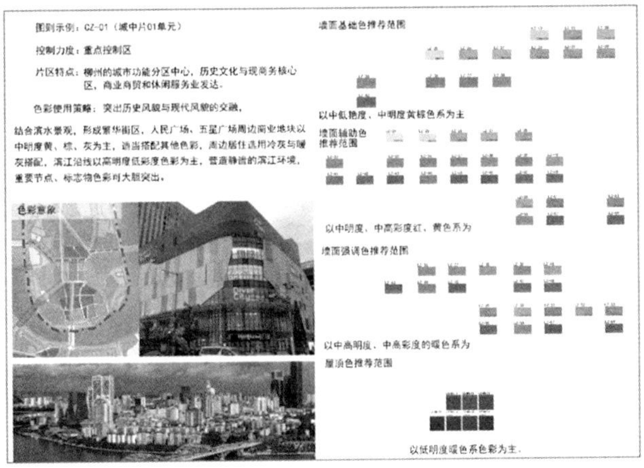

图11 柳州城市色彩规划管理图则（城中片01单元）

制级别、片区特色、色彩使用策略、地块的基本色调以及主导色、辅助色、强调色等规划管控内容，对建筑墙面、屋顶的颜色使用范围提供直观的色彩图样（图11），使用者通过图则能够方便快捷地进行规划色彩比照和沟通交流。

4 结语

和谐良好的城市色彩，彰显着城市的生命力和人居环境品质，也体现了生活在这个城市中的人们对城市价值和文化时尚的追求。协调有序的城市色彩景观，也意味着人们对城市有着共同的价值认识，体现城市的管理水平和文明发展程度。人们追求宜人且富有魅力的城市色彩环境[14]，意味着人们要对城市色彩的感知形成基本的共识，对城市的自然环境、历史文化、发展目标等方面也有基本的共同认识。在编制城市色彩规划中，专业技术人员除了需要从色彩体系本身进行设计，更重要的是要从色彩景观、色彩健康、文脉传承、文化艺术特色乃至更多的角度，寻找并促进人们形成对城市色彩感知的共识，将共识转变为标准化的量化的规划管控体系和规划管理规则，才有可能形成可供实施操作并为广大人民群众所认可的城市色彩规划成果。

（原载于《规划师》2019 年第 2 期）

引文文献

[1] 魏薇，胡明杰. 我国色彩规划研究评述——兼论新时期色彩规划研究创新 [J]. 华中建筑，2012 (4)：111－113.

[2] 王树声，茅程晨. 基于可操作性的城市色彩规划编制方法研究——以济宁市城市色彩专项规划为例 [C]. 持续发展 理性规划——2017 中国城市规划年会论文集，2017.

[3] 袁新敏. “城市色彩”之我见 [J]. 城乡建设，2001 (6)：59－60.

[4] 苟爱萍. 我国城市色彩规划实效性研究 [J]. 城市规划，2007 (12)：84－88，101.

[5] 王树声，茅程晨. 面向实施的城市色彩规划编制的关键问题研究 [C]. 持续发展理性规划——2017 中国城市规划年会论文集，2017.

[6] 周广坤，吴伟. 英国城市色彩景观更新与保护机制研究 [J]. 中国园林，2016 (1)：104－108.

[7] 张姝. 基于地域特色的城市色彩研究 [D]. 武汉：武汉大学，2014.

[8] 邓清华. 城市色彩探析 [J]. 现代城市研究，2002 (4)：51－55.

[9] 克里夫·芒福汀，泰纳·欧克，史蒂芬·蒂斯迪尔. 美化与装饰 [M]. 韩冬青，李东，屠苏南，译. 北京：中国建筑工业出版社，2004.

[10] 张鸿雁. 城市形象与城市文化资本论 [M]. 南京：东南大学出版社，2002.

[11] 薛杨. 城市色彩规划初探——以武汉市为例 [J]. 华中建筑，2016 (3)：145－147.

[12] 梁景红. 梁景红谈色彩设计法则 [M]. 北京：人民邮电出版社，2015.

[13] 王占柱，吴雅默. 日本城市色彩营造研究 [J]. 城市规划，2013 (4)：89－96.

[14] 郭红雨，谭嘉瑜. 城市空间视野下的体育建筑色彩环境体验与营造 [J]. 规划师，2015 (8)：105－109.

作者简介

陈昌勇，教授级高级工程师，广东省城乡规划设计研究院规划四所技术总监；
刘恩刚，广东省城乡规划设计研究院规划四所工程师。

近代昆明私家园林的艺术特征与价值研究

蒋 宏 刘 娴

摘 要：近代昆明私家园林蕴含深厚的文化内涵，其本土文化独具特色。文章对近代昆明私家园林的选址、园林建筑、植物配置、园林理水等问题进行分析、归纳和总结，探讨其当代价值。在当前园林景观多元化发展背景下，城市建设越来越注重自身传统的继承和发展，近代昆明私家园林的造园意匠值得今天的城市景观建设加以借鉴。

关键词：私家园林；艺术特征；价值；近代昆明

昆明园林历史悠久，除了继承弘扬了中国古典园林艺术特色之外，又有自己的地方特色、民族特色，在中国园林艺术中独具一格。近代昆明私家园林由于历史原因，有着特殊的文化内涵，表现出独特的艺术特征，充分体现当时造园师的智慧和技巧，揭示出昆明历史文化的博大与隽永，其造园艺术值得深入研究与发掘。

1 近代昆明私家园林概况

1.1 昆明私家园林的发展历程

昆明北部高山屏障，能够挡住北方的寒流，再加上来自孟加拉湾的暖湿气流的影响，形成了“四季如春”的亚热带温润气候区，是人类理想的居住地。昆明各族人民生活在这块富饶美丽的土地上，很早就开始利用大自然建设自己的家园。据《蜀王本纪》记载，约于公元前7世纪，昭通人杜宇擅长农耕，教民务农，以汶山为畜牧，南中为园苑。这里的“南中”即指以滇池为主的广大地区。“园苑”指圈养鸟兽的皇家花园，供帝王贵族狩猎游乐的场所，是昆明园林的萌芽阶段。

元代，云南建立中书省，置昆明县。《徐霞客游记》中记载，梁王在风景如画的滇池畔西山修建“南庵”避暑宫。据《昆明县志》记载：明代洪武年间，朱元璋平定云南，西平侯沐英在九龙池（今翠湖）畔的柳营建别墅花园，又有沐春建的敬思堂，沐山昆建的栖风亭等。除沐氏园林外，在金蝉寺畔有刘氏花园；绿水河东有郭氏花园；圆通寺西有李氏竹园；城东塘子巷有陈家花园。据明代昆明诗人高应雷记述，“城西廓外为黔国西花园，名卉缤纷，穷宇内之奇丽。东南廓二十里间，皆士大夫所构园亭圃业。素馨挽架，茉莉搀篱，匝地香葩，莺蝶亦醉”[1]。明代后昆明私家园林已初具特色。

清末至民国，因权贵们相互攀比，大兴土木，昆明私家园林得到空前发展，达到鼎盛时期。时任云南督军兼省长的唐继尧在北门街建唐公馆，民间称之为“唐园”。园内花木繁盛，山水灵秀，其中所设两座真人大小的瓷制美女喷泉是当时昆明的一大稀罕物。清末状元袁嘉谷曾说：“昆明园林，至大以唐公所有为第一。”可见此园的规模非同一般。

1919年龙云由德国人手中买入盘龙江畔的震庄，花费十余年时间经多次翻新改造建成了一座中西结合的豪华私家园林。龙云当上“云南王”，震庄便成为他主政云南18年间生活、办公、接待宾客的处所，如今仍风姿不减。另有市政公所督办张维翰修建的螺翠山庄，位于圆通山西侧，松树成林，松间曲径通幽，假山穿石洞，莲藕蔽池沼，建有中西不同风格的楼宇亭阁，各得其趣。1936年在螺翠山庄举行“丙子重阳登高诗会”高朋满座，盛极一时。20世纪30年代，昆明陆续建成一批私家园林。其中最为有名的是与大观楼隔河相望的庾庄和鲁园。之后，出现了玉案山下龙云的灵源别墅、翠湖边的卢汉公馆、碧鸡镇的紫园，滇池之滨的西园、白鱼口全用石材建成的垒楼、东寺街马骢的将军府、李鸿谟北京路的石房子、李培天的静园等。昆明私家园林呈现出一派繁荣景象。

1.2 近代昆明私家园林营造的影响因素

1905年，昆明开辟为商埠，昆明成为一个开放城市，较内地城市而言更早地开始受到西方近代文明的影响，昆明私家园林的园主开始积极借鉴西方造园理念与技术，昆明出现了多样化的西式建筑，直接推动了昆明私家园林样式的发展。1910年，滇越铁路全线开通，进一步加强了昆明作为全省商业、贸易中心的经济地位和交通枢纽地位[2]。近代建筑材料和建筑技术开始传入昆明，钢材、水泥、玻璃等建筑材料得以推广。同时引进了先进的施工方法，建筑由土木结构、砖石结构发展到大空间的析架式木结构、钢筋混凝土结构、钢结构等新型结构[3]，构成了近代昆明园林建筑发展的基础。

清末至民国年间，昆明的政治格局为较为开明的地方自治。各种近代城市物质要素逐渐被引入，城市向四周蔓延，昆明形成“半城青山，半城水”的城市面貌，为私家园林的营建创造了良好的自然条件。19世纪30年代，昆明作为抗日的后方，学校、工厂内迁，大量的资金、人才和设备流入昆明，促进了昆明经济的短暂繁荣。官僚资本争先恐后地在昆明开办发电厂、炼铜厂、制钢厂等工厂企业，昆明工业此时起步，商业繁华，社会权贵阶层在短期内积蓄了雄厚的财力，为建造自己的私家园林奠定了殷实的经济基础。

民国期间，云南一批优秀青年出国留学归来，参与到园林建设中。一方面改建了一批公园，此外还改建了翠湖、大观、圆通、云瑞、古幢等公园。一时间游览之风盛行，随着近代昆明公园的建设，社会上层权贵也纷纷攀比建园，私家园林得到了空前的发展。甚至园主自身就是造园大师，如庾庄的主人庾恩锡，庾恩锡在园林建筑方面的代表作是他出巨资在赵鹤清协助下建造的庾庄和白鱼口的空谷园，两园均成为昆明园林史上的精品。庾恩锡、赵鹤清等造园大师将近代昆明私家园林的造园意匠带入了全新的高度。

1.3近代昆明私家园林的选址

选址是中国传统造园的首要环节，近代昆明私家园林选址遵从中国传统古典园林的相地原则，首选拥有良好水源条件并易于成景的地段。因此内城的翠湖，西南郊的滇池等地成为最佳的造园基址。

滇池位于昆明市的西南，又称昆明湖，是云南省最大的淡水湖。南北长39公里，东西宽为13公里，面积为306.3公顷，有高原明珠之称。滇池东有金马山，西有碧鸡山，北有蛇山，南有鹤山。这些山连绵起伏，形成了昆明坝子的天然屏障。湖滨土地肥沃，气候温和，山环水抱，天光云影，构成一幅美丽的天然画卷，是昆明私家园林的理想选址。水体是造园活动的主要构成要素，因此水源问题也就成为私家园林选址的重要因素，近代昆明私家园林的选址在滇池片区较多，等级较高，园林占地面积相对较大。

翠湖位于五华山西麓，湖面15公顷，是昆明城区的中心景观区。元朝以前，滇池水位高，这里是一个小湖湾，多稻田、菜园，故称“菜海子”，因东北面有九股泉水涌出汇流成池，又名“九龙池”。至民国初年，改辟为公园，园内遍植柳树，湖内多种茶花，池水清澈，绿竹成荫，翠柳依依，微波袅袅，始得“翠湖”美称。翠湖片区是昆明私家园林的理想选址，分布于此的私家园林有：唐继尧的唐园、张维翰的螺翠山庄、卢汉公馆、袁嘉谷旧居、王九龄故居等。

市中心之街坊里巷，亦能造园，但须在静僻之处。明代计成《园冶》中论及，“市井不可园也。如园之，必向幽偏可筑，邻虽近俗，门掩无哗”[4]。由于昆明是云南的省会，城内坊巷寸土寸金，是黄金宝地，只有实力雄厚的权贵才有条件在城内营建私家园林。

2 近代昆明私家园林的艺术特征

近代昆明私家园林造园时借自然山水造情造景，融入自然而不破坏自然，这体现着昆明人追求天人合一，充满哲学意味的山水园林居住理念[5]。造园意匠博众之长，兼具中西融合特色，是滇派园林的典型代表。

2.1百花齐放的园林建筑

2.1.1中西合璧的时代特色

20世纪初，各国商人先后来到开辟为商埠的昆明居住，各类建筑样式逐渐增多，法国文艺复兴式晚期建筑、法式殖民地外廊式建筑、哥特式建筑等建筑样式在昆明相继出现。昆明私家园林建筑也形成了中国传统建筑、西方建筑、中西结合建筑多元并存、融合发展的局面。民国初期，昆明私家园林建筑呈现出“中西合璧”的风气[6]。

建于1927年的庾庄是中西园林结合的典范，成为当时园林建筑的潮流，它不仅保留了中国传统园林的构园特点，还融入了西方哥特式建筑特征。庾庄原主体建筑为土木结构二层楼房，称为“红楼”。庾恩锡，字晋侯，因此民间亦把此楼称“晋侯楼”。1998年在原址恢复重建晋侯楼，基本保留了原貌，建筑平面为六边形，具有仪式感的轴线，又不完全对称。建筑主体一半在水面上，用柱廊形式作为室内外的过渡空间。建筑立面、门窗、阳台等均保持红楼原建筑样式，有坚固挺拔的体量感。建筑整体追求内外空间的衔接互动，体现出中西方生活情趣的完美融合。

建于1935年的李培天府邸静园是传统复兴建筑的典型代表。该建筑采用粗犷的毛石建造外立面，顶部为中国传统歇山顶，正脊设有鸱吻，垂脊有兽头[7]。门窗则采用西制的石拱玻璃窗，使较沉闷的歇山屋顶有了几分轻盈和灵动。室内精致的欧式装饰与粗犷的毛石形成鲜明对比，既有欧式建筑格调，又有代表传统中国固有形式的古建风貌，整体风格呈现中西合璧的特点。

法式建筑深受青睐是近代昆明私家园林的又一显著特征，现存的典型法式建筑以卢汉公馆最有代表性。卢汉公馆建于20世纪30年代[8]，由钢材做屋架，砖、木、石结构，可以算作当时最为先进的建筑技术。其屋顶为红色陡坡影山平瓦，墙面做黄色粉刷，白色细凿石锯齿形镶砌建筑转角，色彩明艳而雅致。门窗与阳台相通，宝瓶栏杆，走线精美，是近代昆明的一幢优秀建筑。建于1943年的西园是卢汉在滇池湖畔的又一私家园林，西园大门仿法国凯旋门样式，园内建筑风格亦属典型法式建筑。

2.1.2本土建筑得以传承发展

近代昆明的“一颗印”建筑也有了建筑体量的发展，如建于民国九年（1920）的马骢将军府，位于东寺街花椒巷5号，占地约900平方米，建筑面积约1200平方米。坐南朝北，土木结构，各单体建筑均为单檐两层。从正房的明三暗五，走马转角楼，到走廊的铁栏杆，再到一前一后的大花园，在当时的“一颗印”建筑中可谓少见。始建于1925年的王九龄故居，在昆明传统建筑“一颗印”的基础上吸收了苏州“沧浪亭”的特点[8]。位于东风西路吉祥巷的懋庐，为咸丰年间商人张懋弟所建，从上往下俯视就像一枚方形的印章，属典型的云南“一颗印”建筑。石屏会馆建筑群，一进三院，占地1660平方米，厅堂高大，布局严谨。门窗用上等木材雕花贴金精制而成，精雕细刻，工艺精湛，图案生动，艺术价值极高。这些具有浓厚本土特色的建筑，是云南园林建筑文化的瑰宝。

2.2丰富多彩的园林植物

昆明气候温和四季如春，南北寒温热带植物区系部分种类都可嵌入生长，本地原生植物种类丰富，引种外来植物潜力大。终年花木繁茂百花争艳，是昆明私家园林优势的一个显著特色。据有关资料记载，唐宋以前昆明就已经栽培了许多庭院花草树木，如垂柳、素馨、果松、梅、李等，还有从外地引种栽培的芍药、石榴等。到了元代，云南山茶已大量引种栽培，此外还有慈竹等品种。明代昆明已有各种木本花卉70多种，其中有滇丁香、杜鹃、玉兰、垂丝海棠、银杏、枇杷等，还有从外地引种的茉莉、无花果、倒挂金钟等花木[9]。

近代昆明私家园林保留下很多名木古树，如震庄内两株生长近170年的攀枝花苏铁，一雄一雌，雌株高3米，冠幅3米 × 3.1米，胸径51厘米；雄株高3.5米，冠幅3.9米 × 3.7米，胸径44.5厘米，这两株苏铁长势好，为国家二级保护植物。此外，明清以来的云南山茶、三仙柏、桧树、云南梧桐、桢楠、紫薇、柳杉、银杏、黄连木、楸木等在各私家园林中都较常见。由于四季不明显，很多一两年生花卉既可春播也可秋播，只要调整种植期，就可使它终年开花不断。从清代到新中国成立前夕，花卉品种增加到187种。

近代昆明私家园林在种植设计上呈现出比北方园林与江南园林更加多样化的地域特征，既有自然式种植亦有规则式种植，与建筑、山水相得益彰。丰富多彩的园林植物与形式多样的种植手法共同形成了近代昆明私家园林独特的本土园林植物景观效果。

2.3形式多样的园林理水

中国园林被誉为自然山水园，是指以自然山水为范本，要达到“虽由人作，宛自天成”的理想效果，在私家园林营造中，“理水”是极为重要的环节[10]。近代昆明私家园林同样注重理水，甚至视水为全园的灵魂，就选址亦可看到以良好水源为基地，滇池片区、翠湖片区为私家园林的营建提供了优质的水源条件。近代昆明私家园林中的水体、水态极为丰富，处理手法多样。理水重视“意”与“形”的结合。从形式上看，有点状、线状和面状之分；从情态上看，有静水和动水之分，从布局上看，有集中和分散之分。

园中的水必须与外界接通，将活水引入园内，沉积之水排出园去，不能腐臭。这是私家园林理水的重要一环。如滇池周边的私家园林，园内水体与滇池合为一体。远离滇池的灵源别墅，位居海源寺，背后聚仙山有条从龙打坝流来、最终入滇池的海源河，民间有“聚仙之丽，滇池之源”的说法，被认为是滇池源头。也许相信风水的龙云更相信龙不可一日无水，故特意寻觅了这靠山有水的地方建别墅，并据“水不在深，有龙则灵”把别墅取名“灵源”。

利用构筑物与水面结合形成具有意境的理水效果，在鲁园、庾庄等私家园林中可见桥的形式呈现多样化，如拱桥、廊桥等，桥藉水成影，水因桥成景。仿舟建筑——石舫，在震庄和鲁园中也起到活跃水景的作用，舫在水中，令人更接近于水，身临其中，使人有荡漾于水中之感。另外，近代昆明私家园林中的水体开始积极尝试西方园林的规则式水景设计，部分园林在水池中设置喷水设施，形成喷泉效果，如卢汉公馆、震庄等都有这样的景致。

3 近代昆明私家园林的价值评析

现存的近代昆明私家园林尽管只占历史鼎盛时期的很少一部分，我们未能见到历代最辉煌的造园技艺，但昆明现存的私家园林依然具有极高的历史文化价值、科学研究价值、艺术审美价值、社会教育价值和经济使用价值。

3.1历史文化价值

昆明的建城史已有1200多年，是获得国务院公布的全国首批历史文化名城，昆明作为云南省的政治文化中心，近代私家园林多为时任高官所有，是典型历史生活的凝固。近代昆明私家园林见证了昆明城市的变迁历程，见证了大量的历史名人与历史事件，同时，昆明私家园林反映出昆明独特的地域文化，有着极为重要的历史文化价值。近代昆明私家园林作为历史文化的遗存为我们展示着这座城市的历史脉络。

3.2科学研究价值

近代昆明私家园林无论是在造园手法，还是在造园理论上都已十分成熟，其造园技艺在中国私家园林中独树一帜，为现代园林的建设提供了借鉴，一些技术手法也被沿用至今。近代昆明私家园林不但是风景园林学的重要研究对象，同时也是建筑学、地理学、历史学、植物学、民族学等其他学科的研究对象，具有重要的科学研究标本意义。近代昆明私家园林绝不是江南私家园林的复制，也不是法式园林的翻版，其建造技艺与文化内涵需深入研究。相信随着时间的推移，近代昆明私家园林科学研究价值所涉及的深度和广度将不断得到深入发掘。

3.3艺术审美价值

近代昆明私家园林因地制宜，在选址、园林建筑、理水、种植等方面均取得较高艺术成就，可为当下的城市景观设计和建设提供借鉴。园林同时与诗、词、歌、赋、民俗、建筑等多种艺术类别融合发展，其自身具有较高的艺术价值。园林的审美价值体现在形式美和意境美两个层面，近代昆明私家园林在形式美上，既有规则式园林，亦有非规则式园林，造园者把诗画情意融入园林的形式中，同时把人文情怀抒发到园林意境的营造中，从感官上满足赏园人的审美需求，并获得不同层次的审美体验。

3.4社会教育价值

园林作为历史遗迹，社会教育价值也逐渐显现，成为社会教育的重要基地。近代昆明私家园林见证了不少昆明的重大历史事件，如著名的云南起义就发生在卢汉公馆内，1949年12月9日卢汉率部起义，扣押国民党中央军的高级军官第八军军长李弥和保密局滇站站长沈醉等在翠湖卢汉公馆内，发出《云南起义通电》，云南获得和平解放。又如1946年《新纂云南通志》在灵源别墅内进行了3年的编撰收尾工作，《新纂云南通志》的编纂出版是近代云南文化建设最重要的大事之一，是20世纪上半叶云南百科全书式的巨著，在云南学术史上留下了永不褪色的经典篇章。再如1950年2月24日，在庾庄召开的云南省师级以上干部大会，陈赓在会上庄严宣布：云南从今天起已完全获得解放。庾庄见证了云南宣布获得完全解放的时刻。

3.5经济使用价值

当前昆明旅游业高速发展，单一的自然景观已不能完全满足人们对旅游的精神文化需求，人们越来越青睐人文旅游。私家园林作为一种重要的人文旅游资源，应在合理保护的基础上适度开发。这不仅能大大提升昆明的城市知名度，也将对昆明的旅游产业和服务行业的发展起到积极的带动作用。并对提升昆明旅游的竞争力和吸引力，加快昆明经济发展具有一定的现实意义。

4 近代昆明私家园林的保护与利用

在过去的城市建设中，以牺牲环境效益、整体效益换取局部利益的做法是不可取的，如紫园、马骢将军府、袁嘉谷故居、王九龄故居、故园、静园、懋庐、得意居、石屏会馆等，不约而同地变成餐馆。一些私家园林没有得到合理的利用，如灵源别墅，经营过茶馆、饭店，现作为国学普及教育机构，经营也十分冷清；一些私家园林被定为文物保护单位后就大门紧锁，不对外开放。如何让保护与利用并行，是我们需要思考的问题。

近代昆明私家园林记录着城市的变迁、演化，继承着一代代市民生息的历史文脉。对近代昆明私家园林的保护，不仅是提升昆明城市文化品质和知名度的需要，更是推动昆明历史文物保护工作发展的需要。让城市历史得以延续，擦亮昆明“国家历史文化名城”这块招牌。当然，传承不是一味地守旧，传承是为了更好地创新；传承是创新的基础，创新是传承的发展，这也是园林文化不断向前发展的源泉。近代昆明私家园林作为文化遗产是一笔巨大的财富，应在科学管理基础上进行适应性再利用，让其发挥出自身价值。

近代昆明私家园林的保护，应积极采用当前最先进的理念与科学设备，跟上时代进步。当前数字技术已开始应用于园林遗产的保护研究，私家园林的保护跨入了信息时代，特别是采用虚拟现实、地理信息系统（GIS）、信息化建模、三维激光扫描等技术，为园林保护模式带来了新的技术手段[11]。数字化保护技术能为近代昆明私家园林的可持续发展提供服务，数字化保护的最大益处是可以不受空间和时间的限制，完整真实地保存和记录私家园林的各种数据信息，并利用这些信息进行虚拟环境的展示和传播，发挥其独有的价值[12]。让近代昆明私家园林焕发出新的活力，展现在世人面前。

5 结语

近代昆明私家园林具有鲜明的地域特色，文化内涵丰富。其选址重视依傍湖泉、善于借景，园林建筑类型多样，园林植物丰富，理水精妙，园林意境深远，充满文化底蕴，充分体现了近代昆明造园的卓越成就。当代园林景观设计是继承与创新的设计，继承传统、发展传统，创造出既和传统有渊源关系，又和当代社会、经济、科技、文化相适应的作品。在这样的背景下，近代昆明私家园林对今天的景观建设仍有很高的借鉴价值。我们应采用时下最先进的理念与技术，对现存私家园林加以保护与利用，让其发挥出难以估量的价值。

（原载于《遗产与保护研究》2019年第1期）

引文文献

[1] 余嘉华，赵榴．昆明园林文化二千年 [J]. 云南师范大学学报（哲学社会科学版），2002(4):59－64.

[2] 谢本书，李江，马颖生．近代昆明城市史 [M]. 昆明：云南大学出版社，1997.

[3] 彭飞，何俊萍，杨秀琴．昆明近代建筑的价值与保护利用 [J]. 小城镇建设，2008(10):7.

[4] 计成，陈植．园冶注释 [M]. 北京：中国建筑工业出版社，1981.

[5] 杨克林．寻芳深处：大观楼周边老昆明私家花园探秘 [M]. 昆明：云南人民出版社，2014.

[6] 昆明市园林绿化局．昆明园林志 [M]. 昆明：云南人民出版社，2002.

[7] 刘学．春城昆明：历史、现代、未来 [M]. 昆明：云南美术出版社，2003.

[8] 云南信息报．老房子（昆明往事丛书）[M]. 昆明：云南人民出版社，2009.

[9] 政协昆明市五华区文史资料委员会．五华园林史话 [M]. 昆明：云南大学出版社，2002.

[10] 郑曦，孙晓春．《园冶》中的水景理法探析 [J]. 中国园林，2009(11):20.

[11] 童乔慧，陈亚琦．基于云服务下建筑信息模型的历史建筑数字化保护研究 [J]. 华中建筑，2015(9):14.

[12] 罗平，向杰．云南民居建筑文化的数字化保护研究 [M]. 昆明：云南大学出版社，2015.

作者简介

蒋　宏，昆明学院副教授；

刘　娴，云南师范大学。

农民房是怎样炼成的——浅论远安双泉、九子溪村庄安置小区规划设计

徐金荣　谢金凤　林炳新　凌　怡

摘　要：面对现代新农村地域性缺失、村庄记忆模糊、传统文化延续不够等现象，我们从项目现场、当地民居、传统古村落三个方面着手，挖掘地块内的自然资源，总结本土的建筑语言，探究传统的村落文化。试图通过双泉、九子溪村庄安置小区的规划实践，关注传统村落的空间模式、关注现代化的生活方式、关注建造的本土化、关注旧村落环境的整治，使农村呈现出既带有地方特色，又融入现代生活的新形象。

关键词：村庄记忆；地域性；文脉；本土性；现代生活

前言

远安县隶属于湖北省宜昌市，是嫘祖的故里和楚文化的发源地之一。远安县域面积1752平方公里，辖6镇1乡、102个村。2015年远安县总人口19.5万人，乡村人口占到74.5%（约14.6万人），主要经济产业为香菇、蔬菜、粮食等农副产业。因为整体经济欠发达，加上交通不便利，所以远安当地村落进化较慢，保存相对完好。

“十三五”规划将远安县定位为宜昌市域副中心城市，明确将远安鸣凤城区纳入宜昌“一主六副”市域城镇布局。为抢抓历史机遇，远安大力推进旧城区更新、棚户区改造以及城中村改建。2017年11月1日远安县正式启动北门村、南门村、汪家村、双利村、双泉村5个村改建，以及安泰社区、航天社区2个片区的棚户区改造。双泉、九子溪村一共需安置339户，其中双泉村安置261户，九子溪村安置78户。

早在2012年，远安县已开始实行“文明新村试点建设”，但受种种条件限制，村庄规划建设缺乏地域特色和文化特征，且因效仿城市模式脱离了乡村实际。面对新农村建设的常见问题，我们提出4个关注点：传统村落的空间模式、现代化的生活方式、建造的本土化和旧村落环境的整治，尝试打造一个“住的够安逸、经得起岁月、载得了乡愁”的现代远安村落示范点。

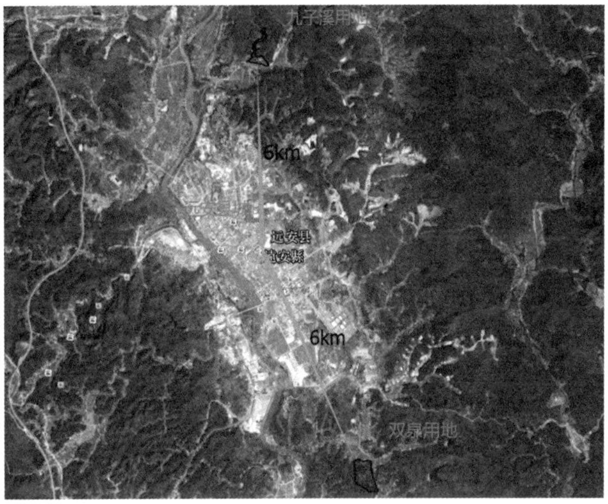

图1　场地区位

1 现场踏勘

双泉为接近长方形的不规则用地，南北长约655米，东西宽约240米，总用地面积约21.46万平方米。用地西部、南部有指状山体伸入用地，北部、东部为6米线状村道连通县城，中部为平坦农田用地。用地腹部有两个较大水塘，每个山窝处也都有个小水塘，这些水塘可汇集山体雨水灌溉农田。

九子溪用地接近三角形，南北长约337米，东西宽约375米，总用地面积约5.96万平方米。用地东、西、北三边均为山体，南部为通往远安县城的村道，村道与山体之间为平坦农田用地。用地东部已建有约30户农民自建房，一条一两米宽的山间小溪自北向南贯穿用地，溪流蜿蜒，流水淙淙（如图1）。

2 考察当地民居，总结本土建筑语言

湖北地区的建筑统称为荆楚建筑，我们考察了远安当地相对有特色和文化底蕴的村落，如洋坪镇、茅坪场、青龙湾、翟家岭、庞家湾，总结出以下共性特征。

2.1村落布局

远安是丹霞地貌和喀斯特地貌共存的县域，县内多山体陡坡，可耕作的农田较少，所以村落多沿山脚展开布置，依山而建让出前端大片平坦耕地，形成当地特有的山—屋—田的村落形象（如图2）。

2.2户型格局

当地传统民居主要是“一字型”“L型”户型形态。建筑层数多为2层，一层为主要活动区，布置储藏室、堂屋、卧房，堂屋兼做餐厅；二层不常使用，偶尔用作客房。出于对卫生、防火、建造工艺等的考虑，当地民居多在主楼侧边搭建厨房、卫生间农具间等辅助功能用房（如图3）。

2.3立面效果

立面材料多就地取材，墙身有泥砖墙、夯土墙、砖墙、石墙等多种样式，部分土质墙面上刷白色涂料用作防水、抗污，延长墙面的使用寿命。外墙一层开窗大，二层开窗小。屋顶采用木结构形成两坡四出檐的顶部形式，同时屋架露檩。屋面铺设灰色、红色，或灰红相间的土瓦，屋脊位置采用土瓦压顶，端部再用瓦片堆叠形成翘起。

图2 远安村落

图3 当地“一字型”民居

3 推陈出新，从传统古村落中摄取营养

我们同时对湖北周边具有代表性的传统古村落进行详细分析，发现传统古村落布局根据所处环境不同主要有带型、团块型、散列型三种形式，其中以团块型聚集效应最好。村落以祠堂、戏台、广场、水塘为中心，这个中心既是村民祭拜与供奉先祖的场所也是村民活动聚集地。

传统古村落的街巷空间发展较为随机，逐渐发展形成三级街道模式。第一级街道以街为主贯穿整个村落，宽度3米至6米，是村落内主要交通干道；第二级街道为支路联系大面积的住宅组团，宽度3米左右，是村落内最丰富、最有特色的街巷空间；第三级街道为巷弄连通每一栋住户，宽度1米至3米，是建筑与建筑之间的过道，只满足“通过”的功能。

4 双泉、九子溪村庄规划设计

4.1总体布局

立足双泉、九子溪用地的现状环境，结合对村落规划的认识与理解，我们提出“院落围合、簇状集聚，尊重自然、依山而建，随坡就势、错落有致”的规划原则。

4.1.1依托现有资源，打造“和水而居”“山水交融”两种布局

保留九子溪地块内的原有水系，结合村口广场设置村口水塘，使溪水在村落中穿流环绕形成完整的水体系统。兼顾农田灌溉需要，打造和水而居的生活方式，建筑沿水岸院落式布局，顺应山体走势或面水而居、或枕水入梦，亦如“白水明田外，碧峰出山后”①般的田园生活。

双泉地块西部、南部有手指状山体伸入用地，每个山坳中留有用作灌溉的水塘。设计时保留原有水塘，并从每条山坳中引出小溪汇至中央水塘，形成完整的水体系统。各组团间穿插农田景观，使水、农田、村落组团互相交错，形成“山水交融”的画面。

4.1.2延续传统村落文化

4.1.2.1村落形态

双泉地块采用团块型布局形式，围绕用地中心现有的水塘打造村落核心，设置文化礼堂、接待中心、活动中心、图书馆、村史廊等供村民公共活动的场所，与村口广场、商业街共同形成村落核心区。建筑布局顺应山体的自然走势随形生变，组团之间穿插设置农田景观，与伸入用地的现状山体相互交融，形成层层跌级的村落形态（如图4）。

九子溪地块则综合了带型与组团型两种布局形式，建筑呈组团沿水岸布置。公共活动核心区以新旧村共用为原则，在村落中心设置。东西两侧穿插连续的带状农田景观，结合保留水体，呈现出主干道旁建筑—田—水—建筑—田—水富有节奏变化的视觉效果（如图5）。

图4　双泉村庄效果

图5　九子溪双泉村庄效果

图6　村庄整体效果

4.1.2.2节点构成

双泉、九子溪以公共活动区为中心，设置广场、商业街等公共活动场所，主要用于村民举行一些社会性活动；以组团活动区为节点，设置户外锻炼、院落等休闲活动场所，主要用于村民休憩、邻里交往等生活性活动。放大路口、交叉口等巷道空间，满足通行功能的同时方便村民交流聊天。

4.1.2.3三级街道模式

参考传统古村落三级街道模式，双泉地块第一级街道围绕村落核心设置，是村落对外展示的主要交通干道；第二级街道在各组团之间设置，是连接各组团的次要车行道；"一字型""L型""U字型"不同轮廓户型顺应地势组合搭配，形成第三级巷弄空间。

九子溪地块结合南侧现状村道设置两个出入口，第一级街道环绕地块周边设置，是连接县道与各组团的主要交通干道；第二级街道在组团内设置，方便村民开车入户。

4.1.3梳理村落文脉，留住乡愁记忆

改革开放后，中国农村经历了翻天覆地的变化。村落文脉逐渐消失，只在遗存的村落功能及人们生活方式中尚能窥见一二。远安民间流行唱花鼓戏，村民常常划地为台边歌边舞。规划时设计村口广场和中心广场，村落中心引入文化礼堂、村民活动中心等功能，提供公共活动场所方便村民在农忙丰收或是传统节日的时候聊聊天、看看戏。通过延续生活方式，留存乡愁记忆。

4.1.4还原乡野气息

乡村景观是一个由自然生态环境、耕种劳作方式、农民生活习惯共同作用下形成的生态共同体。它包括农田里的庄稼、果园里的果树、溪流边的杂草等，具有偶发性、粗糙性、地域性等特征。

设计时首先将农业景观作为乡村景观，保留用地内原有水稻、玉米、蔬菜种植地，村落组团与种植地穿插布置。其次将农事体验作为乡村体验，延续村民日常种植水稻、采摘果蔬、垂钓鱼虾等劳作形态；公共景观选用废弃的耕作农具或是生活器具作为素材，更为贴近乡村生活。再次将当地材料作为建筑材料，就地取用当地毛石垒砌墙面。通过回归乡村生活，还原乡野气息。

4.1.5立面色彩规划

为使村庄立面具有多元化和层次感，整个村庄立面设计进行了色彩规划。

首先，每个村庄以比例为4的泥色、米色墙面和比例为1的土黄色、白色墙面组合为主色调；其中，双泉村采用比例为4的泥色墙面和比例为1的土黄色墙面组合，九子溪村则采用比例为4的米色墙面和比例为1的白色墙面组合。其次，结合整体规划，当前后排组团立面颜色重合时，调整局部组团的立面色彩拉开组团距离。再次，在重要节点处采用白墙红瓦点缀，形成视觉焦点（如图6）。

4.2建筑设计

以当地民居"一字型""L型"建筑布局为基本户型单元，同时增加现代城市"U字型"内院式户型。户型层数2层至3层，其中2层户型的宅基地面积约120平方米，3层户型的宅基地面积约100平方米。为方便村民种菜、晾晒稻谷、堆积杂物等，所有户型均设置前院、后院。

4.2.1平面功能

我们将传统民居进行优化，保留首层堂屋功能，在后院增设农具间、洗涤池，并与厨房直接连通，方便宰杀鸡鸭、清洗等。考虑农村晾晒农作物和储藏的需求，在二层或三层设置敞开的露台和带屋顶覆盖的阳台。通过优化，新设计的安置房不仅符合当地农民饮食起居，而且解决了农民的实际问题（如图7）。

4.2.2立面效果

虽然户型内部是现代化的生活体验，但外立面我们希望通过现代材料及构造做法，延续远安当地传统民居风格，建立所

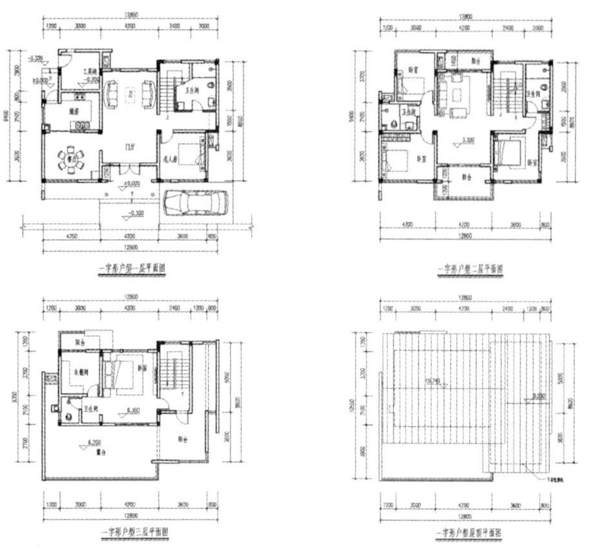

图7 “一字型”户型

图8 户型外立面

谓“外土内洋”的建筑。外墙材料以泥色、土色、白色涂料为主，局部点缀当地毛石墙面或文化石墙面。屋顶保留远安当地两坡四出檐的做法，屋架露檩屋脊起翘。

为使新设计的安置房更好地融入农村，我们提供套餐式立面选择。“一字型”“L 型”“U 字型”每种户型都设计有泥色、土色、白色3种色调的户型外立面（如图8）。

4.2.3套餐式元素组合

考虑当地农民的不同样式需求，我们不仅在户型类型、户型立面方面提供套餐式选择，同种户型立面也提供多个立面元素搭配方案。比如烟囱设计有双坡、单坡、平顶三种样式，栏杆设计有木色铝合金栏杆、玻璃栏杆和深灰色铁艺栏杆。除此之外，屋脊、空调机位、太阳能热水器等均有考虑套餐式选择。保证村庄整体风格统一又不缺少变化，打造现代活力乡村。

4.3参与式乡建方法

在设计过程中，我们多次深入农村走访调研，发现农村现存问题。通过与当地农民面对面沟通，总结出农村生活方式和生活习惯的共性。比如农具间、后院洗涤池、停车位等实用功能的考虑。户型方案出来后，当地村干部反提建议，我们再优化设计。通过这样的调研、分析、设计、反馈、优化的互动过程，最终的设计成果得到村干部、村民的一致肯定。

5 项目进展

双泉、九子溪安置小区采用设计公司统一规划、政府牵头推进、村民独自建设的方式进行建设，为更好地把控村庄整体效果，我们将其中一个住宅组团作为样板示范区，由专业建筑师跟进施工，协助村民解决选材、各专业协调等现场施工问题。

2017 年9 月双泉村启动选房工作，选房当日120 户被征收户（占征收总户数46%）顺利选到满意住房。2018 年春节后双泉、九子溪村均已开工建设，进入场地平整工作。

（原载于《建筑与文化》2018年第10期）

注释

① 引自王维（唐）——《新晴野望》.

引文文献

[1] 远安审议通过国民经济和社会发展“十三五”规划 [J]. 三峡日报（宜昌），2016(1).http://www.hejia.tv/news/201601/58931-1.html.

[2] 远安县人民政府政务新闻：“我县棚户区改造项目正式启动（图）”，2017(11) http://www.yuanan.gov.cn/content-22-668105-1.html.

[3] 陈志华，李秋香. “乡土瑰宝”系列 —— 村落 [M]. 生活.读书.新知三联书店，2008.

[4] 宜昌市人民政县市动态：“鸣凤镇双泉安置小区选房启动 120户居民选到满意住房（图）”,2017年9月 .http://www.yichang.gov.cn/html/zhengwuyizhantong/zhengwuzixun/xianshidongtai/2017/0912/987880.html.

图片来源

图1：中外建工程设计与顾问有限公司深圳分公司原创作品；

图2：http://www.yuanan.gov.cn/list-41-1.html；

图3：作者自摄；

图4—图8：中外建工程设计与顾问有限公司深圳分公司原创作品。

作者简介

徐金荣，中外建工程设计与顾问有限公司深圳分公司总经理，国家一级注册建筑师，高级工程师；

谢金凤，中外建工程设计与顾问有限公司深圳分公司总建筑师助理；

林炳新，中外建工程设计与顾问有限公司深圳分公司设计总监；

凌　怡，中外建工程设计与顾问有限公司深圳分公司设计副总监，中级工程师。

海外掠影

城市复兴下的旧城空间与景观重塑——英国谢菲尔德火车站改建项目的启示

陈　冰　廖含文　姜　冰　康　健

摘　要：文章回顾了城市复兴理念及常用策略，指出作为城市大门的火车站在城市复兴进程中所起的重要作用。并以英国谢菲尔德火车站改建项目为例，详述了通过设计重塑旧城空间与景观，并在传承城市文脉的基础上，与经济转型、文化引领、创新驱动等城市复兴策略相融合的路径与方法，以期能为国内同类型城市复兴项目提供一些设计思路上的启发。

关键词：城市复兴；火车站；景观；语境

自改革开放以来，以劳动密集型工业为核心的城镇化建设促使大量的农民工进入城市，一方面形成了城市人口增加、城市规模扩张、生产力发展、财富集聚的局面，另一方面也带来了严重的环境和社会问题：大城市人口失控，小城镇发展维艰，乡村急速衰退，城乡风貌普遍丧失地域特征和文脉传统。2014年，中央颁布了《国家新型城镇化规划（2014—2020年）》，针对当前城乡发展进程中亟须解决的问题提出了一系列具体措施，特别指出要优化城市的产业结构、提升城市的环境质量、保留城市的历史记忆、健全人口的迁移机制，并依托综合交通网络促进跨区域城市群的协调发展等[1、2]。

那么，采用怎样的城市复兴发展策略会有助于实现上述目标呢？在城市转型发展的过程中，旧城空间与景观的重塑需要特别关注哪些方面？这些方面又是如何反映在与综合交通网络相关的标志性建筑的改扩建中？考虑到西方国家在其城镇化发展过程中也曾面临上述问题，相关经验教训值得借鉴，所以研究旨在通过西学东渐，寻找上述问题的答案。以英国老牌工业城市谢菲尔德为例，对其城市复兴策略以及该语境下的火车站改建项目进行深入分析，探讨如何在空间及景观的设计中反映"城市转型"在历史、社会、文化、功能等方面所带来的变化。也希望该案例分析能够为当前国内同类城市复兴项目提供一些在规划和设计思路方面的启发。

1 城市复兴及相关策略

城市复兴是西方国家自20世纪中叶以来为其已进入后工业化时代的城市所提出的可持续发展战略，旨在解决经济结构调整造成的城市经济不景气、城市人口持续减少等一系列城市问题，并通过综合、整体的发展计划与行动来解决城市问题，重振城市活力，引导转型地区在经济、形态、社会和环境等方面的持续改善，进而恢复或维持该地区在区域或国家发展进程中已失去或正在失去的牵引作用[3-5]。西方有学者认为城市复兴理念的演化分为几个阶段，即城市重建（urban reconstruction）—城市振兴（urban revitalization）—城市更新（urban renewal）—城市再发展（urban redevelopment）—城市再生（urban regeneration）—城市复兴（urban renaissance）的发展脉络。这些术语内涵相似，但侧重点略有不同，也在一定程度上反映出西方自20世纪40年代以来城市化不同发展阶段的特征①[6-9]。

国际上常见的城市复兴策略包括：经济转型，创新驱动，社会融合，文化引领，空间重构等。本着"规划先行"的理念，在详细分析目标城区面临的主要问题和具备的自身条件的基础上，拟定具体的城市复兴目标（如存量更新、结构升级、多元融合等），进而有针对性地综合运用上述策略，才可以在最优化利用环境、经济、社会及其他资源的基础上，取得长期均衡有序的城市转型发展。

需要特别指出的是，城市复兴并非一定要经历先衰败再复兴的过程。在我国，大城市面临人口疏解、清理城中村的压力；一些城市随着环境资源日趋枯竭，产业结构亟须调整；还有一些城市受气候变化影响大，人居环境每况愈下等……上述现象均表明，在我国倡导并开展城市复兴的时机已成熟。2015年末召开的中央城市工作会议也重申了城市复兴在促进当前社会经济发展和改善民生中所起到的重要作用。

在城市复兴的进程中，必然要涉及对旧城空间与景观的重塑（如改建和再利用等）。其中，火车站及其站前广场是一个城市的重要公共空间，也是城市连接区域人口和资源的重要门户，历史悠久的火车站同时还是传承城市记忆、反映地方文脉的关键节点。因此，以火车站及其附属空间的升级改建为抓手来推动旧城复兴，将有助于改善城市中心区域的空间环境品质，提升大区域城市群之间的通达便利性，促进区域发展总体战略的实施等。这在近期的伦敦国王十字火车站、巴黎北站，以及北京南站等著名的火车站改建项目中均有所体现。该策略对于推进中小城市的复兴也同样有效，下文的谢菲尔德火车站改建项目便是其中一例。

2 英国谢菲尔德的城市复兴历程

谢菲尔德地处英格兰中北部，西据奔宁山脉南麓，东扼米德兰平原，南距伦敦约240千米，北距苏格兰首府爱丁堡约300千米，是贯穿英国南北铁路大动脉的重要枢纽城市。谢菲尔德常住人口约56万，为英格兰第三大城市，其所在的约克－米德兰地区(York-Midland)是第一次工业革命的发祥地。从19世纪中叶至20世纪早期，作为英国最老牌的工业城市之一，谢菲尔德曾是钢铁工业的代名词，也是英国历史上著名的“钢铁之城”。然而，由于缺乏统筹的规划与管理，工业技术革新为谢菲尔德带来短暂繁荣的同时，也造成了严重的环境污染，以及由人口剧增所引发的一系列社会问题，以至于其曾一度被视作“旧世界里最肮脏丑陋的城市”[10]。第二次世界大战期间，谢菲尔德还曾遭受过严重的轰炸和破坏。

从20世纪后半叶开始，伴随英国经济的转型、钢铁行业自动化水平的提高和西方制造业普遍向新兴经济体迁移，以资源消耗型和劳动密集型为主导产业的谢菲尔德在短时间内经历了严重的经济危机，且面临着大量钢铁工厂倒闭、大批城市居民失业等一系列社会问题。1997年彼得·卡坦纽导演的电影《脱衣舞男》(The Full Monty)就从侧面反映出该城市在转型过程中所经历的阵痛。20世纪80年代，谢菲尔德开始进行城市的产业结构调整，从重工业和制造业向教育研发、文化创意、休闲娱乐和专业服务等行业转型。与欧洲其他工业城市的转型过程相似，谢菲尔德的城市复兴之路也是一个复杂的过程，其间运用到多种城市复兴策略。

2.1经济转型

大力发展新兴专业服务行业(“即所谓的FIRE行业，是金融、保险和房地产的合称”)，通过与相邻的曼彻斯特等城市形成差异化竞争，将谢菲尔德打造成英格兰中部集商务旅游、体育文化、休闲娱乐等于一体的多元融合城市，实现从制造业到服务业为主的产业结构转型。对老旧工业基地的改建和再利用是城市重建的重点，其中影响较大的项目如1990年开业的、在昔日炼钢厂旧址上建造的Meadowhall购物中心，就曾是英格兰最大的郊外购物综合体。然而，由于这些改建项目多位于谢菲尔德城市边缘，在某种程度上也进一步加速了当时市中心的衰落。

2.2文化引领

1991年，谢菲尔德借主办世界大学生运动会的契机，新建了一批高水准的户内外体育运动和休闲综合设施。1996年被英国政府授予“国家体育产业城”的称号后，谢菲尔德顺势积极打造其体育产业链。迄今为止，谢菲尔德已成功聚集了大量的赛事资源，如世界斯诺克台球锦标赛、国际田联大奖赛、英国壁球公开赛等。同时市政府大力挖掘城市体育文化的历史，加强市民的认同感，将“体育之都”打造成为新的城市名片。

2.3创新驱动

谢菲尔德还依托谢菲尔德大学和谢菲尔德哈莱姆大学，鼓励知识创新及科技成果的转化与应用。目前两所高校的学生总数约占城市总人口的10%，校园均采用开放式布局并与城市肌理相互交融，以促进高校及其科研机构与地方政府和企业的紧密合作，孕育并构建政、用、产、学、研等多方合作的平台。同时在大学城发展理念的引导下，积极推动以知识为基础的文化创意产业发展(如音乐、电影、新媒体、传统工艺创新活动等)，打造以高新技术产业为主体、以文化产业为发展动力的产业区[11、12]，推进以文化为导向的、由新知识和新技术驱动的城市复兴[13、14]。

除综合运用上述城市复兴策略外，谢菲尔德还充分利用其毗邻山峰区国家公园的地缘优势，以及周边丰富的自然和人文景观，刺激当地旅游业的发展，带动城市复兴。转型后的谢菲尔德一扫以往作为钢铁城市的脏乱面貌，一度成为欧洲大陆最绿色的城市和英格兰最安全的城市。

在谢菲尔德的复兴进程中，作为其城市大门的谢菲尔德火车站也经历了一系列重塑，在满足城市新需求、呼应城市转型发展的同时，对进一步推进城市复兴也起到了重要的作用。

3 城市复兴语境下的火车站及其站前广场改造

为有效融合上述城市复兴策略，进一步刺激谢菲尔德旧城区的复兴，借世纪交替之际，谢菲尔德市政府启动了围绕“市中心再生计划”(City Centre Regeneration)的一系列公共设施建设工程，包括1998年修复的谢菲尔德市政厅(Sheffield Town Hall)、2001年新建的“千禧年画廊”(Millennium Gallery)和2003年新建的“冬园”(Winter Garden)等。2002年启动的谢菲尔德火车站及其入口谢菲广场(Sheaf Square)的改建项目(Station Gateway Project)也是其中的重点项目之一。

谢菲尔德早期的铁路运输业完全建立在其城市工业发展

图1　英格兰北部铁路交通网络和城市节点

图2　改建后的谢菲尔德火车站和谢菲广场（a入口，b站前广场，c室内）

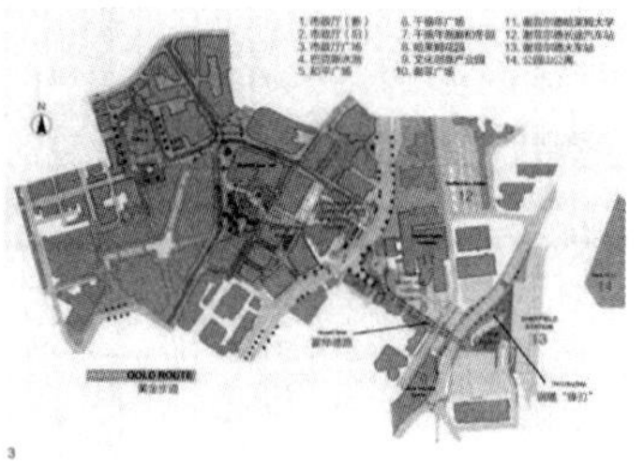

图3　谢菲尔德黄金步道

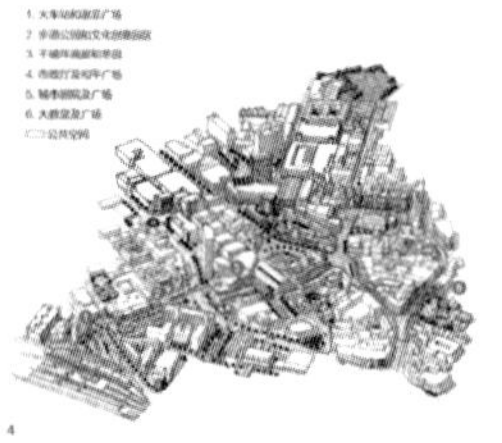

图4　谢菲尔德的公共空间网络构建

需要的基础之上。18世纪至19世纪初，在煤炭和钢铁工业发展的鼎盛时期，谢菲尔德市内共设有5个火车站，且以满足货运需求为主。谢菲尔德火车站的前身谢菲尔德米德兰火车站（Sheffield Midland Station）始建于1870年，是5个火车站中最晚建成的。原本只是一个依循谢菲尔德特有的山城地貌，在谢菲河畔建立起来的小火车站。直至1970年，随着其他几个小火车站的相继关闭，遗留下来的铁路线在改建过程中逐一并入谢菲尔德米德兰火车站，这个带有维多利亚时期建筑风格的火车站才真正成为谢菲尔德市的城市大门。1984年，快速列车被正式引入从谢菲尔德开往伦敦圣潘克斯车站的运营线路中，使前往伦敦的时间缩短为2小时7分钟，这不但大大加快了南北运输的速度，使谢菲尔德成为英格兰中北部的交通枢纽②（图1），也促使其城市整体从重工业为主的产业模式逐步向商旅结合的新型产业模式进行转型，并在此基础上迅速地发展起来。

由建筑师查尔斯·杜伯萧（Charles Trubshaw）设计的谢菲尔德火车站为钢石结构单层大跨建筑。主厅立面和比邻的主街成30°夹角，形成了一个三角形的站前广场空间。2002—2006年的改建保留了该建筑的古典立面和主体结构，但对其后部连接站台处进行了加建，并对站台和内部设施进行了全面的升级（图2）。谢菲尔德火车站初建之时位于城市边缘，随着城市的不断扩张，改建之时已处于相当中心的位置，所以也希望通过站前广场空间和景观的重塑，吸引更多的市民（尤其是中产阶级）重返已衰落的城市中心，进而带动城市复兴。以下就从公共空间布局、活力功能重塑、人车交通组织和历史文化挖掘等方面对设计细节进行分析。

3.1公共空间布局

改造前，谢菲广场周边路网复杂，空间的层次感和方向感都不明确。改造后，原有的机动车通道被重量，毗邻的交通环岛和办公建筑都被拆除，取而代之的是一个拥有绿化、座椅、叠水和雕塑的步行文化广场。通过弯曲的人造水体和坡道，广场上的动态钢雕“锋刃”（the Cutting Edge）一端把游人导向通往城市中心的步行街（霍华德路）和与之毗邻的文化创意产业区（Cultural Industries Quarter），另一端则把游人导向火车站和与其一街之隔的谢菲尔德长途汽车站。至此，谢菲尔德市的主要交通枢纽，包括火车站、汽车站、通往市中心的主要人行道路，以及环旧城机动车道，都以谢菲广场为中心被真正整合起来，从根本上改变了改建前各自为政的混乱状况。

更难能可贵的是，近年来谢菲尔德市政厅通过“千禧年画廊”和“冬园”等项目，系统地将火车站与城市中心区（包括以谢菲尔德市政厅和“和平广场”为核心的城市片区）之间的公共空间以步行的方式联系起来，打造了一条贯穿城市、舒适宜人的步行廊道——“黄金步道”（Gold Route）（图3）[15、16]。黄金步道及与之相连的步行空间网络不仅将来访的游人从火车站有序地引向城市中心，还有效地把以大学、文化创意产业区等为代表的，涵盖教育、住宿、零售、休闲等功能的周边片区有机串联起来（图4）。这在改善中心城区空间环境品质的同时，也有效促进了以文化为导向的、由新知识和新技术驱动的可持续城市复兴。黄金步道项目也因此赢得了英国景观学会和皇家城市规划学会等机构颁发的众多奖项，成为谢菲尔德城市经济和文化复兴的标志。

3.2活力功能重塑

如果说改造前的谢菲广场只是一个功能单一的火车站站前集散广场，那么改造后其已成为一个融入城市肌理的、可供市民自由交流、休憩的开放型城市广场，更好地履行着其作为谢菲尔德和南约克郡门户的角色。作为广场空间景观设计的最大亮点，动态钢雕“锋刃”将步行站前广场与喧嚣的城市机动车道隔离开，并利用声学原理降低车行道对广场声环境的影响——“锋刃”作为声障，可将车行道的部分噪声反射回去，与此同时，“锋刃”表皮的流水也为站前广场带来令人愉悦的水声[17]。在隔离和导引的功能基础上，充分发挥“锋刃”不锈钢材质特有的镜面效果，在与火车站传统建筑形式对话的同时，映射出站前广场在不同时间段的实时变化（如人流、光线等），为原本呆板的三角形广场带来了流动的活力，实现了新旧景观的融合（图5）。

正对火车站入口，与“锋刃”以人行坡道相隔的叠水和小喷

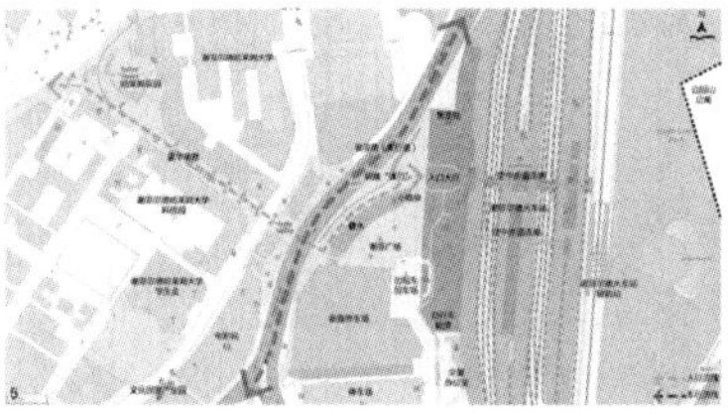

图5　谢菲尔德周边环境平面示意

图6　动态钢雕“锋刃”和水体

图7　动态钢雕“锋刃”夜景

图8　从公园山公寓俯瞰谢菲尔德火车站

泉，是谢菲广场的另一重要景观。叠水沿地势分别向火车站入口和站前广场双向叠落，自然而然地在下沉式广场前形成弧形的叠水边缘；而在火车站入口前则以小喷泉作为休止符，颇有画龙点睛的意趣。巧夺天工的层层叠水，除了提醒人们谢菲广场在历史上曾是两座水坝所在外，也通过潺潺的水流声掩蔽城市噪声，创造出宜人的站前步行广场微环境（图6，图7）。

3.3人车交通组织

改造前的谢菲广场人车混流，交通组织混乱，而且火车线路将城市一分为二，给居住在火车站后山“公园山公寓”（Park Hill）③中的居民带来了极大的不便。改造过程中，除了重新梳理站前广场的空间组织，并利用景观小品来实现人车分流外，还通过引入竖向设计，强化谢菲尔德火车站作为交通枢纽的平面换乘、交通集散等功能。车站内增设两条空中步道连廊，既作为乘客前往各个站台的通道，也是周边居民穿越车站前往谢菲尔德市中心，或反向通往后山居民区或轻轨车站的捷径（图8）。这在很大程度上减弱了铁路线对城市造成的割裂。另外，站前广场通过绿化和座椅将人行休憩区和出租车停车区进行了动静分隔。植物和座椅的选配均比照通往市中心的霍华德路两侧的景观小品，具有很强的导向性。

3.4历史文化挖掘

在该改造项目中，设计细节主要体现在景观小品对城市历史记忆的保留，以及对城市文脉变迁的反映。此处的“景观”一词更接近“文化景观”的含义，即通过个体感知，能够反映当地文化体系特征的、构成文化现象的复合体。

作为站前广场的主雕塑，动态钢雕“锋刃”，不论是选材还是构思，灵感都源于谢菲尔德的城市历史和文化。雕塑通体由不锈钢制成，长约81米，面向站前广场的一侧有水流顺表皮流下。钢雕截面形状随地势的变化而改变：位于谢菲广场高地势的末端（通向霍华德路），截面呈圆形，直径约为1米，外表覆以蓝色的冷调玻璃；而位于谢菲广场低地势的末端（通向火车站和汽车站），截面呈椭圆形，高度约为4.5米，以红橙相间的暖调玻璃收尾。“锋刃”的整体制作工艺非常精湛，不仅能唤起人们对工业城市谢菲尔德在钢制品和玻璃加工等方面辉煌历史的追忆，同时也向每一个来访者昭示，在21世纪谢菲尔德仍然会在金属设计和玻璃加工方面继续努力。

3.5反馈评价

谢菲尔德火车站改建工程总耗资超过5000万英镑，而建成后的城市新大门不负众望地为谢菲尔德市赢得了多个设计奖项，在投入使用后也得到谢菲尔德市民和来访者的高度好评，动态钢雕“锋刃”更被誉为是“一个集功能、美学、城市意象于一体的雕塑设计”。改建后的谢菲尔德火车站年运载旅客近1000万人，有效地推动了该城市向商旅结合的产业模式进行转型升级，也为其他城市复兴策略（如前文中提到的“文化引领”“创新驱动”等）的实施，提供了有力的支撑和保障。

4 结语

城市复兴被喻为一场宁静但深刻的城市革命，而作为城市大门的火车站项目，毋庸置疑是这场革命的桥头堡，牵一发而动全身。所以宏观上，相关规划设计需要将其纳入城市复兴的整体布局，进行全盘的考量，并与城市复兴的目标和拟采用的复兴策略相结合，争取在最优化利用已有环境、经济、社会及其他资源的基础上，取得城市长期均衡有序的转型发展[18-20]；而在设计细节方面，则需要在满足其作为交通枢纽的基本功能的同时，尽可能地通过改造契机，对城市公共空间进行再梳理，对周边区域活力进行再激发，对城市历史文化进行再挖掘。

谢菲尔德火车站改建工程既没有采取激进的大拆大建的策略，也没有在细节设计上采取复杂的技术或昂贵的材料。相反，时间和经费的大量投入均被用于对“复原城市语境”本身的思考：一方面通过人行优先设计及对城市声景观的考量，将站前广场有机地融入城市肌理，营造开放便捷、尺度适宜、配套完善、邻里和谐的生活街区；另一方面在设计过程中注重历史和文化的因素，并通过景观小品来表现城市的历史文化内涵。

目前在我国，随着高铁和城际列车的普及，不少城市之间已形成了紧密的空间和经济联系，并开始形成高度同城化和高度一体化的城市群体（如长江三角洲城市群、京津冀城市群等）。其中一些城市也开始对其火车站进行改造，以期借城市群发展之际，助推自身的城市复兴。宜人的公共空间和步行体系的构建是老旧城市能否恢复活力的基础，而具有开阔尺度的站前广场往往成为决定城市公共空间网络品质的关键。希望谢菲尔德城市复兴及火车站改建项目中的一些思路、原则和做法能对我国的城市建设有所启发。

（原载于《新建筑》2018年第6期）

注释

① 西方城市的复兴之路始于"二战"之后百废待兴的重建；50年代致力于清除贫民窟，调整城市空间结构，振兴城市经济以解决贫困、就业和冲突等问题；60—70年代通过政府引导，强调地方特性（及地方与区域、国家乃至国际格局的变化关联），趋向更务实的内涵式城市更新政策，包括通过更新邻里社区，如1968年英国"城市计划"（Urban Program）所包含的"社区发展项目"（Community Development Projects）和"综合社区计划"（Comprehensive Community Programmes）等，强调社会发展和公众参与，力求从根本上解决内城和旧城衰退的问题；70—80年代通过创 新的项目合作模式（如公私合作融资模式Public Private Partnership 等）对一些大规模的标志性项目进行开发，通过地产项目的引导，推动新一轮城市再发展计划的实施（property-led urban development）；90年代之后为应对环境和能源问题，强调可持续发展的理念，通过进一步提升城市在社会和文化方面的包容性，推进"公民社会"理念下的社区发展计划，促进城市再生，同时正确把握未来变化，提出基于更广泛多边合作（含发展策略、目标、资金和实施形式等方面）的多元化城市复兴计划等。

② 借助英国完善的中快速城际列车运营服务，其1小时的火车通勤圈涵盖了英格兰50%的城市和30%的人口，人员和物资流动便利。借助快速潮汐列车，每日因职住需求往返于谢菲尔德和伦敦的乘客也不在少数。

③ "公园山公寓"系依据柯布西耶"集合住宅"理论（Unite d'habitation）设计，在建筑史上享有盛名的现代主义集合住宅。

引文文献 [1] 国务院. 国家新型城镇化规划（2014—2020年）[R/OL].[2015-12-19]. http://www.gov.cn/gongbao/content/2014/content_2644805.htm.

[2] 中共中央国务院.关于进一步加强城市规划建设管理工作的若干意见[R/OL].[2016-03-19].http://news.xinhuanet.com/politics/2016-02/21/c_1118109546.htm.

[3] Roberts P.,Sykes H.Urban Regeneration:AHandbook[M]. London:SAGEPublications,2000.

[4] Carmona M. Implementing Urban Renaissance -Problems，Possibilities and Plans in South EastEngland[u]. Progress in Planning，2001(56):169-250.

[5] DETR.OurTownandCities:TheFuture-DeliveringAnUrbanRenaissance[R]. London:DETR(DepartmentforTransportLocalGovernmentandtheRegions),2000.

[6] 张平宇. 城市再生：21世纪中国城市化趋势[J]. 地理科学进展，2004(4):72-79.

[7] 曲凌雁. 更新、再生与复兴——英国1960年代以来城市政策方向变迁[J]. 国际城市规划，2011(1): 59-65.

[8] 朱力，孙莉. 英国城市复兴：概念、原则和可持续的战略导向方法[J]. 国际城市规划，2007(4):1-5.

[9] 罗翔. 从城市更新到城市复兴：规划理念与国际经验[J]. 规划师，2013(5):11-16.

[10] 陈路旋，康健，陈冰.反思中国城中村改造问题——英国谢菲尔德贫民窟演变的启示[J]. 西部人居环境学刊，2016(5):63-67.

[11] 李明超. 英国创意城市兴起的基础与启示[J]. 国际城市规划，2010(4):46-53.

[12] 刘洁，戴秋思，张兴国.城市工业遗产保护策略研究——以英国谢菲尔德城市文化复兴计划为例[J]. 新建筑，2014(2): 82-85.

[13] 王长松，田昀，刘沛林. 国外文化规划、创意城市与城市复兴的比较研究——基于文献回顾[J]. 城市发展研究，2014(5):110-116.

[14] 于立，张康生. 以文化为导向的英国城市复兴策略[J]. 国际城市规划，2007(4):17-20.

[15] 李沁. 英国城市文化复兴实例研究——以谢菲尔德为例[D]. 上海：同济大学，2008.

[16] Sheffield City Councii.The Gold Route - TheJourney from Sheffield Station to Barkers PoolviatheHeartoftheCity[R/OL].[2017-o9-10]. http://www.uklandscapeaward.orglEntryfiles/1282828478Gold-Route.pdf.

[17] KangJ.On the Diversity of Urban Waterscape[C]//Jolibois A., Duhamel D,Sparrow V. et al., Proceedings of the Acoustics 2012.Nantes: [S.n.], 2012:3527-3532.

[18] 李传成，顾亚静.车站改造带动城市复兴——武昌火车站片区的改造[J]. 华中建筑，2012(8): 75-78.

[19] 于立.城市复兴——英国卡迪夫的经验及借鉴意义[J]. 国外城市规划，2006(2): 23-28.

[20] 张乃戈，朱韬，于立. 英国城市复兴策略的演变及"开发性保护"的产生和借鉴意义[J]. 国际城市规划，2007(4): 11-16.

作者简介

陈　冰，西交利物浦大学城市规划与设计系副教授；

廖含文，北京工业大学建筑与城市规划学院副教授；

姜　冰，北京建院建筑文化传播有限公司；

康　健，UCL 建筑环境学院（英国）教授。

鳞片和羽毛——弗兰克·劳埃德·赖特“有机建筑”之辩①[1]

金秋野

摘　要：针对前人对赖特“有机建筑”的解释，提出该观念来自赖特对人造物与自然物关系的探讨，以及对欧洲现代主义的反思。赖特通过此概念指出现代主义的“无机”“无生命”和“概念化”特征。进而以流水别墅为例，探讨赖特有机造型的内在机制就是悬挑结构，并论证悬挑结构是对现代主义框架结构的静态审美的反驳，并由此发展出以“取势”为目的的动态造型，从而与自然建立关联。尝试讨论有机形态下建筑装饰与本体的关系，进而得出结论：只要造型的目的是生命之“动”而不是观念之“静”，几何也可以是自然。

关键词：弗兰克·劳埃德·赖特；有机建筑；悬挑结构；势；装饰

1 有机建筑

赖特喜欢给自己的作品取绰号，比如展翅住宅（Wingspread，图1）、蜀葵住宅（Hollyhock）、蜂巢住宅（Honeycomb）、流水别墅（Falling Water）、蝶林住宅（Buttrfly Woods）、鹰羽住宅（Eagle Feather）、雪花住宅（Snowflake）、枞树住宅（Fir Tree）、源泉住宅（Fountainhead）、刺果住宅（Samara）、月桂住宅（Laurel）等。不难发现，这些名称都取材于自然物。给房子取绰号，到底是本性浪漫、一时兴起，还是别有深意呢？

我认为，这些看似过度浪漫的名称里，蕴含着理解赖特“有机建筑”的密码。关于“有机建筑”到底是什么，可谓言人人殊。理论家探讨赖特建筑同唯一神教教义（Unitarism）、爱默生（Ralph Waldo Emerson）哲学、拉斯金（John Ruskin）艺术思想和格林纳夫（Horatio Greenough）艺术论之间关系，或从乡土、材料、环境、地形等方面阐释“有机”的含义，已有大量成果。本文将绕开这些话题，直接从设计本身入手，通过解析赖特的造型目的及装饰与建筑本体的关系，探讨“有机建筑”在赖特的个人语境中的含义。从《自传》中激情洋溢的大段描述中[2]，不难

图1　展翅住宅（赫伯特·约翰逊住宅，1937年）外观

看出赖特对自然的发自内心的热爱，但这不足以证明他像莫里斯（William Morris）一样是个机器时代的反叛者。相反，赖特对机器的潜力充满期待。正如约瑟夫·康诺尔（Joseph Conors）所说：“他对自然的认识倾向于强调它抽象甚至数学化的品质，而对机器的看法则是高度有机的、生物形态的。将这两者割裂开来的解释是不正确的，无论是把赖特描写为一位重返自然的圣徒，还是美洲大陆孤独的欧洲机器时代先知都是如此。”[3]既然赖特对自然进行抽象以形成个人语言，需要讨论的是，他从自然中看到的与现代主义者有何不同，以及“有机的、生物形态的”机器到底是什么意思。

不妨将赖特的“有机建筑”理论放到现代建筑的历史潮流中讨论，从具体的判断和选择中，看清这些行动的真实含义。赖特在20世纪30年代开始使用“有机建筑”（organic architecture）概念，早些时候也曾使用过“现代建筑”（modern architecture），后来却放弃了这个说法并加以鄙视。考虑到赖特在那一时期的思想历程，这么选择至少说明两个问题：赖特不希望与欧洲现代主义相提并论②；赖特认为欧洲现代主义是“无机”的。正是在与后者的区分中，赖特找到“有机建筑”这个概念来概括自己的建造活动，从而开辟20世纪30年代之后的事业路线。在这个过程中，赖特一定经历了艰苦的反思和自证。赖特先于现代主义者而对其语言形成有重大贡献，但他真正的历

史地位取决于其与欧洲现代主义的分歧，这种分歧，很大程度上是主动划清界限的结果。因此，对这一过程进行复盘，思考赖特对自然、人造物和二者的关系的界定，是理解现代性的一个重要路径。

应当说，赖特与欧洲现代主义之间的区别并不是全方位的，否则其形式创新不可能惠及后者，也无法躲过艺术与工艺运动的厄运。共同点表现在很多方面，如对简洁抽象的偏爱、对几何构成的敏感、对异域文化的借鉴、对机械设备的广泛采用等。因此，赖特被史学家追认为现代主义时期4位最重要的建筑师之一。然而赖特与现代主义的分歧亦是根本和全面的，他的建筑思想和作品自带反现代的基因，通过“有机建筑”的命名，他直捣龙泉，准确指出现代主义的“无机”“无生命”和“概念化”的特征。

赖特说：“在建筑方面，‘有机’这个词不只是指那些挂在肉铺子里的东西，也不只是那些两条腿跑和生长在田野里的东西，而是与统一性（entity）、整体性（integral）和内在属性（ntrinsic）有关。在建筑上独创性地使用这个词，意思是局部与整体和整体与局部一样，所以整体统一正是‘有机’这个词的真正含义……‘有机’这个词用于‘活的’结构——一种结构的概念。这种结构的特征和各部分在外表和内里都为一体，其目标就是整体性。因此任何‘活的’事物都是有机的。无机的或无组织的事物不可能是‘活的’。”[4]

必须看到，赖特在讨论“有机”与“无机”问题的时候，已经涉及技术爆炸时代的一个根本性命题，即“人造物”与“自然生命”之间的关系。赖特先是说明所谓“有机”不只是指动植物等自然生命的直观形态，而是更深一层，指向自然生命赖以成立的内在机制（统一性、整体性和内在属性），局部与整体的综合一致性。赖特进而指出“有机”作为一个结构概念跟“活的”大致同义，“整体性”正是“活的”结构的外在体现和内在目标。可以看到，赖特的“有机观念”是直接以自然生命为范本的，而不是像现代主义者那样以机器为范本。但是，虽然他提出要以内在机制（即结构）为“活的”造型提供保障，却并未指出这一机制具体是什么，又如何让静态的人造物（建筑）与有机生命相伦比。理论上这显然是不可能的，赖特不会不清楚。但是，他依然要在人造的静态事物上区分一个“死的”和“活的”，到底是什么意思呢?

我认为，赖特在谈“活的”结构的时候，并不是指结构真的要活动起来，就像建筑电讯派（Archigram）的“行走城市”（walking city）那样进入科学幻想领域。赖特的人文思路，决定了他对造型本身要分一个“死活”，就好像我们在谈一个画家的笔触、色彩，或一个音乐家的节奏、旋律是“死板”还是“灵活”一样。在形式语言的世界里，抽象地谈论“死活”不是小事，因为人工世界就是用抽象语言构造的。赖特以自然为范本衡量语言的生命力问题，搁在其他文化中，也是艺术论的根本问题，相比之下，可动建筑、智慧机器等，即便具备某种程度的自发能动性，在艺术上也很可能被看作死板的、缺乏生命力的。谈论艺术造型的“活性”或“生命力”，与物理上是否能“活动”无关。赖特所说的建筑的“死活”，好比中国艺术论讨论画家笔法是否“气韵生动”。

图2 流水别墅（考夫曼住宅，1935年）外观

流水别墅就是典型的“能动”的、“活的”建筑（图2）。苏轼在《画水记》中，记述孙知微为成都大悲寺寿宁院作湖滩水石四堵时写道：“营度经年，终不肯下笔。一日仓皇入寺，索笔甚急，奋袂如风，须臾而成，作输泻跳蹙之势，汹汹欲崩屋也。”[5]我认为，这段话用来形容赖特构思9个月、一朝下笔、两个小时内完成的流水别墅是极其贴切的。赖特是在用建筑之形画水，用设计过程描摹瀑布的奔泻之势。仓皇入寺、索笔甚急、奋袂如风，是画家（建筑师）的神来之候，天机忽动，不能自已。唯将胸中之水与壁上之水冥相会合，才能画出输泻跳蹙，汹汹欲崩屋的活水之势。这是艺术的普遍情形，在笔触的流动中暗合着天地气韵的流动，艺术家将其固定为抽象的形式语言，使观者在静态的画面前体会到刹那间的生命奔泻，以静为动、做势欲动，以不动胜于有形之动。流水别墅的动势即来自层层出挑的危堕态势，“汹汹欲崩屋”而能岿然不动，牢牢锚固在崖壁之上。赖特自己也不隐瞒在对水流的沉思中得到了这样的造型。

2 悬挑结构

用以实现这个危险平衡的内在机制，说来也不稀奇，就是悬挑结构（cantilever structure）。悬挑古已有之，预应力混凝土让它获得更大的表现空间。作为结构专业中途退学的学生，赖

图3　罗比住宅（1909年）外观

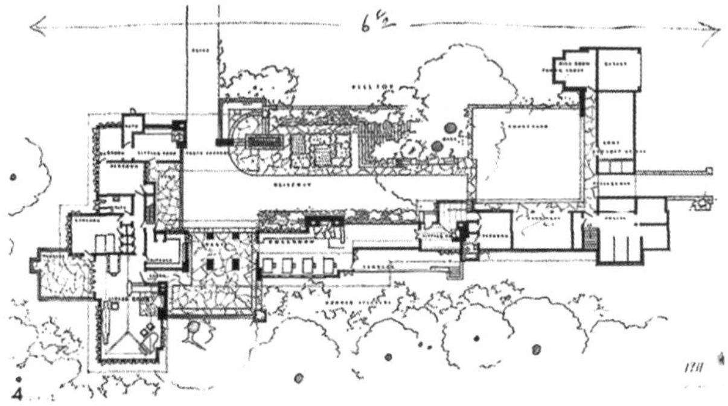
图4　东塔里埃森（1911年）平面

图5　索隆犹太会堂（1959年）室内

特对悬挑情有独钟，终其一生，几乎所有出人意料的形式创造都能看到它的身影。尝试始于草原住宅时期，为了让挑檐进一步深远，赖特在罗比住宅（Robie House）屋顶内部使用钢结构，实现了10英尺深的悬挑（图3）。这个悬挑主要使用在屋檐上，而不是主体结构的其他方面。从三层卧室的屋顶形态来看，赖特并没有严格遵循结构理性原则，如此巨大的悬挑充其量是形式表现的需求，而不像一些研究者指出的那样，是遮阳等方面精确计算的结果。众所周知，草原住宅致力于表现水平，为了刻画水平感无所不用其极，深远的出挑、延伸的矮墙和水平的勾缝都是为了这个目的，与其说是对地形本身的思考结果，不如说来自于对辽阔草原世界上诸事物的生命感知。

不难看出，赖特的草原住宅并非追求静态的几何完形，而是表达一种舒展的动态身姿，所采用的技术手段，不是功能性的，而是表现性的。这也直接导致了赖特对完美如观念般的建筑单体三心二意。但东塔里埃森（Taliesin East）仍然是个异类，在美国很难找到它的原型，考虑到赖特1905年的日本之行和与塔里埃森I、东京帝国饭店之间的时间联系，不难推测赖特是从东方得到了这种强调关系的、内在的、生长性的建筑思路（图4）。其实赖特也一直在尝试完形的，外在的，物体性的建筑思路，尽管一直对文艺复兴大加鞭挞。拉金公司行政办公楼（Larkin Company Administration Building）、索隆犹太会堂（Beth Sholom Synagogue，图5）、约翰逊制蜡公司行政办公楼（S.C.Johnson Administrative Complex）、纽约古根海姆博物馆（SolomonR.Guggenheim Museum）都属此列。如果说草原住宅时期赖特还没有意识（那些矮墙似乎可以读作塔里埃森地形关系的先声），后来赖特对两者是明确加以区分的。

对于前者，赖特会尽量通过形体来突出四面开张的形势，悬挑结构正是为了这个目的而派上用场。赖特一直非常清楚他要的是什么：一个核心体量，混凝土挑台从中向四面炸开。“炸开”（explosion）这个词很重要，毕竟希区柯克（Henry-Russell Hitchcock）和约翰逊（Philip Johnson）都说过赖特的主要贡献是让传统住宅的盒子动态分解②[6]。但他同时也想要粗朴的石工，与塔里埃森，甚至昌西住宅（Chauncey Wiliam House）的大圆石建立关联，这就与风格派的抽象分解体量形成了差别。赖特在内心里一直在慢慢打磨关于流水别墅的想象。他延长了挑台，并在中央壁炉形体上增加了一些“挑空板”以强化水平动势，他又扩大了这个“烟囱”的内部空间，直到它变成了一个3层高的盒子，让它有足够的形体感以控制四面挑出的平台，并构成从下面溪水处仰望的视觉核心。这一套做法已经在罗比住宅中训练得驾轻就熟了。然后，这一切被植入无与伦比的自然环境中，从而获得深度的象征含义。1910年之后的草原住宅代表着“紧紧拥抱大地”的趋向，但流水别墅却与山体和瀑布纠缠在一起。无论是低伏于大地之上还是高企于崖壁之间，本质上都是同样的“能动”的造型。

3 “活的”造型

20世纪20年代末到20世纪30年代初，美国的建筑刊物上铺天盖地地介绍加歇别墅（Villa Garche）和萨伏伊别墅（Villa Savoye）。欧陆之风一方面深深刺激着赖特的神经，另一方面，在他眼里未免是乏味的，没有深度，缺乏感情。人们希望它们

图6 莫里斯礼品商店（1948年）环廊

像机器，在赖特听来无非是希望心脏像个抽水泵。他认为："我们的建筑就要成为贫瘠的、乏味的钢骨架、方盒子、输气管道和金属扶手的集合产品……机体里没有心脏的跳动。"[7] 如果他能够仔细研究一下柯布的加歇别墅，或者好好思考下这些盒子，会明白柯布如何努力将一个漫步系统嵌入其中以增加空间体验的深度，但他只是武断地认为加歇别墅只是另外一个"卡纸板住宅"，是他1901年演讲所推崇的方向的极端化表现，摒弃了自然和其他所有基本的价值。赖特看着杂志的这一页，脑海中想象着一个房子，能把混凝土悬挑结构和深度与浪漫追求结合在一起，而这正是柯布所欠缺的。这个住宅将能把塔里埃森的粗粝石工与机器形式结合在一起，让现代时期的技术表现与远古时代的自然造物统一在一起。如是则早年关于自然与机器的想象将重新得到证明。

对于强调"完型"的后一种建筑类型，赖特其实也并没有将其形态完全静态化，只是将悬挑结构隐于内部，这一探索从其橡树园自宅工作室（Frank Loyd Wright Homeand Studio）的绘图间开始，到塔里埃森山地学校（Hillside Home Schoolof Taliesin East）的会客室、唯一神教教堂（Unity Temple）室内空间、拉金公司中庭、约翰逊制蜡公司蘑菇柱，一直到莫里斯礼品商店（N.C.Morris Gift Shop，图6）和纽约古根海姆博物馆的内旋环廊，成为"内向"的动势探索路径。可以说，赖特将悬挑结构的潜力发挥到淋漓尽致，成为他形式探索的基础。考虑到赖特现代主义开拓者的身份，他对悬挑结构的转译和推动功不可没。

与静态的框架相比，悬挑结构有一种介于稳定与失稳之间的形式张力，能够带来视觉和心理上的强烈触动。赖特对空间的关注更多是文学性而非史学性的，有时甚至为了达成直观的戏剧感不惜将手法推到夸张程度。比如为了突出反差，塔里埃森居住部分的天花板反常低矮，给很多高个子的学徒造成困扰。沿着这个思路，不难想见赖特何以偏爱悬挑结构。有意无意间，赖特绕开了柯布和密斯，开拓了一种"非笛卡尔体系"的现代建筑语言系统。典型的例子是古根海姆博物馆，虽然是原型和图示的思路，却与现代主义的经典案例如加歇别墅或范斯沃斯住宅截然不同，因为它外形不是方盒子、内里不是静定的几何框架，而是拓扑的、延展的空间一体化结构。与之相比，朗香教堂更像是框架结构的特殊变体。

匀质框架一般认为是钢筋混凝土结构的内在要求。更深的思想基础蕴含在文艺复兴以来的人文观念中，尤其是新柏拉图主义的原型观（以数为基准创造万物）与笛卡尔的科学时空观（三维直角坐标系），为无限延展、无方向性、去中心化的空间想象奠定了基础。被无数建筑理论家引用的路吉埃神父（Laugier）的"原始棚屋"（primitive hut），构想了一种使用自然材料但符合现代框架结构的原型建筑。理论上，悬挑可以是独立的，也可以是框架结构的一种可能性，流水别墅就属于后者。然而，像20世纪20年代引起广泛关注的加歇别墅的空间构思，仅允许一切变化在矩形框架内部发生，保持外围边界的挺括完整，好像"戴着镣铐跳舞"，而密斯到美国之后的一系列原型般的钢和玻璃摩天楼，更是弱化了水平与垂直的分别，追寻一种广义上的匀质表达。赖特的悬挑是全方位的，表现性的、占据设计核心意图的，似乎就是为了破坏、撕裂盒子结构的规规矩矩，使建筑在视觉上"分解"。

但赖特的体量"分解"与后来解构主义的抽象碎片化截然不同，他似乎高度尊重重力法则，追求某种生命意志驱动下的"腾跃"，这让他的设计意图偏离了国际式到解构主义的经典现代主义形式脉络。毫无疑问，赖特是在以悬挑模仿自然生命。一棵树从树干举起树冠，一匹马立在那里好像是静态的，但它突然间开始奔跑，四足都在身侧腾跃。雄鹰在草原上空翱翔，翅膀长长地伸展开去，柳树向池塘探出枝条，松鼠在林间跳跃，仿佛时刻都会跌下却安然无恙。自然界在运动中实现平衡，永远都是稳态与失稳的辩证转换，没有匀质框架和笛卡尔空间的静态表达，没有数学化的匀质空间构思。

"活的"形态表现在将动未动之际，完全的静止不是"活的"，自然生命有其意志力作用下的力和趋势，此乃生命之"势"，人的造型以"势"获得自然造物的生命密码，从而表现为"活的"造型。可以肯定地说，赖特所追求的有机建筑，是对现代主义的"无机建筑"的激烈反驳，即使同样使用框架结构，但通过系统发展悬挑、使之上升到造型目的的层级，赖特使框架结构服务于异于现代主义者的设计意图。这是一种反"观念原型"的建筑，造型以"取势"为目的，使静止的建筑在视觉上居于将动未动之际，而它赖以实现的"内在机制"，就是悬挑。正是在这个意义上，本文开篇所列举的一系列以自然物为题材的建筑

图7　西塔里埃森（1937—1959）局部

别名，才有其独特的象征含义，而不能被理解为赖特本人最为深恶痛绝的“多愁善感”（sentimental）。

然而飞机、轮船、汽车何尝是纯粹的观念造型呢？在特定经济效用和机械性能的双重规范之下，飞机反而像是某种自然生命，经历了一系列以“有用”为目的的进化而获得一眼望去便振翅欲飞的静态身姿，某种程度上也正像一只巨鸟。而建筑因为没有类似的需求限制，转而去追求观念艺术的静止形态，使造型剥离了层层现实关联，成为纯粹的数学表现或思维活动。这一点是“建筑机器”与“现实机器”间的重要差别。赖特则在追求一种关于“关系”的建筑学，草原住宅确定了“水平伸展于大地之上”的基本形态，在此基础上，东塔里埃森摸索出一种园林般的组织关系（美国本土没有）并在一角凌虚抹空，西塔里埃森（Taliesin West）更强调了“势”的重要，建筑势大力沉却作势欲飞，水平伸展的低平体量呼应着沙漠的物质形态，却以不断重复的斜线、挑空和精巧的垂直形体点破沉闷，好像沙漠中一条昂首四顾的蝰蛇（图7）。

就像山陵的形状记录了板块的撞击和岩浆的奔突、谷地的形状记录了冰川的滑移和流水的侵蚀，大自然中的一切造型都是种种力或机制在时间作用下的形态结晶。古人用“屋漏痕”和“锥画沙”来描述这种“非如此不可”的形态特征，既体现了某种“势”，又能自由无拘。相比之下，人以观念为造型，仿佛将形式推入含义的真空。再没有比纯粹的“理想条件”更违反自然规律的了，“自然”本身似乎就是“观念”的反面，在自然中，一切都是有条件的，“有机”正是种种条件综合作用之下的物质形态凝聚，整体和部分因此合为一体；“势”则记录了过程中的某个临界状态，使造型打动人心。即使是纯粹的室内空间的“氛围”，也会因为是否积聚了充分的“条件”、是否达到了某种“临界状态”而呈现出不同的感官张力，所以好的设计师习惯于观察自然，借以取势，造型才会是生动的。

4 有机装饰

以“生动”来评价艺术，是中国艺术理论中最稳定、最具概括力、打通具象（绘画、造像等，甚至人本身）和抽象艺术（书法、器物等）的核心准则。传统上，中国的艺术论非常擅长以自然形态来比拟艺术之美，如将流畅的线条比作水流，将飘浮的衣带比作清风，将动人的画面比作云中出没的神龙。谢赫更是将“气韵生动”奉为艺术的第一要义：“若气韵不周，空陈形似，笔力未遒，空善赋彩，谓非妙也。”[8]然则何为“气韵生动”呢？固态和静定的造型，自然是缺乏生命力的：古人认为笔下的形象应具有一种生动的气度韵致，显得富有活力。无论是一段线条、一个眼神还是一座楼阁，聪明的作者会让造型作势欲动，引起读者的会心。没有证据表明赖特熟悉中国六朝的艺术论，但在他的作品和“六法”之间寻找相似之处是很有意思的事情，比如可以将悬挑结构看作“骨法用笔”的对应物，因为“骨法用笔”强调的“得中气”，笔锋居中而令笔画挺拔，应该同样来自对生命造型的感悟：唯有中锋能令笔画四面开张而不散乱，中锋的前提正是连续运动中的动态平衡（使转）。表现在建筑中，书法不像四平八稳的匀质框架，却像流水别墅的层层出挑：悬臂梁藏于内部，仿佛绝壁孤松的枝干，“剑走偏锋而得中气”，为险峻的造型提供内在合理性。相对而言，章草的布局恰如一群跳宕的小兽，到处都是灵活的使转和骨力居中的悬挑结构。

现代建筑对装饰强烈排斥，人们接受了这个观念，普遍迷惑于赖特作品中大量的“有机装饰”的意图何在。答案蕴藏在赖特对“有机”的表述里：“这种结构的特征和各部分在外表和内里都为一体，其目标就是整体性。”[4]假如说可见的围护结构和隐含的承重结构（在赖特的建筑中两者通常是分开的）构成了一对“表里”，那么主体和装饰、建筑和附属物之间好像水波，形成了层层外扩、彼此同构的“表里”关系。以流水别墅为例，一层下方用以支撑悬挑露台的3根巨梁隐藏在阴影中，层层叠叠的修长露台被轻薄舒展的檐口板衬托，这些檐口板常常是镂空的，与其说是为了遮阳，不如说是为了烘托建筑的水平造型。与之相对，描述中心体量的垂直元素使用厚重的原石表面，与水平体量形成鲜明的对比。所有细节金属构件都是赖特偏爱的“切诺基红”色，外墙的土黄色和圆角让人联想起西南部印第安部落的民居。粗糙的石墙延伸到建筑内部，与青石板地面共同烘托着洞窟般的感受，壁架和家具依然在不断强化悬挑结构，细节与整体同构（图8）。流水别墅出现在现代主义鼎盛的20世纪30年代，一定程度上也受到简洁、抽象的形式语言的影响，但它本质上是富于装饰的。

赖特的研究者罗伯特·斯宾塞（Robert Spencer）说过这样一段话：“一个美丽的外表不一定非得是暴露肌肉骨骼的，它不

图8　流水别墅室内的“微型悬挑结构”

图9　西塔里埃森入口处的竖板

一定非得是自身内在解剖结构的外在表现。尽管讲建筑形式应该追随功能是正确的，这个说法只有在更宏观层面上谈论才有意义，就像其在自然中所体现的那样。自然经常想办法将肌体的内部运行机制掩藏在遮蔽性的外衣之下，因合目的性而正确且美。那些坚持现代建筑必须暴露钢筋混凝土结构的人，应当看看通体被羽毛覆盖着的鸟儿，将其与那些没有羽毛、裸露皮肤的品种相比较，再跟那些鸟的骨架比较一下。”[9]现代主义者似乎一直在追求“骨架”般的简洁纯粹，与之相比，赖特的房子好像是有血有肉、有鳞片有羽毛的生命形态。丰盛而极具创造力的、丰满充沛的、纠缠盘绕的自然，是从达尔文的观念中生出，又在沙利文的思想里过滤而来的。但它归根结底是一种抽象，而非有些艺术与工艺运动所主张的对自然的“客观模仿”。赖特只是不希望将生命形态剥离皮肉，抽象到只剩白骨，因为生命的态势，正是在鳞片和羽毛的烘托下才得圆满。

西塔里埃森作为赖特有机建筑思想的集大成之作，最为完美且明晰地说明了“鳞片和羽毛”等有机装饰在“取势”上的不可或缺。与索隆犹太教堂的“逆鳞”不同，西塔里埃森建筑群将利爪和尖刺收敛起来，它对外呈现的基本上是粗粝的皮肤和峥嵘的毛发，这一切都是具体的、与大地和远山息息相关。切诺基红和天蓝交替出现，由于材料关系交代得非常清楚，屋顶上用作遮阳板的白色亚克力一点都不显得廉价。入口处略微凸凹的牙板下方，倒悬着两根三角形的竖板，堪堪接近地面而略不及，在沉着的水平线条里加入极轻盈的垂直线条，让正面变得生动明丽（图9）。竖板与其下高昂的明代浮雕陶俑唯一的作用就是取势，貌似与水平低徊的整体态势相反，却反而强调了这一态势，使之振翅欲起。与东塔里埃森双坡屋顶相比，西塔里埃森的单向倾斜屋顶和角部收束都更加强调动势，而赖特发明的“沙漠混凝土”那巨大的碎石骨料仿佛要破壁而出，也让建筑的躯体更沉稳、更雄健，更势不可当。可以说，到80岁高龄，赖特建筑语言的一收一放都是为了取势而弹无虚发，真如自然生命般势大力沉且灵动洗练。在这里，你很难分清哪里是本体、哪里是装饰，形体本身也是富于装饰色彩的，细节和整体不断重述着同样的造型目的，建筑好像某种自然聚落的现代版本。没有什么能比这更好地说明谢赫所谓的“应物象形”和“随类赋彩”，这让我们明白，“六法”所追求的造型理想，是介于抽象和具体之间的一种复杂形态，它不可能离开自然世界里的“物类”，仅为表达观念的纯度而独立存在。

赖特思考自然的方式与拉斯金或爱默生根本不同，他并不是从伦理角度看待人与自然的关系问题。受拉斯金影响的米莱斯亦步亦趋地观察自然并模仿之，受爱默生影响的梭罗变得憎恶人类社会。赖特却似乎天生有一种理智的超然，能够“功利性”地思考艺术的表现力问题，从而脱离了直观“模仿”，发心捕捉自然生命形态背后的“动力机制”，凌虚以“取势”。从这样一个似乎偏离了时代、但又与艺术史息息相关的维度上，赖特通过对自然生命的沉思，寻找“有机”的形式语言。很难说这种态度是真正“知性”的，赖特显然是依赖本能多过思考的建筑师。赖特取法的对象，不管理查森还是沙利文，都不似他这般天马行空，有些研究者，如尼尔莱文（Neil Levine），把这归结为直接从自然中模仿、或思考前人如何直接模仿自然的结果。这大概是一种非常特殊的“传移模写”，撇开建筑史的风格和图示，以自然为师，以以自然为师者为师，突破观念的厚墙，直接承受造型语言的第一缕光。

贝尔廷（Hans Belting）在阐述贡布里希（E.H.Gombrich）的“图式—修正”理论时说：“被构成为一个学习的过程，其中对现实的再现被作为一个永恒的问题提了出来。然而，把艺术形式的整个问题简化成一种模仿的行为将会是一个错误。模仿只有在艺术模仿自然之处才是可测定的。但是，当艺术模仿（社会的、宗教的、个人的）现实生活时，对照现实的常数，模仿的结果必然会显得非常失真。因为现实生活总是在不断变化的，在其转达或模仿能够被评估之前，它必定总是在被不断地重新界定。”[10] 向自然学习，语言或可保持新鲜；向人学习则很难。“图式—修正”理论在现代艺术中的困难，反衬出“六法”直接以自然为终极造型理想的艺术理论的普适精神，在这里，一次性的行为艺术、云烟般的抽象艺术和幼稚如儿童般的涂鸦艺术都可以得到综合的解释。

客观地说，即便是追求永恒几何造型的观念艺术，若要打动人心，也离不开对“势”的追求。观念的造型也需要取势，且看萨伏伊别墅漂浮于细细柱列之上的平滑体量、柏林国家美术馆（National Gallery Berin）那宽大雄健的屋顶，都代表着一种特殊的优雅。建筑师推敲细节、调整比例，就好像鱼儿摇动鳞片、鸟儿梳理羽毛，下一刻就要深潜渊薮或遁入云霄。活泼的世界是如此生动美好，又何苦去追求静止的永恒呢？

人的造型语言当然是来自于对自然的抽象，问题在于，当以何种方式、什么标准进行抽象？赖特通过“有机建筑”，证明人的创造可以直接来源于自然，同时是高度抽象的；只要造型的目的是生命之“动”而不是观念之“静”，几何也可以是自然。赖特之后，虽有对悬挑结构进行更加全面而极端的严肃探讨者，却很少有直接面对万物、从哲学方面推敲艺术语言的形式活力问题、对“自然”造型与“观念”造型加以区分、而在现代主义的几何抽象之外另寻一条可能的道路的建筑师了。

（原载于《建筑学报》2019年第3期）

注释

① 标题来自赖特为《走向新建筑》撰写的书评。在这篇文章中，赖特认为“柯布的路到目前为止是对的，问题是他放弃了第三个维度或深度，放弃了表面和形体上的羽毛、鳞片，这些对建筑至关重要，只有在它们的加持之下，其他两个维度才能获得生命和目的，建筑才能完整统一如有机的树木”。

② 原文为“Wagner, Behrens and Perret lighted the solid massiveness of traditional architecture; Wright dynamited it.”

引文文献

[1] Wright Frank Lloyd. Towards a New Architecture[J], World Unity 2, 1928(9): 393.

[2] 弗兰克·劳埃德·赖特.一部自传：弗兰克·劳埃德，赖特[M].杨鹏，译. 上海：上海人民出版社,2014.

[3] Conors Joseph. Wright on Nature and the Machine[M]// BOL On Carol, NEL SON Robert,The Nature of Frank Uoyd Wright. Chicago: The University of Chicago Press, 1988: 2.

[4] 项秉仁. 赖特：国外著名建筑师丛书[M]. 北京：中国建筑工业出版社，1992:39.

[5] 苏轼. 苏轼文集卷12[M]. 北京：中华书局，2016:408.

[6] Herry-Russell Hitchcock, Philip Johnson. The International Style; Architecture since 1922[M]. New York: Norton, 1932: 26.

[7] Wright Frank Lloyd. Modern Architecture,Being the Kahn Lectures for 1930[M].Princeton: Princeton University Press, 1931:107.

[8] 张彦远. 历代名画记·论画六法[M]. 杭州：浙江人民美术出版社，2011:56.

[9] Robert Spencer Jr. The Work of Frank Lloyd Wright[J], Architectural Review, 1900(6): 68.

[10] 汉斯·贝尔廷. 艺术史的终结[M]. 常宁生，编译. 北京：中国人民大学出版社，2004:293.

图片来源

图1：Global Interior #10. Tokyo: A.D.A. EDITA Tokyo Co., Ltd., 1976: 38;

图4：Yukio Futagawa. Frank Loyd Wright Taliesin,GA Traveler, Tokyo: A.D.A. EDITA Tokyo Co., Ltd., 2002: 56－57;

其余图片均为作者拍摄。

作者简介

金秋野，北京建筑大学建筑与城市规划学院教授。

从视觉到空间：现代艺术语境中的密斯·凡·德·罗与拼贴

张燕来

摘　要：20世纪以来的现代艺术与建筑并行发展，相互影响。密斯·凡·德·罗广泛接触并直接参与现代艺术运动，将从立体主义、达达主义、抽象表现主义等艺术中获得的灵感转化为建筑表现中的拼贴。本文聚焦密斯始于柏林时期、延伸至美国时期的拼贴创作的历程、类型、手段和相关建筑设计思想，在现代艺术语境中探求建筑拼贴与现代艺术的共同特征以及密斯的拼贴表现的本质。

关键词：密斯·凡·德·罗；拼贴艺术；影像；空间性

1 引子：一个背影

1989年，在已故德国达达艺术家汉娜·赫希（Hannah Höch，1889—1978）的私人资料中发现了一张摄于1920年6月30日首届国际达达艺术展（the First International Dada Fair）的照片，其中一个背影是年轻的密斯·凡·德·罗。这张照片不但证明了作为建筑师的密斯在20世纪初对柏林现代艺术圈的关注与参与，也再一次揭示了密斯的前卫建筑师与视觉艺术家的混合身份（图1）。

“大量研究密斯的学者强调技术和材料作为理解他的现代建筑发展的重要性，但对密斯艺术观念发展的理解也不能离开他对艺术家、艺术史长期持续的关注、思考和吸收。”[1]在现代建筑师当中，密斯的卓越之处在于以图像形式表达的概念性构思，而在他的建筑表现中，作为现代艺术革命性表现手段的拼贴（montage and collage）将影像、图像与图画结合，形成空间表现。

2 密斯与现代艺术

20世纪初是现代艺术诞生的时代，巴勃罗·毕加索和乔治·布拉克（Georges Braque）将各种无关元素如花朵壁纸、报纸标题或乐谱碎片融入创作中，这种最初被称为“混聚”（mash

图1　1920年首届国际达达艺术展中的密斯（手执帽者）

up）、后来正式命名为“拼贴”的独特创作方式成为扭转欧洲艺术走向的重要转折点。拼贴鼓励一种跨媒介的创作方式，从艺术界的马歇尔·杜尚（Marcel Duchamp）、巴巴拉·克鲁格（Barbara Kruger）到电影界的谢尔盖·爱森斯坦（Sergei M. Eisenstein）、让－吕克·戈达尔（Jean-Luc Godard），建筑界的勒·柯布西耶、密斯，不同领域的艺术家均以这种创意策略为引导，应用或转用到自己的作品中。

第一次世界大战后，随着德国的战败以及威廉二世时期的到来，德国艺术界弥漫着困惑无奈的情绪，年轻的密斯成为改变这种状况的艺术领头人。1921年至1925年，他担任“十一月学社”（November Group）的领导人，与现代艺术家广泛接触，引发建筑学思考与实践。[2]现代艺术和现代建筑既开创了各自的前卫方式，又具有共同的城市、空间主题，两者相互提供灵感、素材和创作手段，这一点在密斯的整个职业生涯中清晰可见（图2）。

2.1拼贴与现代建筑

在《挑战绘画：立体主义、未来主义、拼贴之发明》（In Defiance of painting:Cubism, Futurism and the Invention of

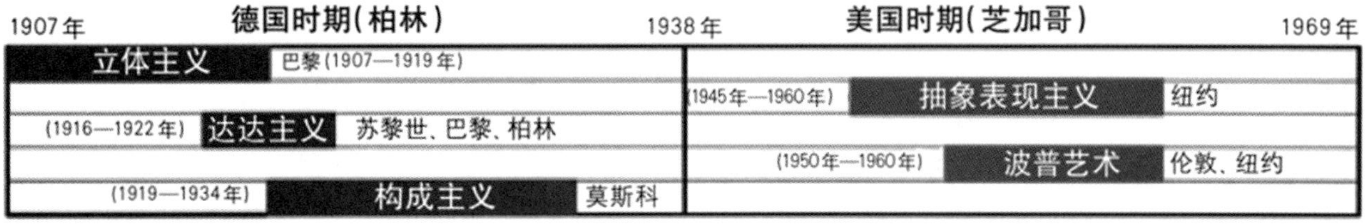

图2 对密斯产生影响的主要艺术流派简表

Collage)一书中，克里斯蒂娜·波吉(Christine Poggi)认为1912年5月毕加索创作的《椅藤之静物》是第一件拼贴作品(图3)。1919年，受立体主义影响的柏林达达艺术家将影像碎片拼贴作为一种挑衅与讽刺的政治艺术形式，这种照片拼贴(photomontage)成为达达艺术作为"新艺术"最突出和最持久的成就。事实上，尽管拼贴与20世纪初期前卫艺术的探索密切相关，但建筑界的照片拼贴在19世纪末就已出现。1900年前后，以弗里德里希·冯·蒂尔施(Friedrich von Thiersch，1852—1921)为代表的德国建筑师开始在建筑设计竞赛中将绘画与照片相结合形成照片拼贴。与传统透视图相比，照片拼贴具有更高的写实性与可信度。随后，拼贴表现开始在欧洲专业杂志和普通大众中同时流行，亚历山大·罗德琴科(Alexander Rodchenko)、阿道夫·路斯等建筑师都是早期拼贴创作的实践者(图4)。拼贴的概念性、材料性、技术性等原始特征，深深地影响着20世纪以来的艺术和建筑。

2.2抽象表现主义

20世纪40年代，艺术和建筑共同经历革命性发展，美国成为世界艺术中心。在绘画和建筑领域，欧洲经过长期历史积淀形成了繁重而带有束缚的传统，"美国急于摆脱文化模仿者角色，寻求本土文化标志，并迅速建构新的体系，必然选择新兴艺术潮流中最具革新性、最简洁有力的部分"[3]。1938年移居美国后，密斯不断从美国现代艺术的进程中获得新的灵感，并保留了拼贴作为建筑与艺术的中介。

抽象表现主义(Abstraction Expression)被认为是第一个具有国际影响的美国本土流派，它出现的一个重要动机是抵制欧洲现代艺术来寻找美国的根。从艺术演化的角度看，它并不是一个完全脱离欧洲艺术而出现的艺术流派，而是在综合第二次世界大战前西方艺术世界重要流派的基础上形成的，尤其受到立体主义和超现实主义(Surrealism)的影响。抽象表现主义画家不仅发展了欧洲现代主义艺术的形式探索，也继承了现代主义艺术的反叛性格和"为艺术而艺术"的观点。密斯深受现代艺术的感染，在其美国时期的拼贴中经常"引用"瓦西里·康定斯基、马克·罗斯科(Mark Rothko)等抽象艺术家的作品。

图3 毕加索的拼贴作品《椅藤之静物》(1912年)

图4 罗德琴科的构成主义拼贴(1923年)

2.3密斯的拼贴情结

在密斯抵达美国的同一时期，建筑学教育背景的苏联电影导演谢尔盖·爱森斯坦(Sergei M.Eisenstein)发表了《蒙太奇与建筑》(*Montage and Architecture*)一文，将电影与建筑进行了联想研究并认为蒙太奇是一种时空拼贴。无论密斯是否留意到爱森斯坦的理论，他在德国时期对保罗·克利(Paul Klee)、汉娜·赫希、汉斯·李希特(Hans Richter)这些现代拼贴艺术大师的熟悉都指引着他在美国继续运用拼贴来表现建筑空间。

密斯在美国期间成为一名艺术收藏者，合计收藏了超过40件艺术作品，其中包括22幅保罗·克利的绘画和14幅库尔特·施维特斯(Kurt Schwitters)的拼贴。超现实主义画家克利的艺术语言在现实与幻想、听觉与视觉、具象与抽象之间游走；施维特斯作为德国达达主义领袖，尤以色彩富于幻想的拼贴绘画闻名。从密斯美国时期的拼贴可以看出，他的空间语言与克利艺术的多变性相关，而施维特斯的艺术观念直接影响了他美国时期的拼贴。[4]"施维特斯通过拼贴建立了'艺术可以由任何材料构成'的观念，密斯同样证明了建筑可以通过预制的建筑元素创作而成。"[5]

3 视觉之路：德国时期的拼贴表现(1910—1937年)

"拼贴"一词源自法语的"montage"和"collage"，"montage"原是建筑学上的一个术语，意为构成和装配，在现代艺术中转译为不同图像的结合或剪辑，常和摄影、电影等影像艺术联系在一起；"collage"源自立体主义的艺术实践，主要指将不同印

表1

类型	时间（年）	代表作品	特征
模型 + 照片拼贴	1910	俾斯麦纪念馆方案	将建筑模型按照环境照片的角度拍摄照片，然后将二者拼贴，构成真实场景中的建筑表现
	1922	柏林高层玻璃大厦方案	
绘图 + 照片拼贴	1922	弗里特里希大街高层办公楼	按照环境照片的角度绘制建筑设计透视图，将绘图与照片拼贴，表达真实环境中的建筑效果
	1928	斯图加特银行办公大楼	
展览、出版物	1923	包豪斯国际建筑展	以出版为目的的拼贴将建筑图纸、图形元素与影像元素进行拼贴；展览中的拼贴强调空间的整体构成关系
	1924	G 杂志（第三期）封面	

图5　俾斯麦纪念馆方案模型拼贴（1910年）

图6　柏林高层玻璃大厦模型拼贴（1910年）

刷品的片段黏合组织在一起（表1）。

3.1模型拼贴

俾斯麦纪念馆方案（Bismarck Monument Project，1910）是密斯参加的第一个建筑设计竞赛。他首先绘制了传统的彩色透视图，其形式与构图都和卡尔·弗里德里希·辛克尔（Karl Friedrich Schinkel）设计的奥瑞安达宫（Orianda Palace，1838）较为相似，显示了辛克尔对他的重要影响。随后密斯将模型照片与环境实景照片合成为两张拼贴创作（图5），仔细观察近景拼贴的草图，可以发现一条对角线点划线，用来界定照片（环境）与建筑（模型）的连接。照片中，葡萄园中的小径显然尺度过小而不能覆盖设想中的画面宽度，因此必须通过拉长葡萄园照片来适应图幅。由此可见，密斯拼贴的最初动机是建立一种真实性视觉场景。

在柏林高层玻璃大厦（Glass Skyscraper Project，1922）设计中，密斯彻底地放弃了传统建筑透视图的绘制方式，将曲线建筑的模型照片直接与环境影像拼贴在一起，让人联想起同时代德国导演汉斯·珀尔齐希（Hans Poelzig）的电影《魔像》（*Golem*，1920）中的表现主义风格建筑。该拼贴至少有两个版本：将摩天楼与周围住宅置于树林之前和置于车水马龙的城市街道（图6），由此拼贴成为密斯研究建筑形体与环境关系的一种直观工具。“密斯精心地使用照片拼贴来增强甚至取代他的大画幅彩色表现图，来促进构筑与场所的合成效果，利用摄影的真实性创造一种整体印象。”[6]

图7 《创作》（Review G）封面拼贴

图8　柏林弗里特里希大街高层办公楼南向街景拼贴

3.2绘图拼贴

和勒·柯布西耶相似，密斯深知塑造自己作为现代先锋建筑师公众形象的重要性，为此，他在自己的展览和出版物中精心创造印象深刻的建筑表达。1923年，密斯成为柏林G（Gestaltung）小组的创始成员之一，与汉斯·李希特、凡·杜斯堡（Theo van Doesburg）等共同负责G杂志（*G:Material zur elementaren Gestaltung*）的出版。该小组宣扬对“形式主义”的抵制，并在新客观性（New Objectivity）的旗帜下，支持那些与实用性和建造紧密相关的形式。1924年密斯资助并编辑了第三期《创作》（Review G），在封面设计中，密斯将建筑立面的炭笔画与斜向动感的红色字母G拼贴在一起，几乎看不出绘图与文字的叠加顺序，两者呈现同样的透明质感，利西茨基（El Lissitzky）将之称为“语言与图形之间的动态的、辩证的逻辑性共振”[7]。尽管这些表现手段表明密斯在探求一种人视角度的夸张表现，但他又以炭笔画立面抛弃了真实模拟视角，而将建筑视为视觉性的抽象构筑，从周围环境中蜃景般地升腾而起（图7）。“通过拼贴和重新制作的方式，密斯建立了一种个人化的建筑表现媒介。显而易见，他的目的不是照片写实主义的模拟，而是一种风格强烈的设计图像。”[8]

3.3图像之困惑

1921年密斯参加了柏林弗里特里希大街高层办公楼（the Friedrichstrasse Skyscaper）的设计竞赛，安德烈斯·莱皮克（Andres Lepik）认为：“密斯为弗里特里希大街的高层建筑所创作的照片拼贴是20世纪初建筑表现的关键性作品。”[9]这四幅拼贴不仅体现了密斯的拼贴从基本的照片写实主义向夸张的表现主义转变，也流露了彼时密斯在现代影像与传统图像之间的徘徊。

首先是一张南向的拼贴透视图（图8）：以一张完美的街景实景照片作为基础；清晰对焦的街道建筑与底部模糊的人群表明，密斯聘请专业摄影师拍摄了这张大幅街景照片并使用了三脚架来保证长时间曝光；棱角锋利的玻璃幕墙建筑以垂直炭笔线条构成，线条的粗细变化表达了玻璃的反射效果；简洁的现代建筑造型与周围的19世纪晚期风格建筑形成尺度、材质对比；黑白影调保证了图像的写实性和协调性。北向的拼贴透视图有三个递进的版本（图9）：版本1与南向透视图相似，边缘锐利的玻璃摩天楼构成一个透明的、缥缈的视觉体量；版本2则将构图稍加裁剪以突出玻璃摩天楼的统领地位，炭笔加黑的环境照片使其更加抽象，同时增加分层楼板等建筑细节；版本3将环境建筑进一步裁剪，并将其用炭笔涂成黑色剪影。密斯在此递进过程中表达出的对传统绘画透视图的回归不仅将真实街景还原为一种自治图像，也表明了他对现代影像艺术的一丝困惑。

图9　柏林弗里特里希大街高层办公楼北向街景拼贴的递进过程（由左至右）

表2　密斯美国时期代表拼贴简表

空间类型	时间（年）	代表作品	特征
住宅空间	1938—	庭院住宅	绘图拼贴：以线条透视图为主，早期手绘树木，后期加入风景、雕塑照片
	1937—1939	里瑟住宅	
概念设计空间	1941—1943	小城博物馆	绘画拼贴：在简化空间的一点透视中叠加材质片墙与绘画片墙，加入雕塑照片
	1942	音乐厅	
大跨公共空间	1954	芝加哥会议中心	摄影拼贴：摄影影像拼贴，加入墙体、绘画、雕塑、人群、国旗等
	1962—1965	柏林美术馆	

图10　密斯庭院住宅和联排住宅室内空间拼贴

图11　斯图尔特·戴维斯的《摇摆的风景》

4 空间之道：美国时期的拼贴表现（1938—1969年）

根据威廉·J.R. 柯蒂斯（William J. R. Curtis）在《20世纪世界建筑史》一书中的描述，密斯到达美国后不久，弗兰克·劳埃德·赖特在威斯康星州的塔里埃森（Taliesin）接待了他。密斯被赖特的山坡隐居住宅的广阔景观深深地感动，不由自主地赞叹道："噢，多么自由的一片领地！"[10]自然风景不仅触动了密斯的空间理解，也引发了他随后的空间想象（表2）。

4.1风景介入

定居美国之后的密斯首先将之前应用于城市项目的照片拼贴转变为室内空间研究工具。在伊利诺理工大学的教学中，密斯带领学生创作了一系列庭院住宅（court house）和带室内庭院的联排住宅（row house with interior court）的空间研究拼贴，使之成为建筑教学的标准化练习。[11]从这些拼贴中可以看出其由传统绘图向抽象拼贴的转变过程：先是单一绘画或雕塑的加入，随后发展成为混合了木饰墙体、绘画、雕塑、风景这四个元素与铅笔绘制的室内透视图而成的拼贴（图10）。

风景介入的拼贴在见证密斯将自然风景转型为审美之物的同时，也明确了空间定义：即使空间克制到一无所有，依然强烈地宣告它与自然的关系。在密斯抵达美国的同一年，美国艺术家斯图尔特·戴维斯（Stuart Davis）创作了《摇摆的风景》（*Swing Landscape*，1938），这幅绘画融合了美国摇摆音乐与自然风景元素（图11）。在此，我们无意强行赋予这幅作品和密斯拼贴之间的关联性，但从中可以发现美国现代艺术和建筑的风景意识的同时觉醒。由此可以推断，密斯对风景的提取绝非偶然。

4.2艺术与自然

1938年，密斯设计了美国时期的第一座建筑：位于怀俄明州庄严的旷野之中的雷瑟住宅（Resor House）。可以视为范斯沃斯住宅（Farnsworth House，1945—1950年）雏形的雷瑟住宅经历了一个拼贴发展的过程：首先是以一张基地实景照片为背景的室内空间拼贴——没有地面和屋顶，近处的两根钢柱与分隔玻璃的垂直框架构成了透视效果，表达了空间的三维属性，同时钢柱将风景分割，形成类似于文艺复兴时期圣坛三联画的连贯效果（图12）；随后密斯对风景照片做出了大胆的修改，抛

图12 雷瑟住宅室内空间拼贴版本1

图13 雷瑟住宅室内空间拼贴版本2

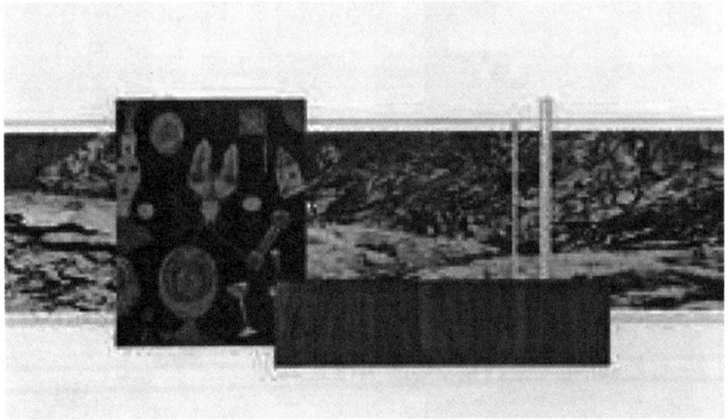
图14 雷瑟住宅室内空间拼贴版本3

图15 小城博物馆室内空间拼贴

弃了之前的实景照片，而取代为一张洛奇山脉的全景照片，细长的钢框架勾勒出景观，山崖像墙一样包围了室内，由真实场景走向空间意像的这一修改标志着密斯拼贴创作由真实性向空间性的重要转变（图13）。1939年，密斯又将一张保罗·克利的绘画与一片肌理丰富的木质矮墙置于风景之前，形成了空间元素的叠加拼贴[12]（图14）。"经过这个过程，密斯严谨而高度凝练的新语言逐渐形成。在形象鲜明并反复出现的密斯风格背后，有着最高层次的意图：将自然、人和建筑融合为一个高度的整体。"[13]

1942年，受《建筑论坛》（*Architectural Forum*）杂志的委托，密斯完成了小城博物馆（Museum for a Small City）的概念设计，他以一张前所未有的拼贴呈现了想象中的博物馆室内空间：抹去之前的全部建筑绘图元素，整张拼贴由风景（水面、树林）、毕加索的反战绘画《格尔尼卡》（*Guernica*）、阿里斯蒂德·马约尔（Aristide Mailllol）的两座雕塑照片构成，风景照片中的白缝暗示着落地玻璃的存在，也暗示着室内与室外的分界。尽管没有任何建筑构件、地面和天花，但由绘画（艺术）、雕像（人）、风景（自然）构成的空间叠加依然产生了强烈的透视感。这张拼贴融合了自然、艺术、空间，将影像艺术的片段构成空间元素之叠加，既混合了抽象表现主义的内涵和施维特斯拼贴的某些特征，也构成了密斯"通用空间"的早期萌芽（图15）。

4.3图像与人文

20世纪50年代的美国艺术界出现了欧普艺术（Op Art）、波普艺术（Pop Art）等聚焦于社会和时代的艺术流派，它们在对抽象表现主义提出质疑的同时继承了欧洲达达主义的某些特征，艺术史学家将这些艺术流派统称为"新达达主义"（Neo-Dada）。作为对此时代艺术的回应，密斯在拼贴中进一步拓展空间的人文意味。

"密斯的绘图——拼贴的重要性在于将不同意义应用于挑战象征性和文脉相关方案的空间意义的方式。"[14]他对空间意义的表达首先呈现在"音乐厅方案"（Project for a Concert Hall，1942）的拼贴中，这张拼贴隐含着一个历史背景：密斯采用了由阿尔伯特·康（Albert Kahn）设计的巴尔的摩马丁飞机制造车间的室内照片，这个车间为了在第二次世界大战中制造轰炸纳粹德国的飞机而建。"通过拼贴，密斯实际上将战争自然化和唯美化了。"[15]密斯将与透视角度一致的直线和弧线木板、钢板图片拼贴于照片之中，组合而成一个新的室内空间，一组长条的黑色墙体遮盖了原来照片中的一架飞机，右前方的古埃及雕像暗示着时空的转移（图16）。马蒂诺·施蒂尔李（Martino Stierli）认为密斯在此利用了照片拼贴的复制技术特征，"出于这一点，一张温和的、改良的拼贴成为恰当的媒介，作为美国建筑在历史时刻中的确认来表现这种特殊的历史和政治情形。"[16]由此，我们可以看出密斯的概念：以既有文脉取代自然风景来介入空间设计。

芝加哥会议中心（Convention Hall，1952—1954）不仅是密斯设计的最大跨度建筑，也是他最具个性的作品，其拼贴由上至下可以分为三个层次（图17）：屋顶结构显示了扩张的连续空间；绿色花岗岩墙面表明了密斯对这一豪华材料的偏爱；人

图16 音乐厅方案室内空间拼贴

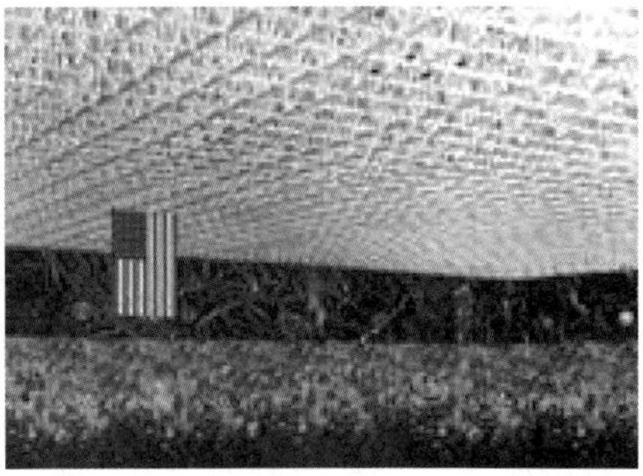

图17 芝加哥会议中心室内空间拼贴

图18 斯图加特银行、百货公司大楼（1928年）拼贴及其草图

群可理解为一种生命的代表。在此，密斯将不同材质表面之物并置，嘈杂的人群与屋顶的整齐结构产生对比，建筑似乎暗示着一种社会的结构和秩序。“如屋顶一样属于无生命之物的花岗石材质调解了这种配置，但它的不规则呈现与人群的无序得到共鸣，一如墙体得到活力，将建筑以一种抽象的、有距离的物体转化为一种社会的、政治的面貌和力量。”[17]画面中的第四元素——美国国旗在烘托爱国气氛之外，“既是旗之图像，也是真实之物——其本体在物与像之间摇摆，动摇了它仅仅作为拼贴图像的身份”[18]。

5 空间视觉到视觉空间

在现代建筑师中，密斯没有成为像勒·柯布西耶那样的艺术家，但他通过对现代艺术的参与和运用，发展了建筑和艺术、空间和视觉的实践与实验的第二条思路。“拼贴是我们时代中广受欢迎的艺术表现技法，这种媒介可以通过图像片段的并置来获得一种考古学密度与非线性叙事，拼贴带来触感与时间的体验。”[19]密斯的拼贴诞生于现代艺术与建筑的形成时期，它的拼贴策略形成了现代意义上的图像与空间。

5.1密斯与达达主义

密斯参加了柏林首届国际达达展，达达艺术深深影响了密斯。一方面，达达主义将人类的艺术疑问“是什么？”（what is?）提升到“能是什么？”（what can be?）另一方面它的“此时此地”（here and now）信念与构成主义不谋而合，两者混合形成了密斯的建筑理论基础，使“密斯抛弃了纯艺术与应用艺术之间的区别，热衷于摄影、印刷等新技术，打破传统，表达了全新的面向未来的新精神”[20]。达达主义表现出强烈的观念性：将已有的图像重新组合成新的、混合的图像，因此写实性绘画不再是重要的传统技能。在此基础上，密斯也显示了拼贴的技术性：拼贴的力量源于绘画，两者之间有着内在的轴向关系和空间的统一性。

5.2拼贴之功能

“拼贴常常被认为是现代的导向性结构原则，甚至是现代主义的符号形式。”[21]在很长一段时期内，建筑表现是密斯表达建筑与艺术、工业联系的唯一渠道。密斯与同时代的欧洲建筑师如保罗·邦茨（Paul Bontz）、阿尔弗雷德·费希尔（Alfred Fischer）等人大量创作建筑拼贴，几乎使拼贴成为设计竞赛的必需图纸。詹妮弗·A·E·希尔兹（Jennifer A.E.Shields）在《拼贴与建筑》（*Collage and Archite cture*）一书中认为建筑学领域的拼贴具有三种功能：“作为手工艺品；作为分析和设计的工具；拼贴之建筑”[22]。密斯的拼贴包含了所有的这三种功能，并慢慢将图像功能转变为空间功能，使绘图、影像与空间完美结合（图18）。

5.3图像与空间

马修·泰特鲍姆（Matthew Teitelbaum）在《拼贴与现代生活：1919—1942》（*Montage and Modern Life: 1919—1942*）一

表3　密斯德国、美国时期拼贴特征对比

	德国时期（1910—1937 年）	美国时期（1938—1969 年）
主题	视觉	空间
观念	设计是一种纯净的时代精神	设计是一种创造精神的产物
自然	建筑作为人工之物与自然相对立	将艺术与自然等同于建筑
艺术	前卫艺术形式、激进的前卫派	商品社会中美学体验与生活的分离

图19　柏林美术馆室内空间拼贴（1962—1968年）

图20　柏林美术馆室内空间拼贴中的黑色屋顶构架

书中认为：“拼贴通过将大量视图破坏结合成为单一图像而提供了万花筒般的扩张性视觉，意味着一种开放性的时空体验。”[23]在现代艺术挑战传统、走向新世界的同时，密斯的拼贴成为一种指向空间的影像术，一种将图像从传统建筑表现功能中解放出来的手段。“观者在其中同时看到了旧的城市轮廓和发亮的新建筑，传统视觉体系的破灭产生了新的实验性认知空间。”[24]密斯“照片—绘图”拼贴中的材料与图像的混合，使建筑设计与既有环境拼贴而成的虚拟影像呈现了现代艺术背景下的思考与实践，并记录了图像拼贴向空间拼贴的发展过程。

6 艺术与拼贴：从德国到美国

从柏林到芝加哥，从德国到美国，密斯经历了两个联系紧密又区别明显的时期。德国时期的密斯显性地参与艺术活动，拼贴是他在这一时期保持与艺术世界同步的一种利器；美国时期的密斯将绘画与雕塑转化为空间中的图像片段来形成对空间的思考（表3）。

密斯对空间问题的思考植根于从图像思考到图像呈现的过程。“密斯早期的拼贴源于前卫的情感，后期的拼贴具有更多个性化的手工艺性，这一转变与时代一致。”[25]在此，我们不能忽视一个时代背景：1940年巴黎被纳粹占领后，大批欧洲艺术家逃往美国，如萨尔瓦多·达利（Salvador Dail）、皮特·蒙德里安（Piet Mondrian）、约瑟夫·阿尔贝斯（Josef Albers）等，密斯也是这个群体中的一员。这些艺术家的作品都经历了从欧洲时期向美国时期的转变，因此密斯的转变不仅是一种个体发展，也是一个时代的写照。

6.1艺术：理念与素材

作为一名艺术家，密斯从不认为艺术仅仅是一种装饰，而将绘画和雕塑视为整体性空间中的建筑性元素。现代艺术给密斯既提供了新的理念，也贡献了绘画、雕塑、摄影等素材，随后他将之加工成为与现代艺术相关的空间表现之影像和图像（图19、图20）。肯尼思·弗兰姆普敦（Kenneth Frampton）认为：“柏林美术馆屋顶构架用油漆涂成深灰色，几乎接近黑色，它通过面的组合形成不同的空间深度，使屋顶构架钢梁的底边看上去像是漂浮在黑色屋面下方的轻型网格。在光线的反射之下，它成为密斯纯黑美学的一次大展现，令人想起阿德·赖因哈特（Ad Reinhardt）的极少主义绘画。”[26]

由此，我们可以情不自禁地展开从密斯建筑出发的对现代艺术的诸多联想，如：20世纪50年代后期开始盛行的极少主义（Minimalism）是否从密斯的建筑中汲取了灵感？密斯美国时期的建筑创作究竟是对美国艺术的反应还是对欧洲故土的回望？……

6.2表现：影像到图像

照片合成与拼贴是密斯实现空间视觉化的表现方式：在照片合成中，摄影图像或图像片段与其最初的语境分离，重新组合而成新的合成摄影图像（photographic image）。在拼贴中，不相干的影像元素在单一底色之上合成新的绘图图像（pictorial image）。“这些操作图像清晰地表明，对密斯而言，空间至高无上，建造居于其次。”[27]

整体上看，密斯德国时期的拼贴基于摄影影像，通过影像的拼贴产生一种建筑形体与城市环境的合成影像；而美国时期的拼贴虽然依然建立在绘画、雕塑等影像的基础之上，但最终却以片段合成的方式产生一种空间表达之图像。“透视依旧保持了空间关系，但层次转换了：建筑与风景并置，前景与背景反转。”[28]或者说，德国时期的拼贴通过影像技术呈现三维城市空间效果，而美国时期的影像本身却是平面化的，平面化的影像在空间中的关系构成了密斯所要表达的空间图像（图21）。

6.3本质：视觉到空间

2001年西班牙*AV Monografi as*杂志为密斯专辑封面设计了一张基于密斯拼贴的“再拼贴”（图22），在向他的拼贴生涯致敬的同时也体现了罗莎琳·克劳斯（Rosalind Krauss）定义的拼贴功能：“拼贴实现的是一种视觉的元语言。它无须利用空间就可以探讨空间，它通过对图底的不断叠加而刻画物象。”[29]美国时期，密斯坚持使用人视角度的一点透视，反映了他对视觉与

图21　芝加哥湖滨公寓室内空间拼贴（1950年）

图22　AV Monografi as杂志密斯专辑封面（2001年）

空间关系的态度：空间通过眼睛而非身体得到观察。美国时期的拼贴不再是德国时期的将新建建筑视觉化地植入外部环境，而是一种唤起空间与材料、观看与氛围相结合的模式样本；不再是欧洲时期都市环境中的“惊人效果”的建筑，而是从室内出发的空间效果的感知召唤。由此，建筑成为一种对外部世界的展示盒、感应器；相应的艺术作品作为建筑的构成元素，成为一种纪念性的空间分隔物。

从立体主义、达达主义的先锋拼贴到混合绘画与雕塑的拼贴空间，从率直的工业化欧洲到抒情化的美国，密斯20世纪20年代的拼贴预想了他之后描绘的美国城市的都市生活：混沌之中的哲学平静。“尽管密斯在1950年谈到发掘‘丛林生活’的意味，他早在1920—1928年的拼贴中就将城市描绘为混沌、残酷现实主义或肮脏现实主义。”[30]拼贴作为“空间的荟萃”（spatial constellation），发源于现代城市的体验与感知，其拼凑和粘贴的手段本身就是一种空间行为，因此密斯的拼贴本质上可以视为一种影像、图像的空间加工过程。

7 结语

密斯·凡·德·罗从现代艺术中汲取灵感，伴随着现代艺术的发展，将拼贴创作转化为设计语法。“如同他的许多佳作，密斯的建筑表达表面上是拼贴或与拼贴类似——一种既有整体又有局部的表现方法；但由于设计并非线性叙事，因此它无起点亦无终点，密斯不无惊奇地聚焦于作品的自然进化，更甚于对作品的解释或总结。”[31]密斯的拼贴创作表明了他始于20世纪10年代的、现代艺术语境下的方法论挑战，这一挑战在今天对于他的图像研究中依然存在。对密斯拼贴创作的研究既是对现代艺术、艺术史的研究，也是对现代建筑思想的研究。当然，探讨现代艺术语境中的密斯拼贴表现，并不意味着机械化地将他的拼贴与具体艺术流派直接对应，但我们可以从中获得一个独特的角度来洞察他的视觉逻辑与空间思考。对密斯而言，无论是德国时期对现代艺术的直接参与，还是美国时期对现代艺术的图像引用，如何创作一种可以与现代艺术分庭抗礼的新建筑始终是他的重要出发点。

1968年，在接受女儿乔治亚（Georgiavan der Rohe）的采访时，密斯说：“我的一生都在探求何为建筑，我越来越意识到建筑必须是人类文明核心的表达，而非其边缘的抱负。建筑必须探寻本质，从本质中才能阅读建筑，我通过一步步的表达来走完这条漫长之路。”[32]从密斯的这个观点来理解，混沌的世界一如各种材料和现象的拼贴，20世纪以来的现代城市和建筑本质上岂不就是一场拼贴之秀？

（原载于《建筑师》2019年第4期）

引文文献

[1] Andreas Beitin, Wolf Eiermann, Brigitte Franzen（editor）.Mies van der Rohe：Montage and Collage[M].London: Koenig Books, 2017:139.

[2] 密斯向第一次世界大战结束后柏林的第一个建筑展——1919年3至4月的“无名建筑师展”（Exhibition of Unknown Architects）提交了穆勒住宅（Kröller-Müller Villa，1912—1913）设计方案参展，但遭到了组织人格罗皮乌斯的拒绝。默廷斯（Detlef Mertins）认为格罗皮乌斯对密斯的拒绝标志着随后密斯与前卫艺术紧密联系的开启。参见参考文献（5）:p.110.

[3] 李艾芳，王雅雅. 密斯建筑视觉化表象的背后[J]. 城市建筑. 2009(11):120－122.

[4] 密斯组织了1959年在纽约西德尼·珍妮丝画廊（Sidney Janis Gallery）举办的施维特斯拼贴展。梅根·R. 卢克（Megan R.Luke）在《库尔特·施维特斯：空间、图像与放逐》（2014）一书中探讨了密斯与施维特斯创作的关联性.

[5] Li Hiberseimer.Mies van der Rohe[M].Chicago：Paul Theobald and Company，1956：p178.

[6] Terence Riley，Barry Bergdoll.Mies in Berlin[M].New York：the Museum of Modern Art，2001：325.

[7] 同上[1]：p.87.

[8] 同上[6]：p.326.

[9] 同上[6]：p.523.

[10] 威廉·J.R. 柯蒂斯. 20世纪世界建筑史[M]. 本书翻译委员会译. 北京：中国建筑工业出版社，2011:311.

[11] 密斯美国时期的拼贴大多为由他构思，他的学生与事务所员工协助完成。如参与大量密斯拼贴创作的乔治·丹福特（George Danfort）1938—1943年为密斯的学生，后加入密斯事务所.

[12] 这幅拼贴中的绘画为克利的《彩色之餐》（Colorful Meal）。麦卡蒂（Cammie McAtee）认为这幅绘画与周围的构图并不协调而成为一个独立元素，密斯之所以在拼贴中选择这一绘画表示了他对业主雷瑟（Helen Resor）的一种个人姿态：他们都喜欢保罗·克利，而雷瑟之前购买了这幅绘画。参见参考文献（8）：p.169.

[13] 同上[10]：p.311.

[14] Jennifer A.E.Shields.Collage and Architecture[M].New York and London: Routledge，2014:73.

[15] 同上[14]：p75.

[16] Martino Stierli.Montage and the Metropolis[M].New Haven and London：Yale University Press，2018:158.

[17] 同上[1]：p.129.

[18] 同上[1]：p.129.

[19] 同上[14]：p.1.

[20] 同上[1]：p.50.

[21] Nanni Baiter, Martino Stierli.Before Publication: Montage in Art, Architecture and Book Design[M].Zurich: Park Books, 2016: 1.

[22] 同上[14]：p.63.

[23] Matthew Teitelbaum（editor）.Montage and Modern Life: 1919–1942[M].Cambridge and London: the MIT Press, 1992:8.

[24] 同上[1]：p.91.

[25] 同上[18]：p.127.

[26] 肯尼思·弗兰姆普敦. 建构文化研究——论19世纪和20世纪建筑中的建造诗学[M]. 王骏阳，译. 中国建筑工业出版社，2007:205.

[27] Phyllis Lambert（editor）.Mies in America[M].New York: Harry N.Abrams, 2002:204.

[28] 同上[14]：p73.

[29] 沈语冰，陶铮. 图像与反叙事侵入——罗莎琳·克劳斯的结构主义批评[J]. 文艺理论研究，2015(2):20.

[30] 同上[27]：p.205.

[31] 同上[6]：p.15.

[32] Jean-Louis Cohen.Ludwig Mies van der Rohe[M].Basel, Boston, Berlin: Birkhäuser, 2007:166.

参考文献

(1) Andreas Beitin, Wolf Eiermann, Brigitte Franzen（editor）.Mies van der Rohe: Montage and Collage[M].London: Koenig Books, 2017.

(2) Li Hiberseimer.Mies van der Rohe[M].Chicago: Paul Theobald and Company, 1956.

(3) Terence Riley, Barry Bergdoll.Mies in Berlin[M].New York: the Museum of Modern Art, 2001.

(4) 威廉·J.R. 柯蒂斯. 20世纪世界建筑史[M]. 本书翻译委员会，译. 北京：中国建筑工业出版社，2011.

(5) Jennifer A.E.Shields.Collage and Architecture[M].New York and London: Routledge, 2014.

(6) Martino Stierli.Montage and the Metropolis[M].New Haven and London: Yale University Press, 2018.

(7) Nanni Baiter, Martino Stierli.Before Publication: Montage in Art, Architecture, and Book Design[M].Zurich: Park Books, 2016.

(8) Matthew Teitelbaum（editor）.Montage and Modern Life: 1919–1942[M].Cambridge and London: the MIT Press, 1992.

(9) 肯尼思·弗兰姆普敦. 建构文化研究——论19世纪和20世纪建筑中的建造诗学[M]. 王骏阳，译. 中国建筑工业出版社，2007.

(10) Phyllis Lambert（editor）.Mies in America[M].New York: Harry N.Abrams, 2002.

(11) 沈语冰，陶铮. 图像与反叙事侵入——罗莎琳·克劳斯的结构主义批评[J]. 文艺理论研究，2015(2).

(12) Jean-Louis Cohen.Ludwig Mies van der Rohe[M].Basel, Boston, Berlin：Birkhäuser, 2007.

图片来源

图1，5–10，12–21：Andreas Beitin, Wolf Eiermann, Brigitte Franzen（editor）.Mies van der Rohe: Montage and Collage[M].London: Koenig Books, 2017;

图2：作者自绘；

图3：Jennifer A.E.Shields.Collage and Architecture[M].New York and London: Routledge, 2014;

图4：Martino Stierli.Montage and the Metropolis[M].New Haven and London: Yale University Press, 2018;

图11：Erika Doss.Twentieth-Century American Art[M].Oxford: Oxford University Press, 2002;

图22：AV Monografi as, 2001, 92.

作者简介

张燕来，厦门大学建筑与土木工程学院建筑系副教授。

简析建筑结构形式中的建筑美学
——以耶鲁大学冰球馆为例

金雅庆　王禹霖

摘　要：本文以耶鲁大学冰球馆为例，分析建筑结构中的美学思想与表现，从建筑环境、空间和造型等方面解读建筑结构形式与设计方法，指出结构本身具有艺术美的内涵。建筑空间应包含富有潜力的表现力，应该合理利用结构自身的美学表现方式，并且从结构方向构造建筑形象，从而更好地展现建筑美学值。

关键词：建筑结构；建筑美学；表现手法

1 建筑结构与建筑美学

建筑结构通常是根据力学规律形成的建筑骨架，是建筑设计中不可或缺的参考元素。在建筑中，建筑结构作为传力系统不仅应该满足承载的要求，其自身的视觉表现力也是建筑艺术中最密不可分的部分。建筑美学包括结构不同的内在品质以及外在表现，其中内在品质涵盖结构技术的合理性、可行性和效率性等。要使建造的建筑既经济又有效，设计者一定要根据材料的性能和力学的规律选择结构形式，且必须具有科学的逻辑思维能力，从而才能赋予建筑结构更理性的存在需求。

正是因为每一次技术革命给建筑师带来了众多新颖的事物，包括材料、结构、设备、设计手法与方式及新的艺术形态等，因此建筑结构的外在表现让设计师可以更充分发挥并体现自身的各项特色，旨在审美观念上设计师可以充分发挥自身的能力、个性及想象力，将结构“技术”提升到“艺术”的高度[1]，并且潜移默化地使人们的审美价值和美学观念变得不同。

建筑的美可以从多个方面和角度去实现，而建筑结构的表现具有强烈艺术美的深刻内涵，从某种角度说建筑结构体现建筑美，建筑美依靠建筑结构来体现。

2 耶鲁大学冰球馆案例分析

耶鲁大学冰球馆位于美国康涅狄格州纽黑文市的耶鲁大学校园内，1958年建成。冰球馆的平面近似椭圆形，面积约5000平方米，馆内中心是比赛用地，四周布置观众座席[2]。由美国建筑师埃罗·沙里宁设计，这是他大胆地尝试应用新的建筑技术推动建筑形式取得的突破性成果。比赛时可容纳2800名观众，主入口朝南，两侧有6个次入口。冰球馆采用了当时十分新颖的悬索结构，其两侧边墙为平放的抛物线拱。在馆平面中央设1个竖向抛物线拱，将平面沿纵向一分为二，竖向抛物线拱为跨度长达85米的钢筋混凝土曲线拱梁。在竖向拱与平放拱之间拉承重索，与承重索相垂直的方向拉稳定索，形成竖向拱两侧的2片索网结构。稳定索分布在屋脊两侧，一面9根，锚固在拱角附近的四榀水平状的钢桁架及弧形外墙上，形成了跨距达57米，面积为5000平方米的赛场空间[3]。该结构利用中间垂直布置的钢筋混凝土落地拱作为承重索的中间支座，索的另一端锚固在建筑周边的墙上，与竖向拱连接在一起，恰好满足净高的需求。从建筑结构角度看，也是最高之处，避免了体育馆存在的使用功能与结构承重功能的矛盾。

耶鲁大学冰球馆特殊的建筑结构样式把外在造型变成了自然而又律动的形态，冰球馆将结构与建筑美学的关系透彻地表现出来，因为特殊的外部造型受到了建筑界的关注，而且其建筑的形体表现紧密结构，从而收获到了业内外的一致褒奖。并且因为它通高的大玻璃窗展现着现代主义建筑的简洁与开敞，外观如展翅鲲鹏，远看又似海龟，整体形象活灵活现，这种结构形式是在众多冰上运动馆中影响建筑形式的代表之一。由于结构形式的多样，使得众多设计师参与其中，为他们提供了机遇和挑战（图1）。

2.1 建筑环境与建筑结构

在越来越强调文脉主义创作的今天，建筑创作与所处地域环境条件的结合，被视为极其重要的考虑因素，但在冰球馆建造的20世纪50年代，只有少数建筑师脱离了国际式建筑风潮的影响，遵循有机建筑，或是接近于有机建筑的理论。埃罗·沙里宁倾向于多变的空间组织与有力的结构表现[4]，他创造的每栋建筑都与众不同，我们能看到他体现的建筑有机性，建筑形态与环境的融合，从冰球馆到环球航空公司候机楼，再到杰斐

图1 耶鲁大学冰球馆室外

图2 耶鲁大学冰球馆室内

逊国家扩展纪念碑，他让我们看到了建筑之美。在耶鲁大学冰球馆作品中，我们可以看到建筑由地面的一侧升起，底部升高至满足结构的要求和空间的要求，再平缓地下降，从土地中生长，又回归到土地，张扬又不失平和，巨大又颇显自然，让我们看到建筑形式的美感凸显出来，在这一刻，结构与环境恰到好处地互相帮衬，互相融合，丰富多彩的建筑语汇得以体现。

2.2 建筑空间与建筑结构

应用张拉结构的大跨建筑一般是大型的公共建筑，结构形态的确定必须充分考虑使用空间的视线等物理要求。为了追求结构布置与视觉美感的协调一致，耶鲁大学冰球馆可以尽可能地为人们提供满足多种需求的室内功能空间，使建筑在空间上尽可能地让内外无缝衔接。并且在馆内大厅里，形式多样的铁链有序地分布在顶部空间中，错落有致，消除了传统大跨度屋顶容易给人们带来的心理沉重的负面感觉，带来的是一种不一样的生动的结构造型（图2）。

2.3 建筑造型与建筑结构

耶鲁大学冰球馆独有的特殊艺术造型从创作之初就成为人们津津乐道的话题，其外观即为建筑结构的直观表现，立面与结构合二为一，建筑形象让人耳目一新。通过对自然结构的模拟来创造新的结构形态，改变了传统意义的装饰，强烈的视觉形象毫不掩饰张扬的个性[5]。在这座建筑之中，结构美学即是建筑美学。因而，这样不依照常规的结构设计的创新点恰恰来源于设计师的冒险精神。

3 结语

现如今的建筑结构技术正在潜移默化地影响建筑形式，归根结底建筑形象的发展历程就是建筑结构水平的发展历程。结构根据力学理论的要求，只有保持自身的平衡才能使整体结构更安全，而且在视觉效果上也是非常美的。建筑师利用结构展现建筑美的形态，通过人们对结构的欣赏，从而领悟其结构的创造想法以及建造时的技术手段，以收获美的艺术感悟。其外部形象已经无法单一从建筑结构的需求去说明，而应被看成是一种建筑风格的艺术形象。所以，现在设计师和人们选择更多的是精神的需求，这样不单单局限于结构或者建筑，更多的是对精神、对美的追求。

（原载于《北方建筑》2019年第2期）

引文文献

[1] 梅季魁，刘德明，姚亚雄. 大跨建筑结构构思与结构选型 [M]. 北京：中国建筑工业出版社，2002.

[2] 梅季魁. 现代体育馆建筑设计 [M]. 哈尔滨：黑龙江科学技术出版社，1999.

[3] 罗迪. 大跨度空间结构在体育建筑中的应用 [J]. 天津建筑科技，1998(4).

[4] 曾涛. 体育建筑设计手册 [M]. 北京：中国建筑工业出版社，2001.

[5] 周大明. 体育建筑的结构构思与空间设计 [D]. 重庆：重庆建筑大学，1999.

图片来源

图1：https://image.baidu.com;

图2：https://image.baidu.com.

作者简介

金雅庆，吉林建筑大学教授；

王禹霖，吉林建筑大学。

建筑艺术论文摘要

“建筑针灸”逻辑下的乡村暗夜激活——对松阳照明设计实践的阶段性回顾

张 昕

将DnA建筑事务所的松阳乡建实践作为乡村照明设计方法的研究和实践载体，阶段性总结了“建筑针灸”逻辑下的照明设计方法：以理解和尊重乡村夜晚环境为前提，以“暗”为照明设计出发点，用基础视觉任务创造日常生活中的宏大叙事，将传统用光意象植入空间概念，人工光与天然光协同，将建筑针灸的概念延伸至光的针灸，谨慎激活乡村暗夜。

（原载于《建筑学报》2018年第12期）

面向可持续未来的尚村竹篷乡堂实践——一次村民参与的公共场所营造

宋晔皓 孙菁芬

介绍并分析了尚村竹篷乡堂的设计和实施策略，项目通过对村落废弃空间的重新组织，营造了新的公共场所，并从环境角度上就地取材、尊重肌理，社会角度上鼓励村民参与建设和自组织，以及经济角度上不断延伸的运营形式这3个层面推进可持续设计。

（原载于《建筑学报》2018年第12期）

从构想到建构：建筑在中国现代农村

关悃盈

一份假设性的学生毕业论文在若干年后成为金台村灾后重建项目的序幕。文章从研究命题的角度开始讨论乡村发展，继而介绍并分析了金台村灾后重建项目的设计和实践过程。项目剖析了乡村建设的种种复杂性，在中国乡村发展的大图景下呈现出当前农村的动态变化。金台村项目作为一个社区理想原型的探索，展示出如何为乡村的空间肌理作出崭新的构想。

（原载于《建筑学报》2018年第12期）

关于泛建筑学的思考

孟建民

追溯“传统”建筑学的发展，并着重回顾探讨几次尝试突破“传统”建筑学藩篱的研究与实践，并在此基础上引出泛建筑学的理念，阐述归纳其产生的意义，比较泛建筑学与“传统”建筑学的差异后探讨在泛建筑学的时代未来建筑师应做的准备。

（原载于《建筑学报》2018年第12期）

创作实践与理论求索契合互动的五重体验——布正伟建筑师访谈录

宋祎琳 丁垚 布正伟

文章通过与布正伟建筑师的深入访谈，讲述了他在创作实践与理论求索契合互动的五重体验。包括致使他后来走向双向探索之地的“两经”，以及如何在建筑创作中理解建筑的“自在生成”理论。接下来布正伟建筑师向我们解答了如何在建筑创作中实践和验证“自在生成”理论。最后，适逢中国改革开放40周年，布正伟建筑师提醒我们要时刻保持忧患意识，在艺术“建筑本体”的根基上，有尊严地去“自在生成”，并提出要设计自己无比向往，又为人民大众渴望的“品真、德善、艺美”的新时期建筑作品。

（原载于《建筑学报》2018年第11期）

走向一个本土的中国建筑批评——何镜堂、设计院、地缘关系及个体—集体混合动力机制

朱剑飞

以何镜堂的设计语言和工作状态的研究为例，提出一个更加本土、更加基于中国和亚洲现实情况的建筑批评的方法。此方法强调设计生产的社会组织机构、建筑教育体系的地缘分布和个体——集体的混合动力机制的重要性，提倡美学形式和社会政治互相联系的研究视野。

（原载于《建筑学报》2018年第1期）

里弄微更新——一项以问题导向社会空间再生的建筑学教育实验

李彦伯 陈珝怡

介绍和分析了同济大学建筑与城市规划学院基础教学“里弄微更新”课题的架构和教学成果，提出应将社会现实背景作为讨论建筑学教育的核心议题，鼓励从基础阶段开始建构“现场—问题—策略”的逻辑链，注重设计对现实条件的回应性，并基于此反思建筑学教育的组织、导向与定位。

（原载于《建筑学报》2018年第1期）

游记图本与舆图的陈说：城市设计中的历史信息解析与表达运用——以大运河杭州段两岸景观提升为例

戎卿文 王建国

以京杭大运河杭州段两岸城市景观设计为例，从解读古代关于城市的两类图绘——游记图本与舆图出发，在认知其各自表达特征的基础上，通过历史研究，探索它们对历史城市空间中节点与路径设计的启示，提供将古代图绘所含信息在城市空间和景观设计中进行解析与表达的一种途径。

（原载于《建筑学报》2018年第2期）

建筑师和艺术：莫雷蒂、巴洛克和卡拉瓦乔

马尔科·穆拉扎尼 徐好好

通过建筑和绘画的并置，阐述建筑师莫雷蒂如何将古典和巴洛克结合起来，在作品中讨论从廓形到连续、从清晰到阴影的二元关系。文中对光线、物体、结构、布局等要素的举证，并不是简单的形式对比，而是在设计手法和文化导向两个层面的对话，通过历史、理论和文化批评的交织，观察意大利民族理想下文化状态和美学意趣的微妙性，从而打开设计和文化批评

的关联性研究。

（原载于《建筑学报》2018年第3期）

过去的未来：关于建成遗产问题的批判性认知与实践

常　青

聚焦城市更新中的建成遗产保护和历史环境再生问题，以批判性的观点和视角，重新检视了建筑学的遗产与创造、过去与未来、抱残与求全、歧义与辩异等范畴问题，并以所主持的保护与再生工程为例，阐述了认知与实践体会。

（原载于《建筑学报》2018年第4期）

生态视域下的当代建筑表皮体化现象研究

赵　蕊　刘松茯

通过分析4个案例建筑的表皮体化现象，将其归纳为侧重于解决不同生态问题的4种表达方式。旨在梳理生态技术和形式创作在建筑表皮中的运用和规律，从而引发我国建筑师对当代建筑表皮体化趋向的深入思考。

（原载于《建筑学报》2018年第6期）

空间转型效应：后世遗时代澳门城市空间生产力的重塑

郑剑艺　吴　波

分析和对比澳门新口岸商务区、南湾新住区、黑沙环平民住区在入遗前后地块规划批示、平面格局、建筑类型、土地功能的变化，分别揭示了上述片区博彩化、商业化、旅游化、豪宅化的后世遗时代城市形态特征。研究发现，在世遗保护和土地资源稀缺条件下，政府通过否定已有城市规划寻求新的城市空间生产力，实现了城市空间转型。但这种无规划下的城市空间重塑所造成的城市两面性矛盾也损害了世界文化遗产和世遗城市的整体保护和可持续发展。

（原载于《建筑学报》2018年第7期）

英国乡村建筑及村落环境保护研究——科茨沃尔德案例探讨

赵紫伶　于立　陆琦

以科茨沃尔德案例探讨为线索，展开对英国划定保护区中的AONB制度、列入名录以及开发许可申请制度等的分析，研究英国如何在制度设置层面对乡村地区的建筑及村落环境进行有效保护控制，并结合案例的具体实施细节进行探讨，进而厘清其机制和做法，就其保护目标实现的原因及内涵进行分析和讨论。

（原载于《建筑学报》2018年第7期）

语言·意境·境界——程泰宁院士建筑思想访谈录

费移山　程泰宁

程泰宁院士的所有思考都是建立在实践土壤之上的，是实践与思考的彼此参照，相互推进，因此也就具有了与一般理论研究不同的价值与意义。本文是过去两年中，数十次讨论内容的一个筛选与整理。其中前半部分主要是对当前建筑设计领域发展方向的思考；而后半部分则是对程泰宁院士所提出的“境界、意境、语言”这一建筑思想体系的呈现。

（原载于《建筑学报》2018年第10期）

开间更新：一种基于整体保护与人居改善的北京老城微更新模式

张悦　郝石盟　朵宁　李培铭　王钰

归纳北京老城从连片危改到整体保护和疏解腾退的演变历程，将更新的视角从街区、院落、房屋缩微到“开间”的尺度，在这一最基本的老城建筑单元和产权单元内，应答历史文化保护、基础设施改善、院内违法建设治理等多方面挑战，根据不同的空间尺寸和家庭情况提出多种改造户型，在开间之内整合成套化的厨房卫浴间和精细可变的收纳家具，在开间之外配租院落功能模块来置换违法自建房屋，并最终通过福绥境胡同50号院的试点建设和居民试住反馈，探索推广应用的实施路径与机制。

（原载于《建筑学报》2018年第7期）

既有建筑适老化改造的社区实践——北京市大栅栏社区养老服务驿站营建启示

程晓青　张华西　尹思谨

结合北京大栅栏社区养老服务驿站的建设探索，深入解读城市既有社区建筑适老化改造的关键难点，并结合实践经验总结具有针对性的设计策略，进而对社区养老服务设施建设提出发展建议。

（原载于《建筑学报》2018年第8期）

乡村的复兴与建造

周　榕　何　崴　国广乔治　吕品晶　魏浩波　周　凌

乡建对于建筑学来讲有着特殊的意义。由清华大学建筑学院著名评论家周榕主持，几位建筑师分别依据自己参与的项目介绍了自己对于乡建的见解。中央美术学院副教授何崴介绍了福建地区的上坪村复兴计划；中央美术学院教授吕品晶介绍了贵州地区的雨补鲁和板万村；西线建筑工作室的魏浩波根据工作室的项目介绍了地缘共同体的概念；最后南京大学建筑学院教授周凌提倡要从乡村本质层面来寻找到自己的设计方式。

（原载于《世界建筑》2018年第1期）

迈向更加“自由”的办公空间

唐康硕　张　森

互联网和共享经济催生了相对灵活和自由的联合办公方式，这种基于“社群”的共享办公空间模式正在日益普及。在双创的政策鼓励下，从创业咖啡馆发展出来的中国联合办公，慢慢演变成了一种新型的房地产操作模式。

联合办公应当通过整合存量资源来创造城市更新契机；也可以形成一个具有新的工作、生活方式的网络，最终实现真正扎根于城市的“共享”价值。

（原载于《世界建筑》2018年第3期）

视觉逻辑的呈现——对卡洛·斯卡帕的奎里尼·斯坦帕尼亚基金会小桥扶手的设计解读

青　锋

本文讨论了卡洛·斯卡帕为奎里尼·斯坦帕尼亚基金会所设计的入口小桥，分析的重点是扶手的设计细节。文章分析了斯卡帕对建构与功能关系的清晰阐释，并且着重讨论了斯卡帕所提到的“视觉逻辑”概念。以这一案例为线索，文章也简要论及了斯卡帕设计思想的一些深度内涵。

（原载于《世界建筑》2018年第9期）

内外之间，即景生情——中国古代建筑、文学与艺术中的栏杆

李路珂

本文以宋《营造法式》的“钩阑”和“阑槛钩窗”制度为中心，从起源、演变、意义和形式四个方面探讨了中国古代建筑、文学与艺术中“栏杆”的内涵。

（原载于《世界建筑》2018年第9期）

装饰——建筑与主观性的政治

安东尼·皮康　刘焉陈

自现代主义建筑思潮以来，“装饰”一直与罪恶并行，是革命与批判的对象，是建筑设计的一大禁忌。而近年来，随着计算机辅助设计和数字构造技术的发展，装饰在当代建筑中悄然回归，成为建筑表现语言的重要部分。本书中，安东尼·皮康正是关注到这一现象。他重提起了当代建筑师已几乎忘记的建筑学。他首先以“有争议的回归”展开了装饰坎坷的回归历程。继而论述，当代建筑中的装饰与西方基于维特鲁威经典建筑学传统的装饰是不同的，并从两个方面论述了当代的装饰与传统的装饰主观性和政治性上的延续。在本书中，作者对于当代建筑装饰的语言体系，并没有给出明确的答案，但却帮助我们跳出当下建筑教育和实践语境的惯性思维。

（原载于《世界建筑》2018年第6期）

思辨中回荡的“结构”：采访张永和

张永和　孟宪川

作为建筑界最重要奖项“普利兹克”奖（Pritzker Prize）的前评委，张永和是中国当代独立建筑师的重要代表人物。对概念的思辨一直活跃于他视野的中心地带，并被广为人知，也因此让大家忽略了他长期以来对结构的思辨，那是一个从视野边缘猛然来到视野中心却又辗转融入自我的历程，而材料是引发他对结构思辨的关键载体。在这篇访谈中，张永和坦诚地分享了他在结构思辨历程中的沮丧与喜悦、勇毅与自省、混乱与清晰。这份真挚如斯的坦荡，透过字里行间，让感动与鼓舞波光粼粼般浮现于眼前。

（原载于《建筑师》2018年第6期）

关于现当代建筑的理论与思考——从《建筑学的属性》到《中外近现代建筑引论》

王贵祥

本文从吴焕加教授先后出版的两部理论专著《建筑学的属性》《中外近现代建筑引论》出发，对这两部建筑理论专著，特别是后者作简要概述，并从这部新著中提出的有关建筑学的本质、建筑艺术、建筑审美、中外近现代建筑几个方面，呈现笔者对这部书中所阐释观点的认知与理解。

（原载于《建筑师》2018年第6期）

“拼贴城市”的思维和手法——当代语境下城市的历史环境更新

杨怡楠

“拼贴城市”是由柯林·罗和弗雷德·科特于《拼贴城市》一书中提出的重要思想，旨在将“拼贴术”的思维和手法从艺术领域拓展到城市和建筑的设计与更新中。本文着重分析这一思想的背景来源，探讨其“城市作为背景”主张背后的中立历史态度。最后以德国法兰克福历史博物馆的设计竞赛为例，解读其如何以拼贴视角对待基地环境，实现当代语境下城市空间的重构和以历史肌理为基础的城市更新。

（原载于《建筑师》2018年第6期）

空间的价值：空间句法的反思

杨　滔

空间句法作为形态学中的一个学派，发展了40多年，其中遇到了各种挑战。本文根据空间句法最初的研究问题出发，从空间表达、空间计算、空间的主观性以及非空间等方面去辨识并反思空间句法所遇到的问题，从而展望空间句法今后可能的发展方向，即时空生成理论。

（原载于《建筑师》2018年第5期）

建成环境“前传”——英国建造史研究

潘一婷　詹姆斯·W. P. 坎贝尔

文章介绍了欧美视野下的建造史的内涵，回顾了1982年英国建造史协会成立的缘起，并追溯了萨默森爵士倡1985年《建造史》创刊提出的“建造世界”的历史景观。文章从帕克斯顿和水晶宫的案例引出，介绍了英国建造史的研究范畴、当下成果和方法。文章最后讨论了建造史研究国际化的趋势和意义，兼及对中国研究的启发。

（原载于《建筑师》2018年第5期）

自然中的建构之道

孙慕兰

作为一个位于欧洲中部的小国，瑞士有多重多样的地理形态，也有丰富多彩的文化土壤，故而，瑞士的城市和建筑也是别具特色。文章从瑞士建筑的发展历史、建筑材料、设计逻辑等方面对瑞士建筑进行解读，认识到不激进、不投机、不取巧的态度使得瑞士当代建筑有一条清晰的历史脉络。而这，也正是瑞士那些优秀建筑作品背后的“道”。

（原载于《建筑师》2018年第3期）

气候适应性建筑表皮的设计模式研究

舒　欣

气候适应性设计是当前建筑设计领域的前沿课题。本文以气候适应性建筑表皮为切入点，在阐述基本理念的基础上，提出其独特的表皮组件和调控系统。从而归纳出气候适应性建筑表皮设计模式，对其在表皮设计策略、表皮组件运用以及调控方式等方面在设计过程中四个阶段的应用进行指导。

（原载于《建筑师》2018年第6期）

“超级”之后——荷兰建筑再观察

褚冬竹

荷兰作为建筑设计及创意产业强国，已形成了长期的世界性影响。这一切与荷兰的自然地理与社会历史有着密切的关联。在21世纪之初荷兰建筑被誉为“超级荷兰”之后，荷兰建筑与建筑师在近20年时间里不断调整变化，以更为广泛的介入性延展至社会与自然中的多个领域。

（原载于《建筑师》2018年第1期）

20世纪中国文物建筑保护思想的发展

吕　舟

文物建筑保护作为一种非传统的观念，在中国传统文化的影响下，在历史研究，特别是建筑历史研究需求的促进下，逐渐形成了自身的特色。20世纪80年代国际文化遗产保护原则的引入，导致了保存真实历史信息与强调以恢复原状为修复目标的观念碰撞，影响了中国文物保护原则的形成和调整。2000年通过的《中国文物古迹保护准则》实现了中国文物建筑保护与国际文化遗产接轨，为21世纪中国从文物保护向文化遗产保护的跨越式发展奠定了基础。

（原载于《建筑师》2018年第4期）

建筑的真实与真实的建筑

Bas ten Brinke

从全方面考虑，建筑的本质是一种感知。而真实也是如此。换言之，你眼中的真实与我眼中的真实是不同的，所以说是基于感知的。文章围绕着“什么是真实”以及“如何创造真实”进行了一系列的讨论，最终认为能够在短暂时间里呈现另一个世界的时间是真实，而创造这种真实的就是建筑。

（原载于《世界建筑导报》2018年第4期）

建筑的灵魂——溢于言表

伊东丰雄

何谓“建筑的灵魂”？这与“何谓建筑”如出一辙。文章通过地震之后的“共有之家”、中国西藏人民的寺庙设计、日本奈良药师寺斋堂的修复、岐阜媒体中心、台中歌剧院等项目，解释了作者对于“建筑的灵魂”的认识，即其本质源于对自然的认同，我们不应该忘记，人是自然界的一部分，建筑也是自然界的一部分。

（原载于《世界建筑导报》2018年第1期）

庭园建筑艺术空间的探索实践——丰盈·耕石艺术馆设计思考

王　彦

在不利的环境和非常有限的资金、技术条件下，丰盈·耕石艺术馆采用了庭园建筑形式，巧妙利用三个姿态各异的庭园空间，回应了新旧建筑关系、自然采光、空间感知等一系列设计问题，成功地营造出纯净而有趣的艺术空间。

（原载于《时代建筑》2018年第4期）

开高轩以临山，列绮窗而瞰江——谈宗白华的建筑观及其对中国建筑艺术的批评

张　生

空间是宗白华理解建筑的核心概念，他对中国建筑艺术的批评也主要围绕空间展开。他从空间和生命情绪的联系入手，对中国建筑空间的象征进行了考察，从中发现了中国建筑的空间具有虚实结合的美学特征，并进一步总结了中国建筑空间的形而上学的特征及空间的方向性。而他对中国建筑艺术的批评也因此独树一帜。

（原载于《时代建筑》2018年第2期）

价值的延续——威尔士卡迪根城堡保护工程回顾与思考

慕启鹏　朱雅婧

国际古迹遗址理事会（ICOMOS）于2011年通过的《瓦莱塔原则》对《威尼斯宪章》和《华盛顿宪章》以及《内罗毕建议》做了进一步的文字说明和补充。国际上越来越重视遗产保护实践过程中诸如社会参与、技能培训、青少年教育及未来发展等价值保护链条的完整性，可持续的保护有助于把历史与今天的价值重新连接在一起。由英国Purcell事务所完成的卡迪根城堡的修复与再生设计获得了2016年威尔士皇家建筑协会年度遗产保护类建筑大奖。从前期筹措到修复设计，再到多学科合作以及社会参与，整个工程用实践完美地诠释了只有将遗产的利益与社会的利益紧紧联系在一起，才有可能

实现保护与发展共存共赢。

（原载于《时代建筑》2018年第1期）

必须主观：客观的当代设计无法继承主观的古典园林

俞 挺

中国古典园林完全取决于主人的审美、生活和社交以及文化趣味，所以设计其实是主观的。但是在当下的园林设计中，建筑师往往从客观的角度去设计建筑，以至于古典园林缺乏“生机”，缺少想象力、决心和勇气。作者在实际项目中，试图打破这种客观设计，提倡将建筑师作为业主，去进行设计和决策，从而创造“新园林”。

（原载于《时代建筑》2018年第4期）

轻建筑视觉形态研究

肖 祝 胡望社 缪剑峰 蒋周易

首先简要定义轻建筑的概念，并从其缘起的两方面——社会发展的推动及思想启迪，阐释了建筑“轻”的演进趋势；在总结轻建筑消隐与虚化、漂浮与灵动、纤巧与暂息等六个典型视觉形态特征的基础上，提出了显轻隐重、虚实相生、化整为零、触轻逸形等四种轻建筑视觉形态设计手法。提出的轻建筑概念，以及其典型视觉形态特征与设计手法对指导相关设计实践有一定启发意义。

（原载于《新建筑》2018年第5期）

非常绿建——绿色动态建筑发展探析

张军杰

动态建筑作为一种特殊的绿色建筑尚未得到社会的充分重视。相较其他绿色建筑，这种设计方法将建筑看作类生命体概念，能更好满足社会发展、气候应对和高品质生活的需要。通过对动态建筑的发展历史、产生原因进行梳理，从变化方式上总结出四种主要类型，即可移动建筑、可变动建筑、交互式建筑及其他类型，并分别对四种类型的概念、做法和主要特点进行分析研究，最后尝试总结出动态建筑的优缺点和发展趋势。

（原载于《新建筑》2018年第1期）

西方城市街区的形态表述方法综述

宋亚程 葛 欣 韩冬青

街区作为城市形态构成中的重要层级，其形态的表述是理解城市建成环境和塑造空间品质的基础。以街区形态表述方法为研究对象，建立了一个以目标类型、基本构成、复合运用为主线的认知框架。在此基础上，归纳与分类了西方已有的表述方法，探索了各方法的本质及其之间的关联性。以时间为线索，进一步揭示了技术工具与发展诉求怎样在相互影响中推动着形态表述方法的持续进步与创新，以期为中国城市街区形态表述方法的建立提供比较和参考。

（原载于《新建筑》2018年第1期）

“梯田文化”背景下的湖南新化习溪河沿岸村落研究

黄筱蔚 汤朝晖

以湖南新化县国家重点风景名胜区紫鹊界梯田所在地习溪河沿岸的典型乡村聚落为研究载体，分析比较习溪河上垌的正龙村、中垌的龙湘村、下垌的大匠村在沿习溪河的不同地理位置、地形特点、自然小环境而形成的具有地缘、亲缘关系的三个不同聚落集群。从聚落空间构成中的选址、布局、建筑单体特征等，研究上述乡村聚落赖以生存的梯田文化特征、传统营建手法、乡土建筑技艺在现实条件下延续、传承与革新的方法。

（原载于《华中建筑》2018年第12期）

历史街区空间魅力评价研究——因子筛选及体系构建

崔 叙 张凌菲 王一诺

该文采取语义学解析法（SD法）从43个描述历史街区空间魅力的词汇中提取出15个具有解释性因子，结合不同人群对历史街区空间魅力认知差异分析，筛选出人文风情体验、历史氛围感知、环境管理绩效三方面共12项历史街区空间魅力评价因子，并对各项因子的空间魅力效应进行解析，从而构建历史街区魅力评价指标体系，为今后历史街区保护与复兴过程中重塑空间魅力提供了引导性指标和参考权重。

（原载于《华中建筑》2018年第8期）

世界桥梁遗产的价值内涵及入选条件分析——《世界桥梁遗产报告（*Context for World Heritage Bridges*）》解读

张春琳 万 敏

该文从桥梁遗产的价值、桥梁入选世界遗产目录的条件和潜在世界桥梁遗产三个方面对《世界桥梁遗产报告》进行了解读，阐释了该报告的主要内容和观点，分析了桥梁遗产的科技价值和文化价值，在其基础上对桥梁遗产的相关研究进行了延伸，指明其对中国桥梁的申遗之路的借鉴之处。中国的桥梁遗产在国际上知名度还很低，今后应进一步加强研究和宣传工作，提升知名度，对于桥梁遗产相关建设资料的存档、对其科技价值和文化价值的研究等方面还需投入更多的关注和研究。

（原载于《华中建筑》2018年第2期）

城市色彩规划研究——以湖北安陆市为例

申 洁 杨 博 耿 军

为了完成安陆市城市色彩规划编制，针对具体项目制订了切实可行的工作方案和技术路线，对安陆市自然环境、历史人文，传统和现代建筑、地区发展个性色彩逐一调研分析。在此基础上，汇总得出城市色彩总谱，提出色彩规划的总体策略。针对三大节点，四彩片区提出相应的色彩控制导则。满足城市色彩统一风格前提下，兼顾各不同功能分区对色彩个性追求。并在此基础上提出对城市色彩管控和实施的建议。

（原载于《华中建筑》2018年第2期）

风景园林设计中地域单元特征研究——以泰山岱顶碧霞祠为例

徐　放　刘倩然　赵　鸣

地域特征是风景园林设计的重要依托，地域单元作为地域性最基本的组成部分，可以从自然和文化两方面提供翔实的设计依据。论文从泰山岱顶山水错落和政教汇聚的地域单元特征入手，以碧霞祠为研究对象，通过古籍、古图考证了宋元明清四朝碧霞祠的变迁，推断了明代碧霞祠平面布局，分析了清代钟楼鼓楼位置变迁的原因，并借风景园林设计理法“问名”“布局”“理微”，研究碧霞祠是如何通过命名转化“淫祀”定义、调整使用空间化解空间不足、延续功能布局推动政教合一、沿用材料形制克服自然不利因素的。希望以此推动地域性景观的细致研究，同时为泰山文化研究提供风景园林专业的研究成果。

（原载于《古建园林技术》2018年第1期）

福建屏南漈下村国家历史文化名城研究中心历史街区调研

袁　菲　葛　亮

福建省屏南县甘棠乡漈下村，坐落于屏南县南部文笔山南麓盆地之龙漈溪畔，历史悠久，并且保留了大量的古民居建筑。作者通过实地走访调研，对于漈下村的村落格局、公共建筑进行了简单整理，梳理出该地区独特的建筑做法。最后，根据村落现今的保存状况，提出合理的保护建议，不断提升村落风貌景观，激活传统文化的新时代发展动力。

（原载于《城市规划》2018年第11期）

福建屏南双溪古镇国家历史文化名城研究中心历史街区调研

赵苒婷

双溪镇位于福建省屏南县东北部的山区地带，整体格局保存完好。作者通过实地走访调研，详细梳理该地区的街巷布局和建筑特点，对古镇中的主要建筑诸如周氏老宅、文庙、陆氏古宅、城隍庙、陆氏宗祠等建筑进行介绍，同时对双溪古镇的民俗特色进行梳理，最后提出相应的保护建议，从而重现老街传统风貌。

（原载于《城市规划》2018年第12期）

从理性规划的视角看城市设计发展的四代范型

王建国

城市设计正在成为中国城市转型发展中的学术探讨和工程实践热点。本文较为系统地梳理了城市设计思想理念的历史发展脉络，在深入分析研判国内外城市设计学科和专业领域发展前沿的基础上，认为城市设计已经历了传统城市设计、现代主义城市设计、绿色城市设计几个阶段的发展，目前已经呈现出以数字化为方法工具特征的城市设计发展新趋势，进而提出第四代“数字化城市设计范型”的学术主张并概括剖析了其五大创新价值。城市设计最重要的特征就是“多重尺度的全链空间体验性把握”，而数字化城市设计极大延伸了这种体验把握的尺度。城市设计四代范型之间并非简单的演替关系，而是在同中有异的设计目标、不同的空间尺度和不同的社会需求作用下的传承和部分迭代的城市设计“范型合体”。数字化城市设计不仅拥有人机对话的社会价值和设计创意，而且其拥有的量化属性和数据库成果，可以更有效地结合乃至融合到中国法定的城市规划体系中，进而实现城市设计基于系统协同的跨越式发展。

（原载于《城市规划》2018年第1期）

质感存真：陈从周园林修复理念与城市建成遗产保护

王鲁民　段建强

以陈从周的相关理论叙述为基点，参证他的豫园东部修复工程实践，指出陈从周园林修复在技术层面寻求约束，在目标层面寻求文化真实性，对于城市建成遗产文化保护实践具有重要的启发意义。

（原载于《城市规划学刊》2018年第5期）

“显性”与“隐性”兼顾的田园综合体规划——以武汉都市田园综合体为例

张　毅　王智勇

在我国深入推进乡村振兴及美丽乡村建设的背景下，田园综合体规划建设成为促进乡村发展的重要举措。文章从田园综合体规划的“显性”与“隐性”维度出发，探讨了田园综合体产生的背景，从建设体制、空间管理、规范标准和乡村事权等方面揭示了田园综合体规划面临的问题，并以武汉都市田园综合体为例，从区域协同、产业发展、“多规合一”、生态保护、旅游策划、体系支撑、效益评估、社会治理和管理经营等角度提出了田园综合体规划的具体对策，明确了区域性、综合性和村民自治等“隐性”规划要素对田园综合体建设发展的重要作用，以期为尚处于实验试点阶段的田园综合体规划提供经验借鉴。

（原载于《规划师》2018年第8期）

城市双修视野下乌兰浩特老城区街道体系优化策略

吴左宾　李　虹　张　雯　蒋蕾莉

街道体系兼具城市交通和公共空间的双重职能，是城市空间的重要组成部分，如何优化街道体系也是当前存量背景下提升城市空间品质和活力的关键问题。文章基于城市双修视角，立足对老城区街道体系现状的解读，从街道交通、商业服务、街区活力三个方面深入剖析其空间特征和存在问题，进而提出相应的优化策略。在此基础上，文章以乌兰浩特老城区为研究对象，结合其现状窄街密网格局，提出了"重引'街流'、交通先行，腾挪空间、'静序'停车；人本布局、重塑街区，商业为带、链接生活；多元共生、空间共享，窄街密网、活力趣生"优化老城区街道体系的三大策略，为类似区域的老城区改造更新发展提供借鉴。

（原载于《规划师》2018年第5期）

津巴布韦首都地区城镇化特征和问题探讨

邵　丹

研究概括了津巴布韦在南部非洲国家的特殊性，描述并分析了国家独立以后的人口发展与城镇化进程，是与政治、经济发展形势关系密切的过程。通过对全国城镇化地区、城市人口及就业分布情况、城市空间结构等方面的分析，研究认为首都地区在国家城镇化中发挥核心作用，在都市区范围吸引人口和就业聚集。研究指出，尽管国家总体发展水平停滞不前，但城镇化方面的问题正在累积和显现。城市单中心蔓延、中心区衰退、中低收入住房短缺以及基础设施瓶颈等，极大阻碍了城市可持续发展。有限的政府应对措施将导致城镇化质量的进一步下降。本文以哈拉雷新城规划建议项目为契机开展研究，希望对于撒哈拉以南非洲地区的当代城镇化研究有一定参考意义。

（原载于《国际城市规划》2018年第5期）

城市建成环境对生物多样性的影响要素与优化路径

干　靓

城市生物多样性是评价城市生态系统服务功能的重要指标，对维护城市系统生态安全和生态平衡、改善城市人居环境具有重要意义。当前中国生态城市建设较多关注交通、能源、建筑等维度的绿色人工环境塑造，而较少涉及城市生物生境系统的营造和修复。本文从城市空间规划设计的视角，通过相关文献的梳理，分析城市建成环境对生物多样性的影响表征，归纳影响城市生物多样性的城市建成环境要素，剖析各类建成环境要素的影响机制，提出提升城市生物多样性需要从"提高生物基层质量"和"减缓人工环境干扰"两维度优化建成环境的路径，从生态用地、植被格局、开发强度、人类活动等四个方面阐述了关键优化指标，为通过城市空间规划设计保护和提升城市生物多样性提供依据。

（原载于《国际城市规划》2018年第4期）

生态视角下的"城市之城"：来自"博洛尼亚七城"结构规划的思考

朱静宜

世界范围内，城市普遍呈现分散化与多元化趋势。这种碎片化一方面来自固有的自然地理因素，另一方面随着城市建设的不均衡与多样所致的复杂的人口流动而越发明显，单一的城市逐渐演变为"城市之城"。在这样的背景下，城市战略性规划需要有新的思路与工具。本文以班纳姆的"生态"为出发点，以意大利博洛尼亚城市结构规划为例，探讨"城市之城"背景下的"生态"规划思路，指出采用"生态"的视角，可以更好地认知城市内在的特质，建立对城市现有特征与未来发展目标的结构性认知，从而引导城市在复杂与差异的大背景下更好地发展。

（原载于《国际城市规划》2018年第3期）

桂林崇善清真寺的建筑结构及装饰艺术

哈　柍　罗瑜斌

桂林崇善清真寺坐落于桂林市中心地区，始建于清代，经过历次扩建和维修才形成今天的规模格局，现为桂林市重点文物保护单位。作为一座服务于穆斯林的历史宗教建筑，桂林崇善清真寺有较高的建筑艺术成就。文章从建筑的大门、内院、客厅、礼拜大殿和附属建筑及屋顶形制逐步分析，希望借此展现崇善清真寺的建筑结构魅力，从而引起广大群众对清真寺建筑的重视和关注。

（原载于《建筑与文化》2018年第4期）

浅析中国唐代建筑艺术对日本传统建筑的影响

苑宏刚　刘丽娜

日本自汉代起开始学习中国文化，到了唐宋时期更是将礼仪法度、人文经济、艺术文化无一不学习引入日本。而在各种文化中，建筑因为实体的存在显得格外明显。这也使得日本传统建筑与中国唐代传统建筑在很多方面极为相似。虽然日本传统建筑经过不断发展已形成了自己的建筑风格，但研究其本质精神和建造构件的发展变化仍可为我们探寻唐风建筑提供帮助。

（原载于《建筑与文化》2018年第11期）

从建筑到生活的创新性美学价值设计

李　纯

社会生活要具有审美价值，当代的工业产品，既是设计的产物也是技术的产物，与人们的生活息息相关。作者通过腾讯成都总部办公大楼和中粮成都大悦城两个建筑项目，提出建筑是人们生活的舞台，建筑要与城市的文脉、肌理、地域相协调，使人成为建筑的焦点，这是现代建筑美学的第一要义。

（原载于《建筑与文化》2018年第12期）

约翰·拉斯金建筑美学思想分析

胡　慧　白　皓　曾　超

《建筑的七盏明灯》是拉斯金有关哥特式建筑的杰作，享誉英美艺术界，深刻影响后代建筑及建筑美学，为几代人评判艺术价值提供了标准。文章通过阐述《建筑的七盏明灯》中建筑的七大原则：牺牲明灯、真理明灯、权力明灯、美的明灯、生命明灯、记忆明灯和顺从明灯，从经典建筑美学理论吸取古建筑保护及新建筑设计的艺术灵感，结合现阶段建筑业发展的实际情况，为建筑文化和建筑审美的发展方向提供思路。

（原载于《建筑与文化》2018年第10期）

汉藏建筑文化融合视野下的普会寺建筑装饰艺术研究

托　亚　周　博　何宝明

为研究内蒙古藏传佛寺装饰艺术中汉藏建筑语言的融合方式，本文梳理了建筑史视野中的现有研究成果，以希拉穆仁召普会寺为个案研究对象，分析了三个具有典型意义的装饰做法节点，剖析了建筑语汇的组成元素、原型、融合方式。基于“术语是对现象的高度抽象”的研究出发点，明确了“汉藏混合式”“藏汉混合式”“汉藏结合式”“藏汉结合式”这四个术语的含义，以期打开认识内蒙古藏传佛寺建筑装饰艺术的新维度。

（原载于《装饰》2018年第6期）

古代楚文化在湖湘建筑艺术中的遗存

柳　肃

楚文化是中国古代文化的一个重要支系，其艺术风格以浪漫主义为基本特征，与中原文化的现实主义形成鲜明对比。由于秦国消灭六国统一天下，楚国灭亡，导致楚文化走向衰落。但是在湖南及其周边南方省份中又保存着具有浪漫气质的传统建筑，与北方建筑风格完全不同，显然是古代楚文化的遗存。文章列举了楚文化与中原文化的差异，论述了楚国建筑与楚国艺术的基本特征，最后分析了楚文化的衰落和它在湖湘地区等南方建筑中的遗存及其原因。

（原载于《建筑遗产》2018年第3期）

卡洛·斯卡帕的建筑艺术世界——构建记忆多重性

陈素素　林杰海

卡洛·斯卡帕是意大利现代主义建筑大师，他的特殊经历与自身极高的艺术鉴赏力使其建筑被誉为诗意建筑，多年的策展经历使其积累了丰富的建筑经验，更发展了他独特的建筑哲思。

（原载于《建材与装饰》2018年第33期）

明清时期会馆建筑的装饰艺术特色及其文化学释义——以山陕会馆建筑装饰艺术风格分析为例

崔若健

产生于明而兴于清的会馆建筑是中国古代形成较晚的一种特殊建筑类型，具有地域性、公共性和奢华性的文化、装饰属性特征。聊城山陕会馆建筑所呈现的装饰特色主要体现在精美奢华的木雕、精雕细琢的石雕、独具一格的砖雕、美轮美奂的彩绘和意蕴生动的楹联与匾额五大方面，对其建筑装饰特色进行文化学方面的解读和释义可从历史文化的传承、意识形态的宣扬、商业实力的展示和审美意蕴的表现四个方面来逐一进行。

（原载于《艺术百家》2018年第4期）

百灵庙汉藏结合式正殿建筑艺术研究

莫日根　赵百秋

百灵庙是清时漠南著名的蒙古学问寺。历史上建筑规模庞大，在内蒙古宗教史上占有重要的地位。本文通过对百灵庙汉藏结合式正殿建筑艺术的解读，说明其建筑形态是汉藏结合式召庙殿堂形式在清初的延续和发展，有着自身的建筑及装饰特色，对内蒙古地区藏传佛教建筑发展史研究具有重要的意义。

（原载于《中外建筑》2018年第4期）

工业建筑改造中的材料美学探究

叶茂乐　林　波

随着后工业时期的到来，工业建筑再利用成为多数发达国家城市空间更新必经之路。在工业建筑改造过程中，材料美学作为景观环境美学的重要组成部分，将影响工业建筑改造策略和方法并重构新建工业建筑的设计手法。通过对工业建筑改造过程中的材料美学特征、材料美学表现形式以及材料美学对工业建筑发展的影响进行分解剖析，力求通过对工业建筑改造中材料美学的归纳和总结来提升工业建筑改造的空间设计品质。

（原载于《中外建筑》2018年第1期）

岭南传统建筑文化艺术与设计研究——以氏族宗祠为例

熊　强　陈怡宁

本文在实地调研的基础上，分析了岭南氏族宗祠的建筑文化艺术，探求其何以具有生命力的姿态存活于当代，分析在当今软实力发展的情况当下，地域文化成为构筑城乡形象所扮演的重要角色；并以作者所设计的广东连南叶氏宗祠作为实例，分析了岭南氏族宗祠的设计方法，研究其艺术特色、保护价值和保护方法。

（原载于《美术学报》2018年第2期）

中国宗教园林建筑的人文思想

陈志伦　周诗如

在世界三大园林体系中，中国古典园林是中国传统“天人合一”理念的建筑体现。本文对中国历史时期不同宗教的园林进行了简单的概括并进行分析，详细阐述了中国园林在园林创作中所体现的“自然与人的融合”设计理念以及宗教园林的世俗性、社会性的特征，进而在坚持宗教中国化的今天，为当下的宗教建筑提供一种建筑模式。

（原载于《中国宗教》2018年第3期）

莫氏庄园建筑装饰艺术与文化内涵研究

赵　斌　俞梅芳

以平湖莫氏庄园为研究对象，通过实地考察、资料收集和对比分析等研究方法，对平湖莫氏庄园的建筑装饰艺术、室内陈设艺术进行深入分析；从中国传统美学、哲学等角度对莫氏庄园文化内涵与装饰设计进行探讨与总结。指出平湖莫氏庄园具有典型的江南园林特征和中国民俗文化内涵，其对当今现代设计行业和设计师都具有深刻的历史借鉴价值和现实指导意义。

（原载于《设计》2018年第6期）

武安阁建筑装饰艺术及其文化内涵

李志军　王泽宇　李文妲

武安阁散落在武安地区的各个传统村落之中，具有独特的地域风格和人文环境，通过对其石雕、木雕及绘画几种建筑装饰形式的分析与探讨，阐述武安阁建筑装饰的地域性特征，进而研究武安阁建筑装饰的文化内涵。

（原载于《山西建筑》2018年第33期）

齐齐哈尔卜奎清真寺建筑艺术探析

王丹丹　张道明　刘　平　吕国伟

齐齐哈尔卜奎清真寺是国家级历史保护建筑单位，该建筑群规模大、历史久、风格独特，展现了区域内民族文化的融合，具有很高的历史文化价值。通过对清真寺宏伟粗犷的外观和雅致多样的细节装饰进行分析，解析清真寺建筑文化符号和丰富艺术感染力，展现高超的建筑技术水平，彰显其的科学研究价值。

（原载于《理论观察》2018年第9期）

浅析自组织美学在琼北民居中的自发性形成

段晓黎

琼北地区包括：海口、文昌、琼海、定安、澄迈，位于海南岛的北部。琼北地区的界定依据是根据使用的语言来划分。本论文以琼北民居为主线，以自组织美学为基础，解读村民进行自发性建造房屋形成的地域性建筑美学。

（原载于《大众文艺》2018年第23期）

卫坡古民居院落空间的建筑美学思考

吉梦洁　闫　慧

从古村落建筑方面进行建筑美学的论述，以卫坡古村落院落建筑为研究对象，通过现场实地调研和建筑美学理论研究，对院落建筑进行了美学分析。一方面从建筑整体的角度分析古建筑的美；另一方面从建筑空间角度进行美学论述。

（原载于《工程建设与设计》2018年第22期）

明清时期汉水流域皇家道教宫观的建筑形制与美学特征——以钟祥元佑宫为例

尹　波　苏中钰

湖北钟祥元佑宫是明世宗嘉靖皇帝在出生地修建的一组皇家道教建筑群，也是集合了明清时期皇家建筑、汉水流域道教建筑、民居建筑特征的宗教建筑典型实例。该文以元佑宫为研究对象，分析其建筑规模、形制特征、构造装饰特征，并评估元佑宫古建筑群的美学价值。

（原载于《美术教育研究》2018年第22期）

中国传统村落审美文化的维度

王　东　魏　峰

传统村落审美文化是建筑美学关于聚落研究的重要领域。以“审美心理历程”为理论依据，认为在村落审美活动中，传统村落的审美文化是基于对传统村落审美形态的描述，对社会内涵的观照，对意境的体悟而生发的，该生发过程体现了村落审美的历时性特征。故传统村落审美文化可以凝练为物质形态、社会内涵、意境审美三个维度。

（原载于《华南理工大学学报（社会科学版）》2018年第6期）

当代城市环境艺术设计的美学审思

宋　燕

随着我国城市化进程的加速，城市环境成为人们所关心的焦点问题。一些城市出于交通便利或经济发展的需求，加快了城市建设的步伐，旧房改造、旧景新颜的情况比比皆是，甚至很多城市变成了钢筋水泥的森林，失去了城市环境的美感，也使一些传统建筑之美消失了，城市建设缺乏美学视角的规划，导致城市现代化有余，但美学内蕴不足。人们在这样的环境中居住，很难对环境产生欣赏的美感。

（原载于《现代园艺》2018年第20期）

陕北窑洞生态美学对现代室内设计的启示

付黎明　姜　山

中国陕北窑洞是五千年的华夏文明中一种典型的生态式建筑，是黄土高原这种特殊地势上主要的住宅形式，也是陕北建筑美学的主要特征。从生态学角度来看，窑洞具有先天的优势，而生态理念和生态技术更是其长久以来所坚持的。文章基于对陕北地区窑洞建筑形式、建筑材料、以及所处生态环境的认识，提出了陕北地区窑洞具有“天人合一”的生态美学特征，并以此为据，对于现代室内设计，提出首先要注意做到人、建筑、环境三者的有机结合；其次将使用功能和审美功能糅合在一起；最后提出要以一种积极的态度去寻求相应的理论支持和正确的方向指引。

（原载于《文艺争鸣》2018年第2期）

从城市美学理论谈哈尔滨松花江沿岸地区建筑形态控制引导

王　璠　邵　凯

通过对城市美学在城市中运用的简述，针对城市滨水地区这一标志性地段，以哈尔滨市松花江沿岸地区的建筑形态控制为例，运用城市美学关于建筑形态的理论分析其存在的问题并提出控制方法。其中包括对建筑高度与天际线、建筑风格与色彩、建筑体型的控制。

（原载于《建材与装饰》2018年第8期）

传统民居建筑装饰中“工匠精神”的艺术表达

马劭磊

装饰艺术在民居建筑中的表现，诞生在人类的原始社会，建筑装饰是人类生存环境艺术化的进步展示。现代民居建筑装饰，是现代人继承前人技术的发展并对先辈在岁月中经验的总结和遗留下的瑰宝结晶的传承，处于科技飞速进步时期的今天，将历史技艺的传承与现代手工艺的同步发展，是对民居建筑装饰艺术重新定义的再现。

（原载于《美与时代（城市版）》2018年第8期）

大都市建筑艺术：圣保罗学派概述

雷纳托·阿内利　陈　迪　裴　钊

介绍巴西建筑中圣保罗学派的形成与发展历程，保罗·门德斯·达·洛查的作品是这一学派在国际上的主要代表；女建筑师丽娜·博·巴尔迪的职业生涯与这一学派之间的互动为理解巴西历史进程中政治介入建筑提供了对位参照。以一些受达·洛查和丽娜启发的设计项目展示保利斯塔学派对当代建筑的持续影响。

（原载于《建筑学报》2019年第5期）

绿色能源光伏城市规划初探——CIGS光伏特色小镇规划

秦文军　刘杨杨　黄　艳　李　莹

结合CIGS光伏建筑一体化技术，通过多能互补的新能源光伏小镇规划案例，探究未来绿色能源小镇发展的模式。通过对小镇内各功能组团的能源消耗与利用进行分析，打造绿色能源的本区消纳、分区互补的规划布局。同时设置绿色能源智慧调配系统，统一调配小镇各组团的能源供给和使用，从而保障能源的最大化利用。小镇内交通系统、生态环境及垃圾处理系统等保障小镇正常运转的基础设施体系构建中，也将植入能源生产与使用的绿色循环理念，从而最终打造一个“布局有机、功能复合、交通集约、零碳运转、活力多彩”的适合未来城市发展的新能源小镇的典型样板。

（原载于《建筑学报》2019年第S2期）

中国建筑的史学建构与体系诠释——略论中国营造学社与梁思成的两个重要学术夙愿与贡献

王贵祥

梳理自营造学社初创至抗战结束期间中国营造学社成员，特别是梁思成等所发表论文及专著中体现的主要学术方向，探究其在中国古代建筑史史学建构及唐宋（辽金）与明清两个古代营造体系之建筑、结构与装饰等方面的体系研究与术语阐释所做的持之以恒的努力，从而对中国营造学社在中国建筑史史学建构与中国古代建筑体系诠释方面所取得的丰硕成果与重要学术贡献加以论证。

（原载于《建筑学报》2019年12期）

单士元《宫廷建筑巧匠——“样式雷”》的学术语境探析

何滢洁　何蓓洁　王其亨

《建筑学报》1963年第2期登载的单士元《宫廷建筑巧匠——“样式雷”》一文是其发表前后近50年间唯一一篇关于“样式雷研究”的专题论文，其独到的研究视角和结论为后续相关研究提供了重要思路。据单士元的学术历程及学界对“样式雷图档”的相关研究成果，在学术史语境中对该文进行剖析探讨，以解读单士元文化遗产保护思想并深化“样式雷”相关研究。

（原载于《建筑学报》2019年第12期）

佛教宇宙观在中国庙宇建筑中的本土化——以义慈惠石柱为例

梅晨曦　顾心怡

探讨了南亚佛教古迹中所体现的宇宙观是如何映射到黄河流域的本土建筑传统之中的。佛教东传之时，南亚祭坛和神庙的象征形式并未直接移植到这一新的文化环境之中，而是被转译成一种可以使新的、不熟悉南亚建筑形式的人群“读懂”的视觉语言。为了描述这一过程，文章聚焦于河北定兴义慈惠石柱，通过比较此柱的结构和装饰与南亚神圣建筑中的元素来说明中国的佛教纪念物如何通过中国建筑的形式语言表现来自南亚的时空观念。

（原载于《建筑学报》2019年第12期）

包豪斯的手工艺悖论：物体美学与生产方式的契合与背离

江嘉玮

研究包豪斯设计实践在其提出的手工艺议题上的悖论，剖析它与包豪斯内部组织模式、成员理念、对外宣传的关系。该悖论的其中一方面可归结为物体美学与生产方式的矛盾，这种矛盾表现为契合与背离的并存，而包豪斯设计（建筑、室内、家具、产品）是这两种状态的产物。通过分析该悖论，重新评估包豪斯设计的先锋性。

（原载于《建筑学报》2019年第12期）

景观考古学视野下的聚落空间组织信息阐释——以三江平原汉魏聚落遗址为例

刘文卿　刘大平

在景观考古学理论框架下，以三江平原汉魏聚落遗址为研究对象，通过考古报告和相关文献整理其空间属性信息，并利用Arc GIS建立聚落空间信息数据库。从宏观、微观尺度分别对聚落空间信息进行量化解读，分析聚落群、聚落组团、聚落单体的空间组织结构及与周围自然环境的结合关系，进而推断聚落空间表征信息背后蕴藏的社会形态、空间认知、人居模式等文化信息，建构边疆地区古代聚落空间信息的景观考古学阐释路径。

（原载于《建筑学报》2019年第11期）

重庆大学建筑系的柏林工业大学基因试探——一项基于人物生平的研究

赖德霖　王浩娱

目前有关重庆大学建筑系早期历史的研究多强调其所受的布扎影响。本文考查该系成立前后校系主要行政人员的教育背景，意在从一个新角度探寻他们的办学方略，这就是模仿德国柏林工业大学，因为后者从实用、材料和时代特点出发的教育理念对于20世纪早期的中国非常合适。该校对中国现代建筑和建筑教育的影响不容忽视。

（原载于《建筑学报》2019年第11期）

区域建筑学

张伶伶　张　帆　赵伟峰

基于当代社会语境的思考和探索，提出了"区域建筑学"的设计理论，从相关概念界定的本体论，"视域放大""结构优先"和"内外协同"的方法论，融入、应变、叠层的操作模式，到自然、城市、文化的区域维度探索，建构起具有观念拓展意义的区域建筑学理论框架。

（原载于《建筑学报》2019年第11期）

回应性建造——作为地形学关系之网络的建筑

戴维·莱瑟巴罗　李　劢

任何建筑都位于一定的区域并被其萦绕，重新考量了单个建筑与这样的区域之间的关系。文中讨论了20世纪以来的建筑作品和相关认知观念，并通过这些论述将建筑定义为"诸关系之网络"。对现代主义建筑自主性的通常理解在此被特别审视并批驳，从而得以建立或发现一种"回应性"的建筑传统，这种传统即便在20世纪也未中断，而是一直延续至今。

（原载于《建筑学报》2019年第10期）

存量时代的城市更新与织补

张　杰

创新是存量时代城市发展的根本动力，城市功能混合区作为一种新的空间模式是创新经济重要的助推器，复合社区则为解决创新群体的住房问题以及社会融合提供了一种基本模式。存量时代的城市要解决好城市质量全面提升的问题，就必须把综合整治与织补作为一项长期的任务做好做细。

（原载于《建筑学报》2019年第7期）

史密森夫妇与粗野主义建筑思想

朱亦民

从英国"二战"后的社会和思想背景出发，对史密森夫妇的粗野主义建筑思想与1950年代的大众文化和波普艺术之间的关系进行讨论。艺术组织"独立小组"是史密森夫妇的粗野主义建筑中的核心"如其所是"观念的来源。"如其所是"观念的形成是史密森夫妇推动现代建筑从乌托邦理念向现实主义转变的重要步骤，并对1960年代后的建筑思想产生了历史影响。

（原载于《建筑学报》2019年第6期）

美院与工学院·差异与趋同——从东南大学与华南理工大学的比较研究看中国建筑教育的沿革

韩如意　顾大庆

"美院模式"和"工学院模式"是中国近现代建筑教育中的两条主要脉络。从教育研究的角度建立一个分析建筑教育模式的研究模型，从师资、教学、实践、研究4个方面，对两个模式在中国的典型代表——东南大学和华南理工大学的建筑教育进行定性分析和定量比较，试图以此为例，阐明两种模式的差异之处，并进一步折射出20世纪中国建筑教育先多线发展后逐渐趋同的沿革历程。

（原载于《建筑学报》2019年第5期）

匡溪艺术学院——美国现代主义设计教育的源头与历程

罗　珂

通过追溯匡溪艺术学院的历史和建筑学专业的教学目标和发展轨迹，试图从一个侧面了解现代主义设计教育在美国发展的开端和路径，以及其独具特色的教育方法可能会对我们建筑学教育带来的启发。

（原载于《建筑学报》2019年第4期）

国际奥委会可持续发展理念下的冬奥会冰雪体育场馆设计研究

陆诗亮　李　磊　解文龙　骆肇阳

针对冬奥会冰雪体育场馆建设带来的环境问题和压力，以解决其赛时赛后可持续发展为导向，梳理国际奥委会制定的主要可持续发展理念、宗旨、措施，结合历届冬奥会场馆实例，从全球战略、本体嬗变及技术革命三方面探讨国际奥委会可持续设计策略在冬奥会冰雪场馆中的应用，揭示当代冬奥会场馆建筑应当负载的环境、社会、人文功能和责任。

（原载于《建筑学报》2019年第1期）

谜样墨西哥

张　利

每一个墨西哥灵魂的深处都存在一种难以言衷的神秘孤独，同样，墨西哥建筑业体现着这种谜样的心性。文章从三个角度去阐释墨西哥建筑的心性：墨西哥建筑师幸福与哀伤的聚合；墨西哥建筑师信仰与韧性的聚合；墨西哥建筑是对全球性与地域性的聚合。故而，墨西哥建筑无论曾经、现在或是将来都是一个谜一样的美学实体。

（原载于《世界建筑》2019年第12期）

越南顺化，溶于风景中的建筑与城市

中川武　滕小涵

顺化曾经是外来文化与本土文化的对抗之地，半个世纪前，这里还曾是同一民族间的最前线，经历过重重战乱之后，顺化成了越南和平的象征。文章通过梳理顺化的历史、讲述了顺化从经历重重的古都到世界文化遗产的历程，并对独特文化土壤孕育下的顺化建筑风格与文化背景进行了详细的论述。最后，为了将顺化这座遗产更好地保存下去，需要寻找遗产与现代社会的共存之路。

（原载于《世界建筑》2019年第11期）

全球图景中的田园城市运动研究（1899—1945）（上）：田园城市的研究体系及田园城市运动在英国之肇端与发展

刘亦师

霍华德提出田园城市思想后迅即引发了一场席卷全球的田园城市运动。这场运动不但深刻影响了人们的居住环境和生活方式，在此过程中也诞生了城市规划专业和学科，现代规划史上的很多重要人物和事件均与之密切相关。本文首先辨析田园城市思想、田园城市运动及其影响等概念，从而建立田园城市的研究体系。其次，考察田园城市运动在英国的起源与发展，论述霍华德的田园城市思想在转为实践过程中所经历的调整和变化，以及相关理论的发展与演替，分析英国田园城市运动重心从建设田园城市到城郊田园住区转移、从住宅区设计到区域规划的历史过程。

（原载于《世界建筑》2019年第11期）

城市形态

董　慰

凯文·林奇的《城市意象》广为人知。作为城市设计先驱和当代最重要的城市设计理论家之一，他的目标理论集中在为建立一个城市的“规范性理论”，即如何把城市空间和人的价值联系起来的理论。而在《城市形态》这本书中，凯文·林奇的规范性理论不仅提供了一个实践过程，而且为沟通开启了价值判断的黑箱，提出活力、感知、适宜、可达、管理、效率、正义的绩效维度，来判断不同类型城市形态的有效性，以此来指导城市设计实践。

（原载于《世界建筑》2019年第8期）

近代法国诗与艺术中的现实解构

张继元

战争打破了艺术家们对于次序的认识，《被暗杀的诗人》这本书以诗人为隐喻，对一战进行了诗意的概括，呈现了一战独有的超现实主义的画面。本书作者阿波利奈尔走出了象征主义，打破了以往时间与空间的边界，用潜意识重组了时间与空间，赋予了现实一个允许创造性解读的结构。

（原载于《世界建筑》2019年第8期）

全球艺术品：世界博览会、双年展与体验美学

卡洛琳·A.琼斯　彭小松

当代建筑作为艺术创作展陈的场所乃至创作本身已是常见，且展示活动依然如1851年水晶宫一样追求种类繁多，内容复杂、形态各异，这种基于现代民族国家形象工程塑造、商品自由流通为根本目的文化生活模式，可追溯到法国大革命年代。这便是作者卡洛琳·琼斯在本书序言中呈现的历史背景和写作初衷。本书从“从哲学层面解析‘世界图景’中的奇观文化”等七个方面展开论述，还巧妙地使用了一个“盲人”的原始概念，来理解当代都市人对于全球化艺术展陈的态度和立场。书中讨论了关于当代艺术展陈的思维路径，新自由主义消费语境与技术化新感官的辩证关系也需时间来检验。

（原载于《世界建筑》2019年第5期）

遮阳：纠结的艺术

张　利

我们既希望建筑的内部空间沐浴在阳光下，又希望通过遮阳来阻挡一部分太阳的物理温度和亮度。文章列举了四种遮阳的方式——伸展窗洞的上边缘、固定卷帘/百叶、半透明的全方位外层包被、作为个性表现工具甚至装饰的遮阳，分别与“眉骨”“眼睑”“帘/伞”“太阳镜”进行类比，同时还各自阐述了不同遮阳方式的特点与案例。

（原载于《世界建筑》2019年第4期）

包豪斯理念——德意志制造联盟的延续：从“转向艺术”重返标准与“科学”（续）

沃纳·奥克斯林　赵　越　朱承璋

德意志制造联盟最初的建立，是希望通过艺术、工业及手工业的合作来改善德国制造。在产品的制造上，曾经引起了一场“产品艺术性”的讨论，即产品进入工业化生产之后如何保持原先手工制品的艺术性，存在着“技术形式”与“艺术形式”的对比。而在建筑方面，“标准化”是作为基本经济原则被引入，应用在建筑上的同时也强调了其普遍的社会意义。文章主要展现了不同建筑师在当时的对于建筑“标准化”的认识以及建筑背后的技术性与艺术性的讨论。

（原载于《建筑师》2019年第6期）

美国品味的缔造者——唐宁景观园艺思想研究

王发堂　杨旭帆

唐宁是欧洲园林传承到美国的重要环节，他是美国景观园艺的奠基者，也是美国民主与文化品位的缔造者。本文主要从唐宁的园艺思想中的民主性、乡村花园构想、农村住宅的建设和城市公园设想等四个方面来对唐宁景观与园艺思想做一个阐述。唐宁认为作为新世界的美国要比欧洲旧世界具有民主优势，因而满怀激情地促进美国文化品位的提升，他终其一生的景观

与园艺事业主要是围绕这个中心点来展开的。

（原载于《建筑师》2019年第5期）

勒·柯布西耶的风土命题与现代启示

潘　玥

勒·柯布西耶作为现代运动的重要先驱之一，其先锋的建筑思想与极富创造力的建筑作品一直是学界的研究热点，其中，风土建筑对勒·柯布西耶诸多的影响是一个重要的历史现象。文章从柯布西耶早年对风土建筑及环境视觉积累的几个重要阶段开始梳理，对其日后文化立场的改变作切片式溯源，并结合已有研究对其风土建筑的原型适应性转化进行再阅读，最终得出作为柯布西耶完整的现代性思想的重要部分——对于风土建筑的价值认知和转化方式，以求对我国当前城乡一体化过程中亟待完善的关于风土建筑价值的认知、适应性转化，以及保护实践等诸多课题提供借鉴作用。

（原载于《建筑师》2019年第6期）

英国建筑技术美学现代性的谱系研究

程世卓

科学建立建筑民族性与现代性的关系，是自我国第一代海归建筑师开始始终关注的课题。作为人类历史上现代性的原生母国，英国建筑领域的现代性由民族性生发，并产生了以理性精神为内核的建筑技术美学。伴随着民族性与现代性的动态交织，在各个典型历史时期形成了独具英国本土特征的建筑风格。该过程历经300余年，谱系特征明确。解读其相生相衡的关系，可为我国的相关课题探索提供借鉴与参考。

（原载于《新建筑》2019年第6期）

“艺术—形式”：从动因到目的——试析戈特弗里德·森佩尔的“艺术—形式”概念

焦　洋

鉴于“艺术—形式”在戈特弗里德·森佩尔著作《技术艺术与建筑艺术中的风格；或者实用美学——技术人员、艺术家和艺术爱好者手册》中的主题地位，对这一概念做出多角度的解析。首先简述了其形成的渊源，而后着重讨论了森佩尔对于“艺术—形式”的界定，在此基础上比较了森佩尔与卡尔·波提舍之“艺术—形式”的异同。由此，这一概念的意图得以清晰展现。

（原载于《新建筑》2019年第6期）

肇庆鼎湖山景观集称审美文化浅析

唐孝祥　林沿孜

鼎湖山系属肇庆星湖风景名胜区，是岭南四大名山之首，其主建筑群庆云寺为岭南四大名刹之一。基于景观集称园林品题的研究思路，在剖析“鼎湖十景”历史变迁和文化背景的基础上，结合鼎湖山景观空间序列，从题材物象、景观意象、审美联想三个方面来探析其审美文化特征。文章希冀为保护和传承名胜古迹景观空间的营建智慧和文化意蕴提供理论支撑，也为研究中国园林景观集称提供思路参考。

（原载于《新建筑》2019年第6期）

起居室的疗愈景观——室内及窗景健康效益VR研究

黄舒晴　徐磊青　陈　筝

都市生活压力是威胁人类健康的主要因素，起居室是城市居民的主要生活空间，其疗愈潜能对人类身心健康有着重要影响。现存的环境健康效益研究存在对健康内涵认识不全面、对中国城市居民日常生活空间关注不充分等缺陷。预实验问卷结果显示，在起居室中居民最关心的疗愈因素是室内设计和室外窗景。因此，文章借助虚拟现实技术，设计实验探索起居室的室内设计和室外窗景对人体健康的疗愈影响。最后以统计学方法解释实验结果，为中国城市人居环境健康设计提出建议。

（原载于《新建筑》2019年第5期）

从存储粮食到储藏艺术——筒仓类工业遗产再利用设计研究

徐苏斌　赵子杰

筒仓类工业遗产因特定的工农业生产需求，具有独特的建筑形态，这对其保护与适应性再利用带来了重大挑战。通过对筒仓类工业遗产的价值释读、类型划分与改造案例解析，总结了筒仓在向艺术博物馆转化过程中的设计要素、更新方法、共性及特性等，提出筒仓的改造再利用应从工业遗产文化资本角度出发，最大化挖掘其固有价值与创意价值，在保留其外部宏伟形象和内部空间特质的同时，通过创意性设计满足当今多样化的功能和体验需求。

（原载于《新建筑》2019年第5期）

寒山寺声景评价与优化策略

李胜男　金荷仙　黄龙妹

寺庙园林作为中国古典园林的重要组成部分，声景在其整体景观营造及宗教文化传承等方面有着举足轻重的作用。寒山寺作为中国历史上的十大名寺之一，历史悠久，但与其相关的声景研究甚少。因此文章基于客观声级实测数据和主观问卷调查分析，探讨寒山寺各声音元素的喜好度、整体声级情况以及主客观数据的相关性，研究发现声级与人的喜好程度呈负相关，人流量对声级有较大影响，提出对寒山寺进行整体降噪、分区声级管理以及用标识系统提高声景感知度等建议。

（原载于《新建筑》2019年第5期）

几种景观沉浸体验创构方法研究

李　璇　曹　磊

景观沉浸体验是指景观环境调动体验者知觉发挥积极的作用，通过身心的投入与情感的交流，激发体验者进行想象、幻想、冥想等意象活动，从而形成“知觉—想象”“知觉—幻想”“知觉—冥想”等沉浸体验。在景观体验过程中，沉浸体验的产生表明人与景观间不是各自为政，无交流、无反馈的状态，而是存在双向交流与互动。本文主要论述了四种景观沉浸体验类型的创构方法，包括探索体验、记忆体验、冥想体验、幻想体验，希望从人景交流的视角寻找有一定价值和意义的景观创构方法。

（原载于《新建筑》2019年第3期）

机器“美”的历程

叶　青　汪江华　时海峰　高　玮

在相当长的时期内，西方经典美学将“机器”视为丑的化身。然而在近代，机器成功地完成一次由“丑”到“美”的华丽转身，这无疑与科技进步、工业革命以及资本主义商业文明大发展的历史背景有着深层次的关联。力图还原机器如何逐渐进入人们的审美视野，并逐步确立起相对稳定的价值标准的历史过程。

（原载于《新建筑》2019年第2期）

日本建筑空间中自由不确定性的传统与营造策略

王丽洁　郑　凯

日本建筑有许多独到的特点，空间的不确定性就是其中之一。试图以当代日本建筑空间不确定性的表达手法分析追溯日本传统建筑空间里的不确定性的产生过程以及这种暧昧的空间秩序的营造策略，然后再分析产生这种本土性传统背后的原因以及深层次的思想。

（原载于《新建筑》2019年第1期）

在壮美学与整合式结构设计之间评吉首美术馆

江嘉玮

在委托方与建筑师良好的互动关系之下，一种“壮美学”成为伴随着建筑师早期构思的潜在因素。从美学来到设计，文章首先聚焦于吉首美术馆在“博物馆—桥”类型上所实施的场地策略。此外，基地选址令该建筑在结构上须将混凝土桥与钢桥在垂直方向上叠加，这增加了结构设计的难度。通过以“整合式结构设计”作为核心词汇，文章分析该作品在结构选型及优化过程里的创新点及细节，并评述它对中国当下建筑实践的意义。

（原载于《时代建筑》2019年第6期）

“美至关重要：美的复兴”2019塔林建筑双年展评析

支文军　黄晓军

2019年塔林建筑双年展于2019年9月11日在爱沙尼亚首都塔林开幕。本届双年展以“美至关重要：美的复兴”为主题，在经历了近80年的文化偏见之后，庆祝建筑的美学体验。双年展围绕主题举办了五项主要活动，包括：主题展、专题论坛会、愿景竞赛展、装置艺术展和国际建筑学校展。文章通过对历届塔林建筑双年展的回顾、策展主题的讨论和部分作品的分析，对本届双年展进行全面解读。

（原载于《时代建筑》2019年第6期）

约瑟·普莱契尼克的柱 象征联想和建造再现

龚晨曦

斯洛文尼亚建筑师约瑟·普莱契尼克活跃于20世纪上半叶，年轻时是瓦格纳学派的一员，自身亦有独立的发展。文章聚焦于他不同规模和功能的建筑中一个具有连续性的形式线索——具有古典语汇意味的、与墙体关系密切的柱，以此为切入点，通过历史溯源、案例剖析、假设、比较等方法，解读普莱契尼克对柱的形式操作及其背后的思考、动机和源流。

（原载于《时代建筑》2019年第5期）

诡异的女儿墙 重读作为风格/技术史对象的德绍包豪斯校舍

王　凯

自1926年建成以来，德绍包豪斯校舍就作为现代主义最重要的标志性符号被建筑历史研究者和建筑师所熟知，然而相比其他具有类似重要性的经典现代建筑作品，对这座建筑本身的讨论和解读却甚少。文章以其建筑屋顶一段略显诡异的女儿墙作为突破口，试图从文献和档案中梳理并还原这一经典作品设计和建造过程中的若干话题，希望把这座建筑从一个符号真正还原到20世纪20年代德国现代主义早期的具体历史和技术语境中的真实建造物。

（原载于《时代建筑》2019年第5期）

地方化的现代主义瓦尔特·格罗皮乌斯与中国建筑

爱德华·柯格尔　吴婧彬

瓦尔特·格罗皮乌斯从未去过上海，但是第二次世界大战后，他接到了上海一所大学的新校区设计委托。格罗皮乌斯在1946年创办了协和建筑师事务所，这个大学即为新公司的第一个项目。事务所的项目主管还有诺曼弗莱彻，格罗皮乌斯曾经的学生贝聿铭也以合伙人的身份参与了设计。整个大学校园布局的概念，反映出鲜明的传统中国园林要素，例如中心的人工湖，相互连接的走廊和开放式的长方形庭院组织。这个项目作为格罗皮乌斯设计生涯中的一个转折点，没有贝聿铭的帮助，是不可能实现的。我们甚至可以说，这两人的联手合作是批判性地域主义的第一步。

（原载于《时代建筑》2019年第3期）

屏幕作为建筑元素的发展历程

M. 汉克·霍伊斯勒　郑　超

立面和立面设计是建筑的基本要素，媒体立面是立面设计相对较新的分支领域。文章概述了媒体立面的设计与研究过程，并以六个项目为例介绍立面设计涉及的元素与子元素如何与通信技术相互结合。

（原载于《时代建筑》2019年第2期）

艺术乡建　从许村到青田

渠　岩

“乡村复兴”作为与现代性建设相伴随的话语实践和“文化自觉”在后现代思潮之后的回潮，在乡村建设如火如荼的今日又重新摆在社会学家、经济学家与政治学家等仁人志士面前，也摆在具体进行乡村实践的艺术家与建筑师面前。我们探索的两个艺术乡建实践，许村是从“艺术”入手，促进乡村社会复苏；青田将从“乡土”开始，接续传统文明根脉。

（原载于《时代建筑》2019年第1期）

从绘画到建筑形式语言的生成

张贤波　陶　郅

通过研究从绘画转换到建筑形式的过程，探讨建筑形式语言的一种生成方式与途径。该文梳理了从绘画中获得形式参照的方式，结合形式要素和语义与语用过程的相互作用和影响，分析建筑形式语言生成的机制。建筑的形式可以通过引入绘画的形式要素、再现绘画的形式语言以及从绘画形式转换生成。形式生成的逻辑体现了建筑形式自治的模式，是一种与功能和意义生成建筑形式平行的思路。

（原载于《华中建筑》2019年第12期）

非对称布局的政治性广场如何体现庄严之势

尚　维　俞　骏

突破政治性广场设计为体现庄严之势而采用轴线对称布局的思维定式，指出其局限性和相似性，认为非对称布局的政治性广场也能具有庄严之势。随后，试图为政治性广场的设计提供更多可能性和独特性：一方面，从广场基本格局的奠定入手，说明非对称布局的广场可以利用内外对比和借助自然这两种策略形成庄严的气势；另一方面，从广场上建筑界面塑造的角度，提出通过宽大高耸的主体建筑、华美郁烈的装饰艺术、大尺度单层构图以及利用倒影拉近空间距离的方式亦能营造出同样的效果。

（原载于《华中建筑》2019年第12期）

凭·栏——《营造法式》钩阑寻杖做法及意匠探析

梁　静

该文基于对宋代以后画作（尤其是建筑画）中有关钩阑形象的大量总结和分析，并在对《营造法式》（宋）的深度解读与认知的基础上，利用艺术史研究中的形象对照法，从钩阑中的直接亲人构件和基本组成构件——“寻杖”入手，通过对寻杖交接方式、寻杖与望柱、间柱的关系、寻杖与盆唇、地栿等平行水平构件之间关系的深入探讨，总结木钩阑这一重要的建筑围护构在做法上的发展规律，并结合宋代以后中国社会生活方式的改变，探寻中国传统建筑中小木作在实用和审美上的内在考量，最终彰显一定社会背景下传统建筑隐含的设计原则和审美趣味。

（原载于《华中建筑》2019年第12期）

江西萍乡地区傩庙建筑审美文化研究

李岳川　漆　浩

萍乡傩是赣傩乃至中国傩文化的重要组成部分，其文化系统主要由傩面、傩舞、傩庙构成。其中傩庙建筑是萍乡傩文化在物质层面的重要表现，是民间信仰、宗族文化和商贸活动综合作用的产物，具有丰富的建筑审美文化内涵。该文以建筑美学研究方法为基础，借鉴宗教学、文化人类学的研究方法和研究成果，对傩庙典型实例包括小枧傩庙、石洞口傩庙、德化庵等进行案例分析，指出傩庙单体形制一般采用当地天井式民居样式，在群体布局组成上包括庙宇、戏台、酒楼等固定元素。表现在建筑审美文化上，萍乡傩庙表现出在形态建构上的务实性态度，功能布局的娱乐性心理，以及空间意境的神秘性体验等特征。

（原载于《华中建筑》2019年第9期）

老城区居民居住建筑审美倾向初探——以苏州为例

赵　琦　张玲玲

该文旨在探讨城市居民的居住建筑环境审美倾向，对象聚焦于新旧交杂的老城区中的居民。研究选取苏州老城区中不同类型居住小区居民作为调查对象，通过问卷调查和非结构性访谈，探讨老城区居民对居住环境的基本审美倾向以及影响因素。研究结果表明苏州市老城区居民偏爱兼具传统意味、交往空间和现代生活设施的新中式低层住宅。其影响因素包括地方依恋，邻里交流的意愿和传统意味、现代生活方式兼顾三方面。此外，居民具有共同审美倾向表明城市历史和整体环境对个体环境审美倾向的影响大于个体生活经历的影响。

（原载于《华中建筑》2019年第8期）

乡村旅游中的手工性景观表达

程　然　李险峰

手工性景观是反映人类长期手工劳作行为的痕迹并传达出人类手工生产信息和情感的景观类型，承载着人们对乡村的核心记忆，呈现出极具田园特色的乡村风貌。通过对国内乡村旅游区发展现状的调查归纳，乡村旅游在景观材料、景观小品、参与性旅游活动等三方面体现出手工性景观的典型特征，说明手工性景观符合人们对乡村的认知与想象，是乡村旅游的核心吸引力所在。结合对国内外相关成功案例的归纳和对我国乡村旅游发展条件的分析，提出引用、集聚、变异、因借、再现等手工性景观表现手法，为乡村旅游景观建设探索新的思路。

（原载于《华中建筑》2019年第6期）

现代建筑语言的思想与逻辑

张贤波　陶　郅

《现代建筑语言》一书中提出了现代建筑语言的七项原则。该文尝试从具有公众影响力的理论话语去探讨这些原则的理论依据，并从现实的因素去探讨其中的逻辑。重要的理论话语影响建筑语言的思想，现实的社会因素促使建筑语言的发展演变与之相适应。通过建筑语言的思想与逻辑来推论建筑语言的成因，以探讨重要的话语和社会因素如何与建筑语言发生关系，探讨如何对其产生影响和作用。

（原载于《华中建筑》2019年第5期）

昆明公共建筑色彩特点研究

李志英　陈宁歆　王玲云

近几十年来，城市色彩规划研究一直备受关注。研究对昆明市中心城区的三个意象热点片区（翠湖、圆通山、正义坊）以及人车流量较大的路段（环城路和北京路部分路段）进行公共建筑图像采集和色彩剥离实验，并对剥离出的色彩运用HSB体系提取色彩指标。研究表明，在滇中地区红土地的自然因素影响下，红色系成为昆明市公共建筑外墙中使用率最高的色系。色彩规划应注重结合地理环境特色、历史风貌、审美习俗等要素，突出城市特质和风貌，合理进行各片区（地段）的城市色彩规划。城市公共建筑色彩分析对昆明市城市色彩导则制定有一定的理论参考意义。

（原载于《华中建筑》2019年第3期）

森林中无处不在

加藤纮一

作为“极简主义建筑师”，小川晋一的风格作品与极简主义大师密斯有很多共同理念。但小川晋一的理论有其自身独有的特点。本文通过小川晋一的三篇文章分析其建筑作品，深入了解其“无处不在理论”“看不见的细节”等建筑设计理念，认识到其建筑设计的精髓在于，更像是一个“可以根据主体扩展而不断变化的、拥抱人类生活的”“空间”建筑。

（原载于《世界建筑导报》2019年第5期）

“减法”在设计美学中的探讨

易　沙

文章重点以建筑师Gordon Matta-Clark看似暴力的建筑设计实践为例，深入地探讨了一种“外表的追求中逐步退出”的设计美学——“减法”。对于“减法”设计美学的研讨主要从形式、层次和过程的重构；不确定性、复杂性和模糊性，以及感觉、经验和方向的重新建立三个方面来展开，最终点出了这种经由“减法”摧毁（削减）了原有语意后所产生的一种新的秩序的意义所在。

（原载于《城市建筑》2019年第14期）

康复景观及其案例浅析

宋一鸣

本文从康复景观的内涵出发，阐述了康复景观的重要性，对比分析了国内和国外两个康复景观案例，提出康复景观在设计时需要注意的问题，并且表达了对康复景观今后在国内发展的展望。

（原载于《城市建筑》2019年第10期）

浅谈建筑美学与建筑形式——从当代西方建筑美学方向解读

梁婷越

建筑美学发展至今，当代西方建筑美学在整个美学史中有不可忽视的作用，其在多种门派的哲学理论的影响下，形成独一无二的美学思潮和独特的建筑形式。本文梳理了当代西方建筑美学的理论体系，并在理论架构的基础上结合西方当代建筑师的美学实践，对受其影响的建筑的形式进行分析探讨，旨在发掘当代西方建筑的精髓，从而启发中国的建筑设计。

（原载于《城市建筑》2019年第12期）

秩序与理想形——文艺复兴建筑师的探索

王大鹏　曲　艺

文艺复兴时期涌现了一批著名的建筑师，他们对古典建筑进行了深入的研究分析，并运用古典建筑语言进行了一系列积极的探索。他们发展了古典柱式语言，努力探索运用柱式及比例来构建秩序。同时，文艺复兴建筑师对起源于古典建筑中的理想形也进行了一系列积极的实践探索，这些探索对后世的建筑理论及建筑设计产生了深远的影响。

（原载于《城市建筑》2019年第32期）

城市季节性河流景观设计规划和生态修复研究

江景海

人类的社会活动与河流息息相关，诸如灌溉、饮水、美化环境等，都离不开河流。但近几年，社会发展带来了河流污染和生态环境破坏。因此，城市河流景观设计与生态修复成为热点。文章通过对文献的总结和对城市河流景观设计规划与生态修复机理的分析，发现河流景观设计与生态修复需要水环境、水景观，以及水生态三者的有机统一，协调发展。同时，政府、企业和个人三方的共同努力，更会促进河流的健康可持续发展。

（原载于《城市建筑》2019年第13期）

陕西党家村传统民居建筑艺术与文化探析

方天宇

陕西党家村传统民居是我国民居建筑的典型代表，它不仅是地域与文化的结合，也是中华历史文化的传承。文章在对党家村的历史沿革与地理环境阐述的基础上，分析了党家村民居建筑的空间结构及特征，剖析了党家村民居建筑结构中所蕴含的象征意义和文化内涵。通过对党家村传统民居建筑的研究，为现代民居建筑设计提供借鉴和思路。

（原载于《城市建筑》2019年第7期）

解析彼得卒姆托建筑作品中的光影美学

吕宬熹

瑞士著名建筑师彼得·卒姆托在其建筑作品中注重捕捉使用者的感受，致力于塑造能够点燃直觉与知觉的空间环境，表达真实的世界。其中，对于光影的运用是其营造氛围的重要手法之一。本文通过对光影进行解读，并基于实际案例，分析建筑师彼得·卒姆托作品中对于光影美学的运用，进一步总结相关要素，并思考其对建筑设计的启示。

（原载于《城市建筑》2019年第26期）

矿山废弃地景观美学价值分析

唐由海　李欣娟　王靖雯

矿山废弃地是城市更新的棘手问题，现有研究侧重于生态修复、功能重建、再生设计政策法规完善等方面，注重从功能实用性角度更新矿山废弃地景观，缺乏对于矿山废弃地美学价值的综合考虑。通过研究美学理论及废弃地景观再生发展进程，可知矿山废弃地作为特殊形式的审美客体蕴含着自然、历史、文化和艺术美学价值，其对于审美主体而言，能刺激审美主体的感官，唤起审美主体的情感进而使其精神愉悦。本文旨在充分发掘矿山废弃地的美学价值，将人文之美与科技相结合，完善矿山废弃地景观再生设计理论体系，赋予其更为适宜的城市新职能。

（原载于《城市建筑》2019年第6期）

以值年旗衙门为例谈建筑色彩精细化保护

范雨佳　陈静勇

随着环境提升在各个城市展开，环境中的建筑色彩问题成为治理城市“花脸”的关键问题。借助孟塞尔颜色体系对值年旗衙门建筑色彩进行色相、明度、彩度三个方向的量化分析。对比南锣鼓巷街区整体色彩映像及上位规划、导则，分析街道、街区中色彩乱象成因。立足于建筑所在环境的历史，建筑与街区色彩关系，探讨在色彩管控上如何用整体的眼光统筹人文内涵、用科学的手段对传统建筑立面形态色彩进行精细化保护。

（原载于《古建园林技术》2019年第4期）

清代闽南侯龙书院园林艺术特色

郑慧铭　姚洪峰　黄金仕

书院是古代特色的教育机构，书院园林继承传统园林风格，结合地域建筑的特点，营造文人教育氛围，促进文化传播。本文从侯龙书院园林造园解析入手，分析书院园林的空间特点，归纳书院园林选址考究、风格淡雅、寄情于景、巧于因借的造园手法，体现地域文化。细部传递闽南园林文化，体现尊礼文化和教化氛围。传承传统园林文化有助于校园文化的发展，对继承中国传统园林文化具有参考价值。

（原载于《古建园林技术》2019年第3期）

明清岭南士人园林理景艺术特征解析

刘国维　陆　琦　苏　涛　李　宾

通过分析岭南士人的群体性格探索明清岭南士人园林的理景艺术特征。从设计营造层面对岭南传统士人宅园的布局、掇山、置石、理水、借景、装饰等进行综合分析，总结出岭南士人园林“空间融透、庭庭印和”“掇山置石、余情丘壑”“规则水形、内隐自然”“园景因借、情景合一”和“纳福世俗、中西合璧”的理景艺术特征。

（原载于《古建园林技术》2019年第1期）

现代建筑艺术表现性与雕塑的关系

张玉明　张　帆

雕塑作为城市设计中的关键性因素，其本身带有强烈的个性特征与精神文化体现。建筑和雕塑的关系我认为两者之间是互为影响，都是艺术设计史的重要组成部分。我们对物质和精神方面的生活的追求，谱写到社会公共环境中的城市雕塑和建筑，对城市环境和精神文明建设、发展，无疑是很重要的。这就需要雕塑家、建筑师在创作设计过程中，重视环境因素，跨越历史时空，取其精华去其糟粕。最终雕塑、建筑与环境是整体和谐，相互协调。

（原载于《中外建筑》2019年第12期）

中国古建筑艺术与传统文化元素在东北城市建筑设计中的表达

吴　枫

本次研究深入分析了中国建筑艺术与文化元素在东北城市建筑设计中的表达，对于传承中国的艺术及文化，具有着深远的意义。在历史长河的印记中，中国这一古老的国度，具有独特的历史文化特色。通过在东北城市建筑设计中植入马元素、中国地域造型元素、中国图形元素等，在进一步体现东北城市建筑设计风格的同时，促进中国建筑设计艺术文化在国际舞台的魅力绽放。

（原载于《建筑与文化》2019年第5期）

基于研究的设计

李沄璋

陈设艺术是传承中国五千年文化的重要载体，不仅可以反映出生活情趣，而且可以折射出人生理想，不管是国内还是国外，都很热衷于中式的陈设艺术品。文章围绕“什么样的陈设艺术品才能真实继承中国传统文化”进行讨论，最后得出结论，要关注各地域传统文化的细节和特征，强调和重视在地域文化差异性深入研究基础上的设计，才能创作出真正承载人们精神寄托的陈设艺术品。

（原载于《建筑与文化》2019年第5期）

地域性民居风貌要素语义体系构筑方法及特征解析——以徽州地区为例

汪　强　李　早　高　翔　叶茂盛

研究以徽州地区为例，对20余个徽州村落进行调研和分析，并提取了徽州民居的平面形式、立面形态、建筑细部装饰等风貌构成要素，挖掘徽州民居风貌构成的主要元素和规律，拓展了风貌要素研究范畴；并运用语义本体的方法，构筑了具有体系化、可视化、可拓展和可复制特点的“徽州民居风貌要素语义记述体系”，探讨了地域性民居保护、更新语义数据库的构建途径。

（原载于《装饰》2019年第6期）

乡村民宿“内视于物”和“外视于景”的视觉批评

李蕾蕾　张　煜

民宿热将民宿变成视觉风景。本文主要应用MJT Mitchell的“图像理论”和Martin Jay的“视觉体制”，展开乡村民宿的视觉阐释与批评，思考乡村民宿如何通过“物”的堆积形成“怀旧复古风”和“都市现代风”的视觉建构机制，及其与美学救赎的偏离。文章将乡村民宿的视觉特征归纳为“内视于物”和“外视于景”两种模式，结合民宿之物作为现成品之物、景观之物、图像之物加以视觉批评，同时批评了乡村民宿通过“视觉设置”提供的全景观看，分别对于乡村大地和人类视觉主体性的“甜蜜”伤害。

（原载于《装饰》2019年第4期）

探索构建乡村“画意”审美空间

姚亦锋

乡村景观审美的深层次观念是人地关系，而非表层的“好看”，深刻地联系着人类可持续发展方向。中国传统乡村与山水画意境同脉同源，乡村审美空间有对应山水画的特质、结构和哲学目标，具有含蓄淡雅的美学风格，历史源远流长。本文以山水画作为基点审视乡村景观的诗意栖居结构体系，分析乡村审美多尺度空间的关系以及脉络过程。现代中国大规模快速城市化发展，许多乡村传统的审美空间面临解构和重构，传统人文理念丧失。中国山水画是探索乡村审美传统以及现代空间构建的重要途径，希望以艺术的视角规划实现地区人类与自然景观的和谐，保持可持续发展的深远运行。

（原载于《城市规划》2019年第11期）

城市符号——基于符号学的城市形象设计新方法

刘　璞　彭正洪

伴随着城镇化进程加速以及国际化引发的设计雷同，越来越多的设计转向城市特色文化寻求解决方案。现有的城市形象设计方法存在不足，需要从其他学科吸收设计理念。本文首先分析城市文化与符号学思维的关联，然后对可提取的城市符号进行具体的分类，并基于语义学提出城市符号的提取建构的方法与原则，最后分析城市符号特性并指导其在城市形象设计中的应用。以此为切入点展开对于如何提取设计元素进行特色设计的方法论探讨。以符号学理论促进城市规划与艺术设计学科的融合，以城市形象载体促进城市特色文化传承。

（原载于《城市规划》2019年第8期）

包容共享、显隐互鉴、宜居可期——城市活力的历史图景和当代营造

王建国

中国城市正在进入一个高质量发展的历史新阶段，城市活力成为人们普遍关注的重要话题。论文辨析了城市活力的概念内涵，较为系统地回溯了城市活力的历史成因和来源，分析了国际相关学者对于活力的专业理解，重点论述了城市显性活力、隐性活力的特点和当代呈现方式、城市活力营造的五种途径，以及数字化城市设计在当代城市活力营造中的重要作用。论文最后提出今天的城市正呈现两大发展走向，亦即，正在从多维空间城市走向泛维数字城市和从集体意志的城市走向个体泛在的城市。

（原载于《城市规划》2019年第12期）

基于文脉视角的城市空间特色塑造——以日喀则为例

胡　方　陈　进　贾晓韡　周　青

在我国快速城市化的进程中，普遍存在着城市建设与城市文脉相脱节，千城一面的景象。在传承历史文脉，增强文化自信的国家政策要求下，以城市文脉为切入点，以系统思维为导向，以总体城市设计为工具，有利于塑造独具魅力的城市空间特色。日喀则是后藏文化的发源地，其目标是打造中华民族特色文化保护地、世界旅游目的地。在此目标引领下，规划基于文脉视角，立足城市文脉要素的深入挖掘，以整体空间格局的延续性、多元文化风貌的关联性、特色文化要素的整体性为核心策略，建构空间特色发展框架。对延续城市文脉，塑造城市空间特色提供了一定的参考价值。

（原载于《城市规划学刊》2019年第S1期）

生态型地区村庄景观风貌塑造规划研究——以崇明区为例

董衡苹

生态型地区的村庄景观是以生态景观为本底，以农业生产为基础的具有村庄聚落特征的田园景观。以崇明村庄景观风貌塑造为例，从宏观层面、中观层面、微观层面提出村庄景观塑造技术框架，指出崇明的村镇风貌集中体现在村庄与其所处田园环境的整体格局之中，建筑与水网、沟渠、道路、农田的布局关系是风貌的空间载体。最后从生态风貌设计、村庄聚落风貌设计、建筑风貌引导三个层面提出崇明区村庄景观风貌特色塑造的技术

路径。

（原载于《城市规划学刊》2019年第S1期）

新加坡和纽约特色风貌地区规划管理经验及对深圳的启示

刘冰冰　王泽坚

独特的城市文化与特色风貌是建设优秀城市的重要支撑维度，在全球化建设空间趋同的趋势下发掘和保持城市的地方性，对提升城市竞争力意义重大。新加坡和纽约是两个典型的具有多元文化和独特风貌的国际城市，其本土文化和特色风貌的留存得益于及时建立了特色风貌保育体系，并通过有效的技术手段、管理手段、差异化的管理政策进行精细化的管控引导。深圳处于全面进入二次开发的存量规划阶段，目前保护制度的缺位、对具有风貌价值的地区认同感不足以及管理技术的不完善，对整个城市特色产生的外部影响已不容忽视，因此本文总结新加坡和纽约的成功经验，为深圳建立风貌保育体系和管理策略提供有益参考。

（原载于《国际城市规划》2019年第5期）

鼓浪屿街道空间体验分析与提升策略

李　渊　杨　璐　高小涵

旅游社区普遍存在社区衰败、居民外迁等现象，解决这些问题对旅游社区的持续发展具有重要意义，而研究居民空间体验，尤其是街道空间体验是应对旅游社区问题的关键切入点。研究采用SD法获取居民街道空间体验心理量，结合街道客体指标进行相关分析与回归分析，归纳影响居民体验的主要因素，计算体验变化的临界值，得出居民理想街道空间参数，提出街道空间优化策略。此外，研究从主体使用者体验出发进行街道空间分析，由数据驱动设计，为设计提供居民理想的街道空间参数。

（原载于《规划师》2019年第14期）

刍议大众情趣背景下的乡村景观重构策略

庄晓敏

文章通过梳理乡村景观概念，深入剖析乡村景观的价值及当前乡村振兴背景下乡村景观重构存在的问题；追溯并引入中国古典园林和西方景观设计中的大众情趣，阐释营造符合大众情趣的乡村景观的必要性，并结合实地调研提出乡村景观重构策略，为乡村振兴提供更多的可能性。

（原载于《规划师》2019年第8期）

欧洲荒野景观再野化的发展与启示

范建红　刘雅熙　朱雪梅

欧洲荒野景观再野化是全球荒野保护运动中的创新典范，建立在人与自然和谐共存的自然生态观上，构建出引人瞩目的具有21世纪特色的保护思路。其经历了从目标驱动为主导到恢复再野化发展的保护理念转变，该过程将保护运动升级到整个生态系统，并提出“基于自然的解决方案”，显示出欧洲国家对土地利用的创新思考。在分析欧洲荒野保护发展历程后，以“欧洲再野化”（Rewilding Europe）项目为切入点，介绍其发展理念，梳理其主体建构、合作机制及政策导向，以期丰富国际荒野保护的研究，并为中国构建荒野保护理念及体系提供参考。

（原载于《中国园林》2019年第12期）

“乡愁景观”载体元素体系研究

张智惠　吴　敏

田园乡愁产生的背后伴随着传统村落的消失、诗意家园的蚕食以及传统文化的抹灭。“记住乡愁”成为新型城镇化发展的重要目标，也是保护乡村文脉、重塑人与乡土联系的重要途径。从乡愁释义及乡愁景观概念内涵入手，通过田园诗词、田园山水画、乡愁纪录片和调查问卷等多重途径挖掘和提炼各“乡愁景观”载体元素关键词组，对其进行分析归类，构建“乡愁景观”载体元素体系，对乡村旅游视角下的乡愁感知体验以及美好乡村建设中的乡土文脉原真性表达具有一定借鉴意义。

（原载于《中国园林》2019年第11期）

造型与去造型——龙安寺石庭置石设计艺术研究

许　愿　杨　希　朱育帆

龙安寺石庭的置石设计是学界持续关注的课题，成果主要有摹状说与冥思说。在空间设计研究的语境下，庭院与禅宗教义的关联问题可转译为其设计能否，以及如何以具象造型的方式唤起禅宗所推崇的基于直观又超越形式的空间体验。石头的单体形态、组合布置，石组内部及石组之间的呼应关系共同构成了以墨绘空的典例。

（原载于《中国园林》2019年第10期）

基于声漫步的天津水上公园声景观评价研究

张秦英　胡　杨　李丹丹

声音作为景观要素越来越受到重视，人们对声环境的感知受到声音本身特性以及声音与环境交互作用的共同影响。以天津水上公园为研究对象，将声音的响度、频率和多样性指数作为公园声音元素的特征指标，定量研究声音构成、景观要素和舒适度三者之间的相关关系。结果表明：水上公园的声音多样性指数（SDI）整体较高，声音类型丰富，但不同的景观要素对应的声音特征不显著；听觉舒适度与整体舒适度呈极显著正相关；听觉舒适度主要受到人类活动声和机械声的影响，其出现频率（POS）和响度（PLS）均干扰了被试者对自然声的感知。针对公园的景观格局、声环境现状及使用者需求，提出声环境的设计和管理优化策略，对改善公园声景观品质、提高公园整体的环境舒适度具有重要意义。

（原载于《中国园林》2019年第9期）

风景园林“立意”内涵、表达方式及审美中达意标准的探析

许晓明　赵海月

目前对园林“立意”中部分问题的认识仍存在争议和模糊之处。研究结合传统美学、艺术理论及审美心理学，对园林立意的内涵、表达方式和达意的标准等问题进行了深入分析。园林创作中“立意”实指“创立审美‘意象’”，所立之“意象”包含“意”（情感、思想）与“象”（形象、景象）两部分，二者在审美中是高度融合、不可分离解析的整体。园林“立意”主要由山水等园林语汇“象征性”表达，又辅以其他艺术门类的语汇外化。在园林审美中达到“意会”的理解层次即算“达意”。

（原载于《中国园林》2019年第9期）

视觉景观保护中的景观正义研究

黄国平

环境正义源自20世纪60年代兴起的环境运动与民权运动的汇流。景观正义是环境正义在风景园林领域的延伸，特别通过近些年景观方面的实践和研究，其理论框架逐渐得到丰富。景观正义的基本出发点是认为景观是人类的基本需求，每个人都有权利享受可以促进身心健康的景观资源。而由于经济、历史、文化等各方面原因，现实生活中的景观尚算不上公平正义，因此风景园林师的责任是要在实践中寻求社会正义，实现景观可持续、社会可持续和经济可持续的解决方案。以美国里士满市的滨河景观保护研究为例，剖析如何能将景观正义的理念贯彻在视觉景观保护的公众参与、研究分析和公共决策的过程中，为城市内公共景观资源的分配正义和程序正义做出贡献。

（原载于《中国园林》2019年第5期）

谈桥梁建筑艺术的表现性与象征性

朱哲莹

桥梁是城市最常见的公共建筑之一，是具有科学和艺术精神的建筑，一座优秀的桥梁建筑必须具备桥梁的品质和美学价值。运用艺术心理学的基本理论，从审美的角度分析了桥梁建筑作为艺术形式的情感表现性以及特殊的象征意义。

（原载于《山西建筑》2019年第13期）

德化土堡的建筑艺术与文化内涵——以大兴堡、厚德堡为例

徐春阳

德化迄今留存下来的土堡不多，保存较完整的当数大兴堡和厚德堡两座土堡。德化土堡作为一种古老的建筑形式，为研究清代闽南山区土堡建筑技术的形成与发展提供珍贵的实物例证。文章以大兴堡和厚德堡为例，旨在探讨德化土堡的建筑艺术与文化内涵，揭示德化土堡建设的历史和缘由，丰富闽南建筑的内涵。通过将两堡的建筑情况进行对比，揭示德化土堡的共性和特色。通过对德化土堡历史进行分析，发掘土堡在历史上的作用。

（原载于《自然与文化遗产研究》2019年第11期）

自学成才的密斯

刘先觉

密斯的一生为现代建筑的发展做出了巨大贡献，他不仅是建筑大师、建筑教育家，还是一位自学成才的榜样。他在走过一条刻苦自学的道路后开始独立创造，这种创造不仅考虑到符合当代社会的需要，而且能表达时代的精神。今天的建筑已经不可能再完全沿着密斯理性主义道路一成不变地走下去了，它必然要适应新时代的要求，要满足人们发展的物质与精神需求。然而，作为现代建筑的一代大师，他在历史上留下的功绩是不可磨灭的，他的创作经验与成功之路是永远值得借鉴的。

（原载于《中国艺术》2019年第3期）

建筑艺术书目

长城·聚落丛书

明长城军事防御体系规划布局机制研究

作者：范熙晅 张玉坤 李严

出版社：中国建筑工业出版社

出版时间：2019

【内容简介】

本书着眼明长城军事防御体系内外两侧，以整体性视角从自然因素、社会因素及军事策略三个方面对明长城军事防御体系的规划布局和选址机制进行研究，分析明长城军事防御体系规划布局的内部思想。

迈向文化性保护：遗产地的场所精神和社区角色

作者：徐桐

出版社：中国建筑工业出版社

出版时间：2019

【内容简介】

对文化遗产、文化价值、场所精神、社区等重要问题从理论到实践案例进行了多角度、深层次的分析。

敦煌建筑研究

作者：萧默

出版社：中国建筑工业出版社

出版时间：2019

【内容简介】

敦煌石窟是闻名世界的文化艺术宝库，壁画中保存了从敦煌十六国至元代大量建筑形象资料，本书分两编：第一编详尽论述了壁画中的佛寺、阙、城垣、塔、住宅和其他多种建筑类型，以及建筑部件与装饰、建筑施工、建筑画等专题；第二编对古代丝绸之路重镇敦煌古城、玉门关与阳关、敦煌石窟洞窟形制、莫高窟唐宋窟檐、窟前宋代建筑遗址和敦煌十六国到清代的古塔等建筑实例和遗址，也进行了深入研究。

敦煌莫高窟与6世纪至11世纪佛寺空间布局研究

作者：赵娜冬 段智钧

出版社：中国建筑工业出版社

出版时间：2019

【内容简介】

公元6—11世纪处于佛教中国化的关键时期，也是中国佛教建筑研究的重要阶段。本文以敦煌莫高窟的石窟形制、经变壁画以及主尊塑像等艺术遗存为直接研究对象来讨论公元6—11世纪佛寺院落的空间布局特征，结合汉地佛寺遗迹及有关历史文献，重点关注佛寺院落的殿阁配置、空间关系与空间组合三方面。

建筑史（第44辑）

作者：贾珺

出版社：中国建筑工业出版社

出版时间：2019

【内容简介】

本辑共收入论文15篇，内容涉及中国古代建筑营造技术、中国城市史、古典园林、乡土建筑、地域建筑文化、近代建筑、文物建筑保护、现代建筑理论等领域。王鹏的论文探讨了西周周王“康宫”的空间组成；何文轩、贺从容的论文剖析了崇安寺山门采用楼阁形式的内在原因及其对佛寺入口空间仪式感的塑造；曹春平的论文论述了福建省漳州市南山寺山门的大木构架与斗栱形态；乔迅翔的论文探讨了穿斗架的分类方法，演化逻辑以及基于不同演化方式的类型生成；张十庆的论文从东亚背景及样式史的角度，对日本早期佛教小木作玉虫厨子进行了探讨；郑荷的论文从“鹅项钩阑”适应使用者身体尺度的视角，论述了“阑槛构窗”在两宋之际发生的由“外”向“内”的功能转变;《明代辽东与山东地缘关系及卫城形态研究》一文论述了明代辽宁和山东城市建设的相关性，并归纳出两地明代卫城的典型模式；李江、韦承君的论文分析了清代伊犁河谷的城镇分布与形态规模；贾珺的论文梳理了张岱《陶庵梦忆》提及的园林与风景名胜实例，并对书中一些主要论断和品鉴进行解读；王曦晨的论文探讨了北京西郊万寿寺的历史沿革、建筑布局、园林景观和相关的游赏活动；邓啸骢、吴骞的论文从社会关系变化的角度，论述了兰溪诸葛村的聚落空间演进；韩雅慧、徐飞鹏的论文分析了近代时期德国工程师在青岛的建造活动；陈勐、周琦的论文论述了南京中央商场的发展历程、组织经营与管理模式、建筑空间形式特征；许懋彦、董笑笑的论文讨论了20世纪50年代清华大学的校园规划与东扩；翁帆的论文分析了索恩式穹顶的形成、发展和影响力，指出其中所体现的关于建筑起源和光的效果的思考。

中国建筑美学史

作者：王耘

出版社：山西教育出版社

出版时间：2019

【内容简介】

以中国古代建筑文化传承在整体性上的历史脉络为基础，同时依托于考古文物、文献典籍等两大知识系统，对中国古代建筑美学史的内在肌理、外在轮廓作出了精细入微而极富思辨性的分析、梳理、还原、概括。该书一方面，在章节安排上，仍旧以朝代为分期，却更为重视文化类型的前后关联所带来的复杂的集聚效应；另一方面，在行文逻辑上，既描述了建筑作为一种实用匠术的操作“记忆”，同时，意在探索建筑如何可能成为一种人们用来寄寓灵魂向往的艺术“语言”。

高句丽宫殿建筑研究

作者：张明皓

出版社：中国建筑工业出版社

出版时间：2019

【内容简介】

目前，高句丽宫殿建筑的形象在古坟壁画中尚存为数不多的几例，通过对这几例建筑形象的解读，本书试图探讨构成高句丽宫殿建筑的样式要素，在东亚建筑文化圈中的特点、类型及发展关系，试图弥补高句丽宫殿建筑形象研究的不足。同时，针对这些样式要素所表现的结构特征，尝试构建高句丽宫殿建筑的结构体系，并进而分析其产生的源流与演变关系。此外，对于课题研究中所涉及的重要问题，本书以专题研究的方式加以补充，其内容包括壁画中的莲花纹装饰、高句丽尺度与八角建筑的研究。尽管部分内容与前人的研究成果有交叉，但是将其放入东亚建筑文化圈这一大背景之中，这些内容无疑被赋予了新的活力。

中国建筑史论汇刊·第壹拾捌辑

作者：王贵祥

出版社：中国建筑工业出版社

出版时间：2019

【内容简介】

《中国建筑史论汇刊》由清华大学建筑学院主办，以荟萃发表国内外中国建筑史研究论文为主旨。本辑为第壹拾捌辑，收录论文11篇，分为古代建筑制度研究、佛教建筑研究、建筑考古学研究、建筑史学史研究、建筑文化研究以及英文论稿，共6个栏目。其中古代建筑制度研究成果包含3篇，分别为《宋代房屋基础营造——〈营造法式·壕寨制度〉读解》《山西高平开化寺营建历史考略》《佛光寺东大殿大木制度探微》；佛教建筑研究收录有《晋东南地区北朝佛塔探析》《神刹山门内外建筑类型演变》《中国南传上座部佛教建筑的研究现状与展望》；建筑考古学研究本辑收录2篇，它们是《莫高窟第254、257窟中心柱窟的复原研究与名称考——塔寺》《6—11世纪莫高窟净土变建筑图像设计与平面布局研究》；建筑史学史研究收录《中国营造学社学术活动年表考略》；建筑文化研究收录《尼泊尔的尼瓦丽楼阁诺系——中国建筑视野下的类型研究》。另有1篇英文论稿。此外，还有清华大学最新的测绘成果一份。上述论文中有多篇是诸位作者在国家自然科学基金支持下的研究成果。

中国古建筑测绘大系·宗教建筑

江南寺观

作者：东南大学建筑研究所 东南大学建筑学院

出版社：中国建筑工业出版社

出版时间：2019

【内容简介】

历史上江南是一个相对独立与稳定的地理和行政区划，大致以江浙两省为中心和主要地区，在此基础上形成了独具特色的江南建筑。

无锡传统历史建筑

作者：史明

出版社：中国建筑工业出版社

出版时间：2019

【内容简介】

本书以无锡城区中的传统历史街区、近代中西合璧建筑、近代宅园等为主体的建筑遗产作为研究对象。在广泛的田野调查、实地测绘和文献研究的基础上，立足于建筑学和设计学交叉的研究视角，同时借鉴人类文化学、社会学、文化地理学等相关理论和研究方法，以共时性与历时性结合的方式，分别对上述建筑遗产的物质形态特征进行了整理归纳，并对其特征的形成过程及其演变进行了较为系统充分的分析和探讨。同时总结了社会、经济、文化等非物质形态因素对物质形态特征及其形成、演化的作用和影响。另外，本书还专门分析与总结了无锡传统建筑建造技艺与装饰特征。

中国精致建筑100

北京四合院（英文版）

作者：王其明（撰文）张振光等（摄影）

出版社：中国建筑工业出版社

出版时间：2019

【内容简介】

本书以简要文字和大量精美图片，从四合院的得名开始，对北京四合院的形成历史、总体布局、院落、影壁、垂花门、廊子、窗户、门、围墙等细部及至工程做法，进行了极其详细的分析、介绍，对后人全面认识四合院颇具指导性。

中国佛教建筑探微

作者：焦毅强

出版社：中国建筑工业出版社

出版时间：2018

【内容简介】

中国佛教是中国传统文化的一个重要组成部分，它对中国几千年的文明发展起了重要的作用。全书内容包括中国佛教与佛教建筑；中国古代佛教建筑；现代佛教建筑设计。

明长城宣府镇防御体系与军事聚落

作者：杨申茂 张玉坤 张萍

出版社：中国建筑工业出版社

出版时间：2018

【内容简介】

以明长城宣府镇为例，探究其防御体系的建立、军事聚落的时空分布与层次构成，以及后来发生的历史演变。

规矩方圆　天地之和——中国古代都城、建筑群与单体建筑之构图比例研究

作者：王南

出版社：中国城市出版社 中国建筑工业出版社

出版时间：2018

【内容简介】

对中国古代都城、建筑群与单体建筑构图比例的研究方法正是延续先辈指点的途径，在多位专家研究的基础上，进而通过对6座都城、118处建筑群和276座单体建筑（共计400个实例）的大量实测图进行几何作图、数据分析，找出一系列构图比例，以探索古代规划设计的原则、方法、规律。

赣南历史建筑研究

作者：万幼楠

出版社：中国建筑工业出版社

出版时间：2018

【内容简介】

将赣南现存历史建筑进行分类，对各类型建筑考其源流和本质、述其文化背景和特色、析其设计意匠和功能，是地方建筑研究的专业记录。

中国建筑史论汇刊·第壹拾陆辑

作者：王贵祥

出版社：中国建筑工业出版社

出版时间：2018

【内容简介】

《中国建筑史论汇刊》由清华大学建筑学院主办，以荟萃发表国内外中国建筑史研究论文为主旨。本辑为第壹拾陆辑，收录论文11篇，分为东亚建筑专题、佛教建筑研究、古代建筑制度研究、建筑文化研究，共4个栏目。其中，东亚建筑专题收录有2位学者的最新成果，分别为《日本中世禅宗寺院的中国文化影响——以十境为例》《日本黄檗宗寺院布局初探》；佛教建筑研究成果亦包含2篇，分别为《洛阳白马寺修建史札》《山西阳城海会寺格局演变与寺院中的儒学空间发展》；古代建筑制度研究收录5篇，分别是《翼（叶）形栱名称考——敦煌吐蕃建筑画研究》《佛光寺大殿实测数据之再反思——兼与肖旻先生商榷》《清代“洋青”背景下匠作使用普鲁士蓝情况浅析》《台湾地区馆藏两部宋〈营造法式〉抄本概览》与《重庆丰都名山天子殿后殿调查与分析》；建筑文化研究的成果有《北京旧城历史文化价值新探》与《规矩方圆 浮图万千——中国古代佛塔构图比例探析（上）》。此外还有清华大学最新的测绘成果一份《山西高平开化寺测绘图》上述论文中有多篇是诸位作者在国家自然科学基金支持下的研究成果。

空间的内向性与外向性

作者：车飞

出版社：中国建筑工业出版社

出版时间：2019

【内容简介】

本书是一部关于城市空间的结构形态学的基础性理论专著。全书在结构上可以分为三个部分：第一部分是导言，从认识论的角度阐述了17世纪科学革命以来对空间形态的认识及其历史性的问题。第二部分重点讲述了城市空间形态的起源以及内向与外向的生长结构。第三部分着重讨论了城市空间形态伴随着人类城市发展的历史性形态演变以及结构性变化。

遇见　场所精神与全球在地

作者：徐伉

出版社：中国建筑工业出版社

出版时间：2019

【内容简介】

从建筑、城市、场所精神展开场所复兴的探讨，以哲学人类学思考回应《人类简史》《未来简史》《今日简史》的作者尤瓦尔·赫拉利（Yuval Noah Harari）提出的有关议题。以场所精神遇见全球在地（Spirit of Place Meets Glocal）的视角，探析人性、自由、创造、人类文明一体化等基本命题。为响应赫拉利的呼吁：“我们的当务之急，是重建人类的全球认同（人类的新故事）”铺垫一块基石。由此揭示我们每一个人所蕴含的生命辉光。

创意产业与自发性城市更新

作者：许凯 孙彤宇

出版社：中国建筑工业出版社

出版时间：2019

【内容简介】

创意改变城市。那么，在城市中，是什么让创意得以发生和发展？本书关注一种城市现象。创意产业嵌入城市，与所在城区既有的功能与空间紧密关联，形成创意社区。这个现象揭示了产业推动下的、自下而上的城市更新模式是可行的，且能创造一定的城市特色。基于自组织理论，本研究认为创意社区中以产业为核心的功能系统是一个开放系统，它的发展是由系统中的各个利益相关者之间的相互作用推动的，社区的空间形态也必然显示出自组织的相应特征。本书向读者介绍近些年中国城市化过程中出现的那些自发生长的、自由自在的和美丽的创意社区，并向大家揭示，什么是隐藏在空间背后的力量。通过分析这些创意社区，本书希望传达一种观点，即“生长”是城市的天性。城市里的各个利益相关者都有权利改变和创造与他们息息相关的城市空间。我们还试图回答，“规划”作为我们用来调控空间的工具，它的作用是什么，以及它如何与“自下而上”的城市发展力量合作，来共同创造更美好的城市。

建筑视觉形式的修辞与演化

作者：任憑

出版社：中国建筑工业出版社

出版时间：2019

【内容简介】

本书试图借助基于“语言”基础上的“修辞”概念，建立一种以修辞眼光看待建筑的话语体系。在这一体系中，“视觉修辞”是建筑师挥之不去的主观冲动，它与“功能、空间、结构、材料、技术”等建筑的客观因素一样，是另一种决定性的力量，在有规律地推动着建筑学的发展。首先，当代“建筑学转向修辞”是“语言转向”持续发展的结果。其次，“建筑学的修辞转向”需要构筑一整套研究的框架体系，本书阐述了“辞格”和“演化”的两种研究方法：前者采用共时下对建筑修辞的静止研究，指向狭义修辞的辞格类型；后者采用历时下对建筑修辞的流变研究，指向广义修辞的演化框架，两者合称即为本书标题“建筑视觉形式的修辞与演化”。最后，用该话语体系来建构建筑的历史叙事：从宏观的角度，本书描述了西方4个不同时代中的修辞故事，它们基本上都有相似的开端、发展和结束，得出一个普遍意义上的建筑视觉形式的演化路径，并形成历史的循环；从微观的角度，本书以辞格对比和演化对比为框架，建构了一个建筑单体多层次的比较之网。

建筑师吕彦直集传

作者：殷力欣

出版社：中国建筑工业出版社

出版时间：2019

【内容简介】

本书是首次系统介绍吕彦直先生生平与成就，并将其遗存的文稿、设计图稿等合集出版的专著。

建筑批评的一朵浪花：实验性建筑

作者：丁光辉

出版社：中国建筑工业出版社

出版时间：2018

【内容简介】

主要研究了在过去的30年间，同济大学主办的《时代建筑》杂志是如何介入当代中国的批评性建筑。作者认为，该杂志对独立建筑师作品的报道展现出一种“中间阶段的批评性”，这种态度是对中国特殊政治和文化环境的一种回应。它试图抵抗那种在社会主义市场经济条件下占统治地位的建筑实践，又机智地利用其中的进步力量来改造现实世界。这种摇摆立场介于抵抗和革命之间，秉持文化责任与社会、政治和经济等力量角逐，鲜明地体现在该杂志出版物中。

中外近现代建筑引论

作者：吴焕加

出版社：中国建筑工业出版社

出版时间：2018

【内容简介】

对近现代建筑进行了分析和评述，阐述了建筑的基本概念、学术内涵、艺术理念与建筑审美的渊源和性质，具有重要的学术价值。

当代建筑表皮信息传播研究

作者：俞天琦 梅洪元

出版社：中国建筑工业出版社

出版时间：2018

【内容简介】

信息技术的应用，使建筑表皮向复杂化发展。由于有了数字技术的有力支撑，也是拓扑建筑学的非线性、不确定性与流动性得以实施。它们颠覆了传统笛卡尔体系和欧几里得几何原理，不断创造出新的建筑形式。在空间的数字化与生成化过程中，与传统空间构成方法相比，针对表面的数字操作手段大大增加：折叠、动态、弯曲、扭转等操作手法在定义表面的同时也对传统建筑空间特征进行了新的定义。

贝聿铭建筑十讲

作者：黄健敏

出版社：江苏凤凰科学技术出版社

出版时间：2019

【内容简介】

以其亲身多次旅行的观察体验，针对现代建筑大师贝聿铭的建筑作品进行分析，内容翔实。

建筑名家口述史丛书

寻觅建筑之道

作者：侯幼彬

出版社：中国建筑工业出版社

出版时间：2018

【内容简介】

本书是著名建筑史学家、建筑美学家侯幼彬先生的口述自传，历时三年，由侯先生的夫人李婉贞老师协助整理。书中，侯先生回顾了自己家族故事，他的求学、研究、交友、治学、写作等方面大半个世纪以来的历程，充满感情地回忆了在烽火连天的战争时代，在动荡不安的“文革”时期，在改革开放的发展时期，他所亲历的亲情、友情、爱情等辛酸却美好的回忆，书中的后半部，他还对他最重要的两部学术著作:《中国建筑美学》与《中国建筑之道》进行了简要的导读梳理。全书文风严谨，笔触优美，文字之间洋溢着一位世纪学者内心平和却又坚如磐石的力量，读来使人动容。

诗境规划论

作者：李先逵 刘晓晖

出版社：中国建筑工业出版社

出版时间：2018

【内容简介】

当代城市规划与设计面临人居环境危机、人文困境及中国文化精神传承缺失的问题，怎样走出一条具有中国特色的城乡规划理论与实践之路，在新型城镇化理念指引下，本书提出了“诗境规划”理论概念，意在推动规划理论创新，为建设真正具有中国特色现代化的城市和乡村开辟路径。诗境规划具有六种特性：天人合一的本真性、精神安顿的归属性、情理相依的和谐性、承古托今的记忆性、与时俱进的持续性、意境升华的品格性。在规划设计实践上采用六个策略：山水美学策略、山水城三位一体环境相融策略、生态科学策略、文脉传承策略、风水借鉴策略、诗学修养策略。

建筑营造体系研究系列丛书

当代文化建筑之公共空间营造研究

作者：蒋玲

出版社：中国建筑工业出版社

出版时间：2018

【内容简介】

本书对国内外文化建筑公共空间的发展、现状、存在的问题以及相关影响因素进行分析，提出文化建筑公共空间具有开放性、系统性、复合化、舒适性等特征，以及若干设计营造方法，如动态吸引、延续发展、渗透消解、并置共享、分解层次等。本书希望通过对大量当代文化建筑营造案例的分析，为当前国内文化建筑公共空间的建设提供一些可供参考的借鉴和思路。

大运河线性物质文化遗产——山东运河传统建筑

作者：赵鹏飞 谭立峰

出版社：中国建筑工业出版社

出版时间：2019

【内容简介】

本书共分6章，分别是：绪论、山东运河传统聚落、山东运河传统居住建筑、山东运河传统公共建筑、山东运河传统水工建筑、山东运河传统建筑的保护与利用。本书以传统建筑作为运河研究的切入点，从建筑学、历史学、地理学、民俗学、社会学、人类聚居学等多角度进行综合研究，通过山东运河传统建筑的地域特征和表现模式探求其深层次内涵，结合实际案例，综合论述了山东运河传统建筑的保护利用实践。

时空中的遗产——遗产保护研究的视野·方法·技术（上、下册）

作者：周小棣 沈旸 相睿 常军富

出版社：中国建筑工业出版社

出版时间：2018

【内容简介】

本书以合集的方式呈现，全书共分七编：第一编 帝国的边界：明代长城防御体系的建造信息；第二编 神民之间：信仰与行为及其空间表征；第三编 故城故人有所思：城市遗产的当代转型与公共空间化；第四编 事件途径：关于近现代文物建筑的保护规划方法；第五编 锦绣：太原城的历史营建；第六编 造郭以守民：明代山西城池建设；第七编 另一种版图叙事：春秋至两汉鲁中南地区城市组群变迁。

历史、传承、活化——川渝地区传统场镇空间环境特色及其保护策略研究

作者：姚青石

出版社：中国建筑工业出版社

出版时间：2018

【内容简介】

借用系统分析法、类型学等研究方法，系统分析了川渝地区传统场镇的空间环境特色，论述了传统场镇的历史文化价值和社会经济价值，探索了传统场镇可持续发展的保护策略与方法，对传统场镇的理论研究和保护均有较高的学术价值和实践指导意义。

滇缅铁路工程及建筑遗产价值研究

作者：唐琦 沈中伟

出版社：中国建筑工业出版社

出版时间：2018

【内容简介】

铁路遗产是工业遗产的重要类型，如何在城市建设中保护和利用铁路遗产是建筑学科的重要课题。合理的铁路遗产保护和利用对提升城镇空间的品质、强化城市历史文化氛围起到了重要的作用，因此铁路遗产是建筑师、城市规划工作者重要的工作对象之一。但目前，尚未形成铁路遗产保护的完整理论体系，致使部分铁路遗产没有得到相应的保护以及合理的利用。本书试图寻求铁路遗产保护的科学方法，探索铁路遗产保护的相关理论。并以滇缅铁路遗产为研究切入点，剖析滇缅铁路遗产的背景、现状、价值构成等重要内容，并形成量化的评价结论以指导滇缅铁路未来的发展。

浦东传统民居研究

作者：曹永康

出版社：中国建筑工业出版社

出版时间：2019

【内容简介】

虽称“传统民居”，书中涵盖的案例多是开埠后所建。洋风东渐，浦东虽滞后于浦西，书中的民居已是华洋杂处年代的“产品”，“传统”早已开始与时

俱进。传统民居，无论何时何地，绝非一成不变。该书细描浦东民居的多样丰富，有助于加深我们对传统本质的理解，即传统的延续取决于传统本身的创新与再生。

湘江流域传统民居及其文化审美研究

作者：伍国正
出版社：中国建筑工业出版社
出版时间：2019

【内容简介】

全书包含五个研究主题：湘江流域自然与人文环境——湘江流域传统民居建筑环境与空间构成——湘江流域传统村落及大屋民居的空间结构形态——湘江流域传统民居建筑技艺——湘江流域传统民居建筑的文化审美。不仅详细分析了湘江流域现存传统民居及其景观环境的建造特点，而且突出其生成环境、文化内涵、功能价值、社会属性、地域特征和文化审美意蕴研究；对湘江流域传统民居及其景观环境“是什么”和“为什么”等问题进行了初步分析与总结；从文化审美视角突出了区域传统民居及其景观环境的“精神与灵魂”，对今后的相关研究具有一定的借鉴意义。

中国民居建筑年鉴（2014—2018）

作者：陆元鼎
出版社：中国建筑工业出版社
出版时间：2018

【内容简介】

年鉴主要内容包括三方面：

一、回顾篇：三十年民居学术会议回忆文章。

二、研究篇：选载近年来民居学术会议中有代表性和有参考价值的论文。

三、资料篇：

1. 三十年来各类民居学术会议的概况；

2. 中国民居建筑（包含村镇与文化）中外文著作和论文目录索引；

3. 近五年以来民居学术会议全部论文目录索引。

中国传统民居系列图册

窑洞民居

作者：侯继尧　任致远　周培南　李传泽
出版社：中国建筑工业出版社
出版时间：2018

【内容简介】

本书从窑洞民居产生的自然条件、历史沿革、分布与分类，各省（区）窑洞民居村落规划、建筑布局、单体空间处理，建筑构造与营建、节能和建筑艺术等分章节做了详细的论述。

中国传统民居系列图册

浙江民居

作者：中国建筑技术发展中心建筑历史研究所
出版社：中国建筑工业出版社
出版时间：2018

【内容简介】

本书从平面与空间的处理、民居体型面貌、地形利用、构造装修等方面对浙江民居进行了比较细致的观察与记录，并通过实例对浙江民居的类型和建造装饰灯手法进行了系统的整理和归类。

图说中国民居

作者：［美］那仲良
出版社：生活·读书·新知三联书店
出版时间：2018

【内容简介】

本书集中讨论了十七座保存完好的民居建筑，凝聚了作者四十年来中国乡野考察的全部心血。书中展现了五百年来建造的中国民居的精美范例，包括北京四合院、江南水乡、学者书斋、明代简舍、富商宅邸、清代大院、福建土楼、古城民居等。书中将中国民居看作一种建筑类型，对民居形式的地区差异与民居类型的历史演变进行了鸟瞰式梳理。借助丰富的照片、版刻图画、历史图像、技术图纸，为读者生动地展现出了一个国家独具生命力的传统建筑。

中国传统建筑的现代嬗变——本土化的模因视野

作者：陈泉安
出版社：中国建筑工业出版社
出版时间：2019

【内容简介】

在现代建筑的本土化过程中，传统建筑的承传是一个影响最为广泛和持久的议题，在我国其理论和实践均已成就斐然。本书将“模因论”引入建筑学领域，尝试构建新的观察视角，以文化演化的观念来看待这一建筑现象，在传统建筑和现代建筑之间搭建起新的解释桥梁，以期对中国现代建筑未来的本土化进程和地域性塑造有所启示和裨益。

数字建造 | 设计卷

数字建筑设计理论与方法

作者：徐卫国
出版社：中国建筑工业出版社
出版时间：2019

【内容简介】

数字建筑设计是数字建造的基础，本书系统地阐述了数字建筑设计的理论和方法。基于15年来的研究与实践，作者在书中分10章论述了数字建筑设计的相关问题，包括数字建筑设计的起源、数字设计的复杂性科学基础、复杂形态与计算模拟、哲学思想与数字设计、数字图解设计理论、参数化数字设计方法、数字建构思想与手法、数字设计及数字建造的工具、数字建筑设计建造的精度控制、数字建筑设计建造的产业前景等。

建筑空间的形式意蕴

作者：毛白滔

出版社：中国建筑工业出版社

出版时间：2018

【内容简介】

以新的时代文化图景变迁下的设计赋新、设计的边界重新建构、设计资源的重新匹配、媒介要素的整合创新、体验经济下的场景革命等多个视角，倡导建筑空间作为信息交换的重要载体的观念性变革。全书以六个模块阐述作者从事三十多年教学实践和工程实践的多维度的总结和思考。

建筑科普丛书

建筑之美

作者：祁斌

出版社：中国建筑工业出版社

出版时间：2019

【内容简介】

本套丛书的第一辑共6册，由四位作者撰写。著名的建筑教育家秦佑国教授，以他在清华大学广受欢迎的文化素质核心课程"建筑的文化理解"为基础，撰写了《建筑的文化理解——科学与艺术》《建筑的文化理解——文明的史书》《建筑的文化理解——时代的反映》3个分册，分别从建筑学的基本概念、建筑历史以及现当代建筑的角度为读者提供了一个认知与理解建筑的体系；建筑数字技术专家李建成教授撰写了《漫话BIM》，以轻松明快的语言向读者介绍了建筑信息管理这个新生的现象；王召东教授的《乡土建筑》，则展现了我国丰富多元的乡土建筑以及传统文化与营造智慧。资深建筑师祁斌撰写的《建筑之美》，以品鉴的角度为读者打开了建筑赏析的多维视野。

弥漫空间

作者：魏娜

出版社：中国建筑工业出版社

出版时间：2019

【内容简介】

系统地讲述了魏娜在国内外多年教学过程中总结出的一套感性设计思维的训练——"情感设计"，主张以代入式的情感设计为出发，创造意境为主导的人和建筑的共同体，为建筑的使用者提供一个可以产生纯个人顿悟的场景。

中国现代竹建筑

作者：刘可为 许清风 王戈 陈复明 冷予冰

出版社：中国建筑工业出版社

出版时间：2019

【内容简介】

本书在全球绿色建筑大发展的背景下，以中国现代竹建筑发展为主线，从竹资源和建筑用竹种分布情况，建筑用竹材种类及特点，不同形式竹建筑的发展历程和研究现状，竹建筑的标准体系和政策法规，相关国际组织、科研机构和生产加工企业，以及典型（商业）案例等六个方面入手，系统阐释中国现代竹建筑发展的总体情况；分析中国竹建筑产业所面临的机遇和挑战，并对中国未来竹建筑行业的发展方向提出了建议。本书精选50个典型案例，包含了当代国内外知名建筑师和设计师的最新作品，提供了大量精美图片，从建筑用装饰材、建筑用结构材、景观、乡村建设、交通设施、输水管道和城市综合管廊六个类别全面展示了中国现代竹建筑/工程的特殊语境，诠释了竹材的功能属性、精神价值和文化内涵。

老年宜居环境构建

作者：李慧 郑鸿飞

出版社：中国建筑工业出版社

出版时间：2019

【内容简介】

关注适老化居住建筑和养老设施的设计研究，从中国人口老龄化社会背景及城镇实际发展需求出发，结合现有我国城乡规划、标准现状，对老年宜居环境构建进行了创新性的探索。

意境空间　中国美学与建筑设计

作者：王辉

出版社：中国建筑工业出版社

出版时间：2018

【内容简介】

中国建筑设计如何能传承并发扬悠久的建筑文化传统，创造出符合中国文化精神和时代风貌的当代建筑作品，这已经成为一个被社会广泛关注的问题。本书尝试将中国传统美学与当代建筑设计相结合展开研究，并基于作者在清华大学建筑设计课程中的教学工作，探索以中国"意境"为目标的当代建筑设计与教学的理论方法。

在地设计——休闲度假酒店的多维视野

作者：王兴田

出版社：中国建筑工业出版社

出版时间：2018

【内容简介】

展示了"在地"设计理念形成和演进的过程并结合多年对休闲度假酒店的实

践与思考，不断深化、完善了对于“在地”设计的理解，即“在地”设计始终聚焦建筑与地域的关联，强调建筑以低调、谦逊的姿态融入环境。

乡土再造——乡村振兴实践与探索

作者：中国建筑设计研究院有限公司
出版社：中国建筑工业出版社
出版时间：2018

【内容简介】

本书通过梳理中国乡村振兴历程，总结前人的宝贵经验，探讨解决中国乡村目前存在的城乡差异大、社会瓦解、风貌消失、生态破坏等问题，以重塑乡村价值体系为最终目标，聚焦于乡村建设，落脚于乡建设计，探索出“3+X”的中国乡村振兴模式，对加快推进乡村振兴战略的贯彻落实具有一定的借鉴参考价值。

日本民宿

作者：赵翔
出版社：广西师范大学出版社
出版时间：2018

【内容简介】

各国法规、定义和社会认识对于民宿这种住宿建筑有着多重解释，使得其形式和空间丰富多样，单是可确认的名称就有七八种之多。此书有更宽阔的视野来认识“民宿”建筑。民宿设计中与“住”有关的功能、空间及形体等常规内容的设计信息，是本书的主要内容。其中包括设计团队、场地选择、平面规划、单位空间的相关知识。同时，本书还介绍了视觉效果之外的感觉，如触觉、听觉在设计上的对应及效果，即“愈悦空间及环境的设计”，这是本书的重点之一。“愈悦空间”的构成等内容，会给你的设计或民宿空间体验带来和以往不同的启发。

中国城市空间的公与私

作者：朱小地
出版社：中国建筑工业出版社
出版时间：2019

【内容简介】

城市空间品质是城市发展、竞争力水平的重要表征，本书深刻分析了城市空间中存在的问题及原因，从空间品质不高的问题表象，追溯到权属不明、权责不一致的社会运行深层机制原因，提出“城市的价值在于持续创造生活的丰富性”“城市代表着公众利益……公众利益对应着公共空间，城市规划就是应该围绕公共空间系统来展开”，其中离不开代表“公”的政府与代表“私”的私人（开发商、企业、市民等）的合作。根植在土地国有的基本国情之下，作者提出了以建设高品质城市空间为目标、公与私博弈共赢为手段的城市空间界面理论，不仅理顺了城市空间中“公”与“私”的关系，还为二者实现良性互动以建设更好的城市空间搭建了沟通的平台。

东京城市更新经验：城市再开发重大案例研究

作者：同济大学建筑与城市空间研究所 株式会社日本设计
出版社：同济大学出版社
出版时间：2019

【内容简介】

在阐述东京城市形成演变过程、城市规划管理法规及再开发项目机制的基础上，对不同类型的12个城市再开发案例进行分析。

智慧城市建设研究

作者：崔庆宏
出版社：中国建筑工业出版社
出版时间：2019

【内容简介】

以可持续发展理论、系统集成理论、协同学理论等为理论基础，借鉴项目全生命周期理论对智慧城市建设过程进行解构，并将研究聚焦到智慧城市建设的规划设计与开发实施两个阶段，提出了推进智慧城市建设的对策建议。

成都城市空间基因重构——川西民居历史建筑空间再生设计

作者：马利亚
出版社：中国建筑工业出版社
出版时间：2019

【内容简介】

本书从成都川西民居类历史建筑的特征、保护与利用的方式、保护利用的公共政策等方面做出分析论述，为正在进行的成都市历史建筑与片区的改造提供研究参考；也为今后成都市历史建筑修缮利用的技术规范、管理制度等政策的制定奠定基础。

系统耦合视角下的城市空间复杂性定量研究

作者：肖彦
出版社：中国建筑工业出版社
出版时间：2019

【内容简介】

本书由空间本体出发，以复杂性科学视角对空间解析模型化方法的哲学与科学内涵进行阐述。同时，本书从模型观与方法论两个层面对西方现代最具代表性的城市空间复杂性解析理论及其模型的发展脉络与演进趋势进行分析，总结传统空间解析模型在思维范式、表征方法，以及建构机制方面的不足。在理论研究的基础之上，本书从耦合优化依据、耦合优化原理、耦合优化机制，以及耦合优化技术等四个方面，对既有空间解析模型进行优化。

文化导向型旧城再生的理论、模式与实践

作者：郑憩

出版社：中国建筑工业出版社

出版时间：2019

【内容简介】

文化与旧城治理的结合是我国城市规划领域的热点问题。结合我国城市发展的需要，顺应国际旧城治理的发展趋势，本书从文化资源动态保护与合理利用的角度，研究恢复旧城活力的文化途径，探索建立一套兼顾城市发展、文化传承、文化生产力的旧城再生的方法体系。

全书一共分为九章。第一章主要阐述了文化导向型旧城再生的内涵，包括缘起、概念界定等，论述其与旧城改造、旧城更新的联系与区别，以及旧城再生对存量发展的意义和作用；第二章分析了文化对于当代城市的核心作用，指出在全球文化、经济、城市三者交互作用的新动态下，文化策略已经成为全球城市广泛采纳的核心战略，也是旧城再生的核心引擎；第三章回顾了中外城市更新与再生的理论与特点，对中外旧城更新的动因、历程及发展趋势进行了总结，对相关思潮和理论进行了梳理；第四章深入研究了文化导向型旧城再生的主要模式，从系统分析影响因素入手，根据区位、目标、实施机制等主导因素概括总结出三种不同的模式及其适用条件；第五章对三种模式相对应的国内外案例进行了分析，对中外实践情况差异的深层次原因进行了比较，总结出文化导向型旧城再生可持续发展的关键要素；第六章主要研究文化导向型旧城再生的实施机制与支撑体系，包括法律法规、资金、人才、政策、监管等，直接影响旧城再生实施的进度和效果；第七章采用城市规划的视角，构建了文化导向型旧城再生从策略选择、规划管治到实施的方法体系；第八章通过对北京市景东地区旧城再生的探索，结合实际案例探讨文化导向型旧城再生的可行路径；第九章是结论与结语。

城市形象设计——以艺术视角介入城市设计

作者：王豪

出版社：中国建筑工业出版社

出版时间：2019

【内容简介】

基于如何提升城市的环境质量形成更加宜居的城市空间，从一个崭新的角度介入到城市环境更新建设中来，发挥作者在建筑与城市文化研究方面的自身优势，运用艺术审美原理以及环境艺术设计原则寻找城市环境改造的一个新的突破口。

城市空间规划理论与方法

作者：丁成日

出版社：中国建筑工业出版社

出版时间：2018

【内容简介】

从经济和市场角度，及规划与政策角度，分城市空间结构理论、城市空间规划理论、城市空间规划技术与方法、城市空间规划案例四个方面讨论城市可持续的空间结构，对于当前城市空间规划具有重要的理论和实践价值。

“花园城市的”“管”与“治”——新加坡城市管理的理念与实践

作者：徐林

出版社：中国社会科学出版社

出版时间：2018

【内容简介】

全面透视了国内外城市管理研究的历史流变，认为新加坡“超前治理”的城市管理理念是对传统城市管理实践范式的超越，并以此为框架，全方位解读了新加坡城市管理的组织框架、城市公共政策供给、智慧城市建设和社区治理等内容，对中国当前城市管理具有可资借鉴的管理理念和具体实践。

创意社区　艺术型创意产业集聚区研究

作者：李伍清

出版社：中国建筑工业出版社

出版时间：2018

【内容简介】

创意产业集聚区开发在我国正遭遇诸多发展困境，其中最突出的问题是创意主体活力的缺失。因此，其规划必须回应如何“活化”创意产业本身。本书聚焦从创意主体的共同体视角来审视怎样进行活态化群落的开发，探索立足于社区形成可持续发展的“创意社区”。本书专门针对艺术型创意产业集聚区的规划设计，以创意集群为背景，聚焦艺术及相关人群，以创意生产形态作为共同纽带，依托一定的社区场所和地方情境，从理论到实践研究兼顾我国国情的生态、生产和生活的融贯的创意群落社区化发展模式以及综合的营造方法。

品质规划

作者：孙施文

出版社：中国建筑工业出版社

出版时间：2018

【内容简介】

品质规划主要包含着两方面的内容，一是关注于城乡品质的，即为提升城乡品质进行的规划，这毋庸置疑就是规划的目的，而涉及城乡品质，也就涉及很多方面，这包括城乡发展的品质、城乡生活质量提升、城乡环境和空间秩序的完善等内容；另一个就是做有品质的规划，这不仅包括提高各类规划设计和编制的质量，也包括提高规划作为整个过程的产出的品质，这就会涉及规划的制度、体系以及规划内容、技术方法等内容。而在这两者之间，城乡品质是规划工作成果的反映，也是规划品质的具体体现。正

是从其含义来理解，我们应当把以上两者结合为一个整体来认识“品质规划”，因此，其内涵应该是：为了提升城市品质而进行的规划本身也应当是高品质的。

住区建成环境对居民健康活动行为的影响研究——以北京上地、清河地区为例

作者：李婧
出版社：中国建筑工业出版社
出版时间：2018

【内容简介】
将居民的健康活动行为与住区的建成环境要素进行逐一分析与研究，寻找两者之间的关系。

乡镇聚落建筑空间形貌及环境装饰艺术研究——以徽商、晋商建筑为例

作者：王小斌 郎俊芳
出版社：中国建筑工业出版社
出版时间：2019

【内容简介】
本书结合教育部人文社会科学研究项目“基于文化形貌理论的乡镇公共建筑空间与环境设计综合策略研究”，选取皖南地区、晋中地区典型商人的民居为研究对象，笔者在前人研究成果的基础上，通过基本史料的整理、分析和实地调研，对徽商、晋商民居进行了系统的横向比较。首先，对本书的研究背景、研究范畴、前人的研究成果、研究的框架与内容等进行具体阐述。重点介绍了文化形貌理论及其在本书里的语境和相关理论思考，结合两个地域的自然背景、社会背景进行分析，了解徽商、晋商典型传统民居建筑形成和发展的基础因素。其次，从宏观、中观、微观三方面对徽商、晋商典型传统民居组群形态、基本形制和布局方式以及视觉形态进行了较为详细的比较分析，并通过形式美法则加以分析，由此得出了两地民居在建筑形态上的异同点。通过徽商、晋商典型传统民居及装饰案例的深入分析，系统阐述了徽、晋两地典型民居的木雕、石雕、砖雕艺术特征，并对装饰图案的题材内容进行分类总结，分析出装饰图案的构图特征和商人意识的审美特征，全面解析两地民居在装饰艺术上呈现的特点。最后，指出徽商、晋商传统民居的建筑形态及环境装饰艺术对现代设计的启示，总结出在当代设计中对传统建筑文化的借鉴方式，主要分为对建筑装饰元素的借鉴和对建筑空间形貌的传承两个部分。

开平碉楼灰塑研究

作者：张以红
出版社：中国建筑工业出版社
出版时间：2019

【内容简介】
为了深入挖掘开平碉楼灰塑的艺术文化内涵以及材料工艺特色，笔者历经五年时间，组织有关师生和研究人员，深入开平地区的田野与村落，调查了31座被列为国家重点文物保护单位的开平碉楼建筑，详细记录了2200多件灰塑的艺术文化、材料工艺以及文物病害等情况，采集了相关数据，总结分析了上千条信息；走访了传统岭南灰塑国家级传承人邵成村大师、开平碉楼灰塑的著名匠师何锦章师傅以及自力村、马降龙等地区的村民，形成了多篇访谈记录；现场调研了广州陈家祠灰塑、佛山祖庙灰塑、敦煌莫高窟彩塑、徽州民居雕饰以及厦门市的骑楼建筑雕饰，做了对比研究；并自己拍摄、绘制了书中的照片与图。

传统山水画中的古代建筑形态研究

作者：席田鹿
出版社：中国建筑工业出版社
出版时间：2019

【内容简介】
以艺术学视角，对具有建筑形象的山水画进行收集和梳理，采用建筑艺术学、建筑历史学、建筑文化学等多学科融合的方法，运用图像学、模件理论、参数化等研究理论和工具，对古代建筑与传统山水画展开跨学科交叉式研究，通过对历代典型的具有建筑形象的传统山水画中的建筑，进行建筑类型和环境的分析，提出以图像视觉艺术认知途径，研究传统山水画美学概念下的中国古代建筑，以山水画为认知媒介引发思维范式的转换，寻找新的创新性研究方式，进而提出对古代建筑研究的新思路，为未来的古代建筑形态研究的发展提供了重要参考和理论基础。

闽南传统建筑装饰

作者：郑慧铭
出版社：中国建筑工业出版社
出版时间：2018

【内容简介】
闽南传统建筑是中国传统建筑的重要组成部分，也是闽南地域传统文化的重要载体。通过对闽南地区传统建筑装饰类型的详细梳理，深入研究其细部特征、工艺技法、表现规律等核心元素，阐明具有典型地域特色的传统建筑符号与文化表征之间的内在联系。研究工作对于探索当代乡村建设和传统建筑保护的统一性，促进地域文化传承、传统建筑及装饰技艺焕发活力有重要启发意义。

山水都市化：区域景观系统上的城市

作者：郑曦
出版社：中国建筑工业出版社
出版时间：2018

【内容简介】
从区域视角审视人居环境的发展，解释区域景观系统的构成、演变及构建

在其上的城市营建过程，并把这一过程称为“山水都市化”。

中国造园艺术

作者：曹汛

出版社：北京出版社

出版时间：2019

【内容简介】

是曹汛先生多年研究成果的首次结集。书中系统讲解中国园林艺术的特质，从园林艺术的发展、叠山艺术的发展、诗情画意的影响三个方面进行剖析，阐述中国园林在东亚和欧洲的国际影响，论述中国园林的历史脉络、艺术特征和国际地位。

陈从周造园三章

作者：陈从周

出版社：同济大学出版社

出版时间：2019

【内容简介】

详细介绍了陈从周先生三个园林的设计和修建案例，对园林设计具有启发作用。

图解作庭记 · 山水并野形图

作者：[日]小埜雅章

出版社：华中科技大学出版社

出版时间：2019

【内容简介】

作为日本枯山水形成本源的《作庭记》《山水并野形图》，是日本古老的造园秘传书。从中可一览日本古代的造园成就和造园经验，是研究日本古代园林的重要著作。作者以自身在造园现场的实践知识为基础，潜心研究此两册秘传书30年，通过大量的插图、图片和浅显易懂的解说将日本造园秘传书公之于众，为人们提供了日本园林和枯山水的理论框架和可供模仿的图解范本，对现代造园有很强的借鉴和指导作用。

东南园墅

作者：童寯

出版社：湖南美术出版社

出版时间：2018

【内容简介】

《东南园墅》是建筑界一代宗师童寯向世界介绍中国古典园林之美的经典著作，也是其晚年于病榻上用英文书写的一部著作，初版于1997年；本次全新修订版由童寯之孙、同济大学教授童明执笔翻译，以简洁雅致的文笔，重新传达出童寯先生英文原著的真意。

破碎化与孤岛化——传统文化景观的空间困境

作者：王云才

出版社：中国建筑工业出版社

出版时间：2019

【内容简介】

本研究以沪宁杭地区为重点，聚焦江南水乡独特地域文化景观在快速城市化发展的过程中出现的“保护”与“发展”之间的矛盾，尤其是在地域空间中呈现出来的空间破碎化和孤岛化现象。传统文化景观空间“孤岛化”和“破碎化”只是地域文化景观整体保护的一个研究视点和一种新思路的尝试，在文化景观保护发展的多路径、多视点和多元方法的体系中，吸收生态学理论与方法，建立地方性的人文生态空间特征和现象研究体系，借助景观规划设计的技术，探讨对传统地域文化景观进行整体性修复的途径和措施。本研究旨在抛砖引玉，为传统文化景观空间的保护提供借鉴。

参与性景观——张唐景观实践手记

作者：张东　唐子颖

出版社：同济大学出版社

出版时间：2019

【内容简介】

结合具体实践项目讨论了张唐景观在实践中的主要关注点，记录了张唐景观从社会观察到理想社区设想，从人与人的相处到人与自然的和谐愿景，观点颇具启发性。

情景　心境——对现代风景设计的思考

作者：李建伟

出版社：中国建筑工业出版社

出版时间：2018

【内容简介】

风景园林专业的发展需要有自身的体系、结构和历史脉络。作为一个工程与艺术相结合的行业，它在城市及乡村建设方面起的作用越来越受到关注；无论是从空间规模、精神及物质方面的意义，还是在与城规、建筑、水利、市政设施的融合上，风景园林所彰显的魅力都非常令人振奋。

2018—2019年中国建筑艺术大事记

2018年

4月21日	《河北雄安新区规划纲要》(以下简称《纲要》)发布。《纲要》分十个篇章，从空间布局、城市风貌、生态环境、产业发展、公共服务、交通网络、智能技术、城市安全等方面，描绘了一座高起点规划、高标准建设的新时代宜居“人民之城”的发展蓝图。
5月19日	2018中国建筑学会学术年会在福建省泉州市开幕。本届年会主题为“新时代本土建筑文化的融合与创新”，由中国建筑学会主办。
5月26日	第16届威尼斯建筑双年展开幕。今年建筑双年展以“自由空间”为主题，强调建筑中的慷慨精神和一种人性观。中国国家馆策划了“我们的乡村”的主题展览，呈现了近十多年来中国建筑师的乡村建筑实践作品。
6月7日	“面向空间再生的保护技术——2018建成遗产保护技术国际研讨会”在同济大学召开，探讨了遗产空间再生中的技术问题与技术手段，建构建成遗产保护技术的研讨平台，推动建成遗产保护技术的进步。
6月9日	2018年“文化和自然遗产日”大会在京举行。本届主题为：多彩非遗，美好生活。
6月14—15日	“跨越‘边界’——2018建筑与室内、景观一体化设计论坛”在武汉举行。
6月26日	中国文物学会20世纪建筑遗产委员会在深圳举办了“以建筑师的名义纪念改革开放：我们与城市建设的四十年·深圳广州双城论坛”。与会专家归纳了深圳建筑设计改革重要“时段”和主要建筑师。
7月4日	第42届联合国教科文组织世界遗产委员会会议(世界遗产大会)在巴林闭幕，19处遗产地被列入世界遗产名录，其中包括中国贵州省梵净山。
7月23—24日	“他山之石：国际文物保护利用理论与实践学术研讨会”在中国文化遗产研究院召开。
8月18日—10月14日	“觉醒的现代性——毕业于宾夕法尼亚大学的中国第一代建筑师”展览在上海当代艺术博物馆展出，这是国内当代艺术机构首次通过历史文献的呈现方式，展现朱彬、范文照、赵深、杨廷宝、陈植、梁思成、林徽因、童寯等二十余位中国现代建筑学的重要奠基者的海外经历与归国成就，聚焦他们在建筑实践、教育体系、学术刊物、都市规划等各领域的贡献。
9月7日	第二届中国文化遗产保护国际会议在苏州举行。会议以“活态遗产，传承保护”为主题，与会嘉宾重点围绕文化遗产保护与利用、检测与修复、传统民居、遗产与文创、街区更新等展开研讨。
9月8日	一场以“传承·融合·新生”为主题的2018中国古建筑国际论坛在北京举行。来自文物保护、财经、文旅等不同领域的中外专家、学者集聚一堂，共同探讨中国古建筑传承、新生、发展所面临的挑战与对策。
9月18—21日	2018首届郑州国际城市设计大会在郑州市郑东新区举行。大会主题为“塑造新时代城市特色风貌”，专家学者围绕城市设计的理论与实践、城市风貌特色保护与有机更新、城市设计教育与建筑学人才培养等议题深入探讨。
9月18日	建筑大师罗伯特·文丘里在家中因病去世，享年93岁。
9月21日—11月6日	由日本设计中心原研哉先生发起，并携手GWC长城会共同主办的“CHINA HOUSE VISION探索家——未来生活大展”正式在北京鸟巢召开。大展汇集10位中外建筑师及其团队，与10家企业共同打造理想中的“未来之家”。10座1:1大小并可亲身体验的展馆将在鸟巢南广场展出，向公众呈现属于未来之家的无限可能。
9月28日	2018第十七次建筑与文化国际学术讨论会在内蒙古科技大学音乐厅召开。论坛由中国建筑学会史学分会主办，以“在时代流变与本体恒在的张力中探究建筑文化意涵；在宏大叙事与微观日常的对话中展开建筑文化批判；在史学考据与多元透视的思辨中引导建筑文化发展”为宗旨进行了研讨。
10月8日	IAPA设计的朝花夕拾生活馆获ICONIC AWARDS 2018设计大奖年度创新建筑最佳设计奖。
10月12日	住房和城乡建设部科技与产业化发展中心主办的“2018绿色城市与绿色建筑发展论坛”在京召开。作为

十七届中国国际住宅产业暨建筑工业化产品与设备博览会的主旨论坛，会议聚焦高质量发展背景下的绿色城市建设和绿色建筑发展。

10月12日　2018 WA中国建筑奖评审会召开，评选出2018 WA中国建筑奖的6个奖项。如恩设计的南外滩水舍精品酒店获得优胜奖。

10月18日　以“生态冬奥、绿色选材”为主题的“2018年生态人居发展大会暨第四届绿色建筑选材高峰论坛”在北京新疆大厦举行。

10月20日　“绿色建筑设计方法创新论坛2018”在京举办。本次论坛是基于国家重点研发计划项目《目标和效果导向的绿色建筑设计新方法及工具》《地域气候适应型绿色公共建筑设计新方法与示范》《基于多元文化的西部地域绿色建筑模式与技术体系》《经济发达地区传承中华建筑文脉的绿色建筑体系》的阶段性成果召开的。

10月31日—11月3日　首届建筑设计博览会2018（北京）在北京中国国际展览中心（新馆）举办。该博览会以“传承与新生”为主题，由展览和设计师沙龙两大内容组成。展览部分重点关注中国建筑将近一百年的发展进程。

11月3日　2018中国建筑学会建筑史学分会学术年会召开，以“中国建筑学会成立65周年回顾”为主题。

11月3—4日　（第三届）北京国际城市设计大会在京举办，以“新时代城市设计创新与实践”为主题，围绕“城市设计理论创新与实践”“历史城市更新与文化遗产保护”“绿色城市与绿色建筑”等专题展开了多层次、多角度的学术研讨。

11月24—26日　2018中国城市规划年会在杭州举办。年会以“共享与品质”为主题，围绕年会主题以及城市规划等热点问题展开学术探讨。

12月8日　“2018第23届中国民居建筑学术年会暨中国民居学术会议30周年纪念大会”在华南理工大学举行。年会回顾了民居研究30年走过的历程，就中国传统民居、村镇与文化的调查、发掘、研究、保护、利用、传承、借鉴和发展等问题进行了深入交流和探讨，涵盖了乡村振兴战略与传统聚落（民居）的保护与更新、传统聚落（民居）的营建智慧与文化传承、传统聚落（民居）研究的学术传承与发展创新等多个方向的内容，多层次、多方位地展现了传统聚落（民居）研究的丰富实践经验和众多创新方向。

2019年

1月22日	《长城保护总体规划》公布。
3月13日	国家建设部批准发布新修订的《绿色建筑评价标准》(GB/T 50378-2019)，8月1日起施行。“新国标”重新构建绿色建筑评价技术指标体系，增强体验感、获得感，调整评级方式，简化算式明晰权重，并且强化了全装修概念。
3月19日	国家文物局确定公布第一批革命文物保护利用片区的分县名单，包括15个片区，涉及20个省份、110个市、645个县，为切实做到保护好革命文物、弘扬好革命精神打下良好基础。
4月29日—10月7日	2019年中国北京世界园艺博览会在北京延庆举行，以“绿色生活，美丽家园”为主题，共有约110个国家和国际组织参展。
5月1日	2019 ArchDaily 中国建筑年度大奖公布，地方工作室的湖南田汉文化园，零壹城市建筑事务所的杭州未来科技城海曙学校，DC国际 + Snøhetta 的海尔全球创新模式研究中心获奖。
5月5—8日	第二届数字中国建设峰会在福州召开。峰会以“以信息化培育新动能，用新动能推动新发展，以新发展创造新辉煌”为主题，围绕电子政务、数字经济、大数据、智慧社会、工业互联网、网络科技、数字生态、数字健康、卫星应用、数字福建、数字海丝、物联网等内容举办了12场论坛。
5月11—12日	2019中国建筑学会数字建造学术委员会年会在北京召开。大会的主题报告有新型结构减震技术研究、打印建筑、机器人建造、基于BIM技术的智慧建造管理技术与应用、数字化建造、“互联网+”工程建造平台、装配式建筑全产业链数字建造平台、北京大型国际机场的数字设计、上海迪士尼乐园的数字建造、盖达尔·阿利耶夫文化中心、上海中心的数字设计等热点话题，分享数字建造领域研究最新进展。
5月15日	以“文创赋能：城市的可持续发展”为主题的2019上海国际创意城市设计创新论坛在上海举行。与会专家在可持续发展的大视野下，探讨文化创意在城市的街区更新改造、功能升级和园区管理优化等领域的突出作用与未来价值。
5月16日	第五届普利兹克奖得主、著名美籍华人建筑师贝聿铭辞世，享年102岁。
5月21—24日	2019中国建筑学会学术年会在苏州召开，以“新时代本土建筑文化和技艺的融合与创新”为主题，围绕古城复兴、乡村营建、城市设计、建筑技术、建筑文化、建筑教育等议题进行了广泛深入的交流，共同就当下建筑及相关行业前沿学术问题、科技成果与社会热点问题进行探讨，展望建筑文化和科学技术发展新方向。
6月8日	2019年“文化和自然遗产日”主题宣传暨“绿色中国行——走进美丽铜仁”大型系列主题公益活动在贵州省铜仁市举行。本届主题为：“保护自然遗产，建设美丽中国”。
6月27—29日	以“数字建筑·行启未来”为主题的2019中国数字建筑年度峰会在青岛举办。会议聚焦建筑行业数字化转型行动与实践，研讨行业转型升级新范式，构建行业发展新动能。
7月6日	“良渚古城遗址”被列入《世界遗产名录》，成为中国第55项世界遗产，中国成为拥有世界遗产数量最多的国家。良渚古城遗址是中国20世纪的重大考古发现，是见证中华5000多年文明的重要文化遗址。良渚申遗成功是2019年文物保护提档升级、保护力度持续加大的硕果之一。
8月26日	2019第二届全国建筑节能及绿色建筑技术创新大会在广州召开，论坛主题“节能低碳，绿色发展”。
9月21日	2019全国建筑院系建筑数字技术教学与研究学术研讨会在重庆举行。本次研讨会以“共享·协同”为主题，涵盖“数字建筑设计教学虚拟现实与增强现实技术应用”“数字化城市设计理论数字技术与历史建筑保护更新”“数字化建筑设计理论绿色节能建筑数字化设计方法”“BIM 建筑设计方法人工智能及大数据协同设计”等专题。
9月5日—10月7日	2019北京国际设计周在北京中华世纪坛举行。本届设计周精心策划了庆祝中华人民共和国成立70周年主题的

相关展览和活动，从创意设计的角度描述、分享中华人民共和国成立以来“壮丽70年、奋进新时代”的宏伟画卷。

9月24日　第九届梁思成建筑奖颁奖典礼在北京中国科技会堂举行，清华大学建筑学院院长建筑师庄惟敏、德国著名建筑设计师曼哈德·冯·格康获奖。

9月25日　被誉为“新世界七大奇迹”之首的北京大兴国际机场正式投入运营。北京新机场航站楼是世界上规模最大、技术难度最高的单体航站楼。北京新机场总投资800亿，不含周边配套设施。规划建设7条跑道，预计至2025年新机场每年将接待7200万人次旅客，并为未来扩建至每年运送1亿人次旅客和400万吨货物做了充分考虑。

10月17—20日　第24届中国民居建筑学术年会暨民居建筑国际学术研讨会在徐州举行。会议以“传统民居与当代乡土”的主题，通过向历史回溯，探讨新时期传统聚落与民居文化的深层价值及对当下乡村振兴的启示意义，同时关注因生产、生活方式变迁的当代民居的发展与流变。

10月19—21日　2019中国城市规划年会在重庆召开，以“活力城乡 美好人居”为主题，系统总结70年来我国规划工作的成就，塑造具有活力的城市和乡村人居环境，既体现了人们对美好生活的向往，也寄予了城市与乡村和谐发展的目标愿景。

10月31日—11月2日　第三届国际建筑遗产保护与修复博览会在上海举行，本届展会以“齐心遗产保护，协力社会发展”为主题，展示了我国在不可移动文物保护领域取得的成就。

11月8—10日　2019年中国建筑学会建筑史学分会学术年会在北京召开。会议以“近70年建筑史研究与历史建筑保护——中华人民共和国建国七十周年纪念”为主题，在新时代语境下，对中国营造学社成立90年纪念、建筑史教学研究新探、建筑史学史研究、历史文化名城名镇名村及街区研究与保护、历史建筑研究保护与利用、文物建筑修缮及利用和传统村落保护与实践等领域的问题展开多维度、多层面、有深度的讨论和交流。

11月16日　第四届北京国际城市设计大会在北京召开。会议以“传承、创新、活力”为主题，展开了多层次、多角度的研讨。

11月16日　第三届建筑人类学论坛在南京举行。会议以“边域的建筑人类学：聚居、认同与变迁”为题，包括“边域、民居与地方感”“聚居、变迁与认同”“边界跨越与文化流动”“空间生产与技术实践”等议题。

11月17日　7.2米高的“世界首例原位3D打印双层示范建筑”完成主体结构打印，标志着原位3D打印技术在我国建筑领域取得突破性进展。

12月5日　中办、国办印发《长城、大运河、长征国家文化公园建设方案》，文物保护专项规划纳入国土空间规划体系。

12月7日　庆祝中华人民共和国成立70周年中国建筑学会建筑创作大奖（2009—2019）颁奖典礼暨大师设计论坛在广州举行，共有2009—2019年期间的100个建筑设计项目获奖，基本涵盖了十年来主要的建筑设计实践，代表主流的价值评判标准，既反映出我国建筑创作的繁荣，同时也体现了建筑技术的日益发展。

12月20日　中国艺术研究院建筑艺术研究所举办了“回顾七十年建筑创作及建筑文化遗产保护成就论坛”，对中国七十年建筑创作与创新、建筑史与理论研究、文化遗产保护、历史文化名城名镇名村及街区保护发展等领域展开深入的研讨和交流，为中国建筑创作和遗产保护的事业的发展指路建言，进一步促进相关事业的发展。

12月21日　第八届深港城市/建筑双城双年展（2019 UABB）在深圳开幕。该双年展（深圳）以“城市交互”为主题，把城市空间和技术创新结合起来，探讨城市化数字革命背后的问题。

12月30日　备受瞩目的京张高铁正式开通运营。京张高铁由我国自主设计建造，是世界上最先进的时速350公里的智能高速铁路，显出中国的建筑设计和施工水平的不断完善发展。

中国艺术研究院建筑与公共艺术研究所

中国艺术研究院是全国唯一一所集艺术科研、艺术教育和艺术创作为一体的国家级综合性学术机构。中国艺术研究院建筑与公共艺术研究所是从事建筑艺术与建筑文化理论研究的专门科研机构，建筑与公共艺术研究所原称建筑艺术研究室，组建于1988年7月，2001年8月机构调整改革改为建筑艺术研究所；2019年9月，机构调整改革改为现名。

建筑与公共艺术研究所近年来侧重于以史论为主的基础理论建设工作，并关注创作现状，尤其侧重于从文化与艺术角度，研究中外建筑艺术创作的成就与规律；实行开门办所，从学术层面和设计实践两方面积极参与社会上建筑艺术、建筑规划等工作，23年来，建筑与公共艺术研究所已完成20多个建筑规划、设计项目，出版了多部重要著作。

目前，建筑艺术研究所除正在进行多项个人研究课题外，进行的集体项目有：承担国家科研项目“西部人文资源调查及数据库”“中国传统建筑营造技艺三维数据库”；编辑出版《中国建筑艺术年鉴》《中国世界文化遗产丛书》《中国传统营造技艺丛书》，由建筑艺术研究所申报的“中国传统木结构建筑营造技艺”被成功列入联合国教科文组织人类非物质文化遗产代表作名录，由建筑艺术研究所申报的“北京传统四合院营造技艺”被成功列入国家级非物质文化遗产代表作名录。

编　后

《中国建筑艺术年鉴》是全面记载中国建筑艺术发展状况的综合性年刊，由中国艺术研究院建筑与公共艺术研究所主编，组织建筑界、城市规划界、艺术界、文化界等多方面专家共同编辑完成。

《2018—2019中国建筑艺术年鉴》客观记录了年度中国建筑艺术创作与研究的主要成果，系统反映了我国城市和建筑发展中的新成就、新问题、新趋势。主要栏目有：特载、优秀建筑作品、建筑焦点、建筑艺术论文、海外掠影、建筑艺术论文摘要、建筑艺术书目和中国建筑艺术大事记等，为全面了解建筑界年度情况提供全方位的信息。

《2018—2019中国建筑艺术年鉴》是我们编辑的第十二部《中国建筑艺术年鉴》。有了前几部的经验，这本年鉴在组稿、确定入选作品或稿件等项工作上，都在之前经验积累的基础上有了较大改进与提高。在编辑过程中，我们得到各位顾问和建筑学界的众多朋友给予的帮助和支持，这些都会推动我们努力将这本年鉴编成记录我国当代建筑艺术发展面貌的权威性年鉴。

《2018—2019中国建筑艺术年鉴》各有关栏目的编辑工作，由中国艺术研究院建筑与公共艺术研究所全体同仁与北京及国内外建筑界专家、学者共同完成。其中：优秀建筑作品栏目由程霏、黄续和赵玉春负责编辑；特载、建筑焦点、建筑艺术论文、海外掠影、建筑艺术论文摘要、建筑艺术书目、中国建筑艺术大事记栏目由黄续和程霏负责编辑。

我们希望《2018—2019中国建筑艺术年鉴》能反映出中国当代建筑艺术的发展历程，集学术性、史料性于一体，成为我国建筑艺术及建筑文化领域的权威性年度总结。由于时间、水平有限，又由于技术方面的原因，可能会出现一些有价值的图片未能全部刊登的情况，敬请作者谅解。

本书的出版得到多方单位的帮助与协作，不一一列举，在此一并致谢。

《中国建筑艺术年鉴》编辑部

2020年10月